国家科学技术学术著作出版基金资助出版

中国科学院中国动物志编辑委员会主编

中国动物志

硬骨鱼纲

鲤形目（上卷）

曹文宣 等 著

国家自然科学基金重大项目
中国科学院重点部署项目
（国家自然科学基金委员会 中国科学院 科技部 资助）

科学出版社
北 京

内 容 简 介

《中国动物志 硬骨鱼纲 鲤形目》共上、中、下三卷，本卷为上卷，包括总论和各论两部分，共记述我国鲤形目鳅科、胭脂鱼科和双孔鱼科 3 科 29 属 185 种鱼类。总论述及鲤形目鱼类的研究简史、形态特征与染色体、生态资料、地理分布、系统演化、经济意义与增殖途径、术语说明等；各论系统记述了鳅科、胭脂鱼科和双孔鱼科鱼类，每种均含引证文献、形态描述及地理分布，并附形态特征图。书后附参考文献、英文摘要、中名索引和学名索引。

本卷是中国鲤形目鱼类中关于鳅科、胭脂鱼科和双孔鱼科最丰富且较为完整的基本资料，内容丰富，实用性强，可供鱼类学工作者、水产科技人员，以及水产院校、综合性大学生命科学学院有关专业的师生参考。

图书在版编目(CIP)数据

中国动物志. 硬骨鱼纲. 鲤形目. 上卷/曹文宣等著. —北京：科学出版社，2024. 9

ISBN 978-7-03-077567-2

I. ①中… II. ①曹… III. ①动物志-中国 ②鱼纲-动物志-中国 ③鲤形目-动物志-中国 IV. ①Q958. 52

中国国家版本馆 CIP 数据核字 (2024) 第 013764 号

责任编辑：刘新新/责任校对：严 娜

责任印制：赵 博/封面设计：刘新新

科学出版社 出版

北京东黄城根北街 16 号

邮政编码：100717

http://www.sciencep.com

三河市春园印刷有限公司印刷

科学出版社发行 各地新华书店经销

*

2024 年 9 月第 一 版 开本：787 × 1092 1/16

2025 年 1 月第二次印刷 印张：26 3/4

字数：660 000

定价：398.00 元

(如有印装质量问题，我社负责调换)

Supported by the National Fund for Academic Publication in Science and Technology

Editorial Committee of Fauna Sinica, Chinese Academy of Sciences

FAUNA SINICA

OSTEICHTHYES
CYPRINIFORMES I

By

Cao Wenxuan *et al.*

A Major Project of the National Natural Science Foundation of China
The Key Research Program of the Chinese Academy of Sciences
(Supported by the National Natural Science Foundation of China,
the Chinese Academy of Sciences, and the Ministry of Science and Technology of China)

Science Press
Beijing, China

本卷编写人员

主持单位：中国科学院水生生物研究所

参加单位：*中国科学院南京地理与湖泊研究所

**四川省自然资源科学研究院

主编	曹文宣		
总论	何舜平	陈宜瑜	曹文宣
条鳅亚科	何舜平	朱松泉*	丁瑞华**
	杨连东	曹文宣	
沙鳅亚科	陈毅峰	陈景星	
鳅亚科	陈毅峰	陈景星	
胭脂鱼科	杨连东	何舜平	
双孔鱼科	杨连东	何舜平	

DIVISION OF COMPILATION

Sponsor: Institute of Hydrobiology, Chinese Academy of Sciences

Participators: *Nanjing Institute of Geography and Limnology, Chinese Academy of Sciences

**Sichuan Provincial Academy of Natural Resource Sciences

Chief Editor	Cao Wenxuan		
General Introduction	He Shunping	Chen Yiyu	Cao Wenxuan
Nemacheilinae	He Shunping	Zhu Songquan*	Ding Ruihua**
	Yang Liandong	Cao Wenxuan	
Botiinae	Chen Yifeng	Chen Jingxing	
Cobitinae	Chen Yifeng	Chen Jingxing	
Catostomidae	Yang Liandong	He Shunping	
Gyrinocheilidae	Yang Liandong	He Shunping	

前　言

鲤形目 Cypriniformes 是现生淡水鱼类中最大的一个类群，较早的统计共有 280 属 2660 余种，广泛分布于亚洲、欧洲、非洲和北美洲。我国是世界上鲤形目鱼类最丰富的国家之一，据初步统计约有 178 属 785 种，几乎包括了鲤形目中所有具代表性的类群。由于鲤形目鱼类种类繁多，而其中又以鲤科为最，以至于本目在《中国动物志》系列专著中既不能集中为一卷，又很难合理地分割为独立的卷册，因此只能将其作为一个整体，分上、中、下三卷出版。鲤形目（上卷）记述了我国鲤形目鳅科、胭脂鱼科和双孔鱼科 3 科 29 属 185 种鱼类，内容包括较为详细的鲤形目鱼类总论，以及鳅科（条鳅亚科、沙鳅亚科和鳅亚科）、胭脂鱼科（亚口鱼科）和双孔鱼科种类记述；鲤形目（中卷）于 1998 年出版，包括总论和各论两部分，系统地对分布于我国的鲤科鱼类中的 8 亚科（鿕亚科、雅罗鱼亚科、鲌亚科、鲴亚科、鲢亚科、鮈亚科、鳅鮀亚科和鱊亚科）79 属 260 种鱼类逐一详细分述（陈宜瑜等, 1998）；鲤形目（下卷）于 2000 年出版，系鲤形目（中卷）鲤科各论的后续部分，包括鲤科的鲃亚科、野鲮亚科、裂腹鱼亚科、鲤亚科，以及裸吻鱼科和平鳍鳅科，计 3 科 6 亚科 70 属 340 种鱼类（乐佩琦等, 2000）。

本卷包括总论和各论两部分。总论述及鲤形目鱼类的研究简史、形态特征与染色体、生态资料、地理分布、系统演化、经济意义与增殖途径、术语说明等；各论系统记述了鳅科、胭脂鱼科和双孔鱼科鱼类，每种均含引证文献、形态描述及地理分布，并附形态特征图。书后附参考文献、英文摘要、中名索引和学名索引。

研究简史部分主要说明鲤形目是硬骨鱼纲辐鳍鱼亚纲的一目，是仅次于鲈形目的第二大目，也是现生淡水鱼类中最大的一目，最新的统计有 6 科（或 3 亚目 13 科）489 属 4205 种（Nelson *et al.*, 2016)。我国有关鲤形目的文字记载最早可见于《诗经》，诗曰："岂其食鱼，必河之鲂"，"岂其食鱼，必河之鲤"，"其钓维何，维鲂及鱮"。据考，其中"鲤"即鲤，"鲂"是鳊或三角鲂，"鱮"是鲢或鳙。《诗经》之后的《尔雅》、《山海经》和《说文解字》等许多古籍和地方志，都记述过若干种类的鲤科鱼类。在这众多的古籍中，以李时珍所著的《本草纲目》最为详细，对鲤、鱮（鲢）、鳙、鲩（草鱼）、青鱼等许多种类的性状都做了比较准确的描述。我国鲤形目鱼类的研究历史可以分为以下五个时期：外国学者研究时期（1758-1927 年）、中国学者开始自主研究时期（1927-1937 年）、战争影响时期（1937-1949 年）、恢复时期（1949-1980 年）和快速发展时期（1980 年至今）。

形态特征与染色体部分从外部形态、解剖特征和染色体三方面概述。双孔鱼科 Gyrinocheilidae 鱼类体延长，圆柱形或稍侧扁，腹部圆；口下位，具漏斗状口吸盘；无须。胭脂鱼科又称亚口鱼科 Catostomidae，在我国分布的只有胭脂鱼 *Myxocyprinus asiaticus* 1 种，体侧扁，背部在背鳍起点处特别隆起；口小，下位，呈马蹄形；吻钝圆，无须。鳅科 Cobitidae 鱼类体长形、侧扁或圆柱形；头部大多侧扁；眼小；口下位；须3-5 对，其中 2 对位于吻部。解剖特征主要从骨骼系统、消化系统、呼吸系统、循环系统、肌肉系统、神经系统、泄殖系统等部分一一阐述。大多数鲤形目鱼类的染色体数目在 48-52 条，这个范围内的染色体数量对于多数鲤形目鱼类来说是相对稳定的。

生态资料和地理分布部分说明鲤形目分布极广，除南美洲、澳大利亚及非洲马达加斯加岛外，全世界都有分布。大多数栖息于热带和亚热带，越靠近高纬度地区分布越少。本目有 6 科 489 属，为淡水鱼的主要类群，绝大多数可食用，我国约有 6 科 178 属 785 种。鲤形目的 6 科分别为胭脂鱼科（亚口鱼科）Catostomidae、鲤科 Cyprinidae、双孔鱼科 Gyrinocheilidae、裸吻鱼科 Psilorhynchidae、鳅科 Cobitidae 和平鳍鳅科 Homalopteridae。

系统演化部分概述了鲤形目鱼类的分类、起源和系统发育研究。Saitoh 等（2003）基于线粒体基因组分析认为鲤形目起源于脂鲤目，起源时间大概追溯至早三叠世（距今 2 亿 5000 万年前）。目前，关于鲤形目起源有 2 个假说，其中占主导地位的假说是鲤形目起源于东南亚地区，因为现今这片区域存在最大的鲤形目鱼类多样性。另外一个假说则根据鲤形目鱼类与其他骨鳔鱼类的相似性，认为鲤形目应该起源于南美洲。

经济意义与增殖途径部分讲述了鱼类是水产事业的主体，具有突出的经济价值。鲤形目作为最大的淡水鱼类类群，很多鱼类都属于经济鱼类，一些种类甚至有很高的经济价值，是我国乃至世界上重要的经济鱼类，如青鱼、草鱼、鲢和鳙四大家鱼。鱼的肉味鲜美，是高蛋白、低脂肪、高能量、易消化的优质食品，营养丰富。此外，鱼类中还含有大量人体必需和易吸收的脂肪、矿物质和多种维生素。我国内陆水域的面积辽阔，可以为淡水鱼类的养殖提供良好的场所。我国淡水渔业资源丰富，有淡水鱼类 800 种左右，具有经济价值的就有 250 多种，其中已成为广泛养殖对象的有青鱼、草鱼、鲢、鳙、鲤、鲫、鳊、鲂、鲴、泥鳅等。20 世纪下半叶，在科学技术的指导下，我国渔民发展了合理密放和混养技术，不仅有利于鱼类充分利用水体空间和饵料资源，大大提高了养殖产量，又能调节市场的鲜活鱼供应，增加经济效益。

术语说明部分简要介绍了鲤科鱼类常用的分类性状术语。

各论部分系统地分类记述了鳅科、胭脂鱼科和双孔鱼科鱼类的形态特征和地理分布。检索表是依形态特征比较研究的结果，较一般专著详细，遇到反常个体也不难辨认。

《中国动物志》的编撰是一个浩大的工程，鲤形目志的编写耗费了我国著名鱼类学家伍献文教授（1900-1985 年）的大半生心血。早在 20 世纪 50 年代末，他就开始组织中国鲤科鱼类志的编写工作，他编写的《中国鲤科鱼类志》上卷和下卷分别于 1964 年和 1977 年出版，70 年代又指导学生完成了中国平鳍鳅科和鳅科鱼类系统分类的研究，为《中国动物志 硬骨鱼纲 鲤形目》的编写提供了系统的、完整的基础资料。在其晚年，考虑到编写鲤形目志还缺乏对鲤形目鱼类系统发育的了解，又组织完成了具有世界先进水平的鲤亚目鱼类系统发育的研究，提出了分科及科下单元的划分和科学依据（伍献文等, 1981）。伍献文教授生前已为《中国动物志 硬骨鱼纲 鲤形目》的编写提供了标本、文献资料、编写大纲等相关素材，虽然本书在他逝世 10 年后才陆续完稿，但本书实际的主编应为伍献文教授。现在各卷册上的署名，只代表后期文稿编写的责任人。

30 多年的辛勤工作，包含了我国四代鱼类学家的共同努力，前后接触过本项研究的有数十人，如果包括为完成本志提供标本和资料帮助的可能达到百人。有些先生的贡献已在前期研究报告中致谢，而更多同仁的帮助却无以表达，谨此一并表示感谢。

本志自动笔到统稿完毕历时三十余年，部分文稿早已完成，也有部分文稿中途停顿，而后由年轻同志继续完成。因此，虽有统一规范，但难免在收集资料的时限、编写格式等方面出现许多不一致处。全书存在的疏漏与不当之处敬请读者批评指正，以待再版时进一步完善。

何舜平　陈宜瑜　曹文宣

2020 年 10 月于武汉

目　　录

前言
总论 ………… 1
一、研究简史 ………… 1
二、形态特征与染色体 ………… 6
（一）外部形态 ………… 6
（二）解剖特征 ………… 10
（三）染色体 ………… 39
三、生态资料 ………… 11
四、地理分布 ………… 45
（一）胭脂鱼科（亚口鱼科） ………… 45
（二）鲤科 ………… 45
（三）双孔鱼科 ………… 47
（四）裸吻鱼科 ………… 47
（五）鳅科 ………… 47
（六）平鳍鳅科 ………… 48
五、系统演化 ………… 48
（一）分类学研究 ………… 48
（二）起源 ………… 52
（三）系统发育研究 ………… 52
六、经济意义与增殖途径 ………… 59
七、术语说明 ………… 61
各论 ………… 64
一、鳅科 Cobitidae ………… 64
（一）条鳅亚科 Nemacheilinae ………… 64
1. 异条鳅属 *Paranemachilus* Zhu, 1983 ………… 67
(1) 颊鳞异条鳅 *Paranemachilus genilepis* Zhu, 1983 ………… 68
(2) 平果异条鳅 *Paranemachilus pingguoensis* Gan, 2013 ………… 69
2. 原条鳅属 *Protonemacheilus* Yang *et* Chu, 1990 ………… 71
(3) 长鳍原条鳅 *Protonemacheilus longipectoralis* Yang *et* Chu, 1990 ………… 71
3. 小条鳅属 *Micronemacheilus* Rendahl, 1944 ………… 72
(4) 美丽小条鳅 *Micronemacheilus pulcher* (Nichols *et* Pope, 1927) ………… 72
4. 间条鳅属 *Heminoemacheilus* Zhu *et* Cao, 1987 ………… 74

(5) 透明间条鳅 *Heminoemacheilus hyalinus* Lan, Yang *et* Chen, 1996 ········ 74

(6) 郑氏间条鳅 *Heminoemacheilus zhengbaoshani* Zhu *et* Cao, 1987 ········ 76

5. 云南鳅属 *Yunnanilus* Nichols, 1925 ········ 77

(7) 长臀云南鳅 *Yunnanilus analis* Yang, 1990 ········ 79

(8) 褚氏云南鳅 *Yunnanilus chui* Yang, 1991 ········ 80

(9) 纺锤云南鳅 *Yunnanilus elakatis* Cao *et* Zhu, 1989 ········ 81

(10) 异色云南鳅 *Yunnanilus discoloris* Zhou *et* He, 1989 ········ 82

(11) 长鳔云南鳅 *Yunnanilus longibulla* Yang, 1990 ········ 83

(12) 小云南鳅 *Yunnanilus parvus* Kottelat *et* Chu, 1988 ········ 84

(13) 四川云南鳅 *Yunnanilus sichuanensis* Ding, 1995 ········ 85

(14) 鼓腹云南鳅 *Yunnanilus macrogaster* Kottelat *et* Chu, 1988 ········ 86

(15) 侧纹云南鳅 *Yunnanilus pleurotaenia* (Regan, 1904) ········ 87

(16) 沼泽云南鳅 *Yunnanilus paludosus* Kottelat *et* Chu, 1988 ········ 88

(17) 黑斑云南鳅 *Yunnanilus nigromaculatus* (Regan, 1904) ········ 89

(18) 钝吻云南鳅 *Yunnanilus obtusirostris* Yang, 1995 ········ 90

(19) 黑体云南鳅 *Yunnanilus niger* Kottelat *et* Chu, 1988 ········ 91

(20) 宽头云南鳅 *Yunnanilus pachycephalus* Kottelat *et* Chu, 1988 ········ 92

(21) 高体云南鳅 *Yunnanilus altus* Kottelat *et* Chu, 1988 ········ 93

(22) 草海云南鳅 *Yunnanilus caohaiensis* Ding, 1992 ········ 94

(23) 阳宗海云南鳅 *Yunnanilus yangzonghaiensis* Cao *et* Zhu, 1989 ········ 95

6. 北鳅属 *Lefua* Herzenstein, 1888 ········ 96

(24) 北鳅 *Lefua costata* (Kessler, 1876) ········ 96

7. 岭鳅属 *Oreonectes* Günther, 1868 ········ 98

(25) 叉尾岭鳅 *Oreonectes furcocaudalis* Zhu *et* Cao, 1987 ········ 99

(26) 东兰岭鳅 *Oreonectes donglanensis* Wu, 2013 ········ 100

(27) 小眼岭鳅 *Oreonectes microphthalmus* Du, Chen *et* Yang, 2008 ········ 101

(28) 大鳞岭鳅 *Oreonectes macrolepis* Huang, Du, Chen *et* Yang, 2009 ········ 103

(29) 都安岭鳅 *Oreonectes duanensis* Lan, 2013 ········ 104

(30) 透明岭鳅 *Oreonectes translucens* Zhang, Zhao *et* Zhang, 2006 ········ 105

(31) 弓背岭鳅 *Oreonectes acridorsalis* Lan, 2013 ········ 106

(32) 弱须岭鳅 *Oreonectes barbatus* Gan, 2013 ········ 107

(33) 平头岭鳅 *Oreonectes platycephalus* Günther, 1868 ········ 108

(34) 罗城岭鳅 *Oreonectes luochengensis* Yang, Wu, Wei *et* Yang, 2011 ········ 110

(35) 多斑岭鳅 *Oreonectes polystigmus* Du, Chen *et* Yang, 2008 ········ 111

(36) 关安岭鳅 *Oreonectes guananensis* Yang, Wei, Lan *et* Yang, 2011 ········ 112

(37) 无眼岭鳅 *Oreonectes anophthalmus* Zheng, 1981 ········ 113

8. 须鳅属 *Barbatula* Linck, 1790 ········ 114

(38) 小眼须鳅 *Barbatula microphthalma* (Kessler, 1879) ········ 115

(39) 穗唇须鳅 *Barbatula labiata* (Kessler, 1874) ······ 116

(40) 北方须鳅 *Barbatula barbatula nuda* (Bleeker, 1865) ······ 118

9. 山鳅属 *Oreias* Sauvage, 1874 ······ 119

(41) 戴氏山鳅 *Oreias dabryi* Sauvage, 1874 ······ 120

10. 副鳅属 *Paracobitis* Bleeker, 1863 ······ 121

(42) 红尾副鳅 *Paracobitis variegatus* (Sauvage *et* Dabry de Thiersant, 1874) ······ 122

(43) 拟鳗副鳅 *Paracobitis anguillioides* Zhu *et* Wang, 1985 ······ 124

(44) 尖头副鳅 *Paracobitis acuticephala* Zhou *et* He, 1993 ······ 125

(45) 寡鳞副鳅 *Paracobitis oligolepis* Cao *et* Zhu, 1989 ······ 126

(46) 洱海副鳅 *Paracobitis erhaiensis* Zhu *et* Cao, 1988 ······ 127

(47) 乌江副鳅 *Paracobitis wujiangensis* Ding *et* Deng, 1990 ······ 128

(48) 短体副鳅 *Paracobitis potanini* (Günther, 1896) ······ 129

(49) 后鳍盲副鳅 *Paracobitis posterodorsalus* Li, Ran *et* Chen, 2006 ······ 130

11. 南鳅属 *Schistura* McClelland, 1839 ······ 131

(50) 无斑南鳅 *Schistura incerta* (Nichols, 1931) ······ 133

(51) 鼓颊南鳅 *Schistura bucculenta* (Smith, 1945) ······ 134

(52) 侧带南鳅 *Schistura laterivittata* (Zhu *et* Wang, 1985) ······ 135

(53) 大斑南鳅 *Schistura macrotaenia* (Yang, 1990) ······ 136

(54) 圆斑南鳅 *Schistura spilota* (Fowler, 1934) ······ 137

(55) 雷氏南鳅 *Schistura reidi* (Smith, 1945) ······ 139

(56) 泰国南鳅 *Schistura thai* (Fowler, 1934) ······ 140

(57) 横纹南鳅 *Schistura fasciolata* (Nichols *et* Pope, 1927) ······ 141

(58) 稀有南鳅 *Schistura rara* (Zhu *et* Cao, 1987) ······ 143

(59) 锥吻南鳅 *Schistura conirostris* (Zhu, 1982) ······ 144

(60) 南方南鳅 *Schistura meridionalis* (Zhu, 1982) ······ 145

(61) 宽纹南鳅 *Schistura latifasciata* (Zhu *et* Wang, 1985) ······ 146

(62) 密纹南鳅 *Schistura vinciguerrae* (Hora, 1935) ······ 148

(63) 长南鳅 *Schistura longa* (Zhu, 1982) ······ 149

(64) 美斑南鳅 *Schistura callichroma* (Zhu *et* Wang, 1985) ······ 150

(65) 南定南鳅 *Schistura nandingensis* (Zhu *et* Wang, 1985) ······ 151

12. 阿波鳅属 *Aborichthys* Chaudhuri, 1913 ······ 152

(66) 墨脱阿波鳅 *Aborichthys kempi* Chaudhuri, 1913 ······ 152

13. 条鳅属 *Nemacheilus* Bleeker, 1863 ······ 153

(67) 多纹条鳅 *Nemacheilus polytaenia* Zhu, 1982 ······ 154

(68) 葡萄条鳅 *Nemacheilus putaoensis* Rendahl, 1948 ······ 155

(69) 浅棕条鳅 *Nemacheilus subfuscus* (McClelland, 1839) ······ 156

(70) 盈江条鳅 *Nemacheilus yingjiangensis* Zhu, 1982 ······ 158

(71) 双江条鳅 *Nemacheilus shuangjiangensis* (Zhu *et* Wang, 1985) ······ 159

14. 新条鳅属 *Neonoemacheilus* Zhu *et* Guo, 1985 ······ 160
(72) 孟定新条鳅 *Neonoemacheilus mengdingensis* Zhu *et* Guo, 1989 ······ 160
15. 高原鳅属 *Triplophysa* Rendahl, 1933 ······ 162
(73) 花坪高原鳅 *Triplophysa huapingensis* Zheng, Yang *et* Chen, 2012 ······ 168
(74) 岷县高原鳅 *Triplophysa minxianensis* (Wang *et* Zhu, 1979) ······ 169
(75) 长鳍高原鳅 *Triplophysa longipectoralis* Zheng, Du, Chen *et* Yang, 2009 ······ 170
(76) 鞍斑高原鳅 *Triplophysa sellaefer* (Nichols, 1925) ······ 172
(77) 陕西高原鳅 *Triplophysa shaanxiensis* Chen, 1987 ······ 173
(78) 粗壮高原鳅 *Triplophysa robusta* (Kessler, 1876) ······ 174
(79) 云南高原鳅 *Triplophysa yunnanensis* Yang, 1990 ······ 175
(80) 尖头高原鳅 *Triplophysa cuneicephala* (Shaw *et* Tchang, 1931) ······ 176
(81) 黄河高原鳅 *Triplophysa pappenheimi* (Fang, 1935) ······ 177
(82) 拟鲇高原鳅 *Triplophysa siluroides* (Herzenstein, 1888) ······ 179
(83) 粗唇高原鳅 *Triplophysa crassilabris* Ding, 1994 ······ 180
(84) 兴山高原鳅 *Triplophysa xingshanensis* (Yang *et* Xie, 1983) ······ 182
(85) 大斑高原鳅 *Triplophysa macromaculata* Yang, 1990 ······ 183
(86) 南丹高原鳅 *Triplophysa nandanensis* Lan, Yang *et* Chen, 1995 ······ 184
(87) 酒泉高原鳅 *Triplophysa hsutschouensis* (Rendahl, 1933) ······ 185
(88) 安氏高原鳅 *Triplophysa angeli* (Fang, 1941) ······ 186
(89) 大桥高原鳅 *Triplophysa daqiaoensis* Ding, 1993 ······ 188
(90) 前鳍高原鳅 *Triplophysa anterodorsalis* Zhu *et* Cao, 1989 ······ 190
(91) 西溪高原鳅 *Triplophysa xiqiensis* Ding *et* Lai, 1996 ······ 191
(92) 短尾高原鳅 *Triplophysa brevicauda* (Herzenstein, 1888) ······ 193
(93) 贝氏高原鳅 *Triplophysa bleekeri* (Sauvage *et* Dabry de Thiersant, 1874) ······ 194
(94) 南盘江高原鳅 *Triplophysa nanpanjiangensis* (Zhu *et* Cao, 1988) ······ 196
(95) 修长高原鳅 *Triplophysa leptosoma* (Herzenstein, 1888) ······ 197
(96) 蛇形高原鳅 *Triplophysa longianguis* Wu *et* Wu, 1984 ······ 199
(97) 唐古拉高原鳅 *Triplophysa tanggulaensis* (Zhu, 1982) ······ 200
(98) 斯氏高原鳅 *Triplophysa stoliczkae* (Steindachner, 1866) ······ 201
(99) 理县高原鳅 *Triplophysa lixianensis* He, Song *et* Zhang, 2008 ······ 203
(100) 窄尾高原鳅 *Triplophysa tenuicauda* (Steindachner, 1866) ······ 205
(101) 阿里高原鳅 *Triplophysa aliensis* (Wu *et* Zhu, 1979) ······ 206
(102) 细尾高原鳅 *Triplophysa stenura* (Herzenstein, 1888) ······ 207
(103) 拟细尾高原鳅 *Triplophysa pseudostenura* He, Zhang *et* Song, 2012 ······ 209
(104) 康定高原鳅 *Triplophysa alexandrae* Prokofiev, 2001 ······ 210
(105) 短须高原鳅 *Triplophysa brevibarba* Ding, 1993 ······ 212
(106) 茶卡高原鳅 *Triplophysa cakaensis* Cao *et* Zhu, 1988 ······ 213
(107) 小眼高原鳅 *Triplophysa microps* (Steindachner, 1866) ······ 214

(108) 改则高原鳅 *Triplophysa gerzeensis* Cao *et* Zhu, 1988 ······ 216
(109) 隆头高原鳅 *Triplophysa alticeps* (Herzenstein, 1888) ······ 217
(110) 圆腹高原鳅 *Triplophysa rotundiventris* (Wu *et* Chen, 1979) ······ 218
(111) 铲颌高原鳅 *Triplophysa chondrostoma* (Herzenstein, 1888) ······ 219
(112) 昆明高原鳅 *Triplophysa grahami* (Regan, 1906) ······ 220
(113) 大眼高原鳅 *Triplophysa macrophthalma* Zhu *et* Guo, 1985 ······ 221
(114) 秀丽高原鳅 *Triplophysa venusta* Zhu *et* Cao, 1988 ······ 222
(115) 西昌高原鳅 *Triplophysa xichangensis* Zhu *et* Cao, 1989 ······ 223
(116) 忽吉图高原鳅 *Triplophysa hutjertjuensis* (Rendahl, 1933) ······ 225
(117) 达里湖高原鳅 *Triplophysa dalaica* (Kessler, 1876) ······ 226
(118) 东方高原鳅 *Triplophysa orientalis* (Herzenstein, 1888) ······ 228
(119) 黑背高原鳅 *Triplophysa dorsalis* (Kessler, 1872) ······ 230
(120) 黑体高原鳅 *Triplophysa obscura* Wang, 1987 ······ 231
(121) 硬刺高原鳅 *Triplophysa scleroptera* (Herzenstein, 1888) ······ 232
(122) 拟硬刺高原鳅 *Triplophysa pseudoscleroptera* (Zhu *et* Wu, 1981) ······ 235
(123) 武威高原鳅 *Triplophysa wuweiensis* (Li *et* Chang, 1974) ······ 237
(124) 麻尔柯河高原鳅 *Triplophysa markehenensis* (Zhu *et* Wu, 1981) ······ 238
(125) 小鳔高原鳅 *Triplophysa microphysa* (Fang, 1935) ······ 239
(126) 重穗唇高原鳅 *Triplophysa papillosolabiata* (Kessler, 1879) ······ 240
(127) 新疆高原鳅 *Triplophysa strauchii* (Kessler, 1874) ······ 241
(128) 长身高原鳅 *Triplophysa tenuis* (Day, 1877) ······ 243
(129) 隆额高原鳅 *Triplophysa bombifrons* (Herzenstein, 1888) ······ 244
(130) 异尾高原鳅 *Triplophysa stewarti* (Hora, 1922) ······ 245
(131) 西藏高原鳅 *Triplophysa tibetana* (Regan, 1905) ······ 247
(132) 天峨高原鳅 *Triplophysa tianeensis* Chen, Cui *et* Yang, 2004 ······ 248
(133) 凌云高原鳅 *Triplophysa lingyunensis* (Liao, Wang *et* Luo, 1997) ······ 250
(134) 浪平高原鳅 *Triplophysa langpingensis* Yang, 2013 ······ 251
(135) 大头高原鳅 *Triplophysa macrocephala* Yang, Wu *et* Yang, 2012 ······ 253
(136) 凤山高原鳅 *Triplophysa fengshanensis* Lan, 2013 ······ 254
(137) 里湖高原鳅 *Triplophysa lihuensis* Wu, Yang *et* Lan, 2012 ······ 256
(138) 环江高原鳅 *Triplophysa huanjiangensis* Yang, Wu *et* Lan, 2011 ······ 257
(139) 峒敢高原鳅 *Triplophysa dongganensis* Yang, 2013 ······ 258
16. 鼓鳔鳅属 *Hedinichthys* Rendahl, 1933 ······ 260
(140) 叶尔羌鼓鳔鳅指名亚种 *Hedinichthys yarkandensis yarkandensis* (Day, 1877) ······ 260
(141) 叶尔羌鼓鳔鳅大鳍亚种 *Hedinichthys yarkandensis macropterus* (Herzenstein, 1888) ······ 262
(142) 小体鼓鳔鳅 *Hedinichthys minuta* (Li, 1966) ······ 263
17. 球鳔鳅属 *Sphaerophysa* Cao *et* Zhu, 1988 ······ 264
(143) 滇池球鳔鳅 *Sphaerophysa dianchiensis* Cao *et* Zhu, 1988 ······ 264

（二）沙鳅亚科 Botiinae ······265
18. 沙鳅属 *Botia* Gray, 1831 ······266
(144) 南方沙鳅 *Botia lucasbahi* Fowler, 1937 ······267
(145) 缅甸沙鳅 *Botia berdmorei* (Blyth, 1860) ······268
(146) 云南沙鳅 *Botia yunnanensis* Chen, 1980 ······269
(147) 壮体沙鳅 *Botia robusta* Wu, 1939 ······270
(148) 中华沙鳅 *Botia superciliaris* Günther, 1892 ······271
(149) 宽体沙鳅 *Botia reevesae* Chang, 1944 ······272
(150) 美丽沙鳅 *Botia pulchra* Wu, 1939 ······273
(151) 伊洛瓦底沙鳅 *Botia histrionica* Blyth, 1860 ······274
19. 副沙鳅属 *Parabotia* Sauvage *et* Dabry de Thiersant, 1874 ······275
(152) 花斑副沙鳅 *Parabotia fasciata* Dabry de Thiersant, 1872 ······276
(153) 武昌副沙鳅 *Parabotia banarescui* (Nalbant, 1965) ······278
(154) 点面副沙鳅 *Parabotia maculosa* (Wu, 1939) ······279
(155) 漓江副沙鳅 *Parabotia lijiangensis* Chen, 1980 ······280
(156) 短副沙鳅 *Parabotia curta* (Temminck *et* Schlegel, 1846) ······281
(157) 双斑副沙鳅 *Parabotia bimaculata* Chen, 1980 ······282
(158) 小副沙鳅 *Parabotia parva* Chen, 1980 ······283
20. 薄鳅属 *Leptobotia* Bleeker, 1870 ······284
(159) 长薄鳅 *Leptobotia elongata* (Bleeker, 1870) ······285
(160) 紫薄鳅 *Leptobotia taeniops* (Sauvage, 1878) ······286
(161) 小眼薄鳅 *Leptobotia microphthalma* Fu *et* Ye, 1983 ······287
(162) 大斑薄鳅 *Leptobotia pellegrini* Fang, 1936 ······288
(163) 东方薄鳅 *Leptobotia orientalis* Xu, Fang *et* Wang, 1981 ······289
(164) 桂林薄鳅 *Leptobotia guilinensis* Chen, 1980 ······290
(165) 张氏薄鳅 *Leptobotia tchangi* Fang, 1936 ······291
(166) 扁尾薄鳅 *Leptobotia tientaiensis* (Wu, 1930) ······292
(167) 红唇薄鳅 *Leptobotia rubrilabris* (Dabry de Thiersant, 1872) ······294
(168) 黄线薄鳅 *Leptobotia flavolineata* Wang, 1981 ······295
(169) 斑纹薄鳅 *Leptobotia zebra* (Wu, 1939) ······296
（三）鳅亚科 Cobitinae ······297
21. 马头鳅属 *Acantopsis* van Hasselt, 1823 ······298
(170) 马头鳅 *Acantopsis choirorhynchos* (Bleeker, 1854) ······298
22. 鳞头鳅属 *Lepidocephalus* Bleeker, 1858 ······299
(171) 鳞头鳅 *Lepidocephalus birmanicus* Rendahl, 1948 ······299
23. 鳅属 *Cobitis* Linnaeus, 1758 ······300
(172) 中华鳅 *Cobitis sinensis* Sauvage *et* Dabry de Thiersant, 1874 ······301
(173) 黑龙江鳅 *Cobitis lutheri* Rendahl, 1935 ······302

(174) 大斑鳅 *Cobitis macrostigma* Dabry de Thiersant, 1872 ······ 303
(175) 北方鳅 *Cobitis granoei* Rendahl, 1935 ······ 304
(176) 沙花鳅 *Cobitis arenae* (Lin, 1934) ······ 305
(177) 斑条鳅 *Cobitis laterimaculata* Yan *et* Zheng, 1984 ······ 306
24. 拟长鳅属 *Acanthopsoides* Fowler, 1934 ······ 307
(178) 拟长鳅 *Acanthopsoides gracilis* Fowler, 1934 ······ 307
25. 细头鳅属 *Paralepidocephalus* Tchang, 1935 ······ 308
(179) 细头鳅 *Paralepidocephalus yui* Tchang, 1935 ······ 308
26. 泥鳅属 *Misgurnus* Lacépède, 1803 ······ 309
(180) 黑龙江泥鳅 *Misgurnus mohoity* (Dybowski, 1869) ······ 310
(181) 泥鳅 *Misgurnus anguillicaudatus* (Cantor, 1842) ······ 311
(182) 北方泥鳅 *Misgurnus bipartitus* (Sauvage *et* Dabry de Thiersant, 1874) ······ 312
27. 副泥鳅属 *Paramisgurnus* Sauvage, 1878 ······ 313
(183) 大鳞副泥鳅 *Paramisgurnus dabryanus* Sauvage, 1878 ······ 313
二、胭脂鱼科 Catostomidae ······ 314
28. 胭脂鱼属 *Myxocyprinus* Gill, 1878 ······ 315
(184) 胭脂鱼 *Myxocyprinus asiaticus* (Bleeker, 1864) ······ 315
三、双孔鱼科 Gyrinocheilidae ······ 316
29. 双孔鱼属 *Gyrinocheilus* Vaillant, 1902 ······ 317
(185) 双孔鱼 *Gyrinocheilus aymonieri* (Tirant, 1883) ······ 317
参考文献 ······ 319
英文摘要 ······ 343
中名索引 ······ 365
学名索引 ······ 372
《中国动物志》已出版书目 ······ 383

总　　论

一、研究简史

鲤形目 Cypriniformes 是硬骨鱼纲辐鳍鱼亚纲中的一目，是仅次于鲈形目的第二大目，也是现生淡水鱼类中最大的一目，有 6 科（或 3 亚目 13 科）489 属 4205 种（Nelson *et al.*, 2016）。鲤亚目 Cyprinoidei 包括鲤科 Cyprinidae、胭脂鱼科 Catostomidae、双孔鱼科 Gyrinocheilidae、鳅科 Cobitidae、平鳍鳅科 Homalopteridae 和裸吻鱼科 Psilorhynchidae。鲤形目鱼类广泛分布于亚洲、欧洲、非洲和北美洲，我国是世界上鲤形目鱼类最丰富的国家之一，约有 178 属 785 种，几乎包括了所有具代表性的类群。科克雷尔（Cockerell）、伯格（Berg）等认为鲤形目起源于白垩纪的狼鳍鱼类 Lycopteridae（Cockerell, 1925; Berg, 1940）；罗森（Rosen）和格林伍德（Greenwood）认为起源于虱目鱼科 Chanidae，经鼠鱚科 Gonorhynchidae 而演变成鲑鲤目、电鳗目、鲤形目及鲇形目，因虱目鱼前三椎骨已特化且至少有 1 头柱（Rosen & Greenwood, 1970）。但虱目鱼等左右顶骨已被隔离，无眶蝶骨及下咽齿，最大耳石为星耳石（asteriscus），与鲤形目正相反，且鲤形目化石最早始于亚欧的古新统及始新统，而非洲最早为中新统，故有人仍认为鲤形目起源于亚洲北部白垩纪的狼鳍鱼类。

我国有关鲤形目的文字记载最早可见于《诗经》，诗曰：“岂其食鱼，必河之鲂”，“岂其食鱼，必河之鲤”，“其钓维何，维鲂及鱮”。据考，其中“鲤”即鲤，“鲂”是鳊或三角鲂，“鳊”是鲢或鳙。《诗经》之后的《尔雅》、《山海经》和《说文解字》等许多古籍和地方志，都记述过若干种类的鲤科鱼类。在这众多的古籍中，以李时珍所著的《本草纲目》最为详细，对鲤、鱮（鲢）、鳙、鲩（草鱼）、青鱼等许多种类的性状都做了比较准确的描述。

对我国鲤形目鱼类的研究历史可以分为以下五个时期：外国学者研究时期（1758-1927 年）、中国学者开始自主研究时期（1927-1937 年）、战争影响时期（1937-1949 年）、恢复时期（1949-1980 年）和快速发展时期（1980 年至今）。

第一时期，外国学者研究时期（1758-1927 年）。对鲤形目鱼类的研究最早始于瑞典著名生物学家 Linnaeus（1758）的 *Systema Naturae* 第十版，在这本经典的著作中记录了产于中国的鲫 *Cyprinus auratus*（=*Carassius auratus*）、花鳅 *Cobitis taenia*、东方欧鳊 *Abramis brama*、高体雅罗鱼 *Leuciscus idus*、真鲅 *Phoxinus phoxinus* 等鲤形目鱼类。Richardson（1844, 1846）记述了“硫磺岛号”航海考察船 1836-1842 年在广东沿海岸收集到的一些淡水鱼类。Basilewsky（1855）又报道了一部分分布在中国北部的种类，从而揭开了中国鲤形目鱼类研究的序幕。紧接着在 19 世纪后半叶，Bleeker（1862, 1863a, 1864, 1870a, 1870b, 1878, 1879）、Steindachner（1866）、Kner（1867）、Günther（1868, 1873, 1874, 1888, 1889, 1892, 1896, 1898）、Kessler（1872, 1874, 1876, 1879）、Sauvage（1874,

1878, 1880, 1881, 1884)、Peters(1881a, 1881b)、Herzenstein(1891, 1892, 1896)和 Nikolsky（1885, 1897, 1903）等外国学者相继对中国的鲤科鱼类进行了研究。

在早期有关中国鲤形目鱼类的研究中，以布里克（Bleeker）和冈瑟（Günther）的贡献最大。荷兰学者 Bleeker 是世界著名的鱼类学家，他的一生著作十分丰富，其中涉及中国鲤科鱼类的有十余篇。他研究了达布里・德・蒂尔桑（Dabry de Thiersant）和大卫（L'Albe' David）在中国采集到的标本，发表了大量新种。1871 年，他发表了世界上第一篇有关中国鲤科鱼类的专论 *Mémoire sur les Cyprinïdes de Chine*，以他自己的工作为主，同时汇集了前人的研究结果，共记录了中国的鲤科鱼类 71 种（包括属于胭脂鱼科的胭脂鱼 *Myxocyprinus asiaticrus*），并对其中的 35 种进行了比较详细的描述并附插图。在大英博物馆工作的德国鱼类学家 Günther 也于 1868 年出版的 *Catalogue of the Fishes in the British Museum* 一书的第七卷中记述了分布于中国的 40 种鲤科鱼类。此后他们又各自对此做了较多的补充。Bleeker、Günther 和克奈尔（Kner）、绍瓦热（Sauvage）等研究的对象较局限于中国的东部和长江流域。与此同时，斯坦达赫纳（Steindachner）、凯斯勒（Kessler）、海祯斯坦（Heizenstein）和尼科尔斯基（Nicholsky）却着重对中国西藏和新疆等地区的鱼类进行了调查研究。1878 年，安德森（Anderson）又报道了分布于我国云南边陲的一些鲤科鱼类。因此可以说，至 19 世纪末，人们对中国的鲤形目鱼类已经有了一个大致的了解。

俄国学者 Berg（1909）发表了"Ichthyologia Amurensis"(《黑龙江流域的鱼类》)，对黑龙江及其支流松花江、乌苏里江等水系的鱼类做了较详细的叙述；美国学者 Fowler（1910）报道了鲤科 Cyprinidae 鳑鲏属 *Rhodeus* 的新种；日本学者 Oshima（1919, 1920a, 1920b）整理了分布于我国台湾岛的淡水鱼类，报道了 1 新属 5 新种，应是最早对我国台湾省淡水鱼类进行研究的鱼类学家。

1927 年，美国旧金山加利福尼亚科学院学者艾夫芒（Evermann）与我国学者寿振黄合作写了《华东的鱼类》(*Fishes from eastern China*)。美国费城自然科学院的福勒(Fowler)在 20 世纪的前 30 年中，研究过不少美国人在华采集的鱼类标本，包括蒲伯（Pope）在我国河北东陵、兴隆山区及安徽宁国等地采集的泥鳅、元宝鳊等一些鱼类，以及在齐鲁大学任教的贾科比（Jacobi）在济南附近水域收集的 20 多种鱼类，并发表多篇相应的研究论文。赫里（Herre）在 20 世纪 30 年代曾就我国香港、广东、海南和浙江的鱼类进行研究，并发表不少论文。斯坦福大学的梅耶斯（Myers）也写过一些关于我国海南、台湾鱼类的论文，1935 年，维拉德科夫（Vladykov）也研究过我国的鳅科鱼类。

美国另一鱼类学家尼科尔斯（Nichols）曾全面研究过美国自然历史博物馆中亚考察队收集的中国淡水鱼类标本，并与 Pope 合作研究过我国海南的鱼类，发表了不少研究成果。在此基础上，他们通过进一步整理以往的研究文献，编写了《中国淡水鱼类》(*The Fresh-water Fishes of China*)，并于 1943 年作为《中亚自然史》的第九卷出版。与埃伦（Ellen）的著作类似，该书不包括东北三省和台湾的相关内容，此外，也不包括内蒙古的淡水鱼类。其收录的淡水鱼共计 25 科 143 属近 600 种，是一本集大成的著作。书中介绍了中国各地分布的淡水鱼类，并根据中外学者研究的结果，指出鲤科和鳅科鱼类在中国淡水鱼类中占有很大的比例，且中国应当是鲤科鱼类的分化和分布中心。书中也提到中国的鲤科鱼类不仅物种丰富而且变种也比其他地方多，进化的程度也较高，各类型的分化也较深刻。该书同时概要地介绍了区系成分特点。作者也提到一些地方如云南省的鱼类在美国自然博物馆收藏很少等缺憾。书中的不足之处也是显而易见的，如存在将已知为同名的鱼类分列等，其他可待商榷的地方也很多。

第二时期，中国学者开始自主研究时期（1927-1937 年）。1927 年，我国著名动物学家寿振黄和美国鱼类学家 Evermann 合作，对采自我国上海、南京、杭州、宁波、温州及梧州等地的 128 尾鱼类标本进行了研究，发表了“Fishes from eastern China, with descriptions of new species”（《中国东部鱼类及新种描述》）一文，整理出 55 种，包括鲤科的 *Sarcocheilichthys variegatus*、鳊 *Parabramis pekinensis*、鲤 *Cyprinus carpio* 等 19 种，鳅科的泥鳅 *Misgurnus anguillicaudatus* (Evermann & Shaw, 1927)。

值得提出的是林书颜（1931）编写的《南中国之鲤鱼及似鲤鱼类之研究》一书，是第一部以中文形式报道中国内陆水域鱼类的著作，书中根据中山市博物馆馆藏标本以及从西江、广州附近采集的标本，编写了广东及其邻省的鲤科及似鲤类分类检索表，并对每种进行了形态描述，共记述 9 亚科 138 种鱼类。Tchang（1933）编写了“The study of Chinese Cyprinoid fishes”（《中国鲤科志》），记述我国鲤科鱼类 50 属 99 种；Chu（1935）发表了“Comparative studies on the scales and on the pharyngeals and their teeth in Chinese cyprinids, with particular reference to taxonomy and evolution”（《中国鲤科鱼类鳞片、咽骨和牙齿的比较研究》）一文，对中国鲤科鱼类鳞片、咽骨和牙齿构造进行了深入研究，探讨了这些构造在系统分类中的意义，以及其形态结构上的变化与鱼类系统演化之间的关系，并描述了 7 个新属，拓展了利用比较解剖学研究鱼类系统分类的新途径。这些研究分别以各自实际掌握的材料，对整个鲤科乃至整个中国内陆水域鱼类的研究都起到很大的推动作用。

这一时期的研究，也见于一些外国学者，尤其是日本学者的研究。代表性的有 Mori（1928, 1929, 1934a, 1934b, 1936）对似鮈属 *Pseudogobio* 和小鳔鮈属 *Microphysogobio* 的研究，以及 Kimura（1934a, 1934b, 1935）对 1927-1929 年采自长江的鱼类和上海崇明岛淡水鱼类的描述。

第三时期，战争影响时期（1937-1949 年）。这个时期可查的最重要的研究成果应是美国学者 Nichols（1943）编著的 *The Fresh-water Fishes of China*（《中国淡水鱼类》）一书，作者根据美国自然历史博物馆保存的中亚考察队采自中国内陆水域的鱼类标本，整理出 25 科 143 属近 600 种，同时，还概要介绍了中国内陆水域鱼类的区系特点。

第四时期，即恢复时期（1949-1980 年）。这一时期仍以鱼类分类学、区系研究等为主。在鱼类分类学方面，截至 1980 年，编写了《中国系统鲤类志》（Tchang, 1959）、《湖南鱼类志》（湖南省水产科学研究所, 1977）、《新疆鱼类志》（中国科学院动物研究所等, 1979）等涉及中国内陆水域鱼类的区域性或地方性鱼类志；翻译了《黑龙江流域鱼类》（Nikolsky, 1960）；还编写了《中国经济动物志淡水鱼类》（伍献文等, 1963）、《中国鲤科鱼类志（上、下卷）》（伍献文, 1964, 1977）等专著。此外，还发表了大量相关研究论文，陈宜瑜（1978, 1980）对我国平鳍鳅科 Homalopteridae [=爬鳅科 Balitoridae] 进行了系统整理，陈景星（1980）对我国沙鳅亚科 Botiinae 进行了系统整理。上述工作中最具代表性的当属

《中国鲤科鱼类志》，该著作系统整理了截至20世纪70年代我国鲤科鱼类物种，共记录了10亚科113属416种及亚种鲤科鱼类，其中，描述了5个新属和43个新种，并对物种的分类地位、形态特征、分布及生活习性等进行了详细描述，其研究成果得到国内外同行的广泛关注和认可。

第五时期，快速发展时期（1980年至今）。Fink和Fink（1981, 1996）为鲤形目鱼类的系统进化地位给予了形态学上的例证。鲤形目鱼类在分支上要比脂鲤目更原始。Siebert（1987）阐释了鲤形目各科鱼类的系统进化关系，加深了我们对鲤形目的生物多样性和系统进化关系的理解。2004年，美国鱼类学家梅登（Mayden）获得了美国国家科学基金（NSF）的高额资助，构建鲤形目鱼类的生命之树。该研究在世界范围内采集样本，使用多个线粒体和核基因序列作为分子标记，探索鲤形目鱼类对淡水环境的侵入和适应过程。中国科学院水生生物研究所鱼类系统发育与生物地理学学科组由于在该领域研究中的丰富积累与成果而被邀作为核心成员参加鲤形目鱼类生命之树（Cypriniformes-Tree of Life）项目。相应研究成果在 *Molecular Phylogenetics and Evolution* 杂志发表多篇论文（He *et al.*, 2008a, 2008b）。研究成果被《世界鱼类》（第五版）大量引用（Nelson *et al.*, 2016）。

鲤形目 Cypriniformes 是世界内陆水域鱼类中最重要的类群，而中国是鲤形目鱼类最为丰富的区域，鲤形目也是中国内陆水域鱼类最主要的成分（邢迎春, 2011）。有关该类群分类、分布及动物地理学等方面的研究一直受到世界范围内鱼类学家的重视。伍献文等（1981）引用国外20世纪70年代发展起来的分支系统学原理和方法，发表了《鲤亚目鱼类分科的系统和科间系统发育的相互关系》，就鲤亚目鱼类分科及科间系统发育关系进行了深入分析和探讨，提出了鲤亚目鱼类新的分类系统，引起了国际鱼类学界的关注。Nelson（1984）将此研究结果引入其《世界鱼类》（第二版）中。陈湘粦等（1984）以分支系统学理论和方法，对鲤科科下阶元宗系发生进行了研究，相关研究结果受到国内外同行的重视。这是我国最早应用分支系统学理论和方法开展鱼类系统演化研究的代表性成果。近年来，随着分子生物学研究理论和方法的发展，我国鱼类学家就鲤形目甚至骨鳔类的系统分类学相继开展了一系列相关研究工作。He等（2004, 2008b）和 Wang 等（2007）用多个基因序列数据重建了鲤科鱼类的系统发育过程，提出了该类群系统发育的新模式。

裂腹鱼亚科 Schizothoracinae 是仅生活在青藏高原及其周边地区的高原鱼类，根据最新统计，我国已记录有89种裂腹鱼类（邢迎春, 2011），对其起源、演化及与青藏高原隆起关系的研究是人们关注的重点。曹文宣等（1981）的研究表明裂腹鱼类严格局限于亚洲中部的青藏高原及其周围地区，是唯一适应青藏高原自然条件的类群。从裂腹鱼类起源看，其祖先是由鲃亚科 Barbinae 某一种类随第三纪末青藏高原隆升、气候环境改变而逐渐演化而来的。裂腹鱼的演化具有阶段性，其体鳞覆盖程度、下咽齿行数和触须数目的变化与青藏高原隆升过程中环境条件的改变密切相关，可依照其性状特化程度将其分为原始等级、特化等级和高度特化等级。武云飞（1984）通过比较现生裂腹鱼类和化石种类大头近裂腹鱼 *Plesioschizothorax macrocephalus* 的外部形态，选择45种裂腹鱼和5种鲃亚科鱼类进行主要骨骼结构的比较，提出裂腹鱼与鲃亚科鱼类具有5项共同特征，是来自共同祖先的一个单源群。He等（2004）采用线粒体细胞色素 *b* 基因序列分析了特化等级裂腹鱼类 3 属 9 种（及亚种）的分子系统发育关系，探讨了特化等级裂腹鱼类的主要分支及其与青藏高原阶段性隆起的关系，提出特化等级主要分支发生时间与晚新生代青藏高原在 800 万年前、360 万年前、250 万年前和 170 万年前发生的地质构造事件及气候重大转型时期基本吻合。He 和 Chen（2007）分析了分布于青藏高原及其邻近地区 23 种（亚种）的 36 个群体高度特化等级裂腹鱼类线粒体 DNA 细胞色素 *b* 序列，重建了系统发育关系并估计了主要分支发生时间，结果表明高度特化等级不是单系群，其系统发育关系总体上反映了水系之间和地质历史的联系，其起源演化可能与晚新生代青藏高原阶段性抬升导致的环境变化相关。

野鲮亚科 Labeoninae 是一类对流水环境具有特殊适应性的鲤科鱼类，截至 2011 年，我国已记录了至少 88 种（邢迎春, 2011）。Zhang（1994）基于外部形态和内部骨骼，采用外类群比较法对野鲮亚科泉水鱼属 *Pseudogyrinocheilus* 及其相关类群间的系统发育关系进行了分析，结果表明泉水鱼属 *Pseudogyrinocheilus*、唇鲮属 *Semilabeo* 和盘鲮属 *Discolabeo* 构成一个单系类群，其中唇鲮属和盘鲮属是姐妹群，且两者共同组成泉水鱼属的姐妹群。由此确定泉水鱼属仍是一个有效属，并认为野鲮亚科中某些类群鱼类颏部具有吸盘或下咽齿 2 行的特征可能不具有系统发育学重要性的特征。Zhang（2005）利用 29 个性状，研究了野鲮亚科 23 种的系统发育关系，结果提出带口吸盘的属聚为一个单系群，其中墨头鱼属 *Garra* 最原始，盆唇鱼属 *Placocheilus* 包括一个亚类群并与盘口鲮属 *Discocheilus* 和盘鮈属 *Discogobio* 形成姐妹群。这样的系统发育关系说明，盆唇鱼属、盘口鲮属和盘鮈属均为有效属，而墨头鱼属的有效性仍需进一步研究。Yuan 等（2008）对野鲮亚科华缨鱼属 *Sinocrossocheilus* 进行了重新整理，认为可根据下唇形态将该属与同科的其他属明显区分，依据这一分类特征，该属仅包括华缨鱼 *S. guizhouensis* 和穗唇华缨鱼 *S. labiatus* 2 个有效种。Zheng 等（2010）基于 2 个核基因和 3 个线粒体基因研究了中国野鲮亚科的系统发生关系，结果支持野鲮亚科是一个单系群，但不支持其下颌形态上的分化。王伟营（2012）基于线粒体细胞色素 *b* 和 COI、核基因 *RAG1* 和 *IRBP*，并结合口吸盘特征研究了墨头鱼属鱼类的系统发育关系，探讨其演化历史，结果表明，墨头鱼属可进一步被划分成 3 个分支，起源地可能在中新世早期的澜沧江下游，中新世中期可能扩散到非洲，目前非洲现生的种类则是在晚中新世扩散进入的。

中国高原鳅属鱼类最早报道的是在西藏采集的小眼高原鳅 *Triplophysa microps* (Steindachner, 1866)。其次主要是由法国人大卫（David）、俄罗斯人普热尔瓦斯基（Przewalski）等 19 世纪中后期旅行中国时大量采集并带回各自国内的博物馆，分别由 Sauvage 和 Dabry de Thiersant（1874）、Kessler（1876）、Herzenstein（1888）等进行分类整理和报道。当时这些种类均被列入条鳅属 *Nemacheilus* 中。Rendahl（1933）以显著的雄性第二性征作为主要依据，建立了高原鳅亚属 *Triplophysa*，并对忽吉图高原鳅 *T. hutjertjuensis* (Rendahl, 1933) 进行了报道和描述。Bănărescu 和 Nalbant（1975）将高原鳅亚属提升为属。目前，条鳅属中的大部分种类已被后来的分类学者划归到高原鳅属（朱松泉, 1989; Prokofiev, 2001）。我国学者寿振黄和张春霖（Shaw & Tchang, 1931）报道了尖头高原鳅 *T. cuneicephal* (Shaw *et* Tchang, 1931)；Fang（1935a, 1935b, 1941）分别对保存在柏林和巴黎自然历史博物馆的我国条鳅亚科鱼类做了非常有价值的整理研究，报道

了黄河高原鳅 *T. pappenheimi* (Fang)、小鳔高原鳅 *T. microphysa* (Fang) 和安氏高原鳅 *T. angeli* (Fang)，这些是我国学者早期研究高原鳅的报道。之后，李思忠和张世义（1974）、武云飞和朱松泉（1979）、武云飞和陈瑗（1979）、王香亭和朱松泉（1979）等分别发表了武威高原鳅 *T. wuweiensis* (Li *et* Chang)、阿里高原鳅 *T. aliensis* (Wu *et* Zhu)、圆腹高原鳅 *T. rotundiventris* (Wu *et* Chen)、岷县高原鳅 *T. minxianensis* (Wang *et* Zhu) 等新种，是较早研究高原鳅属鱼类的报道。进入 20 世纪 80 年代后，高原鳅属的新种报道和分类整理工作得到了快速发展，陆续发现和报道了拟硬刺高原鳅 *T. pseudoscleroptera* (Zhu *et* Wu)、麻尔柯河高原鳅 *T. markehenensis* (Zhu *et* Wu)（朱松泉和武云飞, 1981）、唐古拉高原鳅 *T. tanggulaensis* (Zhu)（朱松泉, 1982）、蛇形高原鳅 *T. longianguis* Wu *et* Wu（武云飞和吴翠珍, 1984）、大眼高原鳅 *T. macrophthalma* Zhu *et* Guo（朱松泉和郭启志, 1985）、陕西高原鳅 *T. shaanxiensis* Chen、黑体高原鳅 *T. obscura* Wang（陕西省动物研究所等, 1987）、秀丽高原鳅 *T. venusta* Zhu *et* Cao（朱松泉和曹文宣, 1988）、茶卡高原鳅 *T. cakaensis* Cao *et* Zhu、改则高原鳅 *T. gerzeensis* Cao *et* Zhu（曹文宣和朱松泉, 1988a）、西昌高原鳅 *T. xichangensis* Zhu *et* Cao、前鳍高原鳅 *T. anterodorsalis* Zhu *et* Cao（朱松泉, 1989）等。但是，由于当时高原鳅属的概念或定属特征还未广泛为国内的专家学者所知晓或接受，在这些文献和著作里，我国鱼类学者普遍将高原鳅归入了条鳅属。武云飞和吴翠珍（1984）在发表蛇形高原鳅时最先采用了高原鳅属，随后的《秦岭鱼类志》（陕西省动物研究所等, 1987）、《中国条鳅志》（朱松泉, 1989）也均采用了高原鳅属，并将众多条鳅属鱼类划归入该属，从而使高原鳅属逐渐为大多数学者认可和接受。朱松泉（1989）在《中国条鳅志》中对我国的高原鳅属鱼类进行了系统地分类整理，总结描述了 47 种（包括 2 新种）。之后，武云飞和吴翠珍（1992）对分布于青藏高原的高原鳅属鱼类进行了系统整理，丁瑞华（1994）和何春林（2008）对四川省境内的高原鳅属鱼类进行了系统整理。近 20 年来逐渐有高原鳅属新种的发现和报道，目前我国已记录高原鳅属鱼类是朱松泉（1989）所报道种类的 2 倍多，占世界高原鳅属鱼类的绝大多数。

二、形态特征与染色体

鲤形目鱼类在形态上变化很大，据此可以区别辨认各科、属、种，并可探索其演化及亲缘关系。

（一）外 部 形 态

1. 体形与体色

鲤形目鱼类种类繁多，体形各异，多栖息于淡水中。鲤科 Cyprinidae 鱼类是我国淡水鱼中的主要类群，体形多种多样，在形态上的共同特征是：通常体被圆鳞，少数鳞片退化、变小甚至裸露无鳞；口一般能自由伸缩；触须 1-2 对，鳅鮀亚科例外，具有 4 对触须。双孔鱼科 Gyrinocheilidae 鱼类体延长，圆柱形或稍侧扁，腹部圆；口下位，具漏斗状口吸盘；无须。胭脂鱼科又称亚口鱼科 Catostomidae，在我国分布的只有胭脂鱼

Myxocyprinus asiaticus 1 种，体侧扁，背部在背鳍起点处特别隆起；口小，下位，呈马蹄形；吻钝圆，无须。鳅科 Cobitidae 鱼类体长形，侧扁或圆柱形；头部大多侧扁；眼小；口下位；须 3-5 对，其中 2 对位于吻部。平鳍鳅科 Homalopteridae 鱼类体呈圆筒形或纵扁，腹面平坦；口下位，呈弧形或马蹄形；通常具吻须 2 对，口角须 1 对。裸吻鱼科 Psilorhynchidae 鱼类是鲤形目鱼类中体型较小的类群，头稍平扁，体前部略平扁或近圆筒形，后部侧扁，背缘隆起，腹部平；口小，下位；吻宽扁，无吻须。

鲤形目鱼类体色多样，幼鱼和成鱼体色也有差异，有些鱼类在生殖期有美丽的色彩，称为“婚姻色”。例如，胭脂鱼幼鱼体色为棕色，体侧具 3 条深色环带，各鳍淡红色；成年雄鱼体色为胭脂红色，成年雌鱼体色为深紫色，体侧均具 1 猩红色纵条。随着年龄的增长，成年胭脂鱼的体色会越来越深，到晚年时，其身上的带状条纹特征消失。

2. 头部

鲤形目鱼类的头部是从吻端到鳃盖骨后缘的部分。此目鱼类头大者约可达体长的 1/3，如鳙 *Hypophthalmichthys nobilis*；鳅科部分鱼类头较小，如红尾副鳅 *Paracobitis variegatus*，体长可达头长的 4.1-5.8 倍。

（1）吻部。有些鱼吻较长，如平鳍鳅科多数鱼类吻长可达头长的一半及以上；有些鱼吻则很短，如鱊亚科鱼类吻长短于眼径。吻背缘常圆凸，有些如桥街墨头鱼 *Garra qiaojiensis* 和东方墨头鱼 *Garra orientalis*，吻背面在鼻孔前方有 1 横向深凹陷，形成 1 条弧形的沟，将吻分为上下两部分，鼻前吻部向前伸展成为吻突，吻端及两侧各有 1 卵圆形的区域（有些个体卵圆形区域不显著），上具多数角质珠星；鮈亚科的大部分鱼类如片唇鮈属 *Platysmacheilus*、胡鮈属 *Huigobio*、棒花鱼属 *Abbottina*、小鳔鮈属 *Microphysogobio*、蛇鮈属 *Saurogobio*，以及鳅鮀亚科的鳅鮀属 *Gobiobotia* 的某些鱼类吻突出，在鼻孔之前稍下陷；鲃亚科的金线鲃属 *Sinocyclocheilus* 鱼类如无眼金线鲃 *S. anophthalmus*、小眼金线鲃 *S. microphthalmus*、鸭嘴金线鲃 *S. anatirostris*、角金线鲃 *S. angularis*、透明金线鲃 *S. hyalinus* 和犀角金线鲃 *S. rhinocerous* 等吻平扁，极度前突，端部稍向上翘；平鳍鳅科鱼类有的吻端圆钝，具吻沟、吻褶。

（2）眼径大小。鲤形目鱼类眼径差异较大，有些鱼类无眼，如无眼金线鲃眼退化，鸭嘴金线鲃眼仅有痕迹或极小为额骨遮盖；鿴属 *Danio* 鱼类眼常较大，吻长约等于眼径，头长为眼径的 3-4 倍。鲤形目鱼类眼球通常光滑。

（3）眼间隔。本目有些鱼类眼间隔很宽，如鲢、鳙等；有些鱼类眼间隔很窄，如马头鳅眼间隔甚窄，小于眼径。

（4）口。鲤科鱼类口端位、亚上位、上位、亚下位或下位，鲢亚科鱼类口大；鳅鮀亚科鱼类口呈马蹄形，唇后沟仅限于口角处；裂腹鱼亚科鱼类口裂呈马蹄形、弧形或横裂；野鲮亚科鱼类口呈弧形或横切形，具乳突；鮈亚科似鮈类唇发达，具多数乳突；鱊亚科鱼类唇简单，无乳突；雅罗鱼亚科鱼类上下唇紧包于上下颌之外，有下唇褶及唇后沟，也有例外，如黑线鳘属 *Atrilinea* 无唇后沟及下唇褶；鲌亚科和鲤亚科鱼类唇后沟中断；鲴亚科鱼类下颌前缘有锋利的角质边缘；鲃亚科鱼类大多数属在吻侧前眶骨前缘有沟裂或吻须着生处有缺刻，将吻皮分 3 部分，也有吻皮完整的，如舟齿鱼属 *Scaphiodonichthys*；

鲌亚科鱼类多数种类下颌前端正中有 1 突起，与上颌凹陷相吻合。双孔鱼科、胭脂鱼科、鳅科、平鳍鳅科和裸吻鱼科鱼类口下位，双孔鱼科鱼类具漏斗状吸盘；平鳍鳅科鱼类吻皮下包，在口前形成吻沟和吻褶，吻褶分 3 叶，叶间具有 2 对短小的吻须，有些种类由吻褶特化出更多的次级吻须。

（5）咽喉齿。鲤科鱼类下咽齿 1-4 行不等，鲌亚科下咽齿 2-3 行；雅罗鱼亚科咽齿 1-3 行，多数为 2 行，咽齿形状多样，有臼齿状、“梳”状，也有近锥形；鲌亚科下咽齿 3 行，少数为 2 行；鲴亚科下咽齿 3 行、2 行或 1 行，主行齿侧扁，具咀嚼面，齿数为 6-7；鲢亚科下咽齿 1 行，下咽骨具 1 或 2 个孔；鮈亚科下咽齿 2 或 1 行，鳅鮀亚科下咽齿 2 行；鱊亚科下咽齿 1 行；鲃亚科下咽齿 3 行，主行齿 4-5 枚；野鲮亚科下咽齿小，3 或 2 行；裂腹鱼亚科下咽齿通常为 3 行或 2 行，个别为 4 行或 1 行，齿的顶端尖而钩曲呈匙状或平截呈铲状，下咽骨狭窄，呈弧形或宽阔略呈三角形；鲤亚科下咽齿 1-3 行，个别为 4 行。双孔鱼科无下咽齿。胭脂鱼科下咽骨呈镰刀状，下咽齿单行，数目很多，排列呈梳状，末端呈钩状。鳅科下咽齿 1 行，齿数常较多。平鳍鳅科下咽骨平扁，内缘具 4-5 个小齿。裸吻鱼科咽突退化，下咽骨扁薄，下咽齿 1 行（图 1）。

（6）鼻孔。鲤科、胭脂鱼科、平鳍鳅科和裸吻鱼科鱼类的鼻孔一般为 1 对，位于眼前方，左右对称。双孔鱼科鱼类鼻孔 2 对，前、后鼻孔相邻，为鼻瓣所隔开；鼻孔至眼前缘距离小于至吻端距离；鳅科鱼类鼻孔 2 对，有些前后鼻孔分开一定距离，前鼻孔短管状，端部平截，后鼻孔周围无瓣膜，紧邻眼前上缘，距前鼻孔大于或约等于距眼前缘；有些则前后鼻孔紧邻，前鼻孔在 1 鼻瓣中，鼻瓣后缘略延长或呈三角形，末端通常略伸过后鼻孔后缘。

（7）鳃盖膜。鲤科、双孔鱼科、胭脂鱼科和条鳅亚科的多数鱼类鳃盖膜连于鳃峡，其他各科都左右分离。

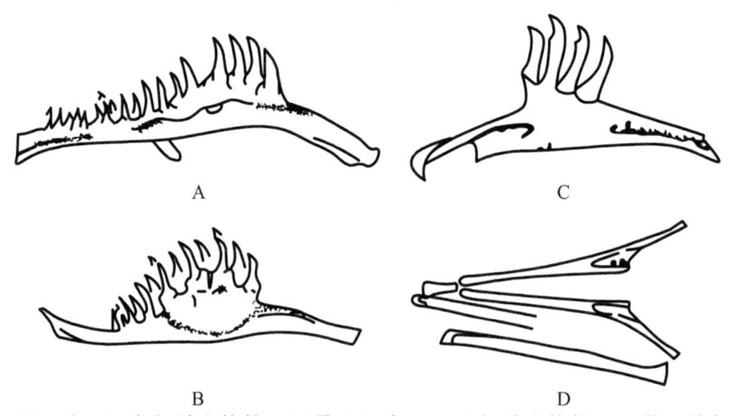

图 1 鳅科、平鳍鳅科、裸吻鱼科成体的下咽骨和咽齿及双孔鱼科成体的下咽骨（仿何舜平等, 1997）

A. 花鳅成体下咽骨和咽齿；B. 犁头鳅的下咽骨和咽齿；C. 平鳍裸吻鱼的下咽骨和咽齿；D. 双孔鱼的下咽骨

Figure 1 Lower pharyngeal bone and teeth of adult in Cobitidae, Homalopteridae and Psilorhynchidae; Lower pharyngeal bone of adult in Gyrinocheilidae (after He *et al.*, 1997)

A. Lower pharyngeal bone and teeth of adult *Cobitis taenia* Linnaeus; B. Lower pharyngeal bone and teeth of adult *Lepturichthys fimbriata* (Günther); C. Lower pharyngeal bone and teeth of adult *Psilorhynchus homaloptera* Hora *et* Mukerji; D. Lower pharyngeal bone of adult *Gyrinocheilus aymonieri* (Tirant)

（8）鳃峡。鲤科、双孔鱼科、胭脂鱼科和条鳅亚科鱼类的鳃峡较小，其他各科鳃峡较宽。

（9）鳃孔。鲤科、双孔鱼科、胭脂鱼科和条鳅亚科鱼类的鳃孔较大，在头腹侧左右相连，其他各科鳃孔较小，左右分离。

（10）鳃耙。变化很大。裸吻鱼科鱼类鳃耙退化。

3. 肛门

鲤形目鱼类的肛门在腹鳍和臀鳍之间，有的肛门紧靠臀鳍起点，如鲤科鱼类的鲌亚科、鮈亚科和鲴亚科等；有的肛门位于腹鳍基部至臀鳍起点的前 1/3 处，如鳅鮀亚科；有的肛门位于腹鳍基部和臀鳍起点之间或近前者；有的肛门至腹鳍基较至臀鳍起点为近，如野鲮亚科；有的肛门位于腹鳍起点与臀鳍起点之中点，如双孔鱼科。

4. 尾柄

鲤形目鱼类尾柄长度不一，多数尾柄长为尾柄高的 0.5-8.0 倍，其中，犁头鳅 *Lepturichthys fimbriata* 的尾柄很长，为尾柄高的 20.0-23.5 倍。

5. 鳞片

鲤形目鱼类体被圆鳞或裸露无鳞。鲤科鱼类头部裸露，体被覆瓦状排列的圆鳞，鳞片的大小差异较大，许多种类的胸腹部裸露无鳞，少数种类的鳞片埋藏于皮下，甚至完全退化消失；双孔鱼科鱼类鳞较大，在腹鳍基有 1 发达的腋鳞；胭脂鱼科体被中大圆鳞；鳅科鱼类体被小鳞或裸露，头部有鳞或无鳞；平鳍鳅科鱼类头部裸露无鳞，体被覆瓦状排列的细小圆鳞，某些种类的鳞片表面为皮膜所覆盖；裸吻鱼科鱼类被覆瓦状整齐排列的圆鳞，中等大小，腹面裸露或胸部鳞片较小，埋入皮下。

6. 侧线

鲤形目鱼类侧线变化较大。鲤科鱼类侧线完全或不完全，其中棱似鲴 *Xenocyprioides carinatus* 无侧线；双孔鱼科鱼类侧线完全，贯穿于体侧中轴；胭脂鱼科和裸吻鱼科鱼类侧线完全，平直；鳅科鱼类侧线完全、不完全或缺；平鳍鳅科鱼类侧线完全，通常自鳃裂上缘经体侧中部较平直地延伸到尾鳍基部。

7. 附肢

鲤形目鱼类的鳍变化很大。其中平鳍鳅科和裸吻鱼科鱼类的鳍均由软鳍条组成。

（1）背鳍。鲤科鱼类有 1 个背鳍，不具鳍棘；前部有不分支鳍条 2-4 根，其最后一根在某些种类变粗并骨化为硬刺，有的后缘还有锯齿；分支鳍条数目随种类的不同而有变化。双孔鱼科鱼类背鳍无硬刺，末根不分支鳍条为软条，起点约在胸鳍起点与腹鳍起点的中点，距吻端小于具尾鳍基；分支鳍条 9 根；背鳍外缘微凹，基部无鳞鞘。胭脂鱼科鱼类背鳍基部长，无硬棘。鳅科鱼类背鳍前部有不分支鳍条 2-4 根，分支鳍条 7-9 根。平鳍鳅科鱼类背鳍 1 个，基部长一般大于吻长，但常短于头长，起点在吻端至臀鳍起点的中点或稍前后；前部具不分支鳍条 3 根，后部分支鳍条 6-9 根，最长鳍条与头长相等或稍长。裸吻鱼科鱼类背鳍短小，无硬刺，最后不分支鳍条细，柔软分节，起点至吻端的距离小于至尾鳍基部，外缘微凹。

（2）臀鳍。鲤科鱼类臀鳍与背鳍相似，前部有不分支鳍条 2-3 根，其最后一根也有成硬刺甚至带锯齿的；分支鳍条数目随种类的不同而有变化。双孔鱼科臀鳍无硬刺，后伸将达尾鳍基，起点距尾鳍基较距腹鳍起点为近；分支鳍条 5 根。胭脂鱼科鱼类臀鳍短。鳅科鱼类臀鳍分支鳍条 5-7 根。平鳍鳅科鱼类臀鳍基长较短，多数为背鳍基长的 1/2 左右，最长鳍条不超过最长背鳍条，前部均具有 2 根不分支鳍条，少数种类的不分支鳍条基部或整体变粗变硬而呈无锯齿的假棘状；后部的分支鳍条都为 5 根；臀鳍压倒后其末端一般可以达到或接近尾鳍基部。裸吻鱼科鱼类臀鳍甚短小，起点距尾鳍基远小于至腹鳍基部的距离。

（3）胸鳍。鲤科鱼类胸鳍仅有 1 根不分支鳍条。双孔鱼科鱼类胸鳍近腹缘，后伸达至腹鳍起点距离的 1/2，外缘凸出，外角钝圆。胭脂鱼科鱼类胸鳍下侧位。鳅科鱼类胸鳍不分支鳍条 1 根；分支鳍条 8-13 根。平鳍鳅科鱼类胸鳍基长大于吻长，最长的可达头长的 1.5 倍左右；位置较前，起点在鳃盖后缘的垂直下方之前，有些种类甚至越过鼻孔前缘，几乎接近吻端；胸鳍条 8-31 根；通常鳍条较多的种类，其基部具较发达的肉质鳍柄，但鳍条长度往往较短。裸吻鱼科鱼类胸鳍起点位置较前，基部长，鳍大宽圆，具多根不分支鳍条（多数 8 根），末端不达腹鳍起点。

（4）腹鳍。鲤科鱼类腹鳍仅有 1 根不分支鳍条，腹鳍腹位；起点一般约与背鳍相对，但在不同种类之间其相对位置有较大差异。双孔鱼科鱼类腹鳍伸达至臀鳍起点间距离的 2/3 处，起点距臀鳍起点近于距胸鳍起点。胭脂鱼科鱼类腹鳍较小，腹位。鳅科鱼类腹鳍不分支鳍条 1 根；分支鳍条 5-8 根。平鳍鳅科鱼类腹鳍起点与背鳍起点相对或稍前后，有些种类的基部背面有 1 皮质或肉质的瓣膜，其发达程度常与鳍条的数量成正比；腹鳍条 8-23 根，某些种类的腹鳍左右联合而形成吸盘状。裸吻鱼科鱼类腹鳍起点在背鳍起点之前，具 3 根不分支鳍条，鳍侧面呈弧形，后缘平截，末端离臀鳍远。

（5）尾鳍。鲤科鱼类尾鳍具分支鳍条 17 根，通常呈叉形，少数是微凹或平截的。双孔鱼科鱼类尾鳍叉形，叶端略钝。胭脂鱼科鱼类尾鳍分叉。鳅科鱼类尾鳍平截、凹入或分叉。平鳍鳅科鱼类尾鳍常较细弱，长度一般大于头长，个别种类可超过头长的 2.0 倍；鳍条 17-19 根，也有多达 23 根的；多数种类的末端呈凹形，也有呈截形或叉形。裸吻鱼科鱼类尾鳍分叉深，叶端略圆，下叶稍长。

（二）解 剖 特 征

1. 骨骼系统

鲤形目鱼类的骨骼系统（skeletal system）由主轴骨骼和附肢骨骼两部分组成。主轴骨骼包括：头骨（skull）、脊索（notochord）、脊柱（vertebral column）和肋骨（rib）及肌间骨（intermuscular bone），其中头骨还可分为保护头部的脑和感觉器官的脑颅（neurocranium），以及支持两颌、舌弓和鳃弓的咽颅（splanchnocranium）；在鲤形目鱼类中只在胚胎期出现脊索，后来被脊柱所取代，成体的脊索完全退化；脊柱是支持身体、保护脊髓和主要血管的骨骼；肋骨和肌间骨是保护内脏及支持体侧肌肉的骨骼。附肢骨骼可分为带骨（girdle bone）和支鳍骨（pterygiophore），带骨又由支持胸鳍的肩带（shoulder girdle）和支持腹鳍的腰带（pelvic girdle）组成，而支鳍骨则是指支持各鳍条的骨骼（图2，图3）。

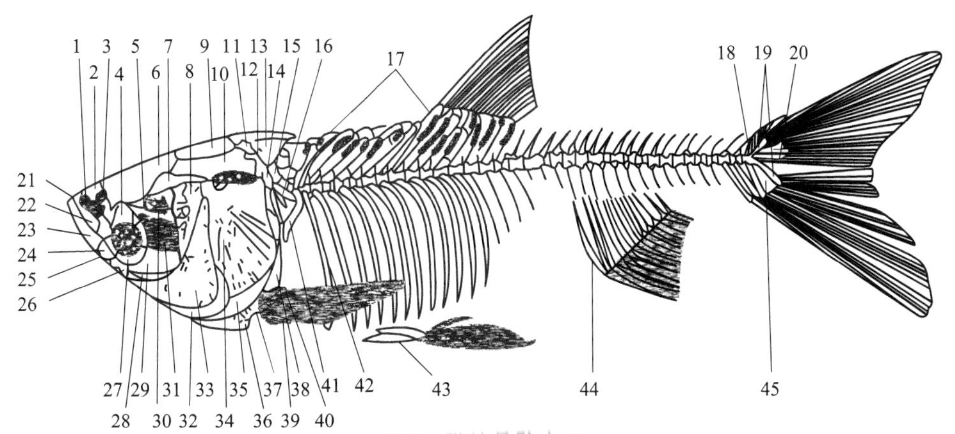

图2 鲢的骨骼全貌

1. 前筛骨；2. 中筛骨；3. 鼻骨；4. 眶上骨；5. 眶蝶骨；6. 额骨；7. 蝶耳骨；8. 舌颌骨；9. 顶骨；10. 翼耳骨；11. 上耳骨；12. 鳞片骨；13. 上枕骨；14. 后颞骨；15. 外枕骨；16. 三脚骨；17, 18, 20, 37, 44, 45. 鳍基骨（担鳍骨，在尾部的又称尾下骨）；19. 尾骨；21. 前颌骨；22. 上颌骨；23. 齿骨；24. 关节骨；25. 隅骨；26. 方骨；27. 眶下骨；28. 续骨（缝合骨）；29. 后翼骨；30. 副蝶骨；31. 翼蝶骨；32. 间鳃盖骨；33. 前鳃盖骨；34. 主鳃盖骨；35. 下鳃盖骨；36. 乌喙骨；38. 匙骨；39. 上匙骨；40. 后匙骨；41. 第3椎骨的椎体横突；42. 第4椎骨的肋骨；43. 无名骨

Figure 2 Bone panorama of *Hypophthalmichthys molitrix* (Valenciennes)

1. Prosethmoid; 2. Mesethmoid; 3. Nasal; 4. Supraorbital; 5. Orbitosphenoid; 6. Frontal; 7. Sphenotic; 8. Hyomandibular; 9. Parietal; 10. Pterotic; 11. Epiotic; 12. Squamosal; 13. Supraoccipital; 14. Posttemporal; 15. Exoccipital; 16. Tripus; 17, 18, 20, 37, 44, 45. Basipterygium; 19. Coccyx; 21. Premaxilla; 22. Maxilla; 23. Dentary; 24. Articular; 25. Angular; 26. Quadrate; 27. Suborbital; 28. Symplectic; 29. Metapterygoid; 30. Parasphenoid; 31. Alisphenoid; 32. Interopercle; 33. Preopercle; 34. Opercle; 35. Subopercle; 36. Coracoid; 38. Cleithrum; 39. Supracleithrum; 40. Postcleithrum; 41. Parapophysis of the third vertebra; 42. Fourth rib of vertebra; 43. Innominatum

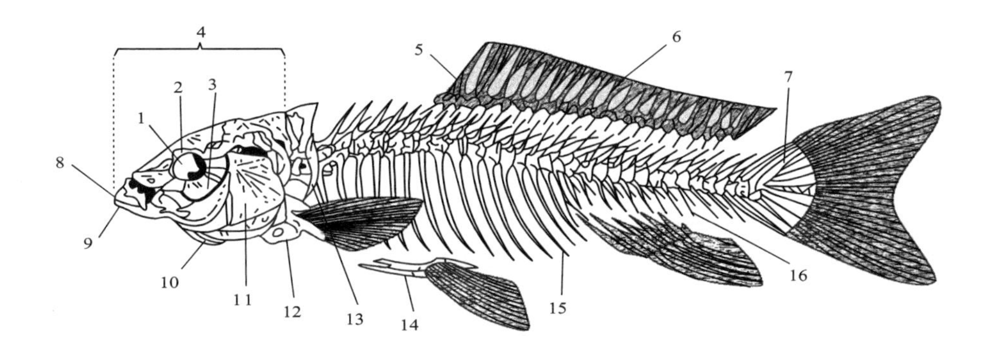

图3 鲤的骨骼全貌

1. 眼窝；2. 眶上骨；3. 眶下骨；4. 头骨；5. 背鳍棘；6. 背鳍；7. 尾下骨；8. 上颌骨；9. 下颌骨；10. 鳃皮辐射骨；11. 鳃盖骨；12. 乌喙骨；13. 第2腹肋骨；14. 翼骨；15. 腹皮肋骨；16. 脉棘

Figure3 Bone panorama of *Cyprinus carpio* Linnaeus

1. Eye socket; 2. Supraorbital; 3. Infraorbital; 4. Skull; 5. Dorsal spine; 6. Dorsal fin; 7. Hypural; 8. Maxilla; 9. Mandible; 10. Suede radiation bone; 11. Opercle; 12. Coracoid; 13. 2nd abdominal rib; 14. Pterygoid bone; 15. Abdominal rib; 16. Haemal spine

1）主轴骨骼（axial skeleton）

（1）头骨

a. 脑颅

鲤形目鱼类的脑颅按各部分所在部位可分为4个区域，即鼻区、眼区、耳区及枕区，它们分别包围嗅囊、眼球、内耳以及枕孔。鼻区（又称筛骨区）位于脑颅最前端，围绕嗅囊区域。眼区（又称蝶骨区）紧接鼻区后方，环绕眼眶四周。耳区在眼区后方，围绕耳囊四周。枕区位于脑颅最后端，围绕枕孔四周。每个区由若干骨片组成（图4，表1）。

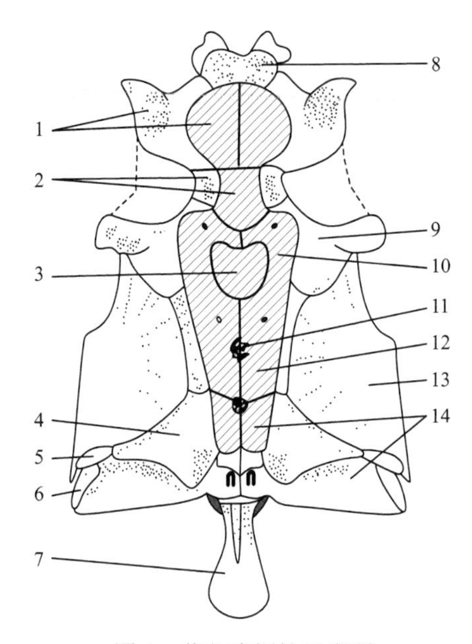

图4 草鱼脑颅的平底图

1. 侧筛骨；2. 眶蝶骨；3. 副蝶骨；4. 上耳骨；5. 鳞片骨；6. 后耳骨；7. 基枕骨；8. 中筛骨；9. 蝶耳骨；10. 翼蝶骨；11. 垂体孔；12. 前耳骨；13. 翼耳骨；14. 外枕骨

Figure 4 The brain skull of *Ctenopharyngodon idella* (Valenciennes)

1. Parethmoid; 2. Orbitosphenoid; 3. Parasphenoid; 4. Epiotic; 5. Squamosal; 6. Opisthotic; 7. Basioccipital; 8. Mesethmoid; 9. Sphenotic; 10. Alisphenoid; 11. Pituitary foramen; 12. Preotic; 13. Pterotic; 14. Exoccipital

表1 鲤形目鱼类的脑颅骨骼

Table 1 The brain skull of Cypriniformes

区域	骨骼性质	
	软骨化骨	膜骨
鼻区	中筛骨、侧筛骨	鼻骨、犁骨、前筛骨
眼区	眶蝶骨、翼蝶骨、基蝶骨	额骨、副蝶骨、眶上骨、眶下骨
耳区	蝶耳骨、翼耳骨、上耳骨、前耳骨、后耳骨	顶骨、鳞片骨、后颞骨
枕区	上枕骨、侧枕骨、基枕骨	

b. 咽颅

咽颅位于头骨下方，环绕消化管的前段，支持口、舌及鳃片，又称咽弓，它由包含口咽腔及食道前部的颌弓、舌弓及鳃弓组成（图 5，表 2）。

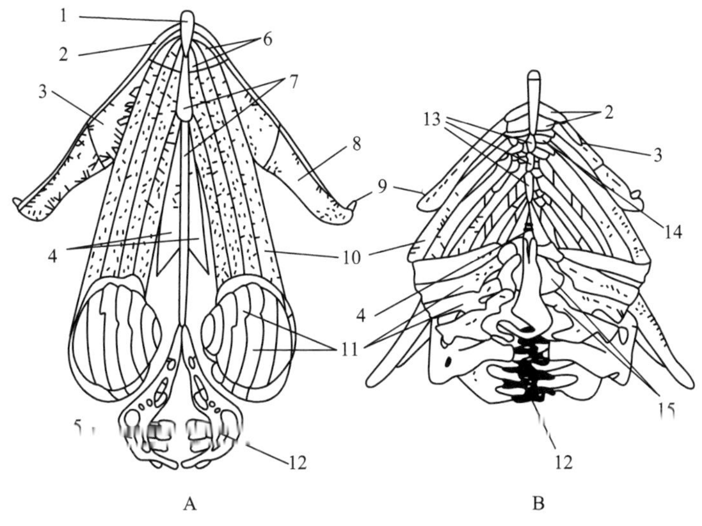

图 5　鳙（A）和草鱼（B）的咽颅

1. 基舌骨；2. 下舌骨；3. 角舌骨；4. 尾舌骨；5. 下咽骨；6. 下鳃软骨；7. 基鳃软骨；8. 上舌骨；9. 茎舌骨；10. 角鳃骨；11. 上鳃骨；12. 咽齿；13. 基鳃骨；14. 下鳃骨；15. 咽鳃骨

Figure 5　The splanchnocranium of *Hypophthalmichthys nobilis* (Richardson) (A) and *Ctenopharyngodon idella* (Valenciennes) (B)

1. Basihyal; 2. Hypohyal; 3. Ceratohyal; 4. Urohyal; 5. Lower pharyngeal bone; 6. Hypobranchial Cartilage; 7. Basibranchial cartilage; 8. Epihyal; 9. Stylohyal bone; 10. Ceratobranchial; 11. Epibranchial; 12. Pharyngeal tooth; 13. Basibranchial; 14. Hypobranchial; 15. Pharyngobranchial

表 2　鲤形目鱼类的咽颅骨骼

Table 2　The pharyngeal skeleton of Cypriniformes

区域		骨骼性质	
		软骨化骨	膜骨
颌弓	上颌	颚骨、翼骨、中翼骨、后翼骨、方骨	前颌骨、上颌骨
	下颌	关节骨	齿骨、前关节骨、隅骨
舌弓		间舌骨、上舌骨、角舌骨、下舌骨、基舌骨、续骨、舌颌骨	尾舌骨、前鳃盖骨、主鳃盖骨、间鳃盖骨、下鳃盖骨、鳃条骨
鳃弓		咽鳃骨、上鳃骨、角鳃骨、下鳃骨、基鳃骨	

（2）脊柱

鲤形目鱼类头骨后方有许多脊椎骨自头后一直延伸到尾鳍基部组成脊柱，起着支持身体和保护脊髓及主要血管的重要作用。脊椎骨按其着生部位和形态的不同，可以分为躯椎和尾椎两类。

躯椎由椎体、髓弓、椎管、髓棘和椎体横突组成，髓弓前方有前关节突（prezygapophysis），由髓弓前缘发展而出，椎体后上缘有后关节突（postzygapophysis），关节突彼此相连，加强了椎骨的坚韧性和活动性。尾椎也由椎体、髓弓、椎管、髓棘及脉弓、脉棘组成（图 6）。

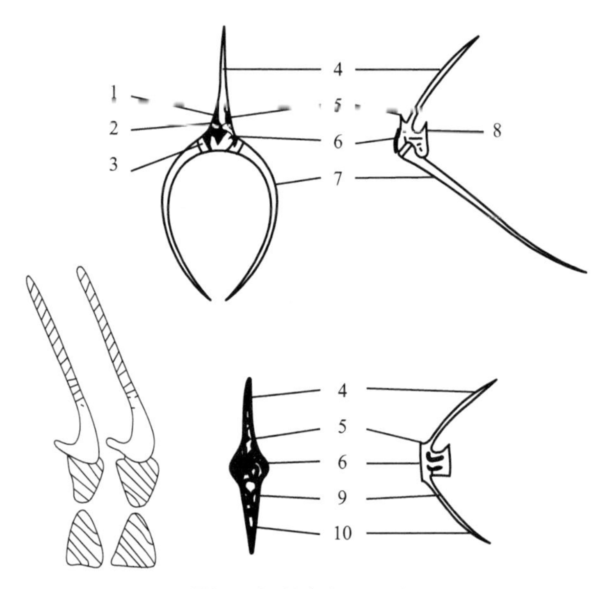

图 6　鲤的躯椎和尾椎

1. 髓弓；2. 椎管；3. 椎体横突；4. 髓棘；5. 前关节突；6. 椎体；7. 肋骨；8. 后关节突；9. 脉弓；10. 脉棘

Figure 6　The trunk centrum and caudal centrum of *Cyprinus carpio* Linnaeus

1. Neural arch; 2. Vertebral canal; 3. Parapophysis; 4. Neural spine; 5. Prezygapophysis; 6. Centrum; 7. Rib; 8. Postzygapophysis; 9. Haemal arch; 10. Haemal spine

鲤形目鱼类最明显的特征是具有韦伯氏器（图 7），在最前 1-3 个椎骨的两侧有 4 对小骨，由前向后为带状骨（claustrum）、舟骨（scaphium）、间插骨（intercalarium）和三脚骨（tripus），这 4 块骨骼称为韦伯氏器。带状骨由第 1 椎骨的髓棘变来，舟骨由第 1 椎骨的髓弓变来，间插骨后方呈叉状，借腱与舟骨和三脚骨相连，系由第 2 椎骨的髓弓演变而来。三脚骨最大，呈三角形，是第 3 椎骨的椎体横突或部分肋骨变来，其后端与鳔壁紧密相连，最前面的带状骨和舟骨紧贴于枕骨大孔下面的 1 对小孔外面，和内耳的淋巴腔相连，借此与内淋巴窦发生联系；鳔中气体压力的变动都通过这一组骨片影响内耳。鲤形目鱼类比较灵敏，这与他们在内耳和鳔之间有效地传递感觉有关。

（3）肋骨和肌间骨

肋骨可以分为背肋（dorsal rib）和腹肋（ventral rib）两类（图 8）。体侧的水平隔膜将肌节分为背、腹两半，背肋就长在肌隔与水平隔膜相切的地方，位于轴上肌和轴下肌之间。腹肋长在肌隔与腹膜相切的地方，恰在腹膜的外面和肌肉层的内面。肋骨为单头式，即肋骨基部仅有 1 关节突与椎骨相关节。

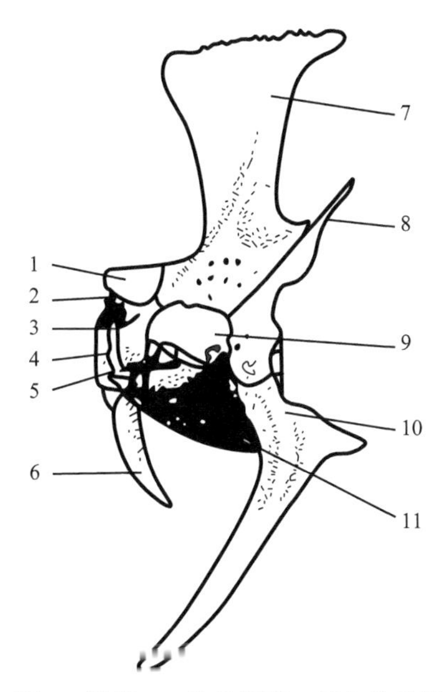

图 7　鲤第 1-4 椎骨侧视，示韦伯氏器

1, 9. 髓弓；2. 带状骨；3. 舟骨；4. 韧带；5. 间插骨；6, 10. 椎体横突；7. 髓棘；8. 髓棘；11. 三脚骨

Figure 7　The 1st-4th vertebrae side view and Weberian apparatus of *Cyprinus carpio* Linnaeus

1, 9. Neural arch; 2. Claustrum; 3. Scaphium; 4. Ligament; 5. Intercalarium; 6, 10. Parapophysis; 7. Neural spine; 8. Neural spine; 11. Tripus

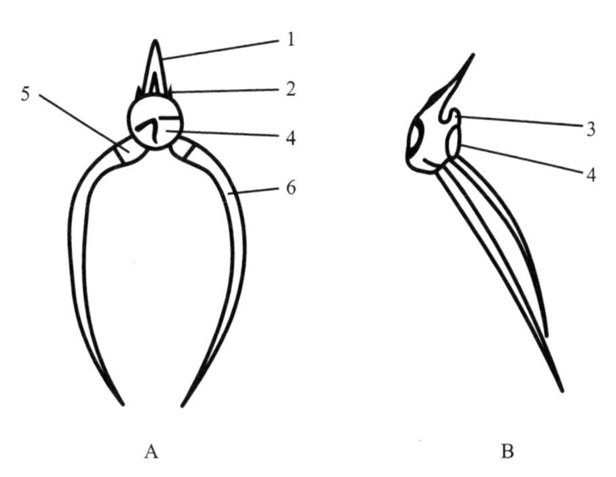

图 8　鲤的椎骨

A. 鲤第 15 椎骨前面观；B. 鲤第 15 椎骨侧面观

1. 髓弓；2. 前关节突；3. 后关节突；4. 椎体；5. 椎体横突；6. 腹肋

Figure 8　The vertabra of *Cyprinus carpio*

A. Front view of the 15th vertebrae of *Cyprinus carpio* Linnaeus; B. Side view of the 15th vertebrae of *Cyprinus carpio* Linnaeus

1. Neural arch; 2. Prezygapophysis; 3. Postzygapophysis; 4. Centrum; 5. Parapophysis; 6. Ventral rib

肌间骨是分布于椎体两侧肌隔中的小骨，从头后到尾部轴上肌和轴下肌都有肋骨样的骨刺。分布于轴上肌的每一肌隔中的称上肌间骨（或上髓弓小骨），是髓弓基部发生的。

分布于轴下肌每一肌隔中的称为下肌间骨，是由椎体两侧生出的。这些肌间骨形状不一，有的末端分支（图 9）。

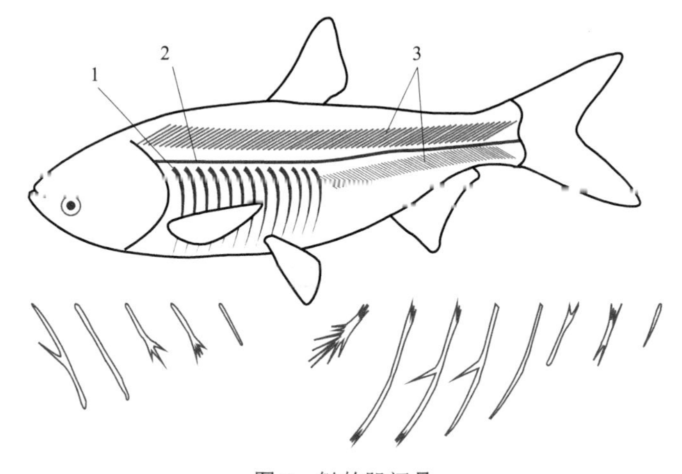

图 9 鲢的肌间骨

1. 肋骨；2. 水平隔膜；3. 肌间骨

Figure 9 The intermuscular bone of *Hypophthalmichthys molitrix* (Valenciennes)

1. Rib; 2. Horizontal septum; 3. Intermuscular bone

2）附肢骨骼（appendicular skeleton）

（1）背、臀鳍的支鳍骨

背、臀鳍的鳍条基部一般有 1-3 节支鳍骨支持。支鳍骨深入体躯肌肉中，起着支持整个鳍条的作用。支鳍骨的数目远超过鳍所在的椎骨或肌节数，而鳍条的数目与支鳍骨的数目是一致的，即每一枚鳍条由 1 列支鳍骨支持。

（2）尾鳍的支鳍骨

尾鳍的支鳍骨与背鳍和臀鳍的情况不同，构造比较复杂，是由尾部椎骨后端的骨骼发生特殊变化而形成。尾鳍在外观上是上下对称，但内部结构上，脊椎骨末端上翘，尾鳍上叶的支鳍骨大部分退化，尾椎最后 1 上翘的椎骨后方常有向背后突起的棒状突起，称为尾部棒状骨。尾部棒状骨后方有排成扇状的数块骨骼，称为尾下骨，大部分尾鳍条由尾下骨支持（图 10）。

2. 消化系统

鲤形目鱼类的消化系统（alimentary system）由消化管和连附于消化管附近的各种消化腺所组成，其生理机能为直接或间接担任食物的消化和吸收。食物进入消化管，首先经过消化腺分泌的消化酶的作用，被分解为最简单的分子状态，这些可溶解的物质（蛋白质或糖）依靠渗透作用进入消化管壁内的血管中，而脂肪类则经过分解而被吸入淋巴管内，随后达到身体各组织，作为能量来源，不能消化的残渣则从肛门或泄殖腔排出体外。

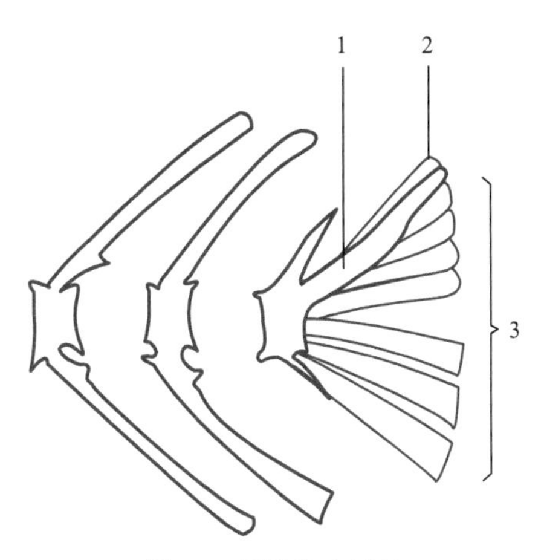

图 10 尾鳍的支鳍骨

1. 尾杆骨；2. 尾上骨；3. 尾下骨

Figure 10 The pterygiophores of caudal fin

1. Urostyle; 2. Epural; 3. Hypural

1）消化管

消化管起自口，向后延伸经过腹腔，最后以泄殖腔或肛门开口于体外。消化管包括口咽腔、食道、胃、肠和肛门等部分，有些鱼类这几个部分的界限不明显，但可凭借不同管径、不同性质的上皮组织及特殊的括约肌或一定的腺体导管的入口来区别。

（1）口咽腔。鱼类的口腔及咽（即有内鳃裂开孔处）并无明显界限，统称为口咽腔，内有齿、舌和鳃等器官，覆盖在口咽腔上的复层上皮富含单细胞黏液腺，但无消化腺及消化酶。

许多鱼类不仅具有紧密贴合在上下颌的颌齿（jaw tooth），也有附生于犁骨（vomer）上的犁齿（vomerine tooth）、腭骨上的腭齿（palatine tooth）、舌骨上的舌齿（tongue tooth）和下咽骨上的咽齿（pharyngeal tooth）等。多数硬骨鱼类的颌齿与咽齿的发展程度常成反相关的互补作用，即颌齿强大者，咽齿不发达或退化，反之亦然。鲤科鱼类的口腔内缺乏颌齿。硬骨鱼类齿的形态大致可分为犬牙状齿（canine-like tooth）、锥状齿（conical tooth）、臼齿（molar tooth）及门牙状齿（incisor-like tooth）等几类。鱼类牙齿的形状与其食性有密切关系，肉食性鱼类的齿多尖利、坚硬；食软体动物和甲壳类的鱼类的齿多较坚硬，如青鱼的齿呈臼状；浮游生物食性的鱼类的齿多不发达，呈绒毛状、刷状，如鲢的咽齿有羽状小纹；其他如草食性鱼类草鱼的咽齿呈栉状，突出如镰刀状。鱼类齿的分布状态常作为分类标志之一，其中犁齿和腭齿的有无，左右下咽齿是否分离或愈合等用得较多。鲤科鱼类咽齿的形态、数目、排列状态是该类鱼的重要分类依据，并有记录咽齿的一定格式，称为齿式。

鱼类的舌一般比较原始，位于口咽腔底部，由基舌骨外覆有结缔组织和黏膜而成，没有弹性，只有舌端的游离部分具有肌肉，可做不同程度的上、下方向活动。鲤科鱼类的舌前端不游离。舌的形态一般有三角形、椭圆形及长方形等，少数具有特殊形状。一些鱼类的舌上布有味蕾，并有神经支配，鱼类的味蕾不仅分布于舌上，口腔、触须及体侧等处均有分布，可能具有辨识食物的机能。

鱼类鳃弓朝口腔的一侧长有鳃耙，一般每一鳃弓长有内外 2 行鳃耙，其中以第 1 鳃弓外鳃耙最长。鳃耙是鱼类的一种滤食器官，顶端尚有少量味蕾，也具有味觉器官的作用，亦有保护鳃丝的作用。大多数鱼类的鳃耙为瘤状和杆状，但在各类别中差异很大，硬骨鱼类中大致可以分为无鳃耙、有鳃耙痕迹（如鳅科）、鳃耙很长和鳃耙变异。鱼类鳃耙的数目、形状和疏密状况均与鱼的食性有一定关系，如肉食性鱼类的鳃耙粗短而疏，鳡 13-15 个，青鱼 18-20 个，杂食或草食性的鲤及草鱼的鳃耙数分别为 14-18 个和 20-25 个；吃浮游生物的鱼类，鳃耙细长而稠密，形成筛滤微小食物的网状结构，鳙以浮游动物为食，第 1 鳃弓上就有 680 个左右鳃耙，而吃浮游植物的鲢，鳃耙数可高达 1700 个，过滤面积约 25cm^2，使含有食物的水流在流入口咽腔时，通过鳃耙的筛滤作用，将食物截留，由黏液裹成食物团，利于吞咽。鳃耙的数目在鱼类分类上有时亦作为分类标志之一，常以第 1 鳃弓的外鳃耙数代表某鱼的鳃耙数加下鳃耙数，也有不分上下鳃耙记载的，记录第 1 鳃弓外鳃耙总数。

（2）食道。食道短而环肌发达，壁厚，因布有味蕾，故对摄入的食物有选择及吐弃的功能。食道由 3 层组织构成，即内层的黏膜层、中层的肌肉层及外层的浆膜层。其中肌肉层特别发达，约占管壁厚的 3/5。肌肉层全由横纹肌组成，有 2 层肌肉，内层为纵肌，外层为环肌，这和消化管其他部分的肌肉排列正相反。由于食道肌肉的收缩，当鱼呼吸而大量水分进入口咽腔时，决不会将水吞入肠胃内。食道黏膜层中尚有味觉细胞味蕾分布，食道因有味蕾和发达的环肌，所以有选择食物的作用。当环肌收缩时，可以将异物抛出口外。食道后方与胃交界处有括约肌。

（3）胃。位于食道后方，是消化管最膨大的部分，前、后以贲门（cardia）和幽门（pylorus）分别与食管及肠相通。硬骨鱼类的胃在外形上可分为 5 大类："I"型，胃直而稍膨大，呈圆柱状，无盲囊部；"U"型，胃歪曲呈"U"形，盲囊部不明显；"V"型，胃弯曲呈"V"形，有盲囊部，但不甚发达；"Y"型，在"V"型胃的后方突出明显的盲囊部，贲门部、幽门部及盲囊部分界明显；"卜"型，盲囊部特别延长而发达，幽门部较小，胃一般圆锥形。也可将这 5 种类型简化为 3 种类型，即"I"型、"U"型（含"V"型）及"Y"型（含"卜"型）。其中，鲤科鱼类没有胃。

一般鱼类胃的组织由黏膜层、黏膜下层、肌肉层及浆膜层等 4 层组成。胃的内壁为黏膜层，它有许多皱褶，有纵行褶、横行褶及网状褶等不同形式，各种鱼胃内褶皱情况各不相同，有将其分为若干类型的。黏膜下层有管状的胃腺分布，胃腺呈单盲囊状结构，分泌的胃液中包含盐酸、氯化物等无机盐以及黏蛋白、消化酶等有机物，胃液分泌由食物直接刺激胃而引起。肌肉层有环肌和纵肌，内层为环肌，外层为纵肌，由平滑肌组成。胃的贲门部与食道交界处有贲门括约肌，幽门部与肠的交界处有幽门括约肌。

（4）肠。胃后方的消化管为肠。肠管分化不明显，很难区分小肠和大肠。鱼类肠管组织由黏膜层、黏膜下层、肌肉层及浆膜层等组成，肌肉全为平滑肌，多数鱼类缺乏真正的肠腺。肠的长度随鱼种、食性和生长特性而不同。鲢和草鱼 *Ctenopharyngodon idellus* 等草食性鱼类的肠都很长，约为体长的 6-7 倍。鲢和鳑鲏的生长与肠长具有正相关现象。肠的末端以肛门开口体外。

（5）幽门盲囊。大部分硬骨鱼类在肠开始处有许多指状盲囊突出物，是为幽门盲囊（pyloric caecum，或称幽门垂），幽门盲囊的数目大小及排列情况因种而异，常作为分类特征之一。幽门盲囊的排列形式有 2 种，即直线型和环型。不论哪一种类型幽门盲囊均开口于十二指肠，并有集中开口的趋向。有些硬骨鱼类无幽门盲囊，如鲤科和鳅科等。幽门盲囊的组织结构与肠壁组织相似，其作用一般认为是用来扩大肠的吸收表面积，同时又能分泌与肠壁相同的分泌物。在幽门盲囊壁上曾发现数量相当大的、能促使碳酸分解为二氧化碳的碳酸酐酶。

2）消化腺

鱼类主要的消化腺是肝、胰及胃腺。所有鱼类均无唾液腺，而只有黏液腺。鱼类并无真正的肠腺。

（1）胃腺（gastric gland）。胃腺呈单盲囊状的构造，埋在黏膜下层中，开口于胃黏膜的表面。少数无胃鱼类如鲤科等无胃腺。胃腺分泌胃蛋白酶，分解食物中的蛋白质。凶猛的肉食性鱼类的胃蛋白酶活性特别高。

（2）肝（liver）。肝是体积很大的消化腺，其大小、形状、颜色及分叶程度有很大的变化，其前端系于心腹隔膜后方，由此向后延伸，有些种类可伸达近腹腔末端。肝外面包有腹膜，前方形成 1 悬韧带。肝的形状常与鱼的体形有关，大多数鱼的肝分成 2 叶。鲤科鱼类的肝呈弥散状分散在肠管之间的肠系膜上，因混杂有胰细胞而称肝胰脏（hepatopancreas）（图 11）。

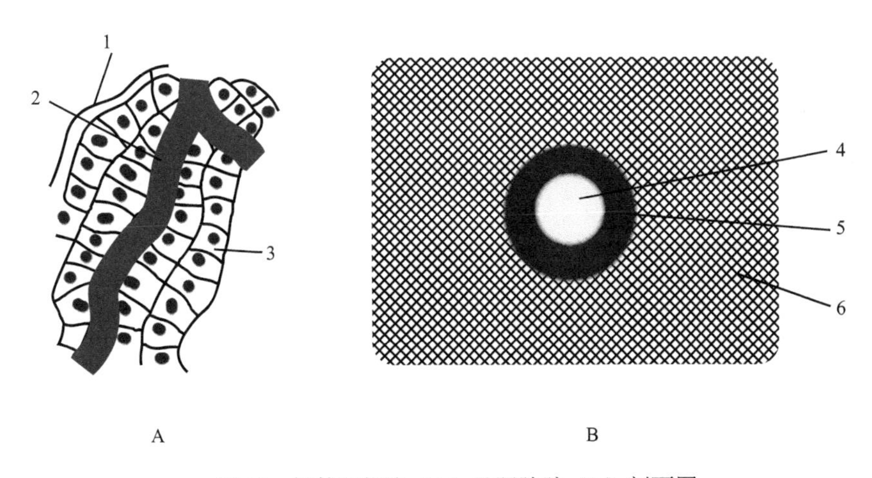

图 11　鲤的肝细胞（A）及肝胰脏（B）剖面图

1. 浆膜；2. 胆细管；3. 肝细胞；4. 肝门静脉；5. 胰组织；6. 肝

Figure 11　The hepatocyte (A) and hepatopancreas (B) profile of *Cyprinus carpio* Linnaeus

1. Serosa; 2. Ductus biliferi; 3. Hepatocyte; 4. Hepatic portal vein; 5. Pancreatic tissue; 6. Liver

一般肝由许多多角形的肝细胞索形成的小叶集合而成。肝细胞索由胆细管（ductus biliferi）及肝细胞组成。肝外面有 1 层浆膜，这就是包在肝外的腹膜。肝颜色一般为黄色到褐色。

肝最重要的机能为制造胆汁，胆汁由胆细管汇集到胆管，然后贮藏在胆囊（gall bladder）

中。胆汁不含消化酶，但能促进脂肪的分解。胆囊有输胆管（bile passage）通到肠的前端。硬骨鱼类的胆囊较明显，多数位于腹腔右侧，一般为卵圆形，但也有狭长带状的。肝的第二个重要作用是对来自消化管内的毒物进行抗毒，肝能从血液中扣留无关的物质，并通过胆管把它们排除出去。肝的第三个作用是储存糖原以调节血糖的平衡。因此，鱼类的肝所担负的功能和高等脊椎动物一样，将鱼的肝完全切除后很快便引起死亡。

（3）胰（pancreas）。硬骨鱼类的胰为1弥散性的腺体，常分散在肠的弯曲之间，并常有一部分或全部埋在肝组织中。鲤等的胰组织分布在肝内肝门静脉的周围。这类胰和肝混杂在一起的组织，称为肝胰脏。

胰组织的构造和高等脊椎动物一样包括末端的腺泡，叶间小管渐集合成大的输出管，胰腺细胞为柱状，胞质中含酶原颗粒。胰分泌胰蛋白酶、胰脂肪酶及胰淀粉酶，能消化分解蛋白质、脂肪和糖类，为十分重要的消化类酶。胰产生的消化酶通过胰管通到肠的前端。胰的消化酶需要在碱性环境中才能起作用，而肠道内经常是保持碱性反应的。有些鱼类胰中埋有内分泌胰腺岛细胞，能分泌胰岛素，调节血糖的平衡。

3. 呼吸系统

鲤形目鱼类的呼吸系统（respiratory system）由鳃和鳔，以及辅助呼吸器官韦伯氏器组成。鳃是鱼类的主要呼吸器官，承担主要的气体交换任务。位于口咽腔的两侧对称排列，鲤形目鱼类的鳃一般都有5对鳃弓，前4对鳃弓的内缘着生鳃耙，第5对特化成咽下骨，薄片状的鳃片着生在鳃弓上。鳃弓之间形成5对鳃裂，鳃裂内、外分别开口于咽部及鳃腔，鳃腔外覆盖有鳃盖骨，以一总的鳃孔通向体外（图12）。

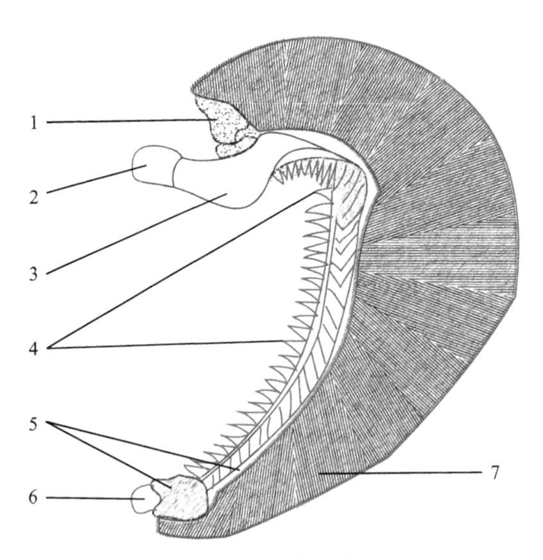

图12　鳃的构造

1. 鳃间隔；2. 咽鳃骨；3. 上鳃骨；4. 鳃耙；5. 下鳃骨；6. 基鳃骨；7. 鳃丝

Figure 12　The structure of gill

1. Interbranchial septum; 2. Pharyngobranchial; 3. Epibranchial; 4. Gill raker; 5. Hypobranchial; 6. Basibranchial; 7. Gill filament

1）鳃（gill）

鲤形目鱼类的鳃具有以下结构特点：

（1）气体交换，面积大；

（2）壁薄，氧气进入血液距离短；

（3）鳃中具有丰富的毛细血管；

（4）入鳃血为多氧血，出鳃血为缺氧血。

鱼类的呼吸运动是一个连续进行的过程，主要是依靠鳃节肌的收缩造成口的开关及鳃盖的扩张与收缩，以促使水的通入与流出。在整个呼吸运动过程中主要靠口腔泵和鳃腔泵的协同作用而实现：①扩张吸水过程，鳃盖膜紧闭，口张开口咽腔容积扩大，内部压力低于外界，水入口咽腔。此刻，鳃盖的前部向外方扩展，扩大了鳃腔的容积，鳃腔内压力就更低，于是水由口咽腔流过鳃区，开始进入鳃腔。②压缩出水过程，从水流过鳃区进入鳃腔时起，口腔瓣关闭。口咽腔容积变小，压力增大，此时鳃盖膜仍然关着但鳃盖后部已处在最大限度的扩展中水充满了整个鳃腔。在肌肉的协同作用下，鳃腔内的“高”压冲开鳃盖膜，水被压出体外。鳃盖膜关上，口张开。又重复第一过程（图13，图14）。

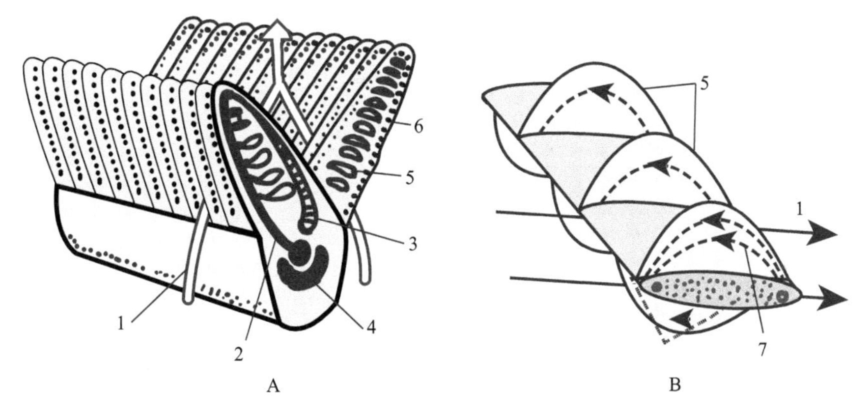

图13　鳃内水流和血流的关系

A. 鳃丝的放大图；B. 水流和血流的关系

1. 水流；2. 入鳃动脉；3. 出鳃动脉；4. 鳃弓或鳃间隔；5. 鳃小片；6. 鳃丝；7. 血流

Figure 13　Relationship between water flow and blood flow in the gill

A. Enlarged view of gill filament; B. Relationship between water flow and blood flow

1. Water flow; 2. Afferent branchial artery; 3. Efferent branchial artery; 4. Gill arch or interbranchial septum; 5. Lamella; 6. Gill filament; 7. Blood flow

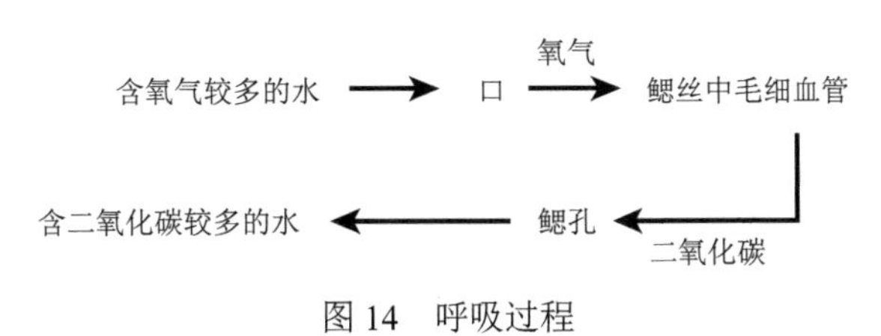

图14　呼吸过程

Figure 14　Respiratory process

2）鳔（swim bladder）

鲤形目鱼类都是具有鳔管的管鳔类，鳔管与食道相通。鱼鳔是位于肠管背面的囊状器官，鳔的内壁为黏膜层，中间是平滑肌层，外壁为纤维膜层。外壁因纤维膜层的细胞间有小板状的鸟粪结晶而呈白色。鲤形目鱼类的鳔一般分为 2 室，其中鳅科中高原鳅属鱼类的鳔分鳔前室和鳔后室，鳔前室一般为骨质鳔。鳔后室的间隔壁上有孔，便于鳔内气体流通和调节。图 15 为鲤形目代表性鱼类的鳔，有圆锥形、卵圆形、心形和马蹄形。

鳔内的气体中主要含氮、氧和二氧化碳，以及微量的氢、氩、氖、氦等。通常情况下，鱼鳔内的含氧量随同鱼的活动水层下降而逐渐升高。生活在浅水水域的鱼类，鳔内的含氧量较低，以鲤形目鱼类鲤为例，氧含量仅占鳔内气体总量的 2.42%，相当于它在 4 分钟内生活所需的氧气量，鱼鳔的呼吸机能对鲤来说并没有实际的意义，主要靠鳃呼吸。

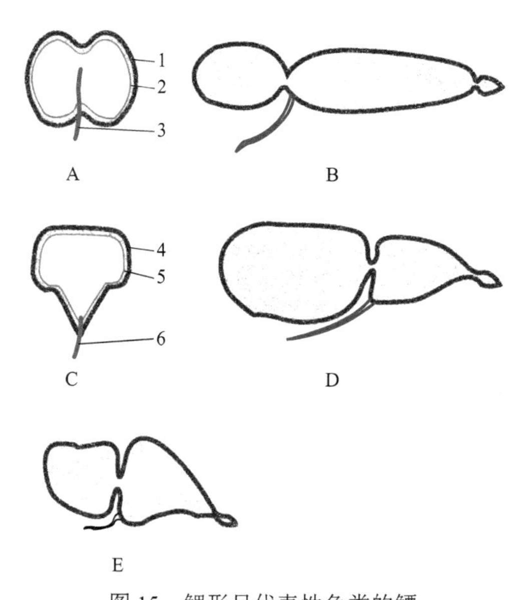

图 15　鲤形目代表性鱼类的鳔

A. 泥鳅；B. 鳘；C. 双斑副沙鳅；D. 鲢；E. 团头鲂

1, 4. 骨质囊；2, 5. 鳔；3, 6. 鳔管

Figure 15　Swim bladder of representative fish of Cypriniformes

A. *Misgurnus anguillicaudatus* (Cantor); B. *Hemiculter leucisculus* (Basilewsky); C. *Parabotia bimaculata* Chen; D. *Hypophthalmichthys molitrix* (Valenciennes); E. *Megalobrama amblycephala* Yih

1, 4. Osseous sac; 2, 5. Swim bladder; 3, 6. Pneumatic duct

鲤形目鱼类的鳔是鱼体比重的调节器官，它的机能是通过特有的气腺（gas gland）分泌气体及鳔管排放气体（管鳔类）而控制的。气腺位于鱼鳔前腹面的内壁上，因气腺的上皮细胞下方与稠密的微血管网相接而呈现红色，故又名红腺（red gland）。微血管网是 1 个由动脉微血管和静脉微血管组成的结构，称为迷网（rete mirabile），能往鳔内分泌气体。分布到气腺下的动脉微血管来自背大动脉或腹腔肠系膜动脉，静脉微血管离气腺后，经鳔静脉而注入肝门脉系统。由气腺分泌的气体进入鳔内是通过特定的生物化学

反应实现的：静脉微血管内的血液携带着从气腺来的乳酸呼吸酶和碳酸酐酶，这些物质通过对流交换进入动脉微血管，乳酸在这里能促使溶解的气体释放出来，并穿过气腺的上皮细胞，进入鳔腔，而碳酸酐酶则可加速血液中碳酸的脱水作用，释出二氧化碳进入鳔内，同时二氧化碳的张力增加还能促进与血红蛋白结合的氧气分离开来，并穿透气腺上皮细胞渗入鳔中。气腺上皮细胞的这种穿透性是单向的，只允许气体向鳔内渗透而鳔中的气体则不能穿过气腺上皮细胞退回迷网。管鳔类的鲤形目鱼类可直接通过鳔管从口或鳃孔排出鳔内的气体（图 16）。

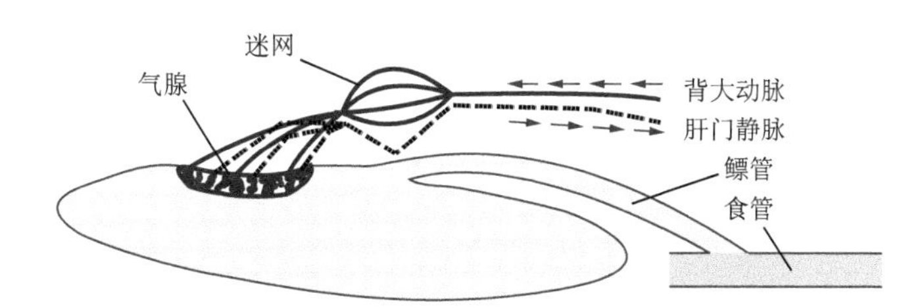

图 16　鲤形目鱼类鳔的结构、血流循环及气体吸收
Figure 16　Swim bladder structure, blood circulation and gas absorption of Cypriniformes

鱼类鳔的功能有以下 3 点：

（1）调节身体比重，保持悬浮状态；

（2）鳔壁分布许多神经末梢，能感知声波、水压和气压等变化，如鲤科鱼类的鳔与内耳之间靠韦伯氏器相连，使鱼类能感知高频率、低强度的声波；

（3）有些鱼类的鳔可以发声。

3）韦伯氏器（Weberian apparatus）

鲤形目鱼类前 3 块躯椎两侧的小骨，可将鳔的振动传给内耳，产生听觉。鲤形目鱼类的鳔与内耳之间依靠由带状骨、舟骨、间插骨、三脚骨等骨构成的韦伯氏器联系，具有特殊的感觉功能（图 17）。当外界声波传到鱼体时，鳔能加强这种声波的振幅，通过韦伯氏器可使鲤形目鱼类感受到高频率、低强度的声音，而鳔与内耳之间没有联系的鱼类，对声音频率的反应则不超过 2000-3000 次/s。

4. 循环系统

1）心脏（heart）

心脏位置较其他脊椎动物的心脏更向前移。心脏中的血是缺氧血，血行属于单循环。心脏可以分为 3 部分：由后向前，最后的部分是静脉窦（sinus venosus），位于心脏的后背侧，壁甚薄，接受身体前后各部分回心的静脉血，其后背方连接 2 条粗大的脉管，即古维尔氏管（Cuvier’s duct）。在静脉窦前方是心耳（atrial auricle），壁较薄，稍厚于静脉窦。心耳的腹前方为心室（ventricle），壁最厚，为心脏的主要搏动中心。动脉球（bulbus arteriosus）系由腹主动脉基部扩大而成，不能搏动，因此不属于心脏的一部分（图 18）。

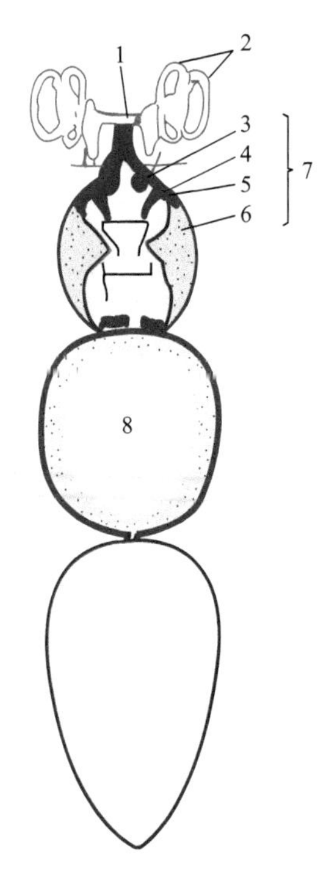

图 17 鲤的鳔和韦伯氏器示意图

1. 内淋巴窗；2. 半规管；3. 带状骨；4. 舟骨；5. 间插骨；6. 三脚骨；7. 韦伯氏器；8. 鳔

Figure 17 Schematic diagram of swim bladder and Weberian apparatus of *Cyprinus carpio* Linnaeus

1. Endolymphatic window; 2. Semicircular canal; 3. Claustrum; 4. Scaphium; 5. Intercalarium; 6. Tripus; 7. Weberian apparatus; 8. Swim bladder

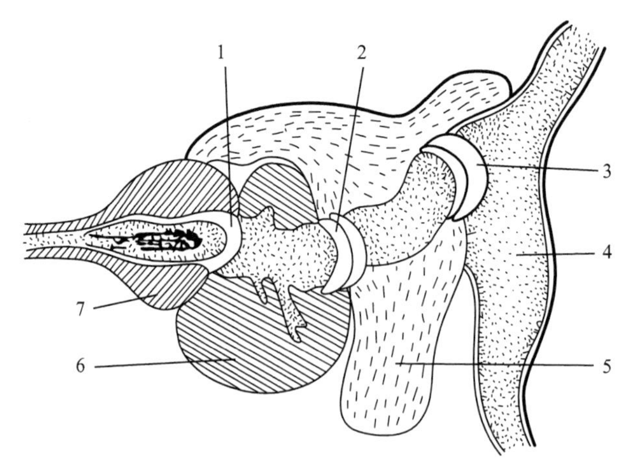

图 18 鲤心脏纵剖面

1. 半月瓣；2. 房室瓣；3. 窦房瓣；4. 静脉窦；5. 心房；6. 心室；7. 动脉球

Figure 18 Heart's longitudinal section of *Cyprinus carpio* Linnaeus

1. Semilunar valve; 2. Atrioventricular valves; 3. Sinoatrial valve; 4. Sinus venosus; 5. Atrium; 6. Ventricle; 7. Bulbus arteriosus

2）动脉（artery）

进入鳃区的血管整个绕成环状，侧视弧状，称这些动脉为动脉弓。动脉起始于心脏前方的腹侧主动脉（aorta ventralis），向前伸达鳃弓下方，发出数对进入鳃弓的血管，即是入鳃动脉（afferent branchial artery），动脉入鳃后散成毛细血管，进入鳃丝、鳃小片，进行气体交换，使浑浊的静脉血变成新鲜的动脉血。大多数鱼类入鳃动脉为4对（图19，图20）。

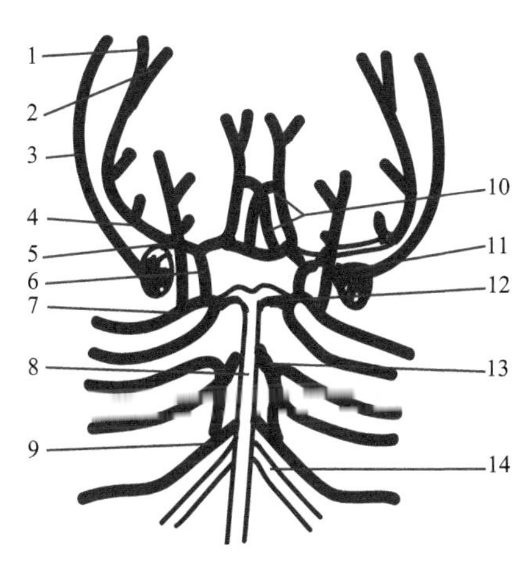

图19　鲢的头部动脉（背面观）

1. 下颌动脉；2. 上颌动脉；3. 伪鳃动脉；4. 颈外动脉；5. 颈内动脉；6. 颈总动脉；7. 第1出鳃动脉；8. 背主动脉；9. 锁下动脉；10. 头动脉环；11. 伪鳃；12. 第1鳃上动脉；13. 枕动脉；14. 腹腔动脉

Figure 19　Head artery of *Hypophthalmichthys molitrix* (Valenciennes) (dorsal view)

1. Mandibular artery; 2. Maxillary artery; 3. Arteria pseudobranchialis; 4. External carotid artery; 5. Internal carotid artery; 6. Common carotid artery; 7. The first efferent branchial artery; 8. Dorsal aorta; 9. Subclavian artery; 10. Cephalic artery ring; 11. Pseudobranch; 12. The first epibranchial artery; 13. Occipital artery; 14. Celiac artery

3）静脉（vein）

大多数静脉和动脉平行分布。头部回心的血液都经过前主静脉（anterior cardinal vein）及颈下静脉（vena jugularis inferior）等主要血管，汇入古维尔氏管或静脉窦。前主静脉1对，在眼肌及舌弓处扩大成血窦，接受回心血液（图21）。

（1）尾静脉进入体腔后分成左右2支进入肾脏，左侧1支称肾门静脉（renal portal vein），它在肾脏后部拆散成毛细血管，然后又汇集到左右主静脉，直接连到右后主静脉。

（2）由消化器官流来的血液为肝门静脉（hepatic portal vein），它在回心之前在肝内拆成毛细血管网，肝内的血管再汇集到1对很大的肝静脉（vena hepatica）内。以肠管辅助呼吸的泥鳅，血液来自腹腔系膜动脉，充氧后的血通过肝门静脉回心脏。

4）血液（blood）

鱼类血量比一般脊椎动物低，一般血液量为体重的1.5%-3.0%，如鲤（700g）的血量为体重的2%，而哺乳动物一般都在6%以上。血液的比重也低于哺乳类，前者平均为1.035，后者为1.053。

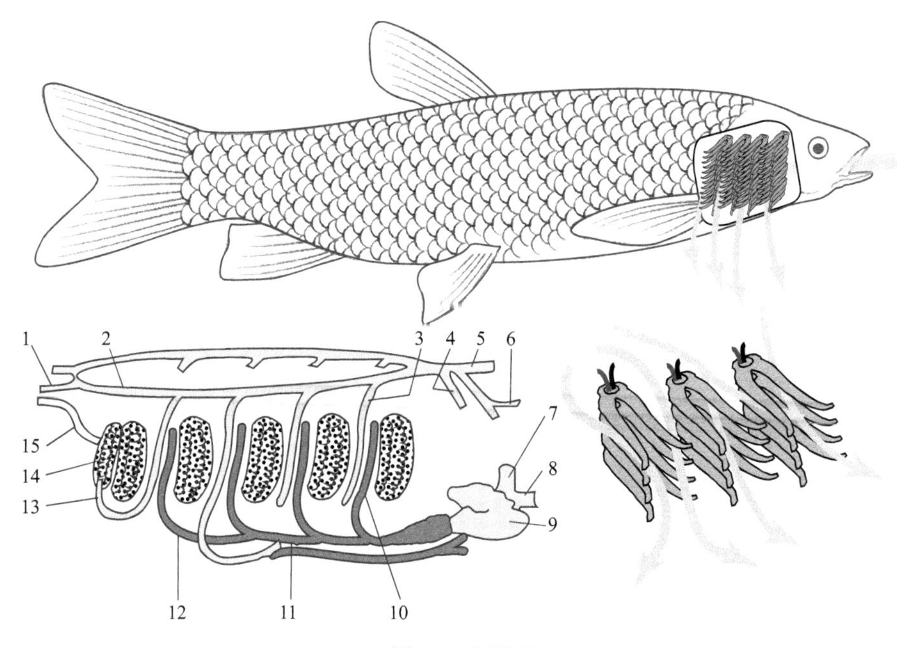

图 20　鳃循环

1. 颈动脉；2. 头动脉环；3. 出鳃动脉；4. 腹腔动脉；5. 背主动脉；6. 通入鳔；7. 总主静脉；8. 肝静脉；9. 心脏；10, 12. 入鳃动脉；11. 腹侧主动脉；13. 腹主动脉；14. 伪鳃；15. 出伪鳃血管

Figure 20　Gill circulation

1. Carotid artery; 2. Cephalic artery ring; 3. Efferent branchial artery; 4. Celiac artery; 5. Dorsal aorta; 6. Go into the swim bladder; 7. Common cardinal vein; 8. Vena hepatica; 9. Heart; 10, 12. Afferent branchial artery; 11. Aorta ventralis; 13. Abdominal aorta; 14. Pseudobranch; 15. Efferent pseudobranch vessel

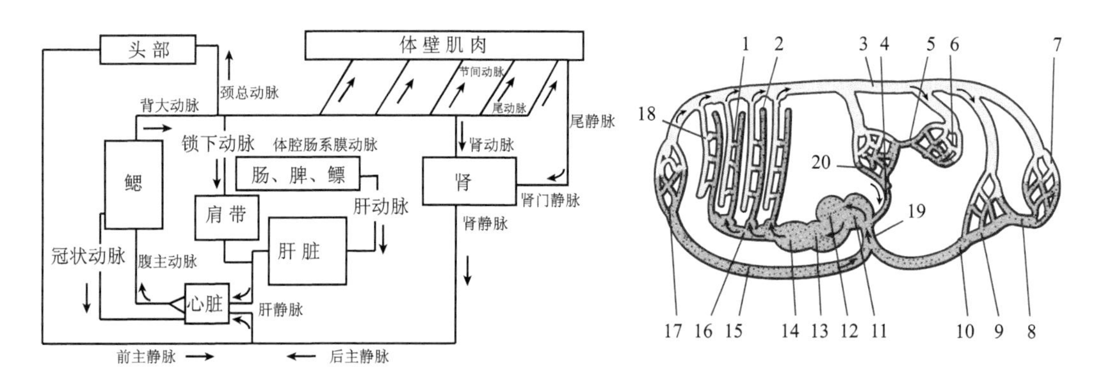

图 21　硬骨鱼血液循环

1. 鳃毛血管；2. 入鳃动脉；3. 背主动脉；4. 肝静脉；5. 肝门静脉；6. 肠毛细管；7. 尾毛细管；8. 肾门静脉；9. 肾毛细管；10. 后主静脉；11. 静脉窦；12. 心房；13. 心室；14. 动脉球；15. 前主静脉；16. 腹主动脉；17. 头部毛细管；18. 出鳃动脉；19. 总主静脉；20. 肝毛细管

Figure 21　Blood circulation of teleost

1. Gill capillary; 2. Afferent branchial artery; 3. Dorsal aorta; 4. Vena hepatica; 5. Hepatic portal vein; 6. Intestinal capillary; 7. Tail capillary; 8. Renal portal vein; 9. Renal capillary; 10. Posterior cardinal vein; 11. Venous sinus; 12. Atrium; 13. Ventricle; 14. Bulbus arteriosus; 15. Anterior cardinal vein; 16. Abdominal aorta; 17. Head capillary; 18. Efferent branchial artery; 19. Common cardinal vein; 20. Hepatic capillary

鱼类的白细胞分为粒细胞（granulocyte）和无粒细胞（agranulocyte）两类。白细胞在血液中比红细胞的数量要少的多，一般鱼类白细胞数为 1 万-15 万，鲤的白细胞数为 7.5 万-9.0 万，约为红细胞数的 1/20。影响红细胞数量变动的因素有以下几个方面。

（1）种类特异性：不同种类每毫升血液含红细胞数量不同。例如，青鱼为 154 万-208 万/ml，草鱼为 145 万-260 万/ml，鲢为 148 万-272 万/ml，鲤为 84 万-247 万/ml，鲫为 159 万-248 万/ml。

（2）年龄：不同种类间特点不一致。例如，草鱼随着年龄增加，红细胞数量上升。

（3）性别：不同性别之间不一致。例如，雌性鳊红细胞数量为 1.79 百万/ml，雄性鳊为 2.19 百万/ml；雌性丁鲹红细胞数量为 2.24 百万/ml，雄性丁鲹为 2.61 百万/ml。

（4）环境条件：不同季节不一致，一般为冬季<春季<夏末、秋初。例如，草鱼吃天然草料时红细胞数量为 221.8±39.5 万/ml，吃配合饲料时为 175.5±34.8 万/ml；而青鱼吃螺蛳时为 178±29.9 万/ml，吃配合饲料时为 155.7±15.3 万/ml。

5. 肌肉系统

鲤形目鱼类的肌肉系统（muscular system）与大多数硬骨鱼类的结构基本相似，主要分为体节肌和鳃节肌两大部分。体节肌（除头部肌肉外）大多数受脊神经控制，而鳃节肌主要受脑神经的控制。

（1）体节肌（somite muscle）

体节肌由中轴肌（axial muscle）和附肢肌（appendicular muscle）组成（图 22）。中轴肌由躯部肌肉和头部肌肉组成。躯部肌肉主要从头后直到尾柄末端的大侧肌，被水平隔膜分成轴上肌和轴下肌。轴上肌和轴下肌之间有红肌，利于游泳；大侧肌大部分的肌肉均为白肌，用于行乏氧代谢以及迅速地捕捉食物或逃避敌害。除大侧肌外，在鱼体背部中央和腹部中央有棱肌（carinate muscle），分上棱肌和下棱肌，可以使鱼鳍伸缩或后缩以及曲折游行。头部肌肉趋于退化，一些肌节被转变成眼肌。眼肌由上直肌、下直肌、内直肌、上斜肌、下斜肌以及外直肌组成，这些眼肌的活动控制着眼球的转动（图 23）。此外，头部肌肉还有分布于舌下的像胸舌骨肌类的肌肉。

附肢肌可分为奇鳍肌肉和偶鳍肌肉。鲤形目鱼类的奇鳍肌肉较软骨鱼类更为复杂，背鳍和臀鳍的每一鳍条基部附有 6 条束状肌肉，每侧 3 条，其中浅层 1 条（如背鳍倾肌），深层 2 条（如背鳍竖肌）。尾鳍肌肉同样较为复杂，除大侧肌伸达尾鳍基部外，其表面浅层还有尾鳍腹收肌和尾鳍条间肌，深层有 5 块曲肌。偶鳍肌肉也较软骨鱼类复杂，如肩带肌在肩带内外侧有 6 块肌肉（肩带浅层展肌、肩带深层展肌、肩带浅层收肌、肩带深层收肌、肩带伸肌和肩带内层伸肌）附着；腰带肌在腰带背面有 4 块肌肉（腰带深层展肌、腰带深层收肌、腰带提肌和腰带深肌）附着，腹面有 3 块肌肉（腰带浅层展肌、腰带浅层收肌和腰带降肌）附着。

（2）鳃节肌（branchiomeric muscle）

鳃节肌极为发达，分布于头部两侧，司上下颌的启闭、鳃盖的活动、鳃弓的移动，也可能分布于舌弓上及鳃条骨等部位。其中调节鱼类两颌启闭的肌肉位于头侧和腹面，司口关闭的是下颌收肌和咬肌，位于头腹面的舌骨肌使下颌降低即口张开；鳃盖开肌、鳃盖提肌及舌颌提肌司鳃盖提起，鳃盖收肌和鳃条骨舌肌司关闭鳃盖的作用；拮抗肌用于支配口、鳃盖开关和鳃弓的活动。

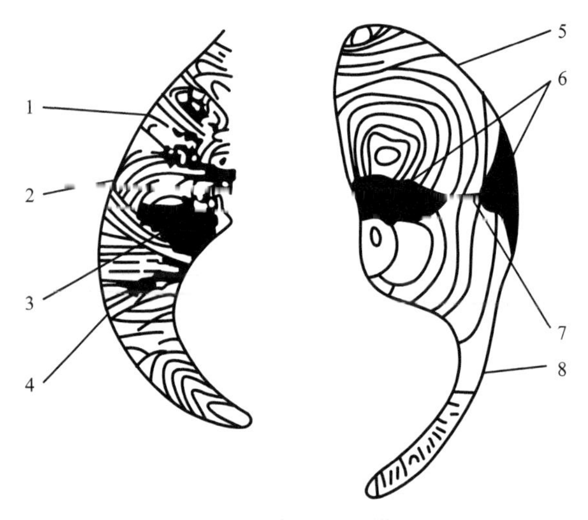

图 22 鱼类躯部肌肉横切面

1, 5. 轴上肌；2, 7. 水平骨隔；3, 6. 红肌；4, 8. 轴下肌

Figure 22 Cross section of the fish's body muscle

1, 5. Epaxial muscle; 2, 7. Horizontal skeletogenous septum; 3, 6. Red muscle; 4, 8. Hypaxial muscle

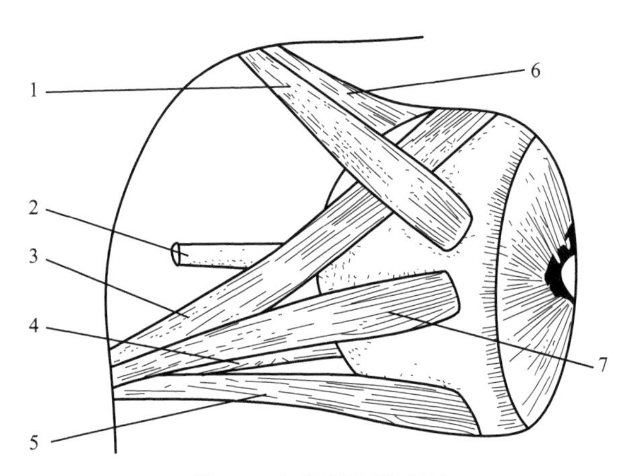

图 23 鱼类眼肌模式图

1. 上斜肌；2. 视神经；3. 内直肌；4. 下直肌；5. 外直肌；6. 下斜肌；7. 上直肌

Figure 23 Schematic diagram of fish eye muscle

1. Obliquus superior; 2. Optic nerve; 3. Internal rectus; 4. Infrarectus; 5. Lateral rectus; 6. Inferior oblique muscle; 7. Superior rectus

6. 神经系统

鱼类体内各器官系统在正常生理活动中，表现十分协调并互相联络，这些活动的总指挥部就是神经系统（nerve system）。它一方面掌管着全身的正常生理活动和协调工作，另一方面负责鱼类与外界环境的相互联系，接受外界的刺激并产生相应的反应。鱼类神经中枢都位于消化道背面的体壁内，且呈 1 中空之管，在脑中的空腔为脑室，在脊髓中

的称中心管。神经系统由中枢神经系统、外周神经系统和植物性神经系统等 3 部分组成。中枢神经系统由脑和脊髓两部分组成，外周神经系统由脑神经和脊神经组成，植物性神经系统由交感神经和副交感神经组成。

1）中枢神经系统（central nervous system）

由脑和脊髓共同组成，并分别包藏在软骨或硬骨质的脑颅及椎骨的髓弓内。

（1）脑。鱼类脑的构造已分化为 5 个区，即端脑、间脑、中脑、小脑和延脑，结构比较简单，脑的体积比其他脊椎动物小得多（图 24）。

端脑是脑最前面的部分，由嗅脑（rhinencephalon）和大脑（cerebrum）组成。鱼类的嗅脑与嗅觉器官连接，是嗅觉中枢。硬骨鱼类的嗅脑结构大致有两种情况，一类是由嗅球和嗅束组成，圆球状的嗅球紧接在嗅觉器官嗅囊的后方，嗅球以细长的嗅束[或称嗅茎（olfactory stalk）]连于大脑上，如鲤科鱼类等；另一类的嗅脑仅为 1 圆球状的嗅叶（olfactory lobe），紧连在大脑的前方，嗅叶前方有细长的嗅神经与嗅囊发生联系。嗅脑后方紧接大脑。大脑中央有纵沟将其分为左右 2 部，即大脑半球（hemisphaerium cerebri），大脑背壁无神经组织，是由上皮细胞组成的薄壁[称为外表（pallium）]，大脑腹壁上有许多神经细胞集中而形成纹状体（corpus striatum），这是真正脑组织所在。大脑半球内各有 1 脑腔，称为侧脑室，左右脑室分隔不完全，与嗅脑的中央腔相通。

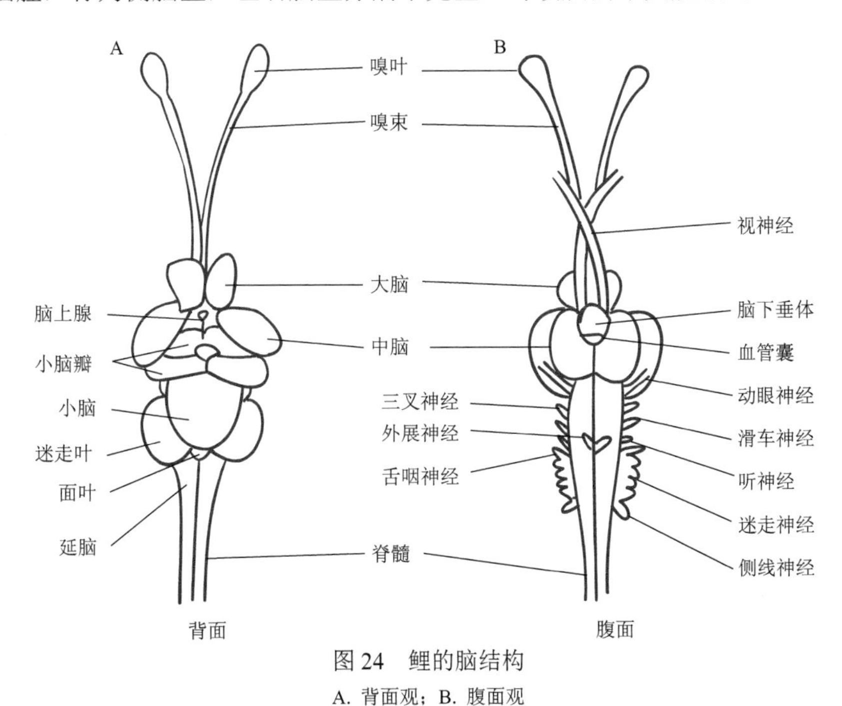

图 24　鲤的脑结构

A. 背面观；B. 腹面观

Figure 24　Brain structure of the *Cyprinus carpio* Linnaeus

A. Dorsal view; B. Ventral view

间脑是位于大脑后方的凹陷部分，常被中脑所遮盖。间脑背面中央突出 1 条细长线状的脑上腺[epiphysis，或称松果腺（pineal gland）]。间脑腹面前方有视神经，它形成交叉状，称为视交叉（chiasma opticum），视神经分布到眼球上，其神经纤维经过间脑通到中脑。视神经后方的椭圆形或圆形的隆起部分，即漏斗（infundibulum）。漏斗腹后方连1圆形构造，即为脑下垂体（hypophysis），为1内分泌腺体。在漏斗的两侧有1对下叶（inferior lobe），下叶后方为血管囊（saccus vasculosus）。间脑内的空脑，是第Ⅲ脑室。间脑可分为上丘脑、丘脑和下丘脑3部分，上丘脑位于第Ⅲ脑室背面，丘脑在第Ⅲ脑室侧壁具灰质的区域，下丘脑位于第Ⅲ脑室腹壁部分。间脑对于色素细胞的影响很明显，鱼类除了有延脑引起皮肤变白的神经中枢之外，在间脑还有与之对抗的神经中枢，能使鱼体变黑。强的光线影响到间脑时会使鱼体变黑，而当弱的光线影响到间脑时会使鱼体变白。脑垂体是重要的内分泌腺体。

鱼类的中脑由腹面的基部[或称被盖（tegmentum）]和背面的视顶盖（optic tectum）两部分组成。顶盖又被纵行沟分为两个半球，称为视叶（optic lobe），视神经的末端位于视叶内。第Ⅲ、Ⅳ对脑神经的核也在中脑内。中脑内的空腔称中脑腔（mesocoele），它与第Ⅲ、Ⅳ脑室相通，此腔在低等脊椎动物中相当宽大。中脑是鱼类最高视觉中枢所在，视神经纤维将视冲动从视网膜传递到中脑细胞。中脑有通向延脑的神经纤维，它对鱼体的运动和平衡有调节作用。

小脑是鱼类运动的主要调节中枢，它的大小随鱼类的活动能力而有所不同。小脑维持平衡和姿势，掌握运动的协调，节制肌肉的张力。小脑起于听觉侧线区的前端，小脑鬈与内耳和侧线器官有密切联系，所以鱼类的小脑兼为听觉和侧线的会同中枢。不少硬骨鱼类的小脑有特殊的小脑瓣伸入中脑腔，如鲤等，它与延脑的侧线中枢似有机能的联系。

延脑是脑的最后部分，它的后部通出头骨枕孔后即为脊髓，两者无明晰的分界。第Ⅴ-Ⅹ对脑神经均由延脑发出。许多鱼类如鲤等在延脑前部有1个面叶（facial lobe）和1对迷走叶（vagus lobe），面叶居中，迷走叶在两侧。延脑背面有脉络丛，延脑内的脑腔为第Ⅳ脑室，向后与脊髓的中心管相通。延脑是非常重要的部分，它的神经通达呼吸器官、心脏、肠、胃、食道、内耳及皮肤感觉器官等。它包括了好几方面的神经。延脑是听觉侧线感觉中枢和呼吸中枢，破坏延脑，会使呼吸运动停止；延脑的面叶及迷走叶是味觉中枢，味蕾发达的鱼类这两部分特别显著，如鲤等。迷走叶控制口内味觉，面叶控制皮肤表面的味觉。延脑还是皮肤感觉的中枢，能使鱼具有触、痛觉，可能还有温冷的感觉。另外延脑还是调节色素细胞作用的中枢，它使色素细胞收缩，引起皮肤变白。

（2）脊髓是1条扁圆形的柱状管，包藏于椎骨的髓弓内，前面与延脑连接，往后延伸到最后一枚椎骨。脊髓由前向后逐渐变细，但因出现胸鳍和腹鳍而在其相应部位略显膨大。背、腹面分别具有背中沟和腹中沟，以此将脊髓分成左右两半。围绕在脊髓神经管腔四周呈蝶形的灰质（gray matter），是神经元本体，灰质周围为白质（white matter），里面只有神经纤维。脊髓是中枢神经系统的低级部位，以脊神经与机体的各部相联系。白质是上行和下行神经束的通道，传导感觉和运动的神经冲动，把鱼体组织器官与脑的活动互相联结起来。灰质部分有神经元，可完成最基本的反射活动，所以脊髓是鱼体和内脏反射的初级中枢所在处，但它的活动都是在中枢神经系统的高级中枢部位支配下进行的（图 25）。

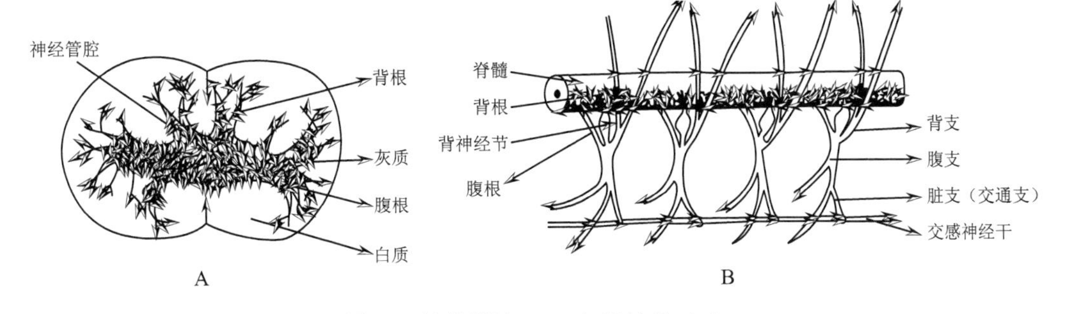

图 25　鲢的脊髓（A）与脊神经（B）

Figure 25　Spinal cord (A) and spinal nerve (B) of *Hypophthalmichthys molitrix* (Valenciennes)

2）外周神经系统（peripheral nervous system）

外周神经系统是由中枢神经系统发出的神经和神经节所组成，它包括脊神经和脑神经，中枢神经经由外周神经而与皮肤、肌肉、内脏器官相连接，其作用是传导感觉冲动到中枢神经，或由中枢神经向外周传导运动冲动。

（1）脑神经（cranial nerve）

脑神经经由脑部发出，通过头骨孔而达身体外围，它包括有体部感觉神经纤维和运动神经纤维，也有内脏感觉与运动神经纤维。但不同的脑神经的组成比例有极大的变化，有些脑神经只包括感觉神经纤维，称为感觉神经，如嗅神经、视神经和听神经；也有的只包括运动神经纤维，称为运动神经，如动眼神经、滑车神经和外展神经；还有些脑神经则包括感觉和运动两种神经纤维，称为混合神经，如三叉神经、面神经、舌咽神经和迷走神经　（图 26）。

鱼类的脑神经一般都有 10 对，现将各对脑神经分别描述如下：

嗅神经（olfactory　nerve）　细胞本体在嗅黏膜上，由联系嗅觉细胞的神经纤维达到端脑的嗅脑上。嗅神经的功用是专司嗅觉，为纯感觉性神经。

视神经（optic nerve）　视神经多呈白色棍状，分布于眼球的视网膜上，神经纤维穿过眼球的数层外衣，经过眼窝而连到间脑腹面，神经的末端达到中脑。为纯感觉性神经。视神经在间脑前方形成交叉，左侧的视神经联系到间脑的右侧，而右侧的视神经联系到间脑的左侧，称为视交叉。

动眼神经（oculomotor　nerve）　由中脑腹面发出，分布到眼球的上直肌、下直肌、内直肌和下斜肌，与滑车神经和外展神经一起共同支配眼球的运动。为运动性神经。

滑车神经（trochlear　nerve）　由中脑后背缘发出，分布到眼球的上斜肌上，为运动性神经，它是运动神经中唯一由中枢神经系统背面发出的 1 对。

三叉神经（trigeminal nerve）　起源于延脑前侧面，它是相当粗大的 1 条神经，它在通出脑匣前，神经略为膨大，通常称之为半月神经节（semilunar ganglion）。三叉神经在半月神经节后分为 4 支，即深眼支、浅眼支、上颌支和下颌支，分别分布到嗅黏膜、头顶和吻端的皮肤以及上下颌各部。它的功用是主持颌部的动作，同时接受来自皮肤、唇

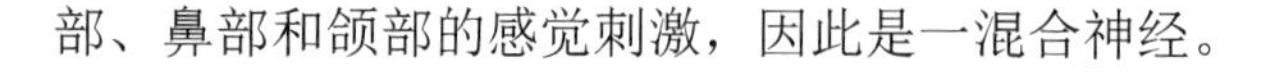
部、鼻部和颌部的感觉刺激，因此是一混合神经。

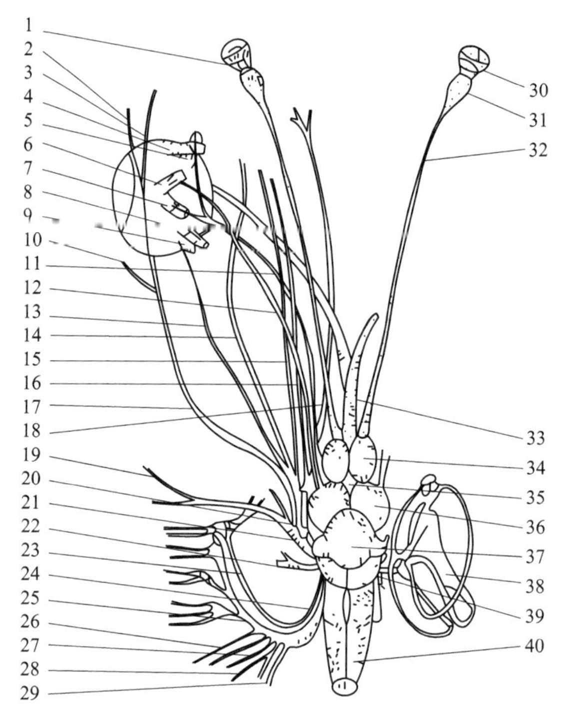

图 26 鲢的脑神经

1. 嗅神经；2. 下颌支；3. 上颌支；4. 内直肌；5. 下斜肌；6. 上斜肌；7. 上直肌；8. 下直肌；9. 外直肌；10. 浅眼面支；11. 动眼神经；12. 滑车神经；13. 外展神经；14. 深眼支；15. 浅眼支；16. 口部支；17. 颌支；18. 腭支；19. 舌颌支；20. 三叉神经；21. 面神经；22. 听神经；23. 舌咽神经；24. 迷走神经；25. 鳃支；26. 鳃盖支；27, 28. 内脏支；29. 侧线支；30. 嗅囊；31. 嗅球；32. 嗅束；33. 视神经；34. 大脑；35. 脑上腺；36. 中脑；37. 小脑；38. 内耳；39. 延脑；40. 脊髓

Figure 26 Nervus cerebrales of *Hypophthalmichthys molitrix* (Valenciennes)

1. Olfactory nerve; 2. Ramus of mandible; 3. Ramus maxillaris; 4. Internal rectus; 5. Inferior oblique muscle; 6. Obliquus superior; 7. Superior rectus; 8. Infrarectus; 9. Lateral rectus; 10. Ophthalmicus superficialis facialis; 11. Oculomotor nerve; 12. Trochlear nerve; 13. Abducens nerve; 14. Ramus ophthalmicus profundus; 15. Ramus ophthalmicus superficialis; 16. Oral branch; 17. Ramus of jaw; 18. Palatine branch; 19. Ramus hyomandibularis; 20. Trigeminal nerve; 21. Facial nerve; 22. Auditory nerve; 23. Glossopharyngeal nerve; 24. Vagus nerve; 25. Ramus branchialis; 26. Ramus opercularis; 27, 28. Visceral branch; 29. Ramus lateralis; 30. Saccus olfactorius; 31. Olfactory bulb; 32. Olfactory tract; 33. Optic nerve; 34. Cerebrum; 35. Epiphysis; 36. Mesencephalon; 37. Cerebellum; 38. Inner ear; 39. Medulla oblongata; 40. Medulla spinalis

外展神经（abducens nerve） 从延脑腹面伸出，分布到眼球的外直肌上，为运动性神经，支配眼球的运动。

面神经（facial nerve） 由延脑侧面发出，基部与第Ⅴ及第Ⅷ对脑神经十分接近。是1对十分粗大且分支较多的脑神经，其主要分支有4条，即口盖支、舌颌支、口部支和浅眼支，分别分布到口咽腔、上下颌、舌弓、鳃盖及头部侧线器官等各部，浅眼支与第Ⅴ对脑神经的浅眼支合并在一起，分布到吻部。主要功用是支配头部各肌与舌弓各肌，并司皮肤、舌根前部及咽部等处的感觉，与触须上的味蕾和头部感觉管也有密切联系，是 1 对混合性神经。

听神经（auditory nerve） 起源于延脑的侧面，紧接在第Ⅶ对脑神经后方。分布到内耳的椭圆囊、球状囊以及各壶腹上。为感觉性神经。

舌咽神经（glossopharyngeal nerve） 起源于延脑侧面，主干上有 1 神经节，节后分出 2 支，一支在第 1 鳃裂之后（可称为孔后支），它们分布到口盖、咽部以及头部侧线系统中。为混合性神经。

迷走神经（vagus nerve） 起源于延脑侧面，是脑神经中最粗大的 1 对，它分出 3 大分支，即鳃支、内脏支和侧线支，分布到第 1-4 鳃弓、心脏、消化器官、鳔以及体侧的侧线上。其功用是支配咽区和内脏的动作，并司咽部的味觉、躯部皮肤的各种感觉和侧线感觉。为混合性神经。

（2）脊神经（spinal nerve）

脊神经在结构上呈分节排列现象。每对脊神经包括 1 个背根（dorsal root）和 1 个腹根（ventral root），背根连于脊髓背面，而腹根发自脊髓的腹面。背根主要包括感觉神经纤维，而腹根包括的是运动神经纤维。背根的神经纤维来自皮肤和内脏，用以传导周围部分的刺激到中枢神经系统，在靠近脊髓的地方有 1 个膨大的背根神经节（spinal ganglion）。腹根神经纤维分布到肌肉及腺体上，传导中枢神经系统发出的冲动到外周各反应器，起运动作用。

背根和腹根在穿出椎骨之前相互合并，通出椎骨后即分为 3 支：第 1 支是背支（dorsal branch），分布到身体背部的肌肉和皮肤上；第 2 支是腹支（ventral branch），分布到身体腹部的肌肉和皮肤上，这两支都包含感觉神经纤维和运动神经纤维；第 3 支是内脏支（visceral branch），分布到肠胃和血管等内脏器官上，也包含感觉神经纤维和运动神经纤维，它参加到交感神经系统。鱼类背支、腹支和内脏支的感觉神经纤维均通过背根进入脊髓，背支和腹支的运动神经纤维通过腹根由脊髓发出，但内脏支的运动神经纤维却来自背根和腹根。

鱼类偶鳍部位的脊神经或多或少相互联合形成神经丛，分布到带骨及偶鳍区的神经由其发出。

3）植物性神经系统（vegetative nervous system）

这是一类专门管理内脏平滑肌、心脏肌、内分泌腺、血管扩张收缩等活动的神经，与内脏的生理活动、新陈代谢有密切关系。解剖学和生理学上称之为植物性神经系统[或自主神经系统（automatic nervous system）]，它也是由中枢神经系统发出，发出后不直接到达所支配的器官，而是必须通过神经节的神经元，再到达各器官。它由交感神经（sympathetic nerve）和副交感神经（parasympathetic nerve）两部分组成。

鱼类交感神经主要包括由躯干部脊髓发出的内脏离心神经纤维（运动纤维）。硬骨鱼类交感神经有两条主干，位于脊柱两旁腹侧，每与脊神经相当的地位有交感神经节（sympathetic ganglion），它们有神经相串联，成为排列在脊柱两边的主干，即交感神经干（sympathetic trunk）。每个神经节都与脊神经的内脏支连接，在头部有头部交感神经节与脑发生联系。因此交感神经的离心纤维自脑及脊髓发出后，实际上分为两段，自脑、脊髓到神经节的一段，称为节前纤维（preganglionic fibers），自神经节到平滑肌、心脏肌及内分泌腺上去的是节后纤维（postganglionic fibers），节后纤维无髓鞘，呈灰色。交感神经干向前可以延伸达到第Ⅴ对脑神经，与第Ⅴ、Ⅶ、Ⅸ、Ⅹ对脑神经的神经节紧密相连。

对于鱼类副交感神经的研究比较少，它主要包括头部发出的内脏离心纤维。硬骨鱼类头的副交感神经与第Ⅲ对及第Ⅹ对脑神经发出联系，副交感神经纤维循第 III 对脑神经而达到眼球的睫状神经节，分布到眼球睫状体的平滑肌和虹膜上；另一重要的副交感神经纤维循第Ⅹ对脑神经的内脏支分布到食道、胃、肠以及附近的一些器官上，另外还有分布到静脉窦和鳔上。副交感神经也具有节前和节后纤维，与交感神经不同的是，它的神经节位于其所作用的器官的壁中或其紧邻处。

交感神经的分布往往与副交感神经的分布相一致，它们同时分布到所有的内脏器官，但它们的作用是相反的，在正常情况下，此 2 组的作用常常维持平衡状态，保持协调。交感神经和副交感神经的作用虽然是互相拮抗的，但就整体而言，实质上仍是统一的，起着相辅相成的作用。

4）感觉器官（sensory organ）

鱼类的感觉器官主要包括皮肤感受器、侧线感受器、听觉器官、视觉器官、嗅觉器官和味觉器官等。

（1）侧线系统（lateral line system） 是鱼类特有的皮肤感觉器官，呈管状或沟状，埋于头骨内和体侧的皮肤下面，侧线管以一系列侧线孔穿过头骨及鳞片，连接成与外界相通的侧线。侧线管内充满黏液，感觉器就浸埋在黏液里。感觉器一般由一群感觉细胞和一些支持细胞组成，称为神经丘，感觉细胞具有感觉毛和分泌机能，其分泌物在整个感觉器的外部凝结成胶质顶，感觉神经末梢分布于感觉细胞之间。当水流轻击鱼体时，水压通过侧线孔，影响到管内的黏液，并使感觉器内的感觉毛摆动，从而刺激感觉细胞兴奋，再通过神经将外来刺激传导到神经中枢。支配头部侧线的是面神经和舌咽神经，而支配躯干部侧线的是迷走神经的侧线支。侧线能感受低频率的振动，具有控制趋流性的定向作用，同时还能协助视觉测定远处物体的位置，故在鱼类生活中具有重要的生物学意义。

（2）听觉器官（auditory organ） 鱼类的听觉器官是 1 对内耳，因其结构复杂而称膜迷路（membrane labyrinth），包藏于脑颅听囊内的外淋巴液中，膜迷路里充满着内淋巴液。每侧的内耳都包括上下两部分：上部是椭圆囊（utriculus）及与其连通的 3 个半规管，管的一端膨大成壶腹（ampulla）；下部是球囊（sacculus），球囊后方有 1 突出的瓶状囊（lagena），这些囊内有石灰质的耳石（otolith）3-5 块，其中以球囊中的箭耳石（sagitta）体积最大。椭圆囊、球囊和壶腹内的感觉上皮，分别形成听斑（acoustic spot）和听嵴（acoustic crista），与听神经的末梢相联系，是鱼类平衡和听觉器官中的主要感受部位。当鱼体移位时，耳石对听斑和听嵴的压力产生变化，内淋巴液的压力也随之发生改变，于是感觉的信息通过听神经传递到中枢神经系统，引起肌肉反射性运动。膜迷路上部的椭圆囊和半规管是鱼体平衡机制的中心，而球囊和瓶状囊内的听斑能感受声波，并通过听神经将外界的声浪传到脑，产生听觉。

（3）视觉器官（optic organ） 多数鱼类缺乏活动性眼睑。鱼的眼球呈球状，具 3 层被膜：外层是软骨质或纤维质的巩膜（sclera），巩膜在前方形成透明而平扁的角膜

（cornea），有保护眼及避免因摩擦而遭受损伤的作用。中层是脉络膜（choroid），由自外向内的银膜（argentea）、血管膜（vascular coat）和葡萄膜（uvea）组成；银膜为鱼类所特有，呈银色而含鸟粪素，可将射入眼球的微弱光线反射到视网膜上；血管膜与葡萄膜互相紧贴难以分辨；脉络膜往前延伸成虹膜（iris），虹膜中央的孔即瞳孔（pupil）。眼球的最内层为视网膜（retina），是产生视觉作用的部位，由数层神经细胞组成，内含司光觉的视杆细胞（rod cell）和感知色觉的视锥细胞（cone cell）；视神经分布到视网膜上，视神经通出处无视觉作用，称盲点（blind point）。

眼球内有透明细胞构成的晶体（crystalline lens），角膜与晶体之间，以及晶体与视网膜之间分别有水样液（aqueous humor）和玻璃液（vetreous humor），前者有反光能力，而玻璃液则能固定视网膜的位置，使透过它的光线落到视网膜上。晶体大而圆，无弹性，背面借悬韧带剪接在虹膜上，紧挨于角膜后方，使鱼眼只能看到较近处的物体。镰状突（falciforme process）是硬骨鱼类调节视距的特有结构，为1膜质的垂直隆起，一端附着盲点，另一端以韧带与附着在晶体腹面的晶体缩肌[又称铃状体（Haller's campanula）]相连，通过该肌的伸缩能稍稍移动晶体的位置，调整视距，适应观察较远处的物体，但最远的视距一般不超过15m。

鱼眼一般位于头部两侧，紧靠吻部前方是不能见物的无视区。无视区之前则为两眼都能见物的双眼视区，也是鱼类视觉最清晰和对物体距离具有精确感觉的区域。一侧鱼眼能见物体的范围，称为单眼视区。

7. 泄殖系统

鱼类的排泄系统和生殖系统虽然在生理上发挥的作用很不相同，但其发生过程和构造都有密切的联系。新陈代谢产生的诸如二氧化碳、过多的水分、矿物盐类、含氯的化合物等废物都由鳃排出，而含氮化合物及各种盐离子（氯、钾、钠等）都是通过泌尿系统不断地排出体外，生殖系统更是维持鲤形目鱼类种族延续的重要器官。

1）排泄器官

排泄器官主要包括1对肾脏及其输导管，其功能除排泄尿液外，在维持鱼体内体液的适当浓度、进行渗透压调节方面也具有重要作用，以保证机体适应所处的环境。

肾脏紧贴在腹腔背壁，是1对坚实而呈块状的泌尿器官。鲤形目鱼类大多在肾脏前端尚有不具有泌尿机能的头肾。一般肾脏在发生上经过前肾和中肾两个阶段（图27）。肾脏起源于中胚层的生肾节。前肾是鲤形目鱼类胚胎时期的主要泌尿器官，位于体腔最前端，有许多按节排列的前肾小管，每一前肾小管略弯曲，它以肾腔口与体腔相通，边缘围有纤毛。在成鱼时前肾退化，中肾变为成鱼的泌尿器官，中肾呈块状组织，位于体腔背壁、鳔的背方，腹面覆有体腔上皮。鲤形目鱼类中肾都有许多不按节排列的中肾小管，由单层腺上皮细胞组成，多数中肾小管为盲管，仅少数保留肾口。中肾小管前端具有肾小球囊，其与血管小球组成肾小体。中肾小管将肾小球囊过滤的排泄废物通过中肾排出体外，鲤形目鱼类中肾小管根据其细胞的形态不同，可以分为颈节、近球弯曲肾小管和集合细管。

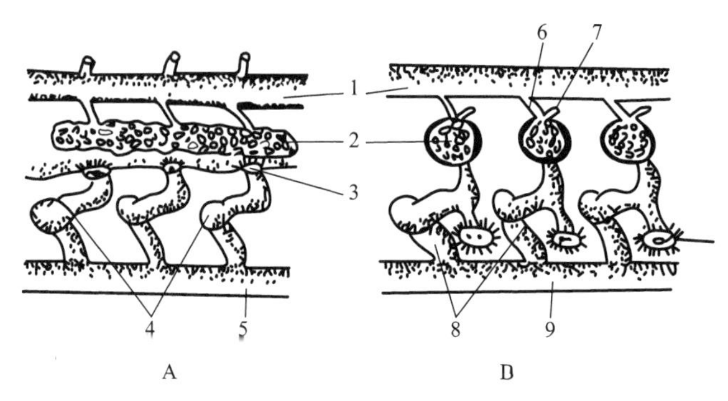

图 27 前肾（A）和中肾（B）模式图

1. 主动脉；2. 肾小球；3. 肾腔口；4. 前肾小管；5. 前肾管；6. 输入血管；7. 输出小管；8. 中肾小管；9. 中肾管

Figure 27 Schematic diagram of pronephros and mesonephros

1. Aorta; 2. Glomerular; 3. Renal cavity; 4. Pronephric tubules; 5. Pronephric duct; 6. Vas afferentia; 7. Efferent ductules; 8. Mesonephric tubule; 9. Mesonephric duct

一般，鲤形目鱼类有输尿管 1 对。胚胎时期由前肾行使泌尿机能，此时前肾管就是输尿管。到成体时，以中肾行使泌尿机能，前肾衰退。前肾管则纵裂为二，其中一根与中肾肾小管相通，担负输尿管的任务，称为中肾管或吴夫氏管；另一根仍与前肾相通，而后慢慢退化，或在某些种类担负起输送卵细胞到体外的任务，称为米勒氏管。

膀胱是贮藏尿液的薄壁囊状器官，尿液从输尿管流入膀胱，集聚在一起排出体外。鱼类膀胱可分为输尿管膀胱和泄殖腔膀胱，鲤形目鱼类膀胱属于输尿管膀胱，由输尿管后端扩大而成（图 28，图 29）。

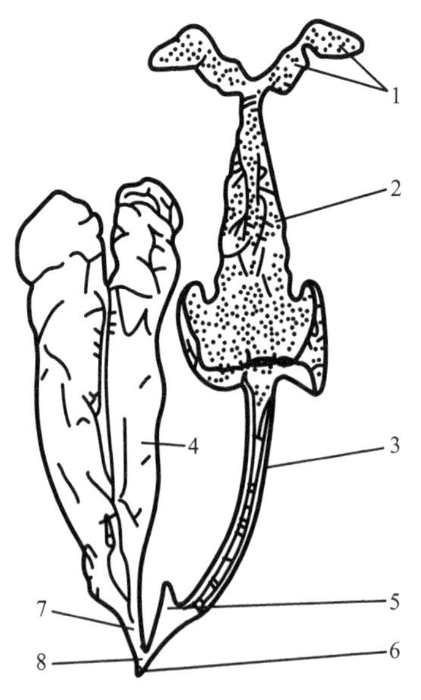

图 28 鲤的尿殖系统

1. 头肾；2. 中肾；3. 肾上腺；4. 精巢；5. 膀胱；6. 尿殖孔；7. 输精管；8. 尿殖窦

Figure 28 Urogenital system of *Cyprinus carpio* Linnaeus

1. Head kidney; 2. Mesonephros; 3. Adrenal gland; 4. Testis; 5. Bladder; 6. Urogenital aperture; 7. Vas deferens; 8. Urogenital sinus

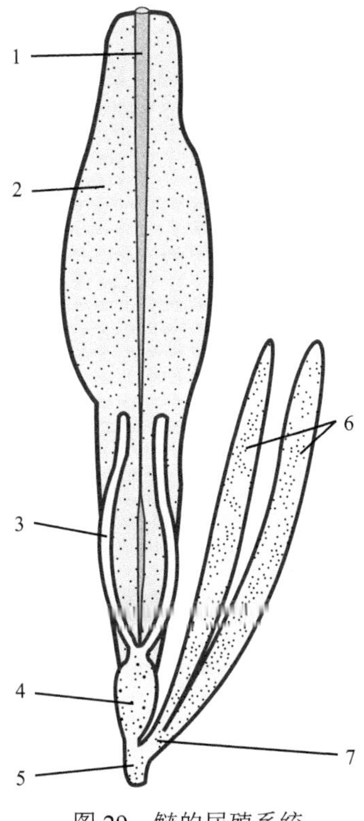

图 29　鲢的尿殖系统

1. 背主动脉；2. 肾脏；3. 输尿管；4. 膀胱；5. 尿殖窦；6. 精巢；7. 输精管

Figure 29　Urogenital system of *Hypophthalmichthys molitrix* (Valenciennes)

1. Dorsal aorta; 2. Kidney; 3. Ureter; 4. Bladder; 5. Urogenital sinus; 6. Testis; 7. Vas deferens

2）生殖器官

有生殖腺和输出管各 1 对。生殖腺由精巢系膜或卵巢系膜悬于腹腔背壁，通过系膜与血管、神经发生联系。鲤形目鱼类都是卵生且雌雄异体，生殖腺和输出管成对分布于两侧。

雄鱼生殖腺为精巢，鲤形目鱼类精巢在性成熟时呈乳白色，表面匀净细腻，而在一般情况下为淡红色。真骨鱼类的精巢根据显微结构一般可分为壶腹型和辐射型，而在鲤形目中，鲤科鱼类精巢显微结构为典型的壶腹型并为其所特有，腺体由圆形的或长形的所谓壶腹所组成，壶腹内壁由结缔组织基质形成，这些壶腹不规则地充满整个精巢内部，精细胞的成熟过程就在壶腹中进行。精巢的外膜由腹膜上皮及结缔组织构成。精巢背侧有腹膜往后延续而成的输精管，精子可以从精巢的背部或底部的输出管注入输精管。左右输精管常在后段联合，以生殖孔开口于肛孔和泌尿孔之间，精子排至水中营体外受精。

雌鱼生殖腺为卵巢，鲤形目鱼类卵巢为封闭式卵巢，卵巢不裸露在外，而为腹膜所形成的卵巢膜包围。成熟的卵直接落入与体腔隔开的卵巢中的卵巢腔内，卵巢膜后端变狭窄，形成输卵管。未发育成熟的卵巢常呈透明的条状，一旦成熟即变成长囊形而几乎充塞整个腹腔，颜色则由白色转为黄色，但红鳍鲌 *Culter erythropterus* 等也可呈现绿色。

鱼类的性腺发育一般分为 6 期（图 30）。

Ⅰ期性腺为 1 线状体，紧贴在鳔下两侧的体腔膜上；肉眼不能分辨雌雄，看不到卵粒，表面无血管或甚细弱。为未达性成熟的低龄个体所具有。

Ⅱ期卵巢多呈扁带状，有不少血管分布于卵巢上，已能与精巢相区分，放大镜下已经可以看清卵粒，为未达性成熟的性腺发育中的个体所具有；性成熟个体产后恢复阶段也恢复到Ⅱ期。精巢仍为细带状，血管不明显，故大多呈浅灰色。

Ⅲ期卵巢体积因卵粒生长而增大，卵巢青灰色或黄白色，肉眼已可看清积累卵黄的卵粒，但卵粒不够大也不够圆，且不能从卵巢褶皱上分离剥落。精巢因血管发达而呈粉红色或淡黄色。

Ⅳ期为成熟期，卵巢体积和重量在本期终了时达到最大。卵粒中充满卵黄，卵黄并逐步融合，卵粒极易从卵巢褶皱上脱落下来，卵巢膜甚薄，表面的血管十分发达。精巢转为乳白色，表面血管清晰。

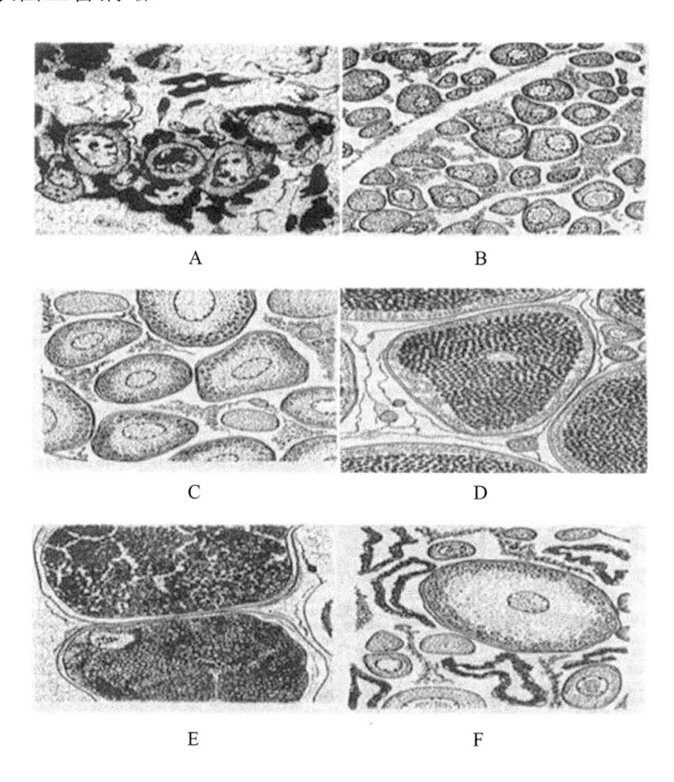

图 30 鲢卵发育的各个时期

A. 第 I 期卵巢切片图；B. 第 II 期卵巢切片图；C. 第 III 期卵巢切片图；D. 第 IV 期卵巢切片图；E. 第 V 期卵巢切片图；F. 第 VI 期卵巢切片图

Figure 30 The stages of ovarian development of *Hypophthalmichthys molitrix* (Valenciennes)

A. Section of ovary in the phase I; B. Section of ovary in the phase II; C. Section of ovary in the phase III; D. Section of ovary in the phase IV; E. Section of ovary in the phase V; F. Section of ovary in the phase VI

Ⅴ期为产卵期，卵巢已完全成熟，呈松软状，卵粒已自卵巢褶皱上跌落，排至卵巢腔（或腹腔）中，提起亲鱼或轻压腹部即有成熟卵排出。同样方式处理雄鱼，也有大量黏稠的乳白色精液溢出体外。

Ⅵ期是产完卵以后的卵巢，一批产卵的鱼，卵巢呈萎瘪的囊状，表面血管充血，以后转变为Ⅱ期；分批产卵的鱼，卵巢内仍有还在发育的各个时期的卵母细胞，经一段时期发育后又产下一批卵。所以此类卵巢经短期恢复后，由Ⅵ期转变为Ⅳ期。精巢萎缩呈细带形，浅红色或淡黄色。

鲤形目鱼类所产卵形为端黄卵，在鱼卵的表面有一层薄的卵膜，外部包有一层角质或胶质的壳膜。在动物极附近的壳膜上有 1 小孔，称卵膜孔，可释放出一种由糖蛋白或黏多糖组成的受精素，以诱导精子游趋此孔而达到受精目的。输卵管与卵巢直接联合并开口于生殖孔。但鲤形目中有些鱼类的输卵管有某种程度上的退化或消失，如泥鳅；有些鱼类输卵管延长成管状突起，如鳑鲏鱼雌鱼有伸出体外的产卵管。

（三）染　色　体

鲤形目鱼类的染色体组成在不同的物种之间存在一定的差异，但一般而言，它们具有较为保守的染色体数量和结构。典型的鲤形目鱼类染色体组成为较为简单的二倍体，即它们的细胞核中含有两套染色体，分别来自父母双方。大多数鲤形目鱼类的染色体数目在 48-52 条，这个范围内的染色体数量对于多数鲤形目鱼类来说是相对稳定的。在不同的鲤形目鱼类中，染色体的形态可能有所差异，包括染色体的大小、形状和着丝点的位置等。对于某些具体物种，可能会存在一些特殊的染色体结构或染色体异常，这些特征可能与物种的遗传特性、进化历史以及环境适应性等因素有关。已知资料显示，鲤形目鱼类染色体的二倍体数（diploid number, 2*n*）及基数（fundamental number, FN）（=臂数 “arm number”, AN）的主要情况如下。

鲤科鿕亚科的宽鳍鱲*Zacco platypus*，2*n*=78，FN=86。鲤科雅罗鱼亚科的鳤 *Ochetobius elongatus*，2*n*=48，FN=74；鳡 *Elopichthys bambusa* 和鯮*Luciobrama macrocephalus*，2*n*=48，FN=82；草鱼 *Ctenopharyngodon idellus* 和青鱼 *Mylopharyngodon piceus*，2*n*=48，FN=90；赤眼鳟 *Squaliobarbus curriculus*，2*n*=48，FN=92；马口鱼 *Opsariichthys bidens*，2*n*=74 或 76，FN=86。鲤科鲌亚科的三角鲂 *Megalobrama terminalis*，2*n*=48，FN=88；高体近红鲌 *Ancherythroculter kurematsui*、翘嘴鲌 *Culter alburnus*、蒙古鲌 *Culter mongolicus*、贝氏䱗*Hemiculter bleekeri*、䱗*Hemiculter leucisculus*、寡鳞飘鱼 *Pseudolaubuca engraulis*、南方拟䱗*Pseudohemiculter dispar* 和大眼华鳊 *Sinibrama macrops*，2*n*=48，FN=90；黑尾近红鲌 *Ancherythroculter nigrocauda*、汪氏近红鲌 *Ancherythroculter wangi*、拟尖头鲌 *Culter oxycephaloides*、团头鲂 *Megalobrama amblycephala* 和海南华鳊 *Sinibrama melrosei*，2*n*=48，FN=92。鲤科鲴亚科的圆吻鲴 *Distoechodon tumirostris*、黄尾鲴 *Xenocypris davidi* 和方氏鲴 *Xenocypris fangi*，2*n*=48，FN=92；银鲴 *Xenocypris argentea*，2*n*=48，FN=94。鲤科鱊亚科的彩副鱊*Paracheilognathus imberbis*，2*n*=44，FN=76；无须鱊*Acheilognathus gracilis*，2*n*=42，FN=70；高体鳑鲏 *Rhodeus ocellatus*，2*n*=48，FN=82。鲤科鲢亚科的鳙

Hypophthalmichthys nobilis 和鲢 *Hypophthalmichthys molitrix*，2*n*=48，FN=88。鲤科鲃亚科的南方白甲鱼 *Onychostoma gerlachi*，2*n*=50，FN=74；半刺光唇鱼 *Acrossocheilus hemispinus hemispinus* 和白甲鱼 *Onychostoma sima*，2*n*=50，FN=76；云南光唇鱼 *Acrossocheilus yunnanensis* 和瓣结鱼 *Tor brevifilis brevifilis*，2*n*=50，FN=78；光唇鱼 *Acrossocheilus fasciatus*、侧条光唇鱼 *Acrossocheilus parallens* 和北江光唇鱼 *Acrossocheilus beijiangensis*，2*n*=50，FN=80；倒刺鲃 *Spinibarbus denticulatus denticulatus* 和中华倒刺鲃 *Spinibarbus sinensis*，2*n*=100，FN=150。鲤科野鲮亚科的华鲮 *Sinilabeo rendahli*，2*n*=50，FN=74；东方墨头鱼 *Garra orientalis* 和桂华鲮 *Sinilabeo decorus*，2*n*=50，FN=78；墨头鱼 *Garra pingi pingi* 和泉水鱼 *Pseudogyrinocheilus procheilus*，2*n*=50，FN=84；鲮 *Cirrhinus molitorella*，2*n*=50，FN=90。鲤科鲤亚科的岩原鲤 *Procypris rabaudi*，2*n*=100，FN=148；须鲫 *Carassioides cantonensis*，2*n*=100，FN=150；鲫 *Carassius auratus* 和鲤 *Cyprinus carpio*，2*n*=100，FN=156；银鲫 *Carassius auratus gibelio*，2*n*=162，FN=254。鲤科裂腹鱼亚科重口裂腹鱼 *Schizothorax davidi*，2*n*=98，FN=152；齐口裂腹鱼 *Schizothorax prenanti*，2*n*=148，FN=216。鮈亚科的花䱻 *Hemibarbus maculatus*，2*n*=50，FN=80；唇䱻 *Hemibarbus labeo*，2*n*=50，FN=82；长吻䱻 *Hemibarbus longirostris*、桂林似鮈 *Pseudogobio guilinensis*、圆筒吻鮈 *Rhinogobio cylindricus*、吻鮈 *Rhinogobio typus* 和长鳍吻鮈 *Rhinogobio ventralis*，2*n*=50，FN=86；似䱻 *Belligobio nummifer*、圆口铜鱼 *Coreius guichenoti*、铜鱼 *Coreius heterodon*、似刺鳊鮈 *Paracanthobrama guichenoti* 和片唇鮈 *Platysmacheilus exiguus*，2*n*=50，FN=88；似鮈 *Pseudogobio vaillanti*、麦穗鱼 *Pseudorasbora parva*、江西鳈 *Sarcocheilichthys kiangsiensis*、黑鳍鳈 *Sarcocheilichthys nigripinnis*、小鳈 *Sarcocheilichthys parvus* 和华鳈 *Sarcocheilichthys sinensis*，2*n*=50，FN=90；光唇蛇鮈 *Saurogobio gymnocheilus*，2*n*=50，FN=92；蛇鮈 *Saurogobio dabryi* 和长蛇鮈 *Saurogobio dumerili*，2*n*=50，FN=94；短须颌须鮈 *Gnathopogon imberbis*，2*n*=50，FN=96；棒花鱼 *Abbottina rivularis*，2*n*=50，FN=98。鲤科鳅鮀亚科的异鳔鳅鮀 *Xenophysogobio boulengeri*，2*n*=50，FN=90；短身鳅鮀 *Gobiobotia abbreviata*，2*n*=50，FN=94。

平鳍鳅科的平舟原缨口鳅 *Vanmanenia pingchowensis*，2*n*=50，FN=64。

鳅科沙鳅亚科的桂林薄鳅 *Leptobotia guilinensis*，2*n*=50，FN=64；大斑薄鳅 *Leptobotia pellegrini*、紫薄鳅 *Leptobotia taeniops*、斑纹薄鳅 *Leptobotia zebra*、漓江副沙鳅 *Parabotia lijiangensis* 和点面副沙鳅 *Parabotia maculosa*，2*n*=50，FN=66；长薄鳅 *Leptobotia elongata* 和花斑副沙鳅 *Parabotia fasciata*，2*n*=50，FN=68；美丽沙鳅 *Botia pulchra*，2*n*=100，FN=122。鳅科鳅亚科的中华鳅 *Cobitis sinensis*，2*n*=40 或 90，FN=68 或 134；横纹南鳅 *Nemacheilus fasciolatus*，2*n*=44 或 50，FN=62 或 76；大鳞副泥鳅 *Paramisgurnus dabryanus*，2*n*=48，FN=64；泥鳅 *Misgurnus anguillicaudatus*，2*n*=50 或 100，FN=64 或 128。鳅科条鳅亚科的短体副鳅 *Nemacheilus potanini*，2*n*=48，FN=88；无斑南鳅 *Nemacheilus incertus*，2*n*=50，FN=66；美丽小条鳅 *Micronemacheilus pulcher*，2*n*=50，FN=72。

三、生 态 资 料

鲤形目 Cypriniformes 是一大类比较原始的真骨鱼类，分布几乎遍及世界各大洲，全部栖息于淡水，终生不入海（仅雅罗鱼属有 2 种海边越冬索食），尤以热带和亚热带淡水中最多。它们的生态环境十分多样化，在我国分布十分广泛，可生活在高山、平原、静水、流水、山溪、急流和缓流中。能栖息在不同水质的水域的各个水层中，如鲫 *Carassius auratus* 可生活在江河、池塘、温泉，以及含盐度高达 4.5‰的草原、沙漠内陆湖泊的底层中；青鱼 *Mylopharyngodon piceus* 常栖息在江河和湖泊的深浅结合部水域中、下层；鲢 *Hypophthalmichthys molitrix*、鳙 *Hypophthalmichthys nobilis* 生活在有一定流速的江河水库及湖泊的中、上层水域；鲮 *Cirrhinus molitorella* 能栖息于南方水域的底层；瓦氏雅罗鱼 *Leuciscus waleckii* 为喜栖息于江河口及水流较缓、底质多石和水质清澈的中上层鱼类；裸裂尻鱼属 *Schizopygopsis* 鱼类为生活在山溪激流底层的高原鱼类，且其垂直分布可达 4000m 左右。鮈类 Gobionins 通常是一群底栖生活的鱼类，其中绝大多数种类分布于东亚地区，它们中的一些属通常具有骨质化鳔囊这一显著特征。高原鳅属 *Triplophysa* 是一类能适应于青藏高原高寒环境的特殊类群，它和裂腹鱼亚科 Schizothoracinae 鱼类一起构成了青藏高原鱼类区系的主体。

1. 食性

鲤形目鱼类种类繁多，食性较为复杂，肉食性、草食性和杂食性的都有。如草鱼 *Ctenopharyngodon idellus*，吻部较宽钝，无口须，咽齿 2 行，其在不同生长阶段具有不同食性，鱼苗阶段摄食浮游动物，幼鱼期兼食昆虫、蚯蚓、藻类和浮萍等，体长达 10cm 以上时，完全摄食水生高等植物；青鱼 *Mylopharyngodon piceus*，吻部较尖，咽齿 1 行，臼齿状，以底栖的螺、蚌和蚬等为食，属于肉食性；具有特化鳃耙的鲢和鳙则专门滤食浮游生物；鲫 *Carassius auratus*，吻钝，无须，鳃耙长，下咽齿 1 行，主要以植物为食，也吃小虾、蚯蚓、幼螺和昆虫等，属杂食性鱼类；野鲮属 *Labeo* 和墨头鱼属 *Garra*，具有精致的口唇结构和适应急流生活的形态特征，通常取食附着生物；鳡属 *Elopichthys*，上颌变得特化，吻骨膨大，靠捕食其他鱼类为食；而另一种捕食性鱼类鯮属 *Luciobrama*，则具有特化的头部形态，它的头部延长（是眼后区域的延长而并非吻端延长），它的口与鳃腔之间延伸成狭窄的管状以保证它们最大限度地吸取食物。

2. 第二性征

鲤形目许多鱼类都具有明显的两性异性的第二性征，既有雄鱼个体略大于雌性个体的棒花鱼 *Abbottina rivularis* 等；也有雄性泥鳅 *Misgurnus anguillicaudatus* 的胸鳍约与头长相等，而雌性则甚短小；雄性宽鳍鱲 *Zacco platypus* 和马口鱼 *Opsariichthys bidens* 的前部臀鳍条显著延长；雄性鲂的腹鳍后缘抵达肛门，雌性则不然。尤其许多鱼类在进入生殖期时，雄鱼常出现某些与繁殖活动相关的第二性征，待生殖期结束后即消失或复原。其中最引人注目的是婚姻色（nuptial color）和珠星（nuptial tubercle）。婚姻色是鱼类繁殖时雌雄个体具有的不同的体色，如雄性棒花鱼在生殖期间全身变黑，背鳍也变得比平时更为宽大；雄性泥鳅后背部加厚，俯视时略呈方形体；雄性鳑鲏鱼类于臀鳍下缘出现艳丽的红、黄、黑三色镶边，而雌性鳑鲏鱼类繁殖时具有从生殖孔伸出体外的产卵孔。珠星是雄鱼表皮细胞特别肥厚和角质化的产物，外观为白色坚硬的锥状体，主要分布在吻、颊、鳃盖及胸鳍上，这在鲤科鱼类中较为常见，如青鱼、草鱼、鲢、鳙四大家鱼的雄鱼在胸鳍鳍条上方有明显的珠星；华鳈 *Sarcocheilichthys sinensis*、黑鳍鳈 *Sarcocheilichthys nigripinnis*、棒花鱼、马口鱼等的雄鱼吻部、颊部、鳃盖，甚至胸鳍、臀鳍上都有珠星分布，而瓦氏雅罗鱼 *Leuciscus waleckii* 的珠星几乎可遍布全身。

3. 精子和卵子的形态

精子是特殊的变形细胞，形小而活动力强。鱼类的精子按形态结构可分为螺旋形、栓塞形和圆形，鲤形目鱼类成熟精子形态多为圆形。

鱼类的卵子是端黄卵，表面为一薄层的卵膜，外部包有角质或胶质构成的壳膜。大多数鲤形目鱼类成熟卵子和在水中膨胀的卵子都呈圆球状，这样便于卵子均匀地漂流和附着在目的物上（如草上产卵的鱼类），以增加本身的呼吸表面积。但鳑鲏鱼类卵子呈梨形。产卵习性方面，鲤科鱼类绝对怀卵量少的只有几百粒，多者可达几十万粒。受精卵或具黏性，附着水草和石上孵化；或吸水膨胀漂浮于江河中孵化。

4. 生长与性成熟时间

鱼类的生长特性主要有遗传性、阶段性、延续性、周期性、性别差异等。鱼类个体的大小、生长速度以及一生中生长速度的变化特点，由不同种类或亚种或品种的遗传特性所决定。性成熟之前性腺尚未大规模的发育，此时是生长的旺盛阶段，取得的营养除维持代谢消耗之外，大多用于生长。例如，鲢从孵出至龄，体长增长迅速，至龄时体重增加显著。性成熟后鱼类进入生长的稳定阶段。此阶段鱼体性腺大规模发育，所摄取的大部分营养用于性腺的发育。衰老阶段鱼类对所摄取的营养，吸收和利用率都很低，在生殖机能衰退的同时，体长和体重的增长都极差。

鱼类的生长在一年中有明显的周期性变化。出现这种周期性变化的原因包括 2 个方面：一方面是气候的季节变化对于生长的影响；另一方面是当鱼类进入性成熟阶段，生理活动因性周期的变化而周期性变动。鱼类生长具有性别差异。一般雄鱼比雌鱼性成熟早，因而生长速度提前减慢，所以雄鱼个体通常比雌鱼要小些。例如，湖口地区青鱼 1-6 龄雌、雄鱼的平均体长存在明显的差别。

在正常生活环境里，大多数鲤形目鱼类一般以三四龄为主要成熟年龄，并且雄鱼初次性成熟年龄较雌鱼低。在性成熟个体大小上，小型鲤科鱼类如小似鲴 *Xenocyprioides parvulus* 和唐鱼 *Tanichthys albonubes* 等性成熟个体体长仅 30mm 左右；而鳡 *Elopichthys bambusa* 和青鱼等体长可超过 1m，体重达数十公斤。

5. 产卵期与产卵场

各种鱼类都要求一定的繁殖条件，因此鲤形目鱼类的产卵时间也是依种类而不同。如青鱼、草鱼产卵期为 5-7 月；鲢为 4-6 月；鳙在 5-7 月；鲫在 4-7 月，盛产期 5 月；鲤产卵期在 5-6 月。但一般来看，多数鱼类是在气候温和的春夏季节产卵。如南方地区的珠江流域产卵盛期为2-3月，长江流域为4-5月，黄河流域5-6月，东北地区为6-7月，产卵期一般可持续2个月左右。一般情况下，3-6月为鲤形目鱼类的产卵期。同时温度也影响着产卵时期，如长江流域家鱼产卵水温为18℃。正在产卵的鱼，遇到水温突然下降，往往发生停产现象。鱼类过渡到产卵期，需要具有一定外界条件的产卵场才会产卵。根据产卵地点、条件等可将鲤形目鱼类分为草上产卵型、石砾产卵型、砂底产卵型、喜贝性产卵型、水层性产卵型。草上产卵型鱼类产黏性卵，鲤、鲫、团头鲂等属于此类；石砾产卵型鱼类如齐口裂腹鱼 *Schizothorax prenanti* 生活在急流和水温较低的水域，产卵于砾石和细沙上，青海湖裸鲤 *Gymnocypris przewalskii* 产卵场所一般在流速缓慢，底质为石砾、卵石或细沙，水深在 0.1-1.1m 清澈见底的河道中；砂底产卵型鱼类如棒花鱼 *Abbottina rivularis* 等；喜贝性产卵型鱼类将卵产于软体动物外套腔内或蟹类等动物的甲壳内，如鳑鲏雌鱼由产卵管将卵产于蚌体内，某些鮈类也有此特点；水层性产卵型鱼类众多，如鳡 *Elopichthys bambusa* 喜在河流和大中型水库的上游流水中产卵；双孔鱼科 Gyrinocheilidae 喜产卵于清水石底河段的激流处。

6. 适温性

鱼类适应水温的能力常是影响其分布范围及洄游路线的主要因素。鲤形目鱼类适应性很强，能够广泛分布于众多水温类型中。在全球范围，有耐非洲及东南亚热带高水温的鲃亚科 Barbinae 鱼类，也有耐西伯利亚严寒的鮈属 *Gobio* 等。在中国，鲤形目鱼类同样分布极广，有分布于华西高原的冷水性鱼类，如条鳅亚科 Noemacheilinae、雅罗鱼属 *Leuciscus*、裂腹鱼属 *Schizothorax* 等；有分布于宁蒙地区的冷温性鱼类，如雅罗鱼等；也有广泛分布于江河平原的暖水性鱼类，如胭脂鱼科 Catostomidae 与鲤科 Cyprinidae 的大部分种类；还有分布于华南地区的南方暖水性鱼类，如鲤科的鲃亚科与平鳍鳅科等。

7. 洄游

洄游是鱼类生命活动的重要现象，鱼类通过洄游得以完成其生活史中各个重要环节，诸如生殖、索饵、越冬、成长等。从生物学观点看，洄游现象仍是鱼类长期适应于环境条件而形成的固有特性，通过世世代代的承袭，也就成为某些洄游鱼类生活史中不可缺少的组成部分。通常洄游被划分为产卵洄游、索饵洄游和越冬洄游。

产卵洄游时，大批鱼类聚集到达产卵场后，就可以大规模地进行繁殖活动。鲤形目中的四大家鱼（青鱼、草鱼、鲢、鳙）等鱼类，在产卵前会由下游及支流洄游到河流的中上游产卵，行程可达500-1000km以上。达里湖的瓦氏雅罗鱼 *Leuciscus waleckii*（俗称华子鱼）是内蒙古东部十分重要的经济鱼类和生态鱼类，对高盐碱度水体具有较强的适应性，为国家级水产种质保护资源。每年4月底至5月初为繁殖期，当冰层刚刚消融，大批的瓦氏雅罗鱼便集群溯河而上，至水草丰茂的淡水河道中产卵繁育，黏附在水草上的卵粒经过7-11天的孵化即可出苗，幼苗顺河水水流降河游到大湖中栖息、生长。青海湖裸鲤 *Gymnocypris przewalskii* 也有明显的生殖洄游，每年3月下旬至8月由青海湖进入流速缓慢，底质为石砾、卵石或细沙的河中繁殖。扁吻鱼 *Aspiorhynchus laticeps* 为新疆塔里木盆地的特有鱼类，仅分布于塔里木河水系，每年4月底至5月初溯河产卵。鲤 *Cyprinus carpio* 属于底层鱼类，喜活动在水体的下层。春季为了繁殖溯河而上，进入泛水区和湖泊进行产卵洄游。银鲴 *Xenocypris argentea* 和细鳞斜颌鲴 *Plagiognathops microlepis* 每年 5 月集群上溯到湖区中游地区产卵。

越冬洄游亦称季节洄游，一般在索饵洄游之后进行，在这段时间里，鱼类往往停止摄食或摄食很少。多见于暖水性鱼类，越冬洄游在于到达较为温暖的地方度过严冬，一般在晚秋和冬季进行。鲤形目鱼类具有明显的越冬洄游特点，如青鱼、草鱼、鲢、鳙、鲤等通常在湖中育肥，秋末到江河的中下游越冬，次年春再溯江至中上游产卵；银鲴和细鳞斜颌鲴在 1-3 月水温低时，多在水面开阔、水较深的湖区越冬；鲤在江河中于深秋洄游到深水处越冬；长江中下游流域中许多大型鲤科鱼类，平时在江河湖泊中摄食肥育，冬季来临前，则纷纷游向干流的河床深处或坑穴中越冬。

索饵洄游（又称肥育洄游）即鱼从产卵区或越冬区游向摄食区的活动，一般在产卵洄游后的鱼群中表现明显。鲤在春季溯河而上产卵后，也在此处进行肥育。青鱼、草鱼、鲢、鳙、鲤等在产卵洄游或者越冬洄游后通常洄游到湖中育肥。

8. 个体发生

鱼类个体发生始于受精卵，而后经历各个发育阶段。鲤形目鱼苗从卵膜孵出，开始在卵膜外发育，进入仔鱼期。仔鱼期鱼体具有卵黄囊、鳍膜等仔鱼器官，是由内源营养转变为外源营养的时期，包括 2 个分期：从受精卵孵出至卵黄基本吸收完毕时的仔鱼以卵黄为营养；从卵黄吸收完后的仔鱼开始主动摄食。随着摄食生长，奇鳍褶分化为背、臀、尾 3 部分并进一步分化为背鳍、臀鳍和尾鳍，腹鳍也出现。在仔鱼期，随着鳃耙等摄食器官得到发育，鲢、鳙摄食方式由吞食开始向滤食转变；草鱼依然保持吞食食性，但也开始吞食小型底栖动物。从鳍条基本形成到鳞片开始出现时进入稚鱼期。在稚鱼期，鲢、鳙完全转为滤食性，草鱼已经可以吞食幼嫩的水生植物碎片。幼鱼期的食性已基本与成鱼期相同。除了摄食、消化吸收系统的发育日趋完善以外，幼鱼期的栖息水层、环境也与成鱼期基本接近。幼鱼期具有与成鱼相同的形态特征，但性腺尚未发育成熟，全身被鳞、侧线明显、胸鳍鳍条末端分支，体色和斑纹与成鱼相似，处于性未成熟期。初次性成熟开始进入成鱼期，鱼体已经具备生殖能力，在每年的固定季节进行生殖活动。不少种类具有第二性征。进入衰老期的标志是性机能衰退，生殖力显著降低，长度生长极为缓慢直到衰老死亡。

9. 寄生病害

鲤形目鱼类是很多生物的寄生宿主，尤其是具有经济价值的人工养殖种类。在我国，鲤形目鱼类寄生虫十分常见。

指环虫常危害草鱼、鲢、鳙等，其主要寄生于鱼鳃部。严重感染指环虫时，病鱼鳃丝黏液增多，全部或部分呈苍白色，呼吸困难，鳃部浮肿，鳃盖张开，游动缓慢，可致苗种大量死亡。指环虫病主要流行于春末夏初，适宜温度为 20-25℃左右。

双穴吸虫主要危害鲢、鳙的鱼苗和鱼种，流行于 5-8 月。感染双穴吸虫后，病鱼在水面跳跃式游泳、挣扎，继而游动缓慢，失去平衡，头部充血，脑室及眼眶周围呈鲜红色，鱼体出现严重弯曲等。

九江头槽绦虫寄生于草鱼、团头鲂、青鱼、鲢、鳙、鲮的肠内，以草鱼及团头鲂鱼种受害最严重。草鱼在每年育苗初期开始感染，而且大部分在短期内能发展到严重阶段；病鱼体重减轻，体表黑色素增加，离群独游，并有恶性贫血，严重时前肠第一盘曲胀大呈胃囊状，直径增加 3 倍，肠皱襞萎缩，表现慢性炎症，肠被虫体堵塞。九江头槽绦虫病主要流行于冬末春初，对越冬草鱼种危害最大，死亡率可达 90%以上。

中华鳋主要危害 1 龄以上的草鱼和鲢，轻度感染时鱼无明显病症，严重时影响鱼的正常呼吸，引起鱼焦躁不安。鳋在摄食时分泌酶溶解寄主组织，进行肠外消化，能引起鱼鳃丝表皮破坏，末端弯曲、变形，贫血，血色素降低，以及白细胞组成改变等。病鱼整天在水表层打转或狂游，尾鳍上翘，俗称“翘尾巴病”，鱼体因消瘦死亡。中华鳋病每年 4-11 月均有发生，流行于 5-9 月。

鱼怪病危害雅罗鱼、鲫、鲤等。一般成对地寄生在鱼的胸鳍基部附近围心腔后的体腔内，有 1 孔与外界相通。鱼怪病严重影响鱼的性腺发育。此病多见于湖泊和水库。

鳃隐鞭虫对寄主没有严格的选择性，能感染池塘养殖的所有鲤形目鱼类。但草鱼苗种受到的危害最大，容易感染且大量死亡，尤其在饲养密度大、规格小、体质弱的草鱼苗阶段，容易感染鳃隐鞭虫。鳃隐鞭虫病的流行期主要集中在每年的 5-10 月。

小瓜虫通过胞囊进行繁殖和传播子代，任何鲤形目鱼类都可被侵袭并发病。病鱼体表和鳃瓣上布满白色点状的虫体和胞囊，肉眼可见，故又叫白点病。此外，鱼体表头部、躯干和鳍条处的黏液明显增多，与虫体混在一起，似有一层薄膜。小瓜虫病有明显的发病季节，春、秋季和南方的初冬季均是流行季节。

四、地 理 分 布

鲤形目分布极广，除南美洲、澳大利亚及非洲马达加斯加岛外，都有分布。大多数栖息于热带和亚热带，越靠近高纬度地区则越少。本目有 6 科 489 属，为淡水鱼的主要类群，绝大多数可供食用，我国产有 6 科 178 属 785 种左右。鲤形目的 6 科分别为胭脂鱼科 Catostomidae、鲤科 Cyprinidae、双孔鱼科 Gyrinocheilidae、裸吻鱼科 Psilorhynchidae、鳅科 Cobitidae 和平鳍鳅科 Homalopteridae。

（一）胭脂鱼科（亚口鱼科）

胭脂鱼科主要分布于北美河流，少数见于中美洲，我国现只有 1 属 1 种，即胭脂鱼 *Myxocyprinus asiaticus* Bleeker，分布于长江、闽江等河流，以长江上游数量最多。1981 年长江葛洲坝水利枢纽截流后，阻隔了亲鱼产卵的通道，致使长江上游胭脂鱼几近绝迹。

（二）鲤　　科

现生鲤科鱼类是具有广泛地理分布的淡水鱼类，它们分布于欧亚大陆的大部分区域、日本、东印度群岛的多数岛屿、非洲以及北美洲。尽管主要分布于淡水环境，鲤科鱼类的一些种类还是能够忍受咸水环境，甚至可以在咸水环境中繁殖。

亚洲、欧洲、非洲和北美洲鲤科鱼类的物种丰富程度是明显不均衡的，且上述区域现生鲤科鱼类的分布格局也各不相同。欧洲包括了最少的土著种类，而亚洲的物种多样性最为丰富。亚洲的鲤科鱼类区系几乎包括了鲤科所有亚类群（亚科）的物种。

北美洲鲤科鱼类包含 53 属约 286 种（Mayden, 1991）。这些属中除了鲅属 *Phoxinus* 外全部都局限地分布于北美洲地区。传统分类通常将北美鲤科鱼类置于雅罗鱼亚科（Goolino, 1978）。Cavender 和 Coburn（1992）认为北美鲤科鱼类除 *Notemigonus* 属之外全部属于鲅属 *Phoxinus* 分支中的成员。

欧洲鲤科鱼类的土著种类是最少的，大约有 23 属 82 种（Kottelat, 1997）。欧洲鲤科区系主要是雅罗鱼类 Leuciscins。欧洲现生鲤科鱼类中有 3 亚科仅有唯一的物种作为代表，其中鱊亚科仅有 1 种欧洲鳑鲏 *Rhodeus amarus*，鮈亚科仅有鮈 *Gobio gobio*，鲃亚科也只有鲃 *Barbus barbus*。此外，欧洲鲤科鱼类还包括单型种丁鲅。

非洲鲤科鱼类属的多样性在总体上比北美洲和亚洲的低。非洲的鲤科鱼类大约有 24 属 477 种（Skelton *et al*., 1991），它们主要属于 3 个鲤科类群，即鲃类 Barbins、野鲮类 Labeonins 和波鱼类 Rasborins。在这些非洲鲤科鱼类中，绝大多数的物种被认为属于 2 属，即鲃属 *Barbus* 和野鲮属 *Labeo*；这 2 属所包括的种类占到非洲鲤科鱼类物种总数的 77%（Skelton *et al*., 1991）。

亚洲鲤科鱼类有 1200 余种，其中东亚和南亚地区的鲤科鱼类在属和物种水平上的多样性尤其丰富。南亚鲤科区系的物种虽然丰富，但是缺乏亚科水平上的多样性。南亚鲤科鱼类主要是鲤亚科、鲃亚科、野鲮亚科和波鱼亚科（鿕亚科）鱼类，但是没有鮈亚科和雅罗鱼亚科的种类（Bănărescu & Coad, 1991）。就亚类群或亚科而言，南亚的鲤科鱼类组成和非洲的非常相似。

鲤科鱼类是鲤形目中种类最多的一个科，全世界有 367 余属 3006 余种，以分布在我国的种类为多，计有 12 亚科 132 属 532 种（及亚种），是世界上鲤科鱼类最多的国家之一（陈宜瑜等, 1998），占中国淡水产鱼类的一半左右。鲤科鱼类是北半球温带和热带淡水地区最重要的捕捞对象。我国鲤科鱼类中的主要经济鱼有青鱼、草鱼、鲢、鳙、鲤、鲫、鳊、团头鲂等，是池塘养殖的主要对象。我国鲤科鱼类的 12 个亚科分别是鿕亚科 Danioninae、雅罗鱼亚科 Leuciscinae、鲌亚科 Cultrinae、鲴亚科 Xenocyprinae、鱊亚科 Acheilognathinae、鲃亚科 Barbinae、野鲮亚科 Labeoninae、鮈亚科 Gobioninae、裂腹鱼亚科 Schizothoracinae、鲤亚科 Cyprininae、鳅鮀亚科 Goblobotinae 和鲢亚科 Hypophthalmichthyinae。在 12 个亚科中，鿕亚科鱼类在我国的种类较少，绝大多数分布于南岭以南；在北方仅有马口鱼属 *Opsariichthys*、鱲属 *Zacco* 和细鲫属 *Aphyocypris* 3 个属的少数种类，而在云南西部却集中了鿕属 *Danio*、低线鱲属 *Barilius* 等我国其他省所没有的属种。雅罗鱼亚科鱼类主要分布于长江以北，在长江流域也仅有草鱼、青鱼、鳡、鯮、鳤和赤眼鳟等我国特有属种，这些种类分布到珠江、海南，却未能超越红河向西扩散。鲌亚科鱼类的种类颇多，较集中地分布于亚洲东部，在云南高原只有白鱼属等少数中国特有属。鲴亚科为典型的东亚类群，北方种类较少，多数分布于长江流域。鲢亚科仅有 3 种，也是东亚特有的类群。鮈亚科是我国鲤科鱼类种类较多的一个类群，以长江流域为中心，北方的种属较南方为多，也有东亚特有种。鳅鮀亚科鱼类的分布与鮈亚科相似，但分布区域，北方相比南方要少得多，也为东亚所特有。鱊亚科的种类比鮈亚科少得多，但其分布于秦岭以南。而野鲮亚科鱼类则较集中于云南高原周围，南岭以南种类较多，在长江流域多见于上游，其分布向北不超越秦岭山脉。裂腹鱼亚科鱼类种类繁多，但主要分布在青藏高原，只有在川西、滇北等高原边缘与其他类群稍有交错分布。鲤亚科鱼类的种类数不多，除广布性的鲤、鲫之外，绝大多数都分布在云南的高原湖泊之中。

（三）双孔鱼科

双孔鱼科鱼类分布于东南亚一带的淡水中，在我国仅有 1 属 1 种，即双孔鱼 *Gyrinocheilus aymonieri*，是云南特有种，仅见于澜沧江下游的勐海、勐腊，属珍稀鱼类。

（四）裸吻鱼科

裸吻鱼科仅 1 属 20 种，通称裸吻鱼，分布于尼泊尔、印度、不丹、中国及缅甸，主要生活在恒河、雅鲁藏布江水系的山区。在我国只有 1 种裸吻鱼科的鱼类，即平鳍裸吻鱼 *Psilorhynchus homaloptera*，分布于西藏墨脱的雅鲁藏布江下游的支流中。

（五）鳅　科

鳅科是鲤亚目现生鱼类中第二大类群，约有 74 属 878 种及亚种。鳅科成员多分布于欧亚大陆及其附近岛屿的淡水区，非洲摩洛哥与埃塞俄比亚亦有分布，基本上各种水域皆有，但以水流环境较多。中国是鳅科种类最丰富的国家，有 27 属约 183 种及亚种，有些属种是我国特有的。一般将鳅科分为 3 亚科，即条鳅亚科 Nemacheilinae、沙鳅亚科 Botiinae 和鳅亚科 Cobitinae。条鳅亚科广布于欧洲、北非和亚洲，较集中分布于东亚、东南亚、南亚和西亚。中国是条鳅类最丰富的国家，现知有 17 属约 143 种及亚种。其中高原鳅属是本类群中最大的属，约有 67 种及亚种，为青藏高原的主要鱼类之一。沙鳅亚科在全世界有 8 属 57 种，中国是沙鳅类最丰富的国家，有 3 属 26 种。分布范围东至中国黑龙江和日本，西至巴基斯坦，南至印度尼西亚的爪哇岛。在中国主要分布于长江以南。为淡水中小型底层游泳鱼类。鳅亚科广泛分布于中国云南元江以北各水系，远至日本、朝鲜、欧洲和北非。中国有 7 属 14 种，常见种类有中华鳅和泥鳅。泥鳅是本类群中个体较大的种类，最大体长达 300mm 左右，分布于缅甸伊洛瓦底江到东北亚，数量较多，为一习见食用鱼。

（六）平 鳍 鳅 科

全世界有 2 亚科，包括腹吸鳅亚科 Gastromyzoninae 和平鳍鳅亚科 Homalopterinae，共 33 属 220 种以上。腹吸鳅亚科约有 18 属 125 种，中国有 8 属 44 种，通称腹吸鳅类。分布于中国长江到印度、缅甸及印度尼西亚等山溪。在中国见于四川、湖南、贵州、云南、广西、广东、浙江、福建、海南和台湾等省区。平鳍鳅亚科约有 15 属 95 种，通称平鳍鳅，分布于中国长江到印度、缅甸及印度尼西亚等山溪。中国有 8 属 27 种，生活于四川、湖北、湖南、云南、贵州、广西、广东、海南、福建和台湾等省（自治区）的山溪急流。

五、系 统 演 化

（一）分类学研究

鲤形目 Cypriniformes 是现生淡水鱼类中最大的一个目，是辐鳍鱼纲中物种数仅次于鲈形目 Perciformes 的第二大目，隶属于脊索动物门 Chordata 有头亚门 Craniata 颌口总纲硬骨鱼纲辐鳍鱼亚纲的骨鳔总目。近百年来，许多鱼类学家对鲤形目提出了不同的分类系统，但至今仍无一个令人满意的结果。鱼类分类学家曾经将骨鳔总目 Ostariophysi 除鲇形目 Siluriformes 外的所有鱼类归为鲤形目。但经过进一步研究发现鲤形目鱼类是单系类群，所以又将鼠鱚目 Gonorhynchiformes、脂鲤目 Characiformes 和裸背电鳗目 Gymnotiformes 剔除，形成目前的鲤形目。

Bleeker（1863b）和 Günther（1868）都曾将鲤类分为鳅科 Cobitidae、平鳍鳅科 Homalopteridae 和鲤科 Cyprinidae 3 个类群，Regan（1911）通过对骨骼系统的比较观察，将鲤形目分为 4 科，即胭脂鱼科 Catostomidae、鲤科 Cyprinidae、鳅科 Cobitidae 和平鳍鳅科 Homalopteridae。这样的分类排列顺序，一般意味着胭脂鱼科是鲤形目中最原始的，而平鳍鳅科是最特化的。Jordan（1923）基本上承续了这样的系统，但提出了另外的意见。Berg（1912）建立了双孔鱼科 Gyrinocheilidae，将其置于鲤科之后。Hora（1925）根据裸吻鱼属 *Psilorhynchus* 无吻须，鳔不为骨质囊所包围，其后室游离于腹腔等特征，建立裸吻鱼科 Psilorhynchidae；后来 Hora（1950）又将平鳍鳅科一分为二，另建立了腹吸鳅科 Gastromyzontidae，这样鲤形目鱼类就设置 7 个科。Lindberg（1971）进一步指出鲤形目分科顺序：鲤科、双孔鱼科、胭脂鱼科、平鳍鳅科、腹吸鳅科和鳅科。而多数学者，如 Greenwood 等（1966）、Gosline（1971）和 Nelson（1976）仍将平鳍鳅类作为 1 个科，其他 6 个科的排列顺序与上相同，似乎是将鲤科视为最原始的，而将鳅科看作是最特化的，这与 Regan（1911）的观点有较大的出入。伍献文等（1981）认为鲤形目分为 5 个科，其中鲤科（包括裸吻鱼属，后被提升为裸吻鱼科）与平鳍鳅科构成一个单系群——鲤超科 Cyprinoidea，其余的胭脂鱼科、双孔鱼科和鳅科形成另一个单系群——胭脂鱼超科 Catostomoidea。目前，学者基本上赞同把鲤形目分为鲤科（包括裸吻鱼科）、平鳍鳅科、鳅科、双孔鱼科和胭脂鱼科，其中鳅科后又被细分为沙鳅科、鳅科和条鳅科。

鲤形目鱼类拥有韦伯氏器（Weberian apparatus），明显区别于其他骨鳔总目鱼类的特点是背部只有背鳍（dorsal fin），而其他大部分骨鳔鱼类在背鳍后方还存在脂鳍；吻骨（kinethmoid）膨大并且口中缺少牙齿，与之相对应的是在咽喉中有咽齿（pharyngeal tooth）的存在。

我们主要依据 *Fishes of the World* (ed. 5) 的信息，整理出目前世界上可查到的鲤形目鱼类：鲤科记录有 367 属 3006 种，鳅科 74 属 878 种，平鳍鳅科 33 属 220 种，胭脂鱼科 13 属 78 种，双孔鱼科 1 属 3 种，裸吻鱼科 1 属 20 种。由于沙鳅科和条鳅科等在 2012 年才被 Maurice Kottelat 分成独立的科，所以统计仍然记录在鳅科中。

由表 3 可以看出，鲤科不仅是鲤形目中最大的类群，且分布广泛。我国作为世界上鲤科鱼类种类最多的国家之一，对鲤科的研究也相对比较深入。

有关中国鲤科鱼类的现代分类学研究，最早见于 Linnaeus 在《自然系统》第十版有关中国鲫鱼的记载。19 世纪之后，大量外国学者相继对中国的鲤科鱼类进行了研究，其中以 Bleeker 和 Günther 的贡献最大。Bleeker 一生著作非常丰富，其中涉及中国鲤科鱼类的就有十余篇。他研究了大量在中国采集到的标本，发表了大量新种，并编写了第一篇有关中国鲤科鱼类的专论，记录了中国 71 种鲤科鱼类。德国鱼类学家 Günther 记述了中国的 40 种鲤科鱼类，此后又做了较多补充。进入到 20 世纪，对鲤科鱼类的研究不断深化。诸多外国学者都曾对中国鲤科鱼类的记录给予修正和补充。其中比较值得注意的是瑞典学者 Rendahl 发表的一篇专著，记述了鲤科鱼类 57 属 139 种及亚种，并对科以下类群的划分进行了讨论。

表 3 世界鲤形目鱼类科、属和种及其分布地统计

Table 3 Statistics of families, genera and species, and geographical distribution of Cypriniformes

科	属数	种数	分布地
鲤科 Cyprinidae	367	3006	北美洲、欧亚大陆、非洲的淡水中（仅 2 种分布在海水环境）
鳅科 Cobitidae	74	878	欧亚大陆和摩洛哥的淡水环境
平鳍鳅科 Homalopteridae	33	220	欧亚大陆的淡水环境
胭脂鱼科 Catostomidae	13	78	中国、西伯利亚东北部、北美洲的淡水环境
双孔鱼科 Gyrinocheilidae	1	3	亚洲东南部的江河溪流
裸吻鱼科 Psilorhynchidae	1	20	印度、尼泊尔到缅甸的高山溪流
合计	489	4205	

从 20 世纪 20 年代开始，我国的第一代鱼类学家开创了中国人自己研究中国鱼类的历史。Evermann 和 Shaw（1927）、Tchang（1928）、Wu（1929）、寿振黄（1930）、Fang（1931）和林书颜（1931）等人相继描述了采自我国南方一带的鲤科样本。林书颜曾于 1931 年编写了《南中国之鲤鱼及似鲤鱼类之研究》一书，第一次用中文简要地记述了分布于中国南部的鲤科鱼类 9 亚科 138 种，之后在 1933-1935 年，又对 1931 年的著作进行了修订和补充，将所描述的物种扩增至 157 种。同期，张春霖（Tchang, 1933）也发文记

述了我国鲤科鱼类 50 属 99 种。这两部著作，前者注重长江以南的两广地区，后者则注重长江流域的鱼类。1935 年，朱元鼎在上海发表了“Comparative studies on the scales and on the pharyngeals and their teeth in Chinese cyprinids, with particular reference to taxonomy and evolution”一文，对 8 亚科 91 属 95 种中国鲤科鱼类的鳞片、咽骨、咽齿进行描述和比较，并据此对它们的系统发育关系进行了讨论。在三四十年代，众多鱼类学家又在全国范围内做了一些调查，对鲤科鱼类的分类和分布做了许多新的补充。

50 年代末，中国科学院水生生物研究所伍献文及其同事开始致力于较为全面的分类整理研究，除收集已发表的有关记录外，还在全国范围内进行较全面的补充调查，在拥有比较充分标本的基础上，对中国的鲤科鱼类进行了整理和修订。他们于 1964 年和 1977 年先后出版了《中国鲤科鱼类志》（上、下卷），详细描述了分布于中国的鲤科鱼类 113 属 412 种，其中包括 4 新属 63 新种和新亚种，并附有精美的图片。虽然《中国鲤科鱼类志》在种类和分布记录上有较多的增加，但是因为我国幅员辽阔，必有遗漏。因此，近数十年相继出版了较多的地方鱼类志，如《长江鱼类》《新疆鱼类志》《珠江鱼类志》《云南鱼类志》《四川鱼类志》等。

由于鲤科鱼类种类繁多，类群分化复杂，因此划分科以下的分类单元是很必需的。1863 年，Bleeker 就曾将现在隶属于鲤亚目的几个科进行了若干等级的划分。1868 年，Günther 将鲤科划分为 14 个组，除去胭脂鱼类、平鳍鳅类和鳅类 3 组外，真正的鲤科鱼类被划分成 11 亚科。1912 年，苏联鱼类学家 Berg 将苏联及其邻国鲤科鱼类分成 10 亚科，Rendahl（1928）依据 Berg 的分类法将中国的鲤科鱼类分属于 9 亚科，即雅罗鱼亚科、鲴亚科、鮈亚科、鳊亚科、裂腹鱼亚科、鲢亚科、鲃亚科、鳑鲏亚科和鲤亚科。林书颜（Lin , 1933a, 1933b, 1933c, 1933d, 1933e, 1935）在整理广东及其邻省鲤科鱼类时未发现有裂腹鱼亚科，但多划分出一个波鱼亚科 Rasborinae。后来，Berg（1940）改变了自己的观点，将鲤科的亚科缩减到 4 个，将大部分鲤科鱼类置于鲤亚科中，只划出鲢亚科和鳅鮀亚科，并且将裸吻鱼属归入鲤科，作为一个亚科。而之前，Hora（1925）已经将裸吻鱼属独立建立了裸吻鱼科 Psilorhynchidae。伍献文等（1964, 1977）在编写《中国鲤科鱼类志》时，将我国的鲤科鱼类分属于 10 亚科，即雅罗鱼亚科、密鲴亚科、鮈亚科、鳊亚科、裂腹鱼亚科、鲢亚科、鲃亚科、鳑鲏亚科、鲤亚科和鳅鮀亚科，但该书的亚科排列顺序不代表任何系统发育之间的关系。陈湘粦等（1984）将鲤科鱼类分为两大系 12 亚科，其中一支系包括了鿕亚科、雅罗鱼亚科、鲌亚科、鲴亚科、鲢亚科、鮈亚科、鳅鮀亚科和鳑鲏亚科，另一支系包括鲃亚科、野鲮亚科、裂腹鱼亚科和鲤亚科。本卷采纳了陈湘粦等（1984）的划分观点，将中国的鲤科鱼类划分为 12 亚科。

裸吻鱼科是鲤形目中较小的一个类群，据今所知有 1 属 20 种（表 3），中国境内只有 1 种，分布于雅鲁藏布江。由于本类群形态结构上的特殊，以致产生对其系统分类位置的看法不一，大体可被归结为 3 种类型：第一类主要根据外部特征的相似性，将它们归为平鳍鳅科 Homalopteridae（Bleeker, 1863b; Günther, 1868; Tirant, 1885）；第二类根据某些骨骼特征的共性而并入鲤科，或并入鲤亚科，或单独建立裸吻鱼亚科（Regan, 1911; 陈宜瑜, 1981; 武云飞和吴翠珍, 1992）；第三类则单独划为独立的 1 科（Hora, 1925）。迄今为止，第三类观点被多数学者接受。

鳅科 Cobitidae 是鲤形目中一个较大的类群，种类多，形态差异大，广泛分布于欧亚大陆及其临近地区，非洲部分地区也有分布（Sawada, 1982）。目前有关鳅科鱼类系统发育关系的报道较少，这就使鳅科鱼类的生物地理学过程研究变得较为困难。鳅科中大多数种类的体斑、体色多变，是一群美丽的中小型鱼类，倍受观赏鱼养殖爱好者们的青睐，具有较高的经济价值。鳅科是营底层生活的鱼类。大多数物种生活在流水环境中，有少数种类耐低氧而多生活在静水水体中。一般具有须 3-5 对，身体呈圆筒形或侧扁，体被细鳞或全身裸露无鳞，或体后半部有鳞，有的仅尾柄上有少数鳞片。陈景星和朱松泉（1984）通过对骨骼和形态的特征比较，认为鳅科鱼类可以根据眼下刺的有无分为 2 大姐妹群，第一群为条鳅类群，演化为现今条鳅亚科鱼类，它以无眼下刺为主要特征；第二群为鳅类群，其中鳅类群中又可以分为沙鳅亚科和鳅亚科 2 个姐妹群。到目前为止，国际上有关整个鳅类的分类仍存在较大的争议。朱松泉（1995）综合陈景星和朱松泉（1984）及陈宜瑜（1980）的观点，认为鳅科鱼类应包括：鳅亚科、条鳅亚科和沙鳅亚科。但是在最近几年，鱼类学家倾向将它们提升为科级水平，其中鳅亚科提升为鳅科，条鳅亚科提升为条鳅科，沙鳅亚科提升为沙鳅科。

平鳍鳅科是鲤形目中体型十分特化而形态差异相对较小的一个类群。最早是 van der Hoeven（1833）根据 van Hasselt（1823）采自爪哇岛的标本描述和创立了平鳍鳅属 *Homaloptera*。之后，Bleeker（1859）将平鳍鳅属归属于鲤科的 1 个亚科，该亚科中还包括裸吻鱼属。Bleeker（1863b）将这个亚科提升为独立的科 Homalopteridae，包括平鳍鳅属和裸吻鱼属。Hora（1932）在《平鳍鳅科鱼类的分类、生态和演化》一文中系统地描述了当时已经发现的平鳍鳅科鱼类，共计 27 属 47 种；Silas（1952）主要依据印度和南亚的标本较全面地总结了本科鱼类，共计 28 属 84 种。关于平鳍鳅科类群的细分，Fowler（1905）最早以腹鳍后缘是否连成吸盘状而将其划分为平鳍鳅亚科 Homalopterinae 和腹吸鳅亚科 Gastromyzoninae。之后，Fang（1930b）和 Hora（1932）根据其他形态学特征也将平鳍鳅科分为 2 亚科，并认为这 2 亚科可能分别起源于类似鲤科和鳅科的祖先，之后 Hora（1950）将这 2 亚科上升至 2 个独立的科，并得到许多鱼类学家的赞同。但是 Greenwood 等（1966）、Gosline（1971）和 Nelson（1976）等仍将平鳍鳅类作为 1 个科，并认为它的 2 个类群可能来自接近鲤科的一个共同祖先。陈宜瑜（1980）根据对中国特有的 12 属 16 种平鳍鳅科鱼类的主要骨骼的详细观察，赞同将它分为 2 个亚科，并认为平鳍鳅类和腹吸鳅类是起源于类似鲤科鱼类的共同祖先的 2 个姐妹群。这个观点得到了中国鱼类学界的广泛赞同。

双孔鱼科是鲤形目中最小的一个类群，迄今为止只发现 1 属 3 种。因此对该科的分类较为确定。

鲤形目 CYPRINIFORMES

科检索表

1 (8)　口前吻部无须或仅有 1 对吻须

2 (7)　偶鳍前部仅有 1 根不分支鳍条

3 (4) 无下咽齿；头侧有 2 对鳃孔……………………………………………… **双孔鱼科 Gyrinocheilidae**
4 (3) 有下咽齿；头侧仅有 1 对鳃孔
5 (6) 下咽齿 1 行，数目多达 10 个；背鳍基部很长，分支鳍条 50 以上……… **胭脂鱼科 Catostomidae**
6 (5) 下咽齿 1-4 行，每行齿数不超过 7 个；背鳍分支鳍条 30 根以下………………… **鲤科 Cyprinidae**
7 (2) 偶鳍前部具 2 根以上不分支鳍条……………………………………… **裸吻鱼科 Psilorhynchidae**
8 (1) 口前部具 2 对或更多吻须
9 (10) 头部和身体前部侧扁或圆筒形，偶鳍不扩大，位置正常……………………………… **鳅科 Cobitidae**
10 (9) 头部和身体前部平扁；偶鳍扩大，并向腹面两侧平展………………… **平鳍鳅科 Homalopteridae**

（二）起 源

Saitoh 等（2003）基于线粒体基因组分析认为鲤形目起源于脂鲤目，起源时间大概追溯至早三叠世（距今 2 亿 5000 万年）。目前，关于鲤形目起源有两个假说。其中占主导地位是认为鲤形目起源于东南亚地区，因为现今这片区域存在最大的鲤形目鱼类多样性。另外一个假说则根据鲤形目鱼类与其他骨鳔鱼类的相似性，认为鲤形目应该起源于南美洲。如果第二个假说成立，那么淡水鲤形目鱼类必须在各个大陆板块分离之前通过非洲或北美洲而扩散至亚洲，途中还要在与脂鲤目鱼类激烈竞争中获胜，保留下大多数物种。最早的鲤形目鱼类化石隶属于胭脂鱼科，是在古新世（距今 6000 万年）的阿拉伯地区发现的，这也部分支持了鲤形目起源于亚洲的假说。

（三）系统发育研究

Rosen 和 Greenwood（1970）及 Fink 和 Fink（1981）基于外部形态、Dimmick 和 Larson（1996）、Orti 和 Meyer（1997）及 Saitoh 等（2003）等基于分子数据均证明了鲤形目在骨鳔总目当中特化程度较高（系统演化见图 31）。但是迄今为止，有关鲤形目的分类及高阶元的系统发育关系仍然颇有争议。

伍献文等（1981）认为鲤形目分为 5 科，其中鲤科（包括裸吻鱼属）与平鳍鳅科构成一个单系群——鲤超科 Cyprinoidea，其余的胭脂鱼科、双孔鱼科和鳅科形成另一个单系群——胭脂鱼超科 Catostomoidea。另一假说以 Siebert（1987）等的工作为代表，他们认为鲤科鱼类为一独立的单系群，其他的非鲤科鱼类构成另一个单系群，其中鳅科和平鳍鳅科组成鳅超科 Cobitoidea。陈宜瑜（1981）通过对扁吻鱼属 *Psilorhynchus* 鱼类骨骼特征的观察，并结合其地理分布的证据，曾指出该属只是更新世以后由鲤科墨头鱼亚科派生的一个类群，按其演化支序的等级并入鲤科，而不能独立为一个科；但由于它在外形上的明显变化，多数学者在分类学上仍习惯将它作为一个独立的科来看待。

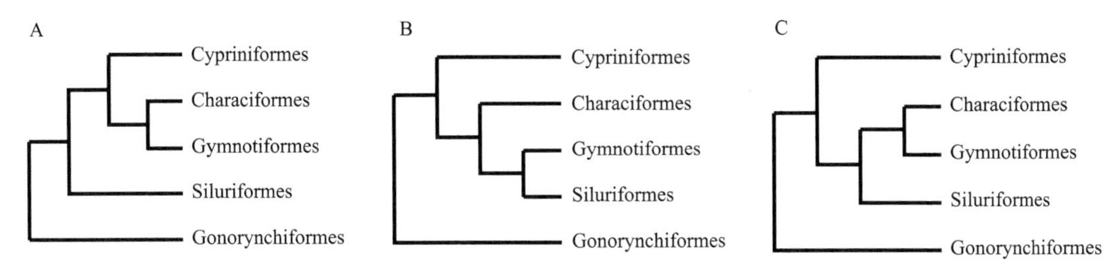

图 31　骨鳔总目类群的系统发育关系

A. Rosen 和 Greenwood（1970）基于外部形态系统发育关系；B. Fink 和 Fink（1981）基于外部形态，Dimmick 和 Larson（1996）结合形态特征和分子数据，Orti 和 Meyer（1997）基于线粒体基因和核基因[室管膜素（ependymin）]的系统发育关系；C. Dimmick 和 Larson（1996）基于分子数据、Orti 和 Meyer（1997）基于核基因[室管膜素（ependymin）]的第一、二密码子和 Saitoh 等（2003）基于线粒体基因组信息的系统发育关系

Figure 31　Phylogenetic relationships of Ostariophysi

A. Phylogenetic relationships of Rosen & Greenwood (1970) based on morphological data; B. Phylogenetic relationships of Fink & Fink (1981) based on morphological data, Dimmick & Larson (1996) from combined molecular and morphological data, and Orti & Meyer (1997) from molecular data from mtDNA and all codon-positions of the ependymin gene; C. Dimmick & Larson (1996) from molecular data only, Orti & Meyer (1997) from molecular data from the first and second codon positions of the ependymin gene and Saitoh *et al.* (2003) from mtDNA genomics

Nelson（1994）基本接受了 Siebert（1987）的观点，并将鲤形目分为 2 个类群：鲤超科 Cyprinoidea 和鳅超科 Cobitoidea，前者只包括鲤科，后者包括其他非鲤科鱼类，即鳅科、平鳍鳅科、胭脂鱼科和双孔鱼科。何舜平等（1997）通过研究鲤形目鱼类咽齿的个体发育过程，结果表明鲤科鱼类咽齿的生长方向是从后向前，这样使得鲤科鱼类咽齿主行齿的数目不能超过 7 枚。而非鲤科鱼类咽齿的生长方向是从前向后，因此这些类群的咽齿数目通常很大，最多可达二十几枚，由此推断鲤形目鱼类系统发育关系同 Siebert（1987）的观点一致。因此，基于形态学和线粒体基因组研究，将鲤形目系统发育关系整理成图 32。Liu 等（2002）对部分鲤形目鱼类控制区序列的研究表明，鲤科鱼类构成一个单系群，并与非鲤科鱼类形成的另一支构成姐妹群关系，这项研究结果也支持 Siebert（1987）的观点；同时提示鳅科不是一个单系群，并初步认为鳅超科 Cobitoidei 的系统发育关系为：[胭脂鱼科＋（双孔鱼科＋{沙鳅亚科＋[平鳍鳅科＋（条鳅亚科＋鳅亚科）]}）]。Tang 等（2006）联合线粒体细胞色素 *b*（cytb）和 D-loop 序列分析认为，鲤形目的系统发育关系为：{鲤科＋[（双孔鱼科＋胭脂鱼科）＋{沙鳅亚科＋[平鳍鳅科＋（鳅亚科＋条鳅亚科）]}]}。值得注意的是，这些分子系统发育研究中，均未包括 Hora（1925）建立的裸吻鱼科 Psilorhynchidae 的代表种。Tang 等（2006）的研究中重点解决了鳅超科 Cobitoidea 的内部系统发育关系，先验地接受了 Siebert（1987）的观点：将鲤科视为鳅超科的姐妹群。郭宪光（2006）应用核基因 *rpS7* intron6 也得到了鳅科不是一个单系类群的结论，进一步支持了条鳅亚科与鳅亚科的姐妹群关系；此外，还支持了裸吻鱼与鲤科鱼类有较近的亲缘关系。

基于线粒体非编码蛋白基因（12S,16S和RNAs）的建树结果

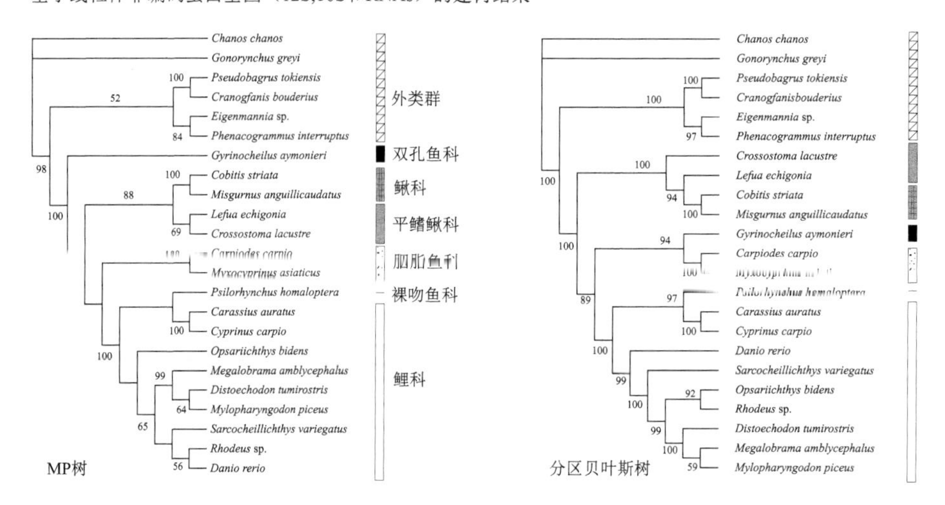

基于线粒体编码蛋白基因的建树结果

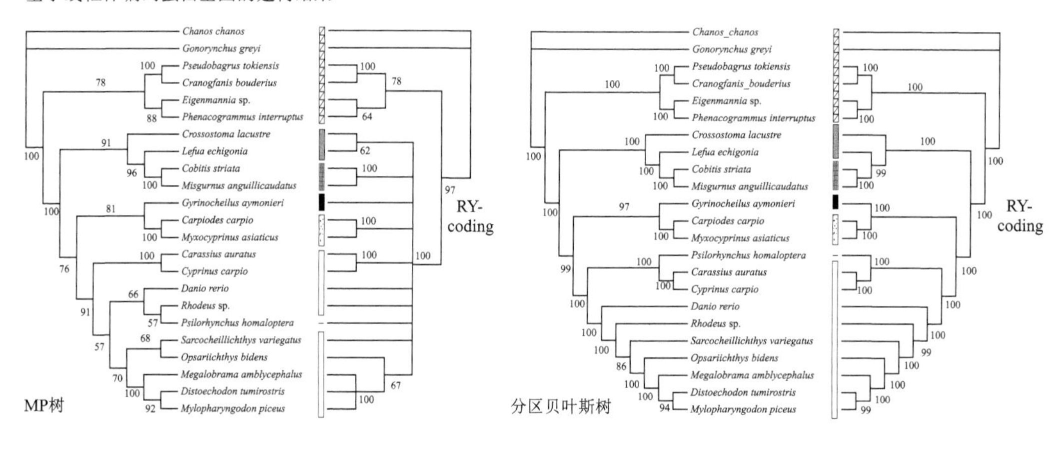

基于线粒体全部序列的建树结果

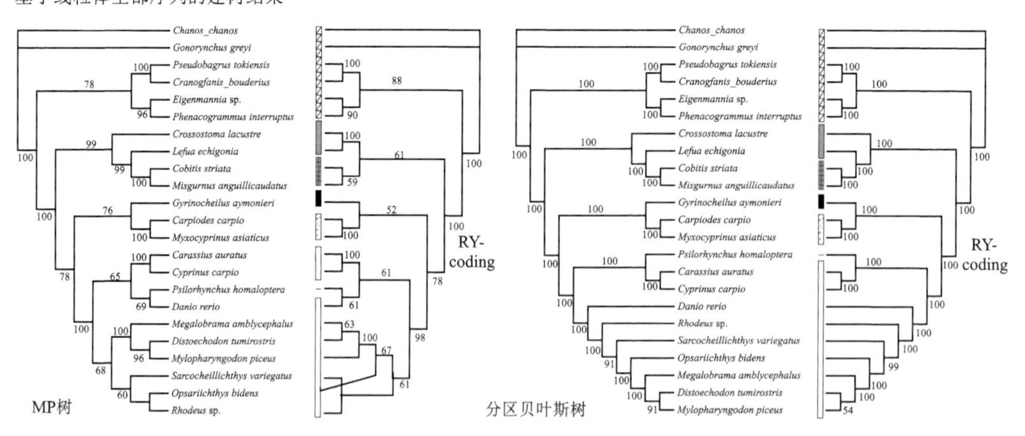

图 32　基于线粒体基因组序列构建的鲤形目鱼类系统发育树

Figure 32　Phylogenetic tree of Cypriniformes based on mitochondrial genome sequence data

鲤科作为鲤形目中最大的一个类群，厘清鲤科鱼类的系统发育关系对研究鲤形目的系统发育关系极其重要。自从建立鲤科以来，鱼类学研究者就在系统发育研究的基础上构建鲤科鱼类的分类系统。但到目前为止，形态学研究在鲤科亚科的数目和亚科的单系性（monophyly）问题上尚未达成一致意见。陈湘粦等（1984）、Howes（1991）、Cavender 和 Coburn（1992）通过形态学研究，通常支持将鲤科划分为两个主要系群，但是就鲤科的亚科（亚类群）在这两个系群中的分类学归属而言，形态学研究持有不同意见。陈湘粦等（1984）在比较骨骼特征的基础上将鲤科鱼类分为雅罗鱼系 series Leuciscini 和鲃系 series Barbini，前者包括𬶋亚科 Danioninae、雅罗鱼亚科 Leuciscinae、鲌亚科 Cultrinae、鲴亚科 Xenocyprinae、鮈亚科 Gobioninae 和鱊亚科 Acheilognathinae，后者则由丁𬶮亚科 Tincinae、鲃亚科 Barbinae、鲤亚科 Cyprininae 和野鲮亚科 Labeoninae 组成（图 33A）。Howes（1991）根据触须的分布、形态类型和神经分布在鲤科中识别出 2 个系群，其中有触须的鲤类 Cyprinines 由鲤亚科、鮈亚科和波鱼亚科 Rasborinae 组成，而触须缺失或偶发分布的雅罗鱼类 Leuciscines 则包括了雅罗鱼亚科、西鲌亚科 Alburninae、鲌亚科和鱊亚科（图 33B）。Cavender 和 Coburn（1992）对陈湘粦等（1984）的工作进行了订正，将鲤科划分为雅罗鱼亚科和鲤亚科，前者包括𬶮群 Phoxinins、雅罗鱼群 Leuciscins、鲌群 Cultrins、鲴群 Xenocyprins、鱊群 Acheilognathins、鮈群 Gobionins、波鱼群 Rasborins 和丁𬶮群 Tincins，后者包括了鲃群 Barbins、鲤群 Cyprinins 和野鲮群 Labeonins。Cavender 和 Coburn（1992）的结果中，雅罗鱼群分支包括了欧亚分布的雅罗鱼类和北美美鳊属 *Notemigonus* 的种类，其余的北美洲鲤科鱼类则全部被认为是𬶮群分支的成员（图 33C）。总的看来，Cavender 和 Coburn（1992）的结果部分支持陈湘粦等（1984）的研究结果。

以上的形态学研究在鲤科中部分亚科的划分以及一些属的安置上大体上是一致的，但在处理东亚特有的一些鲤科类群时却表现出了明显的分歧。例如，陈湘粦等（1984）将赤眼鳟 *Squaliobarbus*、草鱼 *Ctenopharyngodon* 和青鱼 *Mylopharyngodon* 等置于雅罗鱼亚科；Cavender 和 Coburn（1992）认为这些种类和鲌-鲴群 Cultrins-Xenocyprinins 相关；然而，Howes（1991）则认为应将赤眼鳟、草鱼和青鱼划分在鲤亚科。

陈宜瑜等（1998）在鲤科鱼类中一共划分出了 12 个亚科，即𬶋亚科、雅罗鱼亚科、鲌亚科、鲴亚科、鲢亚科、鮈亚科、鳅鮀亚科、鱊亚科（鳑鲏亚科）、鲃亚科、野鲮亚科、裂腹鱼亚科和鲤亚科。这个分类系统采纳了陈湘粦等（1984）的一些主要观点。亚科作为一个分类阶元，最重要的必须是一个单系群。然而，在这些确认的亚科中，一些亚科的单系性仍然缺乏系统发育研究的证据。因而这个分类系统仍然兼顾了一定的分类学实用意义。截至目前，基于形态特征的系统学研究都最终没能得到被广泛接受的鲤科系统发育分支图。

随着近年来分子系统学的发展，许多鱼类学者开始用分子手段来研究鲤科鱼类的系统发育关系。但是分子手段的研究并没有得到一致的结果。Briolay 等（1998）发现细胞色素 *b* 的结果不支持鲤科鱼类通常的二分法，如将鲤科分为鲃系和雅罗鱼系（陈湘粦等，1984），或具触须的鲤科鱼类和触须缺失或偶发性分布的鲤科鱼类（Howes, 1991）。他们确认了 6 个亚科，即雅罗鱼亚科（包括 Howes 的西鲌亚科）、波鱼亚科、鮈亚科、丁𬶮亚科、鱊亚科和鲤亚科。Zardoya 和 Doadrio（1999）认为鲤科包括了 2 个亚科：鲤亚科和雅罗鱼亚科，前者包括鲃类 Barbins，而后者包括了鲌类 Cultrins、丁鲅类 Tincins、𬶋类 Gobionins、𫚒类 Phoxinins，以及西鲌类 Alburnins 和雅罗鱼类 Leuciscins。Gilles 等（2001）的研究结果则认为波鱼亚科是鲤科中最基部的亚科，然后依次是鲤亚科、丁鲅亚科、鳑亚科、𬶋亚科和雅罗鱼亚科。

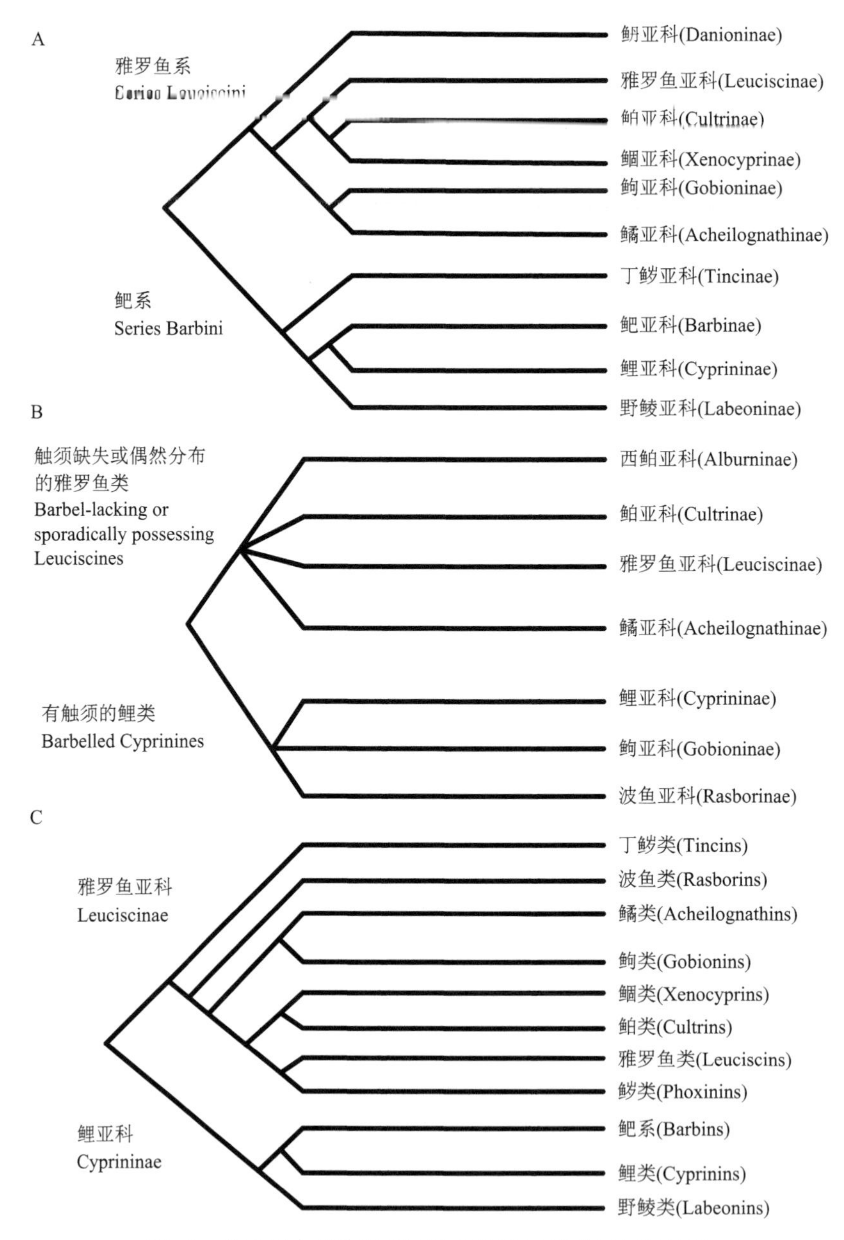

图 33　基于形态学特征的鲤科鱼类科下类群间相互关系

A. 陈湘粦等, 1984；B. Howes, 1991；C. Cavender 和 Coburn, 1992

Figure 33　Relationships among cyprinid subgroups based on morphological characters

A. Chen *et al*., 1984; B. Howes, 1991; C. Cavender & Coburn, 1992

上述欧美学者对鲤科鱼类进行的分子系统发育分析在研究对象的样本选取上都存在着一定的局限性。他们的研究中基本上都没有涉及东亚鲤科鱼类，特别是东亚特有的鲤科。因此，他们得到的并不是完整的鲤科鱼类系统发育分支树。近年来，一些鱼类学者就鲤科鱼类系统发育研究已经考虑到亚洲的种类，特别是东亚的特有种类。Cunha 等（2002）运用细胞色素 *b* 基因分析了欧亚大陆和北美洲的鲤科鱼类，并且识别出了 5 个主要类群：欧洲的雅罗鱼类 Leuciscins 和北美洲的鲹类 Phoxinins 构成一个类群；欧洲的鮈 *Gobio gobio* 和麦穗鱼属 *Pseudorasbora* 共同属于一个类群；亚洲类群包括了亚洲分布的鲌类 Cultrins、鱊类 Acheilognathins、鮈类 Gobionins 和鲴类 Xenocyprinins；此外，棒花鱼属 *Abbottina*、金线鲃属 *Sinocyclocheilus* 以及光唇鱼属 *Acrossocheilus* 构成一个类群；而鲤类 Cyprinins、鲃类 Barbins 和野鲮类 Labeonins 共同构成一个类群。Liu 和 Chen（2003）利用线粒体控制区序列对东亚鲤科鱼类的系统发育分析显示，鲤科中包括了两个主要的系群：鲤系 Cyprinine（即鲃系 Barbine）和雅罗鱼系 Leuciscine。鲤系中包括了基部的野鲮亚科、位于中间的鲤亚科和特化的鲃亚科（含裂腹鱼亚科）。而雅罗鱼系中，波鱼亚科位于基部；鮈亚科和雅罗鱼亚科互为姐妹群；东亚的鲌－鲴类 Cultrins-Xenocyprinins 和一些小的附属类群构成一个单系群；但是鱊亚科和丁鲹亚科的系统位置是不确定的。何舜平等（2000, 2004）以细胞色素 *b* 基因为遗传标记所进行的研究则显示鲤科中包括 3 个大的类群，进化关系为：早第三纪类群，包括鲃亚科的东南亚种类和鲤亚科（Howes, 1991），它们属于基部的鲤科鱼类；随着全球气候变冷，一些鱼类进化形成了适应冷水环境的特征，形成了由雅罗鱼类、鮈亚科和鱊亚科构成的北方冷水性鱼类；东亚类群是青藏高原隆升之后，在东亚季风性气候条件下分化出来的鲤科鱼类，包括了鲴亚科、鲌亚科、雅罗鱼东亚种类和鲃亚科的东亚种类。Wang 等（2007）利用线粒体 *16S rRNA* 基因、*rpS7* 基因和 *RAG2* 基因等多基因联合的方法，证实鲤科中最早分化出的一个基部的波鱼类群 Rasborins，虽然它包括的分类单元相互没有形成一个单系类群；除了波鱼类群之外，其余的鲤科鱼类聚为两个重要的系群：鲃系 Barbine 和雅罗鱼系 Leuciscine；东亚特有的赤眼鳟类、鳡类、鲢类、鲴类和鲌类以及附属的小型鲤科鱼类，如马口鱼类和细鲫类等，虽然在外部形态上存在显著差异，但是分子数据支持这些鱼类共同构成一个单系类群。

现已确认鲤科鱼类是一个单系群，接下来需要探讨的是非鲤科鱼类的相互关系。罗云林和伍献文（1979）及伍献文等（1979）分别对胭脂鱼科和双孔鱼科的系统发育进行了研究，认为这两科分别构成单系，这个结论也被广泛接受。然而，鳅科和平鳍鳅科鱼类即鳅类的关系问题仍然存在，需要进一步研究。

陈景星和朱松泉（1984）通过对骨骼和形态的特征比较，认为鳅科鱼类可以根据眼下刺的有无分为两大姐妹群，第一群为条鳅类群，它以无眼下刺为主要特征；第二群为花鳅类群，它以具有眼下刺为共同特征，组成 1 个单源群。在花鳅类群中又可以分为沙鳅亚科和鳅亚科 2 个姐妹群。在系统发育关系上他认为条鳅亚科最原始，沙鳅亚科较进步，鳅亚科最进步。但 Siebert（1987）则认为鳅科只含 2 亚科：鳅亚科和沙鳅亚科，条鳅亚科被认为是平鳍鳅科的成员。但 Liu 等（2002）认为鳅超科鱼类的系统发育关系应为：[胭脂鱼科＋（双孔鱼科＋{沙鳅亚科＋[平鳍鳅科＋（条鳅亚科＋鳅亚科）]}）]（图 34）。由图 34 可以看出，平鳍鳅科和鳅科的成员镶嵌聚在一起，揭示鳅科不能独立为 1

个单系；平鳍鳅科与鳅亚科和条鳅亚科构成姐妹群关系，而沙鳅亚科位于鳅类的根部位置，成为鳅类中最原始的类群，这与 Nalbant（1963）从形态学上分析的观点一致，即认为沙鳅亚科在鳅科中是最原始的类群。另外，沙鳅亚科与鳅亚科和条鳅亚科的关系较远，这似乎又与 Nalbant（2002）提出的将沙鳅亚科提升为科的观点相互印证。

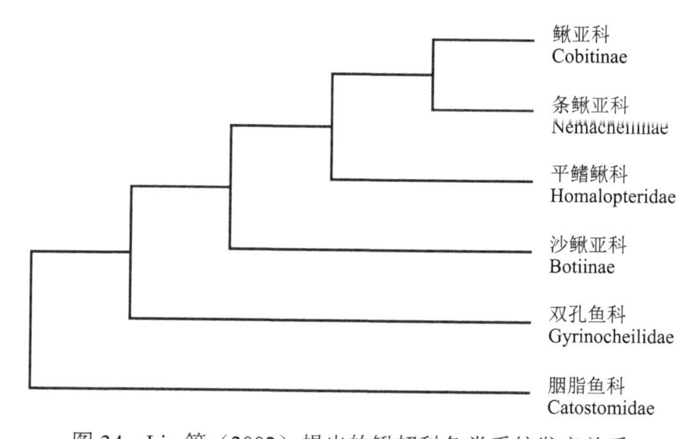

图 34 Liu 等（2002）提出的鳅超科鱼类系统发育关系

Figure 34 The phylogenetic relationship of the Cobitoidea proposed by Liu *et al.* (2002)

关于沙鳅鱼类的研究，Hora（1922b）首先根据眼下刺是否分叉及须着生位置的不同将沙鳅亚科分为沙鳅属 *Botia*、副沙鳅属 *Parabotia* 和薄鳅属 *Leptobotia*。Fang（1936）曾对产于我国的沙鳅亚科鱼类进行了比较全面的系统分类研究，记录了 13 种，并建立了 1 新亚属——中华沙鳅亚属 *Sinibotia*。他根据眼下刺是否分叉把沙鳅亚科分为沙鳅属和薄鳅属，将副沙鳅属作为膜鳔沙鳅亚属 *Hymenophysa* 的同物异名来对待，根据须为 3 对或 4 对及囟门的有无又把沙鳅属分为膜鳔沙鳅亚属 *Hymenophysa*、中华沙鳅亚属 *Sinibotia* 和沙鳅亚属 *Botia*。系统发育关系上他认为沙鳅属和薄鳅属是两个平行进化的属。Nalbant（1963）从鳔囊、眼下刺、口须的排列方式、有无鳞片、鳍的位置等形态特征比较描述了沙鳅亚科的部分鱼类，并依据这些形态特征对这些鱼类的系统发育关系进行了研究，他认为沙鳅亚科中薄鳅属是最原始的属。

陈景星（1980）对沙鳅亚科鱼类的系统分类进行了分析研究，将副沙鳅属恢复为 1 个有效属，但并未对这 3 个属间的系统发育关系进行分析。杨军山（2002）通过对副沙鳅属 6 个种的形态特征和线粒体控制区序列进行分析，对副沙鳅属进行了较为详细的系统发育分析及生物地理学的研究，并以江西副沙鳅 *Parabotia kiangsiensis* 为模式种，建立了余江鳅属 *Yujiangbotia*。Nalbant（2002）将沙鳅亚科提升为科，并将沙鳅科分为 2 族 6 属：薄鳅族 Leptobotiini 和沙鳅族 Botiini，前者包括 *Leptobotia*、*Parabotia* 和 *Sinibotia* 3 属，后者包括 *Botia*、*Hymenophysa* 和 *Yasuhikotakia* 3 属。Kottelat（2004）基本认同将沙鳅鱼类分为 2 个族的观点，但他仍将沙鳅鱼类作为 1 个亚科，并将 *Hymenophysa* 属改名为 *Syncrossus* 属，并建立了 1 新属 *Yasuhikotakia*，因此沙鳅鱼类扩展到 7 个属，但此分类观点不是基于系统发育分析而来的。要验证此分类观点，还需要进一步寻找分子生物学方面的证据，并重建此类群的分子系统发育关系。Tang 等（2006）通过研究线粒体细胞色素 *b* 认为鳅类的 4 个类群可以提升为科，分别命名为沙鳅科 Botiidae、平鳍鳅科 Balitoridae、鳅科 Cobitidae 和条鳅科 Nemacheilidae。

鳅亚科是鳅类中较复杂的一个类群，据 Nalbant（1994）统计的有效属共有 16 个。后 Robert（1997）和 Kim 等（1997）又报道了 3 新属。到目前为止，记载的分布在中国的有效属共有 7 个：马头鳅属 *Acantopsis*、鳞头鳅属 *Lepidocephalus*、鳅属 *Cobitis*、拟长鳅属 *Acanthopsoides*、细头鳅属 *Paralepidocephalus*、泥鳅属 *Misgurnus* 和副泥鳅属 *Paramisgurnus*（朱松泉, 1995; Son & He, 2001）。许多新种或国内未曾描述过的种还有待描述。陈景星（1981）对鳅亚科的系统分类作了详细论述，并对鳅亚科的 6 属 13 种进行了描述，其中记录了鳅属 1 新种——稀有花鳅 *Cobitis rarus*。关于整个鳅亚科或其中的某些属系统发育关系的研究国内还未见报道。国外尤其是欧洲部分国家对此亚科部分属分子系统发育的研究报道相对多一些。Ludwig 等（2001）以 *Sabanejewia* 属作为外类群，对鳅属 7 个种的 *12S rRNA* 基因部分序列进行了分析，建立了这几个种的系统发育关系，并对它们的生物地理学过程进行了研究。Perdices 和 Doadrio（2001）以 *Sabanejewia*、*Misgurnus*、*Orthrias* 和 *Crossostoma* 4 属为外类群，对鳅属 *ATP8/6* 基因和 *Cytb* 基因的全序列进行了分析，其结果支持欧洲鳅属为 1 单系，且由 6 个独立进化的支系组成。生物地理学分析显示了欧洲鳅属起源于东亚。

自从 Hora（1932）将平鳍鳅科 Homalopteridae 分为腹吸鳅亚科 Gastromyzoninae 和平鳍鳅亚科 Homalopterinae，并认为前者起源于鳅科而后者起源于鲤科以来，条鳅亚科一直都是鳅科中争论最大的 1 个亚科。Sawada（1982）认为条鳅亚科是平鳍鳅科的一个成员，鳅科和平鳍鳅科分别构成一个单系群，合起来构成鳅超科这一单系群，此分类观点在后来被广泛接受（Siebert, 1987; Nelson, 1994; Kottelat, 2001a）。

关于平鳍鳅科的类群划分，大多数学者都赞同平鳍鳅亚科和腹吸鳅亚科的分类。此外，陈宜瑜（1980）根据对中国特有的 12 属 16 种平鳍鳅科鱼类的主要骨骼结构的详细观察，进一步将腹吸鳅亚科细分为 4 个类群：拟平鳅类群 Parhomalopterini-group、缨口鳅类群 Crossostomini-group、爬岩鳅类群 Beaufortini-group 和腹吸鳅类群 Gastromyzonini-group，将平鳍鳅亚科分为 2 个类群：平鳍鳅类群 Homalopterini-group 和华平鳅类群 Sinohomalopterini-group。这一观点得到中国鱼类学术界的广泛赞同。但是到目前为止，国际上有关整个鳅类的分类仍存在较大的争议。

六、经济意义与增殖途径

鱼类是水产事业的主体，具有显著的经济价值。鲤形目作为最大的淡水鱼类类群，包含了许多经济鱼类，其中，一些种类具有极高的经济价值，例如，我国及世界重要的经济鱼类：青鱼、草鱼、鲢和鳙四大家鱼。

鱼肉味鲜美，是高蛋白、低脂肪、高能量、易消化的优质食品，营养丰富。鱼类的蛋白质含量较高，在 16%-25%之间，比如鲢 17.3%，泥鳅 18.43%，鲤 23.9%，与鸡肉、鸭肉、牛肉等不相上下。此外，鱼类中还含有大量人体必需和易吸收的脂肪、矿物质和多种维生素。

除作为新鲜食品外，渔产品还被开发进行了广泛的综合利用，为工业和医药生产提供原材料。鱼鳞可被用于提取和制成鱼光鳞、鱼鳞胶、咖啡因、黄嘌呤、肥料等；鱼胆可被用于提炼胆色素钙盐的原料，作为细菌培养剂的胆盐和制造人造牛黄；精巢可被用于制作鱼精蛋白。鱼的头、骨、刺等废弃物和无法食用的杂鱼，通常被用来生产鱼粉或采用生物发酵的方法制造液化饲料。鱼粉是某些国家养猪和养禽业增产不可缺少的添加剂，丹麦的渔获量中约有 2/3 被用于加工成鱼粉作为家禽家畜的饲料。

有些小型鲤形目鱼类如食蚊鱼、麦穗鱼、棒花鱼等能大量吞食孑孓，这有助于控制和防止由蚊虫类传播的脑炎、黄热病和血丝虫病等疾病，从而间接有益于人类。此外，一些体型奇特、色彩绚丽的鲤形目鱼类也常被当作观赏鱼类在水族箱或大型水族馆中饲养，如鲤、锦鲤、唐鱼、条纹二须鲃、胭脂鱼、金鱼等。特别是那些通过人工选择、纯化、杂交、定向培育出来的各色金鱼品系，深受世界各地人民的喜爱。

我国内陆水域的面积辽阔，为淡水鱼类的养殖提供良好的场所。我国淡水渔业资源丰富，大约有 800 种淡水鱼类，具有经济价值的就有 250 多种，其中已成为广泛养殖对象的鱼有青、草、鲢、鳙、鲤、鲫、鳊、鲂、鲴、泥鳅等。

我国是淡水养鱼事业发展最早的国家，据考证在公元前 1140 多年的殷商时代就有了池塘养殖鲤的记载。公元前 640 年，范蠡撰写了《养鱼经》，成为世界上迄今为止发现的最古老的养鱼文献，遗憾的是原书已经失传。在唐朝，池塘养鱼开始逐渐衰落，原因在于鲤与皇族的“李”姓谐音，导致朝廷下令禁止捕食，渔民只能被迫转向江河湖泊捕捞鲢、鳙、青、草等鱼苗，作为池塘养殖的对象，同时，他们开始尝试在稻田中进行多种鱼类的混养，进一步推动了水产养殖业的发展。之后的宋代和明代在淡水养殖技术方面有了较大的发展，为近代池塘养鱼事业发展奠定了坚实的基础。长期以来，池塘养鱼一直是我国淡水渔业生产的主体和支柱，占据了渔业总产量的 80%。

20 世纪下半叶，在科学技术的指导下，我国渔民发展了合理密放和混养技术。这种技术的应用，使得鱼类能够更充分地利用水体空间和饵料资源，从而大大提高了养殖产量。此外，这种技术还有助于调节市场的鲜活鱼供应，为渔民带来了更多的经济效益。

1958 年，水产研究所（现中国水产科学研究院珠江水产研究所）首先采用注射鲤脑垂体催情和模拟天然流水刺激相结合的方法，使鱼的生态因素和生理因素结合起来，成功诱导池养鲢、鳙产卵并孵出鱼苗，此后四大家鱼、泥鳅、胭脂鱼等也相继获得成功。这使得我国养殖鱼类的鱼苗来源摆脱了长期依赖天然捕捞的被动局面，同时也改变了养殖品种单调的状况。此外，我国学者以遗传学原理为指导，利用人工杂交的方法，通过种内杂交为主、远缘杂交为辅的途径，育成了一些具有优良性能和抗病力强的新型养殖鱼种。例如 1975 年，中国科学院水生生物研究所利用诱导雌核发育，由兴国红鲤和方正银鲫杂交培育成异育银鲫，该品种比普通的鲫生长快 2-3 倍；1980 年又采用传代体细胞获得我国第一尾无性生殖的鲫；之后还开展了辐射育种的工作，探索了运用射线、快中子、慢中子、超声波等诱发突变，缩短了培育周期，为培养大规格鱼种提供了科学依据。

七、术语说明

分类学的一项基本任务就是进行全球物种的发现和描述，以及在此基础上将物种和物种以上分类单元进行归类。物种是由一个个客观存在的个体组成的，它具有许多形形色色的特征；其中为描述物种及其物种以上分类单元而使用的特征或特征组合被称为分类学性状，简称分类性状或性状。这些性状大致分为比例性状、可数性状和形态性状三大类。在物种具有的诸多分类性状中，不同的分类性状在识别或鉴别一个物种时作用不同，那些构成了对一个具体物种限定或与其他物种相区别的分类性状即为该物种的鉴别特征。相应地，各级分类单元也都有其各自不同的鉴别特征。

在此，仅就一些鲤科鱼类常用的分类性状术语说明如下。

全长　指个体的总长度，即由吻端到尾鳍末端的水平距离（图 35，A—G）。

体长　曾称标准长。指由吻端到尾鳍基部最后一枚脊椎骨末端的水平距离（图 35，A—F）。在鲤科鱼类外形测量中，最后一枚脊椎骨的具体位置通常以其尾部的折痕为标志。

头长　指由吻端到鳃盖骨后缘的水平距离（图 35，A—D）。

头高　头的最大高度，通常是鳃盖骨后缘处的垂直距离（图 35，I—J）。

吻长　指由吻端到眼前缘的水平距离（图 35，A—B）。

眼径　指以头部纵轴为方向量出的眼的直径，即眼前后缘之间的水平距离（图 35，B—C）。

眼间距　指左右两侧眼背缘之间的最小直线距离。

眼后头长　指眼以后的头部长度，即由眼后缘到鳃盖骨后缘的水平距离（图 35，C—D）。

体高　鱼体的最大高度，通常是背鳍前缘处的垂直高度（图 35，H—K）。

尾柄长　指由臀鳍基部后端到尾鳍基部最后一枚椎骨末端的水平距离（图 35，E—F）。

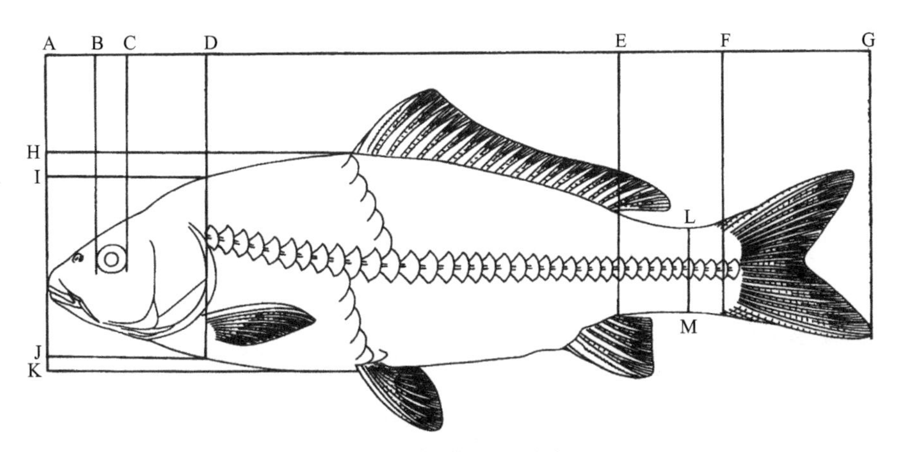

图 35　鱼体外形测量

Figure 35　Fish body morphology measurement

尾柄高 指尾柄的最小垂直高度（图 35，L—M）。

口的位置 通常以上颌与下颌的相对长度以及口孔的朝向来衡量。上颌与下颌等长、口孔朝向正前方时为端位。上颌短于下颌、口孔垂直朝向上方时为上位；反之则称之为下位。而介于上位和端位者为亚上位，介于端位和下位者为亚下位。

口须 位于口部周缘须的统称；其中着生于吻端口裂上缘的是上颌须或吻须，着生于口角处的称为口角须。

颏须 指着生在头部腹面下颌联合部之后（即颏部）的须。

齿式 指左右咽骨着生齿的数目与排列的方式，具体计数时按咽骨先左后右、咽齿由外向内依次计数。如齿式“2·3·5—5·3·2”表示在左右咽骨上各有 3 行咽齿；且左侧咽骨外侧第一行有 2 枚齿，第二行有 3 枚齿，第三行（又称主行）有 5 枚齿；而右侧咽骨内侧第一行有 5 枚齿，第二行有 3 枚，第三行有 2 枚。有时左右咽骨上的下咽齿数目不完全一致。

侧线鳞 鱼体体侧具侧线孔的鳞片。在分类学中通常是指鱼体任何一侧的侧线鳞的具体数目。若一种鱼类从鳃孔上角附近开始到尾鳍基部有一行连续的侧线鳞排列，则称为侧线完全；反之，为侧线不完全或侧线中断。

侧线上鳞 指位于背鳍基部起点到侧线鳞之间的斜行鳞片。

侧线下鳞 指位于侧线鳞到腹部正中线上或腹鳍起点处的斜行鳞片。

鳞式 表示鱼体鳞片数目在体侧的一种排列方式，通常用侧线鳞$\frac{\text{侧线上鳞}}{\text{侧线下鳞}}$来表示。如“侧线鳞 $32\frac{5—6}{4—\text{v}}34$”的记述表明，该种鱼类从鳃孔上角附近开始到尾鳍基部最后一枚侧线鳞为止的侧线鳞数目有 32—34 枚；连接背鳍基部起点到侧线鳞之间的侧线上鳞有 5—6 枚，而由侧线鳞向下斜行到腹鳍起点处的侧线下鳞（此时以 v 表示）有 4 枚。侧线上鳞和侧线下鳞均不包括侧线鳞。

纵列鳞 指沿体侧中轴从鳃孔上角开始到尾鳍基部最后一枚鳞片为止的鳞片数目，通常在没有侧线或侧线不完全的鱼类中使用。

横列鳞 指从背鳍起点开始向下斜行到腹部正中线或腹鳍起点处的鳞片数。

背鳍前鳞 指背鳍起点之前位于鱼体背部中线上的鳞片数。

围尾柄鳞 指环绕尾柄最低处一周的鳞片数目。

脊椎骨数 指脊椎骨总数。在鲤形目鱼类中前 4 枚椎骨愈合成复合椎体，因此通常用“4+… …”来表示。

鳃耙或鳃耙数 通常指第一鳃弓外侧的鳃耙数目，有时亦具体指明外侧鳃耙数或内侧鳃耙数。

鳍式 表示各鳍鳍条的组成及其具体数目的一种方式；其中小写罗马数字表示不分支鳍条，阿拉伯数字代表分支鳍条。如“背鳍 iii-7—8”说明不分支鳍条有 3 根，分支鳍条 7—8 根。分支鳍条通常按其基部未分叉时计数。

鳞鞘 指包裹在背鳍或臀鳍基部两侧的近长形或菱形的鳞片。

腋鳞 指位于胸鳍或腹鳍基部与体侧交合处的狭长鳞片。

臀鳞 特指裂腹鱼类在肛门和臀鳍基部两侧的大型鳞片。

腹棱 指鱼体腹部中线上隆起的皮质棱脊。其中由胸部向后延伸至肛门前缘的棱脊称为全棱或腹棱完全；而由腹鳍基部及其以后才开始后延至肛门前缘的棱脊称为半棱或腹棱不完全。

各　论

一、鳅科 Cobitidae

体长形，侧扁或圆柱形；头部大多侧扁。体被小鳞或裸露。头部有鳞或无鳞。眼小，眼下方或有 1 根尖端向后的分叉的或单一的眼下刺。口下位，唇肉质。须 3-5 对，其中 2 对位于吻部。鳔局部或全部包在骨囊中，鳃峡部较宽。广泛分布于欧亚大陆，中国各省区均有分布。本科鱼类分为 3 亚科。

鳅科是鲤形目现生鱼类中第二大类群，其成员多分布于欧亚大陆及其附近岛屿的淡水环境，非洲摩洛哥与埃塞俄比亚亦有分布，基本上各种水域皆有，但以水流环境较多。中国是鳅科种类最丰富的国家，有 27 属约 183 种及亚种，有些属种是我国特有的。一般将鳅科分为 3 亚科，即条鳅亚科 Nemacheilinae、沙鳅亚科 Botiinae 和鳅亚科 Cobitinae。条鳅亚科广布于欧洲、北非和亚洲，较集中分布于中国、东南亚、南亚和西亚。中国是条鳅类最丰富的国家，现知有 17 属约 143 种及亚种。其中高原鳅属是本类群中最大的属，约有 67 种及亚种，为青藏高原的主要鱼类之一。沙鳅亚科在全世界有 8 属 57 种，中国是沙鳅类最丰富的国家，有 3 属 26 种。分布范围东至中国黑龙江和日本，西至巴基斯坦，南至印度尼西亚爪哇岛。在中国主要分布于长江以南，为淡水中小型底层游泳鱼类。鳅亚科广泛分布于中国云南元江以北各水系，远至日本、朝鲜、欧洲和北非。中国有 7 属 14 种，常见种类有中华花鳅和泥鳅。

亚科检索表

1 (2)　无眼下刺，须 3 对，其中吻须 2 对，口角须 1 对（个别属前鼻孔的鼻管前端延长成须状物）……………………………………………………………………………………**条鳅亚科 Nemacheilinae**

2 (1)　有眼下刺（泥鳅属和副泥鳅属例外）；须 3-5 对，其中吻须 2 对，口角须 1 对，颏须 1-2 对或缺

3 (4)　2 对吻须聚生于吻端；骨鳔囊由第 2 脊椎横突的腹支向后伸展与第 4 脊椎横突、肋骨和悬器构成；尾鳍深分叉，侧线完全……………………………………………………………**沙鳅亚科 Botiinae**

4 (3)　2 对吻须分生于吻端；骨鳔囊由第 4 脊椎横突、肋骨和悬器构成，第 2 脊椎的背支和腹支紧贴于骨鳔囊的前缘，不参与骨鳔囊的形成；尾鳍内凹，圆形或截形；侧线完全、不完全或缺………………………………………………………………………………………**鳅亚科 Cobitinae**

（一）条鳅亚科 Nemacheilinae

条鳅亚科是鳅科鱼类中侧筛骨不形成可活动的眼下刺，以及咽突在主动脉下联合的一群中小型鱼类。主要分布在亚洲，其次是欧洲，只 1 种分布在非洲东北部的埃塞俄

比亚。

本亚科鱼类身体稍延长或延长，略侧扁或近圆筒形，腹部圆，尾柄侧扁或细圆。头锥形，口除极少数种类为前位或亚下位外，都是下位。须 3 对，2 对吻须、1 对口角须。口裂圆弧形，下颌边缘锐利、铲状或匙状。鳃膜连于峡部；第 1 鳃弓外行鳃耙退化或残留几个在上鳃骨处；咽骨片状，咽齿圆锥形，有 8-36 个不等，排列整齐（只见到 1 个种的大个体排列不整齐而呈多行形式）。鳞片趋向退化；或全身被覆小鳞，或前躯稀疏和裸出，或后躯稀疏和有残留鳞片。

Hora (1932) 在检查了 *Glaniopsis hanitshi* Boulenger 的 2 尾模式标本后认为，Boulenger (1899) 描述的属于平鳍鳅科的 *Glaniopsis* 属，应是鳅科条鳅亚科的鱼类。它有 5 对须：2 对吻须、2 对口角须和 1 对鼻须。

有些物种整个身体裸出，如异条鳅属 *Paranemachilus* 鱼类的头部两颊被小鳞。侧线趋向退化：或侧线完全，或只存在于前躯，或无侧线和头部也无感觉孔。背鳍有 2-4 根不分支鳍条和 6-13 根分支鳍条（限我国种类），最后不分支鳍条光滑，部分个体变硬，尾鳍后缘深凹入、凹入、平截或稍外凸呈圆弧形。

有些种类具有变异较大的性状。除了异条鳅属、北鳅属 *Lefua*、岭鳅属 *Oreonectes*、高原鳅属 *Triplophysa* 和鼓鳔鳅属 *Hedinichthys* 等属外，其余各属的多数种类上颌中部有 1 齿形突起，这是两前颌骨接洽处的稍延伸的突起，有的端部较尖，如喙状，有的很发达，呈门齿状，如条鳅属 *Nemacheilus* 中的几种鱼下颌前缘中部还有 1“V”形缺刻，是和上颌的门齿状突起相嵌合。这种突起与它们能有效地捕食动物性食料的能力有关。

除了部分种类身体被有珠星或雌雄间体色差异等第二性征外，本亚科的不少属还有特殊的第二性征：条鳅属的许多种类在眼前下缘有侧筛骨后突延伸出的软骨芽，外面包以皮肤，外观是下方游离的呈半圆形或三角形的皮瓣，其周缘和内侧面布满小刺状突起；高原鳅属的雄性在吻部（自眼前缘至口角上方）两侧有条形隆起，下方和邻近皮肤分开，隆起的侧缘、两颊乃至鳃盖布满小刺突；鼓鳔鳅属的种类则无隆起，而是在鼻孔和眼下缘之间有 1 布满小刺突的三角形区。凡雄性有上述性征者，其胸鳍的不分支鳍条和外侧数根分支鳍条变得雄壮和硬，鳍条间的间隔变宽，鳍条背面各有密集的刺状突起。岭鳅属的种类，其雄性在肛门后方有比雌性更大的肉质片状突出物。

除原始的属（产于印度尼西亚的梵条鳅属 *Vaillantella*）鳔前室基本上是 1 室外，多数属的鳔前室分为左右两侧室，中间通过 1 狭管相连。膜质的鳔后室发达或退化。异条鳅属、小条鳅属、云南鳅属、北鳅属和岭鳅属等属都有发达的膜质鳔后室，游离于腹腔中。大约有 1/2 的高原鳅属成员有或大或小的游离于腹腔的膜质鳔后室，它们都是生活于湖泊和河流缓流地区的种类。包裹鳔前室的骨质鳔囊的形状大致和鳔前室的形状相仿，但两侧各有 1 小的前孔和 1 大的后孔。骨质鳔囊是由第 2 和第 4 椎体的成分参与形成，但发育程度不同。异条鳅属、小条鳅属、云南鳅属和北鳅属等属的侧室后壁仅覆以一层薄膜，而非骨质，尤其是北鳅属，除后壁覆盖一层薄膜外，其背壁还有很大的裂口。其他各属侧囊的后壁均为骨质封闭。*Qinghaichthys* 亚属的骨质鳔囊明显纵向膨大，两侧室之间的部分变宽，侧室之间的界限缩小，而强化的球鳔鳅属骨质鳔又成 1 单室。在自然界中，具有发达的游离鳔后室的种类通常适应于静水和缓流水体中生活，而游离的鳔后室退化，前室膨大为 1 室的种类也是适应于这种环境的结果。

本亚科的所有种类的胃很膨大，呈“U”形，也可以分为贲门部和幽门部。肠至幽门部连接处都有 1 个明显的长袋形或卵形的膜质囊，其作用尚不明确。肠管的绕折方式在同一种中变异不大。基本上可以分成 3 种形式（腹面观）：①“一”形，自胃通出呈 1 条直管通向肛门；②“Z”形，自胃通出向后，在胃的后方折向前，然后再后折通向肛门，绕折成 1 后环和 1 前环，只是前环有的不伸达胃的末端，有的伸达末端乃至超过胃的前端不等；③螺纹形，在胃的后方绕折成横的和纵的环纹，环的多少因种而异，但同一种多少也有变异。螺纹形的肠只出现在高原鳅属中的某些种类，同时，它们的鳃耙较密，下颌边缘锐利，和它们摄食着生藻类（主要是硅藻类）相适应。只有极少数种类不同于上述 3 种情况。

本亚科鱼类除有游离鳔后室的种类分布于湖泊和缓流水体处，其余均分布于急流乃至湍流的石底河段，栖息于砾石缝隙中，高原鳅属的种类还有栖息于杂草残枝丛中和河流拐曲处被水掏空的洞穴中，后者的环境水量大而深，也是它们的越冬场所之一，有的则直接在冰盖下面越冬。根据消化道的结构，条鳅亚科鱼类应是主食动物性食料的。只发现高原鳅属的部分种类，由于适应高原的特殊环境，才被迫以植物食料（主要是耐寒的硅藻类、丝状藻类和植物碎屑等）为主，它们的下颌（变得锐利）、鳃耙（较密）和肠道（变长）等也相应变化。

我国是条鳅亚科鱼类种类最多的国家，除了台湾和江苏两省未有相关报道和标本采集外，其余各省、区均有分布。尤其是高原鳅属和鼓鳔鳅属 2 属鱼类，它们分布于喜马拉雅山脉以北的青藏高原及其毗连的地区，和裂腹鱼亚科 Schizothoracinae 鱼类共同构成了这里的鱼类区系成员。而条鳅属和云南鳅属 2 属种类最多者当属云南。依种类而言，我国西部和西南部较多，东部和北部偏少。本卷收集记述了条鳅亚科 17 属 143 种。

属检索表

1 (32)　背部在背鳍和尾鳍之间无软鳍褶，如有，则鳍褶的高度不及尾柄高的一半；骨质鳔囊由中间 1 短横连接的左右 2 侧囊组成，腹面观呈哑铃形或斜方形

2 (15)　前鼻孔在短的管状突起中；骨质鳔囊侧囊的后壁是一层薄膜，非骨质

3 (10)　前鼻孔与后鼻孔相邻

4 (9)　身体两侧有众多深褐色横斑条；具后匙骨

5 (6)　头部两颊被小鳞 ………………………… **异条鳅属 *Paranemachilus***

6 (5)　头部无鳞

7 (8)　颅顶具 1 长椭圆形囟门 ………………………… **原条鳅属 *Protonemacheilus***

8 (7)　颅顶无囟门 ………………………… **小条鳅属 *Micronemacheilus***

9 (4)　体色一色，无斑纹；后匙骨缺如 ………………………… **间条鳅属 *Heminoemacheilus***

10 (3)　前鼻孔与后鼻孔分开 1 短距

11 (12)　头部侧扁，头宽通常小于头高；前鼻孔的管状突起顶端不延长成须 …… **云南鳅属 *Yunnanilus***

12 (11)　头部平扁，头宽大于头高；前鼻孔的管状突起顶端延长成须

13 (14)　体侧自吻部至尾鳍基部之间有 1 条约与眼径等宽的褐色纵纹，雄性更明显；骨质鳔囊侧囊背

壁有 1 宽的横裂隙 ………………………………………………………………… 北鳅属 *Lefua*

14 (13)　体侧自吻部至尾鳍基部之间无纵纹；骨质鳔囊侧囊后壁完整 ………………岭鳅属 *Oreonectes*

15 (2)　前鼻孔在鼻瓣膜中；骨质鳔囊侧囊的后壁为骨质

16 (29)　雄性吻部两侧无密集的小刺突区（或称绒毛状结节区）

17 (26)　雄性在眼前下缘无游离的皮瓣状突起

18 (19)　前鼻孔与后鼻孔分开 1 短距（个别种除外）；雄性胸鳍外侧数根鳍条变硬，背面有密集小刺突的垫状隆起（繁殖季节更明显） ………………………………………………… 须鳅属 *Barbatula*

19 (18)　前鼻孔与后鼻孔紧相邻；雄性胸鳍正常

20 (25)　肛门距离腹鳍基部起点明显比距离臀鳍基部起点远

21 (22)　身体裸露无鳞 ……………………………………………………………………… 山鳅属 *Oreias*

22 (21)　身体被小鳞或前驱裸露

23 (24)　背部在背鳍和尾鳍之间有膜质的软鳍褶 ………………………………………副鳅属 *Paracobitis*

24 (23)　背部在背鳍和尾鳍之间无膜质的软鳍褶 ………………………………………南鳅属 *Schistura*

25 (20)　肛门距离腹鳍基部起点明显比距离臀鳍基部起点近 ……………………… 阿波鳅属 *Aborichthys*

26 (17)　雄性在眼下缘有 1 游离的皮瓣状突起

27 (28)　唇正常，无口前室 ……………………………………………………………… 条鳅属 *Nemacheilus*

28 (27)　唇厚，口前方具有唇包围的口前室 ……………………………………… 新条鳅属 *Neonoemacheilus*

29 (16)　雄性吻部两侧有密集的小刺突区（或称绒毛状结节区）

30 (31)　雄性吻部两侧自眼前下缘至口角上方有 1 条形隆起，隆起侧缘和颊部乃至鳃盖布满小刺突；骨质鳔囊 2 侧室的腹面观呈哑铃形 ……………………………………………高原鳅属 *Triplophysa*

31 (30)　雄性在眼前下缘和鼻孔之间有 1 布满小刺突的三角形小区；骨质鳔囊 2 侧室的腹面观呈斜方形 …………………………………………………………………………… 鼓鳔鳅属 *Hedinichthys*

32 (1)　背部在背鳍和尾鳍之间有 1 软鳍褶，鳍褶的高至少超过尾柄高的一半；骨质鳔囊为单一的囊，腹面观呈圆形 ……………………………………………………………… 球鳔鳅属 *Sphaerophysa*

1. 异条鳅属 *Paranemachilus* Zhu, 1983

Paranemachilus Zhu, 1983, Acta Zootax. Sin., 8(3): 311. **Type species**: *Paranemachilus genilepis* Zhu, 1983.

身体粗壮，稍延长，侧扁。头部稍平扁。前鼻孔与后鼻孔紧相邻，前鼻孔短管状，鼻管先端斜截，不延长。须 3 对：1 对内吻须、1 对外吻须和 1 对口角须，都很长。尾鳍后缘稍凹入。身体被有细密的鳞片，特殊地在头部两颊被有小鳞。侧线不完全，终止在胸鳍上方。腹鳍腋部无腋鳞状肉质鳍瓣。

鳔的前室是由 1 短横管相连的左右 2 膜质室组成，腹面观呈哑铃形，包于与其形状相似的骨质鳔囊中；鳔的后室是 1 长袋形的膜质室，前端通过 1 长的细管和前室相连，游离于腹腔中。骨质鳔囊 2 侧囊的后壁仅覆以薄膜，非骨质。肩带具后匙骨。雌雄鱼之间仅见体色有差异。

本属已知 2 种，我国特有，分布于广西。

种 检 索 表

1 (2) 头侧两颊被小鳞，雌性体侧斑点较小……………………………………………**颊鳞异条鳅 *P. genilepis***

2 (1) 头侧颊部无鳞，雌性体侧斑点较大…………………………………………**平果异条鳅 *P. pingguoensis***

(1) 颊鳞异条鳅 *Paranemachilus genilepis* Zhu, 1983（图 36）

Paranemachilus genilepis Zhu, 1983, Acta Zootax. Sin., 8(3): 312; Zhu et Cao, 1987, Acta Zootax. Sin., 12(3): 324; Zheng, 1989, The Fishes of Pearl River: 39; Zhu, 1989, The Loaches of the Subfamily Nemacheilinae in China (Cypriniformes: Cobitidae): 10.

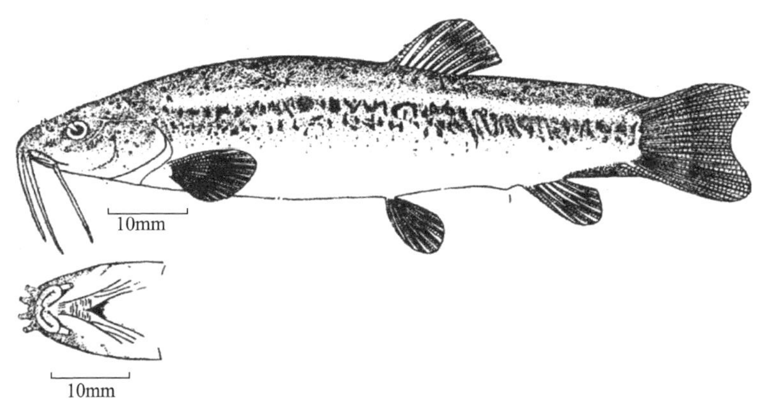

图 36 颊鳞异条鳅 *Paranemachilus genilepis* Zhu（引自朱松泉，1989）
a. 体侧面；b. 头部腹面；c. 头部背面

测量标本 20 尾；体长 32.5-79.0mm；采自广西扶绥县昌平的溶洞地下河中，每当水位升高时，鱼能随水到达地面。

背鳍 iii-7-8（主要是 8）；臀鳍 iii-5；胸鳍 i-11-13；腹鳍 i-6-7；尾鳍分支鳍条 17。第 1 鳃弓内侧鳃耙 15-20。脊椎骨（2 尾标本）4+35-36。

体长为体高的 3.8-4.8 倍，为头长的 4.0-5.0 倍，为尾柄长的 6.5-8.9 倍。头长为吻长的 2.7-3.4 倍，为眼径的 4.3-6.8 倍，为眼间距的 2.3-3.0 倍。眼间距为眼径的 1.6-2.7 倍。尾柄长为尾柄高的 0.8-1.2 倍。身体粗壮，稍延长，前躯稍宽，稍侧扁，向尾鳍方向愈侧扁。头部稍平扁。吻短钝，短于眼后头长。眼中等大，侧上位。口亚下位。唇面光滑或有浅皱。上下颌正常。须很长，其末端都可伸过眼后缘，达到鳃盖或鳃盖后缘。头部两颊被有小鳞，身体（包括胸部和鳃峡）均被有细密的小鳞。侧线不完全，很短，终止在胸鳍上方。

鳍均短小。背鳍背缘平截，背鳍基部起点至吻端的距离为体长的 52%-58%。胸鳍侧位，其长不到胸、腹鳍基部起点之间距离的 1/2。腹鳍基部起点与背鳍的不分支鳍条或第 1 根分支鳍条基部相对，末端不伸达肛门（其间距约相当于 1.5-2 倍眼径）。尾鳍后缘凹入，两叶端圆。

体色（甲醛溶液浸存标本）：基色背部浅褐色，腹部浅黄色。背部有很多不规则的深褐色小斑和点，体侧中部自头后方至尾鳍基部有很多不规则的深褐色短斑条，排成 1 宽的纵列。雄性标本自头后方至尾鳍基部是 1 条深褐色纵纹，其宽度约与眼径相等。各鳍的鳍条褐色，鳍条之间的膜透明。

鳔的前室分为左右两侧室，包于骨质鳔囊中，鳔的后室是发达的长袋形的膜质室，其前端通过 1 长的细管和前室相连，游离于腹腔中，末端伸达相当于腹鳍起点处。肠自“U”形的胃发出向后，在胃的后方折向前，至胃的末端处再后折通肛门，绕折成“Z”形。肠长为体长的 1.5 倍。

分布：广西扶绥县昌平的地下河中，每年地下河水位升高时，能由溶洞随水到地表。无渔业价值。

(2) 平果异条鳅 *Paranemachilus pingguoensis* Gan, 2013（图 37）

Paranemachilus pingguoensis Gan, 2013, In: Lan *et al*., Cave Fishes of Guangxi, China: 28.

背鳍 iii-8(12)、iii-9(7)；胸鳍 i-12(1)、i-13(8)；腹鳍 i-6(19)；臀鳍 iii-5(15)、iii-6(4)；尾鳍分支鳍条 17(17)、18(2)。第 1 鳃弓外侧鳃耙 12(1)。脊椎骨 4+37(1)。除头部外，全身被鳞；须 3 对，发达；眼明晰；生活时体呈浅灰黄色；头背面、体背面及两侧散布虫状纹，雄性个体体中轴沿侧线具 1 黑色纵纹。

体长为体高的 4.79-6.23（平均 5.44）倍，为头长的 3.92-4.58（平均 4.20）倍，为尾柄长的 6.47-7.84（平均 7.10）倍，为尾柄高的 7.46-9.42（平均 8.58）倍。头长为吻长的 2.32-2.80（平均 2.61）倍，为眼径的 4.17-6.59（平均 5.64）倍，为眼间距的 2.89-3.65（平均 3.26）倍。头高为头宽的 0.86-0.97（平均 0.91）倍。内吻须长为吻长的 1.23-1.74（平均 1.45）倍。口角须长为头长的 0.52-0.71（平均 0.60）倍。尾柄长为尾柄高的 1.06-1.38

（平均 1.21）倍。背鳍前距为体长的 50%-58%。

体粗壮，延长，侧扁。头部略平扁。吻长小于眼后头长。前、后鼻孔紧相邻，前鼻孔在 1 短的管状突起中，末端呈瓣状。眼中等大，侧上位。口下位，唇光滑或有浅皱。下唇中央具 1“V”形小缺刻。上颌弧形，被上唇盖住大部，仅中央露出 1 片状角质鞘；下颌铲状。须 3 对，较长，内吻须末端可超过眼前缘；外吻须后伸达主鳃盖骨前缘。

背鳍位于体中部之后，外缘平截，末端不达臀鳍起点的垂直上方。胸鳍短，其长度不到胸鳍起点至腹鳍起点之间距离的 1/2。腹鳍起点与背鳍末根不分支鳍条或第 1 根分支鳍条基部相对，腹鳍末端向后伸不达肛门。肛门距腹鳍基的距离明显大于距臀鳍基的距离。臀鳍短小，外缘平截。尾鳍后缘凹入，呈新月形。除头部外，身体被细密的鳞片。侧线不完全，止于胸鳍末端上方。

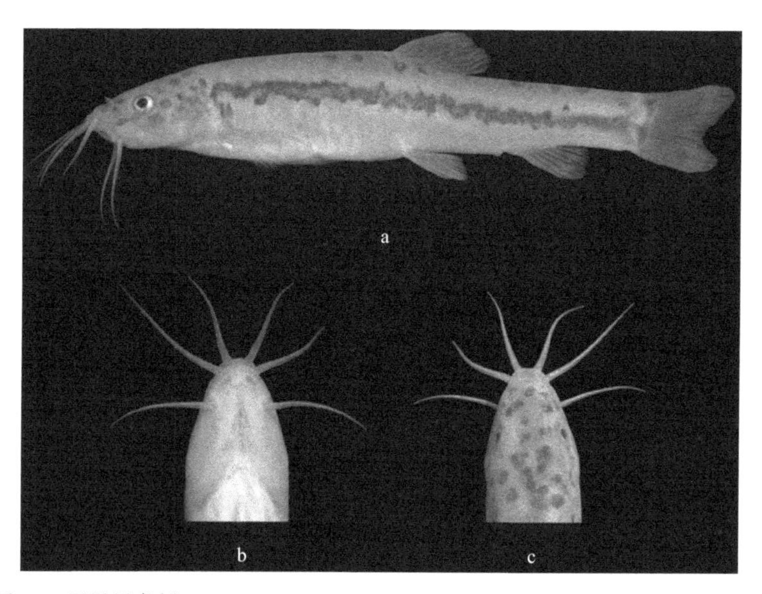

图 37 平果异条鳅 *Paranemachilus pingguoensis* Gan（引自蓝家湖等，2013）
a. 体侧面；b. 头部腹面；c. 头部背面

鳔前室为由骨质鳔囊包裹的左右 2 膜质室组成；鳔后室发达，呈长袋形，前端通过长细管与前室相连，游离于腹腔中，末端不达腹鳍起点。肠自“U”形的胃发出向后，在胃的后方折向前，至胃的末端处再后折至肛门。肠长约与体长相当。

体色：生活时身体基色为浅黄绿色，腹部略白；头部、体侧和背部有很多不规则的、略小于眼径的深褐色小斑，体侧中部自头后方至尾鳍基部的斑点颜色变深，形成 1 宽的横带纹；各鳍条透明。雄性个体身体斑点不明显，体侧沿侧线有 1 明显的纵纹。浸制标本身体呈浅灰色，腹部略白。身体不规则的小斑明显。

分布：广西平果市果化镇境内大石山区的洞穴中。

2. 原条鳅属 *Protonemacheilus* Yang *et* Chu, 1990

Protonemacheilus Yang *et* Chu, 1990, Zool. Res., 11(2): 109. **Type species**: *Protonemacheilus longipectoralis* Yang *et* Chu, 1990.

身体略长，头部略侧扁，往尾鳍方向愈侧扁。前后鼻孔紧邻，前鼻孔短管状，鼻管的末端斜截。口下位。上下唇具浅皱，但不形成乳突或流苏状。须 3 对：1 对内吻须、1 对外吻须和 1 对口角须，均较长。除头、胸部外，均被有密集的小鳞。侧线不完全，终止于臀鳍基上方。颅顶具 1 长椭圆形囟门。肩带具后匙骨。鳔前室为 1 短横管相连的左右 2 侧室组成，呈哑铃形，包于与其形状相近的骨质鳔囊中，骨质鳔囊 2 侧囊的后壁为膜质，非骨质；鳔后室发达，游离于腹腔中，前端有 1 短管与前室相连。

本属仅 1 种，为我国特有。

(3) 长鳍原条鳅 *Protonemacheilus longipectoralis* Yang *et* Chu, 1990（图 38）

Protonemacheilus longipectoralis Yang *et* Chu, 1990, Zool. Res., 11(2): 109.

测量标本 5 尾，体长 52.9-62.3mm；采自云南芒市木康瑞丽江上游，属独龙江水系。

背鳍 ii-8；臀鳍 iii-5；胸鳍 i-11-12；腹鳍 i-7；尾鳍分支鳍条 16-17，第 1 鳃弓内侧鳃耙 10。脊椎骨（1 尾标本）4+33。

体长为体高的 4.3-4.5 倍，为头长的 3.4-3.5 倍，为尾柄长的 7.4-8.4 倍，为尾柄高的 7.1-7.4 倍，为前背长的 2.0 倍。头长为吻长的 2.5-2.7 倍，为眼径的 4.8-5.4 倍，为眼间距的 2.8-3.2 倍。尾柄长为尾柄高的 0.9 倍。

身体略延长，侧扁，背部剖面弧形，腹部剖面较直。头中等大，略侧扁。吻钝，吻长稍小于眼后头长。前后鼻孔紧邻，前鼻孔短管状，末端斜截。眼较大，侧上位，腹视眼不可见。眼间隔宽平。口下位。上下唇中央均具缺刻，唇面具浅皱褶，但不形成乳突或流苏状。须 3 对，内吻须伸达后鼻孔的垂直线，外吻须后伸达眼下方，口角须后伸达前鳃盖骨。

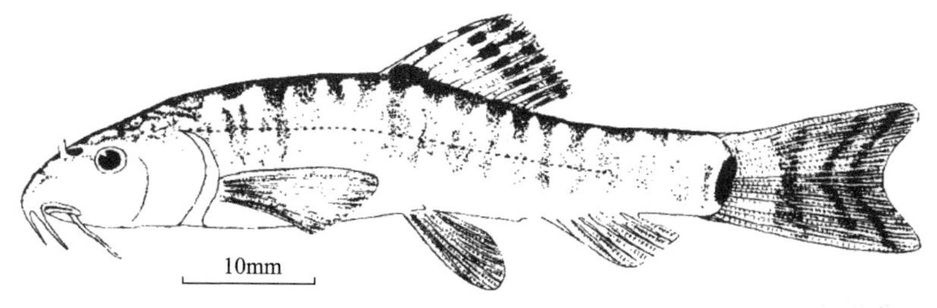

图 38　长鳍原条鳅 *Protonemacheilus longipectoralis* Yang *et* Chu（仿杨君兴和褚新洛，1990）

背鳍背缘平截，背鳍基部起点距吻端等于或略小于距尾鳍基部，鳍条末端伸过肛门后缘的垂直线。臀鳍基部起点距腹鳍起点小于距尾鳍基，末端不伸达尾鳍基。胸鳍较长，几乎伸达腹鳍基部起点。腹鳍末端伸达或略过肛门。肛门接近臀鳍基部起点处。尾鳍后缘浅凹入。除头部和胸部外，均被密集的小鳞。侧线不完全，终止在臀鳍上方。

体色（甲醛溶液浸存标本）：基色浅黄色。体侧有 15-17 条褐色横斑条，尾鳍基部有 1 条黑色横纹。头背面具斑纹。背鳍基部起点处有 1 黑斑。背鳍中部有 2 列、尾鳍有 3 列斑点，其余各鳍无斑纹。

鳔的前室为 1 短横管相连的 2 膜质室，腹面观呈哑铃形，包于与其形状相近的骨质鳔囊中，骨质鳔囊 2 侧囊的后壁膜质，非骨质；后室为膜质室，前面有 1 短管与前室相连，游离于腹腔中。肩带具后匙骨。颅顶具 1 长椭圆形的囟门。

第二性征：（繁殖季节）雄鱼头部、胸、腹鳍背面散布有许多小粒状突起。

分布：云南芒市木康瑞丽江上游，属独龙江水系。生活于缓流处，食物为水生昆虫的幼虫。

3. 小条鳅属 *Micronemacheilus* Rendahl, 1944

Micronemacheilus (subgen.) Rendahl, 1944, Gotcborge Vetensk Samh. Handl., (6) 3B (3): 45. **Type species**: *Nemacheilus* (*Micronemacheilus*) *cruciatus* Rendahl, 1944.

身体稍延长，侧扁，尾柄短而高。头侧扁，吻部较尖。前鼻孔与后鼻孔紧相邻，前鼻孔在 1 短管状突起中。唇面多乳头状突起，唇中部有数个大的突起。须 3 对：1 对内吻须、1 对外吻须和 1 对口角须。除头部外，整个身体被细密的小鳞。侧线完全。

鳔的前室是由 1 短横管相连的左右 2 膜质室，腹面观呈哑铃形，包于与其形状相似的骨质鳔囊中；鳔后室是 1 个长卵圆形的膜质室，游离于腹腔中。骨质鳔囊左右 2 侧囊的后壁仅覆盖一层薄膜，非骨质。肩带具后匙骨。

第二性征：繁殖季节雄性胸鳍有珠星。

本属已知有 2 种，我国有 1 种，另一种分布于越南。

(4) 美丽小条鳅 *Micronemacheilus pulcher* (Nichols *et* Pope, 1927)（图 39）

Nemacheilus pulcher Nichols *et* Pope, 1927, Bull. Am. Mus. nat. Hist., 54: 338; Lin, 1935, Lingnan Sci. J., 14: 312; Fisheries Research Institute of Guangxi Zhuang Autonomous Region *et* Institute of Zoology, Chinese Academy of Sciences, 1981, Freshwater Fishes of Guangxi, China: 161; Editor Team of Fishes in Fujian Prov., 1984, Fishes of Fujian Province (Part I): 385; Pearl River Fisheries Research Institute, Chinese Academy of Fishery Sciences *et al.*, 1986, Freshwater and Estuarine Fishes of Hainan Island: 149.

Nemacheilus fasciatus: Koller, 1927, Ann Naturh. Mus., Wien, 41: 38.

Nemacheilus pulcher taeniata Pellegrin *et* Chevey, 1936, Bull. Soc. Zool. France, 61: 232; Chevey *et* Lemasson, 1937, Note Inst. Oceanogr. Indochina, (33): 92.

Nemacheilus (*Nemacheilus*) *pulcher*: Nichols, 1943, Nat. Hist. Central Asia, 9: 211.

Micronoemacheilus pulcher: Zhu *et* Cao, 1987, Acta Zootax. Sin., 12(3): 324; Zheng, 1989, The Fishes of Pearl River: 40; Zhu, 1989, The Loaches of the Subfamily Nemacheilinae in China (Cypriniformes:

Cobitidae): 12; Pearl River Fisheries Research Institute, Chinese Academy of Fishery Sciences *et al.*, 1991, The Freshwater Fishes of Guangdong Province: 240; Wu *et al.*, 1989, Fishes of Guizhou Prov.: 25.

别名：美丽条鳅（广西壮族自治区水产研究所等：《广西淡水鱼类志》）。

测量标本 32 尾；体长 34-74mm；采自海南琼中和五指山市通什镇、北江水系的阳山、西江水系的荔浦。

背鳍 iii-iv-9-13（主要 11-12）；臀鳍 iii-5-6（个别 6）；胸鳍 i-10-12；腹鳍 i-6-7；尾鳍分支鳍条 15-16，第 1 鳃弓内侧鳃耙 11-14。脊椎骨（17 尾标本）4+29-30。

体长为体高的 3.8-5.2 倍，为头长的 4.0-4.7 倍，为尾柄长的 5.7-8.0 倍。头长为吻长的 2.2-2.8 倍，为眼径的 3.8-5.7 倍，为眼间距的 2.6-3.4 倍。眼间距为眼径的 1.3-1.8 倍。尾柄长为尾柄高的 0.9-1.3 倍。

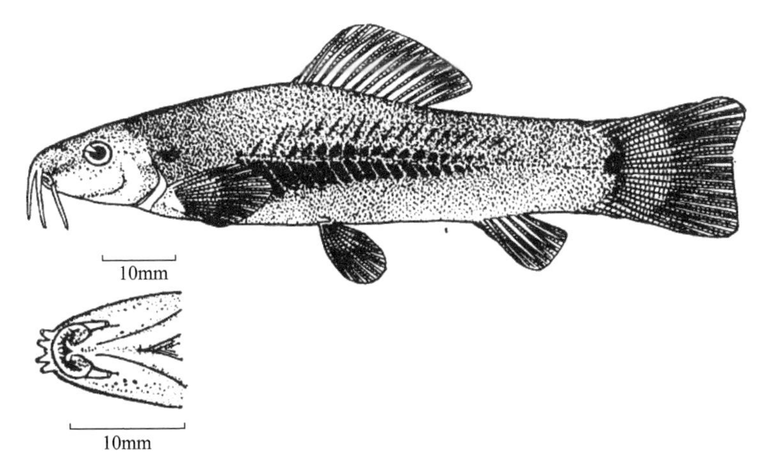

图 39　美丽小条鳅 *Micronemacheilus pulcher* (Nichols *et* Pope)（仿朱松泉，1989）

身体略呈纺锤形，侧扁，尾柄短。头稍平扁，头宽等于或稍小于头高。吻部较长，吻长等于或稍短于眼后头长。眼较大，侧上位。前鼻孔与后鼻孔紧相邻，前鼻孔短管状，后鼻孔椭圆形，有些标本（包括雌、雄鱼）在鼻孔四周有些小的乳头状突起。口亚下位，口裂小。唇厚，唇面多乳头状突起，上唇乳突 1-4 行，前缘的 1 行较大，呈流苏状；下唇中部有数个较大的乳头状突起。上颌中部有 1 齿形突起；下颌匙状。须较长，外吻须伸达眼中心和眼后缘之间的下方；口角须伸达眼后缘之下或稍超过，少数可伸达主鳃盖骨之下。身体（包括胸、腹部）被有小鳞，覆瓦状排列，侧线鳞 106-116，侧线上鳞 22-26，下鳞 18-20。皮肤光滑，侧线完全。

背鳍基部较长，背鳍背缘平截或略呈圆弧形，背鳍基部起点至吻端的距离为体长的 47%-50%。胸鳍侧位，其长约为胸、腹鳍基部起点之间距离的 3/5。腹鳍基部起点与背鳍的第 1 或第 2 根分支鳍条基部相对，末端不伸达肛门（其间距为 0.5-2 倍眼径）或达到肛门（常为小个体），腹鳍基部有 1 腋鳞状的鳍瓣。尾鳍后缘浅凹入。

体色：生活时基色浅红色，背部和体侧多红褐色斑块，沿侧线有 1 行呈孔雀绿的横斑条，并有亮蓝色闪光，各鳍均为橘红色，尾鳍从其基部向两叶方向各有 1 条褐色纹，尾鳍基部有 1 深褐色圆斑。用甲醛溶液浸泡后，基色浅褐色，斑纹均呈褐色或深褐色，各鳍鳍条呈浅褐色，膜透明。

第二性征（繁殖季节）：雄性胸鳍的不分支鳍条和 7-9 根分支鳍条背面散布有珠星，雌性和雄性的头部也有珠星。

鳔的后室发达，是 1 长卵圆形的膜质室，游离于腹腔中，其末端达到相当于胸鳍末端至背鳍起点之间的范围。肠自“U”形的胃发出向后几乎呈 1 条直管通向肛门。

分布：本种在（广东、广西和贵州的）珠江水系、韩江水系、福建的漳江和海南的淡水中较为常见，栖息于缓流和静水的多水草河段。因其生活时色彩斑斓，可作为观赏鱼类。

4. 间条鳅属 *Heminoemacheilus* Zhu *et* Cao, 1987

Heminoemacheilus Zhu *et* Cao, 1987, Acta Zootax. Sin., 12(3): 324. **Type species**: *Heminoemacheilus zhengbaoshani* Zhu *et* Cao, 1987.

身体粗壮，侧扁，尾柄高而短。头侧扁。口亚下位。上颌中部有 1 齿形突起，下颌匙状。须 3 对：1 对内吻须，1 对外吻须和 1 对口角须，都很长。前鼻孔与后鼻孔紧相邻，前鼻孔短管状，鼻管先端斜截。除头部外，整个身体被密集的小鳞。侧线不完全，很短。无斑纹。腹鳍腋部无腋鳞状肉质鳍瓣。

鳔的前室是中间 1 短横管相连的左右 2 膜质室，腹面观呈哑铃形，包于与其形状相似的骨质鳔囊中；后室是长卵圆形的膜质室，前端有 1 长的细管与前室相连，游离于腹腔中。骨质鳔囊左右 2 侧囊的后壁仅覆盖一层薄膜，非骨质。肩带无后匙骨。

未见有雌雄异型的第二性征。

本属共 2 种，均为洞穴鱼类，仅分布于广西都安县。

种 检 索 表

1 (2) 眼已完全退化；须较短……………………………………………………透明间条鳅 ***H. hyalinus***

2 (1) 眼正常；须长，伸达主鳃盖骨或超过头后缘………………………郑氏间条鳅 ***H. zhengbaoshani***

(5) 透明间条鳅 *Heminoemacheilus hyalinus* Lan, Yang *et* Chen, 1996（图 40）

Heminoemacheilus hyalinus Lan, Yang *et* Chen, 1996, Zool. Res., 17(2): 109; Fisheries Research Institute of Guangxi Zhuang Autonomous Region *et* Institute of Zoology, Chinese Academy of Sciences, 2006, Freshwater Fishes of Guangxi, China (ed. 2): 84; Lan *et al.*, 2013, Cave Fishes of Guangxi, China: 33.

鉴别特征：体短而粗；头平扁；侧线不完全；尾柄上下缘具软鳍褶；尾鳍后缘凹入；无眼；生活时全身透明，内脏和脊椎骨均清晰可辨；浸泡标本略黄，身体无任何斑纹。

背鳍 iii-6(2)、iii-7(6)、iii-8(2)；胸鳍 i-10(1)、i-11(5)、i-12(4)；腹鳍 i-5(7)、i-6(3)；臀鳍 iii-5(10)；尾鳍分支鳍条 14(9)、15(1)。

体长为体高的 4.18-5.53（平均 4.78）倍，为头长的 3.51-4.32（平均 3.95）倍，为尾柄长的 6.58-8.45（平均 7.44）倍，为尾柄高的 6.71-8.45（平均 7.36）倍。头高为头宽的 0.66-0.85（平均 0.72）倍。口角须长为头长的 0.29-0.41（平均 0.34）倍。尾柄长为尾柄高的 0.89-1.10（平均 0.99）倍。背鳍前距为体长的 59%-62%。体粗壮。前躯略平扁，后躯侧扁。头平扁，头宽大于头高。吻端较钝圆。前后鼻孔相邻，前鼻孔位于 1 短管中。无眼。口次下位，上下唇较发达，表面具浅皱褶，下唇中央具 1“V”形缺刻。上颌弧形，下颌匙状。须 3 对，均较短，内吻须后伸达后鼻孔的垂直下方，外吻须后伸达后鼻孔至主鳃盖骨之间的中点，口角须后伸达后鼻孔至主鳃盖骨之间的中点或略后。

图 40　透明间条鳅 *Heminoemacheilus hyalinus* Lan, Yang *et* Chen（引自蓝家湖等，2013）

背鳍起点至吻端的距离大于至尾鳍基的距离。背鳍外缘平截，末根不分支鳍条短于第 1 根分支鳍条。胸鳍长，后伸超过胸、腹鳍起点间距的 1/2。腹鳍起点位于背鳍起点稍前方，鳍条末端达到或接近肛门。臀鳍外缘平截，后伸不达尾鳍基。肛门与臀鳍起点有一定的距离。尾柄短，上下缘均具软鳍褶。尾鳍后缘略凹，上叶略长于下叶。

除头部外，身体被稀疏的鳞片。侧线不完全，仅在臀鳍起点之前的体侧中轴可见稀疏的侧线孔，头部具侧线管孔。鳔前室包于骨质鳔囊中，骨质鳔囊的后壁具明显的后孔；鳔后室发达，长椭圆形，末端圆钝，后可伸达腹鳍起点，前端以 1 短管与前室相连。

体色：生活时通体透明，鳃部红色。浸泡标本通体略黄，身体无任何斑纹。

分布：仅分布于广西都安县保安乡地苏地下河源头洞穴，属红水河水系。

种群现状与保护：本种种群数量极稀少，标本采集的洞穴是当地村民唯一饮用水源洞穴。由于近年来该洞穴被村民安装了多台抽水泵取水，已有多年无法采集到该种标本。

(6) 郑氏间条鳅 *Heminoemacheilus zhengbaoshani* Zhu *et* Cao, 1987（图 41）

Heminoemacheilus zhengbaoshani Zhu *et* Cao, 1987, Acta Zootax. Sin., 12(3): 324; Zhu, 1989, The Loaches of the Subfamily Nemacheilinae in China (Cypriniformes: Cobitidae): 13.

测量标本 5 尾；体长 72-87mm；采自广西都安近郊的地下河中，当地下水位升高时能随水流到地表。

背鳍 iii-7-9；臀鳍 iii-5；胸鳍 i-11-12；腹鳍 i-6-7；尾鳍分支鳍条 16-17。第 1 鳃弓内侧鳃耙 15-18。脊椎骨 4+35。

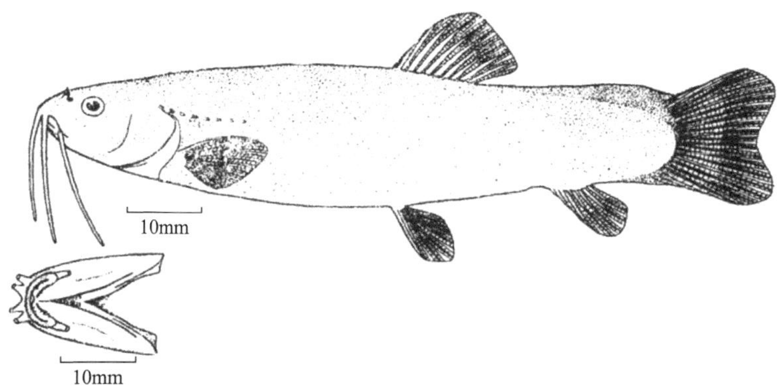

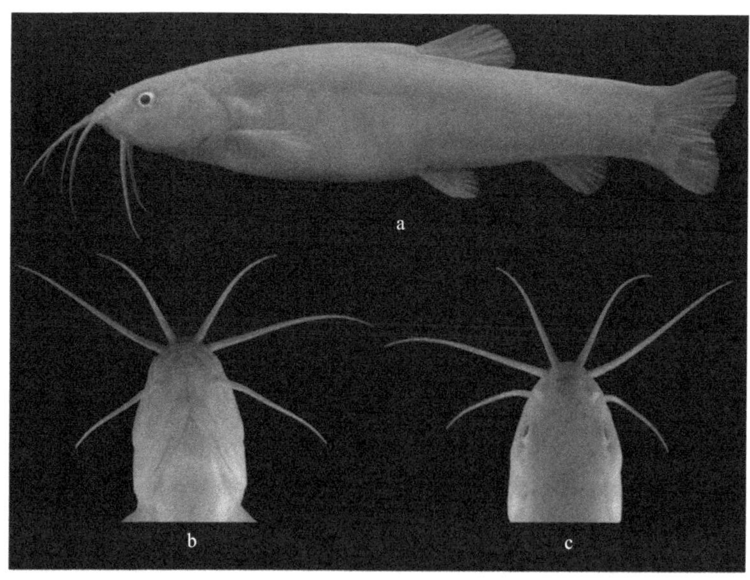

图 41 郑氏间条鳅 *Heminoemacheilus zhengbaoshani* Zhu *et* Cao（引自朱松泉，1989）
a. 体侧面；b. 头部腹面；c. 头部背面

体长为体高的 4.0-4.5 倍，为头长的 4.4-5.0 倍，为尾柄长的 6.5-8.5 倍。头长为吻长的 2.5-2.9 倍，为眼径的 5.3-5.9 倍，为眼间距的 2.2-2.4 倍。眼间距为眼径的 2.3-2.6 倍。尾柄长为尾柄高的 1.3-1.4 倍。

身体粗壮，侧扁，尾柄高而短。头侧扁，吻长短于眼后头长。口亚下位。唇薄，唇面有微皱。上颌前缘中部有 1 齿形突起。须很长，均能伸达主鳃盖骨或超过头的后缘。前鼻孔与后鼻孔紧相邻，前鼻孔短管状。除头部外，整个身体被密集的小鳞。侧线不完全，终止在胸鳍上方。

背鳍起点距吻端较距尾鳍基部为远，背鳍起点到吻端的距离为体长的 56%-57%，背鳍的背缘平截或微凹入。胸鳍短小，侧位，其末端不达胸、腹鳍基部起点之间的中点。腹鳍基部起点与背鳍基部起点或背鳍的第 1-3 根分支鳍条基部相对，末端不伸达肛门（其间距约等于眼径的 2 倍）。尾鳍的后缘凹入，上下叶等长。

体色（甲醛溶液浸存标本）：背、侧部浅褐色，腹部浅黄色，无斑纹。

鳔的后室是发达的长卵圆形膜质室，前端有 1 长的细管与前室相连，游离于腹腔中，末端达到相当于背鳍的下方。肠自“U”形的胃发出向后，在胃的后方前折，至胃的中部处再后折通肛门，绕折成“Z”形。

分布：广西都安近郊的地下河中，当地下水位升高时，能由溶洞随水流到地面。无渔业价值。

5. 云南鳅属 *Yunnanilus* Nichols, 1925

Yunnanilus (subgen.) Nichols, 1925, Am. Mus. Novit, (171): 1. **Type species**: *Nemachilus pleurotaenia* Regan, 1904.

Eonemachilus Berg, 1938, Bull. Soc. Nat. Moscou, ser. Biol., 47: 314. **Type species**: *Nemachilus nigromaculatus* Regan, 1904.

身体近纺锤形，稍延长，侧扁，尾柄短。头侧扁。口端位、亚下位或下位。须 3 对：1 对内吻须、1 对外吻须和 1 对口角须。前鼻孔与后鼻孔分开 1 短距，前鼻孔短管状，短管顶端斜截。除头部外，身体被退化的小鳞，或被稀疏鳞片，乃至背鳍之前的身体前半部及整个身体无鳞。无侧线或侧线不完全，如无侧线，则头部也无侧线管孔。腹鳍基部无腋鳞状肉质鳍瓣。

鳔的前室是中间 1 短横管相连的左右 2 膜质室，腹面观呈哑铃形，包于与其形状相近的骨质鳔囊中；后室为发达的卵圆形膜质室，游离于腹腔中，前端有 1 长的细管与前室相连。骨质鳔囊的后壁是一层薄膜，非骨质。肩带无后匙骨。胃“U”形，肠自胃发出向后几乎呈 1 条直管通向肛门。

少数种类的雌雄鱼体色有差异，雄性在繁殖季节胸鳍有珠星。全球已知 18 种，除 1 种 *Y. brevis* (Boulenger) 分布于缅甸外，其余 17 种均分布于我国南方，主要分布于云南。

种检索表

1 (20)　侧线不完全，常中断在胸鳍上方，头部具侧线管孔
2 (9)　背鳍分支鳍条通常为 9-10
3 (4)　臀鳍分支鳍条 6（云南星云湖）……………………………………**长臀云南鳅 *Y. analis***
4 (3)　臀鳍分支鳍条 5（褚氏云南鳅和纺锤云南鳅少数标本例外）
5 (8)　尾鳍分支鳍条通常为 16；尾鳍无斑纹
6 (7)　眼较大，头长为眼径的 3.3-3.8 倍；身体裸露无鳞（云南抚仙湖）……………**褚氏云南鳅 *Y. chui***
7 (6)　眼较小，头长为眼径的 3.9-5.1 倍；尾柄具稀疏鳞片（云南阳宗海）……**纺锤云南鳅 *Y. elakatis***
8 (5)　尾鳍分支鳍条通常为 14；尾鳍有 1-2 条浅黑色纹（云南呈贡区白龙潭）……………………………………………………………………………**异色云南鳅 *Y. discoloris***
9 (2)　背鳍分支鳍条通常为 8
10 (19)　体被细鳞，至少背鳍后方的身体被鳞
11 (18)　侧线管孔 7-17
12 (17)　眼较大，头长为眼径的 3.0-4.8 倍
13 (16)　臀鳍基部起点至腹鳍基部起点的距离约等于至尾鳍基部的距离
14 (15)　口角须后伸至多达眼后缘垂直线；尾鳍后缘浅凹入，两叶端尖（云南程海）……………………………………………………………………………**长鳔云南鳅 *Y. longibulla***
15 (14)　口角须后伸超过眼后缘垂直线；尾鳍后缘微凹入，两叶端圆（云南南盘江）……………………………………………………………………………**小云南鳅 *Y. parvus***
16 (13)　臀鳍基部起点至腹鳍基部起点的距离明显大于至尾鳍基部的距离（四川安宁河）……………………………………………………………………………**四川云南鳅 *Y. sichuanensis***
17 (12)　眼较小，头长为眼径的 7.0-7.3 倍（云南罗平县大塘子）…………**鼓腹云南鳅 *Y. macrogaster***
18 (11)　侧线管孔 19-34（云南滇池、抚仙湖、洱海）……………………**侧纹云南鳅 *Y. pleurotaenia***
19 (10)　裸露无鳞（云南罗平县大塘子）……………………………………**沼泽云南鳅 *Y. paludosus***
20 (1)　无侧线，头部无侧线管孔
21 (32)　背鳍分支鳍条通常为 8-9；鳞片较多，至少在背鳍之后的后躯被细密的鳞片
22 (23)　口端位；第 1 鳃弓外侧鳃耙 3-5（云南滇池）……………………**黑斑云南鳅 *Y. nigromaculatus***
23 (22)　口亚下位；第 1 鳃弓外侧无鳃耙
24 (25)　尾鳍分支鳍条 15-16；体侧沿纵轴自头后方至尾鳍基部有 1 条约与眼等宽的浅蓝色纵纹（云南抚仙湖）……………………………………………………**钝吻云南鳅 *Y. obtusirostris***
25 (24)　尾鳍分支鳍条 14；体侧无纵纹
26 (29)　身体一色无明显斑纹，或仅有不规则的斑点
27 (28)　当压低背鳍时，其末端过肛门到达臀鳍起点的垂直线；背鳍之前的体侧被细密鳞片（云南罗平县大塘子）……………………………………………………**黑体云南鳅 *Y. niger***
28 (27)　当压低背鳍时，其末端到达肛门的垂直线，背鳍之前的体侧裸露无鳞（云南北盘江）……………………………………………………………………………**宽头云南鳅 *Y. pachycephalus***
29 (26)　身体具有细密和众多扭曲横斑纹

30 (31) 当压低背鳍时，其末端仅达到臀鳍基部起点的垂直线（云南南盘江）…… **高体云南鳅 *Y. altus***

31 (30) 当压低背鳍时，其末端过肛门并超过臀鳍基部起点的垂直线（贵州草海）………………………………………………………………………………………………**草海云南鳅 *Y. caohaiensis***

32 (21) 背鳍分支鳍条通常为 10；鳞片稀少，仅在尾柄有残留鳞（云南阳宗海）………………………………………………………………………………………… **阳宗海云南鳅 *Y. yangzonghaiensis***

(7) 长臀云南鳅 *Yunnanilus analis* Yang, 1990（图 42）

Yunnanilus analis Yang, 1990, In: Chu *et al.*, The Fishes of Yunnan, China (Part II): 19.

测量标本 2 尾；体长 41.3 和 63.9mm；采自云南星云湖。

背鳍 iii-9；臀鳍 iii-6；胸鳍 i-12；腹鳍 i-7；尾鳍分支鳍条 16。侧线管孔 12-15。

体长为体高的 5.0-5.3 倍，为头长的 3.7-3.9 倍，为尾柄长的 7.1-8.1 倍，为尾柄高的 9.4-10.2 倍。头长为吻长的 2.9-3.0 倍，为眼径的 3.8-4.2 倍，为眼间距的 3.3-3.6 倍。尾柄长为尾柄高的 1.2-1.4 倍。

身体稍延长，侧扁。背、腹轮廓线弧度约相等，腹部圆。头中等大，侧扁。吻较钝，吻长明显小于眼后头长。眼较大，侧上位，腹视不可见。眼间隔较狭且平。口亚下位。上下唇均较薄，无明显皱褶。上唇中央无缺刻。上颌中央具齿形突起，下颌正常。须中等长，外吻须伸达鼻孔下方；口角须后伸近眼后缘垂直线。裸露无鳞。侧线不完全，止于胸鳍末端的上方。头部具侧线管孔。

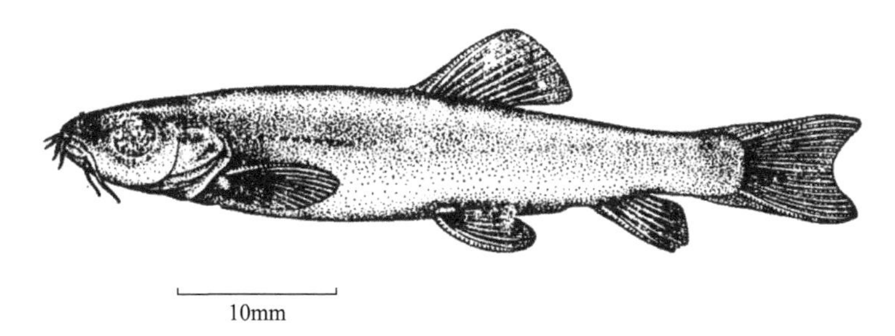

图 42　长臀云南鳅 *Yunnanilus analis* Yang（仿褚新洛等，1990）

背鳍基部起点距吻端大于距尾鳍基部，背鳍背缘平截，当压低背鳍时，末端达到肛门起点的垂直线。胸鳍侧位，其基部起点稍超过至腹鳍基部起点间距的中点。腹鳍基部起点约与背鳍的第 2 或第 3 根分支鳍条基部相对，末端接近或到达肛门。臀鳍末端不达尾鳍基部。肛门接近臀鳍起点。尾鳍末端深凹入，两叶端尖。

体色（甲醛溶液浸存标本）：基色浅黄色。体侧和背部具众多不规则褐色斑纹。各鳍无明显斑纹。

鳔后室长卵圆形，末端伸达相当于至腹鳍基部起点附近。

分布：云南（星云湖）。

(8) 褚氏云南鳅 *Yunnanilus chui* Yang, 1991（图 43）

Yunnanilus chui Yang, 1991, Ichthyol. Explor. Freshwaters, 2(3): 198-200; Yang *et* Chen, 1995, The Biology and resources utilization of Fishes in Fuxian Lake, Yunnan: 17.

Yunnanilus sp. Kottelat *et* Chu, 1988, Environ. Biol. Fishes, 23(1-2): 86.

测量标本 45 尾；体长 24.5-41.5mm；采自澄江县的海口、华宁县的世家、江川县的明星。

背鳍 iii-8-9（仅 1 尾为 8）；臀鳍 iii-5-6；胸鳍 i-11-12；腹鳍 i-8；尾鳍分支鳍条 14-17。第 1 鳃弓内侧鳃耙 12-14。

体长为体高的 4.6-5.5 倍，为头长的 3.5-4.0 倍，为尾柄长的 5.9-7.2 倍，为尾柄高的 9.5-10.5 倍，为前躯长的 1.9 倍。头长为吻长的 2.6-3.1 倍，为眼径的 3.1-3.8 倍，为眼间距的 3.2-4.0 倍。尾柄长为尾柄高的 1.4-1.7 倍。

身体细长而侧扁，背缘平直，腹缘轮廓线呈弧形。尾柄短且高，侧扁。头较大，侧扁，头长显著大于尾柄长。眼侧上位，眼径约等于眼间距，眼间隔略隆起。口端位。上下唇较薄，无明显皱褶。上颌中央具 1 弱的齿形突起，下颌匙状。须 3 对，均较短，外吻须不伸达口角，口角须末端接近眼前缘之下或稍超过。裸露无鳞。侧线不完全，很短，仅在头后留有 2-4 个侧线孔，头部具侧线管孔。

图 43 褚氏云南鳅 *Yunnanilus chui* Yang（仿 Yang，1991）

背鳍基部起点位于腹鳍起点的前上方，至吻端的距离略大于至尾鳍基部的距离，背鳍背缘平截，平卧时背鳍末端伸过臀鳍起点的垂直线。胸鳍较尖长，侧位，末端约达到胸、腹鳍基部起点距离的 50%。腹鳍基部起点与背鳍的第 2 或第 3 根分支鳍条基部相对，末端接近肛门。肛门位于臀鳍基部起点之前。臀鳍基部起点至腹鳍基部起点和至尾鳍基的距离约相等，臀鳍腹缘平直。尾鳍后缘深凹入，两叶端尖。

体色：生活时浅黄色，体侧具一系列不规则浅蓝色横斑纹，尾鳍基 1 浅褐色横纹。各鳍透明，无斑纹。雌雄鱼体色无差异。

鳔的后室发达，长卵圆形，前端有 1 长的细管与前室相连。个体小，体长 26mm 以上的个体第一次性成熟；发现的最大个体体长 41.5mm，为抚仙湖常见种类。无渔业价值，但有观赏价值。

分布：云南（抚仙湖）。

(9) 纺锤云南鳅 *Yunnanilus elakatis* Cao *et* Zhu, 1989（图 44）

Yunnanilus pleurotaenia elakatis Cao *et* Zhu, 1989, In: Zheng, The Fishes of Pearl River: 43.

Yunnanilus elakatis: Zhu, 1989, The Loaches of the Subfamily Nemacheilinae in China (Cypriniformes: Cobitidae): 17.

测量标本 22 尾；体长 38.5-62.0mm；采自云南宜良县阳宗海。

背鳍 iii-iv-9-10（主要是 9）；臀鳍 iii-iv-5-6（个别是 6）；胸鳍 i-10-11；腹鳍 i-7-8；尾鳍分支鳍条 16。第 1 鳃弓内侧鳃耙 10-12。脊椎骨（11 尾标本）4+32-33。

体长为体高的 3.7-5.3 倍，为头长的 4.2-4.9 倍，为尾柄长的 6.2-8.9 倍。头长为吻长的 2.0-3.0 倍，为眼径的 3.9-5.1 倍，为眼间距的 2.9-3.8 倍。眼间距为眼径的 1.1-1.6 倍。尾柄长为尾柄高的 0.9-1.0 倍。

身体稍延长，侧扁，略呈纺锤形，尾柄短而稍压低。头侧扁。吻部较尖，吻长等于或稍短于眼后头长。眼较小，侧上位。口下位。唇面多深皱。上颌中部有 1 齿形突起，下颌匙状。须较长，外吻须末端伸达后鼻孔和眼前缘之间的下方，口角须末端伸达眼后缘之下或稍超过。无鳞，或仅在尾柄有少数残留鳞，皮肤光滑。侧线不完全，终止在背鳍基部起点的下方，头部具侧线管孔。

背鳍背缘平截，背鳍基部起点至吻端的距离为体长的 47%-52%。胸鳍侧位，其长为胸、腹鳍基部起点之间距离的 3/5-2/3。腹鳍基部起点与背鳍的第 2 根分支鳍条基部相对，末端不伸达肛门（其间隔为 0.5-1.5 个眼径）。尾鳍后缘稍凹入。

体色（甲醛溶液浸存标本）：基色浅黄色。背部在背鳍前后各有 5-7 和 5-6 条深褐色横斑条，形状不规则；体侧多不规则深褐色短斑条或小斑块（雌性更明显），体侧沿中轴自头后方至尾鳍基部常有 1 褐色纵纹（雄性更明显）。

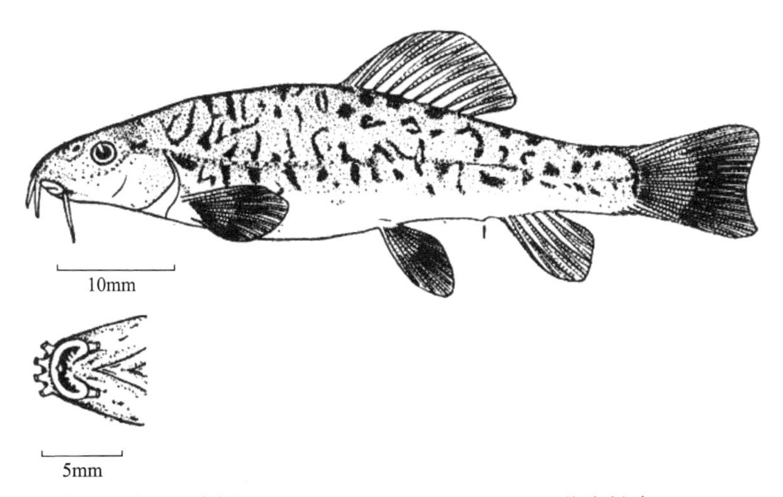

图 44　纺锤云南鳅 *Yunnanilus elakatis* Cao *et* Zhu（仿朱松泉，1989）

各鳍鳍条褐色，膜透明。鳔后室是 1 长卵圆形的膜质室，但多数标本的膜壁增厚变硬，无弹性，游离于腹腔中，末端约达到相当于胸鳍末端的上方。

分布：云南（宜良县阳宗海）。

(10) 异色云南鳅 *Yunnanilus discoloris* Zhou *et* He, 1989（图 45）

Yunnanilus discoloris Zhou *et* He, 1989, Acta Zootax. Sin., 14(3): 380.

测量标本 112 尾；体长 15.5-39.5mm；采自云南呈贡区白龙潭。

背鳍 ii-8-9，臀鳍 iii-5；胸鳍 i-11-12；腹鳍 i-7；尾鳍分支鳍条 14。侧线管孔 4-10。脊椎骨（3 尾标本）4+31（依何纪昌先生赠送的标本计数）。

体长为体高的 4.2-5.2 倍，为头长的 3.6-4.0 倍，为尾柄长的 6.2-9.3 倍，为尾柄高的 10.7-14.2 倍。头长为吻长的 2.7-3.6 倍，为眼径的 3.3-4.5 倍，为眼间距的 3.1-4.7 倍。尾柄长为尾柄高的 1.5-2.1 倍。

身体稍延长，侧扁，体高稍短于头长。吻端圆钝。眼侧上位，较大，眼径稍小于吻长。眼间隔微隆起。口下位，呈马蹄形。上唇薄；下唇较厚，具皱褶。须中等长，外吻须后伸达后鼻孔前缘垂直线，口角须后伸达眼中心之下。裸露无鳞。两性个体体表密被微小颗粒突起。侧线不完全，终止于胸鳍中部或中部之前的上方，头部具侧线管孔。

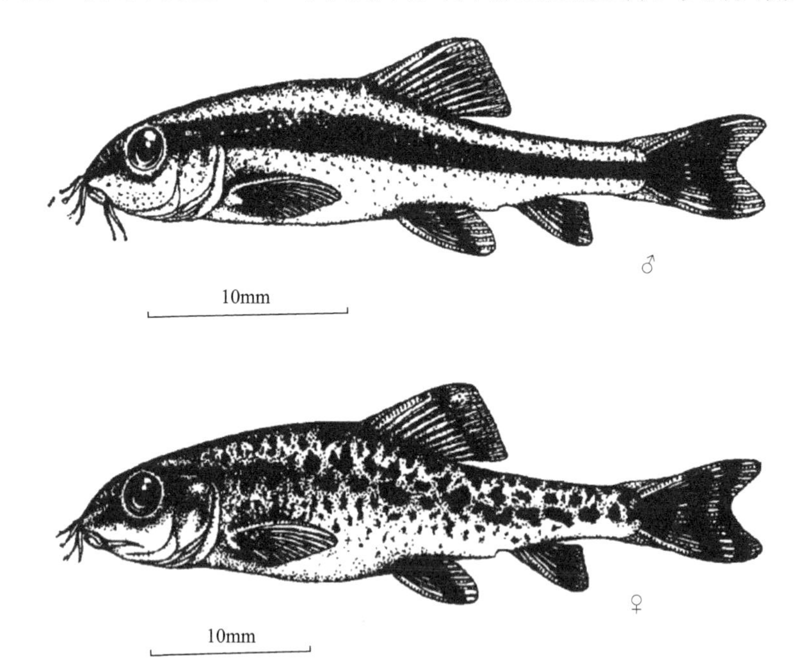

图 45 异色云南鳅 *Yunnanilus discoloris* Zhou *et* He（仿周伟和何纪昌，1989）

背鳍背缘平截，其基部起点相对于腹鳍基部起点稍前，至吻端距与至尾鳍基部距约相等。胸鳍侧位，其长约为胸、腹鳍起点之间距离的 2/3。腹鳍末端接近肛门（雄性）或不达肛门（雌性）。臀鳍末端不达尾鳍基部，其基部起点距腹鳍基部起点的距离约等于至尾鳍基部的距离。肛门紧靠臀鳍基部起点。尾鳍后缘深凹入，两叶端圆。

体色：生活时，两性个体的体色均呈金黄色基调。甲醛溶液浸存标本，雄性个体自眼后缘至尾鳍基部具 1 宽度等于或略大于眼径的黑色纵纹，吻部、头背和体背中轴具密集的黑色斑点，体背部的斑点或连续均匀分布呈 1 浅黑色纵纹，或不连续分布，呈断续的斑块或纹。雌性个体除腹面外，均具有不规则的黑色斑点或斑块。鳍呈金黄色，背鳍、臀鳍和腹鳍均具 1 浅黑色纹，尾鳍具 1-2 浅黑色纹。

鳔后室卵圆形，游离于腹腔中，其末端伸过相当于腹鳍起点的垂直线。

分布：云南（呈贡区白龙潭）。这里水质清澈透明，平均水深约 80cm，沙砾底，生长有金鱼藻、水绵等。

(11) 长鳔云南鳅 *Yunnanilus longibulla* Yang, 1990（图 46）

Yunnanilus longibulla Yang, 1990, In: Chu *et al.*, The Fishes of Yunnan, China (Part II): 21.

背鳍 iii-7-8（仅 1 尾为 7）；臀鳍 iii-5；胸鳍 i-11-13；腹鳍 i-7-8；尾鳍分支鳍条 15-17。侧线管孔 11-17。第 1 鳃弓内侧鳃耙 10-12。

体长为体高的 4.7-5.7 倍，为头长的 3.4-3.9 倍，为尾柄长的 [illegible] 倍，为尾柄高的 9.7-11.5 倍。头长为吻长的 2.6-3.1 倍，为眼径的 3.0-4.1 倍，为眼间距的 3.0-3.6 倍。尾柄长为尾柄高的 1.3-1.7 倍。

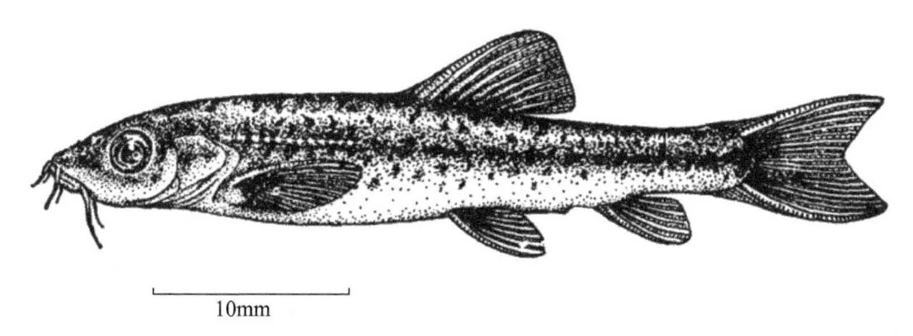

图 46　长鳔云南鳅 *Yunnanilus longibulla* Yang（仿褚新洛等，1990）

体延长，侧扁。背、腹轮廓线弧度约相等，腹部圆。头较长，侧扁。吻较尖，其长略短于眼后头长。眼中等大，侧上位。眼间隔较狭。口亚下位，深弧形。上唇有浅皱褶，中央有 1 小缺刻。上颌中部具 1 中等发达的齿形突起。须中等长，外吻须伸达后鼻孔之下，口角须后伸达眼中心或眼后缘两垂直线之间。背鳍之前的身体裸露无鳞或有稀疏鳞片，背鳍之后的后躯被细密鳞片。侧线不完全，末端不超过胸鳍末端的垂直线，头部具有侧线管孔。

背鳍基部起点距吻端大于距尾鳍基部，背鳍背缘平截，压低背鳍时其末端达到或超过臀鳍基部起点的垂直线。胸鳍长约为胸腹鳍基部起点之间距离的 61%-74%。腹鳍基部起点与背鳍的第 3 或第 4 根分支鳍条基部相对，末端接近或到达肛门。臀鳍基部起点距腹鳍基部起点约等于距尾鳍基部。肛门开口于臀鳍基部起点处。尾鳍后缘浅凹入，两叶端略尖。

体色（甲醛溶液浸存标本）：雄性沿体侧中轴有 1 黑色宽纵纹，雌性的则不明显，代之以 1 列圆形或不规则黑斑。

鳔后室发达，长卵圆形，游离于腹腔中，末端达到相当于腹鳍基部起点的垂直线。

繁殖季节雄性胸鳍第 1 根分支鳍条背面有 1 列珠星，臀鳍基上方的体侧也有珠星。

分布：云南（程海）。

(12) 小云南鳅 *Yunnanilus parvus* Kottelat *et* Chu, 1988（图 47）

Yunnanilus parvus Kottelat *et* Chu, 1988, Environ. Biol. fish., 23(1-2): 77; Yang, 1990, In: Chu *et al.*, The Fishes of Yunnan, China (Part II): 23.

测量标本 17 尾；体长 25-38mm；采自云南开远。

背鳍 iv-8；臀鳍 iii-5；胸鳍 i-11-12；腹鳍 i-8；尾鳍分支鳍条 16。侧线管孔 7-16。第 1 鳃弓内侧鳃耙 14。

体长为体高的 4.4-4.8 倍，为头长的 3.6-4.0 倍，为尾柄长的 6.8-7.9 倍，为尾柄高的 7.8-8.3 倍。头长为吻长的 2.5-2.7 倍，为眼径的 4.4-4.8 倍，为眼间距的 2.5-2.9 倍。尾柄长为尾柄高的 1.0-1.1 倍。

身体略短，侧扁。自吻端至背鳍起点渐隆起，背鳍之后渐下弯。头中等大，侧扁。吻较钝，吻长约等于眼后头长。眼中等大，侧上位。眼间隔狭窄，稍隆起。口亚下位。上下唇较厚，上唇有浅皱褶，中央有 1 缺刻。上颌中央有 1 齿形突起，下颌正常。须较长，外吻须后伸达眼中心垂直线，口角须伸过眼后缘之下方。前躯裸露无鳞，背鳍之后的后躯被细密鳞片。侧线不完全，末端不过胸鳍末端的垂直线，头部具侧线管孔。

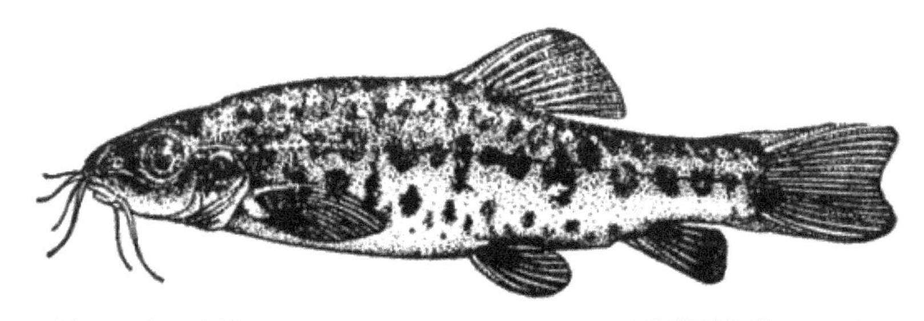

图 47 小云南鳅 *Yunnanilus parvus* Kottelat *et* Chu（仿褚新洛等，1990）

背鳍基部起点距吻端大于距尾鳍基部，背鳍背缘平截，当压低背鳍时，其末端达到或超过臀鳍基部起点的垂直线。胸鳍长约为胸腹鳍基部起点间距离的 61%-74%，个体越大，胸鳍相对短些。腹鳍基部起点相对于背鳍基部起点略后，末端不达肛门。臀鳍腹缘平截。尾鳍后缘微凹入。

体色（甲醛溶液浸存标本）：基色灰白色。体侧沿中轴有 1 狭于眼径的灰黑色纵纹，沿纵纹有 8-13 个近圆形的黑褐色斑，均明显宽于纵纹，在纵纹腹侧、背侧及背中线，各有 1 列近圆形褐色斑块。雄性的纵纹较雌性的明显。头背具虫状黑褐色纹。各鳍无斑纹。鳔后室长卵圆形，游离于腹腔中，末端达到相当于胸鳍末与腹鳍基部起点的两垂直线之间。

分布：云南开远市南盘江水系。

(13) 四川云南鳅 *Yunnanilus sichuanensis* Ding, 1995（图 48）

Yunnanilus sichuanensis Ding, 1995, Acta Zootax. Sin., 20(2): 253.

测量标本 48 尾；体长 26-55mm；采自四川冕宁县安宁河，属雅砻江水系。

背鳍 iii-8；臀鳍 iii-5；胸鳍 i-12；腹鳍 i-7；尾鳍分支鳍条 16。侧线管孔 16-17。第 1 鳃弓内侧鳃耙 9-10（个别是 10）。脊椎骨（4 尾标本）4+31-33。

体长为体高的 4.6-5.0 倍，为头长的 3.9-4.5 倍，为尾柄长的 6.0-8.4 倍。头长为吻长的 2.4-3.1 倍，为眼径的 3.3-4.0 倍，为眼间距的 2.2-2.8 倍。眼间距为眼径的 1.3-1.6 倍。尾柄长为尾柄高的 0.9-1.0 倍。

身体稍延长，侧扁，头后方的背部稍隆起，尾柄短而高。头较短，侧扁。吻短钝，吻长约等于眼后头长。眼较大。侧上位。眼间隔较宽，稍隆起。口下位。上下唇厚，多皱褶，上唇中央无缺刻。上颌正常，中央无齿形突起。须中等长，外吻须后伸过眼前缘垂直线，口角须后伸达眼后缘下方。头、胸、腹及身体前背部无鳞，其余部分密被小鳞。侧线不完全，终止于胸、腹鳍基部起点之间中点的上方，头部具侧线管孔。

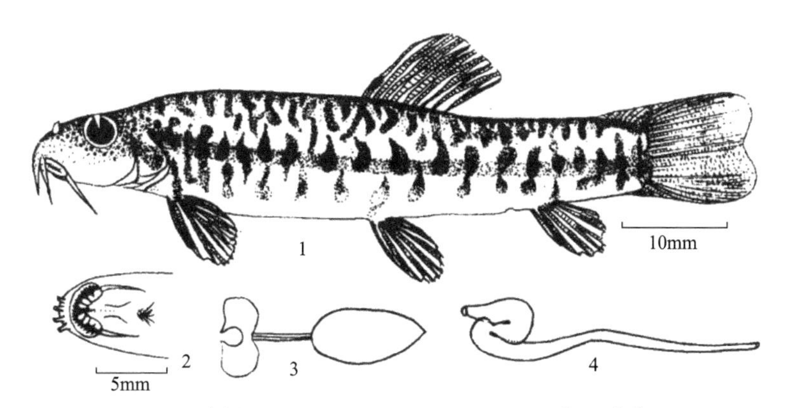

图 48　四川云南鳅 *Yunnanilus sichuanensis* Ding（仿丁瑞华，1995）

1. 身体侧面观；2. 头部腹面观；3. 骨质鳔囊和鳔的腹面观；4. 胃和肠管的腹面观

背鳍基部起点位于体长中点偏后，背鳍背缘稍外凸呈浅弧形或平截。当压低背鳍时，末端不达臀鳍基部起点的上方。胸鳍短，末端约位于胸、腹鳍基部起点间距的中点。腹鳍基部起点与背鳍的第 1 根分支鳍条基部相对，末端不伸达肛门。臀鳍基部起点距腹鳍基部起点远大于距臀鳍基部起点。肛门接近臀鳍基部起点。尾鳍后缘微凹入，两叶端圆。

体色：生活时腹部黄白色，其余部分为草绿色。甲醛溶液浸存标本：基色为黄白色，头背部和体侧上部有许多不规则黑褐色斑点，鳃盖处有 1 黑褐色斑块。体侧沿纵轴自头后方至尾鳍有 1 宽的黑褐色纵条纹，其上散布有 16-19 个横斑块。纵纹上方有 1 列 20-26 个黑褐色短横条，下方有 1 列 15-17 个黑褐色斑块。背部多短横条纹。背鳍不分支鳍条有 1 黑斑。其余各鳍无斑纹。

鳔后室发达，长卵圆形，游离于腹腔中，末端达到相当于腹鳍基部起点的上方。

分布：四川（冕宁县安宁河），属雅砻江水系。

(14) 鼓腹云南鳅 *Yunnanilus macrogaster* Kottelat *et* Chu, 1988（图 49）

Yunnanilus macrogaster Kottelat *et* Chu, 1988, Enviro. Biol. Fish., 23(1-2): 81; Yang, 1990, In: Chu *et al.*, The Fishes of Yunnan, China (Part II): 24.

测量标本 3 尾；体长 67.3-71.7mm；采自云南罗平县大塘子。

背鳍 iii-8；臀鳍 iii-5；胸鳍 i-12-13；腹鳍 i-7；尾鳍分支鳍条 16。侧线管孔 13-14。第 1 鳃弓内侧鳃耙（1 尾标本）13。

体长为体高的 4.2-4.5 倍，为头长的 3.9-4.3 倍，为尾柄长的 7.3-8.0 倍，为尾柄高的 9.3-9.9 倍。头长为吻长的 2.8-2.9 倍，为眼径的 7.0-7.3 倍，为眼间距的 2.9-3.3 倍。尾柄长为尾柄高的 1.2-1.3 倍。

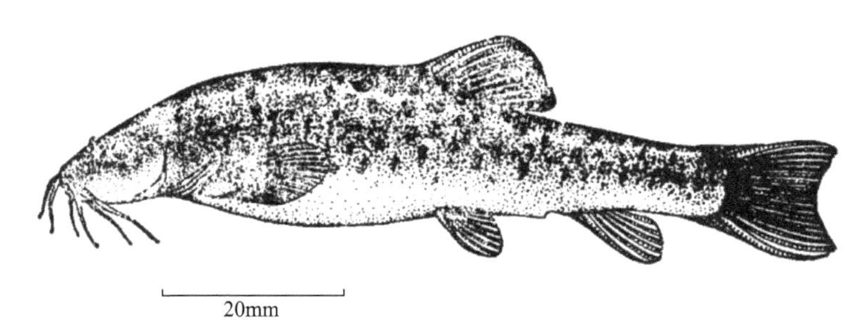

图 49　鼓腹云南鳅 *Yunnanilus macrogaster* Kottelat *et* Chu（仿褚新洛等，1990）

体稍延长，侧扁。背、腹轮廓线弧度约相等，腹部圆。头较长，纵剖面略尖。吻略尖，吻长小于眼后头长。眼小，侧上位。眼间隔略凸出。口亚下位。上唇较厚，盖住上颌，仅露出上颌中央的齿形突起。须较长，外吻须伸达眼后缘的垂直线，口角须伸过前鳃盖骨后缘之下。体被细密鳞片。侧线断续，至多终止在胸鳍末端的垂直线，头部有侧线管孔。

背鳍基部起点距吻端大于距尾鳍基，背鳍背缘平截，当压低背鳍时，其末端伸达肛门后缘的垂直线。胸鳍侧位，其长约为胸、腹鳍基部起点之间距离的 1/2。腹鳍基部起点约与背鳍的第 1 根分支鳍条基部相对，后伸达到至臀鳍基部起点之间距的中心，但不达肛门。臀鳍腹缘平截，后伸远不及尾鳍基部。肛门位于臀鳍基部起点。尾鳍后缘微凹入。

体色（甲醛溶液浸存标本）：基色浅黄色。体背部散布有棕褐色斑点，体侧沿中轴有近似椭圆形的褐色斑点，排列呈 1 纵纹。头部无斑纹。各鳍灰色，无斑纹。

鳔后室发达，又分为第 2 和第 3 室，第 3 室较第 2 室大，约为第 2 室的 2.5 倍，末端达到相当于腹鳍基部起点的垂直线。

分布：云南罗平县大塘子村的水塘中，这里水质澄清，且水草茂盛，地下水和雨水是该塘的水源。

(15) 侧纹云南鳅 *Yunnanilus pleurotaenia* (Regan, 1904)（图 50）

Nemachilus pleurotaenia Regan, 1904, Ann. Mag. nat. Hist., (7)13: 192; Chaudhuri, 1911, Rec. Indian Mus., 6: 18; Cheng, 1958, J. Zool., 2(3): 160.

Nemachilus (*Yunnanilus*) *pleurotaenia*: Nichols, 1925, Am. Mus. Novit., (171): 1; Berg, 1938, Bull. Soc. Nat. Moscou (Biol.), 47(5-6): 315; Nichols, 1943, Nat. Hist. Central Asia, 9: 212.

Nemachilus salmonides Chaudhuri, 1911, Rec. Indian Mus., 6: 18.

Nemachilus (*Yunnanilus*) *salmonides*: Nichols, 1925, Am. Mus. Novit., (171): 1; Nichols, 1943, Nat. Hist. Central Asia, 9: 212.

Yunnanilus pleurotaenia pleurotaenia: Zheng, 1989, The Fishes of Pearl River: 42.

Yunnanilus pleurotaenia: Zhu *et* Wang, 1985, Acta Zootax. Sin., 10(2): 208; Zhu, 1989, The Loaches of the Subfamily Nemacheilinae in China (Cypriniformes: Cobitidae): 15; Yang, 1990, In: Chu *et al*., The Fishes of Yunnan, China (Part II): 25.

别名：云南条鳅（成庆泰：《云南的鱼类研究》）；多纹条鳅（李思忠：《中国淡水鱼类的分布与区划》）。

测量标本 35 尾；体长 38.5-65.0mm；采自云南抚仙湖、洱海、滇池。

背鳍 iii-iv-8-9（个别是 9）；臀鳍 iii-iv-5；胸鳍 i-10-11；腹鳍 i-7-8，尾鳍分支鳍条 16。第 1 鳃弓内侧鳃耙 8-12。脊椎骨（10 尾标本）4+32-33。

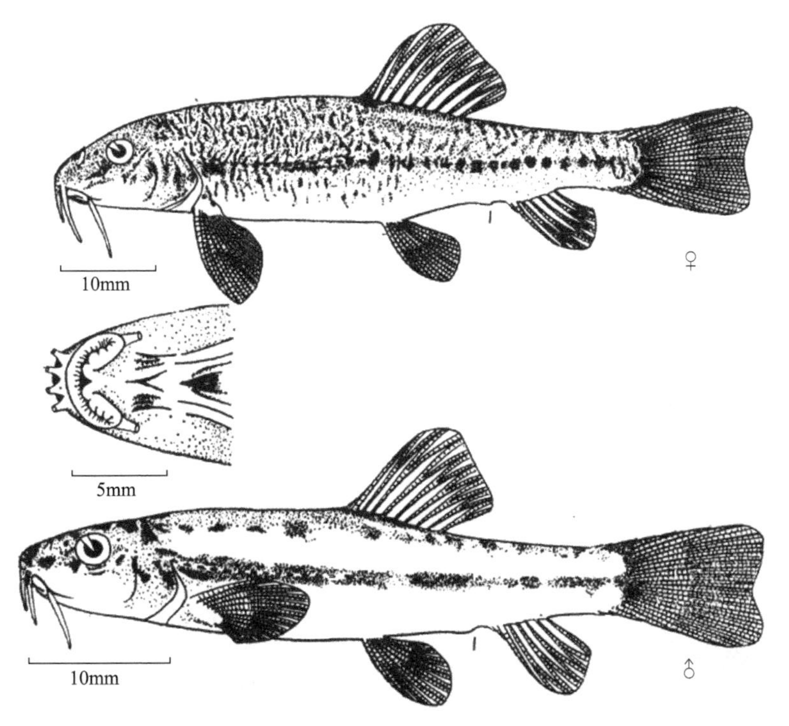

图 50 侧纹云南鳅 *Yunnanilus pleurotaenia* (Regan)（仿朱松泉，1989）

体长为体高的 4.2-5.0 倍，为头长的 3.9-4.7 倍，为尾柄长的 6.5-9.0 倍。头长为吻长

的 2.6-3.2 倍，为眼径的 4.1-4.8 倍，为眼间距的 2.9-3.6 倍。眼间距为眼径的 1.3-1.4 倍。尾柄长为尾柄高的 0.8-1.9 倍。

身体稍延长，侧扁，略呈纺锤形，尾柄短。头侧扁，头宽小于头高。吻部较尖，吻长小于眼后头长。口亚下位或下位，口裂小。唇面多深的皱褶。上颌中部有 1 齿形突起，下颌匙状。须较长，外吻须末端伸达后鼻孔和眼前缘之间的下方；口角须末端可达到眼后缘之下或稍超过。身体被密集小鳞，有时胸、腹部也有鳞片。皮肤光滑。侧线不完全，终止在胸鳍末端和背鳍基部起点之间，头部具侧线管孔。

背鳍背缘平截或微凹入，背鳍基部起点至吻端的距离为体长的 50%-54%。胸鳍长为胸腹鳍基部起点之间距离的 1/2-3/5。腹鳍基部起点与背鳍的第 1 或第 2 根分支鳍条基部相对，末端不伸达肛门（其间距为眼径的 0.5-1.0 倍）。尾鳍后缘稍凹入。

体色（甲醛溶液浸存标本）：基色浅黄色，背部褐色。有些标本在背鳍前后分别有 8-12 和 9-14 条深褐色细横纹，体侧中部自头后方至尾鳍基部有 1 条约与眼径等宽的深褐色纵纹（雄性更明显），体侧有 9-16 条不规则的横斑条（雄性更明显）或褐色斑块。各鳍鳍条褐色，膜透明。

鳔后室长卵圆形，游离于腹腔中，其末端达到相当于背鳍基部起点的下方。

雌、雄鱼之间除上述体色有些区别外，在繁殖季节，雄性胸鳍的不分支鳍条和外侧第 2 和第 3 根分支鳍条背面各有 1 行 9-12 个珠星。

分布：云南（星云湖、滇池、程海、抚仙湖、洱海）。

(16) 沼泽云南鳅 *Yunnanilus paludosus* Kottelat *et* Chu, 1988（图 51）

Yunnanilus paludosus Kottelat *et* Chu, 1988, Environ. Biol. Fish., 23(1-2): 76-77; Yang, 1990, In: Chu *et al*., The Fishes of Yunnan, China (Part II): 20.

测量标本 6 尾；体长 58.0-76.7mm；采自云南罗平县大塘子。

背鳍 iii-8；臀鳍 iii-5-6（仅 1 尾为 6）；胸鳍 i-9-11；腹鳍 i-6-7；尾鳍分支鳍条 14-16。侧线管孔 19-21。第 1 鳃弓内侧鳃耙（1 尾标本）12。

体长为体高的 5.7-6.2 倍，为头长的 4.6-5.0 倍，为尾柄长的 6.2-6.7 倍，为尾柄高的 11.2-12.9 倍。头长为吻长的 2.4-2.7 倍，为眼径的 6.6-7.3 倍，为眼间距的 3.3-4.0 倍。尾柄长为尾柄高的 1.7-2.0 倍。

身体稍延长，侧扁，背、腹轮廓线弧度约相等。吻较尖，吻长约等于或稍小于眼后头长。眼小，侧上位。眼间隔略凸出。口亚下位。上下唇较薄。上颌不露出，仅露出中部的齿形突起。须中等长，外吻须伸达眼前缘之下，口角须伸达或超过眼后缘的垂直线。裸露无鳞或仅在尾柄处有稀疏鳞。侧线不完全，终止在胸鳍末端之后的上方，但不到背鳍基部起点的垂直线，头部具侧线管孔。

背鳍基部起点距吻端大于距尾鳍基，背鳍背缘平截，当压低背鳍时，其末端达到肛门前缘的垂直线。胸鳍较短，长不及胸、腹鳍基部起点之间距离的 1/2。腹鳍基部起点约与背鳍的第 2 或第 3 根分支鳍条基部相对，末端后伸远不达肛门。臀鳍腹缘平截，后伸不达尾鳍基部。肛门在腹鳍末端与臀鳍基部起点之间接近后者。尾鳍后缘浅凹入。

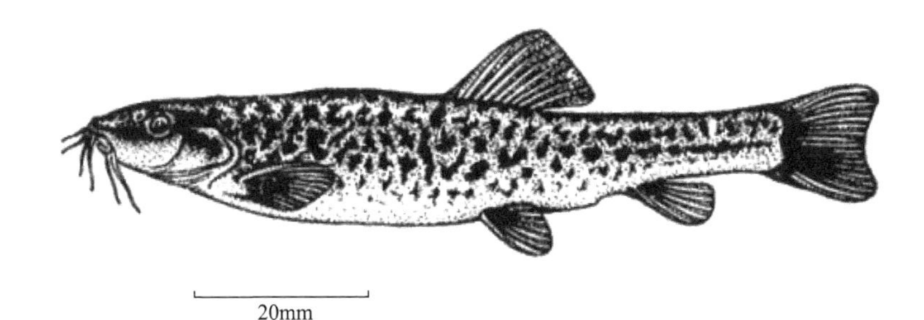

图 51　沼泽云南鳅 *Yunnanilus paludosus* Kottelat *et* Chu（仿褚新洛等，1990）

体色（甲醛溶液浸存标本）：基色灰黄色。体侧沿中轴有 1 列不规则的褐色斑块，有时其上下各有 1 列类似的斑块，但不明显。尾鳍基部有 1 褐色横纹。各鳍淡灰黑色，无斑纹。

鳔后室发达，长卵圆形，末端钝圆，约达到相当于腹鳍基部起点的垂直线。

分布：云南罗平县大塘子村的水塘，塘水清而不涸，地下泉水和雨水是其主要水源。

(17) 黑斑云南鳅 *Yunnanilus nigromaculatus* (Regan, 1904)（图 52）

Nemachilus nigromaculatus Regan, 1904, Ann. Mag. nat. Hist., (7)13: 192; Cheng, 1958, J. Zool., 2(3): 160.

Nemachilus (*Yunnanilus*) *nigromaculatus*: Nichols, 1925, Am. Mus. Novit., (171): 1; Nichols, 1943, Nat. Hist. Central Asia, 9: 212.

Eonemachilus nigromaculatus: Berg, 1938, Bull. Soc. Nat. Moscou (Biol.), 47(5-6): 314.

Yunnanilus nigromaculatus nigromaculatus: Zheng , 1989, The Fishes of Pearl River: 44.

Yunnanilus nigromaculatus: Zhu *et* Wang, 1985, Acta Zootax. Sin., 10(2): 208; Zhu, 1989, The Loaches of the Subfamily Nemacheilinae in China (Cypriniformes: Cobitidae): 18; Yang, 1990, In: Chu *et al.*, The Fishes of Yunnan, China (Part II): 14.

测量标本 10 尾；体长 57-76mm；采自云南滇池。

背鳍 iv-8-9（多数为 8）；臀鳍 iii-5；胸鳍 i-10-11；腹鳍 i-6；尾鳍分支鳍条 13-14（个别 13）。第 1 鳃弓内侧鳃耙 12-13。脊椎骨（17 尾标本）4+31-34。

体长为体高的 3.2-4.1 倍，为头长的 3.3-4.1 倍，为尾柄长的 8.2-10.3 倍。头长为吻长的 3.1-3.9 倍，为眼径的 4.5-5.8 倍，为眼间距的 2.9-3.7 倍。眼间距为眼径的 1.3-2.0 倍。尾柄长为尾柄高的 0.8-1.0 倍。

身体纺锤形，侧扁，尾柄短。头大，侧扁。吻长明显小于眼后头长。口前位。唇面光滑或有浅皱。上颌中部有 1 齿形突起；下颌匙状，前缘中部稍凹入。眼较大，侧上位。须较短，外吻须后伸达鼻孔之下，口角须伸达眼中心和眼后缘之间的垂直线，少数略超过眼后缘。身体被有细密的鳞片，有时胸、腹部也被有小鳞。皮肤光滑。无侧线，头部也无侧线管孔。

背鳍背缘稍外凸，呈浅弧形，背鳍基部起点至吻端的距离为体长的 47%-57%。胸鳍侧位，末端伸达胸、腹鳍基部起点之间距离的中点或中点稍前。腹鳍基部起点与背鳍的第 1 或第 2 根分支鳍条基部相对，末端不伸达肛门（其间距为 1-2 个眼径）。尾鳍后缘稍外凸呈浅圆弧形或平截。

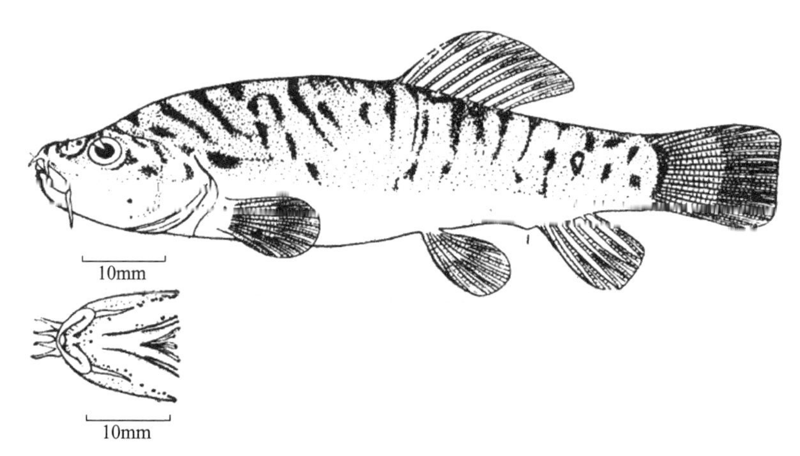

图 52 黑斑云南鳅 *Yunnanilus nigromaculatus* (Regan)（仿朱松泉，1989）

体色（甲醛溶液浸存标本）：基色浅黄色，背部较暗。背部在背鳍前后各有 7-12 和 6-9 条不规则黑色或深褐色横斑条，体侧多不规则深褐色扭曲横纹，背鳍前 9-14 条，背鳍下 4-5 条，背鳍后 6-9 条。尾鳍基部有 1 条深色纹。也有个别标本无明显斑纹。头部多黑色短斑纹或小斑块。各鳍鳍条褐色，膜透明。

鳔后室长卵圆形，游离于腹腔中，末端约达到相当于背鳍基部起点的下方。

分布：云南（滇池等属金沙江水系的附属湖泊）。

(18) 钝吻云南鳅 *Yunnanilus obtusirostris* Yang, 1995（图 53）

Yunnanilus obtusirostris Yang, 1995, In: Yang *et* Chen, The Biology and Resource Utilization of the Fishes of Fuxian Lake, Yunnan: 21.

测量标本 8 尾；体长 33.5-51.0mm；采自云南澄江县的西龙潭（流入抚仙湖的溪流）。

尾鳍分支鳍条 15-16。

体长为体高的 4.2-4.8 倍，为头长的 4.0-4.3 倍，为尾柄长的 7.4-9.0 倍，为尾柄高的 7.4-8.6 倍。头长为吻长的 3.1-3.6 倍，为眼径的 4.7-5.3 倍，为眼间距的 2.2-2.9 倍。尾柄长为尾柄高的 0.8-1.1 倍。

身体粗壮，体较高，侧扁，背部隆起，腹部平直，尾柄短而高。头较大，略侧扁，头长略大于或约等于体高，约为尾柄长的 2 倍以上。吻圆钝，其长明显小于眼后头长。眼侧上位，明显小于眼间距。眼间隔宽平。口亚下位，口裂弧形。唇较厚，上唇有明显皱褶，中央无缺刻。上颌无齿形突起，下颌匙状。须较长，外吻须伸达后鼻孔的垂直线；口角须到达或稍超过眼后缘的下方。除头部外，全身被细密鳞片。无侧线，头部无侧线管孔。

图 53　钝吻云南鳅 *Yunnanilus obtusirostris* Yang（引自杨君兴和陈银瑞，1995）

背鳍基部起点位于腹鳍基部起点的前上方，至吻端的距离略大于至尾鳍基部的距离，背鳍背缘平截，平卧时末端接近肛门垂直线。胸鳍末端达到胸、腹鳍基部起点间距离的50%-68%。腹鳍基部起点与背鳍的第 1 根分支鳍条基部相对，末端不达肛门（离肛门为 1.0-1.5 个眼径）。肛门位于臀鳍之前。臀鳍腹缘略外凸，臀鳍基部起点至腹鳍基部起点距离明显大于至尾鳍基部距离。尾鳍后缘深凹入，两叶端圆。

体色：生活时身体基色灰白色，体侧沿中轴有 1 浅蓝色纵纹，其宽度约与眼径等宽，身体背部和体侧具众多不规则的浅蓝色斑纹。头背部和侧部蓝灰色，无斑纹。尾鳍基部具 1 黑褐色横斑纹。各鳍透明，无斑纹。

鳔后室发达，长卵圆形，末端约达到相当于腹鳍基部起点的垂直线。

分布：云南（抚仙湖）。

(19) 黑体云南鳅 *Yunnanilus niger* Kottelat *et* Chu, 1988（图 54）

Yunnanilus niger Kottelat *et* Chu, 1988, Environ. Biol. Fish., 23(1-2): 73-74; Yang, 1990, In: Chu *et al*., The Fishes of Yunnan, China (Part II): 16.

测量标本 1 尾；体长 63.3mm；采自云南罗平县大塘子。

背鳍 iii-8；臀鳍 iii-5；胸鳍 i-11；腹鳍 i-7；尾鳍分支鳍条 14，体长为体高的 3.5 倍，为头长的 3.5 倍，为尾柄长的 7.9 倍，为尾柄高的 7.9 倍。头长为吻长的 3.2 倍，为眼径的 5.7 倍，为眼间距的 3.0 倍。尾柄长为尾柄高的 1.0 倍。

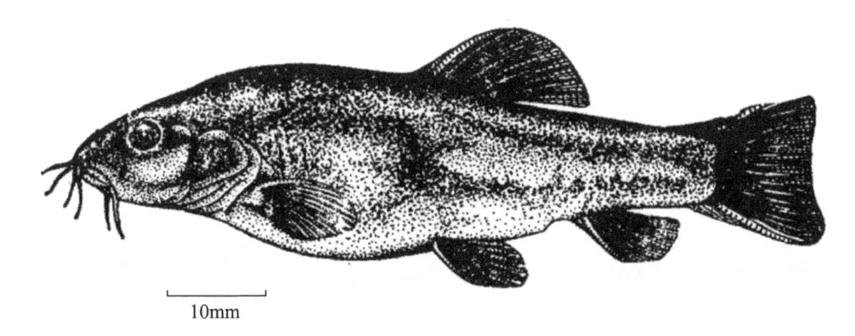

图 54　黑体云南鳅 *Yunnanilus niger* Kottelat *et* Chu（仿褚新洛等，1990）

身体较高，侧扁，背微隆，腹部圆。头侧扁。吻钝，吻长明显小于眼后头长。眼中等大，侧上位。眼间隔宽平。口亚下位，深弧形。上下唇较厚，上唇具浅皱褶，中央无缺刻。上颌中央具 1 齿形突起，下颌匙状。须中等长，外吻须后伸达后鼻孔垂直线；口角须伸达眼后缘下方。除头、胸、腹和背鳍之前的背部外被有细密鳞片。无侧线，头部无侧线管孔。

背鳍基部起点距吻端大于距尾鳍基，背鳍背缘微外凸，呈浅弧形，当压低背鳍时，末端伸达臀鳍基部起点垂直线。胸鳍侧位，略伸过胸、腹鳍基部起点之间距离的中点。腹鳍基部起点约与背鳍的第 1 根分支鳍条基部相对，后伸接近肛门。臀鳍腹缘圆弧形，其基部起点距腹鳍基部起点约等于距尾鳍基部，后伸不达尾鳍基部。肛门位于臀鳍基部起点前。尾鳍后缘微凹入。

体色（甲醛溶液浸存标本）：全体黑褐色，背鳍、腹鳍和臀鳍黑色，胸鳍和尾鳍灰黑色，尾鳍基部有 1 黑色横斑纹。

分布：云南罗平县大塘子村的水塘中，塘中多水草，地下水和雨水是主要水源。

(20) 宽头云南鳅 *Yunnanilus pachycephalus* Kottelat *et* Chu, 1988（图 55）

Yunnanilus pachycephalus Kottelat *et* Chu, 1988, Environ. Biol. Fish., 23(1-2): 74-75; Yang, 1990, In: Chu *et al*., The Fishes of Yunnan, China (Part II): 16.

测量标本 10 尾；体长 46.4-63.2mm；采自云南宣威市杨柳镇。

背鳍 iii-9-10（1 尾为 10）；臀鳍 iii-5；胸鳍 i-10-12；腹鳍 i-7；尾鳍分支鳍条 14。第 1 鳃弓内侧鳃耙 11-13。

体长为体高的 3.8-4.9 倍，为头长的 3.4-3.8 倍，为尾柄长的 7.4-9.2 倍，为尾柄高的 7.6-9.3 倍。头长为吻长的 2.7-3.2 倍，为眼径的 4.8-6.1 倍，为眼间距的 2.9-3.3 倍。尾柄长为尾柄高的 0.9-1.2 倍。

身体稍延长，侧扁，背、腹的轮廓线弧度约相等，腹部圆。头侧扁。吻钝，吻长明显小于眼后头长。眼中等大，侧上位。眼间隔宽平。口亚下位，深弧形。上唇中央有 1 缺刻，盖住上颌，仅露出中央的齿形突起。须较短，外吻须后伸达前后鼻孔之间的下方；口角须伸达眼中心和眼后缘两垂直线之间。背鳍之前的背部和体侧无鳞，腹面和背鳍之后的后躯有稀疏小鳞。无侧线，头部无侧线管孔。

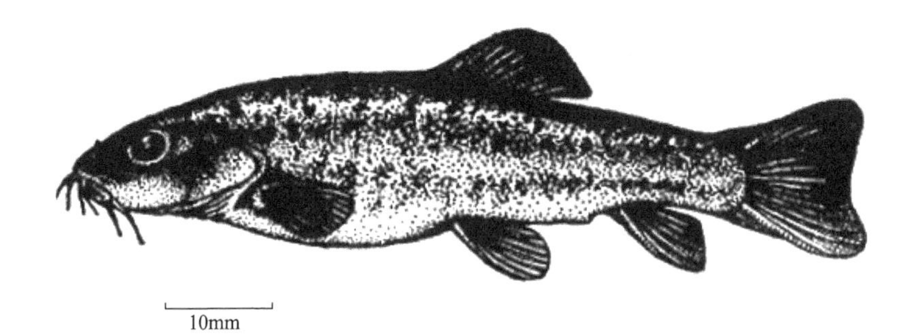

图 55 宽头云南鳅 *Yunnanilus pachycephalus* Kottelat *et* Chu（仿褚新洛等，1990）

背鳍基部起点距吻端大于距尾鳍基部，背鳍背缘平截，当压低背鳍时，末端伸过肛门后缘的垂直线。胸鳍伸达胸、腹鳍基部起点间距离的 1/2。腹鳍基部起点与背鳍的第 1 或第 2 根分支鳍条基部相对，末端不达肛门。臀鳍腹缘平截，后伸通常不达尾鳍基部。肛门位于臀鳍基部起点。

体色（甲醛溶液浸存标本）：基色浅黄色。有些标本的背、侧部灰黑色，无斑点；有些标本的背、侧部有较宽的不规则褐色斑点。各鳍浅灰色，无斑纹。

鳔后室长卵圆形，后伸至相当于在腹鳍基部起点的垂直线。

分布：云南宣威市的北盘江支流。

(21) 高体云南鳅 *Yunnanilus altus* Kottelat *et* Chu, 1988（图 56）

Yunnanilus altus Kottelat *et* Chu, 1988, Environ. Biol. Fish., 23(1-2): 72-73; Yang, 1990, In: Chu *et al*., The Fishes of Yunnan, China (Part II): 17.

测量标本 14 尾；体长 39.5-59.7mm；采自云南沾益、罗平。

背鳍 iii-8-9；臀鳍 ii-5；胸鳍 i-10-11；腹鳍 i-7；尾鳍分支鳍条 14。第 1 鳃弓内侧鳃耙 12-14。

体长为体高的 3.3-4.2 倍，为头长的 3.1-3.8 倍，为尾柄长的 7.4-9.4 倍，为尾柄高的 7.3-9.4 倍。头长为吻长的 3.0-3.4 倍，为眼径的 4.6-5.5 倍，为眼间距的 2.7-3.1 倍。尾柄长为尾柄高的 0.8-1.2 倍。

身体略微延长，背部隆起，腹部圆，侧扁。吻钝，吻长明显小于眼后头长。眼中等大，侧上位。眼间隔宽平。口亚下位。唇薄，光滑，上唇中央有 1 缺刻。上颌中央有 1 齿形突起。须中等长，外吻须伸达后鼻孔之下，口角须后伸达眼后缘的垂直线。除头部和背鳍之前的背部裸露无鳞外，均被有稀疏小鳞。无侧线，头部无侧线管孔。

背鳍基部起点距吻端大于距尾鳍基部，背鳍背缘稍外凸，呈浅弧形，当压低背鳍时，末端达到臀鳍基部起点的垂直线。胸鳍末端达到胸、腹鳍基部起点间距的 1/2。腹鳍基部起点与背鳍的第 2 或第 3 根分支鳍条基部相对，末端不达肛门。臀鳍基部起点距腹鳍基部起点等于距尾鳍基部，臀鳍腹缘外凸略呈浅弧形。肛门位于臀鳍基部起点。尾鳍后缘浅凹入或平截。

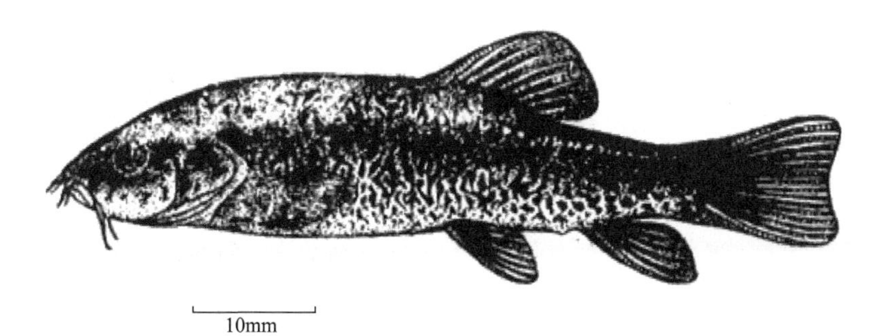

图 56　高体云南鳅 *Yunnanilus altus* Kottelat *et* Chu（仿褚新洛等，1990）

体色（甲醛溶液浸存标本）：基色灰黄色。体侧有许多不规则的棕色斑点或斑纹，头部灰黑色，无斑纹。背鳍、尾鳍浅灰色，其余各鳍淡黄色。

鳔后室较发达，长卵圆形，末端达到相当于胸鳍末端和腹鳍基部起点的垂线之间。

分布：云南（南盘江）。

(22) 草海云南鳅 *Yunnanilus caohaiensis* Ding, 1992（图 57）

Yunnanilus caohaiensis Ding, 1992, Acta Zootax. Sin., 17(4): 489.

Yunnanilus nigromaculatus: Zhu, 1989, The Loaches of the Subfamily Nemacheilinae in China (Cypriniformes: Cobitidae): 18.

测量标本 15 尾；体长 47-69mm；采自贵州威宁县草海。

背鳍 iv-9；臀鳍 iii-5；胸鳍 i-9-11；腹鳍 i-6；尾鳍分支鳍条 13-14（个别 13）。第 1 鳃弓内侧鳃耙 11-15。脊椎骨（6 尾标本）4+31-32。

体长为体高的 3.1-4.5 倍，为头长的 3.5-4.3 倍，为尾柄长的 6.4-8.7 倍。头长为吻长的 2.9-3.4 倍，为眼径的 4.2-5.4 倍，为眼间距的 2.3-3.6 倍。眼间距为眼径的 1.3-1.9 倍。尾柄长为尾柄高的 0.9-1.2 倍。

身体稍延长，侧扁，纵剖面背、腹弧度变化相等，尾柄稍长而低。头较大，侧扁。吻短钝，吻长小于眼后头长。眼较大，侧上位。眼间隔较宽。口亚下位。唇较厚，唇面具浅皱褶。上颌中央有 1 齿形突起，下颌匙状，前缘中部微凹入。须短，外吻须后伸达后鼻孔之下，口角须达到眼后缘的垂直线。头、胸、腹部裸出，背鳍之前的体侧有稀疏小鳞，仅尾柄处鳞片排列较密。无侧线，头部无侧线管孔。

背鳍基部较长，背缘稍外凸呈浅圆弧形，当压低背鳍时，末端超过臀鳍基部起点的垂直线，背鳍基部起点至吻端距离为体长的 52%-56%。胸鳍侧位，末端约达到胸、腹鳍基部起点间距的 2/5。腹鳍基部起点与背鳍的第 1 或第 2 根分支鳍条基部相对，末端不达肛门（其间隔为 1.0-1.5 个眼径）。臀鳍腹缘稍外凸，呈浅弧形，臀鳍后伸不达尾鳍基部。肛门位于臀鳍之前。尾鳍后缘微凹入。

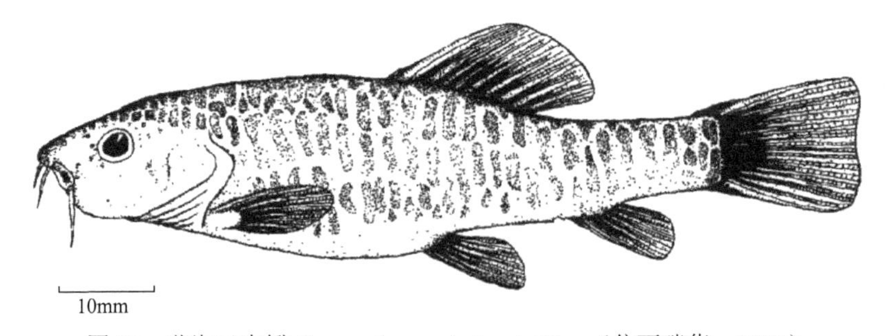

图 57　草海云南鳅 *Yunnanilus caohaiensis* Ding（仿丁瑞华，1992）

体色：生活时基色浅黄色，背部暗黑色。雌鱼色浅，腹部灰白。头部具黑褐色短斑纹，背部和体侧有很多不规则的黑褐色短横条，尾鳍基部有 1 深色横纹。各鳍褐色或深褐色。甲醛溶液浸存标本：有的标本为深褐色，无明显斑纹；有的标本在背部背鳍之前有 8-12 条不规则横纹，背鳍后有 6-8 条；体侧在背鳍之前有 8-10 条扭曲短横纹，背鳍之后 6-7 条。尾鳍基部有 1 深色横纹。各鳍一色，无斑纹。

鳔后室发达，长卵圆形，末端达到相当于腹鳍基部起点的垂直线。

分布：贵州西部威宁县的草海。草海水草丰茂，水质清澈，水草主要是眼子菜、菹草等。

(23) 阳宗海云南鳅 *Yunnanilus yangzonghaiensis* Cao *et* Zhu, 1989（图 58）

Yunnanilus nigromaculatus yangzonghaiensis Cao *et* Zhu, 1989, In: Zheng, The Fishes of Pearl River: 45.

Yunnanilus yangzanghaiensis: Zhu, 1989, The Loaches of the Subfamily Nemacheilinae in China (Cypriniformes: Cobitidae): 19.

测量标本 10 尾；体长 49.5-70.0mm；采自云南宜良县阳宗海。

背鳍 iii-9-11（主要是 10）；臀鳍 iii-5；胸鳍 i-9-10；腹鳍 i-6-7；尾鳍分支鳍条 12-14（个别是 12）。第 1 鳃弓内侧鳃耙 11-14。脊椎骨（4 尾标本）4+31-32。

体长为体高的 3.7-4.4 倍，为头长的 3.5-4.1 倍，为尾柄长的 5.8-8.0 倍。头长为吻长的 2.9-3.3 倍，为眼径的 4.1-5.9 倍，为眼间距的 2.9-3.5 倍。眼间距为眼径的 1.2-1.6 倍。尾柄长为尾柄高的 1.2-1.6 倍。

身体纺锤形，侧扁，背部隆起，尾柄短而低。头较大，侧扁。吻短钝，吻长短于眼后头长。口亚下位。唇狭，唇面光滑或有浅皱。上颌中部有 1 齿形突起；下颌匙状。眼较大，侧上位。须细弱，外吻须伸达前鼻孔的下方；口角须伸达眼中心和眼后缘两垂线之间。鳞片稀少，仅在尾柄处有少数残留鳞，有的标本则裸露无鳞。皮肤光滑。无侧线，头部无侧线管孔。

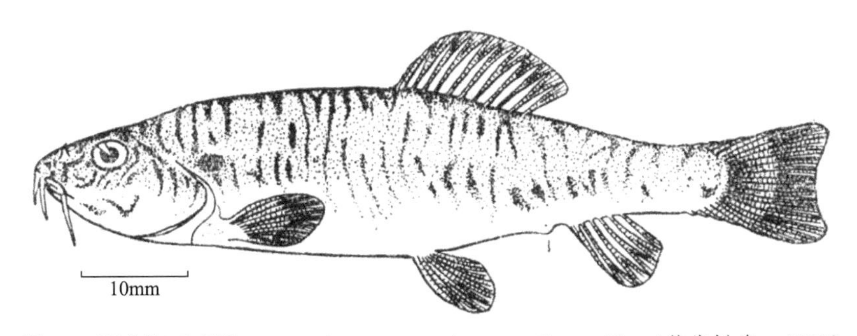

图 58 阳宗海云南鳅 *Yunnanilus yangzonghaiensis* Cao *et* Zhu（仿朱松泉，1989）

背鳍基部较长，其起点至吻端的距离为体长的 50%-54%，背鳍背缘外凸，略呈浅弧形。胸鳍短，其末端约在胸、腹鳍基部起点之间距离的中点或稍超过。腹鳍基部起点与背鳍的基部起点或第 1、第 2 根分支鳍条基部相对，末端不伸达肛门（其间隔为 0.5-1.5 个眼径）。尾鳍后缘稍凹入，两叶等长或上叶稍长。

体色（甲醛溶液浸存标本）：基色浅黄色，背部较暗。头部和身体多不规则的深褐色细斑纹，体侧在背鳍前有 6-10 条，背鳍下 4-7 条，背鳍后 4-8 条和尾鳍基部 1 条。背鳍和尾鳍的鳍条深褐色，有少量斑点。

鳔后室为长卵圆形的膜质室，游离于腹腔中，末端达到相当于背鳍基部起点的垂直线。

分布：云南（宜良县阳宗海）。

6. 北鳅属 *Lefua* Herzenstein, 1888

Lefua Herzenstein, 1888, Zool. Theil., 3(2): 3. **Type species**: *Lefua pleskei* (Herzenstein, 1887) = *Diplophysa costata* Kessler, 1876.

Octonema Herzenstein (name used already) Herzenstein *et* Verpakhovskii, 1887, Trudui St. Petersb. Nat., 18: 47. **Type species**: *Octonema preskei* Herzenstein, 1887 = *Diplophysa costata* Kessler, 1876.

Elxis Jordan *et* Fowler, 1903, Proc. U.S. Nat. Mus., 26: 765-774. **Type species**: *Elxis nikkonis* Jordan *et* Fowler, 1903.

身体延长，侧扁，尾柄较高。头部稍平扁，顶部宽平。须 3 对：1 对内吻须、1 对外吻须、1 对口角须。前鼻孔与后鼻孔分开 1 短距，前鼻孔短管状，鼻管的顶端延长成须。背鳍背缘和尾鳍后缘圆弧形。各鳍的游离缘呈锯齿状缺刻。腹鳍腋部无腋鳞状肉质鳍瓣。除头部外，身体被覆有密集的小鳞。雌雄之间体色有差异。

鳔的前室为中间 1 短横管相连的左右 2 膜质室，腹面观略呈“U”形，包于与其外形相近的骨质鳔囊中；后室长卵圆形，前端有 1 长的细管和前室相连，游离于腹腔中。骨质鳔囊侧囊的后壁是一层薄膜，非骨质；背壁的第 2 椎骨横突的背支与第 4 椎骨横突的背肋未相接，故留有很宽的裂缝。肩带无后匙骨。

本属共 3 种，我国产 1 种，小型鱼类，产量不多，无渔业价值。

(24) 北鳅 *Lefua costata* (Kessler, 1876)（图 59）

Diplophysa costata Kessler, 1876, In: Przewalskii, Mongolia i Strana Tangutow, 2(4): 29.

Octonema pleskei Herzenstein, 1887, In: Herzenstein *et* Varpakhovskii, Trudui St. Petersb. Nat., 18: 48.

Lefua costata: Herzenstein, 1888, Zool. Theil., 3(2): 3; Shaw *et* Tchang, 1931, Bull. Fan. Mem. Inst. Biol., 2(5): 76; Berg, 1933, Freshwater Fishes of The U.S.S.R. and Adjacent Countries, 2: 573; Tchang, 1933, Zool. Sinica, Peiping, (B) 2(1): 210; Mori, 1934, Rept. First Sci. Exp., 5(1): 48; Keitaro, 1939, The fishes of Korea (Part I): 418; Berg, 1949, Freshwater Fishes of The U.S.S.R. and Adjacent Countries, 2: 887; Tchang, 1959, Cyprinid Fishes in China: 124; Zhu, 1989, The Loaches of the Subfamily Nemacheilinae in China (Cypriniformes: Cobitidae): 21; Wang, 1994, Fishes, Amphibian and Reptiles in Beijing: 131.

Nemachilus dixoni Fowler, 1899, Proc. Acad. nat. Sci. Philad., 51: 181.

Lefua andrewsi Fowler, 1922, Am. Mus. Novit., (38): 1.

Oreonectes costata: Zheng *et al*., 1980, Fishes of Tumen River: 67.

别名：八须泥鳅（张春霖：《中国系统鲤类志》）；纵带平鳅（郑葆珊等：《图们江鱼类》）；须鼻鳅（李思忠：《中国淡水鱼类的分布区划》）。

测量标本 24 尾；体长 44-66mm：采自内蒙古达里湖、河北滦河上游、黑龙江倭肯河（松花江水系）和山东栖霞的大沽河支流。

背鳍 iii-6；臀鳍 iii-5；胸鳍 i-9-11；腹鳍 i-5-6；尾鳍分支鳍条 15。第 1 鳃弓内侧鳃耙 9-14。脊椎骨（7 尾标本）4+34-35。

体长为体高的 5.3-7.2 倍，为头长的 4.2-4.8 倍，为尾柄长的 5.8-7.1 倍。头长为吻长的 2.5-3.7 倍，为眼径的 5.1-7.3 倍，为眼间距的 2.4-3.0 倍，眼间距为眼径的 2.0-2.7 倍。尾柄长为尾柄高的 1.1-1.6 倍。

身体延长，侧扁。头平扁，背面宽平，头宽大于头高。吻长短于眼后头长。前鼻孔与后鼻孔分开 1 短距，前鼻孔短管状，管状突起的顶端延长成须，当压低该鼻管时须的末端可伸达眼前缘或稍超过。眼小，侧上位。口下位。唇狭而厚，唇面光滑。上颌正常，下颌匙状。须较长，外吻须可伸达眼前缘和眼中心之间的下方，口角须末端伸达眼后缘之下或稍超过。身体被有密集的小鳞，包括胸和腹部。无侧线，头部也无感觉孔。

背鳍背缘圆弧形，背鳍位置较后，其基部起点至吻端的距离为体长的 55%-61%。胸鳍长约为胸、腹鳍基部起点之间距离的一半。腹鳍基部起点相对于背鳍基部起点之前，末端不伸达肛门（其间距等于 1.5-2 倍的眼径）。尾鳍后缘圆弧形，尾鳍的退化鳍条可延伸至尾柄的上、下侧。各鳍的边缘常呈锯齿形缺刻。

体色（甲醛溶液浸存标本）：基色背部浅褐色，下腹部浅黄色或灰白色。背部和体侧有很多不规则的褐色斑块和斑点，体侧中部自头后方（有时自吻端）至尾鳍基部（有时至尾鳍末端）有 1 褐色纵纹，其宽度约与眼径相等，雄性的比雌性的更明显和更长（常自吻端延伸至尾鳍）。背鳍和尾鳍有很多褐色的小斑点，不成列。

雌、雄鱼之间仅见有体色差异。

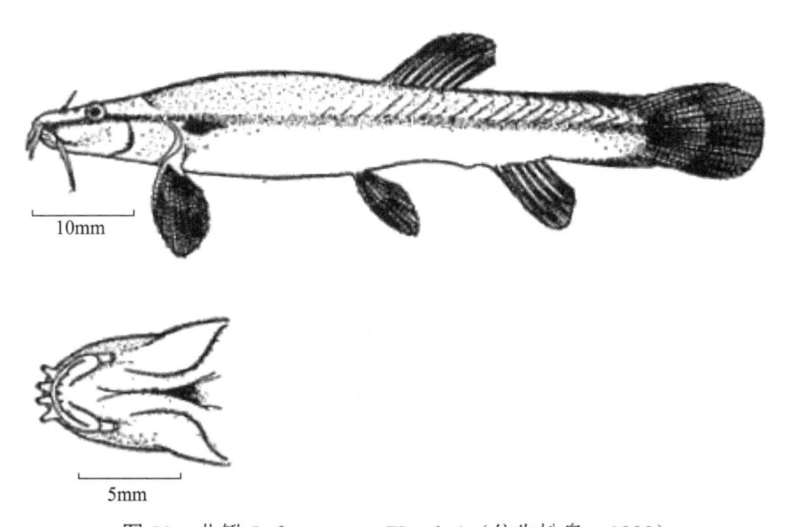

图 59　北鳅 *Lefua costata* (Kessler)（仿朱松泉，1989）

鳔后室发达，呈长卵圆形，前端通过 1 长的细管与前室相连，游离于腹腔中，末端可达到相当于背鳍基部起点之下。肠短，自“U”形的胃发出向后几乎呈 1 条直管通肛门。

分布：山东、河北、山西、内蒙古（东部）、辽宁、吉林、黑龙江等省（自治区）的静水和缓流河段；朝鲜、日本，以及俄罗斯与我国黑龙江毗连地区。

7. 岭鳅属 *Oreonectes* Günther, 1868

Oreonectes Günther, 1868, Cat. Fish. British. Mus., 7: 375. **Type species**: *Oreonectes platycephalus* Günther, 1868.

Octonema (subgen.) Martens, 1868, Monatsber, Ak. Wiss. Berlin: 608. **Type species**: *Homaloptera* (*Octonema*) *rotundicauda* Martens, 1868.

身体延长，前躯近圆筒形，尾柄短而侧扁。头部宽平。须 3 对：1 对内吻须、1 对外吻须和 1 对口角须。前鼻孔与后鼻孔分开 1 短距，前鼻孔短管状，鼻管的顶端延长成须或呈尖突。身体被覆小鳞或裸露无鳞。皮肤光滑。侧线不完全或无侧线。腹鳍腋部无肉质鳍瓣。

鳔的前室是中间 1 短横管相连的左右 2 膜质室，略呈“U”形，包于与其形状相似的骨质鳔囊中；后室长卵圆形，前端有 1 长的细管和前室相连，游离于腹腔中。骨质鳔囊侧囊的后壁是一层薄膜，非骨质。胃“U”形，肠自胃发出向后，几乎呈 1 条直管通肛门。肩带无后匙骨。

雌、雄鱼（繁殖季节）在肛门后方有 1 末端游离的肉质片状突起，大者其末端可伸达臀鳍起点，泄殖腔就在该突出物的后腹面，雄鱼的略大。这种结构可能和本属鱼类特殊的繁殖习性有关。

本属已知 13 种，为我国特有。

种 检 索 表

1 (16) 尾鳍后缘浅凹或叉状

2 (11) 眼正常或退化呈小黑点

3 (6) 生活时体灰色，背鳍起点位于腹鳍起点的前上方

4 (5) 背鳍分支鳍条 8 根，腹鳍分支鳍条 7 根 ……………………………… 叉尾岭鳅 ***O. furcocaudalis***

5 (4) 背鳍分支鳍条 9 根，腹鳍分支鳍条 6 根 ……………………………… 东兰岭鳅 ***O. donglanensis***

6 (3) 生活时体肉红色半透明，内脏清晰可见

7 (10) 头较小，鸭嘴状，尾柄较细

8 (9) 通体裸露无鳞或体表被有退化程度不一的鳞片，须短且细小，腹鳍分支鳍条大多为 7 根 ……
…………………………………………………………………… 小眼岭鳅 ***O. microphthalmus***

9 (8) 全身除头、胸、腹部外被有细密的鳞片，须相对发达，腹鳍分支鳍条大多为 6 根 ……………
…………………………………………………………………… 大鳞岭鳅 ***O. macrolepis***

10 (7)　头大，吻钝，尾柄较粗 ………………………………………………… 都安岭鳅 *O. duanensis*
11 (2)　眼完全退化
12 (15)　须稍长，外吻须后伸可达口角，口角须向前伸可达外吻须基部
13 (14)　前鼻孔管末端延长呈须状 ………………………………………… 透明岭鳅 *O. translucens*
14 (13)　前鼻孔短管末端平截 ……………………………………………… 弓背岭鳅 *O. acridorsalis*
15 (12)　须短小，外吻须后伸不达其基部至口角间距的 1/2，口角须向前远不达外吻须基部……………………………………………………………………………… 弱须岭鳅 *O. barbatus*
16 (1)　尾鳍后缘圆弧形或平截
17 (24)　眼明晰
18 (21)　腹鳍位置较前，整个腹鳍基部相对于背鳍基部起点的前方，体侧沿中轴无 1 深黑色条纹
19 (20)　体背、侧具明显不规则点状黑色斑 ……………………………… 平头岭鳅 *O. platycephalus*
20 (19)　体乳白色，无色斑 …………………………………………………… 罗城岭鳅 *O. luochengensis*
21 (18)　腹鳍位置仅略前于背鳍起点的垂直下方，体侧沿中轴具 1 深黑色条纹
22 (23)　体背、侧具明显不规则黑色云斑块 ……………………………… 多斑岭鳅 *O. polystigmus*
23 (22)　体背、侧部具不规则深褐色浊状斑 ……………………………… 关安岭鳅 *O. guananensis*
24 (17)　眼退化，外表无眼 ………………………………………………… 无眼岭鳅 *O. anophthalmus*

(25) 叉尾岭鳅 *Oreonectes furcocaudalis* Zhu *et* Cao, 1987（图 60）

Oreonectes furcocaudalis Zhu *et* Cao, 1987, Acta Zootax. Sin., 12(3): 326; Zhu, 1989, The Loaches of the Subfamily Nemacheilinae in China (Cypriniformes: Cobitidae): 24.

测量标本 3 尾（另有 2 尾幼鱼，体长 19.0mm 和 23.3mm），体长 26.0-28.2mm，采自广西融水县城郊的地下河中。

背鳍 iii-8；臀鳍 iii-6；胸鳍 i-12-13；腹鳍 i-7；尾鳍分支鳍条 14。第 1 鳃弓内侧鳃耙 12-13。脊椎骨（2 尾标本）4+35。

体长为体高的 5.4-6.5 倍，为头长的 3.6-3.7 倍，为尾柄长的 6.5-9.0 倍。头长为吻长的 2.7-3.0 倍，为眼径的 8.3-9.8 倍，为眼间距的 3.1-3.8 倍。眼间距为眼径的 2.1-3.1 倍。尾柄长为尾柄高的 1.5-2.2 倍。

身体稍延长，侧扁，尾柄的上、下侧有软鳍褶，但上侧的不延伸至臀鳍的上方。头稍平扁。吻长稍短于眼后头长。口下位。唇薄，唇面有浅皱。下颌匙状。3 对须中以外吻须最长，其末端达到眼中心和眼后缘之间的下方，口角须可伸过眼后缘之下。前鼻孔与后鼻孔分开 1 短距，前鼻孔短管状，鼻管的顶端延长成须，当压低该鼻管时，须的末端可稍超过后鼻孔。眼小，侧上位。身体仅在背鳍之后的后躯被覆有稀疏的小鳞。侧线不完全，仅在头的后方有几个侧线孔。

背鳍背缘圆弧形，背鳍基部起点距吻端较距尾鳍基部稍远。胸鳍较长，侧位，其长约为胸、腹鳍基部起点之间距离的 2/3。腹鳍基部起点与背鳍的第 1 或第 2 根分支鳍条基部相对，末端不伸达肛门（其间距等于 1-1.5 个眼径）。尾鳍叉状。

鳔后室发达，为长卵圆形的膜质室，前端通过 1 长的细管与前室相连，游离于腹腔

中，其末端约达到相当于背鳍的下方。

体色（甲醛溶液浸存标本）：基色灰白色，背部稍暗，呈浅褐色，无明显斑纹。

分布：广西融水县城郊的地下河中。

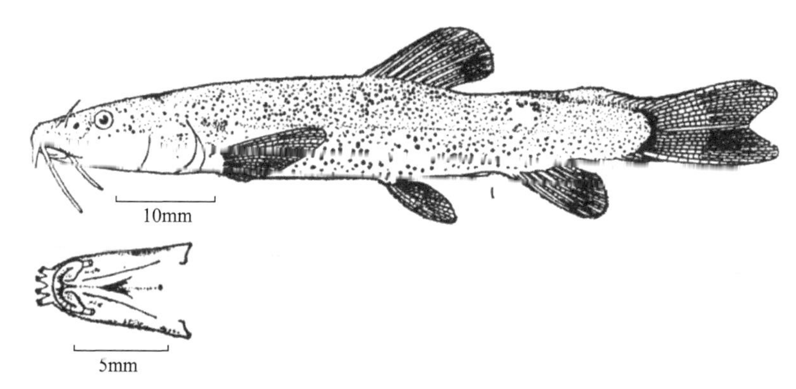

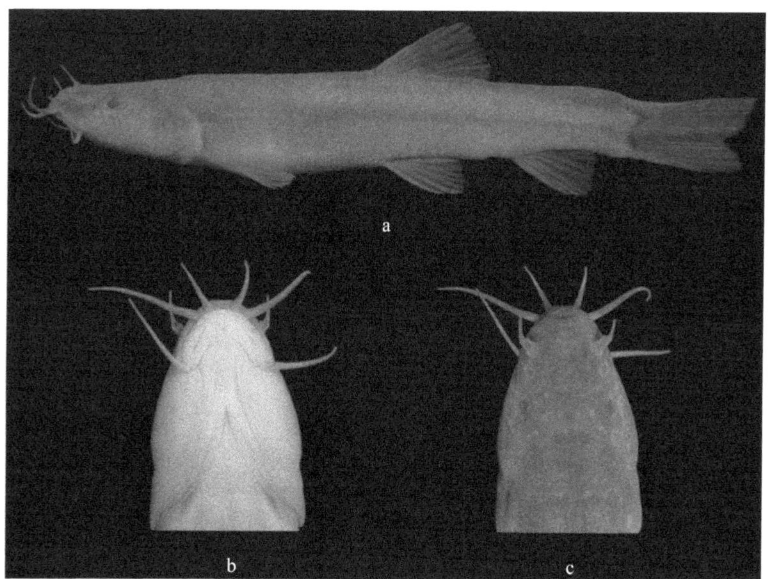

图 60 叉尾岭鳅 *Oreonectes furcocaudalis* Zhu *et* Cao（引自朱松泉，1989）

a. 体侧面；b. 头部腹面；c. 头部背面

(26) 东兰岭鳅 *Oreonectes donglanensis* Wu, 2013（图 61）

Oreonectes donglanensis Wu, 2013, In: Lan *et al*., Cave Fishes of Guangxi, China: 83.

背鳍 iii-9；胸鳍 i-11；腹鳍 i-6；臀鳍 ii-6；尾鳍分支鳍条 13 根。吻较尖，眼退化呈小黑点；尾柄鳍褶发达；背鳍起点位于腹鳍起点之前；尾鳍后缘浅叉形；身体裸露无鳞。

测量标本 1 尾，体长为体高的 6.52 倍，为头长的 3.64 倍，为胸鳍至腹鳍起点的 3.46 倍，为腹鳍至臀鳍起点的 4.89 倍，为尾柄长的 6.88 倍，为尾柄高 14.26 倍。头长为吻长的 2.21 倍，为眼径的 29.55 倍，为眼间距的 3.43 倍。头高为头宽的 0.62 倍。眼间距为眼径的 8.62 倍。内吻须长为吻长的 0.60 倍。口角须长为头长的 0.45 倍。尾柄长为尾柄高的 2.07 倍。背鳍前距为体长的 55%。

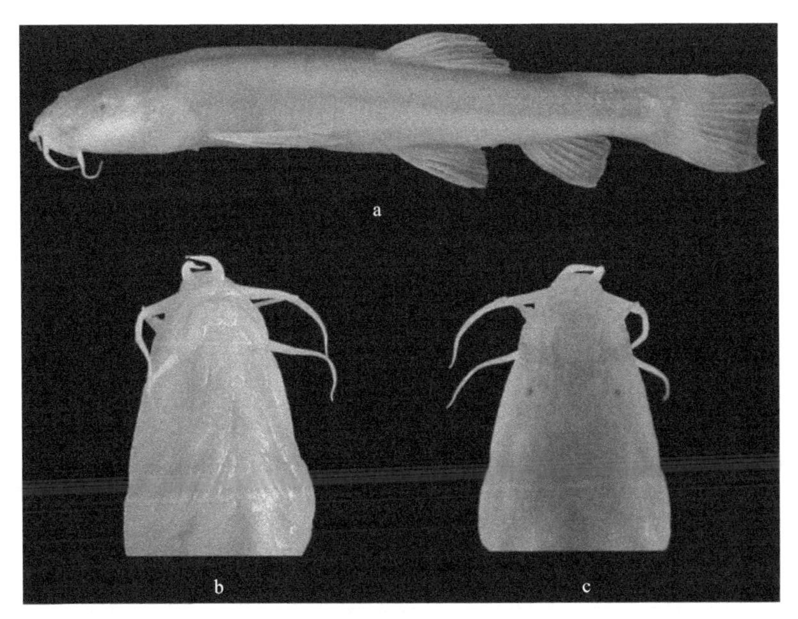

图 61　东兰岭鳅 *Oreonectes donglanensis* Wu（引自蓝家湖等，2013）
a. 体侧面；b. 头部腹面；c. 头部背面

身体延长，前躯呈圆筒形，后躯显著侧扁。尾柄高，侧扁。身体最高处位于背鳍起点。头平扁。吻圆钝，吻长小于眼后头长。口下位。上唇光滑；下唇分左右 2 叶，表面具浅皱，中央具 1 浅沟。上颌前缘具齿状突起，下颌匙状。须 3 对，外吻须最长；外吻须和口角须后伸都可达眼后缘的垂直下方。前后鼻孔分开 1 短距，前鼻孔位于管状突起中，管状突起末端延长成须状，鼻须后压可达眼前缘。眼小，退化呈 1 小黑点状。身体裸露无鳞。头部侧线管系统不发达。侧线不完全，终止于胸鳍基部后端上方。

背鳍短小，位置较后，背鳍起点至尾鳍基距离短于至吻端的距离；背鳍外缘平截。胸鳍短小，其长度超过胸鳍起点至腹鳍起点距离的 1/2。腹鳍起点后于背鳍起点，末端可伸达肛门。肛门位于臀鳍起点之前。臀鳍外缘平截。尾柄上下具明显的软鳍褶，末端与尾鳍基相连；背面鳍褶起点约与臀鳍的第 4 根分支鳍条基部相对；腹面鳍褶起点位于臀鳍基后缘。尾鳍叉形，上下叶略圆钝。

体色：生活时身体浅褐色，鳃部略红；头背面、身体侧面和背部具灰色色素；腹部无色素，略白；各鳍透明，无色素。浸制标本体呈姜黄色。

分布：广西东兰县泗孟乡，属红水河水系。

(27) 小眼岭鳅 *Oreonectes microphthalmus* Du, Chen *et* Yang, 2008（图 62）

Oreonectes microphthalmus Du, Chen *et* Yang, 2008, Zootaxa, 1729(1): 23-36.

背鳍 iii-10(13)、iii-11(1)；胸鳍 i-10(7)、i-11(7)；腹鳍 i-6(5)、i-7(9)；臀鳍 iii-6(10)、iii-7(4)；尾鳍分支鳍条 14(8)。

体长为体高的 5.21-8.69（平均 6.65）倍，为头长的 3.40-4.37（平均 3.76）倍，为尾柄长的 6.54-11.35（平均 7.88）倍，为尾柄高的 7.98-10.92（平均 9.23）倍。头长为吻长的 2.34-2.82（平均 2.60）倍，为眼径的 19.80-33.75（平均 25.10）倍，为眼间距的 3.41-6.33（平均 5.00）倍。眼间距为眼径的 3.67-7.33（平均 5.16）倍。头高为头宽的 0.68-0.94（平均 0.79）倍。内吻须长为吻长的 0.32-0.55（平均 0.41）倍。口角须长为头长的 0.15-0.28（平均 0.21）倍。尾柄长为尾柄高的 0.76-1.54（平均 1.19）倍。背鳍前距为体长的 46%-55%。

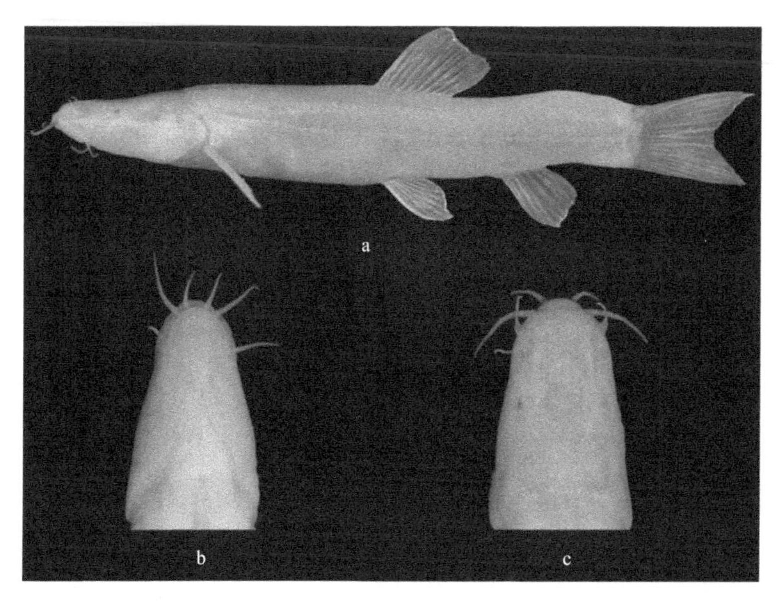

图 62 小眼岭鳅 *Oreonectes microphthalmus* Du, Chen *et* Yang（引自蓝家湖等，2013）
a. 体侧面；b. 头部腹面；c. 头部背面

体延长，头略平扁，后躯侧扁。吻尖，吻长小于眼后头长。口下位。唇薄，表面光滑，下唇中央具缺刻。须 3 对，不发达，内吻须后伸可达前鼻孔，外吻须后伸可达后鼻孔后缘，口角须后伸可达眼后缘。前后鼻孔分开 1 短距，前鼻孔位于 1 短管中，末端延长成须状。眼退化，仅残留 1 小黑点。

背鳍起点距吻端的距离大于背鳍起点距尾鳍基的距离，背鳍外缘平截。胸鳍后伸可达胸鳍起点至腹鳍起点间距的 1/2。腹鳍起点与背鳍起点相对或稍后，腹鳍末端后伸不达肛门。肛门近臀鳍起点。尾柄上下缘具发达的软鳍褶。尾鳍叉形。通体裸露无鳞或体表被有退化程度不一的鳞片。侧线不完全，终止于胸鳍末端之前。

体色：生活时身体透明，鳃部呈鲜红色。浸制标本体呈淡乳白色，无色素；各鳍透明无色。

分布：广西罗城县天河镇，距天河镇约 3km 一洞穴中，属柳江水系。

(28) 大鳞岭鳅 *Oreonectes macrolepis* Huang, Du, Chen *et* Yang, 2009（图 63）

Oreonectes macrolepis Huang, Du, Chen *et* Yang, 2009, Zool. Res., 30(4): 445-448.

背鳍 iii-9(1)、iii-10(13)、iii-11(2)；胸鳍 i-10(1)、i-11(13)、i-12(2)，腹鳍 i-5(1)、i-6(12)、i-7(3)；臀鳍 iii-6(11)、iii-7(5)；尾鳍分支鳍条 14(15)。第 1 鳃弓外侧鳃耙 12(1)、13(1)。脊椎骨 4+36(1)、4+37(1)。

体长为体高的 4.73-6.83（平均 5.32）倍，为头长的 3.08-3.99（平均 3.74）倍，为尾柄长的 6.44-8.68（平均 7.54）倍，为尾柄高的 6.99-9.62（平均 7.91）倍。头长为吻长的 2.07-2.48（平均 2.25）倍，为眼径的 27.80-88.00（平均 51.40）倍，为眼间距的 2.71-3.66（平均 3.29）倍。眼间距为眼径的 8.00-25.50（平均 15.67）倍。头高为头宽的 0.70-0.84（平均 0.76）倍。内吻须长为吻长的 0.41-0.57（平均 0.50）倍。口角须长为头长的 0.23-0.37（平均 0.31）倍。尾柄长为尾柄高的 0.90-1.22（平均 1.05）倍。背鳍前距为体长的 54%-59%。

体延长，头平扁；前躯略呈圆筒形，后躯侧扁。吻圆钝，吻长小于眼后头长。口下位。唇表面光滑。下颌匙状。须 3 对，内吻须后伸可达前鼻孔的垂直下方，外吻须后伸可达眼前缘的垂直下方，口角须后伸可达眼后缘的垂直下方。前后鼻孔分开 1 短距，前鼻孔位于管状突起中，末端延长成须状。眼退化，仅残留 1 黑色眼点。

图 63　大鳞岭鳅 *Oreonectes macrolepis* Huang, Du, Chen *et* Yang（引自蓝家湖等，2013）

背鳍位置较后，背鳍起点至吻端的距离大于背鳍起点至尾鳍基的距离。胸鳍长约为胸、腹鳍基部起点之间距离的 1/2 或略超过。腹鳍起点与背鳍的第 2 根分支鳍条相对，末端不达或将达肛门。臀鳍基部接近肛门。尾柄上、下具有发达的软鳍褶，尾柄上缘鳍褶向前延伸不达背鳍基后缘。尾鳍叉形。

除头、胸、腹部外，身体其他部位被有细密的鳞片，沿侧线的鳞片较大。侧线不完全，具 5-12 个侧线孔。头部侧线管系统发达，眶下管孔为 3+（6-7）；眶上管孔为 7-8；颞颥管孔为 2+2，颚骨—鳃盖管孔为 8-9。胃“U”形，肠直。鳔 2 室，前室包裹于 1 骨质鳔囊中，骨质鳔囊侧囊的后壁为膜质；后室为发达的膜质室，游离于腹腔中，通过 1 短管与前室相连，末端可伸达腹鳍起点。

体色：活体粉红色，半透明，见光几天后，由于色素沉着，使头和身体背部散布黑色色素点。浸制标本呈淡黄色，除头和身体背部散布黑色色素点外，身体其他部分无色斑。

分布：仅分布于广西环江县大才乡，属柳江水系龙江支流。

(29) 都安岭鳅 *Oreonectes duanensis* Lan, 2013（图 64）

Oreonectes duanensis Lan, 2013, In: Lan *et al*., Cave Fishes of Guangxi, China: 76.

背鳍 iii-9(7)、iii-10(1)；胸鳍 i-11(4)、i-12(3)；腹鳍 i-6(3)、i-7(4)；臀鳍 iii-6(7)、iii-7(1)；尾鳍分支鳍条 13(1)、14(7)。第 1 鳃弓外侧鳃耙 13(1)。脊椎骨 4+34(1)。

测量标本 6 尾，体长为体高的 4.51-6.30（平均 5.31）倍，为头长的 3.40-4.13（平均 3.87）倍，为尾柄长的 6.19-8.04（平均 7.03）倍，为尾柄高的 6.33-8.61（平均 7.62）倍。头长为吻长的 2.00-2.66（平均 2.34）倍，为眼径的 7.27-29.22（平均 13.38）倍，为眼间距的 2.30-3.71（平均 3.00）倍。眼间距为眼径的 2.27-10.72（平均 4.69）倍。头高为头宽的 0.62-0.95（平均 0.79）倍。内吻须长为吻长的 0.44-0.74（平均 0.58）倍。口角须长为头长的 0.25-0.38（平均 0.32）倍。尾柄长为尾柄高的 0.92-1.33（平均 1.09）倍。背鳍前距为体长的 51%-57%。

身体延长，前躯呈圆筒形，后躯显著侧扁。尾柄高，侧扁。身体最高处位于背鳍起点前方。头略平扁。吻圆钝，吻长小于眼后头长。口下位。下唇表面具浅皱。上颌无齿状突起，下颌匙状。须 3 对，内吻须后伸可达鼻孔后缘的垂直下方；外吻须和口角须后伸都可达眼后缘的垂直下方。前后鼻孔几乎相连，前鼻孔位于管状突起中，管状突起末端延长成须状，鼻须后压超过后鼻孔。眼小，退化呈 1 小黑点状。头部和胸、腹部裸露，体侧鳞片隐于皮下。无侧线。头部侧线管系统不明显。

背鳍短小，位置较后，背鳍起点至尾鳍基距离短于至吻端的距离；背鳍外缘平截。胸鳍短小，其长度不及胸鳍起点至腹鳍起点距离的 1/2。腹鳍起点约与背鳍起点相对，腹鳍不伸达肛门。肛门位于臀鳍起点之前。臀鳍外缘平截。尾柄上下具明显的软鳍褶，末端与尾鳍基相连；背面鳍褶起点位于背鳍基后缘；腹面鳍褶起点位于臀鳍基后缘。尾鳍叉形，上下叶略圆钝。

胃呈“U”形，肠直。鳔 2 室，前室包裹于 1 骨质鳔囊中，骨质鳔囊侧囊的后壁为膜质；后室为发达的膜质室，游离于腹腔中，通过 1 短管与前室相连，鳔后室末端近腹鳍起点。

图 64　都安岭鳅 *Oreonectes duanensis* Lan（引自蓝家湖等，2013）
a. 体侧面；b. 头部腹面；c. 头部背面

体色：生活时通体粉红色，半透明状；无色斑，各鳍透明；鳍褶白色透明。浸制标本体呈黄色，身体和鳍褶不透明，鳍褶颜色略深；各鳍白色，身体无色斑。

分布：广西都安县澄江镇一洞穴，属红水河水系澄江支流。

(30) 透明岭鳅 *Oreonectes translucens* Zhang, Zhao *et* Zhang, 2006（图 65）

Oreonectes translucens Zhang, Zhao *et* Zhang, 2006, Zool. Studies, 45(4): 611-615.

背鳍 iii-8；臀鳍 iii-6；胸鳍 i-11；腹鳍 i-6；尾鳍分支鳍条 16。体长为体高的 7.0-7.6 倍，为头长的 4.1-4.3 倍。头长为头宽的 1.8-1.9 倍，为头高的 2.0-2.1 倍。尾柄长为尾柄高的 2.8-3.2 倍。

体延长，后躯背鳍起点至尾鳍基侧扁。头略平扁。吻端圆钝。无眼。前后鼻孔相隔 1 短距，前鼻孔位于短管中，短管斜截，末端延长成须状。口下位，圆弧形。上下唇表面光滑，下唇左右不相连，中央具缺刻。须 3 对，口角须不及头长的 1/2；外吻须伸达后鼻孔中间位置；内吻须伸达前后鼻孔起点。身体裸露无鳞。侧线不完全，仅在头后面体侧具 3-4 个侧线孔。头部侧线系统发达。

背鳍短，背鳍起点位于体中部靠后的位置。臀鳍紧靠肛门之后。胸鳍长，几乎接近腹鳍起点，大于体长的 1/5。腹鳍略超过肛门，腹鳍起点约与背鳍起点相对。脂鳍发达、软，呈半透明状；脂鳍背面起点与臀鳍起点相对，沿尾柄向后延伸，与尾鳍相连。

体色：生活时体呈半透明状。乙醇保存的标本呈灰色，通体无色素。

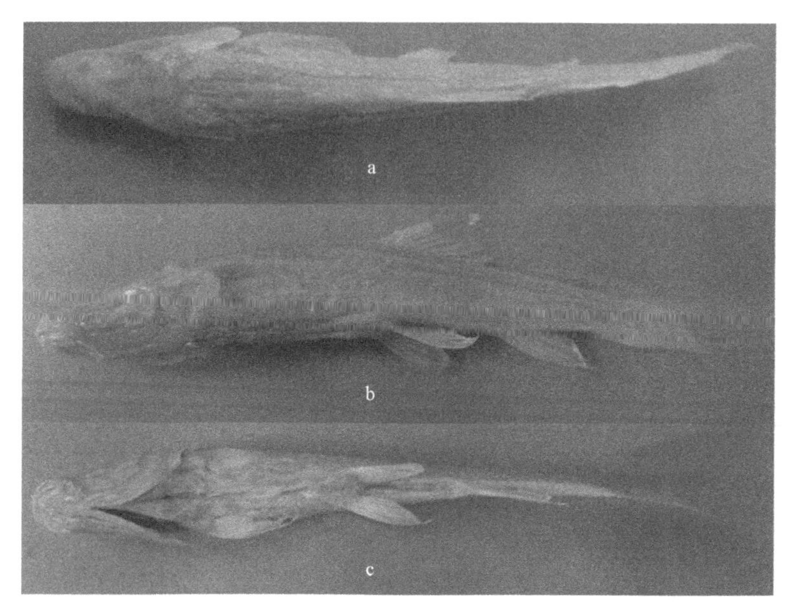

图 65 透明岭鳅 *Oreonectes translucens* Zhang, Zhao *et* Zhang（引自蓝家湖等，2013）

a. 背面观；b. 侧面观；c. 腹面观

模式标本采集点：24.3°N，107.9°E，海拔 377m。

分布：仅分布于广西都安县下坳镇下坳洞，属红水河水系。

(31) 弓背岭鳅 *Oreonectes acridorsalis* Lan, 2013（图 66）

Oreonectes acridorsalis Lan, 2013, In: Lan *et al.*, Cave Fishes of Guangxi, China: 68.

背鳍 iii-7(1)、iii-8(1)、iii-9(2)、iii-10(1)；胸鳍 i-10(2)、i-11(2)、i-12(1)；腹鳍 i-6(5)；臀鳍 iii-5(2)、iii-6(3)；尾鳍分支鳍条 13(2)、14(3)。

测量标本 5 尾，体长为体高的 6.27-7.39（平均 6.86）倍，为头长的 3.33-3.50（平均 3.38）倍，为尾柄长的 5.14-6.58（平均 5.92）倍，为尾柄高的 10.73-15.96（平均 13.86）倍。头高为头宽的 0.69-0.93（平均 0.80）倍。口角须长为头长的 0.19-0.32（平均 0.25）倍。尾柄长为尾柄高的 1.71-3.11（平均 2.37）倍。背鳍前距为体长的 55%-61%。

身体延长，侧扁。头部平扁，左右颊部在口角至主鳃盖骨前缘之间有带状肉质突起。背部轮廓自吻端向上延伸，至背鳍起点前方达到高处，然后向后下降；腹部轮廓略平。吻圆钝，平扁；吻部向左右两侧扩大。口下位，弧形。上下唇相连，下唇表面具浅皱。上颌弧形，下颌匙状。须 3 对，吻须短于口角须；内吻须后伸不达口角须起点。前后鼻孔不相连，分开 1 短距，前鼻孔位于 1 短管状突起中，左右两侧短管水平斜向前、向外延伸，管状末端平截。无眼。通体无鳞。无侧线。头部侧线管系统不发达。

背鳍起点位于体中部靠后的位置，基部长，外缘平截，末端超过臀鳍起点上方。胸鳍扇形，可伸达胸鳍起点至腹鳍起点之间的中点。腹鳍较短，起点位于背鳍起点前方，后伸不达肛门。肛门位于臀鳍起点之前。臀鳍外缘平截。尾柄上下具明显的软鳍褶，末端与尾鳍基相连，背面鳍褶起点位于背鳍基后缘；腹面鳍褶起点位于臀鳍基后缘。尾鳍叉形，上、下叶略圆钝。

胃呈“U”形，肠直。鳔2室，前室包裹于1骨质鳔囊中，骨质鳔囊侧囊的后壁为膜质；后室为发达的膜质室，游离于腹腔中，通过1短管与前室相连，鳔后室末端近腹鳍起点。

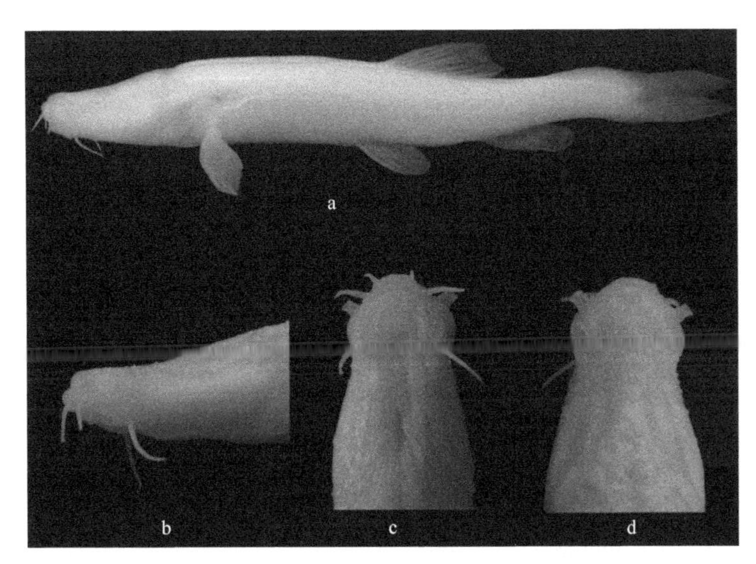

图66　弓背岭鳅 *Oreonectes acridorsalis* Lan（引自蓝家湖等，2013）
a. 体侧面；b. 头部侧面；c. 头部腹面；d. 头部背面

体色：生活时通体粉红色，半透明状；无色斑，各鳍透明；鳍褶白色透明。浸制标本体呈黄色，身体和鳍褶不透明，鳍褶颜色略深；各鳍白色，身体无色斑。

分布：广西天峨县岜暮乡附近一洞穴，属红水河水系。

(32) 弱须岭鳅 *Oreonectes barbatus* Gan, 2013（图67）

Oreonectes barbatus Gan, 2013, In: Lan *et al*., Cave Fishes of Guangxi, China: 72.

背鳍 iii-8(1)、iii-9(6)、iii-10(1)；胸鳍 i-10(5)、i-11(2)、i-12(1)；腹鳍 i-6(8)；臀鳍 ii-5(2)、ii-6(6)；尾鳍分支鳍条 14(7)。

测量标本8尾。体长为体高的5.30-6.84（平均6.22）倍，为头长的2.60-3.50（平均2.97）倍，为尾柄长的5.68-7.03（平均6.40）倍，为尾柄高的9.39-14.52（平均11.52）倍。头高为头宽的0.78-0.94（平均0.84）倍。胸鳍长为胸鳍至腹鳍起点距离的0.71-0.96（平均0.83）倍。腹鳍长为腹鳍至臀鳍起点距离的0.74-0.88（平均0.79）倍。尾柄长为尾柄高的1.35-2.17（平均1.81）倍。尾鳍最长鳍条为尾鳍最短鳍条的1.15-1.94（平均1.58）倍。背鳍前距为体长的53%-70%。

身体延长，侧扁。头部平扁，头宽大于头高。吻圆钝，吻部前端略向左右两侧扩大。

口下位，口裂呈马蹄形。上下唇在口角处相连。上唇光滑；下唇前缘表面具细小乳突。上颌弧形，下颌匙状。须 3 对，较纤细，吻须短于口角须；吻须后伸不达口角须起点。前后鼻孔不相连，分开 1 短距，前鼻孔位于 1 短管状突起中，短管向后斜截，末端残留 1 短须（须长不及管孔之半）。无眼。头背面靠前位置内陷。通体无鳞。无侧线。头部侧线管系统不发达。

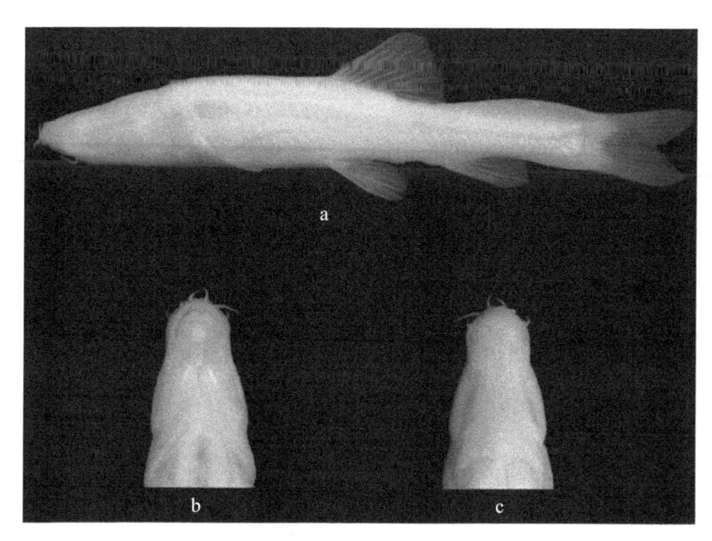

图 67　弱须岭鳅 *Oreonectes barbatus* Gan（引自蓝家湖等，2013）

a. 体侧面；b. 头部腹面；c. 头部背面

背鳍起点位于体中部靠后的位置，基部长、外缘平截，末端可达臀鳍起点的垂直上方。胸鳍长，可伸达胸鳍起点至腹鳍起点距离的 2/3。腹鳍起点略前于背鳍起点或相对，后伸接近或仅达肛门。肛门略后于背鳍基后缘垂直下方。臀鳍外缘平截或略凸。尾柄上下具明显的软鳍褶，末端与尾鳍基相连；背面鳍褶起点位于臀鳍第 1-4 根分支鳍条根部的垂直上方；腹面鳍褶起点位于臀鳍基后缘。尾鳍深分叉，上叶末端略尖，下叶末端圆钝。

体色：生活时通体粉红色，半透明状；身体无色斑，各鳍透明；鳍褶铅白色。浸制标本通体枯黄色，头部颜色略深；各鳍白色，身体无色斑。

分布：广西南丹县境内里湖乡附近一洞穴中，属柳江水系龙江支流上游的打狗河。

(33) 平头岭鳅 *Oreonectes platycephalus* Günther, 1868（图 68）

Oreonectes platycephalus Günther, 1868, Cat. Fish. British Mus., 7: 357; Herre, 1934, Lingnan Sci. J., 13(2): 288; Nichols, 1943, Nat. Hist. Central Asia, 9: 210; Fisheries Research Institute of Guangxi Zhuang Autonomous Region *et* Institute of Zoology, Chinese Academy of Sciences, 1981, Freshwater Fishes of Guangxi, China: 161; Zheng, 1989, The Fishes of Pearl River: 46; Zhu, 1989, The Loaches of the Subfamily Nemacheilinae in China (Cypriniformes: Cobitidae): 23; Pearl River Fisheries Research Institute, Chinese Academy of Fishery Sciences *et al.*, 1991, The Freshwater Fishes of Guangdong Province: 245.

Homaloptera (*Octonema*) *rotundicauda* Martens, 1868, Monatsber, Ak. Wiss. Berlin: 608.

Oreonectes yenlingi Lin, 1932, Lingnan Sci. J., 11(3): 380; Nichols, 1943, Nat. Hist. Central Asia, 9: 210.

别名：平头八须鳅（李思忠：《中国淡水鱼类的分布区划》）。平头平鳅（朱松泉：《中国条鳅志》）。

测量标本 15 尾；体长 35.5-74.0mm；采自广东罗浮山和广西金秀，均属珠江水系。

背鳍 ii-6-7；臀鳍 iii-5；胸鳍 i-10；腹鳍 i-6-7；尾鳍分支鳍条 13-15。第 1 鳃弓内侧鳃耙 11-14。脊椎骨（4 尾标本）4+32-33。

体长为体高的 5.1-7.4 倍，为头长的 4.8-5.2 倍，为尾柄长的 6.7-7.6 倍。头长为吻长的 2.3-2.9 倍，为眼径的 5.6-8.2 倍，为眼间距的 1.9-2.4 倍。眼间距为眼径的 2.5-3.6 倍。尾柄长为尾柄高的 1.0-1.3 倍。

身体延长，前躯呈圆筒形，后躯侧扁，尾柄较高，其高度向尾鳍方向几乎不减。头部平扁，顶部宽平，头宽大于头高。吻长等于或短于眼后头长。前鼻孔与后鼻孔分开 1 短距，前鼻孔短管状，鼻管顶端延长如须，如压低该鼻管时，须的末端达到后鼻孔。眼小，侧上位，眼间隔宽。口亚下位或下位。唇狭，唇面光滑或有浅皱。下颌匙状，一般不露出。须较长，外吻须和口角须都可伸达眼后缘之下，后者有时可伸达主鳃盖骨。除头部外，整个身体被小鳞，胸、腹部被鳞。侧线不完全，很短，终止在胸鳍上方。

背鳍短小，位置较后，其基部起点至吻端的距离为体长的 58%-62%，背鳍背缘外凸，呈半圆形。胸鳍外周缘常呈锯齿形缺刻，胸鳍长约为胸、腹鳍基部起点之间距离的 2/3 或接近 1/2。腹鳍位置较前，整个腹鳍基部相对于背鳍基部起点的前方，末端不伸达肛门（其间距等于 0.5-1.5 个眼径）。尾鳍后缘外凸，呈圆弧形，上叶稍长。

体色（甲醛溶液浸存标本）：基色浅棕色或浅黄色，背、侧部褐色，尾鳍末端有 1 深褐色横条纹。各鳍通常无斑纹或背、尾鳍有小斑点。

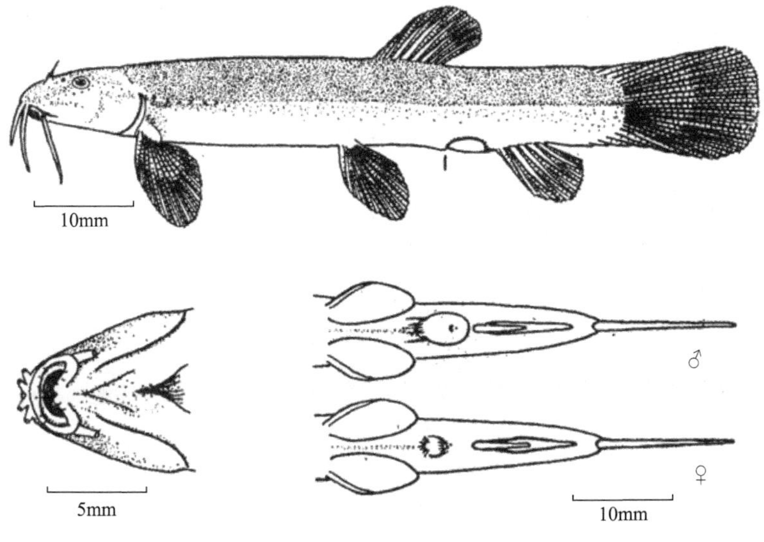

图 68　平头岭鳅 *Oreonectes platycephalus* Günther（仿朱松泉，1989）

鳔后室为长卵圆形的膜质室，前端通过 1 长的细管与前室相连，游离于腹腔中，其末端达到相当于胸鳍的上方。但鳔后室的膜壁增厚变硬，呈现萎缩趋势。

分布：广东罗浮山、白云山，广西金秀、融安、昭平，以上都属珠江水系；香港。

(34) 罗城岭鳅 *Oreonectes luochengensis* Yang, Wu, Wei *et* Yang, 2011（图 69）

Oreonectes luochengensis Yang, Wu, Wei *et* Yang, 2011, Zool. Res., 32(2): 208-211.

测量标本 15 尾。背鳍 iii-7(15)；胸鳍 i-11(9)、i-12(6)；腹鳍 i-6(7)、i-7(8)；臀鳍 iii-5(15)；尾鳍分支鳍条 14(1)、15(14)。第 1 鳃弓外侧鳃耙 13(1)、14(2)。脊椎骨 4+34(2)、4+35(1)。

体长为体高的 5.58-6.69（平均 6.02）倍，为头长的 4.37-4.86（平均 4.68）倍，为尾柄长的 6.51-8.28（平均 7.23）倍，为尾柄高的 8.44-10.51（平均 9.27）倍。头长为吻长的 2.21-2.67（平均 2.40）倍，为眼径的 7.60-9.22（平均 8.43）倍，为眼间距的 2.75-3.23（平均 2.91）倍。眼间距为眼径的 2.35-3.28（平均 2.90）倍。头高为头宽的 0.71-0.83（平均 0.77）倍。内吻须长为吻长的 0.58-0.90（平均 0.72）倍。口角须长为头长的 0.33-0.57（平均 0.42）倍。尾柄长为尾柄高的 1.07-1.5（平均 1.29）倍。背鳍前距为体长 57%-60%。

身体延长，前躯呈圆筒形，后躯侧扁。尾柄高，侧扁。头平扁，顶部宽平。吻圆钝，吻长小于眼后头长。口下位。下唇表面具浅皱。上颌无齿状突起，下颌匙状。须 3 对，内吻须后伸可达后鼻孔的垂直下方，近眼前缘；外吻须和口角须后伸可达眼后缘的垂直下方。前后鼻孔分开 1 短距，前鼻孔位于管状突起中，管状突起末端延长成须状，鼻须后压可达后鼻孔。眼明晰。头部和胸腹部无鳞，体侧鳞片不明显，或隐于皮下。侧线不完全，具 6-13 个侧线孔。多数个体头部无侧线管系统，极少数个体头部侧线系统发达。

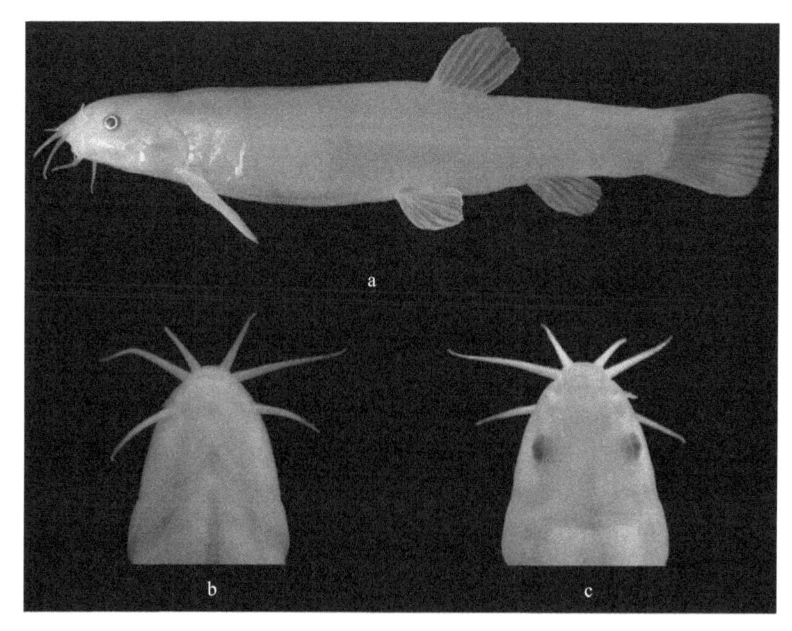

图 69　罗城岭鳅 *Oreonectes luochengensis* Yang, Wu, Wei *et* Yang（引自蓝家湖等，2013）
a. 体侧面；b. 头部腹面；c. 头部背面

背鳍短小，具 7 根分支鳍条，背鳍外缘圆弧形。胸鳍分支鳍条 11 或 12 根，胸鳍外周缘常呈锯齿状缺刻，胸鳍长为胸、腹鳍基部起点之间距离的一半。腹鳍位置较前，具 7 根分支鳍条，腹鳍起点位于背鳍起点之前，腹鳍后伸不达肛门。臀鳍起点约与背鳍基后缘相对，臀鳍基距肛门约为 2 倍眼径的距离。尾柄上下具无明显的软鳍褶。尾鳍平截，具 14-16 根分支鳍条。胃呈“U”形，肠直。鳔 2 室，前室包裹于 1 骨质鳔囊中，骨质鳔囊侧囊的后壁为膜质；后室为发达的膜质室，游离于腹腔中，通过 1 短管与前室相连，短管末端近胸鳍末端，鳔后室末端近腹鳍起点。

体色：活体标本全身乳白色，呈半透明状，体侧偶见血管，身体无色斑。偶有小个体标本体色略深，具色素。经甲醛浸泡的标本，体呈乳黄色，不透明，各鳍白色，身体无色斑。活体在光照条件下身体色素沉积较快，人工饲养 2 或 3 天，其体色即变得与地表种类相似。

分布：本种已知的分布点仅为广西罗城县天河镇，距天河镇约 2km 一小山洞，属柳江水系龙江支流。

(35) 多斑岭鳅 *Oreonectes polystigmus* Du, Chen *et* Yang, 2008（图 70）

Oreonectes polystigmus Du, Chen *et* Yang, 2008, Zootaxa, 1729(1): 23-36.

背鳍 iii-5(1)、iii-7(13)；胸鳍 i-10(11)、i-11(3)；腹鳍 i-6(14)；臀鳍 iii-5(13)、iii-6(1)；尾鳍分支鳍条 14(7)、15(7)。

体长为体高的 4.69-6.10（平均 5.36）倍，为头长的 3.94-4.87（平均 4.25）倍，为尾柄长的 5.72-10.02（平均 7.45）倍，为尾柄高的 7.30-10.26（平均 8.44）倍。头长为吻长的 2.46-2.82（平均 2.62）倍，为眼径的 4.25-7.06（平均 5.34）倍，为眼间距的 2.58-3.16（平均 2.89）倍。眼间距为眼径的 1.55-2.31（平均 1.84）倍。头高为头宽的 0.72-0.91（平均 0.79）倍。内吻须长为吻长的 0.92-1.27（平均 1.09）倍。口角须长为头长的 0.42-0.67（平均 0.53）倍。尾柄长为尾柄高的 0.83-1.52（平均 1.16）倍。背鳍前距为体长的 51%-64%。

体延长，头平扁，头宽大于头高。前躯略呈圆筒形，后躯侧扁。吻圆钝，吻长小于眼后头长。口下位。唇薄，表面光滑。下颌匙状。须 3 对，内吻须后伸可达眼后缘的垂直下方；外吻须后伸可达鳃盖骨的垂直下方，口角须后伸可达胸鳍起点。前后鼻孔分开 1 短距，前鼻孔位于管状突起中，末端延长成须状。眼正常。

背鳍起点距吻端的距离大于背鳍起点至尾鳍基的距离，背鳍外缘略凸。胸鳍长约为胸、腹鳍基部起点之间距离的 1/2。腹鳍起点位于背鳍起点前下方，末端后伸达肛门。臀鳍基部起点接近肛门。尾柄上下无软鳍褶。尾鳍圆弧形。

除头部外，身体其他部位被细密的鳞片。侧线不完全，具 6-8 个侧线孔，终止于胸鳍末端之前。头部侧线管系统发达，眶下管孔为 4+8；眶上管孔为 7；颞颥管孔为 2+2；颚骨—鳃盖管孔为 7。鳔 2 室，前室包裹于 1 骨质鳔囊中；后室为发达的膜质室，游离于腹腔中，通过 1 短管与前室相连。

体色：生活时体褐色，体侧散布不规则的黑色斑点。部分标本尾鳍和背鳍基部也具褐色细斑，其余各鳍无色。体侧沿中轴具 1 深黑色条纹。浸制标本呈黄色，体侧不规则黑色斑点明显，沿体侧中线黑色条纹较生活时淡。

分布：广西桂林雁山区大埠等地溶洞，以及富川县境内福利、新华等乡镇，桂江、贺江均有分布。

图 70 多斑岭鳅 *Oreonectes polystigmus* Du, Chen *et* Yang（引自蓝家湖等，2013）

(36) 关安岭鳅 *Oreonectes guananensis* Yang, Wei, Lan *et* Yang, 2011（图 71）

Oreonectes guananensis Yang, Wei, Lan *et* Yang, 2011, Journal of Guangxi Normal University (Nat. Sci. Edi.), 29(1): 72-75.

测量标本 16 尾。背鳍 iii-6(1)、iii-7(14)、iii-8(1)；臀鳍 iii-5(16)；胸鳍 i-9(1)、i-10(12)、i-11(3)；腹鳍 i-6(7)、i-7(9)；尾鳍分支鳍条 13(1)、14(11)、15(4)。第 1 鳃弓外侧鳃耙 11(1)。脊椎骨 4+32(1)。

体长为体高的 5.00-6.21（平均 5.69）倍，为头长的 4.38-5.11（平均 4.73）倍，为尾柄长的 5.72-7.96（平均 6.93）倍，为尾柄高的 8.37-9.72（平均 8.88）倍。头长为吻长的 2.15-2.53（平均 2.39）倍，为眼径的 5.23-7.90（平均 6.59）倍，为眼间距的 2.25-2.64（平均 2.48）倍。眼间距为眼径的 2.14-3.13（平均 2.66）倍。头高为头宽的 0.74-0.85（平均 0.77）倍。内吻须长为吻长的 0.91-1.37（平均 1.14）倍。口角须长为头长的 0.47-0.66（平均 0.58）倍。尾柄长为尾柄高的 1.06-1.60（平均 1.29）倍。背鳍前距为体长的 57%-61%。

身体延长，前躯呈圆筒形，后躯侧扁。尾柄高，侧扁。头平扁，顶部宽平，头宽明显大于头高。吻圆钝，吻长小于眼后头长。口下位。下唇表面具浅褶皱。上颌无齿状突起，下颌匙状。须 3 对，较长，内吻须后伸可达眼前缘或更后；外吻须和口角须后伸都可达主鳃盖骨。前后鼻孔分开 1 短距，前鼻孔位于管状突起中，管状突起末端延长成须状，鼻须后压可达后鼻孔。眼正常。头部和胸腹部无鳞，除胸、腹部外，身体其他部位被有细密的鳞片，胸腹鳞片隐于皮下。侧线不完全，具 7-13 个侧线孔，最后一个侧线孔不达胸鳍末端。头部具侧线管系统，眶下管孔为 3+(5-9)；眶上管孔为 6-8。

图 71　关安岭鳅 *Oreonectes guananensis* Yang, Wei, Lan *et* Yang（引自蓝家湖等，2013）

a. 体侧面；b. 头部腹面；c. 头部背面

背鳍短小，位置较后，背鳍后缘呈圆弧形。胸鳍外周缘常呈锯齿状缺刻，胸鳍长略小于胸、腹鳍基部起点之间距离的一半。腹鳍位置略前于背鳍起点的垂直下方，腹鳍短，后伸末端不达肛门。臀鳍起点靠后于背鳍后缘的垂直下方，距肛门为 1-2 倍眼径的距离。尾鳍略平截，上下端略呈圆弧形，尾柄上下具无明显的软鳍褶。胃呈“U”形，肠直。鳔 2 室，前室包裹于 1 骨质鳔囊中，骨质鳔囊侧囊的后壁为膜质；后室为发达的膜质室，游离于腹腔中，通过 1 短管与前室相连，鳔后室末端近腹鳍起点。

体色：基色浅棕色或淡黄色，后躯略红，背、侧部具不规则深褐色浊状斑，体侧沿侧线具 1 深褐色条纹。各鳍无斑纹。甲醛溶液浸泡标本体呈浅棕色，浊状斑退去，体侧沿侧线深褐色条纹明显，各鳍无斑纹。

分布：广西环江县境内的地下溶洞，属柳江水系龙江支流。

(37) 无眼岭鳅 *Oreonectes anophthalmus* Zheng, 1981（图 72）

Oreonectes anophthalmus Zheng, 1981, In: Fisheries Research Institute of Guangxi Zhuang Autonomous Region *et* Institute of Zoology, Chinese Academy of Sciences, Freshwater Fishes of Guangxi, China: 162; Zheng, 1989, The Fishes of Pearl River: 47; Zhu, 1989, The Loaches of the Subfamily Nemacheilinae in China (Cypriniformes: Cobitidae): 25.

未采到标本。以下描述根据 1981 年《广西淡水鱼类志》的原始描述和作者对广西壮族自治区水产研究所的 3 尾地模标本观察后整理而成。

测量标本 7 尾；体长 26.0-41.3mm，采自广西南宁市武鸣区城厢镇夏黄村起凤山太极洞。

背鳍 ii-7；臀鳍 ii-5；胸鳍 i-10；腹鳍 i-4；尾鳍分支鳍条 12。第 1 鳃弓内侧鳃耙 8-9。脊椎骨：4+32。

体长为体高的 6.1-8.2 倍，为头长的 4.0-4.3 倍。头长为上颌长的 3.2-3.7 倍，为口宽的 2.3-3.1 倍，为尾柄长的 1.3-1.5 倍，为尾柄高的 2.2-2.8 倍。尾柄长为尾柄高的 1.4-1.9 倍。

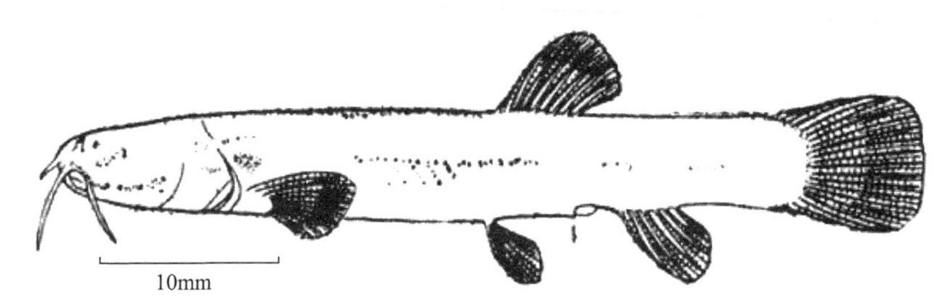

图 72 无眼岭鳅 *Oreonectes anophthalmus* Zheng（仿朱松泉，1989）

身体延长，前躯近圆筒形，后躯侧扁，尾柄较高，其高度至尾鳍方向几乎不减。头部宽扁，头长为头宽的 1.4-1.7 倍，头宽为头高的 1.3-1.5 倍，吻部圆钝。前鼻孔与后鼻孔分开 1 短距，前鼻孔短管状，鼻管顶端延长呈尖突；后鼻孔椭圆形，视之如“眼”。眼退化，外表无眼。口下位，弧形。唇光滑。上颌无齿形突起，下颌匙状。3 对须中以外吻须最长，其次为口角须。无鳞。皮肤光滑。侧线退化，据 3 尾地模标本观察，均未见到侧线孔。

背鳍背缘圆弧形，背鳍基部起点距吻端比距尾鳍基部为远，背鳍前距为体长的 60%。胸鳍短，其末端在胸、腹鳍基部起点之间的中点或中点略前。腹鳍只 4 根分支鳍条，其基部相对于背鳍基部起点的稍前，末端伸达肛门。尾鳍后缘外凸，呈圆弧形。

体色：生活时，全体半透明而略带肉红色，内脏及脊柱红色，眼眶内充以脂肪球，各鳍无色。经甲醛溶液浸泡后，全体灰白色，内部结构均不见。

鳔后室发达，为长卵圆形的膜质室，前端通过 1 长的细管和前室相连，游离于腹腔中，末端几乎达到腹腔的末端。

分布：广西（南宁市武鸣区太极洞的地下河中）。

8. 须鳅属 *Barbatula* Linck, 1790

Barbatula Linck, 1790, Mag. Nuest. Phys. Nat. Gotha: 38. **Type species**: *Cobitis barbatula* Linnaeus, 1758.

Orthrias Jordan *et* Fowler, 1903, Proc. U.S. nat. Mus., 24: 769. **Type species**: *Orthrias oreas* Jordan *et* Fowler, 1903=*Nemachilus nudus* Bleeker, 1865.

身体延长，前躯近圆筒形，后躯侧扁或尾柄较宽近圆形。须 3 对：1 对内吻须、1 对外吻须和 1 对口角须。前鼻孔与后鼻孔分开 1 短距，前鼻孔在鼻瓣膜前，瓣膜顶端无须状物。无鳞或只在后躯有稀疏的小鳞。侧线完全或不完全。腹鳍腋部无腋鳞状肉质鳍瓣。

第二性征：雄性胸鳍的不分支鳍条和外侧数根分支鳍条变宽变硬，背面呈垫状隆起，隆起表面布满小的刺状突起（或称绒毛状结节），繁殖季节过后，刺状突起渐少。

鳔的前室是中间 1 短横管相连的左右 2 膜质室，包于与其形状相似的骨质鳔囊中；后室存在或退化。骨质鳔囊侧囊的后壁为骨质。胃呈“U”形，肠自胃发出向后，在胃的后方前折，至胃的末端处再后折通肛门，绕折呈“Z”形。肩带无后匙骨。

本属已知 4 种及亚种，分布于中国、朝鲜、日本，以及欧洲各国。我国有 3 种及亚种。

种检索表

1 (4)　身体裸露无鳞；前鼻孔与后鼻孔明显分开；下唇近口角处正常，无后伸的唇叶

2 (3)　尾柄侧扁，尾柄起点处的宽小于尾柄高，第 1 鳃弓内侧鳃耙 11-13；脊椎骨 4+36-37（哈密、吐鲁番和托克逊）……………………………………………………………… 小眼须鳅 ***B. microphthalma***

3 (2)　尾柄近圆形，尾柄起点处的宽大于或等于尾柄高，第 1 鳃弓内侧鳃耙 13-16；脊椎骨 4+39-41（伊犁河、额敏河和玛纳斯河）……………………………………………………… 穗唇须鳅 ***B. labiata***

4 (1)　身体被小鳞，至少尾柄处具有；前鼻孔与后鼻孔多少分开；下唇近口角处有 1 后伸的唇叶（河北、内蒙古东部、辽宁、吉林、黑龙江及新疆的额尔齐斯河和乌伦古湖）………………………………………………………………………………………… 北方须鳅 ***B. barbatula nuda***

(38) 小眼须鳅 ***Barbatula microphthalma* (Kessler, 1879)**（图 73）

Diplophysa microphthalma Kessler, 1879, Mel. Biol. Bull. Acad. Sci. St. Petersb., 10: 269.

Nemachilus microphthalmus: Herzenstein, 1888, Zool. Theil., 3(2): 88; Li *et al.* (partial), 1966, Acta Zool. Sin., 18(1): 46; Institute of Zoology, Chinese Academy of Sciences *et al.*, 1979, Fishes of Xinjiang Province: 41.

Barbatula microphthalma: Zhu, 1989, The Loaches of the Subfamily Nemacheilinae in China (Cypriniformes: Cobitidae): 27.

别名：小眼条鳅（李思忠等：《新疆北部鱼类的调查研究》）。

测量标本 3 尾：体长 60-101mm；采自新疆吐鲁番和托克逊的自流水体。

背鳍 iv-7；臀鳍 iii-5；胸鳍 i-12-13；腹鳍 i-7-8；尾鳍分支鳍条 16。第 1 鳃弓内侧鳃耙 11-13。脊椎骨（2 尾标本）4+36-37。

体长为体高的 6.2-7.5 倍，为头长的 4.5-5.1 倍，为尾柄长的 4.7-6.0 倍。头长为吻长的 2.4-2.5 倍，为眼径的 7.4-8.1 倍，为眼间距的 3.6-4.0 倍。眼间距为眼径的 2.0-2.1 倍。尾柄长为尾柄高的 2.2-3.1 倍。

身体延长，稍侧扁，尾柄较高，尾柄起点处的宽小于尾柄高。头稍平扁，头宽大于

头高。吻长等于或稍小于眼后头长。眼小，侧上位。前鼻孔与后鼻孔分开 1 短距，前鼻孔在鼻瓣膜前。口下位。上唇缘有 1-3 行乳头状突起，呈流苏状；下唇面的乳头突起更发达。下颌匙状。须中等长，外吻须伸达鼻孔之下；口角须伸达眼中心和眼后缘的下方，个别稍超过眼后缘。无鳞。皮肤光滑。侧线完全。

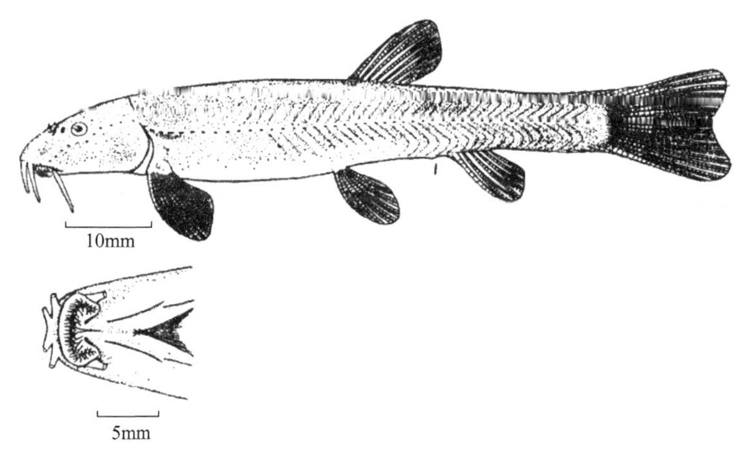

图 73 小眼须鳅 *Barbatula microphthalma* (Kessler)（仿朱松泉，1989）

背鳍背缘平截，背鳍基部起点至吻端的距离为体长的 52%-58%。胸鳍长约为胸、腹鳍基部起点之间距离的 1/2。腹鳍基部起点相对于背鳍基部起点稍前，末端不伸达肛门（其间隔为 1-1.5 个眼径）。尾鳍后缘微凹入，两叶圆。

体色（甲醛溶液浸存标本）：基色腹部浅黄色，背部浅褐色。背部在背鳍前后各有 4-6 块和 4-7 块褐色横斑，体侧有很多不规则的褐色斑纹和小斑块，有时沿侧线有 1 列褐色斑块。背、尾鳍有褐色斑点。

鳔的后室是 1 个膜质小室，前端有 1 长的细管和前室相连，细管的长度约是膜质小室长的 6 倍，游离于腹腔中，膜质小室的末端约达到相当于胸鳍末端的上方。

分布：新疆（哈密、吐鲁番和托克逊等地的自流水体）。个体小，数量少，无渔业价值。

(39) 穗唇须鳅 *Barbatula labiata* (Kessler, 1874)（图 74）

Diplophysa labiata Kessler, 1874, Bull. Soc. Sci. Moscou, 11: 59; Berg, 1949, Freshwater Fishes of The U.S.S.R. and Adjacent Countries, 2: 587.

Nemachilus labiatus: Herzenstein, 1888, Zool. Theil., 3(2): 81; Li *et al.*, 1966, Acta Zool. Sin., 18(1): 46; Institute of Zoology, Chinese Academy of Sciences *et al.*, 1979, Fishes of Xinjiang Province: 40.

Nemachilus (*Deuterophysa*) *labiatus*: Berg, 1949, Freshwater Fishes of The U.S.S.R. and Adjacent Countries, 2: 857.

Barbatula labiata: Zhu, 1989, The Loaches of the Subfamily Nemacheilinae in China (Cypriniformes: Cobitidae): 28.

别名：穗唇条鳅（李思忠等：《新疆北部鱼类的调查研究》）。

测量标本 12 尾；体长 96-200mm；采自新疆伊犁河和额敏河水系。

背鳍 iv-7；臀鳍 iii-5；胸鳍 i-13-16；腹鳍 i-7-8；尾鳍分支鳍条 16。第 1 鳃弓内侧鳃耙 13-16。脊椎骨（7 尾标本）4+39-41。

体长为体高的 6.6-8.6 倍，为头长的 4.8-5.4 倍，为尾柄长的 4.5-5.5 倍。头长为吻长的 2.3-2.8 倍，为眼径的 5.0-8.2 倍，为眼间距的 3.5-4.2 倍。眼间距为眼径的 1.7-2.3 倍，尾柄长为尾柄高的 2.9-3.3 倍。

身体延长，前躯圆筒形；尾柄低，横剖面近圆形，尾柄起点处的宽等于或稍大于尾柄高，只靠近尾鳍基部处侧扁。头部稍平扁，头宽大于头高。吻长稍短于眼后头长。前鼻孔与后鼻孔分开 1 短距，前鼻孔在鼻瓣膜前。眼小，侧上位。口下位。唇面多乳头状突起，上唇缘有 1-3 行，呈流苏状排列，下唇面的乳头状突起大而多，大个体甚至分布至颏部。下颌匙状，边缘稍露出。须中等长，外吻须后伸至鼻孔和眼前缘之间的下方；口角须末端超过眼后缘。无鳞。皮肤光滑。侧线完全。

背鳍背缘平截，背鳍基部起点至吻端的距离为体长的 30%-33%，最后一根不分支鳍条近基部处变硬。胸鳍较短，其长约为胸、腹鳍基部起点之间距离的 2/5。腹鳍基部起点相对于背鳍基部起点至第 1 根分支鳍条基部间，末端不伸达（常为大个体）或伸达肛门。尾鳍后缘稍凹入，两叶等长或下叶稍长。

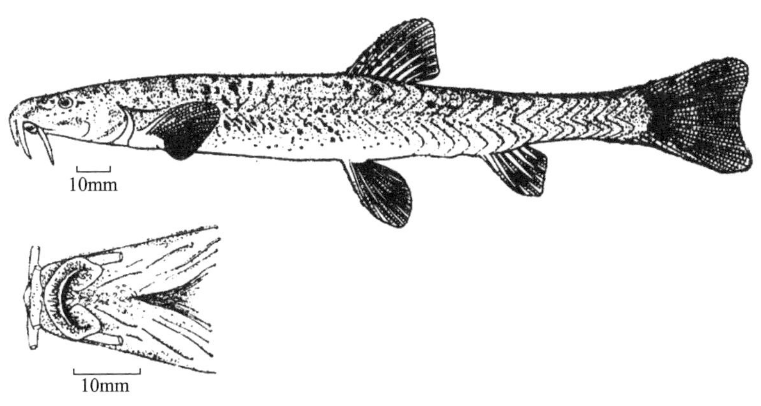

图 74　穗唇须鳅 *Barbatula labiata* (Kessler)（仿朱松泉，1989）

体色（甲醛溶液浸存标本）：基色浅黄色，背、侧部浅褐色。背部在背鳍前后各有 6-8 条不规则的深褐色横斑条，其宽度狭于两横斑条之间的间隔。体侧多不规则的短横条和小斑块。各鳍有少量褐色斑点。

鳔的后室是 1 卵圆形的小膜质室，前端有 1 长的细管和前室相连，细管的长约为膜质室长的 2 倍，游离于腹腔中，膜质室末端达到相当于胸鳍末和腹鳍基部起点之间的上方。

分布：新疆（伊犁河、额敏河和玛纳斯河等水系）；哈萨克斯坦的阿拉湖和巴尔喀什湖等地。

据 Berg（1949）报道，本种全长可达 320mm。间歇性产卵，整个繁殖季节的繁殖力是 38 000-60 000 卵。由于本种个体大，数量多，有一定的渔业价值。

(40) 北方须鳅 *Barbatula barbatula nuda* (Bleeker, 1865)（图 75）

Nemacheilus nudus Bleeker, 1865, Ned. Tijdschr. Dierk., 2: 12; Günther, 1868, Cat. Fish. British. Mus., 7: 341.

Cobitis toni Dybowski, 1869, Verh. Zool. -bot. Gas. Wien, 19: 957.

Diplophysa intermedia Kessler, 1876, In: Przewalskii "Mongolia i Strana Tangutow", 2(4): 28; Herzenstein, 1888, Zool. Theil., 3(2): 60.

Diplophysa nasalis Kessler, 1876, In: Przewalskii "Mongolia i Strana Tangutow", 2(4): 27; Herzenstein, 1888, Zool. Theil., 3(2): 86.

Nemacheilus pechiliensis Fowler, 1899, Proc. Acad. nat. Sci. Philad., 51: 181.

Orthrias oreas Jordan *et* Fowler, 1903, Proc. U.S. natn. Mus., 24: 769; Jordan *et al*., 1913, J. Coll. Sci. Imp. Uni. Tokyo, 38: 62.

Nemachilus barbatulus toni: Berg, 1907, Proc. U.S. Nat. Mus., 32: 438; Berg, 1949, Freshwater Fishes of The U.S.S.R. and Adjacent Countries, 2: 869; Nikolsky, 1960, Fishes of Amur River: 324; Li *et al*., 1966, Acta Zool. Sin., 18(1): 48.

Barbatula toni fowleri Nichols, 1925, Am. Mus. Novit., (171): 3; Shaw *et* Tchang, 1931, Bull. Fan. Mem. Inst. Biol., 2(5): 79; Tchang, 1959, Cyprinid Fishes in China: 123.

Barbatula toni: Mori, 1930, J. Chowen nat. Hist. Soc., (11): 8; Keitaro, 1939, The Fishes of Korea, (Part I): 450; Tchang, 1933, Zool. Sinica, Peiping (B), 2(1): 207; Tchang, 1959, Cyprinid Fishes in China: 121.

Barbatula toni toni: Shaw *et* Tchang, 1931, Bull. Fan. Mem. Inst. Biol., 2(5): 78; Nichols, 1943, Nat. Hist. Central Asia, 9: 216.

Barbatula toni kirinensis Tchang, 1932, Bull. Fan. Mem. Inst. Biol., 3(8): 115; Tchang, 1933, Zool. Sinica, Peiping (B), 2(1): 109; Tchang, 1959, Cyprinid Fishes in China: 122.

Barbatula (*Barbatula*) *toni fowleri*: Nichols, 1943, Nat. Hist. Central Asia, 9: 216.

Oreias toni: Jordan *et* Metz, 1931-1941, Mem. Cornegie Mus., 6(1): 13.

Nemacheilus toni: Zheng *et al*., 1980, Fishes of Tumen River: 69.

Barbatula barbatula nuda: Zhu, 1989, The Loaches of the Subfamily Nemacheilinae in China (Cypriniformes: Cobitidae): 29; Wang, 1994, Fishes, Amphibian and Reptiles in Beijing: 136.

别名：巴鳅（张春霖：《中国系统鲤类志》）；董氏条鳅（李思忠：《中国淡水鱼类的分布区划》）。

测量标本 59 尾；体长 53-202mm；采自内蒙古的达里湖、吉林的图们江、黑龙江的漠河和新疆的大清河。

背鳍 iv-6-7（个别为 6）；臀鳍 iii-iv-5；胸鳍 i-10-11；腹鳍 i-6-7；尾鳍分支鳍条 15-16（个别为 15）。第 1 鳃弓内侧鳃耙 9-12。脊椎骨（16 尾标本）4+36-40。

体长为体高的 5.6-8.9 倍，为头长的 3.8-5.6 倍，为尾柄长的 4.2-7.6 倍。头长为吻长的 2.1-2.7 倍，为眼径的 5.0-7.8 倍，为眼间距的 3.6-4.3 倍。眼间距为眼径的 1.1-1.9 倍。尾柄长为尾柄高的 1.8-2.8 倍。

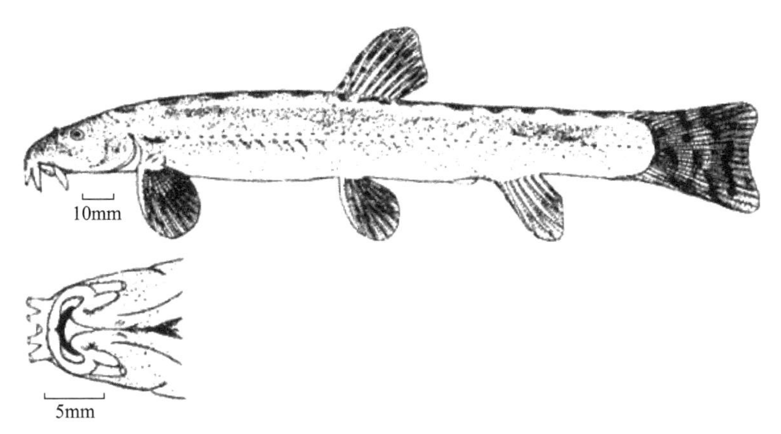

图 75　北方须鳅 *Barbatula barbatula nuda* (Bleeker)（仿朱松泉，1989）

身体延长，侧扁，但前躯较宽。头稍平扁，头宽等于或稍大于头高。吻长等于（或少数大于）眼后头长。前鼻孔与后鼻孔多少分开，前鼻孔在鼻瓣膜前。眼较小，侧上位。口下位。唇厚，唇面光滑或有浅皱，上唇边缘中部常有 1“V”形缺刻：下唇在口角处（近口角须基部内侧）有向后延伸的唇叶。上颌正常，下颌匙状。须短，外吻须伸达鼻孔之下，口角须伸达眼球中心和眼后缘之间的下方。鳞片退化，前躯常裸出，后躯被有稀疏的小鳞。侧线完全。

鳍较短小。背鳍背缘平截，背鳍基部起点至吻端的距离为体长的 52%-55%。胸鳍长为胸、腹鳍基部起点之间距离的 1/2-3/5。腹鳍基部起点相对于背鳍基部起点稍前或与之相对，末端不伸达肛门（其间距为 1-2 个眼径）。尾鳍后缘平截或微凹入，下叶稍长。

体色（甲醛溶液浸存标本）：基色浅黄色。背部在背鳍前后各有 4-6 条褐色横斑，体侧有很多不规则的褐色斑块。背、尾鳍多褐色斑点，背鳍有 1 或 2 列，尾鳍有 3-5 列。有时胸、腹鳍背面也有斑点。个体较大的标本整个身体背部深褐色，下腹部和腹面浅褐色，无明显斑纹，而背、尾鳍则有明显的褐色斑纹和斑点。

鳔的后室退化，仅残留 1 很小的膜质室。

分布：新疆（北部额尔齐斯河和乌伦古湖）、河北（北部）、内蒙古（东部）、辽宁、吉林、黑龙江；俄罗斯（鄂毕河以东地区），朝鲜，日本（北海道）。

常栖息在清冷的水体中，隐于砂、卵石的河底，以水底的甲壳动物、昆虫幼虫及附着藻类等为食。据郑葆珊等（1980）报道，本种在 5 月初至 6 月中旬为产卵期，体长 66.8-89.2mm 的雌鱼怀卵数为 2331-2984 粒。

9. 山鳅属 *Oreias* Sauvage, 1874

Oreias Sauvage, 1874, Rec. Mag. Zool., (2): 334. **Type species**: *Oreias dabryi* Sauvage, 1874.

身体延长，侧扁，但前躯较宽。裸露无鳞。侧线完全。前后鼻孔相邻，前鼻孔在 1 鼻瓣中。上颌中部有 1 齿形突起。须 3 对：2 对吻须，1 对口角须。各鳍较短小，尾鳍后缘凹入。体色为杂色，背部有宽的横褐斑，体侧多不规则的云状斑纹。

无雌雄异型的第二性征。

鳔的前室分为左右 2 侧泡，包于骨质鳔囊中，骨质鳔囊（腹面观）是由中间 1 短横管相连的左右 2 侧室构成，侧室的后壁为骨质封闭。后室退化，仅残留 1 很小的膜囊。肠较短，自"U"形胃发出向后，在胃的后方折向前，至胃的末端处后折通肛门，绕折成"Z"形。

本属已知 5 种及亚种，我国有 1 种，分布于四川及其邻近省区的长江水系。

(41) 戴氏山鳅 *Oreias dabryi* Sauvage, 1874（图 76）

Oreias dabryi Sauvage, 1874, Rec. Mag. Zool., (2): 334; Bănărescu *et* Nalbant, 1976, Nymphaea, 4: 187; Zhu *et* Wang, 1985, Acta Zootax. Sin., 10(2): 209; Yang, 1990, In: Chu *et al*., The Fishes of Yunnan, China (Part II): 52; Wu *et* Wu, 1992, The Fishes of the Qinghai-Xizang Plateau: 147.

Barbatula (*Barbatula*) *dabryi*: Nichols, 1943, Nat. Hist. Central Asia, 9: 215.

Oreias furcatus Bănărescu *et* Nalbant, 1976, Nymphaea, 4: 188.

Oreias crassi pedunculatus Bănărescu *et* Nalbant, 1976, Nymphaea, 4: 189

Schistura dabryi dabryi: Zhu, 1989, The Loaches of the Subfamily Nemacheilinae in China (Cypriniformes: Cobitidae): 55.

Schistura dabryi: Zhou *et* Cui, 1993, Ichthyol. Explor. Freshwaters, 4(1): 82.

别名：戴氏条鳅、戴氏鲃鳅、戴氏南鳅。

测量标本 23 尾，全长 56-104mm，体长 46-88mm；采自西藏和四川交界的巴塘，云南石鼓、中甸下桥头、宁蒗红旗乡、华坪荣将，以及四川理县杂谷脑等地，属长江上游金沙江、雅砻江和岷江水系。

背鳍 iii-iv-7-8；臀鳍 iii-5；胸鳍 i-8-10；腹鳍 i-6-7；尾鳍分支鳍条 16。第 1 鳃弓外侧鳃耙 8-10 枚。脊椎骨 4+39-42。

体长为体高的 5.1-9.3 倍，为头长的 4.2-5.1 倍，为尾柄长的 4.9-6.8 倍。头长为吻长的 2.0-2.7 倍，为眼径的 5.0-8.3 倍，为眼间距的 3.1-4.0 倍。眼间距为眼径的 1.3-2.5 倍。尾柄长为尾柄高的 1.1-2.5 倍。

身体延长，稍侧扁，前躯较宽。头部稍平扁。眼小。口下位。唇狭，唇面光滑或有浅皱。上颌中部有 1 齿形突起，下颌匙状。须较长，外吻须后伸至后鼻孔和眼中心两垂线之间，口角须伸达眼后缘之下或稍超过。裸露无鳞。侧线完全。背鳍无硬刺；背、尾鳍之间无软鳍褶。腹鳍基部起点相对于背鳍基部起点的稍前方，末端不达肛门。肛门离臀鳍起点有一段距离。尾鳍后缘深凹入，两叶等长。

鳔前室呈哑铃状，包于骨质囊中，无游离膜质鳔。肠管简单，由胃幽门后直通肛门。

体色：基色灰白色或浅黄色。背部在背鳍前、后共有 4-6 块或 4-7 块深浅不一的褐色横斑，体侧常有形状大小不规则的褐色斑块。背、尾鳍具小斑或斑纹。云南宁蒗河所采标本，身体背部有 4-6 块不规则鞍斑，体侧上下有 2 行排列不整齐的圆形豹斑，上大、下小，相互间插，幼小个体则呈细纹状，但所有标本体色都极为鲜艳。从其花斑分布和形状看，宁蒗标本颇具地方特色，应视为不同的地区差异。

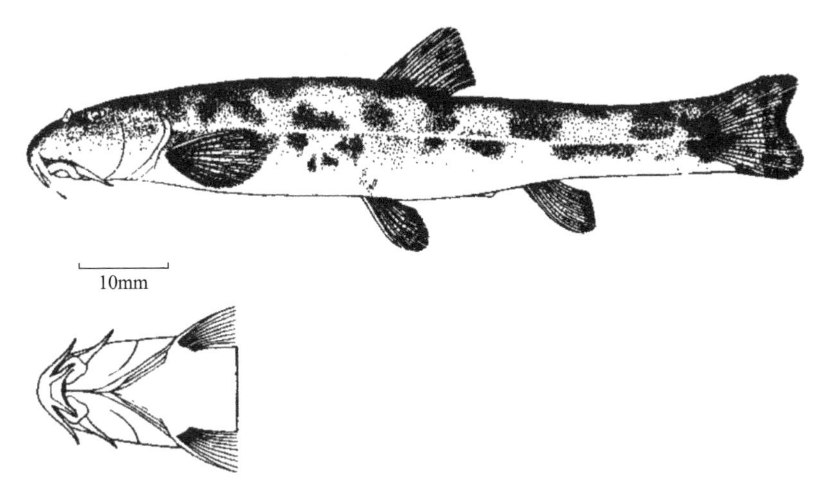

图 76　戴氏山鳅 *Oreias dabryi* Sauvage（仿武云飞和吴翠玲，1992）

栖息于大江、小河岸边浅水处，底质为细沙，或砂、砾石。宁蒗河多砂、砾石。砾石上常布满青苔或其他藻类。它们常停留在石砾缝隙之间或游至流水表层，以落入水中的昆虫或底栖无脊椎动物为食。

分布：青藏高原仅见于四川巴塘、滇西北丽江、宁蒗等地金沙江和雅砻江水系，高原毗邻地区则见于金沙江中下游和乌江上游。四川及其毗连的云南北部，贵州和湖北西部的长江干流也有分布。

10. 副鳅属 *Paracobitis* Bleeker, 1863

Paracobitis Bleeker, 1863, Ned. Tijdschr. Dierk., 1: 361. **Type species**: *Cobitis malapterura* Cuvier *et* Valenciennes, 1846.

Pseudodon Kessler, 1874, Bull. Soc. Sci. Moscou, 11: 40. **Type species**: *Pseudodon longicauda* Kessler, 1874.

Adiposia Annandale *et* Hora, 1920, Rec. Indian Mus., 18: 182. **Type species**: *Nemacheilus macmahoni* Chaudhuri, 1909=*Nemachilus rhadineus* Regan, 1906.

Homatula (subgen.) Nichols, 1925, Am. Mus. Novit., (171). **Type species**: *Nemacheilus potanini* Günther, 1925.

身体延长或稍延长，侧扁，但前躯较宽。头部稍平扁，头宽大于头高。前鼻孔与后鼻孔紧相邻，前鼻孔在鼻瓣膜中。眼小。须 3 对；1 对内吻须、1 对外吻须、1 对口角须。口下位，上颌中部有 1 齿形突起。身体被小鳞或前躯裸露。侧线完全或不完全。尾柄上下两侧有软鳍褶，尤其是尾柄上侧、背鳍和尾鳍之间的软鳍褶更明显，前端至少达到臀鳍上方，X 光摄影照片上可见到软鳍褶中有 1 列鳍条骨。尾鳍后缘圆弧形、平截或微凹入。体色常为多条褐色横斑纹。

鳔的前室为中间 1 短横管相连的左右 2 膜质室，包于与其外形相近的骨质鳔囊中；鳔后室退化，仅残留 1 小的膜质室。骨质鳔囊侧囊的后壁为骨质。胃呈“U”形，肠短，自胃发出几乎呈 1 条直管通肛门，或自胃发出向后，在胃的后方折向前，至胃的背侧再后折通肛门，绕折成“Z”形。

除个别种类雄性比雌性的颊部更鼓出外，未见有其他的第二性征。

本属已知全球有 14 种及亚种，分布于我国和伊朗等地，我国有 8 种。本属鱼类个体较大，有的全长可达 27cm（Annandal & Hora, 1920），且有一定数量，有渔业价值。

种检索表

1 (14) 有眼

2 (11) 侧线完全，延伸至尾鳍基部

3 (10) 脊椎骨 4+39-44=43-48

4 (9) 鳞片较多，肉眼可辨

5 (6) 身体较细长，体长为体高的 6.9-9.5 倍，平均为 8.4 倍，背鳍之前的前躯鳞片稀疏，腹部裸出（长江中、上游、渭河和南盘江等水系）……………………………………**红尾副鳅 *P. variegatus***

6 (5) 身体较粗短，体长为体高的 5.2-7.2 倍，平均为 5.9-6.1 倍，前躯鳞片密集，腹部有鳞

7 (8) 身体高度自背鳍起点向尾鳍基部方向几乎不变；尾柄长为尾柄高（包括尾柄上下缘的软鳍褶）的 1.3-1.6 (平均 1.4) 倍；头宽大于头高（云南洱源右所）……**拟鳗副鳅 *P. anguillioides***

8 (7) 身体高度自背鳍起点向尾鳍基部方向逐渐降低；尾柄长为尾柄高（包括尾柄上下缘的软鳍褶）的 1.4-1.8 (平均 1.6) 倍；头宽等于或稍大于头高（云南洱源海西海）……**尖头副鳅 *P. acuticephala***

9 (4) 裸露无鳞或只在尾柄处有少数残留鳞片（云南阳宗海）…………………**寡鳞副鳅 *P. oligolepis***

10 (3) 脊椎骨 4+37-38=41-42（云南洱海）……………………………………………**洱海副鳅 *P. erhaiensis***

11 (2) 侧线不完全

12 (13) 侧线终止在尾柄处；尾柄上方的软鳍褶短，前端不及臀鳍上方（乌江水系）……**乌江副鳅 *P. wujiangensis***

13 (12) 侧线终止在背鳍下方；尾柄上方的软鳍褶长，前端几乎达到背鳍基部后方（长江中、上游及其附属水体）………………………………………………………………………**短体副鳅 *P. potanini***

14 (1) 无眼………………………………………………………………………………**后鳍盲副鳅 *P. posterodorsalus***

(42) 红尾副鳅 *Paracobitis variegatus* (Sauvage *et* Dabry de Thiersant, 1874)（图 77）

Nemachilus variegatus Sauvage *et* Dabry de Thiersant, 1874, Ann. Sci. nat. Paris, Zool., (6)1(5): 14; Institute of Zoology, Shaanxi Province *et al*., 1987, Fishes of Qinling Mountain Region: 18.

Nemachilus berezowskii Günther, 1896, Ann. Mus. Zool. Acad. Sci. St. Ptersb., 1: 217; Department of Fishes, Hubei Institute of Hydrobiology, 1976, Fishes of Yangtze River: 164.

Nemachilus oxygnathus Regan, 1908, Ann. Mag. nat. Hist., (8)2: 357; Chang, 1944, Sinensia, 15(1-6): 51.

Barbatula (*Homatula*) *oxygnatha*: Nichols, 1943, Nat. Hist. Central Asia, 9: 218; Cheng, 1958, J. Zool., 2(3): 160.

Barbatula (*Homatula*) *berezowskii*: Nichols, 1943, Nat. Hist. Central Asia, 9: 218.

Schistura variegata: Bănărescu *et* Nalbant, 1974, Rev. Roum. Biol., 19(2): 95.

Paracobitis variegatus variegatus: Zheng, 1989, The Fishes of Pearl River: 48; Zhu, 1989, The Loaches of the Subfamily Nemacheilinae in China (Cypriniformes: Cobitidae): 32.

别名：巴鳅（成庆泰：《云南的鱼类研究》）；贝氏条鳅、尖颌条鳅（李思忠：《中国淡水鱼类的分布区划》）。

测量标本 42 尾；体长 55-146mm；采自四川都江堰市（岷江）、甘肃天水（渭河）、陕西凤县（嘉陵江）、云南宜良九乡（南盘江水系）。

背鳍 iii-v-8-9；臀鳍 iii-iv-5；胸鳍 i-9-10；腹鳍 i-6-7：尾鳍分支鳍条 17。第 1 鳃弓内侧鳃耙 6-11。脊椎骨（32 尾标本）4+41-44。

体长为体高的 6.9-9.5 倍，为头长的 4.5-6.5 倍，为尾柄长的 4.3-6.9 倍，头长为吻长的 1.7-2.8 倍，为眼径的 5.2-8.9 倍，为眼间距的 4.2-4.9 倍。眼间距为眼径的 1.2-1.9 倍。尾柄长为尾柄高的 1.1-2.4 倍。

身体很延长，侧扁。头较平扁，头宽大于头高。吻较尖，吻长等于或稍短于眼后头长。眼小，侧上位。口下位。唇狭，唇面光滑。上颌中部有 1 齿形突起，下颌匙状。须较短，外吻须伸达口角或鼻孔之下，口角须伸达眼中和眼后缘之间的下方。身体被有小鳞，前躯稀疏，胸、腹部裸出。侧线完全。

背鳍背缘圆弧形，背鳍基部起点至吻端的距离为体长的 44%-47%。胸鳍短，末端伸达胸、腹鳍基部起点之间距离的中点或中点稍前。腹鳍基部起点与背鳍基部起点或第 1 根分支鳍条基部相对，末端不伸达肛门（其间距约等于或稍大于胸鳍的长度）。尾鳍后缘呈圆弧形、平截或微凹入，上叶稍长。

图 77　红尾副鳅 *Paracobitis variegatus* (Sauvage *et* Dabry de Thiersant)（仿朱松泉，1989）

体色：生活时，各个鳍和尾柄呈橘红色，故有“红尾”之称。甲醛溶液浸存的标本：基色浅黄色，背部较暗。背部在背鳍前后各有 7-10 条褐色横斑纹，体侧的横斑纹在背鳍前有 8-13 条，背鳍下 3 或 5 条，背鳍后 7-12 条。尾鳍基部有 1 条深褐色横纹。横斑纹一般都宽于其间的间隔。背鳍鳍条有明显的褐色斑纹，其余各鳍的鳍条浅褐色，膜透明，有个别标本的背、侧部褐色，腹部浅褐色，无明显斑纹。

分布：南盘江，长江中、上游（约在巴塘和宜昌之间）及其附属水体，渭河水系。

(43) 拟鳗副鳅 *Paracobitis anguillioides* Zhu *et* Wang, 1985（图 78）

Paracobitis anguillioides Zhu *et* Wang, 1985, Acta Zootax. Sin., 10(2): 210; Zhu, 1989, The Loaches of the Subfamily Nemacheilinae in China (Cypriniformes: Cobitidae): 34.

测量标本 20 尾；体长 52-144mm；采自云南洱源右所的龙潭泉水中，属于澜沧江水系。

背鳍 iii-iv-8；臀鳍 iii-iv-5；胸鳍 i-9-10；腹鳍 i-6-7，尾鳍分支鳍条 17。第 1 鳃弓内侧鳃耙 7-10。脊椎骨（8 尾标本）4+40。

体长为体高的 5.5-7.2 倍，为头长的 4.1-4.9 倍，为尾柄长的 5.5-7.4 倍。头长为吻长的 2.3-2.9 倍，为眼径的 5.2-8.1 倍，为眼间距的 3.2-3.9 倍。眼间距为眼径的 1.5-2.4 倍。尾柄长为尾柄高的 1.3-1.6 倍。

身体延长，前躯近圆筒形，后躯侧扁。头较平扁，头宽大于头高，颊部稍鼓出。吻长等于眼后头长。口下位。唇薄而宽，唇面有皱褶，下唇中部分开。上颌中部有 1 齿形突起。须中等长，外吻须伸达鼻孔之下，口角须伸达眼中心和眼后缘之间的下方。除头部外均被有细密的鳞片，包括腹部。侧线完全。

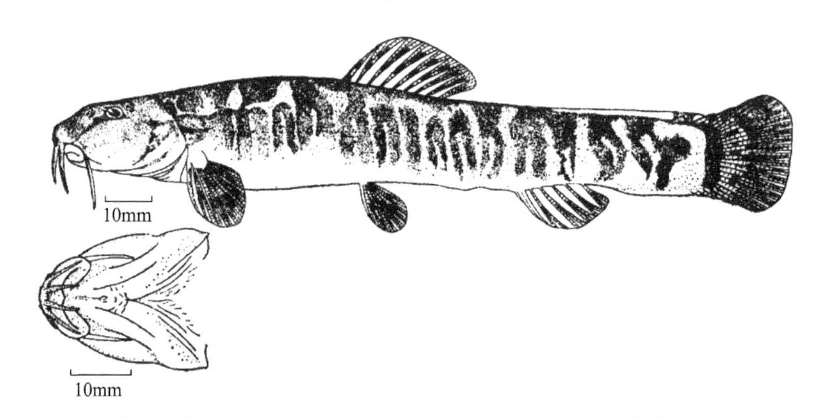

图 78 拟鳗副鳅 *Paracobitis anguillioides* Zhu *et* Wang（仿朱松泉，1989）

背鳍背缘圆弧形，背鳍基部起点至吻端的距离为体长的 44%-50%。胸鳍长约为胸、腹鳍基部起点之间距离的中点或中点稍前。腹鳍基部起点与背鳍的第 2 根分支鳍条基部相对，末端不伸达肛门（其间距等于 1-3 个眼径）。肛门距离臀鳍基部起点远比距离腹鳍末端为近。尾鳍后缘圆弧形。

体色：生活时无橘红色的色彩。甲醛溶液浸存标本：基色浅黄色，背侧略暗。背部有深褐色的大横斑，个体越大越不规则，通常在背鳍前后各有 3-5 条。体侧的深褐色横斑条在前躯细密，后躯宽疏，每 2-4 条横斑条常在上端互连，除了尾鳍基部 1 条较深的横斑条外，通过侧线的横斑条共 11-25 条不等，个体越大则越多：体长 90mm 以下的个体较少，背鳍前 5 或 6 条，背鳍下 1 或 2 条，背鳍后 5 条，90mm 以上的个体则分别是 7-11 条、4-6 条和 5-8 条。头的背、侧部深褐色。背、尾鳍有褐色斑或细条纹，各鳍的鳍条褐色。

分布：云南西北部的澜沧江水系，栖息于多水草的缓流水体中。

(44) 尖头副鳅 *Paracobitis acuticephala* Zhou *et* He, 1993（图 79）

Paracobitis acuticephala Zhou *et* He, 1993, Zool. Res., 14(1): 5-9.

正模标本编号 784141，全长 123mm，体长 109.5mm。1978 年 4 月采自云南洱源县牛街海西海。

副模标本 7 尾，编号：784130，784132，784133，784139，784140，784144，1 尾无号；体长 93.0-123.5mm，采集时间和地点同正模标本。

背鳍 iii-8；臀鳍 iii-5；胸鳍 i-9-10；腹鳍 i-6-7；尾鳍分支鳍条 9+8 或 8+7。第 1 鳃弓内侧鳃耙 8-10。脊椎骨 4+40-42（2 尾标本）。

体长为体高的 5.2-6.7（平均 5.9）倍，为头长的 4.8-5.2（平均 5.0）倍，为尾柄长的 5.0-6.0（平均 5.3）倍，为尾柄高的 10.3-13.2（平均 11.8）倍。头长为吻长的 2.3-2.7（平均 2.4）倍，为眼径的 5.6-6.6（平均 6.3）倍，为眼间距的 4.0-4.8（平均 4.2）倍。眼间距为眼径的 1.3-1.7（平均 1.5）倍。尾柄长为尾柄高的 1.4-1.8（平均 1.6）倍。

体长而侧扁，前驱稍宽。背缘轮廓线呈浅弧形，自吻端和缓上升至背鳍起点，然后又和缓下降至尾鳍基；腹部较膨大。总体上看，身体高度自背鳍起点向尾鳍基部方向逐渐降低。头部呈锥形，头长大于体高，头宽等于或稍大于头高。吻长等于或稍短于眼后头长。鼻孔较近眼前缘而远离吻端；前后鼻孔相邻，前鼻孔在鼻瓣中，鼻瓣后缘延长，末端略过后鼻孔后缘。眼小，位于头背侧，腹视不可见。眼间隔微隆起。口下位，口裂呈深弧形。唇较厚，唇面具微皱褶。上唇中央具 1 微缺刻。下唇中部分开。上颌中部有 1 发达的齿状突，下颌中央前缘有 1 明显“V”形缺刻。须 3 对。外吻须末端伸达前鼻孔或后鼻孔后缘下方。口角须末端伸达眼中点下方或略过，但不达眼后缘下方。

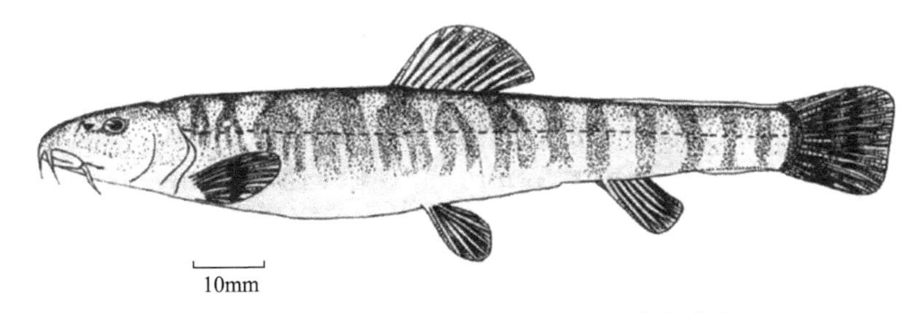

图 79　尖头副鳅 *Paracobitis acuticephala* Zhou *et* He（仿周伟和何纪昌，1993）

背鳍起点至吻端的距离显著小于至尾鳍基的距离，背鳍外缘微凸，末根不分支鳍条短于第 1 根分支鳍条；背鳍平卧时，鳍条末端不达肛门起点垂直线。臀鳍起点距腹鳍起点小于距尾鳍基，外缘圆。胸鳍长占胸、腹鳍起点间距的 39%-44%。腹鳍起点与背鳍第2、第 3 根分支鳍条基部相对，末端后伸至腹、臀鳍起点间距的一半或略不及，远不达肛门；腹鳍腋部无腋鳞状肉质突起。肛门距臀鳍起点距离为 1-1.5 个眼径。尾鳍后缘圆形。尾柄上缘的鳍褶前端达到臀鳍基上方，但不达臀鳍起点。

除头部外，整个身体均被有细密的鳞片。侧线完全。第 1 鳃弓内侧鳃耙稀疏，且极短，呈痕迹状。腹膜黄色。肠短，弯成“Z”形。鳔前室分左右 2 侧泡，包于与外形相近的骨囊中，都较膨大；鳔后室退化。

体色：浸制标本基色浅黄色，背部略暗。背部有深褐色大横斑，通常在背鳍前有 3 或 4 条，背鳍基处有 2 条，背鳍后有 5 或 6 条。除背鳍基后的横斑向体侧延伸不分支外，其余的横斑向体侧延伸时一般均分为 2-4 枝。除尾鳍基部的 1 条横斑外，通过侧线的横斑条共有 13-18 条。头背部具密集褐色小斑点。背鳍、尾鳍有褐色斑块或细条，各鳍的鳍条褐色。

分布：云南牛街海西海等，多生活于湖中静水或缓流多水草河段。该种的模式产地在云南洱源县牛街海西海。

(45) 寡鳞副鳅 *Paracobitis oligolepis* Cao *et* Zhu, 1989（图 80）

Paracobitis variegatus oligolepis Cao *et* Zhu, 1989, In: Zheng, The Fishes of Pearl River: 48.

Paracobitis oligolepis: Zhu, 1989, The Loaches of the Subfamily Nemacheilinae in China (Cypriniformes: Cobitidae): 35.

测量标本 6 尾；体长 59-109mm；采自云南阳宗海。

背鳍 iii-iv-8-9（主要是 9）；臀鳍 iii-5；胸鳍 i-10；腹鳍 i-6-7；尾鳍分支鳍条 17。第 1 鳃弓内侧鳃耙 9-11。脊椎骨（4 尾标本）4+39-41。

体长为体高的 6.1-8.4 倍，为头长的 4.5-5.1 倍，为尾柄长的 5.0-6.1 倍。头长为吻长的 2.4-2.7 倍，为眼径的 5.2-6.3 倍，为眼间距的 3.7-4.8 倍。眼间距为眼径的 1.2-1.4 倍。尾柄长为尾柄高的 1.6-1.9 倍。

图 80 寡鳞副鳅 *Paracobitis oligolepis* Cao *et* Zhu（仿朱松泉，1989）

身体延长，侧扁，尾区高度稍降低。头部较平扁，头宽稍大于头高。吻钝，吻长等于或稍短于眼后头长。口下位。唇狭，唇面光滑或有微皱。上颌中部有 1 齿形突起，下颌中部前缘稍凹入。须较短，外吻须伸达口角或后鼻孔下方，口角须伸达眼前缘和眼中心之间的下方。无鳞，或只在尾柄处有少数残留鳞。侧线完全。

背鳍背缘稍外凸，呈圆弧形，背鳍基部起点至吻端的距离为体长的44%-50%。胸鳍长约为胸、腹鳍基部起点之间距离的中点或中点稍前。腹鳍基部起点与背鳍的基部起点或第1、第2根分支鳍条基部相对，末端远离肛门（其间距约为胸鳍长的一半或1.5倍）。尾鳍后缘稍凹入、平截或稍外凸呈圆弧形。

体色（甲醛溶液浸存标本）：基色浅黄色，背部较暗。背部在背鳍前后各有4-6条宽于其间隔的褐色横斑，体侧的褐色横斑条在背鳍前5-11条、背鳍下2或3条、背鳍后5或6条。尾鳍基部1条是深褐色横斑条。鳍均有褐色斑点。头部多不规则的褐色细斑纹。

分布：云南阳宗海。

(46) 洱海副鳅 *Paracobitis erhaiensis* Zhu *et* Cao, 1988（图81）

Paracobitis erhaiensis Zhu *et* Cao, 1988, Acta Zootax. Sin., 13(1): 95; Zhu, 1989, The Loaches of the Subfamily Nemacheilinae in China (Cypriniformes: Cobitidae). 36.

测量标本19尾；体长66.5-91.5mm；采自云南洱海。

背鳍 iv-7-8（个别是7）；臀鳍 iii-5；胸鳍 i-9-10；腹鳍 i-6-7；尾鳍分支鳍条14-17（主要是15）。第1鳃弓内侧鳃耙9-12。脊椎骨（6尾标本）4+37-38。

体长为体高的5.3-6.4倍，为头长的4.2-4.5倍，为尾柄长的5.3-6.5倍。头长为吻长的2.3-2.8倍，为眼径的5.0-6.6倍，为眼间距的3.4-4.4倍。眼间距为眼径的1.3-1.7倍。尾柄长为尾柄高的1.8-2.5倍。

身体延长，侧扁，前躯稍宽，身体自胸鳍后方起高度逐渐降低，尾鳍是最低点。头部稍平扁，头宽等于或稍大于头高。吻长等于或稍短于眼后头长。口下位。唇面有皱褶，下唇较薄，前缘有深皱和乳突。上颌中部有1齿形突起，下颌匙状。须中等长，外吻须伸达后鼻孔下方，口角须伸达眼中心和眼后缘之间的下方。身体被有小鳞，但背鳍之前的前躯鳞片稀疏，胸部裸出。侧线完全。

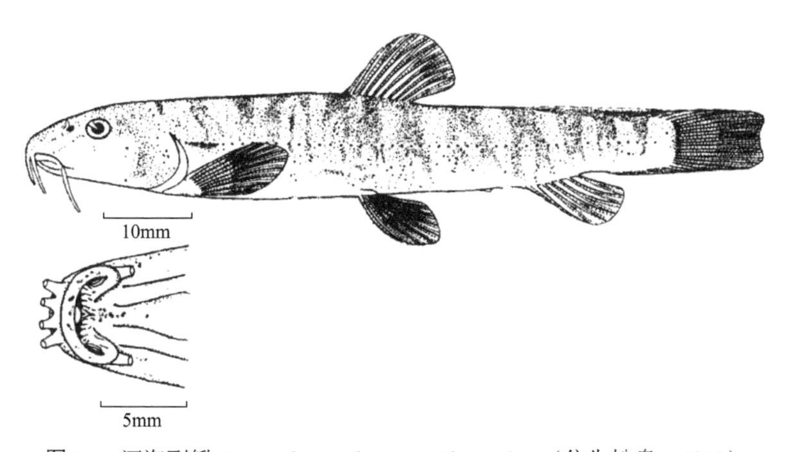

图81　洱海副鳅 *Paracobitis erhaiensis* Zhu *et* Cao（仿朱松泉，1989）

背鳍背缘稍外凸，呈圆弧形，背鳍基部起点约在体长的中点。胸鳍末端在胸、腹鳍基部起点之间的中点或稍超过。腹鳍基部起点与背鳍的第 1 或第 2 根分支鳍条基部相对，末端不伸达肛门（其间距为 1-2 倍眼径），腹鳍腋部有 1 游离的肉质鳍瓣，肛门约位于腹鳍末端和臀鳍基部起点之间的中点。尾鳍后缘平截或微凹入。

体色（甲醛溶液浸存标本）：基色浅棕色，背部稍暗。背部在背鳍前后各有 4-6 条深褐色横纹。体侧的深褐色横纹在背鳍前有 3-8 条、背鳍下 2-5 条、背鳍后 4-7 条。尾鳍基部有 1 条深褐色纹。背鳍基部起点处有 1 褐色斑，背鳍有 1 列褐色斑点，尾鳍有 1 或 2 列褐色斑点。

本种的鳔前室和包裹鳔前室的骨质鳔囊较本属其他种膨大。

分布：云南洱海。

(47) 乌江副鳅 *Paracobitis wujiangensis* Ding *et* Deng, 1990（图 82）

Paracobitis wujiangensis Ding *et* Deng, 1990, Zool. Res., 11(4): 285-290.

标本 18 尾，全长 52-87mm，标准长 42-72mm，采自南川和筠连。

背鳍 iv-8，胸鳍 i-8-9；臀鳍 iv-5，第 1 鳃弓外侧退化，内侧鳃耙 6-8，脊椎骨 4+33-34+1。

标准长为体高的 5.6-6.8 倍，为头长的 4.0-4.2 倍，为尾柄长的 8.0-9.0 倍，为尾柄高的 6.2-8.0 倍。头长为吻长的 2.2-2.8 倍，为眼径的 5.2-5.6 倍，为眼间距的 3.2-3.4 倍，为尾柄长的 1.80-2.17 倍，为尾柄高的 1.4-1.8 倍。

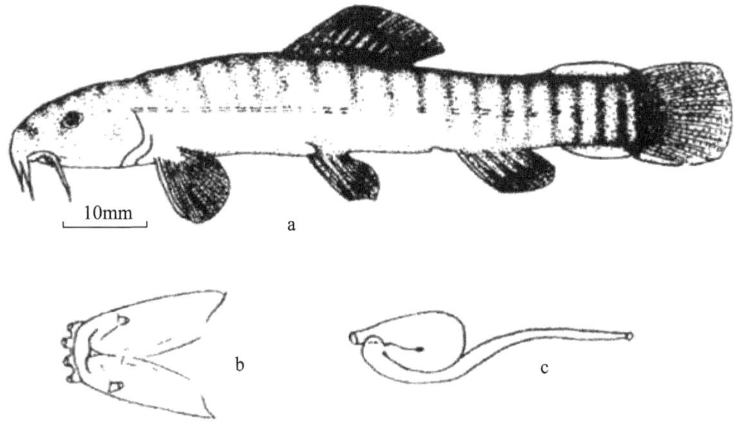

图 82　乌江副鳅 *Paracobitis wujiangensis* Ding *et* Deng（仿丁瑞华和邓其祥，1990）

a. 侧面观；b. 头部腹面；c. 肠

体长形，前段近圆筒状，后躯侧扁，尾柄侧扁，上下有短皮质棱，上缘皮质棱短，前端不达臀鳍基部后端上方。头稍短，平扁，头宽大于高，两颊稍鼓出。吻较短，前端圆钝。口下位，呈弧形。上颌中央有 1 齿形突起，下颌中央有 1 “V” 形缺刻。唇较厚，有皱褶，下唇中央分离。须 3 对，口角须末端后伸达眼后缘下方。鼻孔 2 对，前鼻孔在鼻瓣中。鳃耙稍细长，排列较密。

背鳍短，基部较长，外缘凸出呈弧形，其起点至吻端的距离为至尾鳍基部距离的1.0-1.3 倍。胸鳍短，圆形，末端后伸不及胸、腹鳍起点距离的 1/2。腹鳍小，起点与背鳍第 2 根分支鳍条相对，末端后伸不达肛门。臀鳍后伸不达尾鳍基部。尾鳍截形，肛门在臀鳍前方，紧靠其起点。

身体几乎裸露无鳞，仅在尾柄后部有少数细鳞，幼体的鳞片稍多，腹部裸露无鳞，侧线不完全，仅在背鳍起点前有侧线，后段断续存在。腹鳍基部有 1 腋鳞状突起，略呈三角形，幼体不明显。

体色：浅黄色，体侧有深褐色横斑纹 15-17 条，前躯稍细而短，在背部不相连，后躯宽而长，两侧条纹在背部相连，头背面和两侧有深褐色斑点，背、尾鳍上有 2 或 3 列褐色斑纹，其余各鳍浅黄色。

体小，数量少，常与短体副鳅 *P. potanini* (Günther) 生活在一起，主要以高等植物碎屑和藻类为食，常栖息在山区较浅的溪流中，喜流水环境。

鳔前室分为左右 2 侧室，呈圆形，包于骨质囊中，其间为骨质峡部相连，后室双化，胃较小，呈“U”形，弯曲部较浅，肠较细，不绕折成环，腹腔膜为白色。

分布：重庆金佛山。

(48) 短体副鳅 *Paracobitis potanini* (Günther, 1896)（图 83）

Nemachilus potanini Günther, 1896, Ann. Mus. Zool. Acad. Sci. St. Petersb., 1: 218; Department of Fishes, Hubei Institute of Hydrobiology, 1976, Fishes of Yangtze River: 163; Hunan Fisheries Science Institute, 1977, The Fishes of Hunan, China: 167; Institute of Zoology, Shaanxi Province *et al*., 1987, Fishes of Qinling Mountain Region: 19.

Barbatula (*Homatula*) *potanini*: Nichols, 1943, Nat. Hist. Central Asia, 9: 218.

Schistura potanini: Bănărescu *et* Nalbant, 1974, Rev. Roum. Biol., 19(2): 99.

Paracobitis potanini: Zhu, 1989, The Loaches of the Subfamily Nemacheilinae in China (Cypriniformes: Cobitidae): 37.

别名：包氏条鳅（李思忠：《中国淡水鱼类的分布区划》）。

测量标本 48 尾：体长 65.5-92.5mm；采自贵州印江（乌江水系）、四川峨眉山和乐山（岷江水系）、陕西宁强（嘉陵江水系）。

背鳍 iii-iv-7-8（个别为 7）；臀鳍 iii-5；胸鳍 i-9-10；腹鳍 i-6-7；尾鳍分支鳍条 15-17。第 1 鳃弓内侧鳃耙 9-13。脊椎骨（15 尾标本）4+35-36。

体长为体高的 4.5-6.5 倍，为头长的 4.0-5.0 倍，为尾柄长的 6.1-9.7 倍。头长为吻长的 2.1-2.8 倍，为眼径的 5.2-7.9 倍，为眼间距的 3.3-4.1 倍。眼间距为眼径的 1.1-2.0 倍。尾柄长为尾柄高的 0.7-1.3 倍。

身体稍延长，侧扁，尾柄短而高。头部平扁，性成熟的鱼颊部多少鼓出，雄性比雌性更甚。吻长通常等于眼后头长。眼小。口下位。唇狭，唇面有浅皱。上颌中部有 1 齿形突起，下颌匙状，前缘中部稍凹入。须中等长，外吻须伸达鼻孔的下方；口角须伸达眼中心和眼后缘之间的下方。身体被小鳞，但背鳍之前的前躯常裸出。侧线不完全，终止在背鳍的下方。

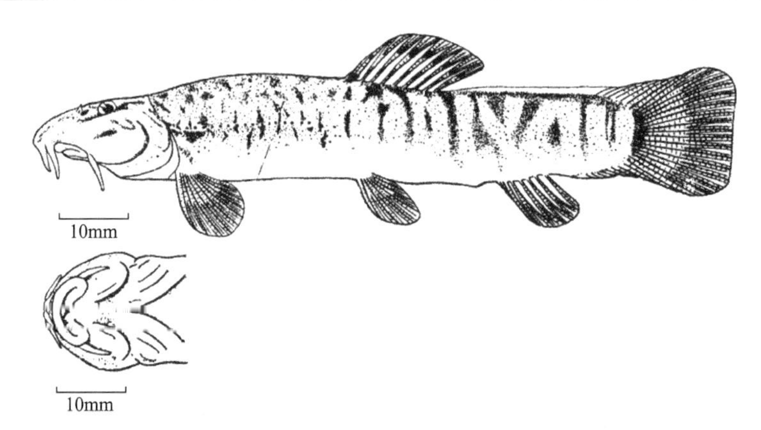

图 83　短体副鳅 *Paracobitis potanini* (Günther)（仿朱松泉，1989）

背鳍的背缘稍外凸，呈圆弧形，背鳍基部起点至吻端的距离为体长的 47%-55%。胸鳍短，其末端在胸、腹鳍基部起点之间距离的中点或中点稍前。腹鳍基部起点相对于背鳍的第 1 或第 2 根分支鳍条基部，末端不伸达肛门（其间隔为 1 或 2 个眼径）。尾鳍后缘圆弧形、平截或微凹入。

体色：生活时各鳍及尾柄呈橘红色。甲醛溶液浸存标本：基色为浅褐色或灰白色；背部在背鳍前后各有 6-8 和 5-7 条褐色横纹；头部背侧多褐色的小斑块；体侧在背鳍前有不规则褐色横斑条 5-10 条（有时为不规则的斑块），背鳍下 3 或 4 条，背鳍后 4-7 条。尾鳍基部有 1 条深色纹，背鳍基部起点处有 1 深褐色斑，各鳍的鳍条浅褐色，膜透明。

分布：（大致在巴塘和宜昌之间的）长江中、上游及其附属水体。

(49) 后鳍盲副鳅 *Paracobitis posterodorsalus* Li, Ran *et* Chen, 2006（图 84）

Paracobitis posterodorsalus Li, Ran *et* Chen, 2006, In: Ran, Li *et* Chen, J. Norm. Univ. Guangxi (Nat. Sci Ver.), 24(3): 81-82.

鉴别特征：背鳍分支鳍条 6 根，背鳍起点位于腹鳍起点之后；腹鳍分支鳍条 5 根；臀鳍分支鳍条 4 根；无眼；身体无色素；头钝圆，体前躯近圆筒形，后躯侧扁；尾柄上下均具发达的软鳍褶，尾鳍后缘浅凹形。

背鳍 iii-6；胸鳍 i-13；腹鳍 i-5；臀鳍 ii-4；尾鳍分支鳍条 15。

体长为体高的 7.57 倍，为头长的 4.42 倍，为尾柄长的 5.30 倍，为尾柄高的 17.66 倍（不包括软鳍褶）。尾柄长为尾柄高的 3.33 倍（不包括软鳍褶）。

图 84　后鳍盲副鳅 *Paracobitis posterodorsalus* Li, Ran *et* Chen（仿冉景丞等，2006）

体长形，前段近圆筒形，尾柄侧扁。头钝圆。前鼻孔呈管状，后端延伸成须状，较长，为头长的 21.33%。前后鼻孔紧邻。须 3 对，发达，内吻须长为头长的 33.33%；外吻须长为头长的 58.33%；口角须长为头长的 50%。无眼。口下位，口裂呈弧形。上下唇厚，唇上布有乳突，下唇中央有 1 微缺刻。尾柄上下具软鳍褶，上部鳍褶发达，起点达到背鳍末端；下部鳍褶起点几乎达臀鳍基部后端。

背鳍起点位于身体后段，距吻端的距离远远大于距尾鳍基的距离，其长为体长的 62.1%。胸鳍长，后伸达胸鳍至腹鳍基距离的一半，腹鳍后伸接近肛门。肛门离臀鳍起点 1 短距，臀鳍后伸达臀鳍至尾鳍基距离的 1/2。尾鳍后缘呈浅凹形，上叶长于下叶。体裸露无鳞。侧线埋于皮下，沿体侧超过鳃孔上角直达鼻孔下方。

体色：鲜活时体半透明，可见体内及尾柄毛细血管。乙醇浸泡后体色乳白色，无透明感。

分布：经著者多次与本种的标本采集人联系，确定后鳍盲副鳅 *P. posterodorsalus* Li, Ran *et* Chen 的模式产地为广西南丹县小场镇的恩村洞，属柳江水系龙江支流。

种群现状：经多次寻访采集标本，也没能采到，推测该种数量稀少。

11. 南鳅属 *Schistura* McClelland, 1839

Schistura (subgen. *Schistura*) McClelland, 1839, Asia. Res., 19(2): 306. **Type species**: *Cobitis* (*Schistura*) *rupecula* McClelland, 1839.

Acoura Swainson, 1839, Nat. History Fish., Amph., Rept., 2: 310. **Type species**: *Acoura obscura* Swainson, 1839=*Cobitis savona* Hamilton, 1822.

Acanthocobitis Peters, 1861, Mon. Akad. Wiss. Berlin: 712. **Type species**: *Acanthocobitis longipinis* Peters, 1861.

Oreias Sauvage, 1874, Rec. Mag. Zool., 2: 332. **Type species**: *Oreias dabryi* Sauvage, 1874.

Nemachilichthys Day, 1878b, The Fishes of India: 611. **Type species**: *Cobotis ruppeli* Sykes, 1839.

“*Schistura*”或许来自希腊文“Skhizein”=split 和 oura=tail，意为“分叉的尾鳍”。条鳅亚科鱼类尾鳍分叉的不多，与本属的属名意义不大，而本属鱼类在我国都分布于南方，故名南鳅属。

身体稍延长，前躯近胸鳍处稍宽，高和宽几乎相等，愈向尾鳍方向愈侧扁。头部平扁，头宽大于头高。吻钝，吻长短于或等于眼后头长。须 3 对：1 对内吻须、1 对外吻须和 1 对口角须。前鼻孔与后鼻孔紧邻，前鼻孔在鼻瓣膜前。

背鳍分支鳍条不超过 10 根；腹鳍腋部通常有 1 肉质鳍瓣。身体通常有垂直横斑条。头无鳞。除个别种身体裸露无鳞外，多数种类都有隐于皮下的小鳞，至少身体的尾柄部分有鳞。侧线完全或不完全。

繁殖季节，有些种类的头部和胸鳍散布有珠星；有的种雄性的外侧数根胸鳍条变形或雌雄鱼体色不同，但雄性都没有眶前瓣的第二性征。

鳔的前室是中间 1 短横管相连的左右 2 膜质室，呈哑铃形，包于与其外形相近的骨质鳔囊中。骨质鳔囊侧室的后壁为骨质，非薄膜。鳔的后室退化，仅残留 1 小突起。胃呈“U”形，肠短，自胃的一端发出向后呈 1 条直管通肛门，或在胃的后方前折，至胃的背侧再后折通肛门，即绕折成 1 个前环和 1 个后环的“Z”形。肩带无后匙骨。

本属已知约 93 种及亚种，我国有 16 种。分布于我国南方，以及东南亚、南亚和西亚地区。常栖息在流水乃至急流河段，停留在石砾缝隙中，通常以小型底栖动物为食。小型鱼类，数量不多，除有些地区捕捉来作为家禽饲料外，一般无经济价值。

种检索表

1 (20)　下颌前缘中部有 1 “V”形缺刻，与上颌发达的齿形突起相嵌合

2 (5)　身体一色，无斑纹

3 (4)　颊部正常或略微鼓出（珠江、韩江和湘江等水系）……………………………**无斑南鳅 *S. incerta***

4 (3)　颊部明显鼓出（云南澜沧江水系）……………………………**鼓颊南鳅（成体）*S. bucculenta***

5 (2)　身体背部和两侧有明显斑纹

6 (13)　体侧沿中轴或侧线自头后方至尾鳍基部有 1 条约与眼等宽的纵纹

7 (8)　体侧有 1 条纵纹而无横斑条（云南把边江）……………………………**侧带南鳅 *S. laterivittata***

8 (7)　体侧有 1 条纵纹与多条横斑条相交

9 (12)　体侧横斑条宽于间隔

10 (11)　横斑条 8-12，排列与形状较规则；体长为头长的 3.6-3.9 倍；背鳍基部起点在体长中心之后（云南屏边县南溪河）……………………………**大斑南鳅 *S. macrotaenia***

11 (10)　横斑条 10-14，排列与形状较不规则；体长为头长的 3.9-4.2 倍；背鳍基部起点在体长中心（云南耿马县南汀河）……………………………**圆斑南鳅 *S. spilota***

12 (9)　体侧横斑条狭于间隔，横斑条 9-11（云南景谷县威远江）……………………………**雷氏南鳅 *S. reidi***

13 (6)　体侧无纵纹而有多条横斑条

14 (17)　横斑条较少，　7-13 条

15 (16)　横斑条 7 或 8 条，只在背侧隐约可见（云南西双版纳流沙河）……………………………**鼓颊南鳅（幼体）*S. bucculenta***

16 (15)　横斑条 7-13 条，平均 11 条，从背部延伸向下到侧线上下（怒江、澜沧江和元江水系）……………………………**泰国南鳅 *S. thai***

17 (14)　横斑条较多，平均 13 条以上

18 (19)　横斑条 10-16 条，平均 14 条，斑条排列与形状较规则，并从背侧延伸至侧线上下（海南岛、珠江、韩江和金沙江水系）……………………………**横纹南鳅 *S. fasciolata***

19 (18)　横斑条 21-27 条，斑条排列与形状不规则，且背部和体侧的斑条分开，不互连（广东北江上游）……………………………**稀有南鳅 *S. rara***

20 (1)　下颌前缘中部无“V”形缺刻，上颌通常无发达的齿形突起

21 (24)　须长，外吻须后伸达眼中心和眼后缘之间的下方，口角须可明显伸过眼后缘到鳃盖区

22 (23)　侧线完全；体侧横斑条 11-17（平均 14）；脊椎骨 4+32（云南景洪市流沙河口）……………………………**锥吻南鳅 *S. conirostris***

23 (22)　侧线不完全，终止在肛门上方；体侧横斑条 15-19（平均 18）（雌性），或体侧中部自头后方至

尾鳍基部有 1 条深色纵纹，背部横斑条不延伸向体侧（雄性）（云南澜沧江和怒江及其附属水体）……………………………………………………………南方南鳅 ***S. meridionalis***

24 (21) 须短，外吻须后伸多达眼前缘之下，口角须伸达眼后缘

25 (30) 体侧有多条横斑条，排列和形状较规则

26 (27) 横斑条宽度在身体前后基本一致，横斑条 7 条以下（云南澜沧江水系）……………………………………………………………………宽纹南鳅 ***S. latifasciata***

27 (26) 横斑条在背鳍之前的前躯较狭，后部较宽

28 (29) 尾鳍分支鳍条 17；体侧横斑条 26-33(29)（云南大盈江）……………密纹南鳅 ***S. vinciguerrae***

29 (28) 尾鳍分支鳍条 14-16；体侧横斑条 12-17（云南泸水市六库）…………………… 长南鳅 ***S. longa***

30 (25) 体侧的斑纹不为横斑条，为排列与形状均不规则的块斑

31 (32) 侧线完全（云南景东县把边江）………………………………………… 美斑南鳅 ***S. callichroma***

32 (31) 侧线不完全，终止在臀鳍上方（云南云县南汀河）…………………南定南鳅 ***S. nandingensis***

(50) 无斑南鳅 *Schistura incerta* (Nichols, 1931)（图 85）

Barbatula (*Homatula*) *incerta* Nichols, 1931, Lingnan Sci. J., 10: 458; Nichols, 1943, Nat. Hist. Central Asia, 9: 219.

Nemacheilus incertus: Fisheries Research Institute of Guangxi Zhuang Autonomous Region *et* Institute of Zoology, Chinese Academy of Sciences, 1981, Freshwater Fishes of Guangxi, China: 160; Zhu *et* Cao, 1987, Acta Zootax. Sin., 12(3): 329; Pearl River Fisheries Research Institute, Chinese Academy of Fishery Sciences *et al*., 1991, The Freshwater Fishes of Guangdong Province: 244.

Nemacheilus sp. Hunan Fisheries Science Institute, 1977, The Fishes of Hunan, China: 168.

Schistura incerta: Zhu, 1989, The Loaches of the Subfamily Nemacheilinae in China (Cypriniformes: Cobitidae): 42.

别名：红尾条鳅（广西壮族自治区水产研究所等：《广西淡水鱼类志》）；无斑条鳅（李思忠：《中国淡水鱼类的分布区划》）。

背鳍 iii-8；臀鳍 iii-5；胸鳍 i-9-10；腹鳍 i-6-7；尾鳍分支鳍条 17。第 1 鳃弓内侧鳃耙 6-8。脊椎骨（10 尾标本）4+32-34。

体长为体高的 5.3-7.2 倍，为头长的 3.8-4.5 倍，为尾柄长的 5.8-7.7 倍。头长为吻长的 2.3-2.6 倍，为眼径的 5.2-6.8 倍，为眼间距的 3.3-4.1 倍。眼间距为眼径的 1.4-1.8 倍。尾柄长为尾柄高的 1.1-1.3 倍。

身体稍延长，稍侧扁，向尾鳍方向愈侧扁，背、腹均较平直，尾柄短。吻圆钝，其长约与眼后头长相等。眼较小，侧上位。口下位。唇薄而狭，唇面有浅皱。上颌中部有 1 齿形突起；下颌匙状，其前缘中部为 1 “V” 形缺刻。须中等长，外吻须伸达后鼻孔的下方或稍超过，口角须伸达眼后缘之下，少数可稍超过眼后缘的垂直线。身体被有细鳞，但只在背鳍之后的后躯稍密。侧线完全。

背鳍背缘稍外凸，呈圆弧形，背鳍基部起点至吻端的距离为体长的 52%-54%。胸鳍长为胸腹鳍基部起点之间距离的 1/2-3/5。腹鳍基部起点与背鳍的基部起点或第 1 根分支

鳍条基部相对，少数则相对于背鳍基部起点的稍前方，末端伸达肛门或稍超过。腹鳍基部有 1 肉质鳍瓣。肛门稍离臀鳍起点，其间距等于 2-2.5 个眼径。尾鳍后缘稍凹入，两叶端圆。

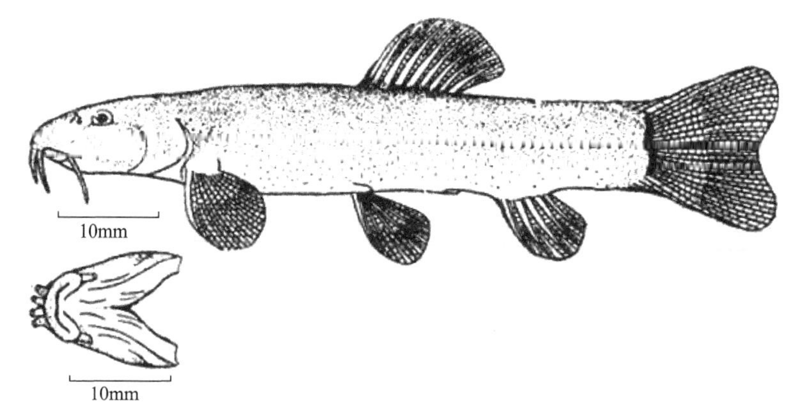

图 85 无斑南鳅 *Schistura incerta* (Nichols)（仿朱松泉，1989）

体色（甲醛溶液浸存标本）：基色黄色，头和身体背、侧部深褐色，无斑纹。各鳍的鳍条褐色，膜透明。生活时各鳍均呈橘红色。

繁殖季节，雄性的两颊比雌性的稍鼓出，唇、须、吻部和胸鳍外侧数根鳍条有稀疏珠星。

分布：珠江、韩江水系、湘江；越南北方。本种与横纹南鳅 *S. fasciolata* 有重叠分布，但本种栖息在无水草和水流较急的砾石河段。

(51) 鼓颊南鳅 *Schistura bucculenta* (Smith, 1945)（图 86）

Noemacheilus bucculentus Smith, 1945, Bull. U.S. natn. Mus., 188: 326.

Schistura bucculenta: Zhu, 1989, The Loaches of the Subfamily Nemacheilinae in China (Cypriniformes: Cobitidae): 43; Kottelat, 1990, Indochinese Nemacheilines: 112.

别名：鼓颊条鳅（朱松泉和王似华：《云南省的条鳅亚科鱼类》）。

测量标本 14 尾；体长 40-133mm；采自云南西双版纳勐海县的流沙河，流入澜沧江。

背鳍 iii-iv-8；臀鳍 iii-5；胸鳍 i-9-10；腹鳍 i-6-7；尾鳍分支鳍条 17。第 1 鳃弓内侧鳃耙 8-10。脊椎骨（6 尾标本）4+34-35。

体长为体高的 5.4-6.9 倍，为头长的 4.1-5.1 倍，为尾柄长的 5.1-7.7 倍。头长为吻长的 2.3-2.8 倍，为眼径的 5.3-8.2 倍，为眼间距的 3.3-4.3 倍。眼间距为眼径的 1.3-3.0 倍。尾柄长为尾柄高的 1.1-1.6 倍。

身体粗壮，稍延长，侧扁，但背鳍之前的前躯较宽，头部较平扁，头宽大于头高，有 2 尾体长 112mm 和 113mm 的个体，头部平扁，颊部明显鼓出。吻长等于或稍短于眼后头长。眼小，侧上位，大个体因颊部明显鼓出，眼几乎呈顶生。口下位。唇较狭，唇面有浅皱褶，下唇在中部分开。上颌中部有 1 齿形突起，下颌中部前缘有 1 “V” 形缺刻。

须中等长，外吻须后伸超过后鼻孔和眼中心之间的下方；口角须伸达眼后缘的垂直线或稍超过。在大型个体中，鳞片通常分布在背鳍之后的后躯部位，而在小型个体中，前躯部位只有稀疏的鳞片。侧线完全。

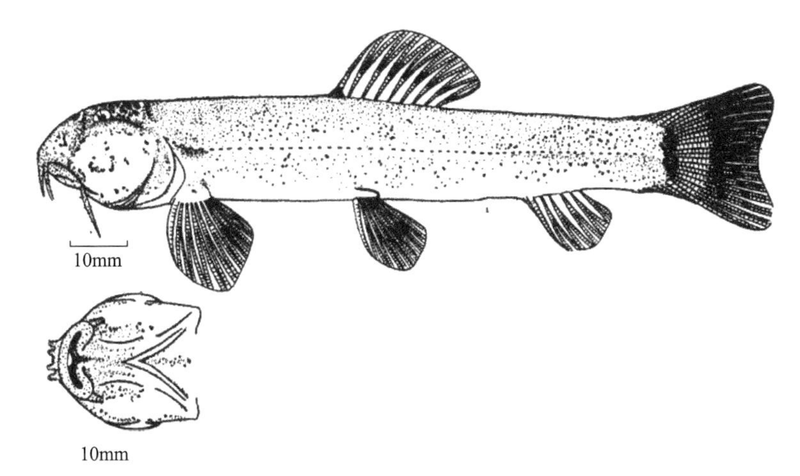

图 86　鼓颊南鳅 *Schistura bucculenta* (Smith)（仿朱松泉，1989）

背鳍背缘稍外凸，呈浅弧形；背鳍基部起点约在体长的中部，至吻端的距离为体长的 47%-52%。胸鳍平展，其末端稍超过胸、腹鳍基部起点之间距离的中点，小个体的胸鳍相对长些。腹鳍基部起点相对于背鳍基部起点、基部起点稍前或第 1 根分支鳍条基部，末端不伸达肛门（其间距为 1.5-2 个眼径），腹鳍腋部有 1 肉质鳍瓣。尾鳍后缘凹入，两叶端圆。

体色（甲醛溶液浸存标本）：体长 70mm 以下的个体，可见到由背侧延伸向下的不明显浅褐色横斑条 7-9 条，仅在背侧可辨，背鳍前 3 或 4 条，背鳍下 1 条，背鳍后 3 或 4 条。尾鳍基部有 1 颜色较深的横斑条。沿侧线褐色较深。个体较大者，除尾鳍基部 1 条横斑条可辨外，整个身体呈浅褐色。头背面有 8 或 9 块不规则的褐斑。背鳍有 1 行、尾鳍有 2 行浅色斑点，其他鳍无斑，膜透明。

在繁殖季节，雄性吻部、唇面和须有很多珠星。

分布：云南（西双版纳的澜沧江水系）；老挝（湄公河水系）。

(52) 侧带南鳅 *Schistura laterivittata* (Zhu *et* Wang, 1985)（图 87）

Noemacheilus laterivittata Zhu *et* Wang, 1985, Acta Zootax. Sin., 10(2): 213.

Nemacheilus laterivittatus: Yang, 1990, In: Chu *et al*., The Fishes of Yunnan, China (Part II): 34.

Schistura laterivittata: Zhu, 1989, The Loaches of the Subfamily Nemacheilinae in China (Cypriniformes: Cobitidae): 44.

别名：侧带条鳅（朱松泉和王似华：《云南省的条鳅亚科鱼类》）。

测量标本 20 尾；体长 52.0-80.5mm；采自景东县的把边江上游。

背鳍 iii-iv-8-9（个别是 9）；臀鳍 iii-5；胸鳍 i-9；腹鳍 i-6-7；尾鳍分支鳍条 17。第

1 鳃弓内侧鳃耙 10-13。脊椎骨（8 尾标本）4+33-34。

体长为体高的 5.0-6.3 倍，为头长的 4.2-4.6 倍，为尾柄长的 6.5-8.2 倍。头长为吻长的 2.1-2.7 倍，为眼径的 5.5-7.5 倍，为眼间距的 3.3-4.4 倍。眼间距为眼径的 1.4-2.1 倍。尾柄长为尾柄高的 1.0-1.3 倍。

身体延长，前躯稍侧扁，向尾鳍方向愈侧扁，尾柄短。头部稍平扁，少数个体颊部稍鼓出。吻圆钝，吻长等于或稍短于眼后头长。眼小，侧上位。口下位。唇薄，唇面有微皱。上颌中部有 1 齿形突起，很发达；下颌中部有 1“V”形缺刻。须中等长，外吻须后伸达鼻孔之下方，个别可伸达眼前缘；口角须末端可达眼后缘的垂直线或稍超过。背鳍之前的前躯裸出，背鳍之下的体躯鳞片稀疏，后躯的鳞片较密。侧线完全。

背鳍背缘平截，背鳍基部起点在体长的中点。胸鳍长约为胸、腹鳍基部起点之间距离的 3/5。腹鳍腋部有 1 肉质鳍瓣。腹鳍基部起点与背鳍的第 1 根分支鳍条基部相对，末端接近或伸达肛门。肛门在腹鳍末端和臀鳍基部起点之间明显接近前者，与臀鳍间的距离约是 2.5 倍眼径。尾鳍后缘深凹入，两叶端圆。

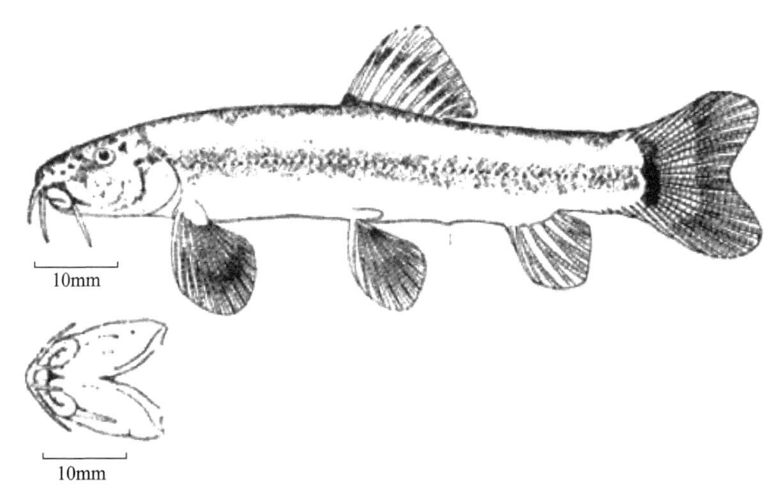

图 87 侧带南鳅 *Schistura laterivittata* (Zhu *et* Wang)（仿朱松泉，1989）

体色（甲醛溶液浸存标本）：基色浅黄色，背侧较暗。体侧沿侧线、背部沿背中线各有 1 条深褐色纵纹。尾鳍基部有 1 条深色横纹。少数小个体（体长 38-60mm）的背部在背鳍后方有 4 或 5 条横纹或圆斑。头部背侧浅褐色，间有小的圆褐斑。背鳍基部起点处 1 深褐斑，各鳍条中部有 1 褐色斑，组成 1 斑点列；尾鳍有 2 列褐色斑点。

分布：云南把边江。栖息在湍急的沙砾底河段。

(53) 大斑南鳅 *Schistura macrotaenia* (Yang, 1990)（图 88）

Nemacheilus macrotaenia Yang, 1990, In: Chu *et al.*, The Fishes of Yunnan, China (Part II): 36.

Schistura macrotaenia: Zhu, 1995, Synopsis of Freshwater Fishes of China: 110.

测量标本 11 尾；体长 85.7-101.6mm；采自云南屏边县南溪河，元江下游的支流。

背鳍 iii-8；臀鳍 iii-5；胸鳍 i-10；腹鳍 i-7；尾鳍分支鳍条 16-17（多数是 17）。第 1 鳃弓内侧鳃耙 9-10。

体长为体高的 4.8-5.9 倍，为头长的 3.6-3.9 倍，为尾柄长的 6.5-7.3 倍，为尾柄高的 8.5-10.0 倍，为前背长的 1.8-1.9 倍。头长为吻长的 2.3-2.4 倍，为眼径的 6.7-8.0 倍，为眼间距的 3.9-4.3 倍，为头高的 1.7-2.0 倍，为头宽的 1.3-1.4 倍，为口裂宽的 2.7-2.9 倍，为鳃峡宽的 2.7-3.0 倍。尾柄长为尾柄高的 1.3-1.4 倍。尾鳍最长鳍条为最短鳍条的 1.1-1.3 倍。

体粗壮，背鳍之前的身体圆筒形，向后渐侧扁，前部自吻端至背鳍基部起点逐渐隆起，往后渐下降。腹部剖面平直，腹圆。头大，平扁。吻较尖，吻长等于或略短于眼后头长。鼻孔位于眼的前上方，远离吻端；前后鼻孔紧靠，前鼻孔位于鼻瓣膜前，鼻瓣先端稍延长，但末端仅达后鼻孔后缘。眼略大，侧上位，腹视不可见。眼间隔宽平。颊部略鼓起。口下位，口裂弧形。唇厚，唇面有浅皱褶。上唇完整，中央无缺刻。下唇中央有 1 缺刻。上颌中央有 1 弱的齿形突起，下颌中央具"V"形缺刻，与上颌齿形突起相对。须 3 对，较长。内吻须后伸远不及前鼻孔的垂直线，外吻须伸达后鼻孔的垂直线或略超过，口角须明显伸过眼后缘之下，有的可伸达鳃盖骨前缘。背鳍之前的身体无鳞，背鳍之后的后躯被有稀疏小鳞。侧线完全，位于体侧中部。

图 88　大斑南鳅 *Schistura macrotaenia* (Yang)（仿褚新洛等，1990）

背鳍基部起点距吻端大于距尾鳍基，背鳍背缘平截，压低背鳍时其末端可伸过肛门的垂直线，但不到臀鳍基部起点的垂直线。臀鳍基部起点距腹鳍基部起点等于距尾鳍基部，腹鳍条末端接近肛门。肛门位置较前，其起点距臀鳍基部起点为臀鳍基部起点至腹鳍基部末端间距离的 28%-31%。尾鳍后缘略凹入，两叶端圆。

体色（甲醛溶液浸存标本）：基色浅黄色，沿侧线有 1 条宽的蓝黑色纵带，体侧具 8-12 条宽的黑色横斑，斑宽大于间隔；横斑在背鳍前不分裂为小的云状斑。头部具很多的扭曲状黑纹，均宽于间隔。背鳍具 1 列、尾鳍具 2 列斑点，尾鳍基部具 1 条深黑色横带。其余各鳍淡灰色或灰黑色。

分布：云南屏边县南溪河，元江下游的支流。

(54) 圆斑南鳅 *Schistura spilota* (Fowler, 1934)（图 89）

Nemacheilus spilotus Fowler, 1934, Proc. Acad. nat. Sci. Philad., 86: 105.

Noemacheilus spilotus: Smith, 1945, Bull. U.S. nat. Mus., 188: 308.

Schistura spilota: Kottelat, 1990, Indochinese Nemacheilines: 214.

测量标本 9 尾；体长 31.5-67.0mm；采自云南耿马县孟定南汀河的一条支流，属怒江水系。

背鳍 iv-8；臀鳍 iii-5；胸鳍 i-9-10；腹鳍 i-6-7；尾鳍分支鳍条 16-17（个别 16）。第 1 鳃弓内侧鳃耙 10-13；脊椎骨（2 尾标本）4+32+1=4+33。

体长为体高的 5.9-6.6 倍，为头长的 3.9-4.2 倍，为尾柄长的 6.1-6.6 倍，为尾柄高的 8.9-9.7 倍。头长为吻长的 2.4-2.9 倍，为眼径的 4.5-5.5 倍，为眼间距的 3.6-4.5 倍。眼间距为眼径的 1.0-1.5 倍。尾柄长为尾柄高的 1.4-1.6 倍。

身体稍延长，胸鳍起点处的身体较宽，并大于这里的高，往后身体渐侧扁，尾柄较短，略长于尾柄高。头平扁，头宽大于头高。眼中等大，侧上位。吻钝，眼约位于头长的中部。口下位，较宽。唇面有浅皱，上唇完整，中部无裂缝。上颌中部有 1 齿形突起，下颌中部前缘有 1 “V” 形缺刻。须 3 对，其中 2 对吻须、1 对口角须，中等长，外吻须伸达眼之下方，口角须可伸过眼后缘到达前鳃盖骨。背鳍之前的身体裸露无鳞，只背鳍之后身体的鳞片较密。侧线完全。

背鳍背缘平截，背鳍基部起点约在体长的中点，至吻端的距离是体长的 48%-50%。胸鳍平展，其长约为胸、腹鳍基部起点间距离的 3/4。腹鳍基部起点与背鳍基部起点或第 1 根分支鳍条基部相对，末端（除 1 尾体长 67mm 最大标本接近肛门外）到达肛门，腋部有 1 肉质鳍瓣。肛门离开臀鳍基部起点约 1 倍眼距。压低臀鳍其末端不达尾鳍基部。

图 89　圆斑南鳅 *Schistura spilota* (Fowler)

体色（甲醛溶液浸存标本）：基色浅黄色。头背侧部褐色。身体背部的横斑深褐色，宽于间色，在背鳍前后各有 3 或 4 和 2 或 3 斑，一般都能沿伸向下过侧线到腹部，无论是分支或不分支，均比背侧的狭。体侧的深褐色横斑条横过侧线的共 10-14 条：背鳍前 3 或 4 条，背鳍下 2 或 3 条，背鳍后 4-6 条，有背部横斑向下延伸的，有在体侧再分支的，也有与背部横斑条联系的，因此形状不规则，沿侧线有 1 条不明显的浅褐色纵纹。尾鳍基部有 1 条深褐色纹。背鳍基部起点有 1 褐色斑（只个别大个体较明显），各鳍中部褐色；尾鳍有 2 列斑点。

分布：云南南汀河，属怒江水系。

(55) 雷氏南鳅 *Schistura reidi* (Smith, 1945)（图 90）

Noemacheilus reidi Smith, 1945, Bull. U.S. nat. Mus., 188: 313.

Schistura reidi: Kottelat, 1990, Indochinese Nemacheilines: 193.

测量标本 4 尾，体长 67-75mm；采自云南南部景谷县的威远江，属澜沧江水系。

背鳍 iv-8；臀鳍 iii-5；胸鳍 i-9-10；腹鳍 i-7；尾鳍分支鳍条 17。第 1 鳃弓内侧鳃耙 10-11。脊椎骨（2 尾标本）4+30+1=4+31。

体长为体高的 5.7-6.3 倍，为头长的 3.7-3.9 倍，为尾柄长的 7.4-8.5 倍，为尾柄高的 8.0-8.4 倍。头长为吻长的 2.3-2.4 倍，为眼径的 5.7-6.5 倍，为眼间距的 3.8-4.1 倍。眼间距为眼径的 1.5-1.7 倍。尾柄长为尾柄高的 1.0-1.1 倍。

图 90　雷氏南鳅 *Schistura reidi* (Smith)

身体稍延长，胸鳍处的身体较宽，胸鳍起点处的高和宽几乎相等，往后身体更侧扁，尾柄短。头纵扁，宽大于高。吻钝，吻长约与眼后头长相等。眼中等大，侧上位。口下位，较宽。唇厚，唇面有浅皱褶，上唇中部无缺刻。上颌中部有 1 齿形突起，下颌中部有 1“V”形缺刻。须 3 对，其中 1 对内吻须、1 对外吻须和 1 对口角须，均较长，外吻须末端伸达眼前缘和眼中心之间的下方，口角须可伸抵鳃盖。背鳍之前的身体裸露，背鳍之下被稀疏小鳞，只背鳍之后身体被覆的鳞片较密。侧线完全。

背鳍背缘平截，背鳍基部起点位于体长中部或略偏后，压低背鳍时，其末端过肛门上方而不到臀鳍基部起点的垂直线。胸鳍平展，较长，其末端几乎与背鳍基部起点相对。腹鳍基部起点与第 1 或第 2 根分支鳍条基部相对，末端伸过肛门，腹鳍腋部有 1 肉质鳍瓣。尾鳍后缘深凹入，两叶端圆，上叶较长。

体色（甲醛溶液浸存标本）：基色浅黄色，背侧部较暗。头背部多不规则褐色斑点。背部在背鳍前后各有褐色横斑条 3-4 条和 3-5 条，宽于或等于间隔，斑条均延伸向下到体侧。体侧的横斑条共 9-11 条：大致为背鳍前 3 条，背鳍下 2 或 3 条，背鳍后 4 或 5 条。尾鳍基部 1 条深色纹。沿侧线有 1 条与眼径等宽的褐色纵纹。背鳍基部起点有 1 深褐色斑，各鳍条中部有 1 褐色纹；尾鳍中部有 2 列斑点。

分布：云南景谷县的威远江，属澜沧江水系。

(56) 泰国南鳅 *Schistura thai* (Fowler, 1934)（图 91）

Nemacheilus thai Fowler, 1934, Proc. Acad. nat. Sci. Philad., 86: 56; Smith, 1945, Bull. U.S. nat. Mus., 188: 307; Yang, 1990, In: Chu *et al.*, The Fishes of Yunnan, China (Part II): 37.

Nemacheilus desmotes Fowler, 1934, Proc. Acad. nat. Sci. Philad., 86: 107; Smith, 1945, Bull. U.S. nat. Mus., 188: 307; Li, 1976, Acta Zool. Sin., 22(1): 118.

Schistura thai: Zhu, 1989, The Loaches of the Subfamily Nemacheilinae in China (Cypriniformes: Cobitidae): 45.

别名：八斑条鳅（李思忠：《采自云南省澜沧江的我国鱼类新纪录》）；泰国条鳅（朱松泉和王似华：《云南省的条鳅亚科鱼类》）。

测量标本 40 尾；体长 51-81mm；采自云南西双版纳地区和澜沧县的南朗河，均属澜沧江水系。

背鳍 iii-iv-8-9（个别是 9）；臀鳍 iii-5；胸鳍 i-10；腹鳍 i-7；尾鳍分支鳍条 17。第 1 鳃弓内侧鳃耙 9-13。脊椎骨（18 尾标本）4+31-35。

体长为体高的 4.8-7.4 倍，为头长的 3.6-5.2 倍，为尾柄长的 5.8-7.5 倍。头长为吻长的 2.4-3.0 倍，为眼径的 4.7-6.7 倍，为眼间距的 3.8-5.0 倍。眼间距为眼径的 1.1-1.9 倍。尾柄长为尾柄高的 0.8-1.7 倍。

身体稍延长，前躯稍侧扁，向尾鳍方向愈侧扁，尾柄短，头部稍平扁，头宽大于头高，一般个体的两颊多少鼓出。吻钝，吻长短于眼后头长。眼小，侧上位。口下位，较宽。唇薄，唇面有浅皱。上颌中部有 1 齿形突起，下颌中部前缘有 1“V”形缺刻。须中等长，外吻须伸达前鼻孔之下，少数可伸至眼中心的垂直线；口角须伸达眼中心和眼后缘之间的下方，少数可稍超过眼后缘。身体被小鳞，后躯较密，背鳍之前的前躯裸露或有稀疏鳞片，小个体的鳞片比大个体的鳞片较密。侧线完全。

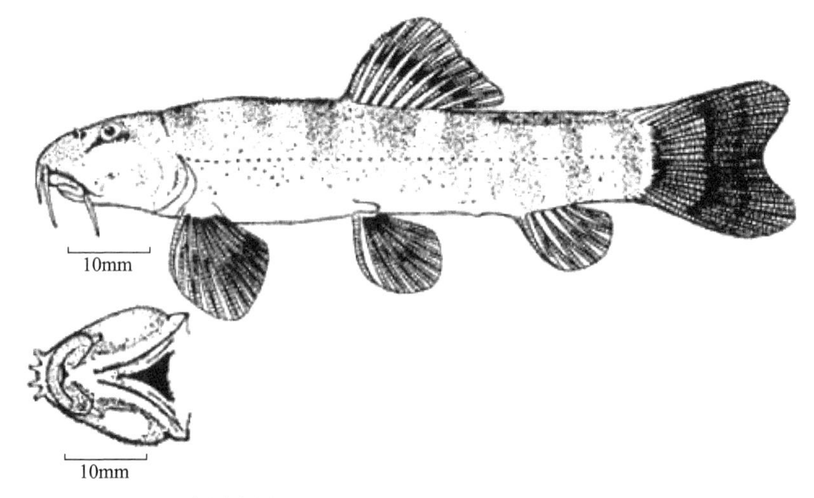

图 91 泰国南鳅 *Schistura thai* (Fowler)（仿朱松泉，1989）

背鳍背缘稍凹入，呈浅弧形，背鳍基部起点至吻端的距离为体长的 50%-52%。胸鳍长约为胸、腹鳍基部起点之间距离的3/4。腹鳍基部起点与背鳍的基部起点或第1、第2根分支鳍条基部相对，末端不伸达肛门（其间距等于1-1.5个眼径），但小个体常能伸达或超过肛门。腹鳍腋部有1肉质鳍瓣。尾鳍后缘深凹入，两叶端圆。

体色（甲醛溶液浸存标本）：基色浅黄色，背部较暗。背部在背鳍前后各有3-5条褐色横斑条，平均为8条，斑条的宽约与间隔相等。体侧的横斑条平均为8条：背鳍前2-5条，背鳍下1-3条和背鳍后3-5条。尾鳍基部1条深褐色纹。头背侧部浅褐色。背鳍各鳍条中部有褐色点，成列；尾鳍有2列斑点。其余各鳍褐色，膜透明。体侧的横斑条数在不同地区（包括同一水系的不同地区）的标本有变异。

成熟个体颊部多少鼓出。繁殖季节，雄性吻部、唇、须等处有稀疏的珠星。

分布：云南的怒江和澜沧江水系。栖息于急流河段。

(57) 横纹南鳅 *Schistura fasciolata* (Nichols *et* Pope, 1927)（图92）

Homaloptera fasciolata Nichols *et* Pope, 1927, Bull. Am. Mus. nat. Hist., 54: 339.

Homatula fasciolata: Herre *et* Myers, 1931, Lingnan Sci. J., 10(2-3): 348.

Nemachilus humilis Lin, 1932, Lingnan Sci. J., 11(4): 515.

Barbatula (*Homatula*) *humilis*: Nichols, 1943, Nat. Hist. Central Asia, 9: 219.

Homaloptera hingi Herre, 1934, Lingnan Sci. J., 13(2): 287.

Nemachilus hingi: Hora, 1935, Rec. Indian Mus., 37: 49.

Barbatula (*Homatula*) *hingi*: Nichols, 1943, Nat. Hist. Central Asia, 9: 219.

Barbatula (*Homatula*) *fasciolata*: Nichols, 1943, Nat. Hist. Central Asia, 9: 219.

Nemachilus pellegrini Rendahl, 1944, Goteborge Vetensk Samh. Handl., (6) 3B (3): 26.

Nemachilus chapaensis Rendahl, 1944, Goteborge Vetensk Samh. Handl., (6) 3B (3): 35.

Barbatula fasciolata: Editor team of Fishes in Fujian Prov., 1984, Fishes of Fujian Province (Part I): 386.

Nemacheilus fasciolatus: Fisheries Research Institute of Guangxi Zhuang Autonomous Region *et* Institute of Zoology, Chinese Academy of Sciences, 1981, Freshwater Fishes of Guangxi, China: 159; Pearl River Fisheries Research Institute, Chinese Academy of Fishery Sciences *et al.*, 1986, Freshwater and Estuarine Fishes of Hainan Island: 150; Zhu *et* Cao, 1987, Acta Zootax. Sin., 12(3): 327; Wu *et al.*, 1989, Fishes of Guizhou Province: 26; Zheng, 1989, The Fishes of Pearl River: 50; Yang (partial), 1990, In: Chu *et al.*, The Fishes of Yunnan, China (Part II): 39; Pearl River Fisheries Research Institute, Chinese Academy of Fishery Sciences *et al.*, 1991, The Freshwater Fishes of Guangdong Province: 242.

Schistura fasciolatus: Zhu, 1989, The Loaches of the Subfamily Nemacheilinae in China (Cypriniformes: Cobitidae): 47.

别名：花带条鳅（广西壮族自治区水产研究所等：《广西淡水鱼类志》）；花纹条鳅（李思忠：《中国淡水鱼类的分布区划》）；横纹条鳅（朱松泉和王似华：《云南省的条鳅亚科鱼类》）。

测量标本50尾；体长45.5-81.5mm；采自海南，广东连州、连平和云浮山。

背鳍iv-7-8（个别是7）；臀鳍iv-5-6（个别是6）；胸鳍i-8-10；腹鳍i-6-8；尾鳍分

支鳍条 16-18（主要是 17）。第 1 鳃弓内侧鳃耙 7-14。脊椎骨（20 尾标本）4+31-35。

体长为体高的 4.2-7.8 倍，为头长的 3.9-5.4 倍，为尾柄长的 5.6-7.4 倍。头长为吻长的 2.2-2.7 倍，为眼径的 5.2-6.8 倍，为眼间距的 3.1-3.9 倍。眼间距为眼径的 1.2-2.2 倍。尾柄长为尾柄高的 1.0-1.5 倍。

身体延长，前躯稍侧扁，愈向尾鳍方向愈侧扁，尾柄短。头部稍平扁，头宽稍大于头高，成熟个体的两颊稍鼓出，雄性更明显。吻钝，其长等于或稍短于眼后头长。眼小，侧上位。口下位。唇狭，唇面有浅皱。上颌中部有 1 齿形突起，下颌匙状，其前缘中部有 1 “V” 形缺刻。须中等长，外吻须伸达鼻孔和眼前缘之间的下方，口角须伸达眼后缘之下或略微超过眼后缘。身体被有细鳞，至少背鳍之后的后躯被稀疏鳞片。侧线完全。

背鳍背缘稍外凸，呈圆弧形，背鳍基部起点至吻端的距离为体长的 50%-54%。胸鳍长为胸、腹鳍基部起点之间距离的 1/2-3/5。腹鳍基部起点与背鳍的基部起点至第 2 根分支鳍条基部之间的范围相对，个别背鳍基部起点在腹鳍基部起点略前，腹鳍末端接近或到达肛门。腹鳍腋部有 1 肉质鳍瓣。肛门离开臀鳍基部起点约等于 2.5 个眼径。尾鳍后缘浅凹入，两叶端圆形。

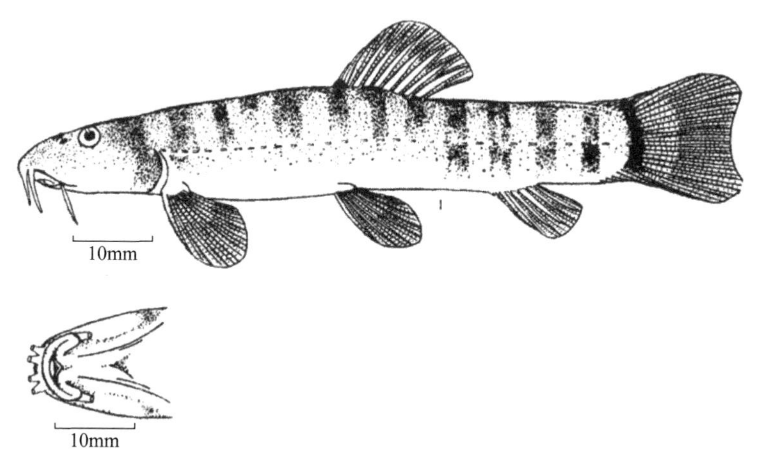

图 92 横纹南鳅 *Schistura fasciolata* (Nichols *et* Pope)（仿朱松泉，1989）

体色（甲醛溶液浸存标本）：基色浅黄色或浅褐色。背部在背鳍前后各有 4、5 和 4-6 条褐色横斑条，体侧的横斑条大多由背部延伸而下，一般伸过侧线，斑条宽约与间隔相等，计有 10-16 条，平均 14 条：大致背鳍前 2-6 条、背鳍下 1-3 条、背鳍后 4-7 条。尾鳍基部有 1 条深褐色纹。背鳍基部起点处有 1 褐色斑，背鳍有 1 列斑点；尾鳍有 1、2 列斑点。头背侧部褐色。体侧的横斑条数在不同水系和同一水系的不同地区都有差异，应视作种内变异。

雄性的两颊比雌性的更鼓出。在繁殖季节，雄性吻部、唇、须有稀疏珠星，胸鳍外侧的不分支鳍条与 1-4 根分支鳍条也有稀疏珠星。

分布：把边江、元江、珠江、南流江、韩江、九龙江、金沙江等水系，海南，香港；越南北方等。栖息于多水草（常为眼子菜）的缓流河段，虽在流水的砾石底河段也有分布，但多见栖息于水草丛中。

讨论：横纹南鳅 *S. fasciolata* 和泰国南鳅 *S. thai* 在我国的南方省（区）及其毗连的中南半岛地区广泛分布。这两种除身体的横斑条数有差异外，其他的一些特征比较接近。由于横斑条数在不同水系或同一水系的不同地区都有变异，因此，这两种也不能排除是同一种的种内变异的可能性。这方面的研究未深入之前，本志将分布于怒江和澜沧江水系横斑条数较少的归入泰国南鳅 *S. thai*；分布于元江、把边江、珠江、南流江、韩江、九龙江、金沙江等水系及海南等地横斑条数较多的归入横纹南鳅 *S. fasciolata*。

Zhou 和 Cui (1993) 将采自四川会东金沙江一条支流的标本描述为 *S. pseudofasciolata* 新种，其与横纹南鳅 *S. fasciolata* 的主要差异是裸露无鳞。据周伟先生赠送的 10 尾 *S. pseudofasciolata* 地模标本观察，在背鳍之下和之后的身体均被有稀疏鳞片，这无疑表明 *S. pseudofasciolata* 是横纹南鳅 *S. fasciolata* 的同物异名。

(58) 稀有南鳅 *Schistura rara* (Zhu *et* Cao, 1987)（图 93）

Nemacheilus rarus Zhu et Cao, 1987, Acta Zootax. Sin., 12(3): 328; Pearl River Fisheries Research Institute, Chinese Academy of Fishery Sciences *et al*., 1991, The Freshwater Fishes of Guangdong Province: 243 (according to Zhu).

Schistura rara: Zhu, 1989, The Loaches of the Subfamily Nemacheilinae in China (Cypriniformes: Cobitidae): 49.

别名：稀有条鳅［朱松泉和曹文宣：《广东和广西条鳅亚科鱼类及一新属三新种描述（鲤形目:鳅科）》］。

测量标本 7 尾；体长 37.0-56.5mm；采自广东的乳源和曲江流入北江的支流。

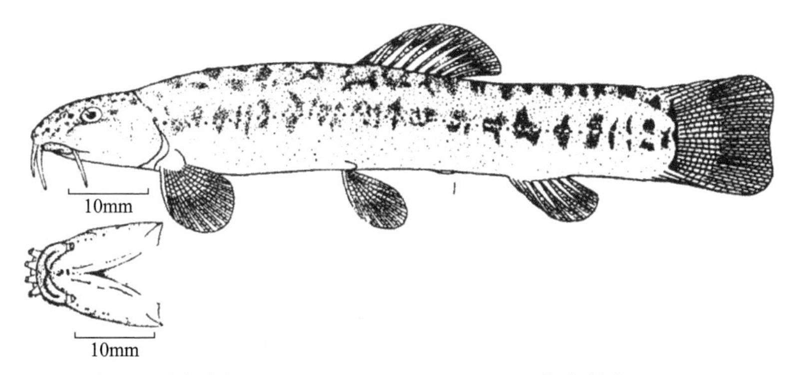

图 93　稀有南鳅 *Schistura rara* (Zhu *et* Cao)（仿朱松泉，1989）

背鳍 iii-7-8（个别为 8）；臀鳍 iii-5；胸鳍 i-8-10；腹鳍 i-7；尾鳍分支鳍条 17。第 1 鳃弓内侧鳃耙 8-11。脊椎骨（2 尾标本）4+32-33。

体长为体高的 5.9-6.4 倍，为头长的 4.2-7.8 倍，为尾柄长的 5.8-6.5 倍。头长为吻长的 2.4-2.7 倍，为眼径的 4.2-6.3 倍，为眼间距的 3.0-3.8 倍。眼间距为眼径的 1.4-2.1 倍。尾柄长为尾柄高的 1.1-1.4 倍。

身体粗壮，前躯较宽，后躯向尾鳍方向愈侧扁，尾柄短。头部稍平扁，头宽稍大于头高。吻钝，吻长等于或稍短于眼后头长。眼小，侧上位。口下位。唇狭，唇面有微皱。上颌中部有 1 齿形突起，下颌中部有 1“V”形缺刻。须中等长，外吻须后伸达眼前缘下方。口角须伸达眼后缘的下方或稍超过。身体被有小鳞，腹部有稀疏鳞片。侧线完全。

背鳍背缘稍外凸，呈浅弧形，背鳍基部起点在体长的中点或中点稍前。大个体的胸鳍相对短些，一般不伸达胸、腹鳍基部起点之间的中点；小个体的长些，可明显超过中点。腹鳍基部起点通常相对于背鳍基部起点略前，末端不伸达（大个体）或伸达肛门。肛门与臀鳍基部起点间的距离等于 2-2.5 倍的眼径。腹鳍腋部有 1 肉质鳍瓣。尾鳍后缘微凹入，两叶端圆，等长。

体色（甲醛溶液浸存标本）：基色浅黄色或浅褐色。背部在背鳍之前有很多褐色斑块（大个体）或横斑条，如是横斑条，常为 7、8 条，背鳍下方 5 条，背鳍后 6-9 条；体侧的横斑条共 21-27 条，大致背鳍前 7-10 条，背鳍下 3-5 条，背鳍后 11-13 条。尾鳍基部有 1 条深褐色纹。背部和体侧的横斑条不互连，形状均不规则。头背侧部多褐色斑点。背鳍基部起点处有 1 深褐色斑，鳍条中段有褐色斑点，排列成 1 列；尾鳍有 2 列浅褐色斑点。

分布：广东乳源和曲江，属于北江上游的小支流。栖息于多水草的缓流河段。

(59) 锥吻南鳅 *Schistura conirostris* (Zhu, 1982)（图 94）

Nemachilus conirostris Zhu, 1982, Acta Zootax. Sin., 7(1): 104; Yang, 1990, In: Chu *et al*., The Fishes of Yunnan, China (Part II): 42.

Schistura conirostris: Zhu, 1989, The Loaches of the Subfamily Nemacheilinae in China (Cypriniformes: Cobitidae): 40.

测量标本 10 尾；体长 44.5-68.0mm；采自云南景洪市流沙河口。

背鳍 iii-8；臀鳍 ii-5；胸鳍 i-9-10；腹鳍 i-6-7；尾鳍分支鳍条 17。第 1 鳃弓内侧鳃耙 10-14。脊椎骨（5 尾标本）4+32。

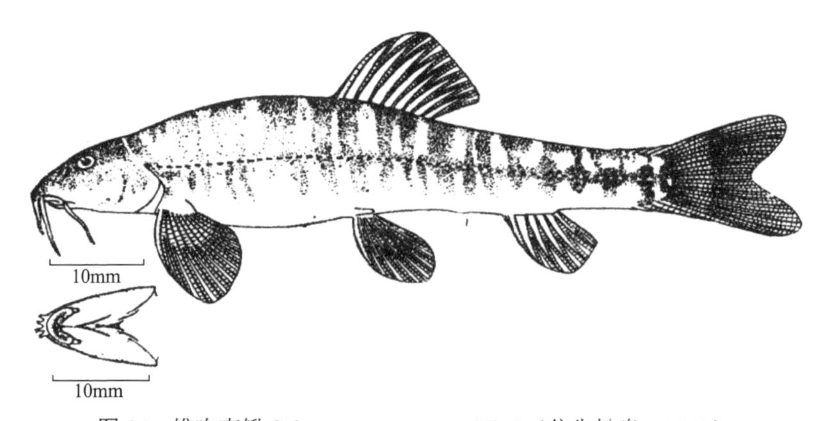

图 94　锥吻南鳅 *Schistura conirostris* (Zhu)（仿朱松泉，1989）

体长为体高的 4.4-6.0 倍，为头长的 4.6-5.1 倍，为尾柄长的 5.8-7.2 倍。头长为吻长的 2.5-3.1 倍，为眼径的 4.1-5.1 倍，为眼间距的 3.3-4.0 倍。眼间距为眼径的 1.2-1.6 倍。尾柄长为尾柄高的 1.4-1.6 倍。

身体稍延长，前躯稍侧扁，背部隆起。头短，锥形，头宽等于或稍小于头高。吻长短于眼后头长。眼小，侧上位。口下位。上唇中部有 1 裂缝，唇缘有短的乳头状突起；下唇面有深的皱褶。上颌正常，下颌匙状。须很长，外吻须伸达眼中心和眼后缘之间的下方，口角须伸过眼后缘到主鳃盖骨。除头部和胸腹部外，整个身体被小鳞，但背鳍之前的前躯较后躯稀疏。侧线完全。

背鳍背缘平截，背鳍基部起点至吻端的距离为体长的 47%-50%。胸鳍长约为胸、腹鳍基部起点之间距离的 2/3。腹鳍基部起点与背鳍的第 1 和第 2 根分支鳍条基部相对，末端伸达（较小个体）或不伸达肛门（如不伸达肛门，其间隔约等于眼径），腹鳍腋部有 1 肉质鳍瓣。尾鳍后缘深凹入，两叶等长或下叶稍长。

体色（甲醛溶液浸存标本）：基色浅黄色，背部较暗。头背侧部深褐色。体背部在背鳍前后各有 3-5 和 4-6 条较宽的褐色横斑，均宽于间隔，它们各行向体侧时有的分支，有的不分支，共有 11-17 条；一般在背鳍前 4-6 条，背鳍下 2-4 条，背鳍后 5-7 条。尾鳍基部 1 深褐色纹。各鳍无斑，膜透明。

分布：云南西双版纳的流沙河口的缓流区，属澜沧江水系。

(60) 南方南鳅 *Schistura meridionalis* (Zhu, 1982)（图 95）

Nemachilus meridionalis Zhu, 1982, Acta Zootax. Sin., 7(1): 108; Yang, 1990, In: Chu *et al*., The Fishes of Yunnan, China (Part II): 49.

Schistura meridionalis: Zhu, 1989, The Loaches of the Subfamily Nemacheilinae in China (Cypriniformes: Cobitidae): 41.

别名：南方条鳅（朱松泉：《云南条鳅属鱼类五新种》）。

测量标本 40 尾；体长 33-57mm；采自云南西双版纳的补远江（澜沧江的一条支流）和云县的南汀河（怒江的一条支流）。

背鳍 iii-8；臀鳍 ii-iii-5；胸鳍 i-9-10；腹鳍 i-7；尾鳍分支鳍条 17。第 1 鳃弓内侧鳃耙 9-11。脊椎骨（8 尾标本）4+29。

体长为体高的 4.4-5.4 倍，为头长的 4.3-5.1 倍，为尾柄长的 6.3-8.7 倍。头长为吻长的 2.2-2.8 倍，为眼径的 3.8-5.9 倍，为眼间距的 3.1-4.0 倍。眼间距为眼径的 1.3-2.0 倍。尾柄长为尾柄高的 0.9-1.2 倍。

身体稍延长，侧扁，尾柄短。头部稍侧扁，头宽与头高几乎相等。吻部较尖，吻长小于或等于眼后头长。口下位。上唇面光滑，下唇面多皱褶。上颌中部有 1 弱的齿形突起，下颌匙状。眼较小，侧上位。须很长，外吻须伸达眼中心和眼后缘之间的下方，有的可稍超过眼后缘；口角须伸过眼后缘达到主鳃盖骨。身体被有细密的鳞片，胸、腹部裸出。侧线不完全，一般终止在腹鳍基部起点的上方。

背鳍背缘平截，背鳍基部起点至吻端的距离为体长的 44%-50%。胸鳍长约为胸、腹鳍基部起点之间距离的 2/3（雌性）或 4/5（雄性）。腹鳍基部起点与背鳍的第 1、第 2 或第 3 根分支鳍条基部相对，末端不达肛门（雌性）或伸达乃至伸过肛门（雄性），腹鳍腋部有 1 肉质鳍瓣。尾鳍后缘微凹入，上叶稍长。

体色（甲醛溶液浸存标本）：基色浅黄色，背侧稍暗。横斑纹形状常不规则。雌性背侧的褐色横斑条在背鳍之前通常不明显，背鳍之后有 5-9 条；体侧的横斑条明显，共计有 15-19 条：大致背鳍前 6-8 条，背鳍下 2、3 条，背鳍后 6-8 条；尾鳍基部有 1 条深褐色纹；沿体侧纵轴自头后方至尾鳍基部，有 1 条细的褐色纵纹，但不明显。雄性的体色与雌性的不同，其背部的褐色横斑条细密，背鳍前 6-8 条，背鳍后 5-9 条，排列较规则；体侧自鳃孔后至尾鳍基部有 1 条醒目的深褐色纵纹，其宽度约与眼径相等。背部的横斑条不下延至纵纹，沿纵纹的横斑条不明显，如有，也只在纵纹处有与其相交的短条，且不与背侧的短横条相接。背、尾鳍有不明显的浅褐色点。

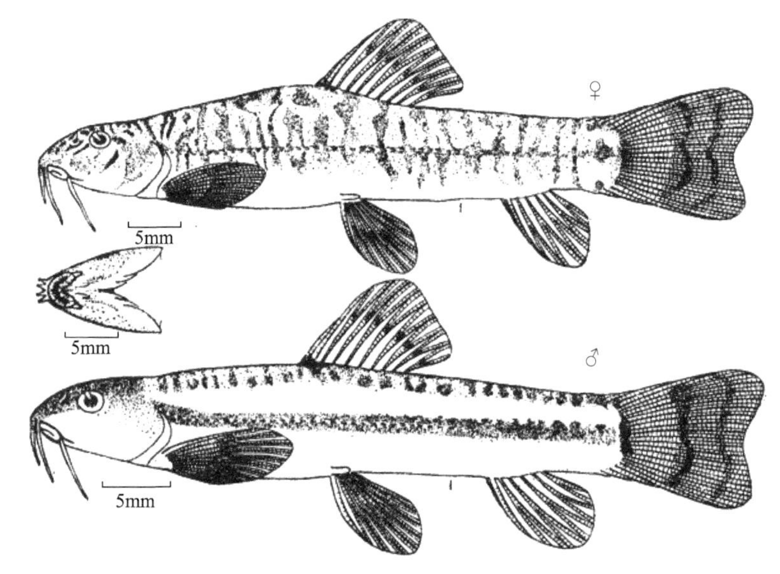

图 95 南方南鳅 *Schistura meridionalis* (Zhu)（仿朱松泉，1989）

第二性征：雌、雄鱼除上述体色和鳍的长度有不同外，雄鱼的胸鳍很特殊，其外侧 3 根分支鳍条分离较远，背面各有 1 肉质隆起，在不分支鳍条和该肉质隆起上布有很多小刺突。

分布：云南的怒江和澜沧江下游及其附属水体。栖息在多水草和沙砾底的缓流河段，以底栖的动物性食料为食。

(61) 宽纹南鳅 *Schistura latifasciata* (Zhu *et* Wang, 1985)（图 96）

Noemacheilus latifasciatus Zhu *et* Wang, 1985, Acta Zootax. Sin., 10(2): 211.

Schistura latifasciata: Zhu, 1989, The Loaches of the Subfamily Nemacheilinae in China (Cypriniformes: Cobitidae): 50.

Nemacheilus latifasciatus: Yang, 1990, In: Chu *et al.*, The Fishes of Yunnan, China (Part II): 41.

别名：宽纹条鳅（朱松泉和王似华：《云南省的条鳅亚科鱼类》）。

测量标本 15 尾；体长 38-72mm；采自云南的云县南桥河，属澜沧江水系。

背鳍 iii-8；臀鳍 iii-5；胸鳍 i-8-9；腹鳍 i-6-7；尾鳍分支鳍条 17。第 1 鳃弓内侧鳃耙 9-11。脊椎骨（6 尾标本）4+33。

体长为体高的 5.3-6.4 倍，为头长的 3.9-4.4 倍，为尾柄长的 6.4-7.6 倍。头长为吻长的 2.5-2.9 倍，为眼径的 5.6-7.6 倍，为眼间距的 3.9-5.2 倍。眼间距为眼径的 1.3-1.9 倍。尾柄长为尾柄高的 1.1-1.4 倍。

身体延长，前躯稍侧扁，向尾鳍方向愈侧扁，尾柄短。头部稍平扁，头宽略大于头高，颊部不鼓出。吻较尖，吻长短于眼后头长。眼小，侧上位。口下位。唇狭，唇面有浅皱。上颌中部有 1 弱的齿形突起，下颌匙状。须中等长，外吻须后伸达鼻孔之下；口角须末端伸达眼中心和眼后缘之间的下方。身体被有小鳞，但背鳍之前的前躯鳞片较后躯稀疏，皮肤光滑。侧线完全。

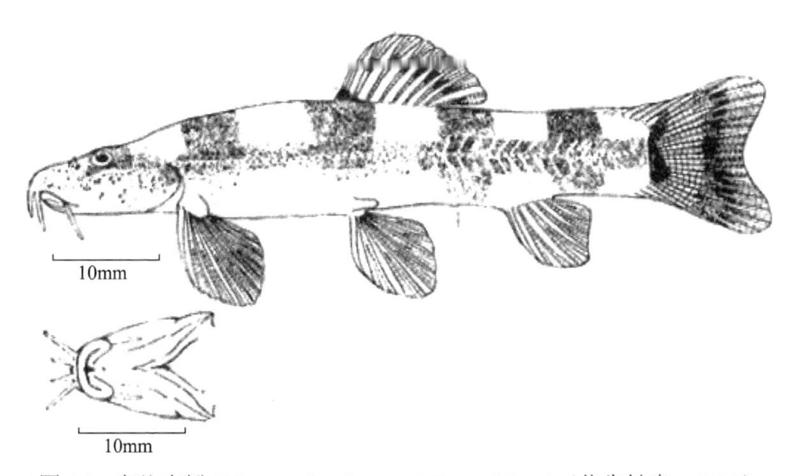

图 96　宽纹南鳅 *Schistura latifasciata* (Zhu *et* Wang)（仿朱松泉，1989）

背鳍背缘平截，背鳍基部起点在体长的中点或中点稍后。胸鳍较长，其末端约伸达胸、腹鳍基部起点之间距离的 3/5。腹鳍基部起点与背鳍的第 1 根分支鳍条基部相对，末端伸达肛门（一般小个体）或不伸达肛门。肛门与臀鳍基部起点间的距离是 2-2.5 倍眼径。腹鳍腋部有 1 肉质鳍瓣。尾鳍后缘深凹入，两叶端圆。

体色（甲醛溶液浸存标本）：基色浅黄色，背侧稍暗。体侧有 4 个醒目的由背部延伸向下的深黑褐色宽横斑，约与间隔等宽。尾鳍基部有 1 条黑色横斑条。沿侧线有 1 条黑色纵纹，约为眼径的 2 倍宽。头部背侧面褐色，间有不规则小圆斑。背、尾鳍各有 1 列斑点，背鳍基部起点有 1 黑斑。在双江、补远江和漾濞江等地采的标本，体侧的横斑条数目略有变异，其中双江和补远江的同南桥河，而采自漾濞江的 38 尾标本中有 70%（体长 60mm 以上）是 5 和 6 斑。

分布：云南南部的澜沧江及其支流。栖息于水流湍急的砾石底河段。

(62) 密纹南鳅 *Schistura vinciguerrae* (Hora, 1935)（图 97）

Nemachilus vinciguerrae Hora, 1935, Rec. Indian Mus., 37: 63.

Nemachilus multifasciatus: Vinciguerra, 1889, Ann. Mus. Civ. Storia nat. Genova, 2(9): 337; Mukerji, 1934, J. Bombay nat. Hist. Soc., 37(1): 38; Hora *et* Mukerji, 1934, Rec. Indian Mus., 36: 135.

Schistura vinciguerrae: Zhu, 1989, The Loaches of the Subfamily Nemacheilinae in China (Cypriniformes: Cobitidae): 52.

Nemacheilus vinciguerrae: Yang, 1990, In: Chu *et al.*, The Fishes of Yunnan, China (Part II): 44.

别名：密纹条鳅（朱松泉和王似华：《云南省的条鳅亚科鱼类》）。

测量标本 32 尾；体长 47-72mm；采自云南盈江铜壁关，系大盈江的一条支流。

背鳍 iii-7-8（个别是 7）；臀鳍 ii-5；胸鳍 i-9-10；腹鳍 i-6-7；尾鳍分支鳍条 17。第 1 鳃弓内侧鳃耙 9-10。脊椎骨（7 尾标本）4+32-34。

体长为体高的 5.3-7.6 倍，为头长的 4.5-5.9 倍，为尾柄长的 6.6-8.2 倍。头长为吻长的 2.1-2.6 倍，为眼径的 5.1-6.5 倍，为眼间距的 3.3-4.0 倍。眼间距为眼径的 1.2-1.9 倍。尾柄长为尾柄高的 1.1-1.5 倍。

身体延长，前躯较宽，后躯向尾鳍方向愈侧扁。头部稍平扁，头宽大于头高。吻钝，吻长通常等于眼后头长，也有少数是大于或小于的。眼小，侧上位。口下位。唇薄而狭，唇面有浅皱褶，上唇中部有 1 缺刻。上颌中部有 1 弱的齿形突起，下颌匙状。须中等长，外吻须后伸达鼻孔或口角，口角须伸达眼中心垂直线。身体被有小鳞，但背鳍之前的前躯鳞片稀疏。侧线完全。

背鳍背缘平截，背鳍基部起点到吻端的距离为体长的 50%-53%。胸鳍长约为胸、腹鳍基部起点之间距离的 1/2，腹鳍基部起点相对于背鳍基部起点至第 2 根分支鳍条基部的范围内，末端不伸达肛门（其间距相等于 2、3 个眼径）。腹鳍腋部有 1 肉质鳍瓣。尾鳍后缘深凹入，两叶端圆。

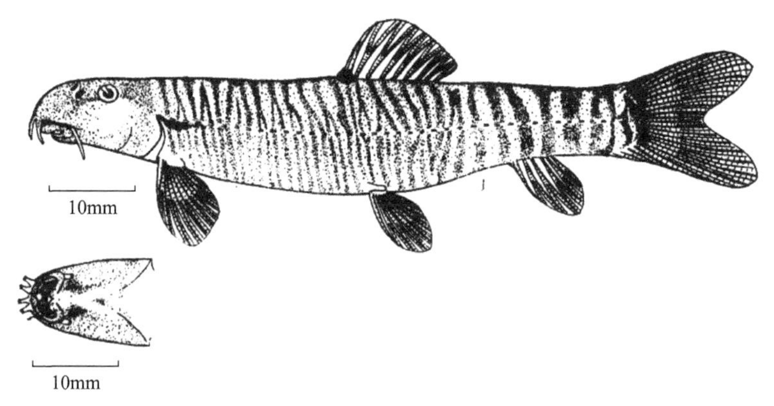

图 97 密纹南鳅 *Schistura vinciguerrae* (Hora)（仿朱松泉，1989）

体色（甲醛溶液浸存标本）：基色浅黄色，背侧部较暗。整个身体（包括头部）布有斑马纹状的深褐色横斑条，并从背部延伸到体侧。斑条的形状和排列方式：背鳍之下和背鳍之前的细密，从背部分支行向体侧；背鳍之后的宽疏，并从背部延伸到体侧，一般不分支。背部的横斑条在背鳍前后各有 5-12 和 3-7 条；体侧的横斑条更多，共有 26-33 条，平均 29 条：大致背鳍前 12-21 条、背鳍下 3-9 条、背鳍后 6-10 条。尾鳍基部 1 条黑色横纹。背鳍基部起点处有 1 深褐色斑，背鳍和尾鳍中部各有 1 列和 1、2 列斑点，但尾鳍的斑点列不明显。

繁殖季节雄性的吻部有珠星。

分布：云南大盈江、怒江。

(63) 长南鳅 *Schistura longa* (Zhu, 1982)（图 98）

Nemachilus longus Zhu, 1982, Acta Zootax. Sin., 7(1): 105.

Schistura longa: Zhu, 1989, The Loaches of the Subfamily Nemacheilinae in China (Cypriniformes: Cobitidae): 51.

Nemacheilus longus: Yang (partial), 1990, In: Chu *et al*., The Fishes of Yunnan, China (Part II): 43.

别名：长条鳅（朱松泉：《云南条鳅属鱼类五新种》）。

测量标本 9 尾；体长 41.5-63.0mm；采自云南西部泸水市六库，怒江的一条支流。

背鳍 iii-8-9（个别是 9）；臀鳍 ii-iii-5；胸鳍 i-9-10；腹鳍 i-7；尾鳍分支鳍条 14-16。第 1 鳃弓内侧鳃耙 9-10。脊椎骨（5 尾标本）4+35-36。

体长为体高的 5.4-7.4 倍，为头长的 4.5-5.3 倍，为尾柄长的 6.0-6.8 倍。头长为吻长的 2.3-2.5 倍，为眼径的 5.8-7.0 倍，为眼间距的 3.0-3.6 倍。眼间距为眼径的 1.7-2.2 倍。尾柄长为尾柄高的 1.5-1.6 倍。

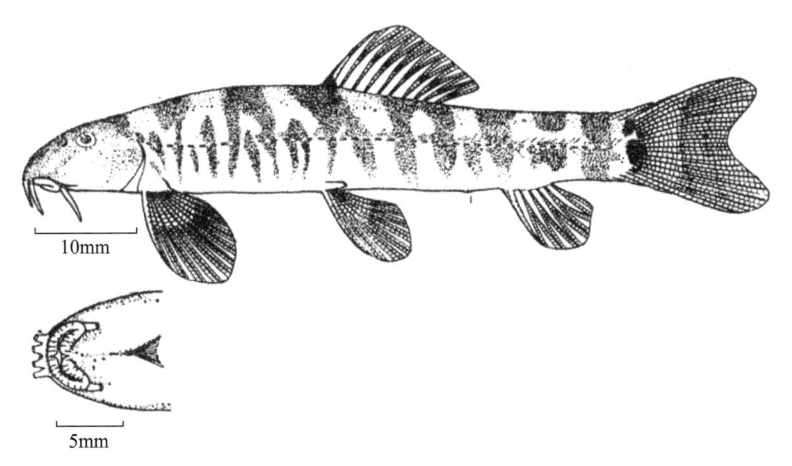

图 98　长南鳅 *Schistura longa* (Zhu)（仿朱松泉，1989）

身体延长，前躯稍侧扁，向尾鳍方向愈侧扁。头部稍平扁，头宽稍大于头高。吻部稍尖，吻长等于或稍长于眼后头长。眼小，侧上位。口下位。唇较薄，唇面有浅皱，上唇中部有 1 裂缝。上颌中部有 1 弱的齿形突起，下颌匙状。须中等长，外吻须伸达前鼻孔和眼前缘两垂线之间；口角须后伸达眼中心至眼后缘之间的下方。除头部外，身体被有小鳞，但背鳍之前的前躯鳞片稀疏。侧线完全。

背鳍背缘平截，背鳍基部起点约在体长的中点。胸鳍长约为胸、腹鳍基部起点之间距离的 2/3。腹鳍基部起点相对于背鳍基部起点至第 1 根分支鳍条基部，末端伸达肛门（一般为小个体）或不伸达肛门（其间距等于 1-1.5 个眼径）。肛门至臀鳍基部起点间的距离为 1.5-2 倍眼径。腹鳍腋部有 1 肉质鳍瓣。尾鳍后缘深凹入，两叶等长或下叶稍长。

体色（甲醛溶液浸存标本）：基色浅黄色，背部较暗。头部后背有 1 褐色宽横斑，前部与头背部浅褐色融合。身体背部的褐色横斑条宽于或等于间隔，背鳍前后各有 3、4 条，有的延伸到体侧并再分支，有的与体侧斑条分开。体侧的横斑条较窄，通常背鳍之后身体后方的斑条较身体前方的宽，共有 12-17 条：背鳍前 5-8 条，背鳍下 2-4 条，背鳍后 3、4 条。背鳍基部起点处有 1 黑斑，各鳍条中部有 1 褐斑，排成列；尾鳍基中部有 1 圆黑斑，上侧 1 小圆斑，尾鳍条有 2 列不明显的浅褐色斑点。

分布：仅分布于云南西部泸水市六库，流入怒江的一条支流。

(64) 美斑南鳅 *Schistura callichroma* (Zhu *et* Wang, 1985)（图 99）

Nemacheilus callichromus Zhu *et* Wang, 1985, Acta Zootax. Sin., 10(2): 214; Yang, 1990, In: Chu *et al*., The Fishes of Yunnan, China (Part II): 33.

Schistura callichroma: Zhu, 1989, The Loaches of the Subfamily Nemacheilinae in China (Cypriniformes: Cobitidae): 53.

别名：美斑条鳅（朱松泉和王似华：《云南省的条鳅亚科鱼类》）。

测量标本 20 尾；体长 48-78mm；采自云南景东把边江上游的川河。

背鳍 iv-8；臀鳍 iii-iv-5；胸鳍 i-10；腹鳍 i-6-7；尾鳍分支鳍条 17。第 1 鳃弓内侧鳃耙 8-10。脊椎骨（8 尾标本）4+32-33。

体长为体高的 4.9-6.0 倍，为头长的 3.1-4.0 倍，为尾柄长的 7.4-8.6 倍。头长为吻长的 2.3-2.7 倍，为眼径的 6.2-8.8 倍，为眼间距的 4.7-6.0 倍。眼间距为眼径的 1.2-1.6 倍。尾柄长为尾柄高的 1.0-1.2 倍。

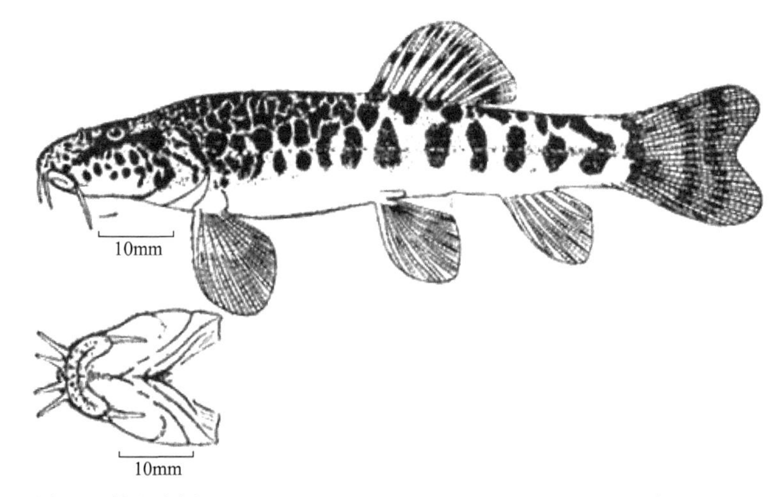

图 99　美斑南鳅 *Schistura callichroma* (Zhu *et* Wang)（仿朱松泉，1989）

身体稍延长，前躯稍侧扁，但背鳍之前的前躯较宽，胸鳍处的体高和体宽几乎相等，向尾鳍方向愈侧扁，尾柄短。头稍平扁，头宽大于头高，颊部稍鼓出。吻圆钝，吻长等于或稍短于眼后头长。眼小，侧上位。口下位。唇薄，唇面有微皱，上唇完整。上颌中部有 1 弱的齿形突起，下颌匙状。须较短，外吻须后伸达鼻孔之下；口角须伸达眼后缘的垂直线。背鳍之前的前躯裸露无鳞，鳞片只在后躯具有，且排列稀疏，只尾柄处较密。侧线完全。

鳍均较长。背鳍背缘平截或稍外凸呈圆弧形，背鳍基部起点至吻端的距离为体长的 52%-60%。胸鳍长约为胸、腹鳍基部起点之间距离的 3/5。腹鳍基部起点相对于背鳍的基部起点至第 1 根分支鳍条基部的范围内，部分标本相对于背鳍基部略前，末端伸达或伸过肛门。腹鳍腋部有 1 肉质鳍瓣。肛门约位于腹鳍和臀鳍基部起点之间的中点，离臀鳍基部起点约相等于 3 倍眼径。尾鳍后缘凹入，两叶端圆。

体色（甲醛溶液浸存标本）：基色浅黄色，背部略暗。除尾鳍基部是 1 条黑色横斑纹外，整个身体均是众多大小不等的深褐色块斑，这些色斑多数略呈圆形。背部在背鳍之前是密集的深褐色小斑，背鳍之后是 3、4 块深褐色大圆斑。体侧沿侧线是 6-9 个深褐色圆形斑，大致背鳍前 3、4 斑，背鳍下 2、3 斑，背鳍后 2-4 斑。头部背、侧面有很多深褐色小斑，并由头侧扩展至头的腹面。背、尾鳍各有 2 列斑点，背鳍基部起点处有 1 褐斑。

分布：云南景东把边江。栖息于水流湍急的石砾底河段。

(65) 南定南鳅 *Schistura nandingensis* (Zhu *et* Wang, 1985)（图 100）

Noemacheilus nandingensis Zhu *et* Wang, 1985, Acta Zootax. Sin., 10(2): 212.

Schistura nandingensis: Zhu, 1989, The Loaches of the Subfamily Nemacheilinae in China (Cypriniformes: Cobitidae): 54.

别名：南定条鳅（朱松泉和王似华：《云南省的条鳅亚科鱼类》）。

测量标本 4 尾；体长 50.5-56.0mm；采自云南云县幸福南汀河的一条支流，属怒江水系。

背鳍 iv-8；臀鳍 iii-5；胸鳍 i-9-10；腹鳍 i-6；尾鳍分支鳍条 17。第 1 鳃弓内侧鳃耙 10-11。脊椎骨（2 尾标本）4+30。

体长为体高的 5.4-5.6 倍，为头长的 4.3-4.7 倍，为尾柄长的 6.7-7.5 倍。头长为吻长的 2.4-2.8 倍，为眼径的 5.5-6.0 倍，为眼间距的 3.0-3.5 倍。眼间距为眼径的 1.6-2.0 倍。尾柄长为尾柄高的 1.1-1.3 倍。

身体延长，稍侧扁。头锥形，头宽稍大于或等于头高。吻长等于或稍短于眼后头长，口下位。唇面多浅皱。上颌中部有 1 弱的齿形突起，下颌匙状。须较长，外吻须后伸达后鼻孔和眼中心之间的下方，口角须伸过眼后缘达前鳃盖骨。除头部外，整个身体被有小鳞，但腹部鳞片稀疏。侧线不完全，终止在臀鳍上方之前。

背鳍背缘圆弧形，背鳍基部起点在吻端和尾鳍基部之间的中点或中点稍前。胸鳍长约为胸、腹鳍基部起点之间距离的 2/3。腹鳍基部起点相对于背鳍的第 2 根分支鳍条基部，末端不伸达肛门（其间距约相等于 0.5-1 个眼径）。腹鳍腋部有 1 肉质鳍瓣。尾鳍末端深凹入，两叶圆。

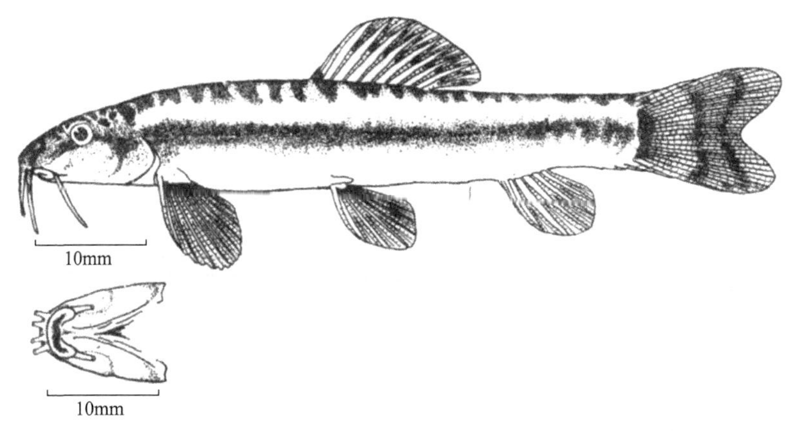

图 100 南定南鳅 *Schistura nandingensis* (Zhu *et* Wang)（仿朱松泉，1989）

体色（甲醛溶液浸存标本）：基色浅黄色。背部有很多褐色短横条，但都不向体侧纵轴方向延伸。大致在背鳍前有 6-8 条，背鳍下 3 条，背鳍后 7、8 条。体侧沿纵轴有 1 条深褐色纵纹，有 1 尾标本沿纵纹是 1 列不规则的褐色短横条，约 24 条，但和背侧的斑条分开。尾鳍基部有 1 深褐色斑。头部背侧有很多不规则的小褐色斑。背、尾鳍各有 1、2 列浅褐色点。

分布：云南云县南汀河，属于怒江的支流。

12. 阿波鳅属 *Aborichthys* Chaudhuri, 1913

Aborichthys Chaudhuri, 1913, Rec. Indian Mus., 8: 244. **Type species**: *Aborichthys kempi* Chaudhuri, 1913.

未采到标本，属和种的描述依 Chaudhuri（1913）。

身体延长，侧扁。尤其是尾柄。体侧和背部有小鳞。侧线稍偏于背侧。头部无鳞，明显压低。口宽，下位，被 1 吸附的唇所包围。须 3 对，其中 2 对吻须、1 对口角须。眼小，无眼下刺。背鳍短。有 9 根鳍条，位于腹鳍起点之后。肛门位置很前，肛门至尾鳍基部的距离是至吻部距离的 5/6-8/9。胸、腹鳍低位，它们的长度都明显短于本身基部至下一个鳍的基部之间的距离。背鳍短，有 7 根鳍条。鳔包于骨质鳔囊中，两侧开口，肠管粗短，只有 1 个环。

本属已知 3 种，我国西藏分布 1 种。

(66) 墨脱阿波鳅 *Aborichthys kempi* Chaudhuri, 1913（图 101）

Aborichthys kempi Chaudhuri, 1913, Rec. Indian Mus., 8: 245; Hora, 1925, Rec. Indian Mus., 27: 232; Zhu, 1989, The Loaches of the Subfamily Nemacheilinae in China (Cypriniformes: Cobitidae): 59.

背鳍 ii-7；臀鳍 ii-5。

全长为体高的 7 倍，为头长的 5 倍。头长为头宽的 1.5 倍，为眼径的 7.5 倍，为口宽的 2 倍。眼间距为眼径的 2.5 倍。尾柄长为尾柄高的 1.7 倍。

身体延长。被覆小鳞，头部裸出。侧线完全，终止在腹鳍基部上方之前。头部压低，吻长稍短于眼后头长。眼小，前后鼻孔由 1 隔膜分开。须 3 对，其中 2 对吻须、1 对口角须，口角须最长，是眼径的 2.5 倍。口下位，较宽，上唇前缘为流苏状，下唇中部有 2 个肉质瘤状突起。

背鳍起点在腹鳍起点稍后，与主鳃孔的距离是体高的 2 倍，大致在前鼻孔和尾鳍基部之间距离的中点。胸、腹鳍低位，胸鳍长接近胸、腹鳍起点之间距离的 2/3，而腹鳍长约为腹、臀鳍基部之间距离的 1/2。尾鳍后缘凸呈圆弧形。肛门位置很前，约在眼后缘至尾鳍起点两垂线之间距离的中点，肛门至尾鳍的距离为肛门至腹鳍起点距离的 2 倍。

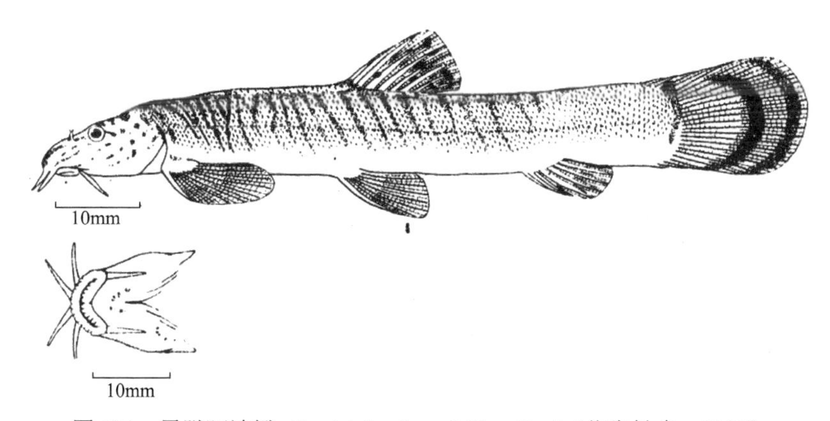

图 101　墨脱阿波鳅 *Aborichthys kempi* Chaudhuri（仿朱松泉，1989）

体色：基色褐色。头部有大理石状的黑色和灰色的斑纹和圆纹。身体两侧的腮盖开孔至臀鳍上方有黑褐色的倾斜纹 18-21 条，每个条纹顶部宽，向腹部方向渐细直至消失。条纹最宽处只及两斑纹之间距离的 1/2。身体后面的一些条纹短，最后的条纹长不及体高的 1/2。尾鳍有 2 个同心弧形的环纹。不规则云状褐纹。

鳔包于骨质鳔囊中，骨质鳔囊侧面开孔，鳔后室退化。肠短，绕折成“Z”形，1 个环在胃的后方，1 个环在胃的右背侧。

分布：西藏墨脱南部的里戛。

13. 条鳅属 *Nemacheilus* Bleeker, 1863

Nemacheilus Bleeker, 1863, Ned. Tijdschr. Dierk., 1: 361. **Type species**: *Cobitis fasciata* Valenciennes, 1846.

Modigliania Perugia, 1893, Annali Mus. Civ. Stor. Nat. Genova, 13(2): 241. **Type species**: *Modigliania papillosa* Perugia, 1893.

Pogononemacheilus (subgen.) Fowler, 1937, Proc. Acad. nat. Sci. Philad., 89: 158. **Type species**:

Nemacheilus masyae (Smith, 1933).

本属曾有 3 种形式出现在各著作中：*Noemacheilus* Kuhl *et* van Hasselt, 1823、*Nemacheilus* Bleeker, 1863 和 *Nemachilus* Günther, 1868。*Noemacheilus* 是一个无效名(nomen nudum)，*Nemachilus* 系错误拼写，故应使用 *Nemacheilus* Bleeker。

身体稍延长，前躯较宽，稍侧扁；往后愈侧扁。头部稍平扁。前鼻孔与后鼻孔紧相邻，前鼻孔在鼻瓣膜前。须 3 对：1 对内吻须，1 对外吻须和 1 对口角须。腹鳍腋部常有肉质鳍瓣。体侧的体色常为垂直横斑条。身体被小鳞，至少尾柄被覆有细小鳞片。侧线完全或不完全。

本属有特殊的第二性征：雄性眼前下缘有 1 后下方游离的半圆形或三角形的瓣状突起，系侧筛骨的侧突延伸出的软骨芽，其上附以皮肤，在繁殖季节，该突起的内侧面和游离缘常有小刺状突起；胸鳍外侧的不分支鳍条和数根分支鳍条变宽变硬，但背面无垫状隆起，繁殖季节这些鳍条背面也有很多小的刺状突起。

鳔的前室为中间有 1 短横管相连的左右 2 膜质室组成，包于与其外形相近的骨质鳔囊中，骨质鳔囊侧囊的后壁为骨质而非一层薄膜；鳔的后室退化，仅残留 1 很小的膜质室或突起。肩带无后匙骨。

肠自“U”形胃发出向后至胃的后方前折，再在胃的背侧后折通肛门，即绕折成 1 个前环和 1 个后环的“Z”形。

据统计，本属的种及亚种已逾百种，主要分布于我国南方，以及东南亚、印度等地，少数分布至西亚。我国分布 5 种。小型鱼类，数量不多，无渔业价值，但可作观赏鱼类。

种 检 索 表

1 (2) 背鳍分支鳍条 7 根；尾鳍分支鳍条 15-16 根（云南腾冲龙川江上游）…… 多纹条鳅 ***N. polytaenia***

2 (1) 背鳍分支鳍条 8 根；尾鳍分支鳍条 16-17 根

3 (8) 体侧的斑纹是横斑条，形状和排列较有规则

4 (5) 成体腹鳍末端伸过肛门（云南盈江县大盈江）………………………………葡萄条鳅 ***N. putaoensis***

5 (4) 成体腹鳍末端不伸达肛门

6 (7) 体侧横斑条的宽度和排列在身体前后较均匀；尾柄向尾鳍方向的高度几乎不减；侧线孔在后躯稀疏或消失（西藏墨脱和察隅）………………………………………………浅棕条鳅 ***N. subfuscus***

7 (6) 体侧横斑条的宽度和排列前躯窄密，后躯宽疏；尾柄向尾鳍方向的高度逐渐降低；侧线孔排列均匀，延伸到尾鳍基部（云南盈江县大盈江）…………………………盈江条鳅 ***N. yingjiangensis***

8 (3) 体侧横斑条的形状和排列均不规则（云南双江县的小黑江）…… 双江条鳅 ***N. shuangjiangensis***

(67) 多纹条鳅 *Nemacheilus polytaenia* Zhu, 1982（图 102）

Nemachilus polytaenia Zhu, 1982, Acta Zootax. Sin., 7(1): 106.

Nemacheilus polytaenia: Zhu, 1989, The Loaches of the Subfamily Nemacheilinae in China (Cypriniformes: Cobitidae): 61; Yang, 1990, In: Chu *et al*., The Fishes of Yunnan, China (Part II): 46.

测量标本 20 尾；体长 47.5-56.0mm；采自云南腾冲明光的龙川江上游，独龙江的支流。

背鳍 iii-7；臀鳍 iii-5；胸鳍 i-9-11；腹鳍 i-7-8；尾鳍分支鳍条 15-16。第 1 鳃弓内侧鳃耙 8-11。脊椎骨（5 尾标本）4+29-31。

体长为体高的 4.2-5.7 倍，为头长的 4.2-5.0 倍，为尾柄长的 6.9-8.6 倍。头长为吻长的 2.5-2.9 倍，为眼径的 5.1-7.0 倍，为眼间距的 2.6-3.8 倍。眼间距为眼径的 1.5-2.2 倍。尾柄长为尾柄高的 1.0-1.3 倍。

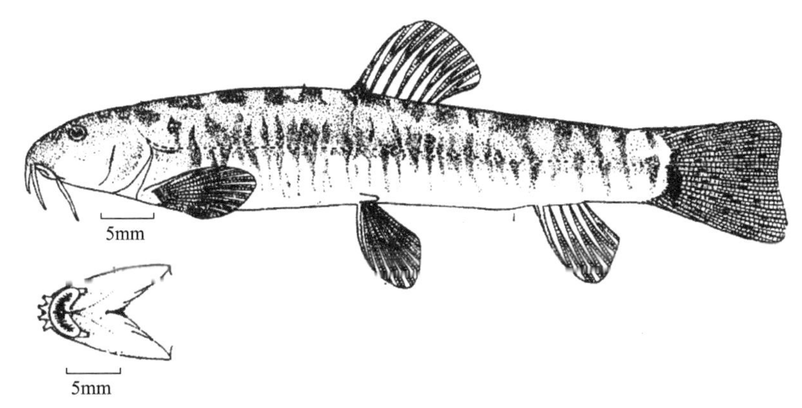

图 102　多纹条鳅 *Nemacheilus polytaenia* Zhu（仿朱松泉，1989）

身体稍延长，前躯较宽，稍侧扁，向尾柄方向愈侧扁，尾柄短。头部稍侧扁，头宽与头高约相等。吻钝，吻长短于眼后头长。眼小，侧上位。口下位。唇面多皱褶，上唇在中部有 1 裂缝。上颌中部有 1 齿形突起，下颌匙状。须较长，外吻须后伸达眼前缘和眼中心之间的下方，口角须后伸可稍超过眼后缘之垂直线。除头部外，身体被覆明晰的小鳞。侧线完全。

胸鳍长约为胸、腹鳍基部起点之间距离的 5/8。腹鳍基部起点相对于背鳍不分支鳍条至第 2 根分支鳍条基部之间，末端不伸达肛门（其间距约为 3 倍的眼径）。肛门接近臀鳍基部起点。尾鳍后缘微凹入，下叶稍长。

体色（甲醛溶液浸存标本）：基色浅黄色。背部为褐色的横斑或鞍形斑，均宽于两横斑之间的间隔，大致背鳍前 5-7 斑，背鳍后 4-6 斑。体侧的褐色横斑条细而不规则，排列较密，共有 19-30 条，平均 24 条，大致背鳍前 9-13 条、背鳍下 3-6 条、背鳍后 7-11 条。尾鳍基部是 1 条深褐色横斑。有相当多的标本，体侧的横斑条是难以计数的。背、尾鳍有很多褐色斑点，不成列。

分布：云南西部腾冲的明光、滇滩和猴桥等地的龙川江上游，属独龙江水系。

(68) 葡萄条鳅 *Nemacheilus putaoensis* Rendahl, 1948（图 103）

Nemacheilus putaoensis Rendahl, 1948, Ark. Zool., 40A(7): 27; Zhu *et* Wang, 1985, Acta Zootax. Sin., 10(2): 209; Zhu, 1989, The Loaches of the Subfamily Nemacheilinae in China (Cypriniformes: Cobitidae): 62.

测量标本 1 尾；体长 66mm；采自云南盈江县的大盈江。

背鳍 iii-8；臀鳍 ii-5；胸鳍 i-10；腹鳍 i-7；尾鳍分支鳍条 17。第 1 鳃弓内侧鳃耙 10。脊椎骨 4+29。

体长为体高的 5.5 倍，为头长的 4.6 倍，为尾柄长的 6.6 倍。头长为吻长的 2.6 倍，为眼径的 5.2 倍，为眼间距的 3.6 倍。眼间距为眼径的 1.4 倍。尾柄长为尾柄高的 1.1 倍。

身体稍延长，前躯较宽，稍侧扁，向尾柄方向愈侧扁。头部较平扁，头宽稍大于头高。吻长短于眼后头长。眼小，侧上位。口下位。唇薄而狭，唇面多皱褶，上唇在中部有 1 缺刻。上颌正常，下颌匙状。须中等长，外吻须梢伸过后鼻孔的下方，口角须后伸达眼中心之下。除头部和胸、腹部外被有小鳞，但身体前半部鳞片稀疏，后半部较密。侧线完全。

背鳍背缘微凹入，背鳍基部起点在体长的中点。胸鳍长约为胸、腹鳍基部起点之间距离的 2/3。腹鳍基部起点与背鳍的第 1 根分支鳍条基部相对，末端伸过肛门。肛门距臀鳍基部起点约为 1.5 倍眼径。尾鳍后缘深凹入，两叶端较尖，下叶稍长。

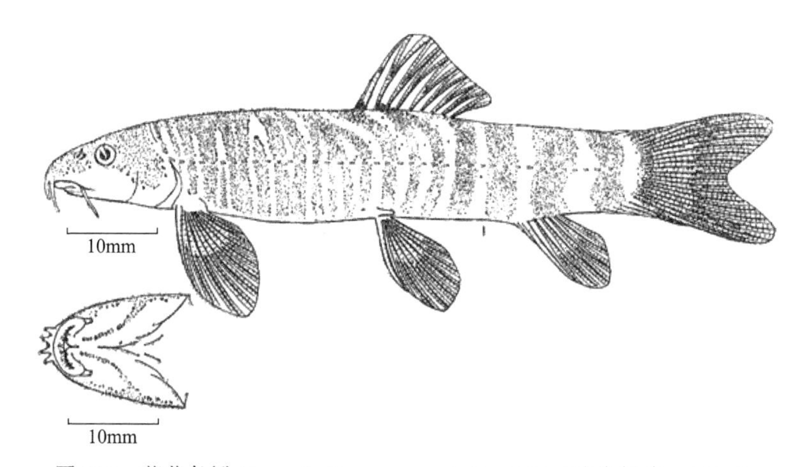

图 103 葡萄条鳅 *Nemacheilus putaoensis* Rendahl（仿朱松泉，1989）

体色（甲醛溶液浸存标本）：基色浅黄色。背部在背鳍之前有不规则的褐色横斑条 9 条，背鳍之后 4 条，一般宽于斑条间间隔。体侧的褐色横斑条的形状和排列是前躯窄而密，背鳍之后的后躯宽而疏，大致背鳍之前 12 条、背鳍下 4 条、背鳍后 4 条，大多从背部延伸向下至腹面，在身体前半部有些横斑条再分支。尾鳍基部有 1 条深褐色纹。背鳍基部起点处有 1 深褐色斑。背鳍中部有 1 列、尾鳍中部有 2 列褐色小斑点。

分布：云南盈江县昔马镇和那邦镇的羯羊河，独龙江的一条支流。

(69) 浅棕条鳅 *Nemacheilus subfuscus* (McClelland, 1839)（图 104）

Schistura subfusca McClelland, 1839, Asia. Res., 19: 308, 443.

Cobitis subfusca: Cuvier *et* Valenciennes, 1846, His. nat. Poiss., 18: 61.

Nemachilus scatuligina: Hora, 1935, Rec. Indian Mus., 37: 64.

Nemacheilus subfusca: Hora *et* Mukerji, 1935, Rec. Indian Mus., 37: 401.

Nemacheilus subfuscus: Zhu, 1989, The Loaches of the Subfamily Nemacheilinae in China (Cypriniformes: Cobitidae): 63.

测量标本 35 尾；体长 34-74mm；采自西藏墨脱和察隅的雅鲁藏布江水系。

背鳍 iii-8-9；臀鳍 iii-5；胸鳍 i-8-10；腹鳍 i-6-7；尾鳍分支鳍条 16-17。第 1 鳃弓内侧鳃耙 8-10。脊椎骨（10 尾标本）4+31-34。

体长为体高的 5.5-6.7 倍，为头长的 4.2-5.0 倍，为尾柄长的 6.1-9.8 倍。头长为吻长的 2.5-3.0 倍，为眼径的 5.5-6.3 倍，为眼间距的 2.8-3.8 倍。眼间距为眼径的 1.6-2.0 倍。尾柄长为尾柄高的 1.0-1.4 倍。

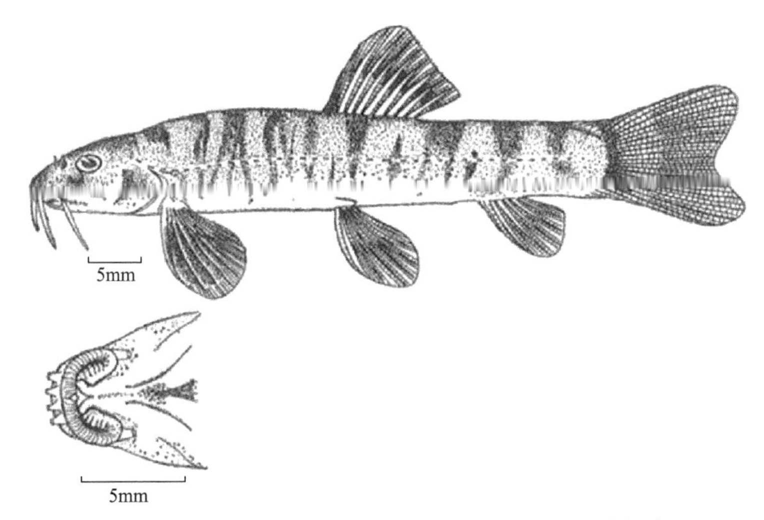

图 104　浅棕条鳅 *Nemacheilus subfuscus* (McClelland)（仿朱松泉，1989）

身体延长，稍侧扁，腹部平直，尾柄短。头锥形，稍平扁，头宽略微大于头高。吻长短于眼后头长。口下位。唇狭，唇面有皱褶。上颌中部有 1 齿形突起，下颌匙状。眼中等大，侧上位。须较长，外吻须后伸达眼中心和眼后缘之间的下方，口角须可稍伸过眼后缘的垂直线。除头部和胸部无鳞，以及胸鳍上方的身体鳞片稀疏外，均被有密集的小鳞。侧线薄管状，向尾鳍基部方向侧线孔渐稀，侧线完全或不完全，如不完全者，一般终止在尾柄处。

背鳍背缘平截或微凹入，背鳍基部起点至吻端的距离为体长的 50%-55%。胸鳍平展，胸鳍长约为胸、腹鳍基部起点之间距离的 3/5。腹鳍基部起点相对于背鳍的基部起点至第 2 根分支鳍条基部之间，末端不伸达肛门（其间距等于 1.5-3 个眼径）。肛门接近臀鳍基部起点。尾鳍后缘深凹入，两叶端圆，下叶稍长。

体色（甲醛溶液浸存标本）：基色浅黄色。头背侧褐色，身体背部和体侧多褐色横斑条。背部的横斑条较宽，大致等宽或稍宽于间隔，背鳍前 5-9 条，背鳍下 1、2 条，背鳍后 3-5 条。体侧的褐色横斑条大多由背侧横斑条向下延伸，有的是向下延伸时再分支，通过侧线的横斑条大约背鳍前 5-9 条，背鳍下 2、3 条，背鳍后 5-7 条。尾鳍基部 1 条深褐色横纹，背鳍基部起点有 1 深褐色斑，背鳍中部有 1 列斑点，尾鳍有 1、2 列斑点。

分布：西藏墨脱和察隅县境的雅鲁藏布江及其附属水体；布拉马普特拉河及其附属水体。栖息于流水石砾河段的石砾缝隙中或岸边被水流冲刷淘空的洞穴中。

(70) 盈江条鳅 *Nemacheilus yingjiangensis* Zhu, 1982（图 105）

Nemachilus yingjiangensis Zhu, 1982, Acta Zootax. Sin., 7(1): 109.

Nemacheilus yingjiangensis: Zhu, 1989, The Loaches of the Subfamily Nemacheilinae in China (Cypriniformes: Cobitidae): 64; Yang, 1990, In: Chu *et al*., The Fishes of Yunnan, China (Part II): 48.

背鳍 iii-iv-8；臀鳍 iii-5-6（个别是 6）；胸鳍 i-10；腹鳍 i-7；尾鳍分支鳍条 17。第 1 鳃弓内侧鳃耙 8-11。脊椎骨（7 尾标本）4+31-33。

体长为体高的 4.5-6.3 倍，为头长的 4.5-5.0 倍，为尾柄长的 5.6-7.1 倍。头长为吻长的 2.4-3.1 倍，为眼径的 4.2-5.0 倍，为眼间距的 3.7-4.0 倍。眼间距为眼径的 1.1-1.3 倍。尾柄长为尾柄高的 1.2-1.9 倍。

身体延长，前躯稍侧扁，向尾鳍方向愈侧扁。头锥形，头高和头宽差不多相等。吻长等于或稍短于眼后头长。眼中等大，侧上位。口下位。唇面多皱褶。上颌中部有 1 弱的齿形突起，下颌匙状。须较长，外吻须后伸达眼前缘之下或稍超过，口角须伸达眼后缘垂直线或稍超过。身体被小鳞，但在背鳍之前的前躯只有稀疏鳞片，胸、腹部裸出。侧线完全。

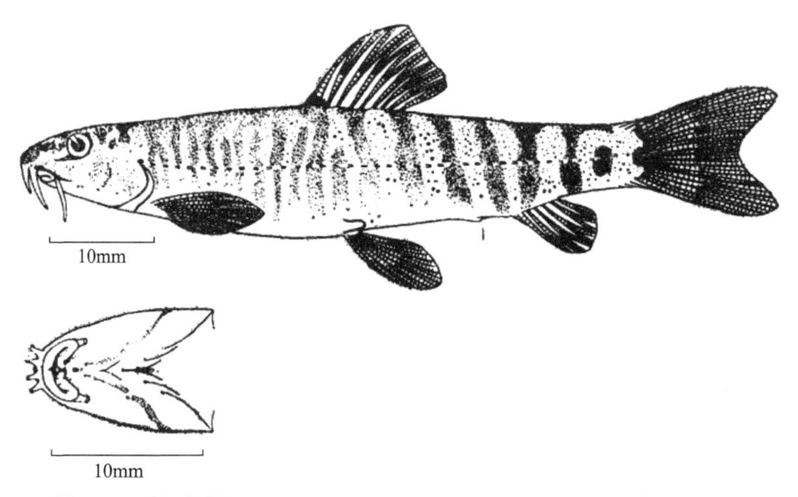

图 105 盈江条鳅 *Nemacheilus yingjiangensis* Zhu（仿朱松泉，1989）

背鳍背缘平截，背鳍基部起点至吻端的距离为体长的 44%-50%。胸鳍长约为胸、腹鳍基部起点之间距离的 2/3。腹鳍基部起点与背鳍的第 1 或第 2 根分支鳍条基部相对，末端不伸达肛门（其间距等于 1-1.5 个眼径）。肛门稍离开臀鳍基部起点。尾鳍后缘深凹入，两叶等长，叶端尖。

体色（甲醛溶液浸存标本）：基色浅黄色。头背顶有褐色短横条。身体背部在背鳍前、后各有 3、4 和 4、5 条褐色横斑条，各等于或稍宽于两斑条间的间隔；有的背鳍之前为鞍形斑。体侧的褐色横斑条的形状和排列是前躯窄密，后躯宽疏，共有 11-22 条，平均为 18 条，背鳍前 6-10 条，背鳍下 2-4 条，背鳍后 3-8 条，大多从背部延伸向下过侧线。尾鳍基部是 1 条深褐色横斑。背鳍基部起点处有 1 深褐色斑，背鳍中部有 1 列浅色斑点，尾鳍有 2 列浅色斑点。

分布：云南盈江县的大盈江和腾冲县的龙川江，属独龙江水系。

(71) 双江条鳅 *Nemacheilus shuangjiangensis* (Zhu *et* Wang, 1985)（图 106）

Noemacheilus shuangjiangensis Zhu *et* Wang, 1985, Acta Zootax. Sin., 10(2): 215.

Nemacheilus shuangjiangensis: Zhu, 1989, The Loaches of the Subfamily Nemacheilinae in China (Cypriniformes: Cobitidae): 65; Yang, 1990, In: Chu *et al*., The Fishes of Yunnan, China (Part II): 47.

测量标本 28 尾；体长 39-55mm；采自云南双江县城外的小黑江。

背鳍 iii-iv-8；臀鳍 iii-5；胸鳍 i-8-11；腹鳍 i-6-7；尾鳍分支鳍条 16-17。第 1 鳃弓内侧鳃耙 9-12。脊椎骨（10 尾标本）4+31-32。

体长为体高的 5.3-6.9 倍，为头长的 3.9-4.6 倍，为尾柄长的 7.2-9.1 倍。头长为吻长的 2.6-3.5 倍，为眼径的 5.0-6.5 倍，为眼间距的 2.9-4.0 倍。眼间距为眼径的 1.5-1.9 倍。尾柄长为尾柄高的 1.0-1.4 倍。

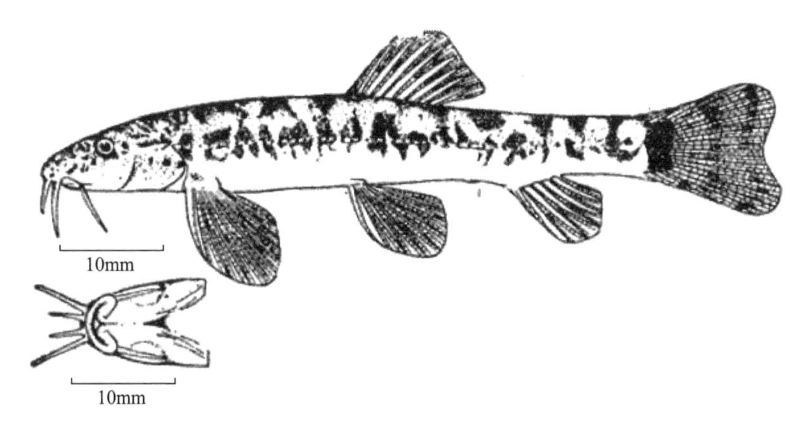

图 106　双江条鳅 *Nemacheilus shuangjiangensis* (Zhu *et* Wang)（仿朱松泉，1989）

身体延长，前躯稍侧扁，向尾鳍方向愈侧扁。头部稍平扁。吻长短于眼后头长。眼小，侧上位。口下位。唇面多皱褶。上颌正常，下颌匙状。须较长，外吻须伸达眼前缘和眼中心之间的下方，口角须稍伸过眼后缘的垂直线。身体被有小鳞，胸部裸出，腹部稀疏鳞片。侧线完全，但侧线呈薄管状，侧线孔在尾柄处渐稀。

各鳍都比较长。背鳍背缘平截，背鳍基部起点通常在体长的中点。胸鳍长约为胸、腹鳍基部起点之间距离的 2/5 或 3/4。腹鳍基部起点与背鳍的第 1 或第 2 根分支鳍条基部相对，末端伸达或不伸达肛门（如不伸达肛门，则其间隔不超过眼径）。尾鳍后缘稍凹入，两叶端圆，下叶稍长。

体色（甲醛溶液浸存标本）：基色灰白色或浅黄色。头部在顶骨区有深褐色的“V”形斑，背、侧部多不规则的褐色斑纹和斑点。身体背部在背鳍前后各有 3-5 个宽的褐色横斑或鞍形斑。体侧的褐色横斑条或斑块较背部的窄，排列紧密且不规则，大多与背侧的横斑分开，背鳍前 4-10，背鳍下 3-5，背鳍后 3-6。尾鳍基部有 1 宽横斑。有些标本的这些斑纹是难以计数的。背鳍基部起点有 1 黑斑。背、尾鳍各有 2 列斑点。

分布：云南双江县城 (99°45′E, 23°30′N) 外的小黑江，属澜沧江水系。栖息于缓流的沙砾河段。

14. 新条鳅属 *Neonoemacheilus* Zhu *et* Guo, 1985

Neonoemacheilus Zhu *et* Guo, 1985, Acta Zootax. Sin., 10(3): 321. **Type species**: *Noemacheilus labeosus* Kottelat, 1982.

Infundibulatus (subgen.) Menon, 1987, Fauna India, 4(1): 171. **Type species**: *Nemacheilus peguensis* (Hora, 1929).

身体粗壮，稍延长，侧扁。须 3 对：1 对内吻须、1 对外吻须、1 对口角须。前后鼻孔紧相邻，前鼻孔在鼻瓣膜前。口下位。上下唇很厚，并在口角处连成一整体，只在下唇的中部分开。下颌明显后移，故在下颌之前形成由上、下唇包围的 1 个空腔——口前室，口前室的内壁布满密集的短棘突。眼大，侧上位。除头部外，身体被有细密的鳞片。皮肤光滑，侧线完全。腹鳍腋部有 1 腋鳞状肉质鳍瓣。

鳔的前室是中间 1 短横管相连的左右 2 膜质室，包于与其形状相近的骨质鳔囊中；后室退化，仅残留 1 小突起。骨质鳔囊侧囊的后壁为骨质。胃呈“U”形，肠短，绕折成 1 前环和 1 后环。肩带无后匙骨。

第二性征：雌、雄性在眼前下缘都有 1 瓣状突起——眶下瓣，系侧筛骨侧突延伸的软骨芽，外覆以皮肤，但雄性眶下瓣末端的游离部分明显比雌性的尖长；胸鳍外侧数根鳍条背面布满小的刺状突起，繁殖季节更明显，而雌性的胸鳍条背面则无刺状突起。

本属已知 3 种，我国有 1 种；另 2 种分布于缅甸和泰国的萨尔温江（怒江）及缅甸的勃固地区。

(72) 孟定新条鳅 *Neonoemacheilus mengdingensis* Zhu *et* Guo, 1989（图 107）

Neonoemacheilus mengdingensis Zhu *et* Guo, 1989, In: Zhu, The Loaches of the Subfamily Nemacheilinae in China (Cypriniformes: Cobitidae): 67.

Neonoemacheilus labeosus: Zhu *et* Guo (nec Kottelat), 1985, Acta Zootax. Sin., 10(3): 321; Yang, 1990, In: Chu *et al*., The Fishes of Yunnan, China (Part II): 26 (according to Zhu *et* Guo, 1985).

测量标本 6 尾，体长 62.5-74.0mm；采自云南耿马县孟定流入南汀河的支流，属怒江水系。

背鳍 iv-8；臀鳍 iv-5；胸鳍 i-11-12；腹鳍 i-6-7；尾鳍分支鳍条 16-18。第 1 鳃弓内

侧鳃耙 6-10。脊椎骨（3 尾标本）4+32-33。

体长为体高的 4.7-6.2 倍，为头长的 4.9-5.1 倍，为尾柄长的 5.7-7.2 倍。头长为吻长的 2.2-2.8 倍，为眼径的 4.0-4.8 倍。眼间距为眼径的 1.3-1.5 倍。尾柄长为尾柄高的 1.3-1.9 倍。

身体粗壮，稍延长，侧扁。头锥形，头宽约等于头高。吻部较尖，吻长稍长于眼后头长。眼较大，侧上位。口下位。唇很厚，上唇似月牙状，下唇在中部分开，上下唇在口角处连成一整体，唇在口裂周围有纵向的细密皱褶。下颌后移，因而在口的前方形成由上下唇包围的 1 个空腔——口前室，口前室的内壁布满密集的小棘突，口隐蔽在口前室的后方。口前室内壁布满小棘突，可能与更有效地捕食动物性食料有关。3 对须中以外吻须最长，可后伸达眼前缘之下，口角须后伸达眼后缘之下或少数可稍超过眼后缘。除头部外，整个身体被小鳞，但胸部鳞片很稀疏。侧线完全，皮肤光滑。

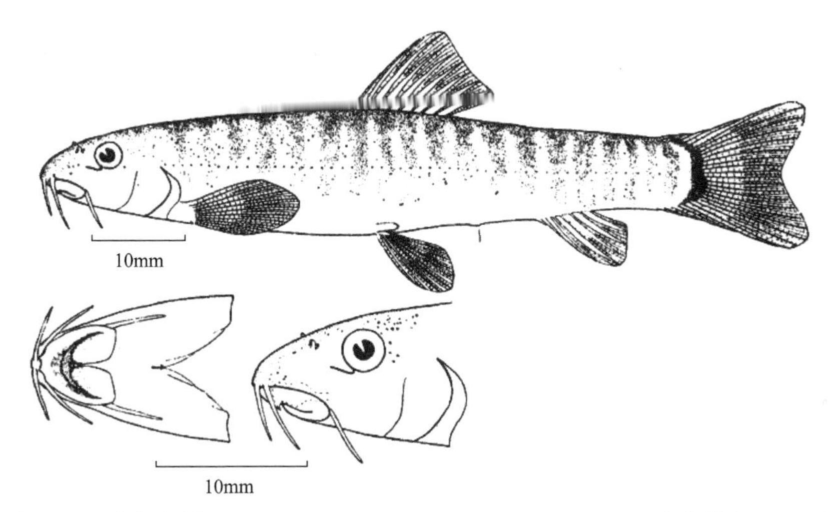

图 107　孟定新条鳅 *Neonoemacheilus mengdingensis* Zhu *et* Guo（仿朱松泉，1989）

背鳍背缘微凹入，背鳍基部起点约在体长的中点或中点略前。胸鳍侧位，其长约是胸、腹鳍基部起点之间距离的 3/5。腹鳍基部起点与背鳍的第 1 或第 2 根分支鳍条基部相对，末端接近或伸达肛门。腹鳍腋部有 1 肉质鳍瓣。尾鳍后缘深凹入。叶端钝。

体色（甲醛溶液浸存标本）：基色浅黄色，背部较暗。体侧由背脊向下延伸到侧线下方的褐色横斑条 15-21 条：背鳍前 6、7 条，背鳍下 3-5 条，背鳍后 6-8 条。尾鳍基部有 1 条深褐色纹。各鳍均无斑点。

第二性征：新种建立时的 6 尾标本全为雌性，但在眼前下缘仍见到由侧筛骨侧突延伸的软骨芽——眶下瓣，这常是成熟雄性见到的第二性征。为了解雄性的第二性征，作者又于 1990 年 12 月到模式产地采集，但未能获得。1997 年 6 月在中国科学院水生生物研究所鱼类标本馆，查得 1992 年采自云南施甸县旧城流入怒江一条支流的本种，共 3 尾标本，编号 90iv0457、90iv0458 和 90iv0341，其中 2 尾雌性，体长分别为 55 和 65mm；1 尾雄性，体长 66mm。雌性的眶下瓣完全和孟定新条鳅的一致。现将雄性的第二性征补充如下：眶下瓣比雌性的明显尖长，其游离部分的长接近眼径的 1/2，而雌性的游离部分仅是向后延伸的突起；胸鳍外侧的不分支鳍条和 7 根分支鳍条背面布满小刺状突起，其中第 1 根分支鳍条增粗变硬，而雌性的胸鳍正常，无雄性胸鳍的这些特征。

分布：云南的怒江水系。

15. 高原鳅属 *Triplophysa* Rendahl, 1933

Triplophysa (subgen.) Rendahl, 1933, Ark. Zool., 25A(11): 21. **Type species**: *Nemachoilus (Triplophysa) hutjerjuensis* Rendahl, 1933.

Diplophysa Kessler, 1874, Bull. Soc. Sci. Moscou, 11: 57. **Type species**: *Diplophysa strauchii* Kessler, 1874.

Tauphysa (subgen.) Rendahl, 1933, Ark. Zool., 25A(11): 22. **Type species**: *Diplophysa kungessana* Kessler=*Cobitis dorsalis* Kessler, 1879.

Deuterophysa (subgen.) Rendahl, 1933, Ark. Zool., 25A(11): 23. **Type species**: *Diplophysa strauchii* Kessler, 1874.

Hedinichthys (subgen.) Rendahl, 1933, Ark. Zool., 25A(11): 26. **Type species**: *Nemachilus yarkandensis* Day, 1877.

Didymnophysa Whitley, 1950, Proc. Roy. Zool. Soc. N.S.W., 1948-49: 44. **Type species**: *Diplophysa strauchii* Kessler, 1874.

Diplophysoides Fowler, 1958, Notulae Nat., 310: 1. **Type species**: *Diplophysa strauchii* Kessler, 1874.

Qinghaichthys (subgen.) Zhu, 1981, Geo. Eco. Stu. Qinghai-Xizang Plat., 2: 1063. **Type species**: *Nemachilus alticeps* Herzenstein, 1888.

身体延长，前躯近圆筒形，后躯侧扁、压低或细圆。头部稍压低或稍侧扁，前后鼻孔相邻（只个别种分开 1 短距），前鼻孔在 1 鼻瓣中，鼻瓣尖端无须状物，须 3 对，口下位，上颌无齿形突起。

除极少数种类外，均裸露无鳞。侧线完全、不完全或缺失。体色为杂色，通常不成规则的横斑条。腹鳍基部均无后方游离的腋鳞状肉质突起。

本属各种（除 2 个种外）的雄性头部均有特殊的第二性征：在繁殖季节及其前后一段时间，吻部（在眶下感觉孔的上侧）自眼前下缘至口角上方有 1 条形隆起，隆起下方和邻近皮肤分开，其外侧缘和两颊（乃至鳃盖）布满密集的小刺突。

产于新疆的 *Triplophysa labiata* (Kessler, 1874)和 *T. microphthalma* (Kessler, 1879)头部无第二性征。此外，它们的前后鼻孔分开 1 短距离和耳骨框无上颞窝等，均有别于本属其余各种。外侧 5-9 根分支鳍条粗壮、变宽、变硬和增厚，背面也都布满密集的小刺突。据解剖，雄性吻部的条形隆起正好坐落在侧筛骨（parethmoid）和泪骨（lacrimal bone）上，这 2 块骨头均比同体长雌性的粗壮，并略向外膨出。

鳔的前室是由中间 1 短横管连接的 2 侧泡（室）组成，腹面观略呈哑铃形，包于与此相近形状的骨质鳔囊中。骨质鳔囊 2 侧室的后壁为骨质。鳔后室的发达程度及其形状均因种类而异。肠管一般绕折成 2 种类型：在胃的后方绕成螺纹形，以及绕折成 1 后环和 1 前环的“Z”形。

雄性吻部两侧，即坐落在相当于侧筛骨和泪轭骨的外侧缘、眶下管的上方，各有 1 条形隆起区，其下方与邻近皮肤分开，隆起区的外侧缘及邻近区域布满小刺突（或称绒毛节），就同一种而言，雄性的侧筛骨和泪轭骨不仅均比同体长雌性的大而粗壮，泪轭骨还适度向外膨出，以致外表形成隆起。此外，雄性胸鳍外侧数根鳍条变形，明显增宽变硬，背面有垫状隆起，在该隆起的上方和不分支鳍条的背面也布满小刺突。上述第二性征除了小刺突在繁殖季节其数量有变化外，余者是不变化的。

本属全球 147 种，我国有 67 种。分布于喜马拉雅山北坡的青藏高原及其毗连地区，它们和裂腹鱼亚科鱼类一起，构成了该地区鱼类区系的主要成员。只少数几种分布至我国北方，达到内蒙古和河北等地。本属中，有些种类身体很大如拟鲇高原鳅 *T. siluroides* (Herzenstein)，为鳅科鱼类之冠，有的种类数量相当大，有一定的渔业价值。

种检索表

1 (118)　眼正常
2 (17)　身体被有小鳞，至少尾柄处残留少数鳞片
3 (8)　头后方的整个身体或除头、胸、腹部外全身被有肉眼可见的鳞片
4 (7)　胸鳍较长或中等长，末端一般不超过腹鳍起点
5 (6)　腹鳍基部起点相对于背鳍基部起点稍后……………………………**花坪高原鳅 *T. huapingensis***
6 (5)　腹鳍基部起点相对于背鳍基部起点稍前……………………………**岷县高原鳅 *T. minxianensis***
7 (4)　胸鳍特长，末端远超过腹鳍起点…………………………………**长鳍高原鳅 *T. longipectoralis***
8 (3)　鳞片较少，通常只存在于背鳍之后的后躯或尾柄两侧
9 (16)　鳍较短，腹鳍不伸达肛门
10 (15)　背鳍最长鳍条短于体高
11 (12)　鳞片较密，背鳍之后的后躯被小鳞（黄河中、下游）………………**赛丽高原鳅 *T. sellaefer***
12 (11)　鳞片稀少，只在尾柄处有少数鳞片乃至裸露无鳞
13 (14)　背中线无横斑；尾柄较短，尾柄长为尾柄高的 1.8-2.0 倍；尾柄有稀疏鳞片（渭河下游北岸各支流）……………………………………………………………**陕西高原鳅 *T. shaanxiensis***
14 (13)　背中线有 7-9 个大横斑；尾柄较长，尾柄长为尾柄高的 2.0-2.5 倍；裸露无鳞或仅在尾柄后半部有残留鳞（青海、甘肃的黄河及其支流，甘肃南部的白龙江）……………………………………………………………………………………………………**粗壮高原鳅 *T. robusta***
15 (10)　背鳍最长鳍条明显长于体高…………………………………………**云南高原鳅 *T. yunnanensis***
16 (9)　鳍较长，腹鳍末端一般伸达肛门或过肛门到达臀鳍起点………**尖头高原鳅 *T. cuneicephala***
17 (2)　无鳞
18 (83)　鳔后室退化，残留 1 小膜质室或 1 突起，末端不会超过骨质鳔囊后缘
19 (80)　臀鳍分支鳍条 5 根
20 (69)　侧线完全，侧线孔在身体前后的排列较均匀
21 (26)　皮肤表面具有短条形皮质棱或疣状突起
22 (25)　皮肤表面具有短条形皮质棱

23 (24) 短条形皮质棱稀少；背部在背鳍前后各有 4-6 和 3-5 条褐色宽横纹，有时延伸过侧线（黄河上游）……………………………… **黄河高原鳅 *T. pappenheimi***

24 (23) 短条形皮质棱较密；头部多扭曲的短斑条，身体多环形或圈形的大斑纹（黄河上游）……………………………… **拟鲇高原鳅 *T. siluroides***

25 (22) 皮肤表面具有疣状突起……………………………… **粗唇高原鳅 *T. crassilabris***

26 (21) 体表皮肤光滑

27 (68) 吻部与颌部的须中等或较长

28 (57) 尾柄高度向尾鳍方向不明显降低

29 (54) 下颌匙状，边缘不锐利

30 (33) 肠较长，在胃后成 2 环

31 (32) 头小，吻较钝，吻长约与眼后头长相等；体侧不具有众多不规则云斑……………………………… **兴山高原鳅 *T. xingshanensis***

32 (31) 头大，吻椎形，吻长略大于眼后头长；体侧具有众多不规则云斑……………………………… **大斑高原鳅 *T. macromaculata***

33 (30) 肠短，在胃的后方只有 1 个环，绕折成“Z”形

34 (39) 尾鳍分叉

35 (36) 体侧和头背侧有密布的细小且不规则的灰黑色云状斑……………… **南丹高原鳅 *T. nandanensis***

36 (35) 体侧和头背侧无密布的细小且不规则的灰黑色云状斑

37 (38) 腹鳍末端不伸达肛门（甘肃河西走廊的自流水体）……………… **酒泉高原鳅 *T. hsutschouensis***

38 (37) 腹鳍末端伸达肛门（四川西部）……………………………… **安氏高原鳅 *T. angeli***

39 (34) 尾鳍后缘平截或凹入

40 (51) 后躯较薄，尾柄起点处的宽小于尾柄高

41 (42) 背鳍起点显著后移；体侧沿侧线有 1 条黑褐色纵条纹……………… **大桥高原鳅 *T. daqiaoensis***

42 (41) 背鳍起点无明显后移；体侧沿侧线无黑褐色纵条纹

43 (44) 背鳍分支鳍条 8、9 根（四川会东县金沙江的一条支流）……**前鳍高原鳅 *T. anterodorsalis***

44 (43) 背鳍分支鳍条主要是 7 根

45 (50) 头和体的背面和侧面不明显具有众多不规则褐色云状斑或小斑点

46 (47) 尾柄末端有 1 深褐色斑块……………………………… **西溪高原鳅 *T. xiqiensis***

47 (46) 尾柄末端无深褐色斑块

48 (49) 唇厚，下唇中间 2 纵棱明显；沿侧线无 1 列斑块（青藏高原、新疆、四川西部和甘肃河西走廊等地）……………………………… **短尾高原鳅 *T. brevicauda***

49 (48) 唇薄，下唇薄而后移，中间 2 纵棱不明显；沿侧线有 1 列斑块（四川和陕西的长江及其附属水体）……………………………… **贝氏高原鳅 *T. bleekeri***

50 (45) 头和体的背面和侧面明显具众多不规则褐色云状斑或小斑点……………………………… **南盘江高原鳅 *T. nanpanjiangensis***

51 (40) 后躯较厚，尾柄起点处的宽大于或等于尾柄高

52 (53) 尾柄较短；尾柄长为尾柄高的 2.8-4.8 倍；体长为尾柄长的 3.7-4.9 倍（西藏北部的自流水体、长江和黄河上游、柴达木河、格尔木河、青海湖、甘肃河西走廊等地）………………

……………………………………………………………………………………修长高原鳅 ***T. leptosoma***

53 (52)　尾柄较长，尾柄长为尾柄高的 4.8-6.1 倍，体长为尾柄长的 3.3-3.5 倍……………………………………………………………………………………………………蛇形高原鳅 ***T. longianguis***

54 (29)　下颌水平或铲状，边缘锐利

55 (56)　第 1 鳃弓内侧鳃耙 10-13；下颌铲状，边缘不水平；吻部在鼻孔之前明显下斜（青海唐古拉山口之北温泉附近的一条由温泉流出的溪流中）…………唐古拉高原鳅 ***T. tanggulaensis***

56 (55)　第 1 鳃弓内侧鳃耙 13-23，平均 18；下颌边缘锐利、水平；吻部正常（西藏、青海、四川西部、甘肃、新疆、宁夏和内蒙古等地的流水水体）………………斯氏高原鳅 ***T. stoliczkae***

57 (28)　尾柄高度向尾鳍方向明显降低

58 (65)　身体前躯圆筒形或前后躯均圆筒形

59 (60)　吻长大于或等于眼后头长

60 (59)　吻长小于眼后头长……………………………………………………………理县高原鳅 ***T. lixianensis***

61 (62)　第 1 鳃弓内侧鳃耙 13-22，平均 16

62 (61)　第 1 鳃弓内侧鳃耙 11-15，平均 13（西藏狮泉河）…………………窄尾高原鳅 ***T. tenuicauda***

63 (64)　背鳍基部较长，其长约为体长的 17%（西藏象泉河和狮泉河）……阿里高原鳅 ***T. aliensis***

64 (63)　背鳍基部较短，其长约为体长的 13%（长江、怒江和澜沧江上游，雅鲁藏布江）…………………………………………………………………………………………………细尾高原鳅 ***T. stenura***

65 (58)　身体前后躯均侧扁

66 (67)　头尖而长；口唇薄且光滑…………………………………………拟细尾高原鳅 ***T. pseudostenura***

67 (66)　头略尖，略显平扁；唇略厚，唇面褶皱……………………………康定高原鳅 ***T. alexandrae***

68 (27)　吻部与颌部的须均极为短小……………………………………………短须高原鳅 ***T. brevibarba***

69 (20)　侧线不完全或侧线孔在身体后方渐稀疏

70 (73)　尾柄向尾鳍基部方向高度不减

71 (72)　侧线较短，终止在胸鳍上方；肠长，腹面观呈螺纹形；脊椎骨 4+34-35（青海乌兰县流入茶卡盐湖的一条支流）……………………………………………………茶卡高原鳅 ***T. cakaensis***

72 (71)　侧线较长，至少延伸至背鳍基部起点之下方；肠短，绕折成"Z"形；脊椎骨 4+39-42（西藏象泉河、狮泉河、羌臣摩河、昂拉仁错、吉隆河和波曲河等地）……小眼高原鳅 ***T. microps***

73 (70)　尾柄向尾鳍基部方向高度明显降低

74 (77)　下颌匙状，边缘不锐利；肠短，在胃的后方绕折成 2、3 个环

75 (76)　皮肤光滑；脊椎骨 4+37-39=41-43，骨质鳔囊正常（西藏改则县的茶措支流、措勤县的措勤藏布和夏岗江雪山北面的小湖）………………………………改则高原鳅 ***T. gerzeensis***

76 (75)　皮肤表面多颗粒状结节；脊椎骨 4+33-35；骨质鳔囊膨大（青海湖）……………………………………………………………………………………………………隆头高原鳅 ***T. alticeps***

77 (74)　下颌铲状，边缘锐利；肠长，在胃的后方绕折成 5-7 个环

78 (79)　尾柄起点处侧扁；骨质鳔囊正常（西藏那曲）…………………………………………………………………………………………………圆腹高原鳅 ***T. rotundiventris***

79 (78)　尾柄起点处的横剖面近圆形；骨质鳔囊膨大（柴达木盆地的努尔河）………………………

……………………………………………………………………铲颌高原鳅 *T. chondrostoma*

80 (19) 臀鳍分支鳍条 6、7 根

81 (82) 尾柄侧扁，尾柄长为尾柄高的 3 倍以下；眼径小于眼间距（云南富民县螳螂川和弥渡县的礼社江上游）……………………………………………………昆明高原鳅 *T. grahami*

82 (81) 尾柄细圆，尾柄长为尾柄高的 5.2-6.4 倍；眼径大于眼间距（云南宜良）………………………………………………………………………………………大眼高原鳅 *T. macrophthalma*

83 (18) 鳔的后室发达，其末端至少超过骨质鳔囊的后缘，游离于腹腔中

84 (105) 尾柄侧扁，其高度向尾鳍方向几乎不减，尾柄起点处的宽小于尾柄高

85 (98) 背鳍最后不分支鳍条软

86 (89) 腹鳍不伸达肛门

87 (88) 头和身体侧扁，身体较短，体长为体高的 3.9-5.5 倍，体侧多褐色横斑条（云南丽江的黑龙潭和漾弓江）……………………………………………………秀丽高原鳅 *T. venusta*

88 (87) 头部稍平扁，前躯略呈圆筒形，身体延长，体长为体高的 5.9-7.5 倍；体侧为褐色斑块和斑点（四川西昌的安宁河）……………………………………西昌高原鳅 *T. xichangensis*

89 (86) 腹鳍伸达肛门或过肛门达臀鳍起点

90 (91) 侧线不完全，终止在胸鳍上方（内蒙古的艾不盖河和甘肃的石羊河）………………………………………………………………………………………忽吉图高原鳅 *T. hutjertjuensis*

91 (90) 侧线完全

92 (93) 腹鳍位置较后，其基部起点相对于背鳍的第 3-7 根分支鳍条基部之间；长卵圆形的鳔后室前端通过 1 条细管和前室相连（黄河中、下游和内蒙古的一些自流水体）………………………………………………………………………………………达里湖高原鳅 *T. dalaica*

93 (92) 腹鳍位置较前，其基部起点相对于背鳍基部起点附近（一般不超过第 2 根分支鳍条基部）；鳔后室长筒形，前端与鳔前室直接相连

94 (95) 下唇无发达的乳头状突起，背部在背鳍前后常有块斑或鞍形斑……东方高原鳅 *T. orientalis*

95 (94) 下唇有发达的乳头状突起，背部浅黑色或有均匀的小斑点和扭曲的短斑纹

96 (97) 背部浅黑色或有均匀的小斑点；脊椎骨 4+34-35=38-39（伊犁河）………………………………………………………………………………………黑背高原鳅 *T. dorsalis*

97 (96) 背部有扭曲的短斑纹，脊椎骨 4+37=41（黄河上游和甘肃的白龙江）………………………………………………………………………………………黑体高原鳅 *T. obscura*

98 (85) 背鳍最后不分支鳍条粗壮变硬

99 (100) 长卵圆形的鳔后室前端通过 1 长的细管和前室相连；肠与胃的连接处有 1 肠盲突（青海湖和黄河上游）……………………………………………………硬刺高原鳅 *T. scleroptera*

100 (99) 卵圆形或长卵圆形的鳔后室前端直接与前室相连；肠与胃的连接处无肠盲突

101 (104) 下颌正常；鳔的后室膜质，有弹性

102 (103) 背鳍分支鳍条通常 8、9 根（黄河，长江上游、柴达木河，格尔木河）………………………………………………………………………………拟硬刺高原鳅 *T. pseudoscleroptera*

103 (102) 背鳍分支鳍条 6、7 根（河西走廊的石羊河水系）…………武威高原鳅 *T. wuweiensis*

104 (101) 下颌边缘锐利；鳔后室增厚变硬，无弹性（青海久治玛柯河）…………………………

……………………………………………………………………麻尔柯河高原鳅 ***T. markehenensis***

105 (84)　尾柄起点处的横剖面近圆形，该处的宽大于或等于尾柄高，尾柄高度至尾鳍方向渐降低

106 (115)　侧线完全；臀鳍分支鳍条 5 根；卵圆形或长卵圆形的鳔后室前端通过 1 长的细管和前室相连

107 (112)　背鳍基部起点在吻端和尾鳍基部之间接近尾鳍基部

108 (109)　唇面光滑；鳔的后室很小，其长短于其前端的细管长度（新疆孔雀河）……………………
……………………………………………………………………………小鳔高原鳅 ***T. microphysa***

109 (108)　唇面多乳头状突起；鳔的后室较大，其长长于其前端的细管长度

110 (111)　上下唇有双行的乳状突……………………………………重穗唇高原鳅 ***T. papillosolabiata***

111 (110)　上下唇无双行的乳状突…………………………………………………新疆高原鳅 ***T. strauchii***

112 (107)　背鳍基部起点在吻端和尾鳍基部之间接近吻端

113 (114)　皮肤光滑，无与体轴平行的短棘突；尾柄长为尾柄高的 3.9-9.1 倍，平均 7 倍（塔里木河水系）………………………………………………………………………长身高原鳅 ***T. tenuis***

114 (113)　头和身体背、侧面有很多与体轴平行的短棘突，尾柄长为尾柄高的 7.6-13.1 倍，平均 10 倍（塔里木河水系）……………………………………隆额高原鳅 ***T. bombifrons***

115 (106)　侧线薄管状，侧线孔在后躯稀疏或消失；臀鳍分支鳍条 5、6 根，长袋形的鳔后室直接与前室相连

116 (117)　前躯近圆筒形；体色为杂色，不为扭曲的短横纹；鳔的后室小，末端至多达到相当于腹鳍起点处（西藏各地及青海沱沱河）……………………………………异尾高原鳅 ***T. stewarti***

117 (116)　前躯侧扁；体色为扭曲的短横纹；鳔的后室大，末端至少达到相当于腹鳍起点处（西藏的雅鲁藏布江、朋曲河、狮泉河和玛旁雍错等地）……………………西藏高原鳅 ***T. tibetana***

118 (1)　眼退化

119 (126)　眼小或残留有小黑点

120 (125)　头小，头宽小于体宽

121 (122)　侧线完全………………………………………………………………天峨高原鳅 ***T. tianeensis***

122 (121)　侧线不完全

123 (124)　背鳍起点稍前于腹鳍起点，背鳍分支鳍条 6、7 根，臀鳍分支鳍条 5 根……………………
……………………………………………………………………………凌云高原鳅 ***T. lingyunensis***

124 (123)　背鳍起点明显前于腹鳍起点，背鳍分支鳍条 8 根，臀鳍分支鳍条 6 根……………………
…………………………………………………………………………浪平高原鳅 ***T. langpingensis***

125 (120)　头大，头宽大于体宽，头背面和体侧具不规则斑点…………大头高原鳅 ***T. macrocephala***

126 (119)　无眼

127 (128)　尾柄上方无发达的软鳍褶………………………………………凤山高原鳅 ***T. fengshanensis***

128 (127)　尾柄上方有发达的软鳍褶

129 (130)　头正常，胸鳍长为胸鳍至腹鳍间的中点，背鳍分支鳍条 7、8 根……里湖高原鳅 ***T. lihuensis***

130 (129)　头平扁，呈鸭嘴形，胸鳍长超过胸鳍至腹鳍间中点，背鳍分支鳍条 8、9 根

131 (132)　胸鳍长为胸鳍至腹鳍起点间距的 50%-72%……………………环江高原鳅 ***T. huanjiangensis***

132 (131)　胸鳍长为胸鳍至腹鳍起点间距的 72%-84%……………………峒敢高原鳅 ***T. dongganensis***

(73) 花坪高原鳅 *Triplophysa huapingensis* Zheng, Yang *et* Chen, 2012（图 108）

Triplophysa huapingensis Zheng, Yang *et* Chen, 2012, J. Fish Biol., 80(4): 831-841.

背鳍 iii-8-9；胸鳍 i-9-10；腹鳍 i-5-6；臀鳍 iii-5；尾鳍分支鳍条 16。第 1 鳃弓外侧鳃耙 13（1 尾标本）。脊椎骨（1 尾标本）4+36。

测量标本 7 尾。体长为体高的 5.74-6.95（平均 6.43）倍，为头长的 4.26-4.58（平均 4.43）倍，为尾柄长的 5.83-6.82（平均 6.33）倍，为尾柄高的 8.12-9.48（平均 8.80）倍。头长为吻长的 2.07-2.55（平均 2.28）倍，为眼径的 6.80-10.64（平均 8.81）倍，为眼间距的 3.29-3.74（平均 3.52）倍。眼间距为眼径的 2.07-3.07（平均 2.49）倍。头高为头宽的 0.86-1.00（平均 0.89）倍。内吻须长为吻长的 0.51-0.70（平均 0.59）倍，口角须长为头长的 0.32-0.40（平均 0.35）倍。背鳍前距为体长的 47%-49%。尾柄长为尾柄高的 1.19-1.63（平均 1.40）倍。

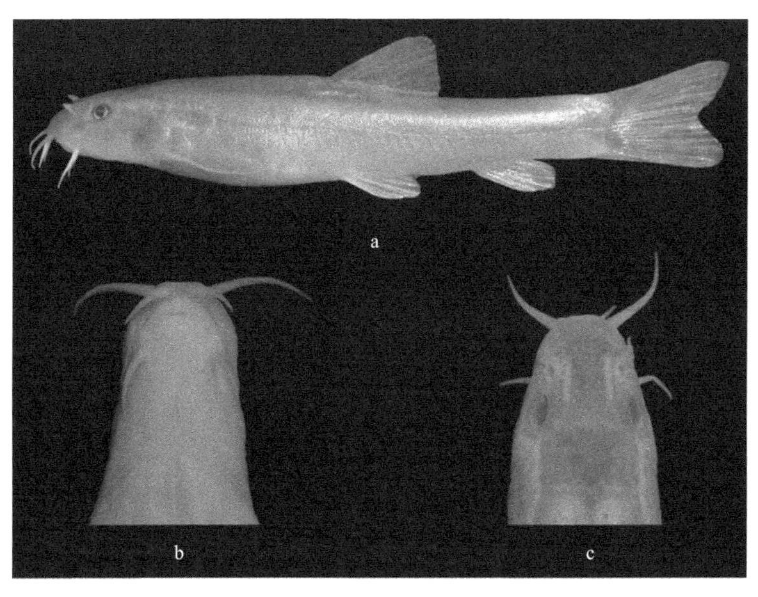

图 108 花坪高原鳅 *Triplophysa huapingensis* Zheng, Yang *et* Chen（引自蓝家湖等，2013）
a. 体侧面；b. 头部腹面；c. 头部背面

体细长，前躯近圆筒形，后躯侧扁。身体最高点前于背鳍起点。头稍平扁，头宽大于头高。吻部较尖，吻长小于眼后头长。前后鼻孔紧邻，前鼻孔呈膜瓣状。眼正常，位于头背面，腹面不可见。口下位，口角位于后鼻孔前缘下方。唇发达，上唇光滑或布稀疏小乳突；下唇表面具皱褶；下唇中央前缘具小缺刻。须 3 对，内吻须伸达后鼻孔前缘，外吻须和口角须后伸超过眼后缘。

各鳍均较短，雄性胸鳍外侧 2-4 根分支鳍条变粗变硬。背鳍起点约位于吻端至尾鳍基的中点靠前，背鳍外缘平截；鳍条末端伸达臀鳍起点垂直线。胸鳍长，后延超过胸鳍起点至腹鳍间距的 1/2。腹鳍起点略后于背鳍起点，后伸不达肛门。肛门靠近臀鳍起点。

臀鳍外缘平截，鳍条末端不及尾柄中部。尾鳍叉形，上叶长于下叶，末端略尖。身体密布小鳞。体侧侧线完全，平直，止于尾柄基部稍前方。腹膜黑色。鳔前室完全包被于骨质鳔囊中，后壁骨质，无开孔；鳔后室退化。肠短，在胃后端向后通向肛门。雄性个体眼前缘下方形成三角形小刺突区，刺突区自眼前下缘延伸至外吻须基部。

体色：基色黄色，腹面略浅。头和身体背面、侧面具褐色不明显的斑块。背鳍、腹鳍和尾鳍也散布褐色斑块。头背面和尾鳍基各具 1 黑色斑点。

分布：广西乐业县花坪镇、同乐镇和田林县浪平乡，均属红水河水系。在乐业、田林和凌云县均有一定的种群数量。

(74) 岷县高原鳅 *Triplophysa minxianensis* (Wang *et* Zhu, 1979)（图 109）

Nemachilus minxianensis Wang *et* Zhu, 1979, J. Lanzhou Univ., 17(4): 129; Institute of Zoology, Shaanxi Province *et al*., 1987, Fishes of Qinling Mountain Region: 20.

Triplophysa minxianensis: Zhu, 1989, The Loaches of the Subfamily Nemacheilinae in China (Cypriniformes: Cobitidae): 73.

测量标本 20 尾；体长 54.5-137.5mm；采自甘肃岷县的洮河、武山和张家川的渭河上游。

背鳍 iv-7-8；臀鳍 iii-5；胸鳍 i-10；腹鳍 i-6-7；尾鳍分支鳍条 16。第 1 鳃弓内侧鳃耙 8-12。脊椎骨（10 尾标本）4+38-40。

体长为体高的 6.1-8.2 倍，为头长的 4.2-5.1 倍，为尾柄长的 4.6-6.4 倍。头长为吻长的 2.2-2.6 倍，为眼径的 6.3-9.8 倍，为眼间距的 3.5-5.0 倍。眼间距为眼径的 1.5-2.4 倍。尾柄长为尾柄高的 1.6-2.5 倍。

身体延长，前躯较宽，呈圆筒形，尾柄较厚，至尾鳍基部方向渐侧扁。头稍平扁，头宽大于头高。吻长等于或稍短于眼后头长。口下位。唇狭，唇面光滑。下颌匙状，边缘露出。须较短，外吻须和口角须分别后伸达鼻孔和眼中心的下方。身体被有明晰的小鳞，但前躯（包括腹面）的鳞片较后躯的稀疏。侧线完全。

图 109　岷县高原鳅 *Triplophysa minxianensis* (Wang *et* Zhu)（仿朱松泉，1989）

背鳍背缘微凹入或平截，背鳍基部起点至吻端的距离为体长的 52%-55%。胸鳍较长，其长约为胸、腹鳍基部起点之间距离的 3/5。腹鳍基部起点相对于背鳍基部起点稍前，末端不伸达肛门（其间距等于 1-3 倍的眼径）。尾鳍后缘深凹入，下叶稍长。

体色（甲醛溶液浸存标本）：基色腹面浅黄色，背部浅褐色。背部在背鳍前后各有 5-8 条深褐色斑条，宽于两斑条间的间距。体侧有不规则的褐色条纹，背鳍前 8-10 条，背鳍下 3-5 条，背鳍后 7-9 条，并伴有很多小斑块和点。背鳍、尾鳍和胸鳍背面多斑点，大致背鳍有 2 列，尾鳍有 3-5 列不等。头的背、侧部深褐色或多小斑块。

鳔后室退化，仅残留 1 很小的膜质室。肠短，自“U”形的胃发生向后，在胃的后方前折，至胃的末端处再后折通肛门，绕折呈“Z”形。

分布：洮河和渭河水系。

(75) 长鳍高原鳅 *Triplophysa longipectoralis* Zheng, Du, Chen *et* Yang, 2009（图 110, 图 111）

Triplophysa longipectoralis Zheng, Du, Chen *et* Yang, 2009, Environ. Biol. Fishes, 85(3): 221-227.

背鳍 iii-8；臀鳍 iii-5-6；胸鳍 i-9-10；腹鳍 i-6；尾鳍分支鳍条 14-15。第 1 鳃弓外侧鳃耙 8（1 尾标本）；脊椎骨 33（1 尾标本）。颞颥管孔 2+2；眶下管孔 3+9；眶上管孔 8；颚骨—鳃盖管孔 14。

测量标本 7 尾。体长为体高的 5.28-7.12（平均 6.31）倍，为头长的 3.49-3.75（平均 3.64）倍，为尾柄长的 6.29-8.03（平均 7.24）倍，为尾柄高的 10.42-11.98（平均 10.90）倍。头长为吻长的 2.16-2.54（平均 2.39）倍，为眼径的 6.95-12.22（平均 8.27）倍，为眼间距的 5.36-6.38（平均 5.83）倍。眼间距为眼径的 1.16-2.17（平均 1.43）倍。头高为头宽的 0.83-0.97（平均 0.90）倍。内吻须长为吻长的 0.42-0.58（平均 0.51）倍。口角须长为头长的 0.34-0.41（平均 0.37）倍。尾柄长为尾柄高的 1.33-1.90（平均 1.52）倍。背鳍前距为体长的 49%-53%。

身体延长，尾柄细，后躯和尾柄侧扁，腹部平滑。身体最高处位于背鳍起点。头平扁，头宽略大于头高。头大而吻尖，吻长小于眼后头长。前后鼻孔相连，前鼻孔位于 1 短管中，末端延长呈须状，后伸可达吻端至眼前缘的中间位置。眼正常，小而明晰，眼部略凹陷。口下位。口角位于前鼻孔下端。唇厚，下唇前缘中部具 1 细小缺刻，下唇左右唇面具深褶皱。上颌弧形，略突出。须 3 对，内吻须后伸达口角，外吻须后伸超过眼后缘，口角须后伸近眼后缘与鳃盖骨后缘间距的中点。

各鳍均较长，尤其是成体胸鳍特长，末端远超过腹鳍起点；雄性胸鳍外侧 2-4 根分支鳍条变粗变硬，特化明显。背鳍起点位于体中部，末根不分支鳍条最长，略小于头长，下压后伸近臀鳍起点的垂直上方。胸鳍第 1 根分支鳍条长，后伸可超过腹鳍起点。腹鳍起点略后于背鳍起点，第 2 根分支鳍条为腹鳍的最长鳍条，后伸可达肛门。臀鳍外缘内凹。尾鳍末端后伸接近或到达尾鳍基。尾鳍叉形，上叶略长于下叶，尾鳍末端尖。

除头、胸、腹部外，全身具隐于皮下的鳞片。头部侧线管孔系统发达。侧线完全，平直。鳔后室退化，前室包裹在骨质鳔囊中。

图 110　长鳍高原鳅 *Triplophysa longipectoralis* Zheng, Du, Chen *et* Yang（1）（引自蓝家湖等，2013）
a. 体侧面；b. 体前部腹面；c. 体前部背面

图 111　长鳍高原鳅 *Triplophysa longipectoralis* Zheng, Du, Chen *et* Yang（2）（引自蓝家湖等，2013）

体色：通体灰黑色，腹部略白。体侧为不规则的灰黑色云状斑，体背部、体侧部分和头部深灰色。背鳍、胸鳍、腹鳍和臀鳍褐色，鳍膜透明。

分布：广西环江县驯乐乡，属柳江水系龙江支流。种群数量少，仅在一洞穴采到标本。

(76) 赛丽高原鳅 *Triplophysa sellaefer* (Nichols, 1925)（图 112）

Barbatula yarkandensis sellaefer Nichols, 1925, Am. Mus. Novit., (171): 4.

Barbatula (*Barbatula*) *yarkandensis sellaefer*: Nichols, 1943, Nat. Hist. Central Asia, 9: 116.

Barbatula yarkandensis: Tchang (partial), 1959, Cyprinid Fishes in China: 123.

Barbatula posteroventralis: Shan *et* Qu (nec Nichols), 1962, J. Normal Univ. in Xinxiang Henan, (1): 61.

Nemacheilus sellaefer: Li, 1965, J. Zool., (5): 219.

Triplophysa sellaefer: Institute of Zoology, Shaanxi Province *et al.*, 1987, Fishes of Qinling Mountain Region: 20; Zhu, 1989, The Loaches of the Subfamily Nemacheilinae in China (Cypriniformes: Cobitidae): 74.

别名：赛丽条鳅（李思忠：《中国淡水鱼类的分布区划》）。

测量标本 20 尾；体长 69-90mm；采自陕西澄城和合阳的渭河支流。

背鳍 iii-6-8（主要是 8）；臀鳍 iii-5；胸鳍 i-10-11；腹鳍 i-6-7；尾鳍分支鳍条 16。第 1 鳃弓内侧鳃耙 8-13。脊椎骨（10 尾标本）4+36-38。

体长为体高的 5.4-8.2 倍，为头长的 4.1-4.7 倍，为尾柄长的 5.1-6.3 倍。头长为吻长的 2.1-2.6 倍，为眼径的 6.0-7.2 倍，为眼间距的 3.8-4.3 倍。眼间距为眼径的 1.7-2.0 倍。尾柄长为尾柄高的 1.8-2.4 倍。

身体延长，前躯较宽，向尾鳍方向渐侧扁。头部稍平扁，头宽稍大于头高。吻部较尖，吻长约与眼后头长相等。口下位。唇厚，唇面多皱褶。下颌匙状。须较短，外吻须后伸达鼻孔之下方，口角须伸达眼中心和眼后缘之间的下方。身体被有小鳞，但背鳍之前的前躯裸出。侧线完全。

背鳍基部起点至吻端的距离为体长的 52%-55%。胸鳍长约为胸、腹鳍基部起点之间距离的 2/3。腹鳍基部起点相对于背鳍基部起点或稍前，末端不伸达肛门（其间距等于 1-1.5 个眼径）。尾鳍后缘深凹入。

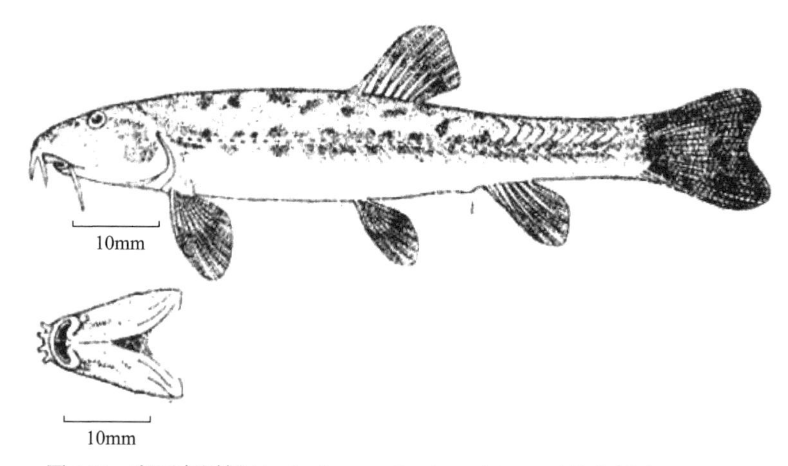

图 112 赛丽高原鳅 *Triplophysa sellaefer* (Nichols)（仿朱松泉，1989）

体色（甲醛溶液浸存标本）：基色浅黄色。背部在背鳍前后各有 3-6 条褐色横斑，褐色横斑狭于或等于两横斑之间的间距。体侧有少量斑条和点，沿侧线有 1 条褐色纹。背鳍有 1 列褐色斑点，尾鳍有小斑点，成列或不成列。

鳔后室退化，仅残留 1 很小的膜质室。肠短，自“U”形的胃发出向后，在胃后再折向前，至胃的末端处再后折通肛门，绕折成“Z”形。

分布：黄河中、下游。

(77) 陕西高原鳅 *Triplophysa shaanxiensis* Chen, 1987（图 113）

Triplophysa shaanxiensis Chen, 1987, In: Institute of Zoology, Shaanxi Province *et al*., Fishes of Qinling Mountain Region: 21; Zhu, 1989, The Loaches of the Subfamily Nemacheilinae in China (Cypriniformes: Cobitidae): 75.

以下描述依《秦岭鱼类志》。

测量标本 13 尾；体长 48-88mm；采自陕西铜川、礼泉（渭河水系）。

背鳍 iii-7；臀鳍 ii-5；胸鳍 i-10-11；腹鳍 i-6-7。第 1 鳃弓内侧鳃耙 9-11。脊椎骨 4+37-38。

体长为体高的 6.3-8.3 倍，为头长的 4.1-4.7 倍，为尾柄长的 5.5-7.0 倍，为尾柄高的 10.6-14.0 倍。头长为吻长的 2.2-2.6 倍，为眼径的 7.0-9.5 倍，为眼间距的 3.4-4.0 倍。尾柄长为尾柄高的 1.8-2.0 倍。

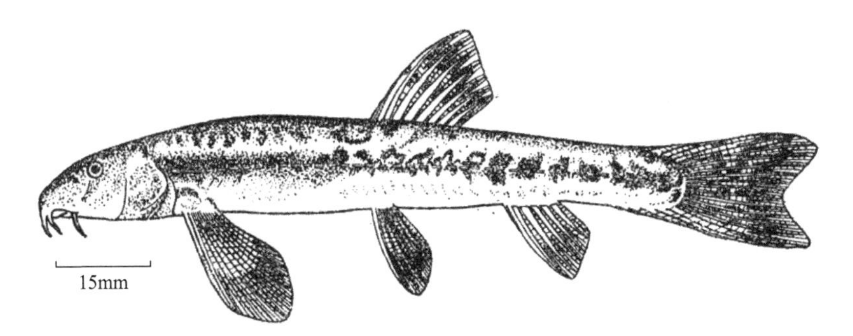

图 113　陕西高原鳅 *Triplophysa shaanxiensis* Chen（仿朱松泉，1989）

体延长，前躯近圆柱形，尾柄长而侧扁。头略平扁。吻稍尖，吻长约等于眼后头长。眼正常，侧上位。口下位，弧形。下唇中央间断，间断部分露出下颌；上颌中央无突起。须 3 对，口角须长约为眼径的 2 倍，末端达眼中心之下方。背鳍前距为体长的 45%-53%。背鳍背缘平截。腹鳍基部起点与背鳍基部起点相对，末端远不达肛门。肛门紧靠臀鳍起点。腹鳍基部起点至臀鳍基部起点的距离等于或稍小于臀鳍基部起点至尾鳍基部的距离。压低臀鳍，其末端远不达尾鳍基部。尾鳍后缘凹入。侧线完全。身体大部无鳞，仅在尾柄具稀疏鳞片，不呈覆瓦状排列。

鳔的后室退化，腹膜灰色。肠短，约为体长之半。

体色：体背灰色，腹部棕黄色，沿背中线及体侧中轴各具 1 条不甚明显的深灰色纵带纹；体侧沿侧线及其上部具有不规则的深灰色大斑点，但这些斑点和带纹在个别大个体上显得不明显。尾鳍外缘具“M”形黑色带纹或不规则带纹。

分布：渭河下游北岸各支流。

(78) 粗壮高原鳅 *Triplophysa robusta* (Kessler, 1876)（图 114）

Nemachilus robusta Kessler, 1876, In: Przewalskii “Mongoliai Strana Tangutow”, 2(4): 32; Herzenstein, 1888, Zool. Theil., 3(2): 38; Li, 1965, (5): 219.

Barbatula (*Barbatula*) *robusta*: Nichols, 1943, Nat. Hist. Central Asia, 9: 217.

Triplophysa robusta: Institute of Zoology, Shaanxi Province *et al*., 1987, Fishes of Qinling Mountain Region: 22; Zhu, 1989, The Loaches of the Subfamily Nemacheilinae in China (Cypriniformes: Cobitidae): 76.

胸鳍 i-8-9；背鳍 iii-7-9；腹鳍 i-6-7；臀鳍 ii-5；尾鳍分支鳍条 15-16。

雄性胸鳍增宽变圆，背面外侧第 1-6 分支鳍条具 1 增厚和隆起的刺突层，雌性胸鳍较尖，末端略超过胸、腹鳍之间的中点。背鳍起点相对或略靠前于腹鳍起点，位于标准体长的中点或略靠近尾鳍基部；背鳍基部末端远靠前于肛门而相对于腹鳍腋部和肛门之间的中点；背鳍外缘内凹，顶端略弧形，鳍条末端与肛门相对。腹鳍末端略尖，多不及肛门。臀鳍外缘平截，起点至腹鳍腋部距离远小于至尾鳍基部的距离，末端及尾柄中点。尾鳍深叉形，下叶长于上叶，最短分支条为最长分支条的 3/4。

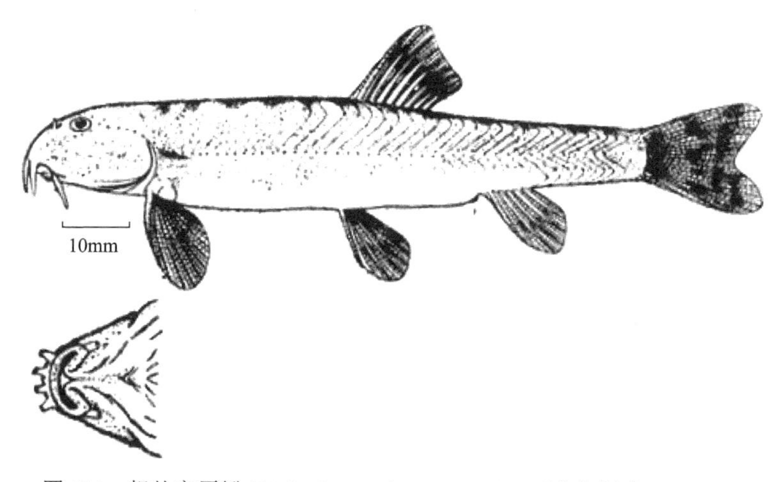

图 114 粗壮高原鳅 *Triplophysa robusta* (Kessler)（仿朱松泉，1989）

鳔前室包于骨质囊中，分左右 2 侧室，两侧室间无连接柄。后室退化成 1 小膜质室。肠呈“Z”形，自“U”形胃发出后在胃底部 1/2 胃长处回折，延伸至胃中部偏胃顶处再回折通向肛门，肠道长约为体长的 2 倍。

体色：浸制标本头顶及体背面深黄褐色，侧线以上的体侧面浅黄褐色，向下逐渐变黄，头侧及体腹面黄色。背部及体侧骑跨 7-9 列规则的黑褐色鞍形斑，侧线以下无斑。各鳍较透明，尾鳍后段具 2 列纵斑，背鳍具 3 列纵斑，颜色较浅。

体型中等大，种群数量大，具一定的食用价值。喜栖息于水流湍急的河滩处，在岩洞中越冬。以水生昆虫、幼虫及寡毛类无脊椎动物为食。6-8 月繁殖，卵径 0.5mm 左右，福尔马林浸泡后卵粒黄色。

分布：四川，主要分布于阿坝州的若尔盖索格藏寺（黄河）、九寨沟、白水江（嘉陵江支流）和红原县刷经寺镇（大渡河）。此外，广泛分布于甘肃，包括临潭县洮河（黄河支流）和玛曲（黄河支流），碌曲县郎木寺镇白龙江（嘉陵江支流），流经康县、西和县、徽县、舟曲县、迭部县的嘉陵江。青海西宁湟水（黄河支流）也有少量分布。

(79) 云南高原鳅 *Triplophysa yunnanensis* Yang, 1990（图 115）

Triplophysa yunnanensis Yang, 1990, In: Chu *et al.*, The Fishes of Yunnan, China (Part II): 56.

体长为体高的 5.9-8.2 倍，为头长的 3.9-4.1 倍，为尾柄长的 5.8-6.0 倍，为尾柄高的 10.5-12.1 倍，为前背长的 2.0-2.1 倍。头长为吻长的 2.1-2.3 倍，为眼径的 12.1-13.8 倍，为眼间距的 3.4-3.7 倍，为头高的 1.9-2.0 倍，为头宽的 1.7-1.8 倍，为口裂宽的 3.8-4.2 倍，为鳃峡宽的 3.0-3.5 倍。尾柄长为尾柄高的 1.8-2.1 倍。尾鳍最长鳍条为最短鳍条的 1.2-1.3 倍。

体细长，前段近圆筒形，后段略侧扁。背缘自吻端至背鳍起点逐渐隆起，往后逐渐下降。腹缘轮廓线较直，腹部圆。头中等大，平扁。吻较尖，吻长稍小于或等于眼后头长。鼻孔接近眼前缘而远离吻端；前后鼻孔靠近，前鼻孔位于鼻瓣中，鼻瓣后缘略延长，末端仅伸达后鼻孔后缘。眼正常，位于头背侧，腹视不可见。眼间隔宽，稍隆起。口下位，呈弧形。上下唇厚，唇面具浅皱褶和极小的乳突。上唇中央无缺刻，下唇中央缺刻明显，缺刻之后无中央颏沟。上颌弧形，无齿状突，下颌匙状，边缘不锐利。须 3 对，均较长。内吻须后伸接近或达到前鼻孔垂，外吻须伸达眼前缘垂或略过，口角须伸过或达到眼后缘垂。鳃孔伸达胸鳍基腹侧。尾柄细长，侧扁，尾柄起点处的宽小于该处的高。

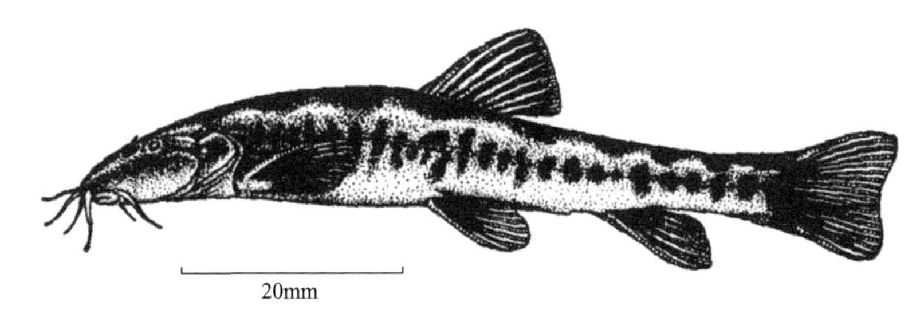

图 115　云南高原鳅 *Triplophysa yunnanensis* Yang（仿褚新洛等，1990）

背鳍起点距吻端略小于或等于距尾鳍基的距离，鳍条末端接近或伸达肛门的垂直线。臀鳍起点距腹鳍起点约等于距尾鳍基的距离，鳍条末端不伸达尾鳍基。胸鳍外缘略圆，其长占胸、腹鳍起点间距的 61%-74%。腹鳍起点与背鳍第 1 根分支鳍条相对，距胸鳍起点等于距臀鳍第 1-4 根分支鳍条的距离，末端不伸达肛门。肛门位于臀鳍起点略前，距臀鳍起点约占臀鳍起点至腹鳍基后端间距的 19%-20%。尾鳍略凹，上叶略长。

体前段裸露无鳞，背鳍起点以后始有细密鳞片。侧线完全，沿体侧中轴伸达尾鳍基。

腹膜黄色。肠短，在胃后略向左侧弯曲。鳔前室包于骨质鳔囊中，鳔后室退化。

雄鱼眼前缘的吻部两侧具密布小刺突的隆起区，胸鳍外侧第 4、第 5 根分支鳍条的背面有布满小刺突的垫状隆起。

体色：基色浅黄色，体侧沿中轴具 1 列近圆形的浅褐色斑，背部具 8-10 个大的圆形斑，在背鳍之前常连在一起。背鳍具浅纹 1 条，其余各鳍无明显斑纹。

分布：南盘江上游。

(80) 尖头高原鳅 *Triplophysa cuneicephala* (Shaw *et* Tchang, 1931)（图 116）

Barbatula cuneicephala Shaw *et* Tchang, 1931, Bull. Fan. Mem. Inst. Biol., 2(5): 81; Tchang, 1933, Zool. Sinica. Peiping, (B) 2(1): 205; Tchang, 1959, Systematic Cyorinid Fishes in China: 121.

Barbatula (*Barbatula*) *cuneicephalus*: Nichols, 1943, Nat. Hist. Central Asia, 9: 218.

Triplophysa cuneicephala: Zhu, 1989, The Loaches of the Subfamily Nemacheilinae in China (Cypriniformes: Cobitidae): 77.

别名：尖头巴鳅（寿振黄和张春霖：《河北省和邻近地区鳅科鱼类评述》）；楔头巴鳅（张春霖：《中国系统鲤类志》）。

测量标本 15 尾；体长 52-95mm；系中国科学院动物研究所鱼类标本室保存的采自北京三家店（永定河）的标本，标本号与寿振黄和张春霖（1931）原著记述的标本号 6237 一致。

背鳍 iii-7-8（个别是 7）；臀鳍 iii-5-6（约 1/10 的标本是 6）；胸鳍 i-10-11；腹鳍 i-6-7；尾鳍分支鳍条 14-16。第 1 鳃弓内侧鳃耙 8-11。脊椎骨（13 尾标本）4+36-38。

体长为体高的 6.5-10.4 倍，为头长的 4.3-4.9 倍，为尾柄长的 4.3-5.4 倍。头长为吻长的 2.2-2.8 倍，为眼径的 6.0-6.9 倍，为眼间距的 3.7-5.0 倍。眼间距为眼径的 1.3-1.8 倍。尾柄长为尾柄高的 2.7-3.2 倍。

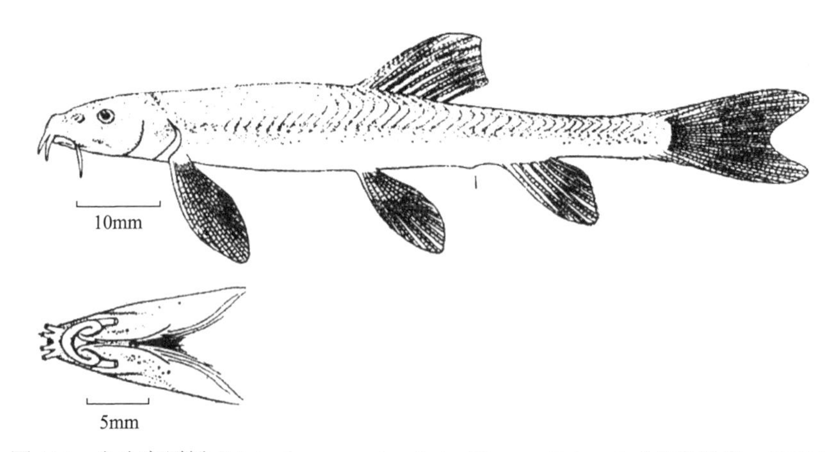

图 116 尖头高原鳅 *Triplophysa cuneicephala* (Shaw *et* Tchang)（仿朱松泉，1989）

身体延长，侧扁，但前躯较宽，后躯自背鳍基末至尾鳍基部其高度逐渐降低。头楔形稍平扁，头宽稍大于头高。吻长等于眼后头长。口下位。唇狭，唇面光滑或有浅皱。

下颌匙状，边缘露出。须中等长，外吻须后伸达鼻孔下方，口角须伸达眼中心和眼后缘之间的下方。小鳞通常只在背鳍起点之后的后躯具有，余裸出。侧线完全。

各鳍均较长。背鳍背缘平截或微凹入，背鳍基部起点至吻端的距离为体长的47%-52%。胸鳍长为胸、腹鳍基部起点之间距离的2/3-3/4，等于或稍长于头长。腹鳍基部起点相对于背鳍基部起点或稍前，末端一般伸达肛门（较大个体）或伸达肛门乃至超过（较小个体）。尾鳍后缘深凹入，两叶尖长。

体色（甲醛溶液浸存标本）：基色浅黄色，背侧部稍暗，未见明显斑纹。

鳔后室退化，仅残留 1 很小的膜质室。肠短，自“U”形的胃发出向后，在胃的后方折向前，在胃的末端处再后折通肛门，绕折成“Z”形。

分布：北京（永定河）。

(81) 黄河高原鳅 *Triplophysa pappenheimi* (Fang, 1935)（图 117）

Nemachilus pappenheimi Fang, 1935, Sinensia., 6(6): 761; Li, 1965, J. Zool., (5): 219; Wu *et* Chen, 1979, Acta Zootax. Sin., 4(3): 293.

Barbatula pappenheimi: Institute of Zoology, Chinese Academy of Sciences, the group of Ichthyo. and Inverte., 1959, Preliminary research on biological basis of Yellow River fisheries: 50.

Triplophysa pappenheimi: Institute of Zoology, Shaanxi Province *et al.*, 1987, Fishes of Qinling Mountain Region: 26; Zhu, 1989, The Loaches of the Subfamily Nemacheilinae in China (Cypriniformes: Cobitidae): 101; Ding, 1994, The Fishes of Sichuan, China: 85.

以下描述依照青海西宁湟水及四川阿坝嘉陵江样本（共 2 尾）及原始文献。

鉴别特征：①体裸露无鳞。皮肤有与体轴平行的短条形皮质棱，在侧线以上的背侧和头背面较密，雄性的又比雌性的略多。侧线完全。②体前、后躯均显略侧扁。③尾柄长小于头长，尾柄高向后逐渐降低。④头略长，锥形，平扁，头顶平坦，额部不隆起。⑤眼中等大，眼径约占该处头高的 1/3。⑥吻长等于或略小于眼后头长。⑦背鳍起点相对或略靠后于腹鳍起点，位于体长中点或略靠近尾鳍基部。⑧背鳍基部末端的相对位置略靠前于肛门，与肛门前 1 或 2 倍眼径处相对。⑨尾鳍外缘叉形，上下叶等长或上叶略长。⑩鳔后室退化，肠绕折成 1 个环，呈“Z”形。

体延长，较粗壮，体裸露无鳞。皮肤有与体轴平行的短条形皮质棱，在侧线以上的背侧和头背面较密，雄性的又比雌性的略多。侧线完全。背鳍前躯圆筒形，略侧扁，背部平坦不隆起，胸、腹鳍之间的身体高度几乎一致，体高略大于体宽。背鳍后躯逐渐侧扁，背鳍起点至尾鳍基部逐渐向腹面平斜，其腹面平坦，或尾柄中部内凹，背鳍基部末端的身体高度远大于尾柄高，为其 1.5-2.0 倍。尾柄起点处的高大于末端处的高，尾柄长小于头长；尾柄后段无皮质棱。肛门和臀鳍起点之间的距离等于或略小于眼径。侧线完全，起于鳃盖上缘开口处，向后沿体侧正中线平直延伸至尾鳍基部；侧线孔明显。

头部较长，略平扁，头宽略大于头高；头背面观呈三角形，头顶至吻端平坦不隆起。雄性眼后部的两颊向外鼓出而雌性两颊平坦，雄性眼下刺突区明显。吻圆钝，吻长等于或略小于眼后头长。前后鼻孔紧靠，与吻端相比其更靠近眼眶前缘；前鼻孔延长呈喇叭状，后鼻孔极开阔且大于前者，后鼻孔与眼眶前缘相距约 3/4 眼径。眼圆而大，十分靠近头顶；眼径小于眼间距，为眼间距的 1/2-2/3。鳃盖侧线管位于眼眶后缘约近 1 倍眼径处，向下逐渐延伸至口角处。

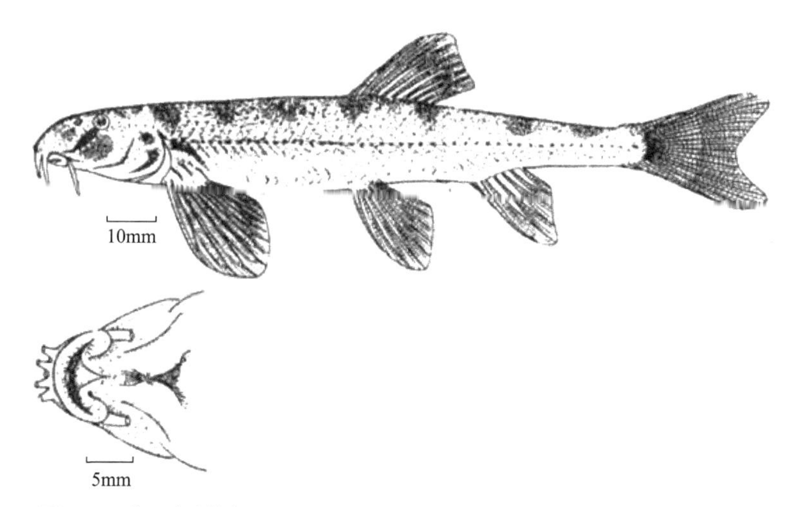

图 117 黄河高原鳅 *Triplophysa pappenheimi* (Fang)（仿朱松泉，1989）

口形特殊，口裂宽弧形。唇极厚，肉质，上下唇紧闭，口角位置相对于后鼻孔。上唇面深皱褶，呈流苏状，唇缘无乳突，中央无缺刻。下唇呈片状，唇面正中央具 1 缺刻，缺刻两边各具 1 长叶形肉瓣，沿头腹面正中央延伸至两鳃盖下缘在头腹面的闭合处，肉瓣间为 1 深中央纵沟；下唇面皱褶但无乳突，口角至下唇面缺刻处的夹角 40°-50°。上下颌边缘锐利，上颌中央无缺刻，下颌匙状，均不露出唇外。须 3 对，内吻须后伸不及口角；外吻须伸及鼻孔或平直后伸达眼眶前缘垂下方；口角须末端伸及眼眶后缘或平直后伸超过眼眶后缘垂下方。

鳍条软。胸鳍 i-10-12；背鳍 iii-9-10；腹鳍 i-7-9；臀鳍 ii-5；尾鳍分支鳍条 22-24。雄性胸鳍增宽变圆，其背面第 1-5 根分支鳍条中部布满刺突，雌性胸鳍末端尖，后伸达到或略超过胸、腹鳍之间的中点。背鳍位于身体后部，起点距尾鳍基部较距吻端更近；背鳍基部末端靠前肛门，与肛门前 1 或 2 倍眼径处相对，背鳍外缘内凹，背鳍条末端相对位置靠后臀鳍起点。腹鳍起点靠前背鳍起点，末端略尖，后伸超过肛门或达到臀鳍起点。臀鳍外缘平截或微微内凹，起点至腹鳍腋部的距离远小于至尾鳍基部的距离，末端后伸接近尾柄中点。尾鳍外缘叉形，上下叶等长，最短分支鳍条长为最长分支鳍条的 2/3。

鳔前室埋于骨质囊中，分左右 2 侧室，其间由 1 连接柄相连；后室退化，仅残留 1 很小的膜质室。肠道简单，自“U”形胃发出后在胃后方绕成 1 个环，呈“Z”形。

体色：浸制标本，身体基色黄色，或褐黄色。背部少有或无横斑骑跨，背部颜色相对体侧和腹部更深。体表无斑点，各鳍不透明，鳍上有斑点。

体型较大，产区渔业对象，具一定渔业价值。6-8 月繁殖，卵径小，0.7mm 左右。

分布：青海西宁湟水（黄河水系），青海海晏湟水；甘肃卓尼县、临潭县和岷县的洮河（黄河水系），甘肃武威海藏寺石羊河，甘肃玛曲（黄河水系），甘肃兰州黄河；四川阿坝州的若尔盖和红原（黄河水系），九寨沟嘉陵江水系。主要分布于青海、甘肃和四川的黄河水系及其支流。

(82) 拟鲇高原鳅 *Triplophysa siluroides* (Herzenstein, 1888)（图 118）

Nemachilus siluroides Herzenstein, 1888, Zool. Theil., 3(2): 62; Li, 1965, J. Zool., (5): 219; Wu *et* Chen, 1979, Acta Zootax. Sin., 4(3): 293.

Barbatula yarkandensis: Tchang, 1959, Cyprinid Fishes in China: 123; Institute of Zoology, Chinese Academy of Sciences, the group of Ichthyo. and Inverte., 1959, Preliminary research on biological basis of Yellow River fisheries: 50.

Triplophysa siluroides: Zhu, 1989, The Loaches of the Subfamily Nemacheilinae in China (Cypriniformes: Cobitidae): 103.

以下描述依照甘肃玛曲（黄河水系）样本（共 9 尾）。

鉴别特征：①体表密布颗粒状突起，无鳞；②成体背鳍前躯平扁，幼体近圆筒形或略侧扁；③尾柄圆筒形或起点切面略呈方形，向后逐渐变细；④口裂宽弧形，唇薄，下颌中央具 1 圆形突起；⑤背鳍起点位于身体后部更靠近尾鳍基部；⑥腹鳍起点靠前背鳍起点；⑦肛臀距远大于眼径；⑧鳔后室退化，肠呈“Z”形。

体延长，无鳞，体表除鳍条和须外密布颗粒状刺突，皮肤不光滑。背鳍前躯随体长增加而越发平扁，背鳍后躯体圆筒形，背部隆起；小个体体前躯近圆筒形；大个体 (体长>200mm) 体前躯平扁，胸、腹鳍之间中点处的身体高度最大，明显小于体宽。背鳍起点至尾鳍基部逐渐向腹面平斜，背鳍基部末端的身体高度远大于尾柄高，约为其 3、4 倍。尾柄细圆，起点处圆形或略呈方形，尾柄高向后急剧变小，尾柄长明显小于头长；尾柄后段不具皮质棱，尾鳍基高明显大于尾柄高，约为其 2 倍。肛门和臀鳍起点之间距离远大于眼径。侧线完全，起于鳃盖上缘开口处，向后沿体侧正中线延伸至尾鳍基部；侧线孔明显。

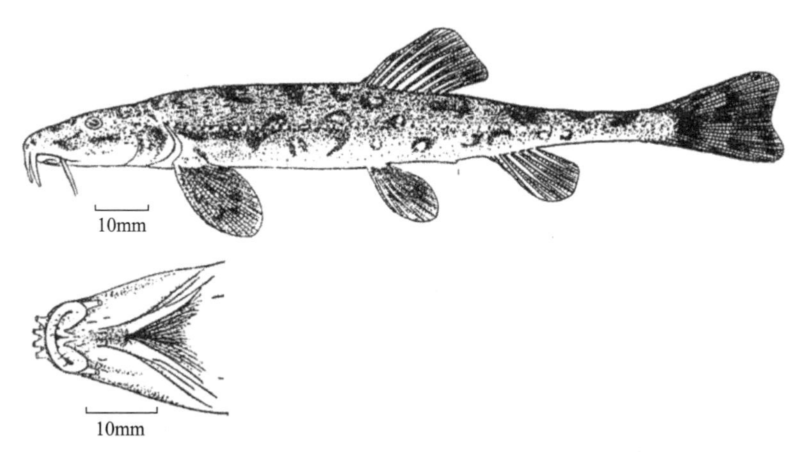

图 118　拟鲇高原鳅 *Triplophysa siluroides* (Herzenstein)（仿朱松泉，1989）

头部极平扁，头宽明显大于头高；头背面观呈三角形，头顶至吻端平坦不隆起。雄性无眼下刺突，但胸鳍背面具增厚的刺突层。头宽自眼眶前缘处向吻端逐渐减小，吻略尖，吻长小于眼后头长。前后鼻孔紧靠，与吻端相比其更靠近眼眶前缘；前鼻孔延长呈喇叭状，后鼻孔大而包围住前鼻孔，其与眼眶前缘相距约 3/4 眼径。眼圆，相对较小，靠近头顶；眼径明显小于眼间距，约为眼间距的 1/3。鳃盖侧线管位于眼眶后缘约 1 或 2 倍眼径处，向下逐渐延伸至口角。

口裂宽弧形，口唇不发达。唇薄，口角位置相对于前鼻孔前缘正下方。唇面光滑或具浅皱褶，无乳突，上唇面中央无缺刻；下唇面与下颌不分离，下唇面正中央具 1 浅而宽的“V”形缺刻，缺刻两边各具 1 短条形肉瓣，沿头腹面正中央延伸至两鳃盖下缘在头腹面的闭合处，肉瓣间为 1 浅中央纵沟；口角至下唇面缺刻处的夹角 40°-50°。上下颌边缘不锐利，上颌中央无缺刻但具 1 圆形突起；下颌匙状，中央缺刻处露出唇外。须 3 对，相对较短，口角须不及或接近口角，大个体外吻须伸及吻端到鼻孔中点，口角须伸及眼下缘和口角的中点；小个体外吻须伸及前鼻孔，口角须伸及眼下缘。

鳍条软。胸鳍 i-13-14；背鳍 iii-8-9；腹鳍 i-7-8；臀鳍 ii-5；尾鳍分支鳍条 15-16。雄性胸鳍增宽变圆，较雌性硬，其背面第 1-5 分支鳍条中部具刺突层；雌性胸鳍末端尖，后伸略超过胸、腹鳍之间的中点。背鳍起点位于身体后部更靠近尾鳍基部，背鳍基部末端的相对位置随个体大小不同差异较大，大个体 (SL>150mm) 靠前肛门而小个体 (SL<120mm) 接近或几乎与肛门相对；背鳍外缘平截，背鳍条末端相对位置与臀鳍起点相对或略超过。腹鳍起点靠前背鳍起点，其第 2 分支鳍条与背鳍起点相对，末端略尖，大个体腹鳍末端后伸不及肛门，小个体超过肛门接近臀鳍起点。臀鳍外缘平截或微微外凸，下缘拐角处弧形；臀鳍起点至腹鳍腋部的距离小于至尾鳍基部的距离，末端后伸不及尾柄中点。尾鳍后缘微凹，两叶等长或上叶稍长，最短分支鳍条长为最长分支鳍条的 4/5。

鳔前室埋于骨质囊中，分左右 2 侧室，其间由 1 连接柄相连；后室退化，仅残留 1 很小的膜质室。肠道简单，自长“U”形胃发出后在胃底部 2/3 胃长处回折至胃中部，再回折直达肛门，呈“Z”形，体长是肠长的 1.5-2.0 倍。

体色：浸制标本，身体基色黄褐色，颜色深度自背部向腹部逐渐变浅。背部及体侧具不规则的黑色云斑状大斑块，背鳍前后无横斑骑跨。身体腹面黄色，体前躯腹部无斑，尾柄腹面具黑色云斑状大斑块。各鳍不透明，鳍上具不规则斑点。

拟鲇高原鳅为条鳅亚科鱼类中体形最大的一种，常见个体 200mm 以上，据记载，其生长较快，1 龄鱼体长 30-50mm，3 龄鱼体长 200mm 左右，体重 100g，体长 300mm 时，体重 400g。喜栖息于静水水体或缓流中，以小鱼小虾为食（丁瑞华, 1994）。生殖季节 6、7 月，IV 期卵巢卵粒黄色，卵径 2mm 左右。

分布：甘肃兰州黄河，玛曲（黄河水系）；青海黄河水系；四川阿坝若尔盖和红原的黄河及其支流（黑河和白河）。

(83) 粗唇高原鳅 *Triplophysa crassilabris* Ding, 1994（图 119）

Triplophysa crassilabris Ding, 1994, The Fishes of Sichuan: 92.

鉴别特征：①体表不光滑，具疣状突起。②无鳞，侧线完全。③背鳍前后躯圆筒形，尾柄长略小于头长。④头短小而平扁，眼径小于眼间距，眼间距约等于尾柄长。⑤吻长略小于眼后头长。⑥口裂弧形，下颌边缘锐利且露出。⑦唇略厚，唇面深皱褶，具乳突。⑧背鳍起点靠前腹鳍起点，位于体长中点。⑨背鳍基部末端的相对位置靠前肛门。⑩尾鳍外缘平截。⑪鳔后室退化，肠绕折成4-7个螺旋。

体表不光滑，具疣状突起，无鳞。背鳍前后躯均呈圆筒形，最大体高位于胸腹部中部。背鳍基部向腹部方向倾斜，该基部末端处的身体高度大于臀鳍起点处的高度；背鳍基部末端后的体背部平直，臀鳍基部平直。尾柄的高度前后相近或起点略高，起点横切面圆形，尾柄长略小于头长。尾鳍基部不具皮质棱。肛臀距等于或略小于眼径。侧线完全，起于鳃盖上缘开口处，沿体侧正中线向尾鳍基部平直延伸。

头短小而平扁，头顶平坦，头高小于头宽。吻端略尖，吻长略小于眼后头长。前后鼻孔紧靠，前鼻孔前缘位于吻端和眼眶前缘之间，略靠近眼眶前缘，并延长呈开阔的短喇叭状。眼正常，近圆形，靠近头顶，眼径小于眼间距。

口裂呈弧形，唇略厚，唇面深皱褶，具乳突。上唇中央无缺刻，下唇面正中央具1“V”形缺刻，缺刻两边各为1薄的长形肉垫，缺刻后中央纵沟浅或不明显。上下颌边缘锐利，上颌弧形，下颌自然露出唇外。须3对，中等长。外吻须后伸至鼻孔垂下方，口角须后伸达到眼眶下缘垂下方。

图119　粗唇高原鳅 *Triplophysa crassilabris* Ding（仿丁瑞华，1994）

鳍条较软。胸鳍i-8-9；背鳍iii-7；腹鳍i-7-8；臀鳍ii-5。雌性胸鳍较尖，末端后伸达到或超过胸、腹鳍之间的中点。背鳍起点靠前于腹鳍起点，位于标准体长的中点；背鳍基末端靠前肛门，约与肛门前1或2倍眼径处相对；背鳍外缘平截，鳍条末端约与臀鳍起点相对。腹鳍末端尖，后伸达到或超过臀鳍起点。臀鳍外缘平截，起点至腹鳍腋部的距离远小于至尾鳍基部的距离，末端平直后伸接近或达到尾柄中点。尾鳍外缘平截，上下叶等长。

鳔前室埋于骨质囊中，分左右2椭圆形侧室，其间由1骨质连接柄相连；鳔后室退化。胃略大，呈“U”形；肠自胃发出后绕折呈4-7个螺旋。

体色：全身基色浅黄白色，背部为棕黑色或灰色，有许多大小不等的黑色斑块。背部在背鳍前后各有3个黑斑在背中部分离，后3个连接呈鞍状。各鳍灰白色，有3-5列细小黑色斑点。尾鳍基部有1较宽的横斑纹。

个体小，一般全长在100mm以下，常与硬刺高原鳅和拟硬刺高原鳅生活在一起，数量较少，生活在浅水湖泊、有水草的浅水区，主要以植物碎屑和藻类为食，也食一些小型水生昆虫。7、8 月繁殖，怀卵量少，体长 50mm 的个体，怀卵量为 300-500 粒。卵小，卵径 1.0-1.5mm。

分布：四川阿坝若尔盖地区的河流及湖泊中，茂县岷江水系。

(84) 兴山高原鳅 *Triplophysa xingshanensis* (Yang *et* Xie, 1983)（图 120）

Nemachilus xingshanensis Yang *et* Xie, 1983, Acta Zootax. Sin., 8(3): 314.

Triplophysa xingshanensis: Eschmeyer, 2006, FishBase.

别名：兴山条鳅（杨干荣和谢从新：《长江上游鳅类一新种》）。

测量标本 84 尾；体长 42-89mm；采自四川乐山的峨眉山和峨边，陕西白水江镇、凤县和太白，均属长江水系。

背鳍 iii-iv-7-9（个别为 9，主要为 7）；臀鳍 iii-iv-5-6（个别为 6）；胸鳍 i-10-11；腹鳍 i-5-7；尾鳍分支鳍条 14-18（主要是 15-16）。第 1 鳃弓内侧鳃耙 10-17。脊椎骨（20 尾标本）4+34-37。

体长为体高的 4.3-6.5 倍，为头长的 3.6-5.1 倍，为尾柄长的 4.3-6.2 倍。头长为眼径的 3.9-6.5 倍，为眼间距的 2.9-3.0 倍。眼间距为眼径的 0.9-1.9 倍。尾柄长为尾柄高的 1.1-2.3 倍。

身体稍延长，粗壮，前躯宽，呈圆筒形，后躯侧扁。头短钝，头宽稍大于或等于头高，吻长通常和眼后头长相等。口下位，横裂，较宽，唇狭，唇面光滑或仅有微皱，下唇前缘薄紧贴下颌，下颌匙状，露出于唇外。须 3 对，较短，外吻须末端后伸达鼻孔之下，口角须末端达到眼前缘和眼后缘的两垂线之间。身体裸露无鳞，皮肤光滑。侧线完全。

背鳍游离缘平截或稍凹入，背鳍起点至吻端的距离为至尾鳍基部距离的 0.7-1.1 倍。胸鳍长稍短于头长，为胸、腹鳍起点之间距离的 1/2-3/5。腹鳍起点相对于背鳍起点或第 1、第 2 根分支鳍条基部，末端伸达肛门或到达臀鳍起点。尾鳍后缘凹入或深凹入，下叶稍长。

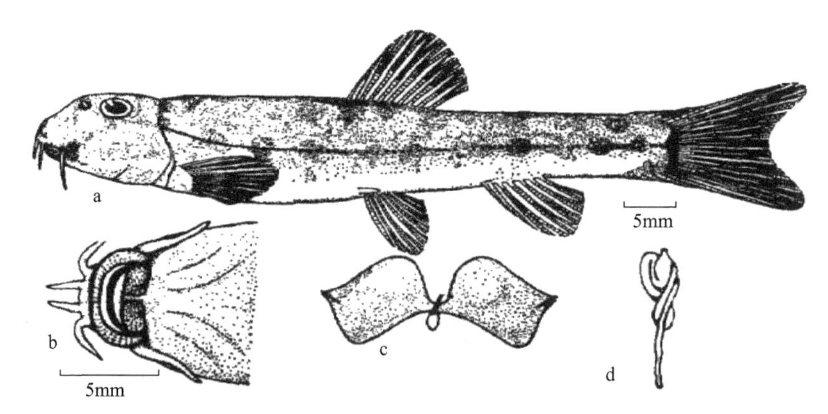

图 120 兴山高原鳅 *Triplophysa xingshanensis* (Yang *et* Xie)（仿杨干荣和谢从新，1983）

a. 整体侧面观；b. 头部腹面观；c. 骨质囊腹面观；d. 消化道腹面观

体色（甲醛溶液浸存标本）：基色浅黄色，背侧部略暗。背部在背鳍前后各有 3-6 块深褐色大横斑，稍宽于两横斑之间的间距或与之等宽，沿侧线有 1 列深褐色的斑块 8-10 块，很多浅褐色的斑块和斑纹在背部和体侧。头背部和侧部褐色或杂以深褐色斑点。背鳍有 2、3 行褐色斑点，尾鳍有斑点 1-3 行。

鳔后室退化为 1 很小的膜囊。肠短，自“U”形胃发出向后，在肠后方折向前，至胃的前端和末端的范围内再后折通肛门，绕折成“Z”形。

分布：本种在四川、陕西以及湖北西部的长江干支流中有广泛的分布。

(85) 大斑高原鳅 *Triplophysa macromaculata* Yang, 1990（图 121）

Triplophysa macromaculata Yang, 1990, In: Chu *et al.*, The Fishes of Yunnan, China (Part II): 58.

背鳍 iii-7-8；臀鳍 iii；胸鳍 i-ii；腹鳍 i-7；尾鳍分支鳍条 15-16。第 1 鳃弓内侧鳃耙 12。

体长为体高的 5.6-5.8 倍，为头长的 4.1 倍，为尾柄长的 4.5-5.1 倍，为尾柄高的 11.8-12.7 倍，为前背长的 2.0-2.1 倍。头长为吻长的 2.2-2.4 倍，为眼径的 4.7-5.1 倍，为眼间距的 3.8-3.9 倍，为头高的 1.7 倍，为头宽的 1.4-1.5 倍，为口裂宽的 3.4-3.5 倍，为鳃峡宽的 2.4-2.5 倍。尾柄长为尾柄高的 2.3-2.8 倍。尾鳍最长鳍条为最短鳍条的 1.1-1.2 倍。

体长，前段近圆筒形，后段略侧扁。背缘轮廓线弧形，腹缘较平直。头大，略平扁。

吻锥形，吻长略大于眼后头长。鼻孔接近眼前缘而远离吻端；前后鼻孔靠近，前鼻孔位于鼻瓣中，鼻瓣后缘呈三角形，其末端仅伸达后鼻孔后缘。眼较大，位于头背侧，腹视不可见。眼间隔宽且平。口下位，口裂呈弧形。上下唇厚，有浅皱褶。上唇中央无缺刻，下唇中央有 1 缺刻，缺刻之后有中央颏沟。上颌弧形，无齿状突起。下颌匙状，边缘不锐利。须 3 对，中等长。内吻须后伸接近前鼻孔，外吻须伸达后鼻孔后缘，口角须伸至眼后缘。鳃孔伸达胸鳍基腹侧。尾柄细长，前后高度基本一致。尾柄起点处的宽小于该处的高，但大于尾柄高。

图 121　大斑高原鳅 *Triplophysa macromaculata* Yang（仿褚新洛等，1990）

背鳍起点距吻端略小于距尾鳍基的距离，末根不分支鳍条略短于第 1 根分支鳍条，鳍条末端伸达肛门和臀鳍起点之间。臀鳍起点距腹鳍起点远小于距尾鳍基的距离，鳍外缘平截，末端远离。尾鳍基、胸鳍外缘略尖，其长占胸、腹鳍起点间距的 64%-72%。腹鳍起点约与背鳍第 1、2 根分支鳍条相对，距胸鳍起点约等于距臀鳍基后端，末端接近或伸达肛门。肛门位于臀鳍起点之略前，距臀鳍起点占臀鳍起点至腹鳍基后端间距的 23%-27%。尾鳍略凹入，末端略钝圆。

全身裸露无鳞。侧线完全，沿体侧中轴伸达尾鳍基。腹膜黄色，肠较长，在胃后成 2 环。鳔前室包于骨质鳔囊中，鳔后室退化。

体色：浸制标本基色浅黄色，体侧具众多不规则云斑。体背具 6 个大的鞍形斑，背鳍起点前 3 个，背鳍后 3 个。头背无斑纹。背鳍、尾鳍分别具暗斑纹 1 条和 2 条，尾鳍基具 1 宽的褐色横斑。胸鳍具点状斑。

分布：云南南盘江上游。

(86) 南丹高原鳅 *Triplophysa nandanensis* Lan, Yang *et* Chen, 1995（图 122）

Triplophysa nandanensis Lan, Yang *et* Chen, 1995, Acta Zootax. Sin., 20(3): 368; Fisheries Research Institute of Guangxi Zhuang Autonomous Region *et* Institute of Zoology, Chinese Academy of Sciences, 2006, Freshwater Fishes of Guangxi, China (ed. 2): 100.

背鳍 iv-8；胸鳍 i-9-10；腹鳍 i-5-6；臀鳍 iv-5；尾鳍分支鳍条 14-16。第 1 鳃弓外侧鳃耙 8（1 尾标本），脊椎骨 4+37（1 尾标本）。背鳍分支鳍条 8；腹鳍分支鳍条 6；臀鳍分支鳍条 5；眼正常；前后鼻孔相邻，前鼻孔在瓣膜中；通体裸露无鳞；尾柄较短，上下缘无软鳍褶；体侧和头背侧密布细小且不规则的灰黑色云状斑。

体长为体高的 5.34-6.74（平均 6.07）倍，为头长的 3.67-4.44（平均 4.00）倍，为尾柄长的 4.02-7.91（平均 6.29）倍，为尾柄高的 8.90-12.92（平均 10.35）倍。头长为吻长的 2.06-3.08（平均 2.40）倍，为眼径的 5.84-11.56（平均 8.34）倍，为眼间距的 3.61-5.48（平均 4.47）倍。眼间距为眼径的 1.21-3.07（平均 1.92）倍。头高为头宽的 0.77-1.02（平均 0.87）倍。内吻须长为吻长的 0.36-0.65（平均 0.49）倍，口角须长为头长的 0.27-0.43（平均 0.32）倍。背鳍前距为体长的 48%-53%。尾柄长为尾柄高的 1.32-2.56（平均 1.68）倍。

体延长，前躯近圆筒形，后躯侧扁。头平扁。吻尖长，吻长约等于眼后头长。前后鼻孔紧相邻，前鼻孔位于 1 鼻瓣中，鼻瓣末端延长，呈短须状。眼较小。口下位，口裂呈弧形。上下唇肉质，唇面光滑，下唇中央具 1 缺刻。上颌弧形，中央无明显的齿状突起，下颌匙状。须 3 对，均较长，内吻须后伸达前鼻孔的垂直下方；外吻须后伸达眼中央的垂直下方；口角须后伸达眼后缘的垂直下方。

背鳍起点距吻端的距离约等于距尾鳍基的距离，外缘略凹入，末根不分支鳍条略短于第 1 根分支鳍条；背鳍平卧时背鳍末端不达肛门的垂直线上方。胸鳍长，后伸接近腹鳍起点。腹鳍起点约与背鳍第 1 根分支鳍条的基部相对，鳍条末端远不达肛门。肛门紧位于臀鳍起点之前。臀鳍较长，但末端不伸达尾鳍基；尾柄较短，上下缘无软鳍褶。臀鳍外缘略凹入。尾鳍叉形，上下叶末端尖。

体表裸露无鳞。侧线完全，沿体侧中轴伸达尾鳍基。头部具侧线管孔。肠较短，呈“Z”形。鳔前室包于骨质鳔囊中，骨质鳔囊的后壁为骨质，无后孔；鳔后室退化，仅残留 1 小的膜质鳔囊。雄性在吻侧具 1 密布小刺突的隆起区，胸鳍外侧 3、4 根分支鳍条变粗变硬。

体色：生活时体呈褐色，略黄；体和头背面密布不规则的灰黑色云状斑；各鳍均具点状斑。浸制标本基色浅黄色，体侧和头背侧密布细小且不规则的灰黑色云状斑。各鳍均具零星点状斑，以背鳍和尾鳍最为明显。

图 122　南丹高原鳅 *Triplophysa nandanensis* Lan, Yang *et* Chen（引自蓝家湖等，2013）

分布：广西南丹县境内六寨镇多处溶洞，属红水河水系。

个体虽小，但在其分布区域内有一定的种群数量。

(87) 酒泉高原鳅 *Triplophysa hsutschouensis* (Rendahl, 1933)（图 123）

Nemacheilus hsutschouensis Rendahl, 1933, Arkl. Zool., 25A(11): 41.

Triplophysa hsutschouensis: Zhu, 1989, The Loaches of the Subfamily Nemacheilinae in China (Cypriniformes: Cobitidae): 104.

别名：肃州条鳅（李思忠：《中国淡水鱼类的分布区划》）。

测量标本 20 尾；体长 78-126mm；采自甘肃武威西大河。

背鳍 iii-7-8（主要是 8）；臀鳍 iii-5；胸鳍 i-11-12；腹鳍 i-7-8；尾鳍分支鳍条 16。第 1 鳃弓内侧鳃耙 7-11。脊椎骨（5 尾标本）4+39-41。

体长为体高的 5.8-7.6 倍，为头长的 4.1-5.2 倍，为尾柄长的 4.4-5.1 倍。头长为吻长的 2.1-2.5 倍，为眼径的 5.7-8.2 倍，为眼间距的 4.2-5.2 倍。眼间距为眼径的 1.1-1.6 倍。

尾柄长为尾柄高的 2.5-3.1 倍。

身体延长，粗壮，前躯近圆筒形，后躯侧扁。头部稍平扁，头宽大于或等于头高。吻长等于或稍短于眼后头长。眼小，侧上位。口下位。唇狭，唇面光滑或有微皱。下颌匙状。须较短，外吻须伸达鼻孔之下，口角须伸达眼中心和眼后缘之间的下方，少数可稍超过眼后缘。无鳞，皮肤光滑。侧线完全。

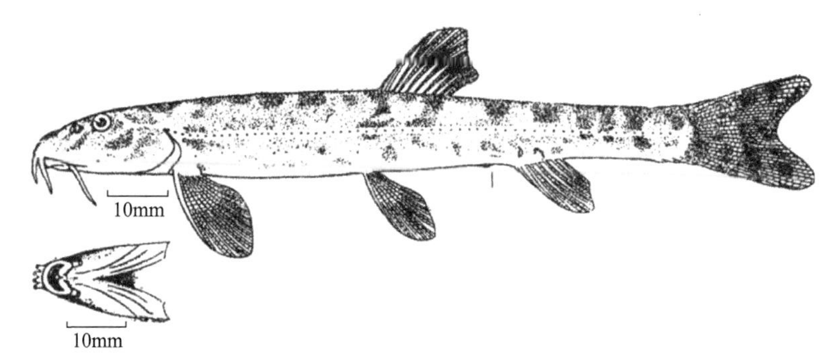

图 123 酒泉高原鳅 *Triplophysa hsutschouensis* (Rendahl)（仿朱松泉，1989）

鳍短小。背鳍背缘稍凹入，背鳍基部起点至吻端的距离为体长的 50%-54%。胸鳍长约为胸、腹鳍基部起点之间距离的 1/2。腹鳍基部起点相对于背鳍基部起点或稍前，末端不伸达肛门（其间距等于 1-1.5 个眼径）。尾鳍后缘深凹入。

体色（甲醛溶液浸存标本）：基色浅黄色或浅灰色，背、侧部浅褐色。背部在背鳍前后均有不规则的深褐色横斑 5 或 6 块，均比两横斑间的间隔宽，体侧有少数不规则的斑块。头背、侧部褐色。背鳍有 1 列斑点，尾鳍有排列不规则的 2-4 列褐色宽纹或块斑。

鳔的后室退化，仅残留 1 很小的膜质室或突起。肠短，自“U”形胃发出向后，在胃的后方折向前，至胃的中段附近再后折通肛门，绕折成“Z”形。体长为肠长的 1.6-2.2 倍。

分布：甘肃河西走廊的自流水体。

(88) 安氏高原鳅 *Triplophysa angeli* (Fang, 1941)（图 124）

Nemacheilus angeli Fang, 1941, Bull. Mus. Nat. Hist. nat. Paris, (2) 13(4): 256.

Nemachilus nodus Herzenstein, 1988, Zool. Theil., 3(2): 21.

Triplophysa angeli: Zhu, 1989, The Loaches of the Subfamily Nemacheilinae in China (Cypriniformes: Cobitidae): 105.

以下描述依照模式标本（共 11 尾）和原始文献。

鉴别特征：①体表光滑，无鳞片。②头略尖，唇薄且无乳突，下颌露出唇外。③背鳍起点相对或略靠前腹鳍起点，位于体长中点偏后。④尾柄侧扁，前后的高度相同，其长约等于头长。⑤尾鳍后缘深叉形，下叶略长，最短分支鳍条约为最长分支鳍条长度的一半。⑥鳔后室退化，肠道绕折呈“Z”形。

体表光滑，无鳞。背鳍前躯近圆筒形，或略侧扁；背鳍后躯逐渐侧扁，背鳍前后的背部平坦，胸、腹部之间的身体高度几乎一致。背鳍基部平直或向腹部方向倾斜，该基部末端处的身体高度略大于臀鳍起点处的高度，略小于体高；背鳍基部末端后的体背部平直，臀鳍基部平直并朝向背部方向倾斜。尾柄前后的身体高度相等，起点横切面长椭圆形，尾柄长约等于头长。尾鳍基部不具皮质棱。侧线完全，起于鳃盖上缘开口处，沿体侧正中平直延伸至尾鳍基部。

图 124 安氏高原鳅 *Triplophysa angeli* (Fang)（引自朱松泉，1989）

头略尖，稍显平扁，头高略小于头宽。头顶平坦，其背面观略呈三角形。雄性眼下两颊处的刺突集中，上叶呈长条形肉瓣状隆起，位于眼眶前缘和外吻须基部之间，向上不扩散到鼻孔；下叶分布于眼眶下缘至口角须基部的两颊区域内，呈三角形；上下两叶间的狭沟（眶下侧线管）不明显（可能因为酒精浸泡年代过于久远，身体缩水或略有变形）；雌性两颊区域较光滑。吻圆弧形，略尖，吻长略小于眼后头长。前后鼻孔紧靠，前鼻孔前缘位于吻端和眼眶前缘之间的中点或略靠近眼眶前缘；前鼻孔延长呈开阔的短喇叭状，后鼻孔开阔且其开口面几乎等于前者。眼略大，近圆形，靠近头顶；眼径略小于眼间距，约占该处头高的 2/5。鳃盖侧线管明显，位于眼眶后缘约 1 倍眼径处，向下逐渐延伸至口角。

口裂呈弧形，唇薄，唇面光滑或具浅皱褶，无乳突。上唇中央无缺刻，下唇面正中央具 1“V”形缺刻，缺刻后中央纵沟浅或不明显。上下颌边缘不锐利，上颌宽弧形，下颌匙状，露出唇外。须 3 对，中等长；内吻须后伸达到或超过口角；外吻须平直后伸接近或达到眼眶前缘垂下方；口角须平直后伸达到或超过眼眶后缘垂下方。

鳍条较软。胸鳍 i-11-12；背鳍 iii-8；腹鳍 i-7；臀鳍 ii-5。雄性胸鳍增宽变圆，末端后伸超过胸、腹鳍之间的中点。背鳍起点位于标准体长的中点偏后，相对或略靠前于腹鳍起点，距吻端略大于距尾鳍基的距离；背鳍基部末端远靠前肛门，约与肛门前 2 或 3 倍眼径处相对；背鳍外缘平截，鳍条末端平直后伸的相对位置达到或超过臀鳍起点。腹鳍外缘略宽，末端后伸接近或超过肛门。臀鳍外缘平截，起点至腹鳍腋部的距离小于至尾鳍基部的距离，末端接近或达到尾柄中点。尾鳍后缘深叉形，下叶略长，最短分支鳍条约为最长分支鳍条长度的 1/2。

鳔前室埋于骨质囊中，分左右 2 侧室，其间由 1 骨质连接柄相连；鳔后室退化；肠自“U”形胃发出后，简单绕折呈“Z”形。

体色：酒精浸制标本全身基色黄色，略带乳白色，且身体缩水明显。背鳍前后各具 3-5 列规则的横斑，体侧具 10 块左右斑块，胸鳍和尾鳍具少许斑点，其余各鳍多不具斑点。

目前仅知生活于中、低海拔（海拔 2500m 以内）河流中。

分布：四川德阳绵远河、石亭江等沱江上游部分水体。

(89) 大桥高原鳅 *Triplophysa daqiaoensis* Ding, 1993（图 125）

Triplophysa daqiaoensis Ding, 1993, Acta Zootax. Sin., 18(2): 247-252; Xu *et* Zhang, 1996, Acta Zootax. Sin., 21(3): 337-339.

以下描述依照模式标本（8 尾）。

鉴别特征：①头部平坦不隆起。②成体头长等于或略大于尾柄长。③吻长小于眼后头长。④口唇面光滑或皱褶，无乳突。⑤背鳍起点大多靠后于腹鳍起点，无靠前情况。⑥背鳍起点距离尾鳍基部较距离吻端近。⑦尾鳍外缘平截或微凹。⑧鳔后室退化，肠道呈“Z”形。

体短小，体表光滑，无鳞。背部微微隆起，背鳍前躯圆筒形，背鳍后躯逐渐侧扁。最大体高位于胸鳍和背鳍起点中部，等于或略大于最大体宽。背鳍基部向腹部倾斜，其基部末端的身体高度大于尾柄起点处的高度。尾柄前后的高度几乎一致，约为体高的 3/5，尾柄长等于或略小于头长；尾柄后段无皮质棱。肛门和臀鳍起点之间距离等于或略大于眼径。侧线完全或终止于尾柄后段 1 或 2 倍眼径处，起于鳃盖上缘开口处，向后沿体侧正中线平直延伸至尾鳍基部；侧线孔明显。

头部较短而平扁，头宽明显大于头高；头背面观呈三角形，头顶至吻端平坦不隆起。吻圆钝，吻长远小于眼后头长。前后鼻孔紧靠，与吻端相比其更靠近眼眶前缘；前鼻孔延长呈喇叭状，后鼻孔极开阔且大于前者，后鼻孔与眼眶前缘相距约 3/4 眼径。眼圆而大，十分靠近头顶；眼径小于眼间距，约为眼间距的 1/2。鳃盖侧线管位于眼眶后缘约 1 倍眼径处，向下逐渐延伸至口角处。

口形特殊，口裂马蹄形。唇极厚，肉质，上下唇紧闭，口角位置相对于后鼻孔。上唇面深皱褶但不呈流苏状，唇缘无乳突，中央无缺刻。下唇呈片状，唇面正中央具 1 缺刻，缺刻两边各具 1 长条形肉瓣，缺刻后具 1 深中央纵沟，沿头腹面正中央延伸至两鳃盖下缘在头腹面的闭合处；下唇面皱褶但无乳突，口角至下唇面缺刻处的夹角 30°-40°。上下颌边缘不锐利，下颌匙状，均不露出唇外。须 3 对，内吻须后伸接近或达到口角；外吻须伸及前鼻孔或平直后伸达后鼻孔后缘垂下方；口角须末端接近眼眶下缘中点或平直后伸接近或达到眼眶后缘垂下方。

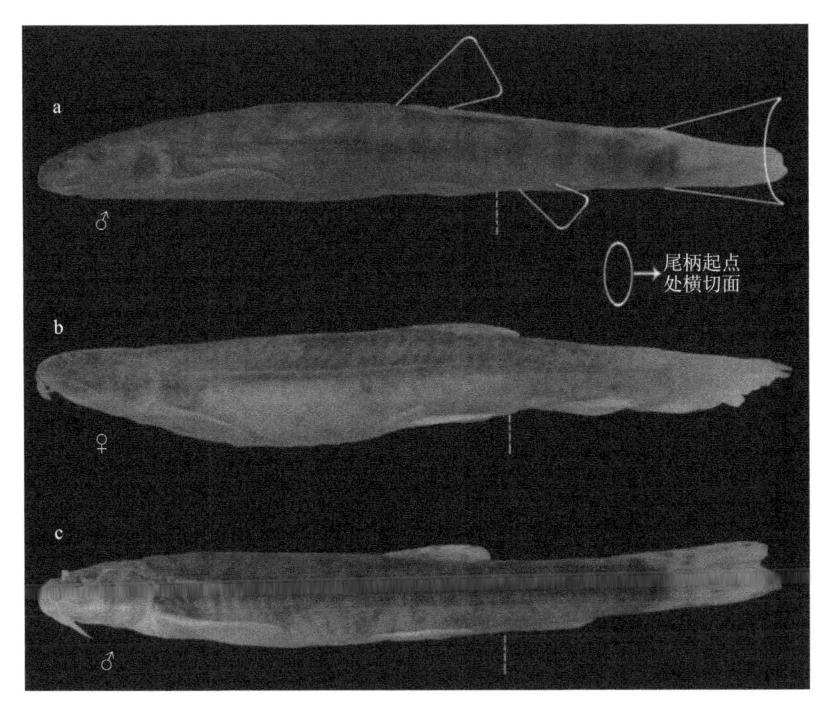

图 125　大桥高原鳅 *Triplophysa daqiaoensis* Ding（引自丁瑞华，1993）

a. MSINR 900270（配模标本），88.4mm SL；b. MSINR 900267（正模标本），112.9mm SL；c. SCUM 20071113001（地模标本），85.6mm SL

鳍条软。胸鳍 i-12-13；背鳍 iii-8-9；腹鳍 i-8-9；臀鳍 ii-5；尾鳍分支鳍条 14-17。胸鳍均略宽，末端尖，后伸接近或达到胸、腹鳍之间的中点；雄性胸鳍第 1-6 或 1-7 或 1-8 分支鳍条背面的中部表皮增厚变宽，其上具许多小刺突。背鳍起点靠后腹鳍起点，位于身体中部略靠近尾鳍基部；背鳍基部末端靠前肛门，约与腹鳍腋部和肛门之间的中点相对；背鳍外缘平截或微内凹，第 1 分支鳍条最长，背鳍末端与肛门相对或略靠前。腹鳍末端尖形，后伸远不及肛门，肛门约位于其末端和臀鳍起点之间的中点。臀鳍外缘平截，起点至腹鳍腋部的距离远小于至尾鳍基部的距离，末端后伸接近尾柄中点。尾鳍外缘内凹，下叶长于上叶，最短分支鳍条长为最长分支鳍条的 5/6。

鳔前室埋于骨质囊中，分左右 2 侧室，其间由 1 连接柄相连；后室退化，仅残留 1 很小的膜质室。肠道简单，自“U”形胃发出后在胃后方绕成 1 个环，呈“Z”形。

体色：浸制标本，身体基色棕红色，头部及胸鳍上方的体侧面略显黄色，背鳍后躯骑跨 4 或 5 列横斑，但斑颜色极浅，很不明显；体表无斑点或斑点不明显。各鳍不透明，背鳍和尾鳍上有不明显的小黑斑点。

体型中等大，产区较少捕捞，渔业价值不大。喜流水环境，6-8 月繁殖，卵径小，0.5mm 左右。

分布：西藏错那市娘江曲、八宿县然乌镇帕隆藏布、江达县金沙江、波密县扎木镇雅鲁藏布江、洛隆县怒江、错那市拿日雍错、八宿县札曲（澜沧江水系）、定日县绒布河、措美县当许雄曲、米林市雅鲁藏布江。青海玉树市通天河（金沙江水系）。四川主要分布于金沙江和雅砻江水系，包括甘孜理塘县理塘河（雅砻江水系）、甘孜德格县金沙江、德格县马尼干戈镇和石渠县雅砻江、西昌和攀枝花安宁河、凉山越西县、甘洛县越西河水系（大渡河水系）、康定大渡河。

(90) 前鳍高原鳅 *Triplophysa anterodorsalis* Zhu *et* Cao, 1989（图 126）

Triplophysa anterodorsalis Zhu *et* Cao, 1989, In: Zhu, The Loaches of the Subfamily Nemacheilinae in China (Cypriniformes: Cobitidae): 106

以下描述依照模式标本（8 尾）。

鉴别特征：①体表无鳞，侧线完全。②体后段侧扁，尾柄前后的高度几乎相等。③头短，头顶高高隆起，鳃盖向两侧鼓出。④眼径大，略小于眼间距。⑤唇薄，上下唇光滑，上下颌均露出唇外或仅下颌露出。⑥胸鳍末端接近或达到腹鳍起点。⑦背鳍起点靠前于腹鳍起点，位于身体中部略靠近吻端。⑧尾鳍外缘平截或微凹。⑨鳔后室退化，肠呈“Z”形。

体短小，浸制标本体表不光滑，皮肤微微皱褶，无鳞。身体前后均侧扁，背鳍后躯更侧扁。胸鳍和背鳍起点之间的身体高度前后一致，体宽无变化。背鳍基部朝后略向腹部倾斜，其基部末端至臀鳍起点之间的体高相同，身体宽度逐渐变小；尾柄前后的高度一致，其高约为体高的 2/3。尾柄后段无皮质棱。肛门和臀鳍起点之间距离略小于眼径。侧线完全，起于鳃盖上缘开口处，斜向后延伸至胸鳍腋部正上方体侧的中点，再沿体侧正中线延伸至尾鳍基部。头部侧线管不明显，体侧线明显。

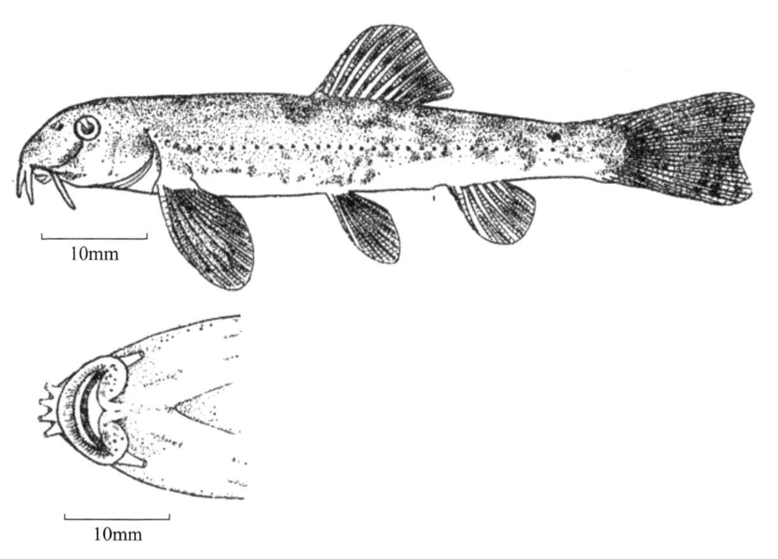

图 126 前鳍高原鳅 *Triplophysa anterodorsalis* Zhu *et* Cao（仿朱松泉，1989）

头部极短，头宽明显大于头高；头背面观呈三角形，头顶至吻端高高隆起。吻圆钝，吻长与眼后头长几乎相等。前后鼻孔紧靠，与吻端相比略靠近眼眶前缘；前鼻孔延长呈喇叭状，后鼻孔极开阔且大于前者，后鼻孔与眼眶前缘相距约 1/3 眼径。眼圆而大，位于头中部偏前，靠近头顶，占该处头高的 1/3-2/5；眼径略小于眼间距，约为眼间距的 3/4。鳃盖侧线管位于眼眶后缘近 1/2 眼径处，但不明显，向下逐渐延伸至口角处。

口形特殊，口裂弧形。唇极薄，上下唇不闭合，口角位置相对于两鼻孔之间。上唇面光滑无皱褶，唇缘无乳突，中央无缺刻。下唇呈薄片状，唇面正中央具 1 缺刻，缺刻两边各具长条形肉瓣，缺刻后无中央纵沟；下唇面光滑无皱褶和乳突。上下颌边缘略锐利，下颌铲形，均露出唇外。须 3 对，内吻须后伸接近口角；外吻须后伸接近眼眶前缘中点或平直延伸达眼眶下缘中点的垂下方；口角须后伸达眼眶下缘或平直后伸略超过眼眶后缘垂下方。

鳍条软。胸鳍 i-9-10；背鳍 iv-8-9；腹鳍 i-6-8；臀鳍 ii-5；尾鳍分支鳍条 14-17。胸鳍均宽，末端尖，后伸接近或达到腹鳍起点。背鳍起点靠前腹鳍起点，位于身体中部略靠近吻端；背鳍基部末端靠前肛门，约与腹鳍腋部和臀鳍起点之间的中点相对或更靠近腹鳍腋部；背鳍外缘平截，背鳍条末端与臀鳍起点相对或略靠前。腹鳍起点约与背鳍第 1、2 分支鳍条相对，末端尖形，后伸接近或达到肛门。臀鳍外缘平截，起点至腹鳍腋部的距离远小于至尾鳍基部的距离，末端后伸接近或达到尾柄中点。尾鳍后缘平截或微微内凹，上下叶等长。

鳔前室埋于骨质囊中，分左右 2 侧室，其间由 1 连接柄相连；后室退化，仅残留 1 很小的膜质室。肠道简单，自“U”形胃发出后在胃后方绕成 1 个环，呈“Z”形。

体色：浸制标本，身体基色浅褐色，背部及体侧上半部褐色，背鳍前后各具 3、4 列规则的深褐色横斑，体侧具不规则褐色斑纹。各鳍大部分均较透明，背鳍和尾鳍上有不明显的小黑斑点。

体型较小，种群数量少，渔业价值不大。

分布：目前已知仅分布于四川凉山会东县城的鲹鱼河，属金沙江中上游一级支流。

(91) 西溪高原鳅 *Triplophysa xiqiensis* Ding *et* Lai, 1996（图 127）

Triplophysa xiqiensis Ding *et* Lai, 1996, Acta Zootax. Sin., 21(3): 374-376.

以下描述依照模式标本（共 13 尾）。

鉴别特征：①体表光滑，无鳞。②成体头长等于或略大于尾柄长。③吻长等于或小于眼后头长。④口唇面光滑或具浅皱褶，但无乳突。⑤背鳍起点多靠后于腹鳍起点，无靠前情况。⑥背鳍起点距离尾鳍基部较距离吻端近。⑦尾柄末段具浅皮质棱。⑧鳔后室退化，肠道呈“Z”形。

体表光滑，无鳞。背鳍前躯近圆筒形，背鳍后躯逐渐侧扁，背鳍前后的背部平坦，胸、腹部之间的身体高度几乎一致。背鳍基部平直或向腹部方向倾斜，该基部末端处的身体高度略大于臀鳍起点处的体高，约为体高的 5/6；背鳍基部末端后的体背部平直，臀鳍基部平直并向背部方向倾斜。尾柄前后的身体高度相等或起点略高，起点横切面椭圆形，尾柄长等于或略小于头长。尾鳍基部具浅皮质棱，向前延伸的长度约占尾柄长的 1/3。肛臀距约等于或大于眼径。侧线完全，起于鳃盖上缘开口处，沿体侧正中线略偏背方向平直延伸至臀鳍起点上方，再沿体侧正中线向尾鳍基部平直延伸。

头短小，略显平扁，头高略小于头宽。头顶平坦，其背面观略呈三角形。雄性眼下刺突区为长条形肉瓣状隆起，位于眼眶前缘和外吻须基部之间，向上不扩散到鼻孔；下叶为弥散状分布于鳃盖侧线管至口角须基部的两颊区域内；上下两叶间的狭沟（眶下侧线管）明显；雌性两颊区域较光滑。吻圆弧形，略尖，吻长等于或略小于眼后头长。前后鼻孔紧靠，前鼻孔前缘位于吻端和眼眶前缘之间的中点或略靠近眼眶前缘；前鼻孔延长呈开阔的短喇叭状，后鼻孔开阔且其开口面几乎等于前者。眼略大，近圆形，靠近头顶，眼径小于眼间距。鳃盖侧线管不明显，位于眼眶后缘约 1 倍眼径处，向下逐渐延伸至口角。

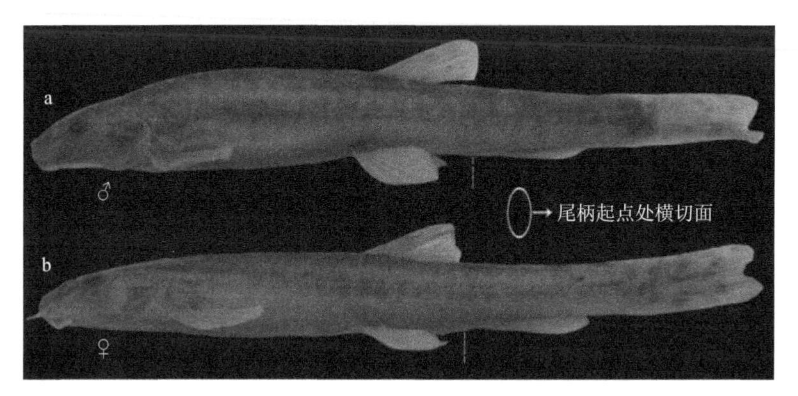

图 127 西溪高原鳅 *Triplophysa xiqiensis* Ding *et* Lai（引自丁瑞华和赖琪，1996）
a. MSINR 930020, 83.0mm SL；b. MSINR 930016, 72.5mm SL

口裂呈宽弧形，唇略厚。上唇中央无缺刻，唇面具浅皱褶；下唇面正中央具 1“V”形缺刻，缺刻后中央纵沟浅或不明显；下唇不发达，唇面光滑或具浅皱褶。上下颌边缘肉质不锐利，上颌宽弧形，下颌匙状且边缘平直，均不露出唇外。须 3 对，中等长；内吻须后伸达到或超过口角；外吻须平直后伸接近或达到眼眶前缘垂下方；口角须平直后伸达到或超过眼眶后缘垂下方。

鳍条较软。胸鳍 i-11-12；背鳍 iii-7-8；腹鳍 i-7；臀鳍 ii-5。雄性胸鳍增宽变圆，背面第 1-6 分支鳍条具 1 增厚的刺突层，末端伸达胸、腹鳍之间的中点或略靠前。背鳍起点位于标准体长的中点偏后，相对或略靠后于腹鳍起点，距吻端略大于距尾鳍基的距离；背鳍基末端远靠前肛门，约与肛门前 2 或 3 倍眼径处相对；背鳍外缘平截或微微外突，鳍条末端平直后伸的相对位置多不及肛门。腹鳍外缘略宽，末端后伸不及肛门。臀鳍外缘平截，起点至腹鳍腋部的距离略小于至尾鳍基部的距离，末端接近或达到尾柄中点。尾鳍后缘微凹，上下叶等长。

鳔前室埋于骨质囊中，分左右 2 椭圆形侧室，其间由 1 骨质连接柄相连；鳔后室退化。胃略大，呈“U”形；肠自胃发出后在胃底端 1 倍胃长处回折至胃中部，再回折直达肛门，肠呈“Z”形。

体色：活体基色灰褐色，略偏黄，腹部白色，体侧及背部密布不规则小斑点，无横斑骑跨；各鳍透明，胸鳍、背鳍及尾鳍具稀疏斑点。浸制标本全身基色黄褐色，身体斑点较暗。

西溪高原鳅喜生活于高原宽谷型缓水河流或邻近的沼泽与湖泊中，以水生昆虫或碎屑等为食。繁殖期及繁殖行为不详。

分布：目前仅知分布于四川凉山昭觉县、布拖县和金阳县的西溪河干支流，以及河流邻近的沼泽或小湖泊中，以及凉山美姑县美姑河。

(92) 短尾高原鳅 *Triplophysa brevicauda* (Herzenstein, 1888)（图 128）

Nemachilus stoliczkae brevicauda Herzenstein, 1888, Zool. Theil., 3(2): 23.

Nemachilus stoziczkae: Tchang *et al.* (nec Steindachner), 1963, Acta Zool. Sin., 15(4): 624; Li *et al.*, 1966, Acta Zool. Sin., 18(1): 48; Institute of Zoology, Chinese Academy of Sciences *et al.*, 1979, Fishes of Xinjiang Province: 46; Wu *et* Chen, 1979, Acta Zootax. Sin., 4(3): 291.

Nemachilus bellibarus Tchang *et al.*, 1963, Acta Zool. Sin., 15(4): 625.

Nemachilus microps: Cao, 1974, In: Tibet Scientific Investigation Team of the Chinese Academy of Sciences, Everest Research Expedition Report (Biological and Mountains Physiological): 76.

Triplophysa brevicauda: Zhu, 1989, The Loaches of the Subfamily Nemacheilinae in China (Cypriniformes: Cobitidae): 107.

测量标本 249 尾；体长 51-130mm；采自西藏南部的当许雄曲、娘江曲、雅鲁藏布江、玉曲（左贡县），以及青海柴达木盆地的茶卡镇、诺木洪河、格尔木河和大柴旦湖等地。

背鳍 iii-6-9（主要是 7，玉曲和雅鲁藏布江的部分标本有 8 和 9）；臀鳍 iii-5；胸鳍 i-9-11；腹鳍 i-6-8；尾鳍分支鳍条 13-17（主要是 15 和 16）。第 1 鳃弓内侧鳃耙 10-17。脊椎骨（84 尾标本）4+36-42。

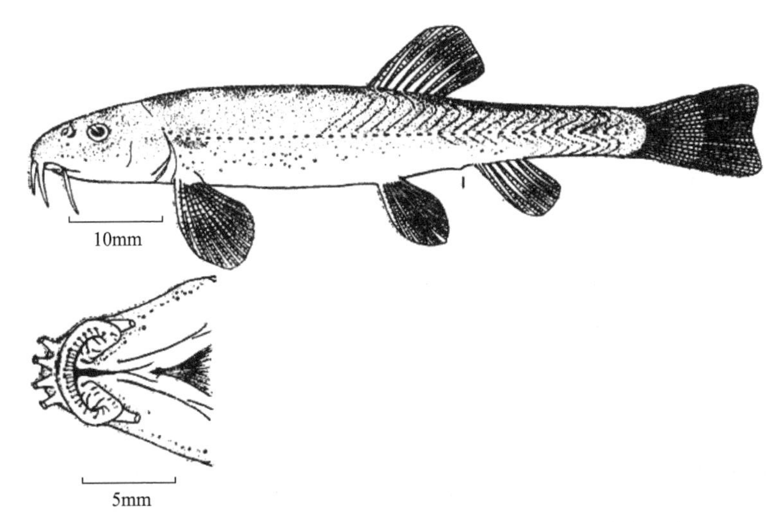

图 128　短尾高原鳅 *Triplophysa brevicauda* (Herzenstein)（仿朱松泉，1989）

体长为体高的 5.1-9.8 倍，为头长的 4.0-5.8 倍，为尾柄长的 3.7-6.0 倍。头长为吻长

的 2.0-3.0 倍，为眼径的 4.6-8.0 倍，为眼间距的 2.8-4.9 倍。眼间距为眼径的 1.1-2.0 倍。尾柄长为尾柄高的 2.0-4.4 倍。

身体延长，前躯近圆筒形，后躯侧扁，尾柄较高，其高度向尾鳍基部方向几乎不变，尾柄起点处的宽小于尾柄高。头稍平扁，头宽大于头高。吻长通常等于或稍长于眼后头长，也有短于眼后头长的。口下位。唇较厚，唇面有浅皱褶，有的皱褶较多。下颌匙状。须中等长，外吻须后伸达鼻孔和眼中心之间的下方，口角须后伸达眼中心和眼后缘之间的下方，少数可稍超过眼后缘。无鳞，侧线完全。

背鳍基部起点至吻端的距离为体长的 47%-56%。胸鳍长为胸、腹鳍基部起点之间距离的 1/2-3/5。腹鳍基部起点相对于背鳍的基部起点或第 1、2 根分支鳍条基部，少数相对于背鳍基部起点稍前，末端不伸达（大个体）或伸达肛门，有的可到达臀鳍基部起点（小个体）。尾鳍后缘浅凹入。

体色（甲醛溶液浸存标本）：基色浅黄色，背、侧部浅褐色。背部在背鳍前后各有 3-5 块较宽的褐色斑或鞍形斑，体侧多不规则的褐色斑块或斑点。背、尾鳍多褐色小斑点。

鳔的后室退化，仅残留 1 很小的膜质室。肠短，自“U”形胃发出向后，在胃的后方折向前，至胃的中段和前端之间再后折通肛门，绕折成“Z”形。

分布：青藏高原及其毗连的新疆、甘肃和四川西部等地。栖息于流水水体。

(93) 贝氏高原鳅 *Triplophysa bleekeri* (Sauvage *et* Dabry de Thiersant, 1874)（图 129）

Nemachilus bleekeri Sauvage *et* Dabry de Thiersant, 1874, Ann. Sci. nat. Paris, Zool., (6) 1 (5): 15.

Barbatule (*Barbatula*) *bleekeri*: Nichols, 1943, Nat. Hist. Central Asia, 9: 215.

Nemachilus xingshanensis Yang *et* Xie, 1983, Acta Zootax. Sin., 8(3): 314.

Triplophysa bleekeri: Institute of Zoology, Shaanxi Province *et al*., 1987, Fishes of Qinling Mountain Region: 23; Zhu, 1989, The Loaches of the Subfamily Nemacheilinae in China (Cypriniformes: Cobitidae): 108; Ding, 1994, The Fishes of Sichuan, China: 81; Ding *et al*., 1996, Sichuan J. Zool., 15(1): 10-14.

以下描述依照陕西南部太白县红岩河（汉江水系）标本（共 8 尾）。

鉴别特征：①体表光滑无鳞，侧线完全。②背鳍起点多靠前于或相对于腹鳍起点，距吻端大于距尾鳍基的距离。③头短小，为体长的 1/5-1/4，眼径相对较大，为头长的 1/6-1/5。④尾柄侧扁，前后高度几乎一致，尾柄高等于或略大于体高的 1/2。⑤尾鳍叉形，最短分支鳍条为最长分支鳍条长度的 2/3-4/5。⑥鳔后室退化，肠仅绕成 1 个环，呈“Z”形。

体粗短，体表略光滑，无鳞。背鳍前躯圆筒形或近圆筒形，略侧扁，背部微微弓形，最大体高位于胸腹部正中略偏前处，体高等于或略大于最大体宽；腹部圆滚，通常较平坦。背鳍后躯逐渐侧扁，背鳍起点处的身体高度明显小于体高；背鳍基部略向腹部方向倾斜，该基部末端处的身体高度略大于臀鳍起点处的高度，约为体高的 3/4；背鳍基部末端后的体背部平直。臀鳍基部向背部倾斜，臀鳍外缘平截。尾柄前后的高度几乎一致，约为体高的一半，尾柄起点处的高大于该处的宽，横切面呈椭圆形，尾柄长略小于头长。

尾鳍基部不具皮质棱。肛臀距多小于眼径。侧线完全，起于鳃盖上缘开口处，沿体侧正中线略偏背方向平直延伸至背鳍起点下方，再沿体侧正中线向尾鳍基部平直延伸。

头小，头高相对较高，略小于头宽，头顶微微隆起，头顶背面观呈三角形。雄性眼下刺突区形成 2 扇较窄的月牙形隆起，扇间狭沟明显；雌性眼下两颊较光滑。吻尖略显圆钝，口角至吻端处的吻部与头腹面平行或略上翘，吻长与眼后头长几乎相等。前后鼻孔紧靠，前鼻孔延长呈短喇叭状，后鼻孔开阔并包围住前鼻孔；后鼻孔更靠近眼眶前缘且其间宽度约为 1/2 眼径。眼大呈椭圆形，靠近头顶，眼径大于 1/2 眼间距。鳃盖侧线管位于眼眶后缘近 1 倍眼径处，向下逐渐延伸至口角。

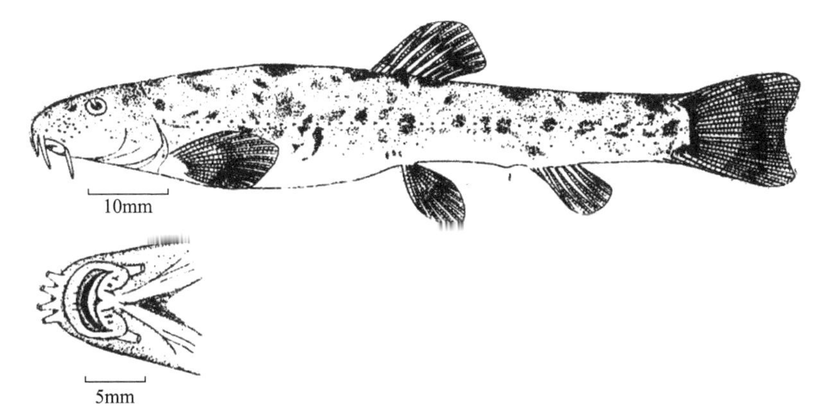

图 129　贝氏高原鳅 *Triplophysa bleekeri* (Sauvage *et* Dabry de Thiersant)（仿朱松泉，1989）

口裂弧形（很少呈马蹄形），唇不厚，唇面光滑或具浅皱褶。上唇中央无缺刻，唇缘无乳突。下唇面正中央具 1“V”形或“H”形缺刻，缺刻两边各为 1 短条形薄肉瓣，缺刻后具 1 浅中央纵沟或纵沟不明显，下唇面呈片状。上下颌边缘微角质化，略锐利，下颌匙状，微微露出唇外或不露出。须 3 对，中等长；内吻须后伸不达口角，外吻须接近或达到前鼻孔，或平直后伸达鼻孔前缘垂下方；口角须后伸不及眼下缘或平直后伸达眼眶前缘垂下方。

鳍条较软。胸鳍 i-10-11；背鳍 iii-7-8；腹鳍 i-6-7；臀鳍 ii-5。雄性胸鳍增宽变圆，背面第 1-5 分支鳍条具 1 增厚的隆起刺突层，雌性胸鳍略尖，末端后伸超过胸腹鳍之间的中点。背鳍位于身体中后部，起点距吻端大于距尾鳍基的距离，背鳍基部末端远靠前肛门，背鳍外缘平截，其最长鳍条末端与肛门相对或略靠前。腹鳍起点相对或略靠后背鳍起点，末端接近或略超过肛门。臀鳍外缘平截，起点距腹鳍腋部较距尾鳍基部更近，末端超过尾柄中点。尾鳍外缘叉形，下叶稍长，最短分支鳍条为最长分支鳍条的 2/3-4/5。

鳔前室埋于骨质囊中，分左右 2 侧室，其间由 1 骨质柄连接；鳔后室退化，无游离鳔囊。肠自“U”形胃发出后绕成 1 个环，呈“Z”形，或在胃底端约 1 倍胃长处绕成 1 环，后延伸到胃顶部再回折按原来的路线向下直达肛门。

体色：浸制标本背部和体侧为浅褐色，腹部黄色。背鳍前后各骑跨 3-5 列黑褐色横斑，侧线以上的体侧面具褐色小斑点或斑块，侧线以下无斑。背鳍和尾鳍常具 3、4 列黑褐色点状条纹。

体型小，经济价值不大。喜生活于流水水体，以水生昆虫和植物碎屑为食，偶尔也刮食固着藻类。6、7 月繁殖，70mm 左右的雌性个体卵巢发育已达 IV 期，卵径小于 0.5mm。

分布：陕西南部的汉江水系（陕西太白褒河、凤县、丹凤）和嘉陵江水系（陕西凤县、太白）。四川主要分布于嘉陵江上游（四川平武县）和岷江水系的干支流（青衣江、大渡河及岷江）。《秦岭鱼类志》和《陕西鱼类志》提到贝氏高原鳅还分布于陕西山阳、河南西峡和栾川（汉江水系），但其对于贝氏高原鳅的描述与模式标本及其他水系样本是相近或一致的。陕西略阳县及甘肃礼县、徽县、西和县、成县、康县、武都区（嘉陵江水系）等地，由于缺乏标本，无法进行详细的比较研究。

(94) 南盘江高原鳅 *Triplophysa nanpanjiangensis* (Zhu *et* Cao, 1988)（图 130）

Oreias dabryi nanpanjiangensis Zhu *et* Cao, 1988, Acta Zootax. Sin., 13(1): 98-99.
Triplophysa nanpanjiangensis: Chu *et al.*, 1990, The Fishes of Yunnan, China (Part II): 57.

测量标本 11 尾，采自曲靖市沾益区海家哨；全长 69.3-106.0mm，体长 58.3-87.5mm。背鳍 iii-7；臀鳍 iii-5；胸鳍 i-9-10；腹鳍 i-6-7；尾鳍分支鳍条 16。第 1 鳃弓内侧鳃耙 8-12。

体长为体高的 5.5-6.5 倍，为头长的 4.2-4.5 倍，为尾柄长的 5.1-6.1 倍，为尾柄高的 10.3-11.8 倍，为前背长的 2.0-2.1 倍。头长为吻长的 2.1-2.2 倍，为眼径的 6.9-8.8 倍，为眼间距的 3.0-3.5 倍，为头高的 1.8-1.9 倍，为头宽的 1.5-1.8 倍，为口裂宽的 3.4-4.5 倍，为鳃峡宽的 2.5-3.3 倍。尾柄长为尾柄高的 1.7-2.3 倍。尾鳍最长鳍条为最短鳍条的 1.3-1.4 倍。

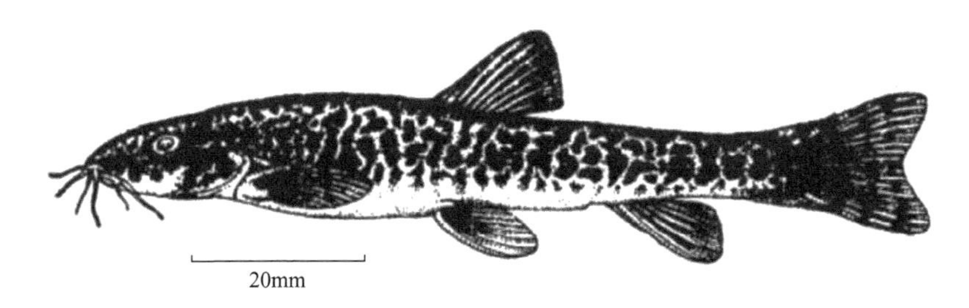

图 130 南盘江高原鳅 *Triplophysa nanpanjiangensis* (Zhu *et* Cao)（仿褚新洛等，1990）

体延长，前段近圆筒形，后段略侧扁。背缘自吻端至背鳍起点逐渐隆起，往后逐渐下降。头较小，锥形。吻略尖，吻长等于或稍大于眼后头长。鼻孔接近眼前缘而远离吻端；前后鼻孔靠近，前鼻孔位于鼻瓣中，鼻瓣后缘略延长，末端稍伸过后鼻孔后缘。眼小，位于头背侧，腹视不可见。眼间隔宽且平。口下位，口裂呈弧形。上下唇厚，上唇无明显皱褶，下唇皱褶明显。上唇中央无缺刻，下唇中央有 1 缺刻，上颌呈弧形，无齿状突起。下颌匙状，边缘不锐利。须 3 对，较长。内吻须后伸达前鼻孔的垂直下方，外吻须伸达或接近眼前缘的垂直下方，口角须伸达眼后缘的垂直下方。鳃孔伸达胸鳍基腹侧。

背鳍起点距吻端小于或约等于距尾鳍基，末根不分支鳍条略短于第 1 根分支鳍条，平卧时鳍条末端不达肛门的垂直线。臀鳍起点距腹鳍起点等于或略小于距尾鳍基，鳍条末端远不达尾鳍基。胸鳍略尖，其长占胸、腹鳍间距的61%-67%。腹鳍起点与背鳍起点相对，距胸鳍起点等于距臀鳍第1-3根分支鳍条的距离，末端远不达肛门，肛门位于臀鳍起点之前，距臀鳍起点占臀鳍起点至腹鳍基后端间距的21%-23%。尾鳍明显凹入，末端略尖。

全身裸露无鳞。侧线完全，沿体侧中轴伸达尾鳍基。肠在胃后呈“Z”形弯曲。鳔前室包于骨质鳔囊中，鳔后室退化。

雄鱼吻部两侧有1隆起区，其上有较稀疏的小刺突。胸鳍外侧3、4根分支鳍条的背面布满小刺突。

体色：浸制标本黄色。头和体背面及侧面具众多不规则褐色云状斑或小斑点。背鳍具2、3条斑纹，尾鳍具3、4条斑纹，胸鳍背面常具短条状斑，其余各鳍无斑纹。

分布：南盘江水系。

(95) 修长高原鳅 *Triplophysa leptosoma* (Herzenstein, 1888)（图131）

Nemachilus stoliczkae leptosoma Herzenstein, 1888, Zool. Theil., 3(2): 23.

Nemachilus stoliczkae productus Herzenstein, 1888, Zool. Theil., 3(2): 23.

Nemachilus stoliczkae crassicauda Herzenstein, 1888, Zool. Theil., 3(2): 23.

Nemachilus stoliczkae: Zhu *et* Wu, 1975, Study on fish fauna of Qinghai Lake region-fish fauna and biology of Qinghai Lake region: 17.

Triplophysa leptosoma: Zhu, 1989, The Loaches of the Subfamily Nemacheilinae in China (Cypriniformes: Cobitidae): 110.

以下描述依照青海柴达木河、格尔木河样本（共8尾）及Prokofiev（2007）的重新描述。

鉴别特征：①体修长，头宽自眼眶前缘向吻端急剧变小，其宽度明显小于最大头宽，且头相对较长。②背鳍起点位于体长中点偏前，靠近吻端，背鳍外缘平截或微凹。③腹鳍起点靠后背鳍起点，末端超过肛门或伸及臀鳍起点。④尾鳍外缘凹形，上下叶等长。⑤尾柄侧扁，前后的高度相等或起点略高。⑥鳔后室退化，肠呈“Z”形。

体延长，体表光滑，无鳞。背鳍前躯圆筒形，略侧扁，背部微微隆起。胸鳍基部处的身体高度最大，等于或略大于最大体宽。背鳍后躯逐渐侧扁，背鳍起点至尾鳍基部逐渐向腹面平斜，腹面平坦，背鳍基部末端的身体高度大于尾柄高，约为其1.5倍。尾柄高向后逐渐变小，尾柄长略大于头长；尾柄后段具浅皮质棱。肛门和臀鳍起点之间距离等于或略小于眼径。侧线完全，起于鳃盖上缘开口处，向后沿体侧正中线平直延伸至尾鳍基部；侧线孔明显。

头部较长，略平扁，头宽略大于头高；头背面观呈三角形，头顶至吻端平坦不隆起。雄性眼下刺突区明显，分上下2叶，下叶末端不超过眼眶后缘垂下方。头宽自眼眶前缘处向吻端急剧减小。吻尖，吻长小于眼后头长。前后鼻孔紧靠，与吻端相比其更靠近眼眶前缘；前鼻孔延长呈喇叭状，后鼻孔与眼眶前缘相距约1/3眼径。眼圆，中等大，靠近头顶；眼径略小于眼间距，为眼间距的 2/3-3/4。鳃盖侧线管位于眼眶后缘约 1 倍眼径处，向下逐渐延伸至口角。

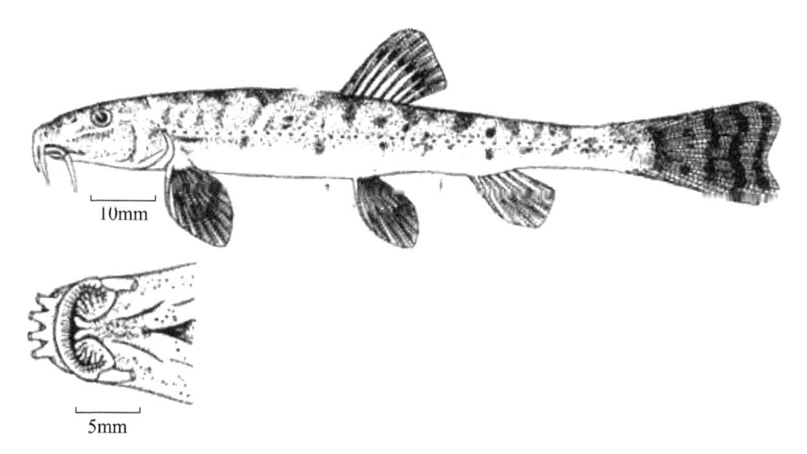

图 131 修长高原鳅 *Triplophysa leptosoma* (Herzenstein)（仿朱松泉，1989）

口裂马蹄形。唇略厚，肉质，口角位置相对于鼻孔正下方。上唇面深皱褶，很少呈流苏状，唇缘无乳突，中央无缺刻。下唇面正中央具 1“V”形缺刻，缺刻两边各具 1 长条形肉瓣，沿头腹面正中央延伸至两鳃盖下缘在头腹面的闭合处，肉瓣间为 1 深中央纵沟；下唇面具规则的 4、5 列皱褶，个别水系样本下唇面具乳突；口角至下唇面缺刻处的夹角 30°-40°。上下颌边缘锐利，上颌中央无缺刻，下颌匙状，一般不露出唇外。须 3 对，内吻须后伸接近口角；外吻须伸及后鼻孔或平直后伸达眼眶前缘垂下方；口角须末端伸及眼眶后缘或平直后伸略超过眼眶后缘垂下方。

鳍条软。胸鳍 i-10-11；背鳍 iii-7；腹鳍 i-7；臀鳍 ii-5；尾鳍分支条 14-15。雄性胸鳍增宽变圆，其背面第 1-5 分支鳍条中部布满刺突，雌性胸鳍末端尖，后伸接近或达到胸、腹鳍之间的中点。背鳍起点位于标准体长的中点偏前，靠近吻端；背鳍基部末端相对或略靠前肛门，背鳍外缘平截，背鳍条末端相对位置与臀鳍起点相对。腹鳍起点靠后于背鳍起点，约与背鳍第 2 分支条相对；腹鳍末端略尖，后伸超过肛门或达到臀鳍起点。臀鳍外缘平截，下缘拐角处弧形；臀鳍起点至腹鳍腋部的距离远小于至尾鳍基部的距离，末端后伸不及尾柄中点。尾鳍外缘凹形，上下叶等长，最短分支条长为最长分支条的 5/6。

鳔前室埋于骨质囊中，分左右 2 侧室，其间由 1 连接柄相连；后室退化，仅残留 1 很小的膜质室。肠道简单，自“U”形胃发出后在胃底部 2/3 胃长处回折至胃近顶部处，再回折直达肛门，绕成 1 个环，呈“Z”形。

体色：浸制标本，身体基色黄褐色。背部及侧线上方具不规则的云斑状斑块，背鳍前后少有或无横斑骑跨，背部颜色相对体侧和腹部更深。各鳍不透明，鳍上具少许斑点。

体型小，渔业价值不大。据朱松泉（1989）报道，1966 年 3 月 22 日采自柴达木盆地格尔木河的一批样本，其性腺均已成熟，当时河道的冰尚未完全融化，表明本种是在河道一解冻即开始繁殖。主要以水生昆虫幼虫为食物。

分布：青海奈金河、格尔木沱沱河、海西大柴旦行政区柴旦湖、格尔木市格尔木河、都兰县诺木洪努尔河、青海湖、共和县倒淌河、柴达木河。西藏左贡县玉曲（怒江水系）。四川主要分布于甘孜州雅砻江中上游高海拔地区，包括甘孜州石渠县、德格县、甘孜县、新龙县、雅江县的雅砻江干流和支流，甘孜州炉霍县、道孚县的鲜水河干流和支流。

(96) 蛇形高原鳅 *Triplophysa longianguis* Wu *et* Wu, 1984（图 132）

Triplophysa longianguis Wu *et* Wu, 1984, Acta Zootax. Sin., 9(3): 326; Zhu, 1989, The Loaches of the Subfamily Nemacheilinae in China (Cypriniformes: Cobitidae): 111.

别名：长蛇高原鳅（武云飞和吴翠珍：《青海省逊木措的鱼类及高原鳅属一新种的描记》）。

以下描述依武云飞和吴翠珍（1984）和作者对模式标本的测量记录整理。

测量标本 4 尾；体长 164-185mm；采自青海。

背鳍 iv-7；臀鳍 iii-5；胸鳍 i-11-12；腹鳍 i-7-9；尾鳍分支鳍条 16。第 1 鳃弓内侧鳃耙 10-12。脊椎骨 4+42。

体长为体高的 8.6-9.9 倍，为头长的 5.1-5.8 倍，为尾柄长的 3.3-3.5 倍。头长为吻长的 2.1-2.2 倍，为眼径的 5.5-6.8 倍。眼间距为眼径的 1.0-1.3 倍。尾柄长为尾柄高的 4.8-6.1 倍。

身体延长，前躯近圆筒形，后躯稍低而宽。尾柄起点处的宽稍小于该处的高而等于或稍大于尾柄高，但尾柄高度向尾鳍方向几乎不减。吻长稍大于眼后头长。口下位，深弧形。唇面光滑或有浅皱褶。下颌匙状，一般不露出。须短，外吻须和口角须分别后伸达前鼻孔和眼前缘的下方。无鳞，皮肤光滑。侧线完全。

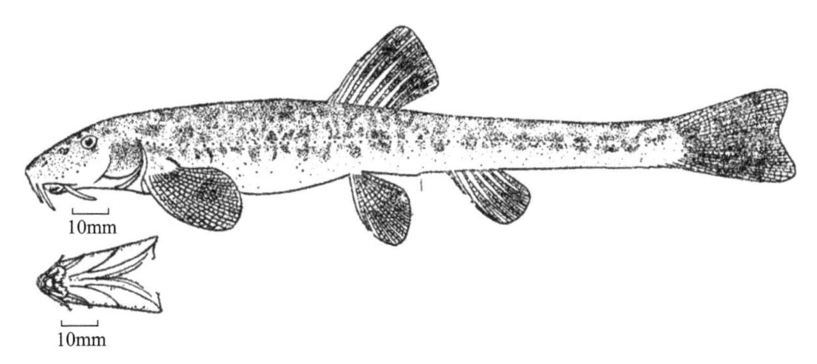

图 132　蛇形高原鳅 *Triplophysa longianguis* Wu *et* Wu（仿朱松泉，1989）

背鳍背缘平截，背鳍基部起点约在体长中点稍前，其至吻端的距离为体长的 44%-47%，最后一根不分支鳍条近基部处有一定硬度，但不粗壮。胸鳍长为胸、腹鳍基部起点之间距离的 0.5-0.6 倍。腹鳍基部起点与背鳍的第 1 或第 2 根分支鳍条基部相对，末端伸达或超过肛门。尾鳍后缘稍凹入。

体色（甲醛溶液浸存标本）：基色浅棕色，腹部灰白色。背部在背鳍前后各有 6-9 个深褐色的鞍形斑或横斑，斑点宽于两斑之间的间隔。体侧有很多不规则的斑条和斑点。

头和背、尾鳍均有细小的褐色斑点。

鳔的后室退化，仅残留 1 很小的膜质室。肠自“U”形的胃发出向后，在胃的后方折向前，至胃的末端处再后折通肛门。体长为肠长的 1.2-1.5 倍。

分布：青海久治，黄河水系。

(97) 唐古拉高原鳅 *Triplophysa tanggulaensis* (Zhu, 1982)（图 133）

Nemachilus tanggulaensis Zhu, 1982, Acta Zootax. Sin., 7(2): 223.

Triplophysa tanggulaensis: Zhu, 1989, The Loaches of the Subfamily Nemacheilinae in China (Cypriniformes: Cobitidae): 112.

别名：唐古拉条鳅（朱松泉：《青海省条鳅属鱼类一新种》）。

测量标本 25 尾；体长 57-73mm；采自青海唐古拉山口以北温泉附近一温泉流出的溪流中，海拔 4800m，1975 年 6 月 16 日采集标本处的水温 17℃。

背鳍 iii-7-8（个别是 8）；臀鳍 ii-5；胸鳍 i-10-11；腹鳍 i-7-9；尾鳍分支鳍条 12-15。第 1 鳃弓内侧鳃耙 10-13。脊椎骨（10 尾标本）4+37-38。

体长为体高的 5.0-6.7 倍，为头长的 4.1-4.5 倍，为尾柄长的 4.4-5.3 倍。头长为吻长的 2.2-2.5 倍，为眼径的 5.3-7.3 倍，为眼间距的 3.6-4.8 倍。眼间距为眼径的 1.4-2.0 倍。尾柄长为尾柄高的 2.4-3.5 倍。

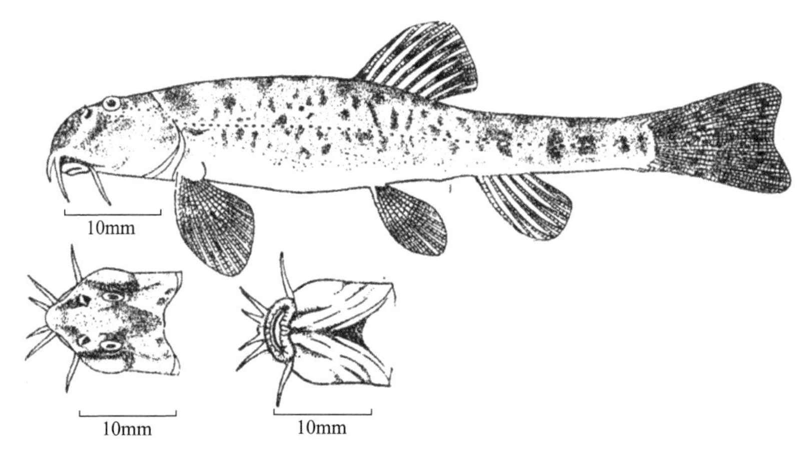

图 133　唐古拉高原鳅 *Triplophysa tanggulaensis* (Zhu)（仿朱松泉，1989）

身体稍延长，后背部隆起，腹部平直，前躯近圆筒形，后躯侧扁。头部稍平扁，头宽大于头高。吻部在鼻孔之前明显向下倾斜，吻端较尖，颊部稍膨出。口下位，唇狭而薄，唇面有皱褶。上下颌露出于唇外，下颌前缘深弧形，铲状，边缘锐利。须中等长，外吻须后伸达鼻孔之下，口角须伸达眼球中心至眼后缘之间的下方。无鳞，皮肤光滑。侧线完全。

背鳍背缘平截，背鳍基部起点至吻端的距离为体长的 47%-55%。胸鳍长约为胸、腹鳍基部起点之间距离的 2/3，腹鳍基部起点与背鳍的第 1 或第 2 根分支鳍条基部相对，末端伸达臀鳍起点。尾鳍后缘稍凹入。

体色（甲醛溶液浸存标本）：基色浅黄色或浅褐色。背部在背鳍前后各有 4 或 5 个深褐色大斑或鞍形斑，体侧有不规则的深褐色斑点和条。背、尾鳍多褐色小斑点。

鳔的后室退化，仅残留 1 很小的膜质室。肠与胃的连接处有 1 游离的盲突，肠较长，自“U”形的胃发出向后，在胃的后方绕折成 3、4 个环，腹面观呈螺纹形。体长是肠长的 0.9-1.1 倍。

1975 年 6 月 16 日，唐古拉地区还是天寒地冻，静水区仍封着冰盖，河流的流水河段结着岸冰，而我们采集标本的地区是在一温泉流出的小溪流中，水温 17℃，水深不足半米，河底石砾表面长满一层藻类群落。唐古拉高原鳅主要是刮食这些藻类植物（主要是硅藻类，其次是丝状藻类），并可以看到它刮食藻类的动作。本种吻部降低，颊部鼓出，口部下突及下颌铲状和肠管较长等的特征，都与取食这类着生藻类有关。温泉溪流常年不冻，6 月中旬采得的标本性腺已成熟。

分布：仅分布在青海唐古拉山口北坡温泉附近的温泉溪流中，海拔 4800m，是世界上分布最高的鱼类之一。

(98) 斯氏高原鳅 *Triplophysa stoliczkae* (Steindachner, 1866)（图 134）

Cobitis stoliczkae Steindachner, 1866, Verh. Zool. -bot. Gesell. Wien, 16: 793.

Nemachilus stoliczkae: Günther, 1868, Cat. Fish. British Mus., 7: 360; Day, 1877, Proc. Zool. Soc. London, (53): 795; Day, 1878a, Ichthyology, Calcutta, 4 (1878): 14; Day, 1878b, The Fishes of India, 1: 620; Herzenstein, 1888, Zool. Theil., 3(2): 12; Zugmayer, 1913, Munchen Abh. Ak. Wiss., 26 (1913) B14: 15; Annandale *et* Hora, 1920, Rec. Indian Mus., 18: 178; Hora, 1922, Rec. Indian Mus., 24(3): 78; Berg, 1933, Freshwater Fishes of The U.S.S.R. and Adjacent Countries, 2: 559; Fang, 1935, Sinensia, 6(6): 764; Hora, 1936, Mem. Conn. Acad. Arts Sci., 10: 306; Wu *et* Zhu, 1979, In: Qinghai Institute of Biology, Classification, Flora and Resources of Fishes in Ali, Tibet: 26.

Nemachilus zaidamensis Kessler, 1876, In: Przewalskii "Mongolia i Strana Tangutow", 2(4): 34.

Nemachilus dorsonotatus Kessler, 1879, Mel. Biol. Bull. Acad. Sci. St. Petersb., 10: 236; Herzenstein, 1888, Zool. Theil., 3(2): 30; Rendahl, 1933, Ark. Zool., 25 A(11): 38; Li, 1965, J. Zool., (5): 219; Wang *et al.*, 1974, Zool. Res., (1): 6; Zhu *et* Wu, 1975, Study on Fish Fauna of Qinghai Lake Region-fish Fauna and Biology of Qinghai Lake Region: 18; Institute of Zoology, Chinese Academy of Sciences *et al.*, 1979, Fishes of Xinjiang Province: 47; Wu *et* Chen, 1979, Acta Zootax. Sin., 4(3): 291.

Nemacheilus bertini Fang, 1941, Bull. Mus. Hist. nat. Paris, (2) 13 (4): 253.

Barbatula (*Barbatula*) *stoliczkae*: Nichols, 1943, Nat. Hist. Central Asia, 9: 217.

Nemachilus akhtari Vijayalakshmanan, 1950, Rec. Indian Mus., 47: 219.

Nemachilus (*Nemachilus*) *stoliczkae*: Berg, 1949, Freshwater Fishes of The U.S.S.R. and Adjacent Countries, 2: 862.

Noemacheilus zaziri Ahmad *et* Mirza, 1963, Pakistan J. Sci., 15(2): 76.

Triplophysa stoliczkae dorsonotatus: Institute of Zoology, Shaanxi Province *et al.*, 1987, Fishes of Qinling Mountain Region: 25; Zhu, 1989, The Loaches of the Subfamily Nemacheilinae in China (Cypriniformes: Cobitidae): 113.

以下描述依照西藏象泉河及四川石渠县扎曲样本（共 19 尾）。

鉴别特征：①体表光滑、无鳞，侧线完全。②背鳍前躯近圆筒形，背鳍后躯逐渐侧扁。③尾柄起点处近方形，尾柄长约等于头长，尾柄高向后逐渐降低。④头稍短，稍显平扁，头顶平坦，额部不隆起。⑤眼中等大，眼径小于眼间距，约占该处头高的 1/3。⑥吻长等于或略小于眼后头长。⑦口裂弧形，下颌边缘露出，唇稍厚，唇面深皱褶，唇面无乳突。⑧背鳍起点相对或靠前于腹鳍起点，距吻端大于距尾鳍基部，背鳍基部末端的相对位置靠前肛门，约与腹鳍腋部和臀鳍起点之间的中点相对。⑨尾鳍外缘微凹，两叶几乎等长。⑩鳔后室退化，肠绕折成 4-7 个螺旋。

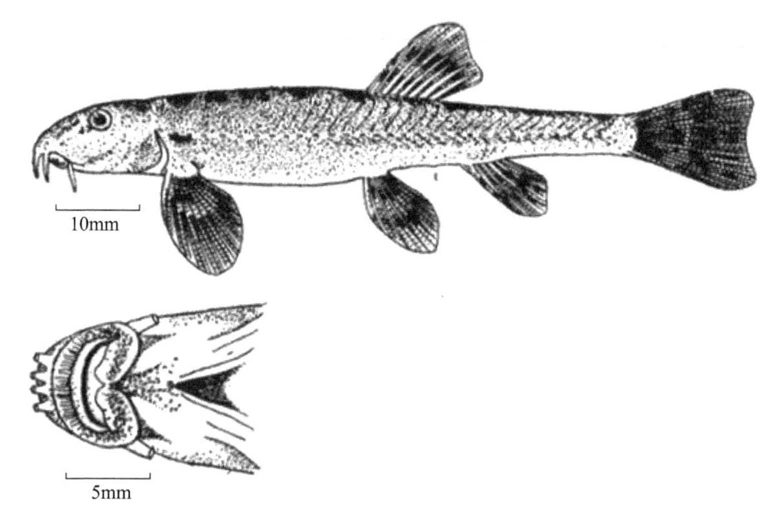

图 134　斯氏高原鳅 *Triplophysa stoliczkae* (Steindachner)（仿朱松泉，1989）

体表光滑，无鳞。背鳍前躯呈圆筒形或近圆筒形，背鳍后躯略显侧扁，背鳍前后的背部平坦，最大体高位于背鳍起点处。背鳍基部向腹部方向倾斜，该基部末端处的身体高度明显大于臀鳍起点处的高度，约为体高的 4/5；背鳍基部末端后的体背部平直或略倾斜，臀鳍基部平直向背部方向倾斜。尾柄的高度向后逐渐降低，起点处的高等于或略大于该处的宽，横切面略呈方形，约为体高的 1/2 且明显大于其基部处的高。尾鳍基部不具皮质棱。肛臀距等于或略小于眼径。侧线完全，起于鳃盖上缘开口处，沿体侧正中线略偏背方向平直延伸至背鳍起点下方，再沿体侧正中线向尾鳍基部平直延伸。

头稍短而平扁，头高小于头宽。头顶平坦，背面观略呈三角形。雄性两颊第二性征呈长条形或三角形，或具刺突，或仅为肉垫状隆起。吻端略尖，吻长小于眼后头长。前后鼻孔紧靠，前鼻孔前缘位于吻端和眼眶前缘之间的中点或略靠近眼眶前缘；前鼻孔延长呈开阔的短喇叭状，后鼻孔开阔且其开口面几乎等于前者。眼大，近圆形，靠近头顶，眼径约等于 1/2 眼间距。鳃盖侧线管不明显，位于眼眶后缘约 1 倍眼径处，向下逐渐延伸至口角。

口裂呈弧形，唇稍厚。上唇中央无缺刻，唇面光滑或具浅皱褶；下唇面正中央具 1“V”形缺刻，缺刻两边各为 1 薄的长形肉瓣，缺刻后中央纵沟浅或不明显；下唇不发达，唇面光滑或具浅皱褶。上下颌边缘锐利，上颌弧形，下颌自然露出唇外。须3对，中等长；内吻须后伸近口角，外吻须后伸接近眼眶前缘垂下方，口角须平直后伸达到或超过眼眶后缘垂下方。

鳍条较软。胸鳍 i-9-11；背鳍 iii-8；腹鳍 i-6-7；臀鳍 iii-5。雄性胸鳍增宽变圆，背面第6或第7分支鳍条具1增厚的隆起刺突层，雌性胸鳍较尖，末端后伸接近胸、腹鳍之间的中点。背鳍起点位于标准体长的中后部，略靠前于腹鳍起点，距吻端大于距尾鳍基的距离；背鳍基末端靠前于肛门，约与肛门前1或2倍眼径处相对；背鳍外缘平截，鳍条末端约与臀鳍起点相对。腹鳍外缘略宽，末端后伸接近臀鳍起点。臀鳍外缘平截，起点至腹鳍腋部的距离远小于至尾鳍基部的距离，末端不及尾柄中点。尾鳍后缘微凹，上下叶等长。

鳔前室埋于骨质囊中，分左右2侧室，其间由1骨质连接柄相连；鳔后室退化。胃略大，呈“U”形；肠自胃发出后绕折呈4-7个螺旋。

体色：活体基色多为灰褐色，腹部白色，体背及体侧布满黑色不规则斑块，一些个体背鳍前后各具3-5个横斑，浸制标本随时间延长，全身逐渐变为黄褐色，体斑不明显。

喜生活于高海拔缓流水体及其邻近的湖泊中，以刮食固着藻类为食，兼食水生昆虫及其他底栖无脊椎动物，白天喜钻入沙砾中潜伏不动，傍晚至次日清晨活动旺盛。喜集群，6-8月繁殖（海拔4000m），卵径0.7mm SL左右，黏性。

分布：广泛分布于青藏高原及其邻近地区的各大水系及其支流和湖泊，分布海拔多在2500m以上。四川主要分布于甘孜、阿坝的高海拔地区，包括雅砻江和黄河的上游及其邻近的湖泊中，如甘孜理塘县、石渠县、德格县、甘孜县、炉霍县（雅砻江水系），阿坝红原县、若尔盖县等（黄河、黑河、白河）。

(99) 理县高原鳅 *Triplophysa lixianensis* He, Song *et* Zhang, 2008（图135）

Triplophysa lixianensis He, Song *et* Zhang, 2008, Zootaxa, 1739: 41-52.

以下描述依照模式标本（共13尾）。

鉴别特征：①体表光滑，无鳞。②前后躯圆筒形，尾柄细圆，尾柄长大于头长。③头平扁，吻略尖。④眼小，近头顶，吻长小于眼后头长。⑤下颌自然露出。⑥背鳍起点位于体长中点偏后，靠后腹鳍起点。⑦尾鳍深凹或略叉形。⑧鳔后室退化，肠道“Z”形。

体修长，无鳞。体表光滑。背鳍前后躯均呈圆筒形，背鳍前后的背部平坦，最大体高位于胸、腹鳍之间中部，体高约等于体宽。背鳍基部向腹部方向倾斜，该基部末端处的身体高度明显大于臀鳍起点处的高度，向后身体逐渐变得细长。尾柄细圆，起点处的横切面圆形，尾柄高向后逐渐降低，尾柄长大于头长。尾鳍基部不具皮质棱。肛臀距约等于眼径。侧线完全，起于鳃盖上缘开口处，沿体侧正中线略偏背方向平直延伸至臀鳍起点上方，再沿体侧正中线向尾鳍基部平直延伸。

头部平扁，头高明显小于头宽。头顶平坦，其背面观略呈正三角形。雄性眼下刺突区上叶为长条形肉瓣状隆起，位于眼眶前缘和外吻须基部之间，向上不扩散到鼻孔；下叶为弥散状分布于鳃盖前缘至口角须基部的两颊区域内；上下两叶间的狭沟（眶下侧线管）明显；雌性眼下两颊较光滑。吻尖形，吻长小于眼后头长。前后鼻孔紧靠，前鼻孔前缘位于吻端和眼眶前缘之间的中点或略近眼眶前缘；前鼻孔延长呈开阔的短喇叭状，后鼻孔开阔且其开口面几乎等于前者。眼小略圆形，十分靠近头顶，眼径约小于眼间距。鳃盖侧线管不明显，位于眼眶后缘约 1 倍眼径处，向下逐渐延伸至口角。

口裂呈宽弧形，唇厚。上唇中央无缺刻，唇面深皱褶，唇缘无乳突；下唇面正中央具 1“V”形缺刻，缺刻后中央纵沟浅或不明显；下唇发达，唇面皱褶，无乳突。上下颌边缘内质，不锐利，上颌宽弧形，下颌匙状且自然露出唇外。须 3 对，略长；内吻须后伸仅及口角；外吻须平直后伸接近或达到鼻孔，很少及眼眶前缘垂下方；口角须平直后伸达到或超过眼眶后缘垂下方。

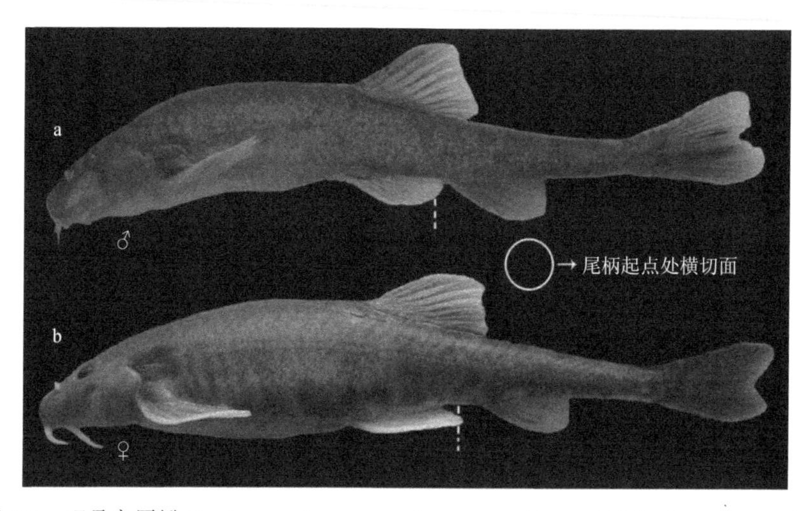

图 135　理县高原鳅 *Triplophysa lixianensis* He, Song *et* Zhang（引自 He *et al.*，2008）
a. SCUM 20070717008（正模标本），142.3mm SL；b. IHB 20060715003（副模标本），116.8mm SL

鳍条软。胸鳍 i-9-10；背鳍 iii-7-8；腹鳍 i-7；臀鳍 ii-5。雄性胸鳍增宽变圆，背面第 5 或第 6 分支鳍条具 1 增厚的隆起刺突层，雌性胸鳍较尖，末端后伸达到或超过胸腹鳍之间的中点。背鳍起点位于标准体长的中后部，靠后于腹鳍起点，距吻端大于距尾鳍基的距离；背鳍基末端相对或略靠前肛门；背鳍外缘微微内凹，鳍条末端平直后伸达到或超过臀鳍起点正上方。腹鳍外缘略宽，起点约位于吻端和尾鳍起点之间的中点，末端平直后伸超过肛门而接近或达到臀鳍起点。臀鳍外缘平截，起点至腹鳍腋部的距离远小于至尾鳍基部的距离，末端平直后伸不及尾柄中点。尾鳍后缘深凹或略显叉形，两叶等长或上叶略长，最短分支鳍条约为最长分支鳍条长度的 3/4。

鳔前室埋于骨质囊中，分左右 2 近圆形侧室，其间由 1 短骨质连接柄相连；鳔后室退化。胃略大，呈“U”形；肠自胃发出后在胃底端 1 倍胃长处回折至胃中部，再回折直达肛门，肠呈“Z”形。

体色：活体基色灰褐色，腹部白色，部分个体（主要是雌性）体侧和背部均无横斑，部分个体仅背鳍后躯具 3-5 列规则横斑；胸鳍、腹鳍和臀鳍透明，无斑点，背鳍和尾鳍仅前半部具少量斑点，透明。10%福尔马林固定一周后，各鳍条透明度降低，体色无变化；换用 5%-6%福尔马林保存半年后，腹部开始逐渐变黄，各鳍条不透明；换用 70%-75%酒精保存一年（2007 年 3 月-2008 年 3 月）后，各鳍条不透明，体色仍无变化。

分布：目前仅知分布于四川阿坝理县杂谷脑河（米亚罗至薛城河段），属岷江一级支流。

(100) 窄尾高原鳅 *Triplophysa tenuicauda* (Steindachner, 1866)（图 136）

Cobitis tenuicauda Steindachner, 1866, Verh. Zool. -bot. Gesell, Wien, 16: 784.

Nemachilus tenuicauda: Günther, 1868, Cat. Fish. British Mus., 7: 357; Hora, 1922, Rec. Indian Mus., 24(3): 79; Hora, 1936, Mem. Conn. Acad. Arts Sci., 10: 311; Hora *et* Mukerji, 1935, Wiss. Ergeb. Niederl. Exped. Karakorum, 1: 430; Wu *et* Zhu, 1979, In: Qinghai Institute of Biology, Classification, Flora and Resources of Fishes in Ali, Tibet: 28.

Nemaclzilus stoliczkae: Day, 1876, Proc. Zool. Soc. London, (53): 395; Day, 1878a, Ichthyology, Calcutta, 4(1878): 14; Day, 1878b, The Fishes of India, 1: 620; Berg, 1933, Freshwater Fishes of The U.S.S.R. and Adjacent Countries, 2: 559.

Nemachilus stoliczkae tenuicauda: Herzenstein, 1888, Zool. Theil., 3(2): 22.

Nemachilus (*Nemachilus*) *stoliczkae*: Berg, 1949, Freshwater Fishes of The U.S.S.R. and Adjacent Countries, 2: 862.

Triplophysa tenuicauda: Zhu, 1989, The Loaches of the Subfamily Nemacheilinae in China (Cypriniformes: Cobitidae): 119.

测量标本 38 尾；体长 45-87mm；采自西藏阿里地区的狮泉河。

背鳍 iii-7-9（85%的标本为 8）；臀鳍 iii-5；胸鳍 i-10-11；腹鳍 i-7-8；尾鳍分支鳍条 15-16。第 1 鳃弓内侧鳃耙 11-15。脊椎骨（12 尾标本）4+34-38。

体长为体高的 5.5-7.7 倍，为头长的 3.8-4.5 倍，为尾柄长的 4.0-5.2 倍。头长为吻长的 2.2-3.1 倍，为眼径的 4.3-6.1 倍，为眼间距的 3.0-4.4 倍。眼间距为眼径的 1.0-1.5 倍。尾柄长为尾柄高的 3.5-5.2 倍。

身体延长，前躯近圆筒形。尾柄低，其高度自起点向尾鳍方向渐降低，尾柄起点处的宽大于尾柄高，近尾鳍基部处才侧扁。头锥形，稍平扁，头宽大于头高。吻长约与眼后头长相等。口下位。唇厚，上唇缘有不明显的乳头状突起，呈流苏状，下唇面有乳头状突起和浅皱褶。下颌匙状，不露出。须中等长，外吻须伸达后鼻孔之下，口角须伸达眼中心和眼后缘之间的下方。无鳞，皮肤常有不明显的粒状突起。侧线完全。

背鳍背缘平截，背鳍基部起点至吻端的距离为体长的 50%-60%。胸鳍长约为胸、腹鳍基部起点之间距离的 3/5。腹鳍基部起点与背鳍基部起点或与第 1、2 根分支鳍条基部相对，末端伸达臀鳍起点。尾鳍后缘凹入，两叶等长或上叶稍长。

体色（甲醛溶液浸存标本）：基色浅黄色。背部在背鳍前后各有 4 或 5 块褐色横斑，狭于两横斑之间的间距，体侧有不规则的褐色斑块和斑点，沿侧线常有 1 列斑块或褐色较深。背、尾鳍有褐色小斑点。

鳔的后室退化，仅残留 1 很小的膜质室。肠短，自“U”形胃发出向后，在胃的后方折向前，至胃的中段再后折通肛门，呈“Z”形。体长是肠长的 1.0-1.3 倍。

分布：西藏阿里地区的狮泉河；克什米尔地区的印度河上游及其邻近地区。

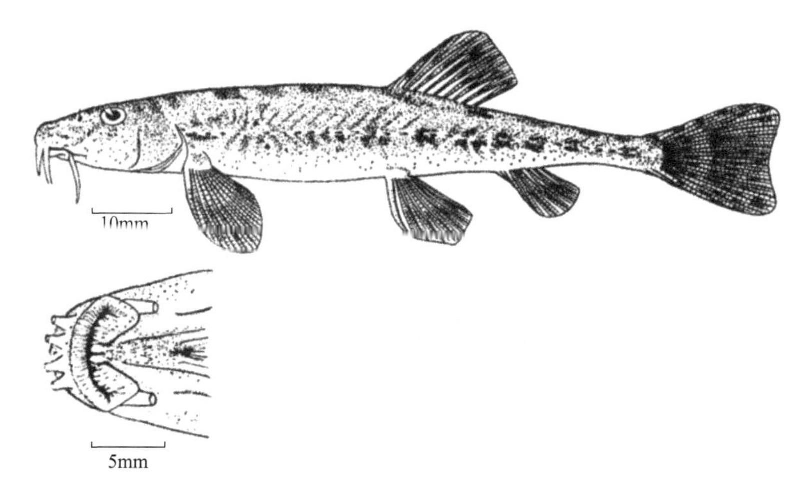

图 136 窄尾高原鳅 *Triplophysa tenuicauda* (Steindachner)（仿朱松泉，1989）

(101) 阿里高原鳅 *Triplophysa aliensis* (Wu *et* Zhu, 1979)（图 137）

Nemachilus aliensis Wu *et* Zhu, 1979, In: Qinghai Institute of Biology, Classification, Flora and Resources of Fishes in Ali, Tibet: 29.

Triplophysa aliensis: Zhu, 1989, The Loaches of the Subfamily Nemacheilinae in China (Cypriniformes: Cobitidae): 116.

测量标本 30 尾；体长 47.5-72.0mm；采自西藏阿里地区的狮泉河。

背鳍 iii-9-11（56%标本为 9）；臀鳍 iii-5；胸鳍 i-10-11；腹鳍 i-6-7；尾鳍分支鳍条 16。第 1 鳃弓内侧鳃耙 15-18。脊椎骨（18 尾标本）4+35-38。

体长为体高的 5.8-7.6 倍，为头长的 4.4-5.1 倍，为尾柄长的 3.49-4.60 倍。头长为吻长的 2.0-2.7 倍，为眼径的 4.0-5.3 倍，为眼间距的 3.2-4.4 倍。眼间距为眼径的 1.1-1.4 倍。尾柄长为尾柄高的 4.0-5.5 倍。

身体延长，前躯近圆筒形，尾柄高度向尾鳍方向逐渐降低，尾柄起点处的宽大于或等于该处的高，只靠近尾鳍基部处侧扁。头部稍平扁，头宽稍大于头高。吻长约等于眼后头长。口下位。唇厚，上唇缘有短乳头状突起，呈流苏状，但不发达，下唇面有少数短乳突和皱褶。下颌匙状，边缘稍露出。须中等长，外吻须末端伸达前鼻孔和眼前缘之间的下方，口角须伸达眼后缘之下方。无鳞，皮肤光滑。侧线完全。

鳍较长。背鳍背缘稍凹入，背鳍基部起点至吻端的距离为体长的 47%-50%，背鳍的基部较长，其长约为体长的 17%或约与头长相等。胸鳍长约为胸、腹鳍基部起点之间距离的 3/5。腹鳍基部起点相对于背鳍基部起点或第 1、第 2 根分支鳍条基部，末端伸达臀鳍起点。尾鳍后缘深凹入，下叶稍长。

体色（甲醛溶液浸存标本）：基色浅黄色。背部在背鳍前后各有 4、5 块褐色横斑，体侧有褐色的斑块和斑点。背、尾鳍有褐色小斑点，有时排成行。

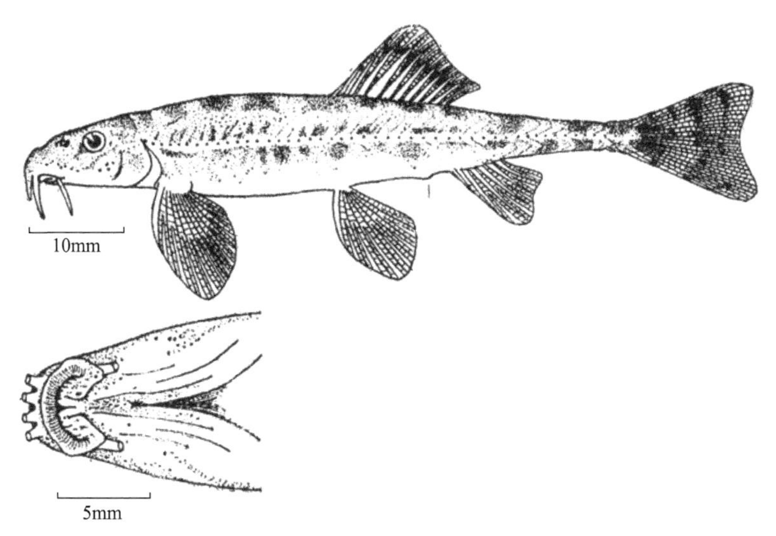

图 137　阿里高原鳅 *Triplophysa aliensis* (Wu *et* Zhu)（仿朱松泉，1989）

鳔的后室退化，仅残留 1 很小的膜质室。肠较短，自“U”形胃发出向后，在胃的后方折向前，至胃的前端处再向后折通肛门，呈“Z”形。体长是肠长的 1.1-1.7 倍。

分布：西藏阿里地区的象泉河和狮泉河，属于印度河上游。

(102) 细尾高原鳅 *Triplophysa stenura* (Herzenstein, 1888)（图 138）

Nemachilus stenurus Herzenstein, 1888, Zool. Theil., 3(2): 64; Wu *et* Chen, 1979, Acta Zootax. Sin., 4(3): 293.

Nemachilus lhasae Regan, 1905, Ann. Mag. nat. Hist., (7) 15: 185; Hora, 1922, Rec. Indian Mus., 24(3): 75; Tchang *et al*., 1963, Acta Zool. Sin., 15(4): 627; Cao, 1974, In: Tibet Scientific Investigation Team of the Chinese Academy of Sciences, Everest Research Expedition Report (Biological and Mountains Physiological): 87.

Nemachilus tenuis: Hora, 1922, Rec. Indian Mus., 24(3): 77.

Nemachilus stoliczkae : Lloyd, 1908, Rec. Indian. Mus., 2: 341; Annandale *et* Hora, 1920, Rec. Indian Mus., 2: 178.

Triplophysa stenura: Zhu, 1989, The Loaches of the Subfamily Nemacheilinae in China (Cypriniformes: Cobitidae): 117; Ding, 1994, The Fishes of Sichuan, China: 93.

以下描述依照模式产地青海玉树巴塘河样本（共 9 尾）。

鉴别特征：①背鳍前后躯均圆筒形，尾柄细圆。②背鳍起点靠后腹鳍起点，位于身体中部更靠近尾鳍基部。③腹鳍末端平直后伸大多超过肛门。④尾柄长大于头长，尾鳍深凹。⑤鳔后室退化，肠道绕折成 2、3 个螺旋。

体延长，体表光滑，无鳞。背鳍前后躯均圆筒形，背部微微隆起；胸、腹鳍之间中点处的身体高度最大，等于或略大于体宽。背鳍起点至尾鳍基部逐渐向腹面平斜，背鳍基部末端的身体高度远大于尾柄高，约为其 2、3 倍。尾柄细圆，尾柄的高度向后急剧变小，尾柄长大于头长；尾柄后段不具皮质棱。肛门和臀鳍起点之间距离等于或略小于眼径。侧线完全，起于鳃盖上缘开口处，向后沿体侧正中线延伸至尾鳍基部；侧线孔明显。

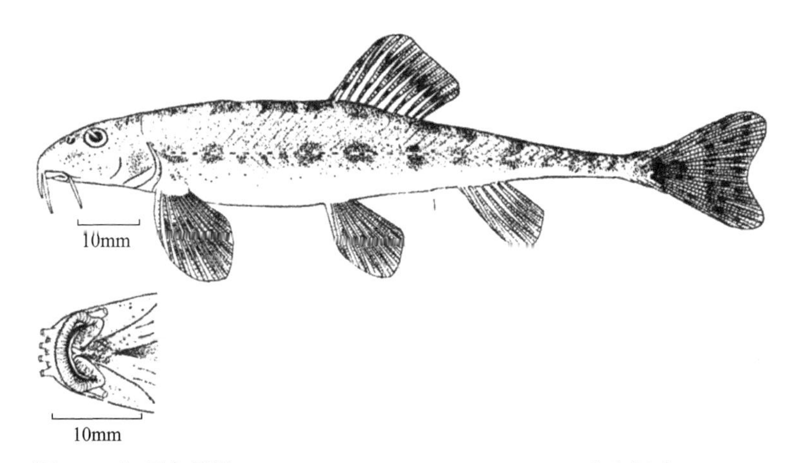

图 138　细尾高原鳅 *Triplophysa stenura* (Herzenstein)（仿朱松泉，1989）

头部平扁，头宽大于头高；头背面观呈三角形，头顶至吻端平坦不隆起。雄性眼下刺突区明显，分上下 2 叶，下叶末端不超过眼眶后缘垂下方。头宽自眼眶前缘处向吻端逐渐减小，吻略尖，吻长等于或略大于眼后头长。前后鼻孔紧靠，与吻端相比其更靠近眼眶前缘；前鼻孔延长呈喇叭状，后鼻孔大而包围住前鼻孔，与眼眶前缘相距约 3/4 眼径。眼圆，中等大，靠近头顶；眼径小于眼间距，为眼间距的 1/2-2/3。鳃盖侧线管位于眼眶后缘约 1 倍眼径处，向下逐渐延伸至口角。

口裂弧形。唇略厚，口角位置相对于鼻孔正下方。上唇面深皱褶，微流苏状，唇缘具浅乳突，中央无缺刻。下唇面正中央具 1“V”形缺刻，缺刻两边各具 1 短条形肉瓣，沿头腹面正中央延伸至两鳃盖下缘在头腹面的闭合处，肉瓣间为 1 深中央纵沟；下唇面深皱褶，唇面具规则的乳突；口角至下唇面缺刻处的夹角 30°-40°。上下颌边缘锐利，上颌中央无缺刻，下颌匙状，一般不露出唇外。须 3 对，中等长，内吻须后伸不及口角；外吻须伸及鼻孔或平直后伸达后鼻孔垂下方；口角须末端伸及眼眶下缘或平直后伸接近眼眶后缘垂下方。

鳍条软。胸鳍 i-9-11；背鳍 iii-8-9；腹鳍 i-7；臀鳍 ii-5；尾鳍分支鳍条 15-16。雄性胸鳍增宽变圆，其背面第 1-5 分支鳍条中部布满刺突，雌性胸鳍末端尖，后伸达到胸、腹鳍之间的中点。背鳍起点位于标准体长中部更靠近尾鳍基部；背鳍基部末端的相对位置略靠前于肛门，背鳍外缘平截，背鳍条末端位置与臀鳍起点相对或略超过。腹鳍起点与背鳍起点相对，末端略尖，后伸超过肛门或达到臀鳍起点。臀鳍外缘平截，下缘拐角处弧形；臀鳍起点至腹鳍腋部的距离远小于至尾鳍基部的距离，末端后伸不及尾柄中点。尾鳍外缘深凹，两叶等长或上叶较长，最短分支鳍条长为最长分支鳍条的 3/4。

鳔前室埋于骨质囊中，分左右 2 侧室，其间由 1 连接柄相连；后室退化，仅残留 1 很小的膜质室。肠自“U”形胃发出后在胃底部 2/3 胃长处回折至胃近顶部处，再回折至胃底部下方并绕折成 2、3 个螺旋，后直达肛门。

体色：浸制标本，身体基色黄褐色，背部颜色相对体侧和腹部更深。背部及体侧具不规则的云斑状斑条，背鳍前后各骑跨 3-5 列不规则的横斑，横斑黑色。各鳍不透明，背鳍和尾鳍上具 3、4 列斑点。

体型小，渔业价值不大。栖息于流水急流河段，刮食固着藻类，兼食水生昆虫。

分布：青海玉树、巴塘的通天河，青海格尔木雁石坪扎木曲（通天河水系）。西藏定日县曲宗村绒布河，贡觉县城小河（金沙江水系），波密县易贡河，浪卡子县羊卓雍错，聂拉木县朋曲河，普兰县附近的小河，雅鲁藏布江上游，那曲市怒江，吉隆县佩枯错，措美县哲古湖，江达县金沙江，日喀则年楚河，普兰县霍尔乡巴穷河，拉萨市拉萨河。云南漾濞县澜沧江。四川主要分布于金沙江中上游，以及大渡河上游的杜柯河、则曲、玛柯河中上游。

(103) 拟细尾高原鳅 *Triplophysa pseudostenura* He, Zhang *et* Song, 2012（图 139）

Triplophysa pseudostenura He, Zhang *et* Song, 2012, Zootaxa, 3586: 272-280.

以下描述依照模式标本（共 30 尾）。

鉴别特征：①体表光滑，无鳞片。②体前后躯均侧扁，尾柄细长。③头尖而长，口唇薄且光滑，下颌不自然露出。④背鳍不分支鳍条略硬，起点靠后腹鳍起点，距离吻端大于距离尾鳍基部。⑤成体腹鳍末端后伸不达肛门。⑥尾鳍深叉形，最短分支鳍条约为最长分支鳍条长度的一半。⑦鳔后室退化，肠道“Z”形。

体修长，无鳞。体表光滑。背鳍前后躯均侧扁，背鳍前后的背部平坦，最大体高位于胸、腹部之间，体高大于体宽。背鳍基部向腹部方向倾斜，该基部末端处的身体高度明显大于臀鳍起点处的高度，约为体高的 4/5；背鳍后躯的体背部平直向后朝腹部方向倾斜，臀鳍基部平直向后朝背部方向倾斜。尾柄的高度向后逐渐减小，起点处的高大于该处的宽，其横切面呈椭圆形，尾柄长等于或略小于头长。尾鳍基部不具皮质棱。肛臀距等于或略大于眼径。侧线完全或终止于尾鳍基前 1 倍眼径处，起于鳃盖上缘开口处，沿体侧正中线略偏背方向平直延伸至背鳍起点下方，再沿体侧正中线向尾鳍基部平直延伸。

头长而尖，略显平扁，头高小于头宽。头顶平坦，背面观略呈长三角形。雄性两颊处的刺突弥散分布于吻端至鳃盖侧线管之间的区域，上叶为不明显的长条形肉瓣状隆起，狭沟（眶下侧线管）不明显；雌性两颊光滑。吻尖形，吻长等于或小于眼后头长。前后鼻孔紧靠，前鼻孔前缘位于吻端和眼眶前缘之间，更靠近眼眶前缘；前鼻孔延长呈开阔的短喇叭状，后鼻孔开阔且其开口面几乎等于前者。眼小，呈椭圆形，靠近头顶，眼径小于眼间距。鳃盖侧线管不明显，位于眼眶后缘 1-1.5 倍眼径处，向下逐渐延伸至口角。

口裂呈马蹄形，唇薄。上唇中央无缺刻，唇面光滑；下唇面正中央具 1“V”形缺刻，缺刻两边各为 1 薄的长形肉瓣，缺刻后中央纵沟明显；下唇不发达，唇面光滑或具浅皱褶。上下颌边缘肉质不锐利，上颌弧形，下颌匙状，均不露出唇外。须 3 对，较长。内吻须后伸达到口角或口角须基部；外吻须平直后伸超过后鼻孔；口角须平直后伸达到或超过眼眶后缘垂下方。

背鳍不分支鳍条较硬，其余鳍条较软。胸鳍 i-10-12；背鳍 iii-7-8；腹鳍 i-6-7；臀鳍 ii-5。雄性胸鳍增宽变圆，背面第 6 或第 7 分支鳍条具 1 增厚的刺突层，雌性胸鳍较尖，末端后伸接近或达到胸腹鳍之间的中点。背鳍起点位于标准体长的中点或略靠近尾鳍基部，背鳍基末端远靠前于肛门，约与肛门前 2 倍眼径处相对；背鳍外缘平截或微凹，鳍条末端平直后伸约与肛门相对。腹鳍外缘略宽，起点靠前于背鳍起点，末端后伸不及肛门。臀鳍外缘平截，起点至腹鳍腋部的距离略小于至尾鳍基部的距离，末端平直后伸不及尾柄中点。尾鳍深叉形，两叶等长或下叶略长；最短分支鳍条约为最长分支鳍条长度的一半。

图 139　拟细尾高原鳅 *Triplophysa pseudostenura* He, Zhang *et* Song（引自 He *et al.*，2012）
a. IHB 20070630001（正模标本），120.3mm SL；b. IHB 20070630005（副模标本），66.7mm SL

鳔前室埋于骨质囊中，分左右 2 长椭圆形侧室，其间由 1 骨质连接柄相连；鳔后室退化。胃略小，呈“U”形；肠自胃发出后在胃底端 1 倍胃长处回折至胃底部，再回折直达肛门，肠呈“Z”形。

体色：活体基色灰褐色，腹部白色，体背及侧面均无横斑，鳍条透明，仅胸鳍和尾鳍基部颜色较深或具少量斑点。浸制标本全身基色黄褐色。

适宜生活于高原宽谷或峡谷型河流中，以固着藻类或水生昆虫为食。善游泳，常集群觅食于河岸砾石间。繁殖习性不详。

分布：目前已知仅分布于雅砻江中上游及其支流，四川甘孜德格县至雅江县的雅砻江干流，甘孜炉霍县至雅江县的鲜水河干流。

(104) 康定高原鳅 *Triplophysa alexandrae* Prokofiev, 2001（图 140）

Triplophysa alexandrae Prokofiev, 2001, Zoosys. Rossica, 10: 193-207.

以下描述依照原始文献。

鉴别特征：①体表光滑、无鳞，侧线完全。②体前后段均较侧扁，尾柄长等于或略大于头长，尾柄的高向后逐渐降低。③头略尖，略显平扁，头顶平坦，额部不隆起。④须均短，不超过头长的 1/3。⑤眼略大，眼径约占该处头高的 2/5。⑥吻长大于眼后头长，口裂弧形，唇略厚，唇面皱褶，下颌自然不露出。⑦背鳍起点靠前腹鳍起点，位于体长的中点。⑧背鳍基部末端的相对位置远靠前肛门，约与腹鳍腋部后 1、2 倍眼径处相对。⑨尾鳍深叉形，最短分支鳍条约为最长分支鳍条的 2/3。⑩肠绕折成 5 个螺旋。

体表光滑，无鳞。背鳍前躯侧扁，腹部平坦，最大体高位于背鳍起点处。背鳍基部向腹部方向倾斜，该基部末端处的身体高度明显大于臀鳍起点处的高度；背鳍基部末端后的体背部平直或略倾斜，臀鳍基部平直向背部方向倾斜。尾柄的高度向后逐渐降低，起点处的高略大于该处的宽，横切面略椭圆形。尾鳍基部不具皮质棱。肛臀距等于或略小于眼径。侧线完全，起于鳃盖上缘开口处，沿体侧正中线略偏背方向平直延伸至背鳍起点下方，再沿体侧正中线向尾鳍基部平直延伸。

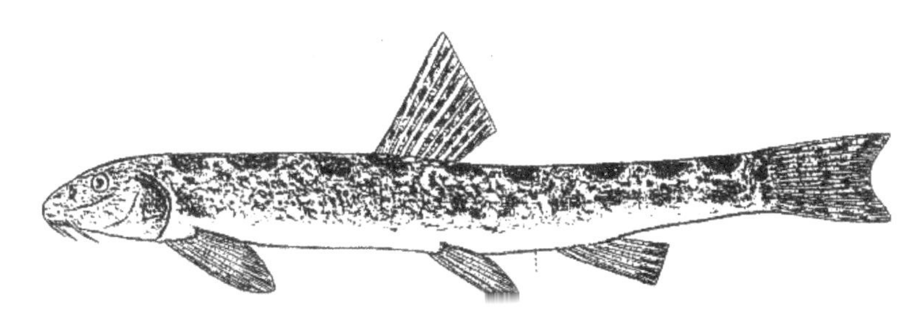

图 140　康定高原鳅 *Triplophysa alexandrae* Prokofiev（仿 Prokofiev，2001）

头略尖，平扁，头高小于头宽。头顶平坦，其背面观略呈三角形。雄性两颊第二性征呈长条形，具刺突，或仅为肉垫状隆起。吻端略尖，吻长大于眼后头长。前后鼻孔紧靠，前鼻孔前缘位于吻端和眼眶前缘之间，略靠近眼眶前缘；前鼻孔延长呈开阔的短喇叭状，后鼻孔开阔且其开口面几乎等于前者。眼大，近圆形，靠近头顶，眼径约小于眼间距，约占该处头高的 2/5。鳃盖侧线管不明显，位于眼眶后缘约 1 倍眼径处，向下逐渐延伸至口角。

口裂呈弧形，唇略厚，唇面皱褶，无乳突。上唇中央无缺刻，唇面光滑或具浅皱褶；下唇面正中央具 1“V”形缺刻，缺刻两边各为 1 薄的长形肉瓣，缺刻后中央纵沟浅或不明显。上下颌边缘不锐利，上颌弧形，下颌匙状且不露出唇外。须 3 对，略短，长度不超过头长的 1/3。内吻须后伸近口角，外吻须后伸达到或超过鼻孔垂下方，口角须平直后伸达或超过眼眶下缘垂下方。

鳍条较软。胸鳍 i-9-11；背鳍 iii-8；腹鳍 i-6-7；臀鳍 ii-5。雄性胸鳍增宽变圆，背面第 1-6 分支鳍条具 1 增厚的隆起刺突层，雌性胸鳍较尖，末端后伸接近胸、腹鳍之间的中点。背鳍起点位于标准体长的中点，略靠前于腹鳍起点；背鳍基末端靠前于肛门，约与腹鳍腋部后 1、2 倍眼径处相对；背鳍外缘平截，鳍条末端约与臀鳍起点相对。腹鳍外缘略宽，末端后伸接近臀鳍起点。臀鳍外缘平截，起点至腹鳍腋部的距离远小于至尾鳍基部的距离，末端不及尾柄中点。尾鳍后缘叉形，上下叶等长，最短分支鳍条约为最长鳍条长度的 2/3。

鳔前室埋于骨质囊中，分左右 2 椭圆形侧室，其间由 1 骨质连接柄相连；鳔后室退化。胃略大，呈“U”形；肠自胃发出后绕折呈 5 个螺旋。

体色：体基色多为灰褐色，腹部白色，体背及体侧布满黑色不规则斑块，一些个体背鳍前后各具 3-5 个横斑。

分布：目前仅知分布于四川甘孜康定大渡河。

(105) 短须高原鳅 *Triplophysa brevibarba* Ding, 1993（图 141）

Triplophysa brevibarba Ding, 1993, Acta Zootax. Sin., 18(2): 230-247.

以下描述依照模式标本（共 13 尾）。

鉴别特征：①体表光滑无鳞，体呈圆筒形，仅尾柄后段略显侧扁。②须极短，须长等于或略大于眼径。③头平扁，吻端和口裂均呈圆弧形。④背鳍起点位于体长中点偏后，背鳍基部末端略靠前于肛门。⑤尾柄长小于头长，尾鳍凹形。⑥鳔后室退化，肠道绕折成“Z”形。

体粗短，无鳞。体表光滑。背鳍前后躯均呈圆筒形或半圆筒形，仅尾柄后部略显侧扁，背鳍前后的背部平坦，最大体高位于背鳍起点处，体高略大于体宽。背鳍基部向腹部方向倾斜，该基部末端处的身体高度明显大于臀鳍起点处的体高，约为体高的 4/5；背鳍基部末端后的体背部平直或略倾斜，臀鳍基部平直向背部方向倾斜。尾柄前后的高度不一致，起点处的高等于或略大于该处的宽，约为体高的 2/5 且明显大于其基部处的高，尾柄长小于头长。尾鳍基部不具皮质棱。肛臀距约等于眼径。侧线完全，起于鳃盖上缘开口处，沿体侧正中线略偏背方向平直延伸至背鳍起点下方，再沿体侧正中线向尾鳍基部平直延伸。

头短小而平扁，头高小于头宽。头顶平坦，背面观略呈长方形。雄性眼下刺突区为长条形肉瓣状隆起，狭沟不明显；雌性眼下两颊较光滑。吻圆弧形，吻长约等于眼后头长。前后鼻孔紧靠，前鼻孔前缘位于吻端和眼眶前缘之间的中点；前鼻孔延长呈开阔的短喇叭状，后鼻孔开阔且其开口面几乎等于前者。眼大略呈椭圆形，靠近头顶，眼径约等于 2/5 眼间距。鳃盖侧线管位于眼眶后缘约 1 倍眼径处，向下逐渐延伸至口角。

口裂呈宽弧形，唇薄。上唇中央无缺刻，唇面光滑或具浅皱褶；下唇面正中央具 1“H”形缺刻，缺刻两边各为 1 薄的长形肉瓣，缺刻后中央纵沟浅或不明显；下唇不发达，唇面光滑或具浅皱褶。上下颌边缘肉质不锐利，上颌宽弧形，下颌匙状，均不露出唇外。须 3 对，极短。内吻须后伸仅及下唇边缘；外吻须后伸接近口角，远不及眼眶前缘垂下方；口角须平直后伸接近眼眶下缘垂下方。

鳍条较软。胸鳍 i-11-12；背鳍 iii-8；腹鳍 i-7；臀鳍 ii-5。雄性胸鳍增宽变圆，背面第 1-5 分支鳍条具 1 增厚的隆起刺突层，雌性胸鳍较尖，末端伸达胸腹鳍之间的中点或略靠前。背鳍起点位于标准体长的中后部，略靠前于腹鳍起点，距吻端远大于距尾鳍基的距离；背鳍基末端略靠前于肛门，约与肛门前 1 倍眼径处相对；背鳍外缘平截，鳍条末端约与臀鳍起点相对。腹鳍外缘略宽，末端后伸达到或略超过肛门。臀鳍外缘平截，起点至腹鳍腋部的距离略小于至尾鳍基部的距离，末端接近或达到尾柄中点。尾鳍后缘凹形，上下叶等长。

鳔前室埋于骨质囊中，分左右 2 侧室，其间由 1 骨质连接柄相连；鳔后室退化。胃略大，呈“U”形；肠自胃发出后在胃底端 1 倍胃长处回折至胃中部，再回折直达肛门，肠呈“Z”形。

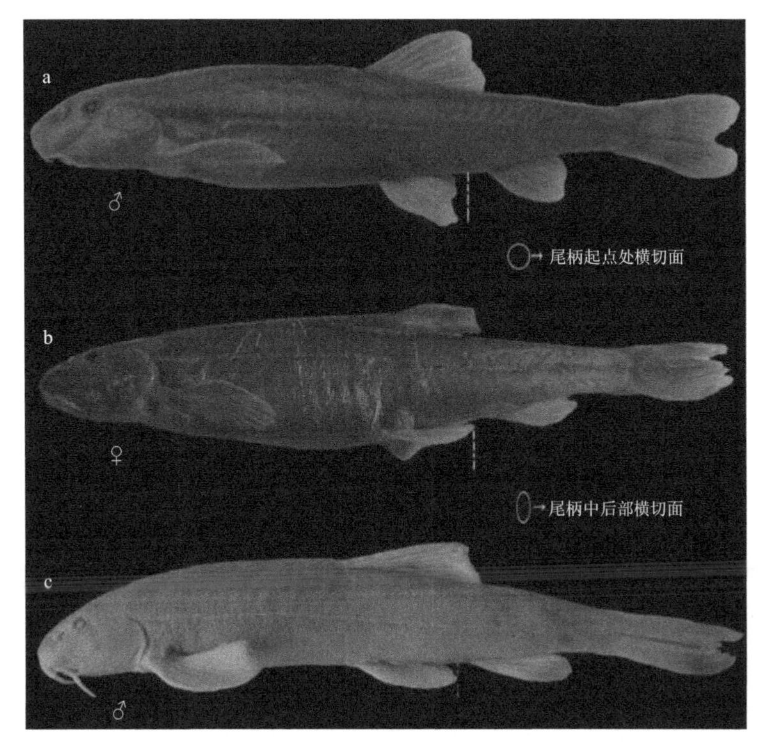

图 141　短须高原鳅 *Triplophysa brevibarba* Ding（引自丁瑞华，1993）
a. MSINR 900262（副模标本），79.4mm SL；b. MSINR 900264（正模标本），77.4mm SL，冕宁县安宁河；c. SCUM 20050703001，81.9mm SL，宝兴县陇东镇西河

体色：浸制标本全身基色黄褐色，均无斑。

喜集群觅食于河滩砾石间，生活于缓流水体中。繁殖习性不详。

分布：目前仅知分布于四川凉山冕宁县安宁河（雅砻江水系），以及雅砻江与金沙江交汇的攀枝花市。

(106) 茶卡高原鳅 *Triplophysa cakaensis* Cao *et* Zhu, 1988（图 142）

Nemachilus alticeps Herzenstein, 1888, Zool. Theil., 3(2): 28.

Triplophysa cakaensis Cao *et* Zhu, 1988, Acta Zootax. Sin., 13(2): 201; Zhu, 1989, The Loaches of the Subfamily Nemacheilinae in China (Cypriniformes: Cobitidae): 120.

测量标本 20 尾；体长 51-60mm；采自青海乌兰县茶卡，流入茶卡盐湖的一条小河。

背鳍 iv-7；臀鳍 iii-5；胸鳍 i-9-10；腹鳍 i-5-6；尾鳍分支鳍条 15。第 1 鳃弓内侧鳃耙 14-16。脊椎骨（7 尾标本）4+34-35。

体长为体高的 5.2-6.2 倍，为头长的 4.4-4.9 倍，为尾柄长的 4.3-5.2 倍。头长为吻长的 2.4-2.9 倍，为眼径的 4.6-5.5 倍，为眼间距的 3.3-4.1 倍。眼间距为眼径的 1.1-1.7 倍。尾柄长为尾柄高的 2.7-3.3 倍。

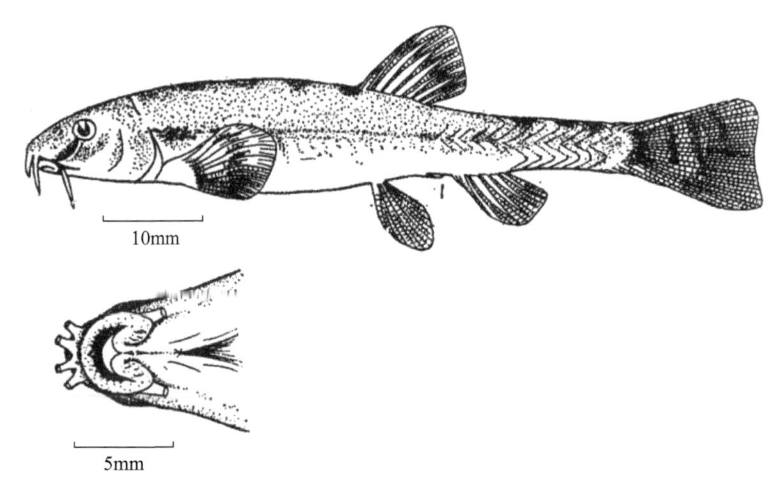

图 142 茶卡高原鳅 *Triplophysa cakaensis* Cao *et* Zhu（仿朱松泉，1989）

身体延长，前躯略呈圆筒形，后躯稍侧扁，尾柄高度自起点向尾柄方向几乎不变，尾柄起点处的宽小于该处的高而小于或等于尾柄高。头锥形，稍平扁，头宽稍大于头高。吻长等于或稍短于眼后头长。口下位。上唇缘有短的乳头状突起，呈流苏状，下唇薄而后移，唇面光滑或有浅皱褶。下颌边缘锐利。须中等长，外吻须后伸达后鼻孔下方，口角须后伸达眼中心和眼后缘之间的下方。无鳞，皮肤光滑。侧线不完全，终止在胸鳍上方。

背鳍背缘平截或外凸呈浅弧形，背鳍基部起点至吻端的距离为体长的 55%-57%。胸鳍长为胸、腹鳍基部起点之间距离的 1/2-3/5。腹鳍基部起点相对于背鳍不分支鳍条或第 1、第 2 根分支鳍条基部，末端伸达肛门或至臀鳍起点。尾鳍后缘微凹入。

体色（甲醛溶液浸存标本）：腹部基色浅黄色或灰白色，背、侧部较暗，呈浅褐色。背部在背鳍前后各有 4-6 和 3、4 块褐色横斑，横斑狭于横斑间的间距。背鳍、尾鳍各有 1-3 行不明显的浅褐色斑点。

鳔后室退化，仅残留 1 很小的膜质室。肠很长，自“U”形胃发出向后，在胃的后方绕折成 5、6 个环，腹面观呈螺纹形。体长为肠长的 0.4-0.5 倍。

分布：青海茶卡盐湖的入湖小河。

(107) 小眼高原鳅 *Triplophysa microps* (Steindachner, 1866)（图 143）

Cobitis microps Steindachner, 1866, Verh. Zool.-bot. Gesell. Wien, 16: 794.

Nemachilus microps: Günther, 1868, Cat. Fish. British Mus., 7: 357; Day, 1877, Proc. Zool. Soc. London, (53): 799; Day, 1878a, Ichthyology, Calcutta, 4(1878): 17; Hora, 1922, Rec. Indian Mus., 24(3): 80; Hora, 1936, Mem. Conn. Acad. Arts Sci., 10: 310; Cao, 1974, In: Tibet Scientific Investigation Team of the Chinese Academy of Sciences, Everest Research Expedition Report (Biological and Mountains Physiological): 88.

Nemachilus glacilis Day, 1876, Proc. Zool. Soc. London, (53): 798; Day, 1878a, Ichthyology, Calcutta, 4(1878): 16; Day, 1878b, The Fishes of India, 1: 621; Hora, 1922, Rec. Indian Mus., 24(3): 74.

Triplophysa microps: Zhu, 1989, The Loaches of the Subfamily Nemacheilinae in China

(Cypriniformes: Cobitidae): 121.

测量标本 105 尾；体长 38-91mm；采自西藏阿里地区的象泉河、朗曲河、羌臣摩河上游（崆喀山口）。

背鳍 iii-iv-6-7（个别是 6）；臀鳍 iii-5-6（个别是 6）；胸臀 i-8-11；腹鳍 i-6-7；尾鳍分支鳍条 12-15（主要是 14）。第 1 鳃弓内侧鳃耙 10-15。脊椎骨（30 尾标本）4+39-42。

体长为体高的 5.0-8.0 倍，为头长的 4.0-5.5 倍，为尾柄长的 4.2-5.9 倍。头长为吻长的 2.2-3.2 倍，为眼径的 4.5-8.0 倍，为眼间距的 3.2-4.8 倍。眼间距为眼径的 1.1-2.0 倍。尾柄长为尾柄高的 2.0-3.3 倍。

身体延长，前躯近圆筒形，后躯侧扁，尾柄的高度自起点向尾鳍方向几乎不变。头部稍平扁，头宽大于头高。吻长等于或稍小于眼后头长。口下位。上唇缘有不明显的乳头状突起或浅皱褶，下唇面光滑或有浅皱褶。下颌匙状，边缘露出或不露出。须较短，外吻须伸达后鼻孔和眼前缘之间的下方，口角须伸达眼球中心和眼后缘之间的下方。无鳞，有些标本表面有不明显的小结节，有些标本整个身体表面有密集的小结节。侧线不完全，侧线孔只在胸鳍上方明显，往后渐疏，多数终止在背鳍下方，少数终止在臀鳍上方。

鳍短小。背鳍背缘平截或稍外凸呈浅弧形，背鳍基部起点至吻端的距离为体长的 52%-61%。胸鳍末端约伸达胸、腹鳍基部起点之间距离的中点。腹鳍基部起点相对于背鳍基部起点稍前，少数（常为小个体）与背鳍基部起点相对，采自象泉河和狮泉河的标本，整个腹鳍基部相对于背鳍基部之前，除小个体的腹鳍可伸达肛门外，一般不伸达肛门。尾鳍后缘稍凹入或平截，两叶等长或下叶稍长。

体色（甲醛溶液浸存标本）：腹部基色浅黄色，背、侧部褐色。背部在背鳍前后各有 5、6 个深褐色鞍形斑或横斑，横斑均宽于两横斑之间的间距。体侧有不规则的深褐色斑纹和点，小个体沿体侧纵轴有 1 列深褐色斑块。也有一些标本（如采自象泉河和狮泉河的），其整个身体褐色或浅黑色，无明显斑纹。背、尾鳍有很多褐色小斑点，胸、腹鳍背面浅褐色。

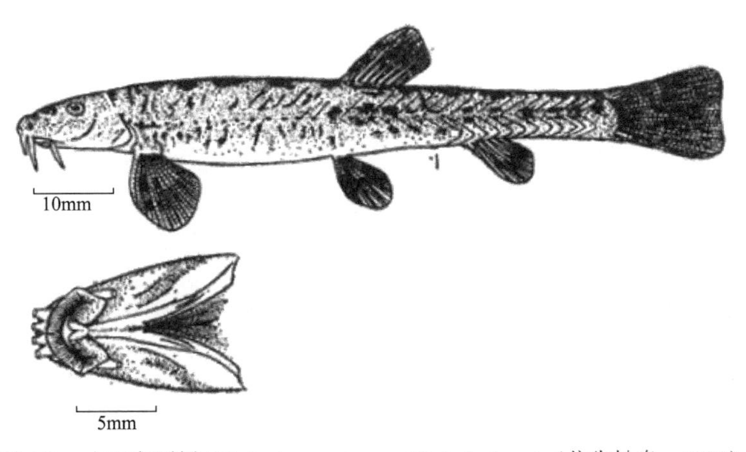

图 143　小眼高原鳅 *Triplophysa microps* (Steindachner)（仿朱松泉，1989）

鳔的后室退化，仅残留 1 很小的膜质室。肠短，自“U”形胃发出向后，在胃的后方折向前，约在胃的中段处后折通肛门，呈“Z”形绕折。体长是肠长的 0.9-1.2 倍。

分布：西藏的象泉河、狮泉河、羌臣摩河、昂拉仁错、吉隆河和波曲河等地；克什米尔地区的印度河上游及其邻近的一些自流水体。

(108) 改则高原鳅 *Triplophysa gerzeensis* Cao *et* Zhu, 1988（图 144）

Triplophysa gerzeensis Cao *et* Zhu, 1988, Acta Zootax. Sin., 13(2): 202; Zhu, 1989, The Loaches of the Subfamily Nemacheilinae in China (Cypriniformes: Cobitidae): 123.

测量标本 30 尾；体长 54.5-81.0mm。

背鳍 iv-7；臀鳍 iii-5；胸鳍 i-9-11；腹鳍 1-6-7；尾鳍分支鳍条 14-15。第 1 鳃弓内侧鳃耙 10-13。脊椎骨（8 尾标本）4+37-39。

体长为体高的 5.4-7.3 倍，为头长的 3.9-4.6 倍，为尾柄长的 4.2-4.8 倍。头长为吻长的 2.2-2.7 倍，为眼径的 5.2-6.4 倍，为眼间距的 3.4-4.7 倍。眼间距为眼径的 1.2-1.6 倍。尾柄长为尾柄高的 3.2-4.2 倍。

身体延长，前躯近圆筒形，后躯稍侧扁。尾柄较低，尾柄高度自起点向尾鳍方向渐降低，但尾柄起点处的宽小于该处的高和尾柄高。头部稍平扁，头宽大于头高。吻长等于或稍长于眼后头长。口下位。唇厚，唇面有深皱褶。下颌匙状，一般不露出。须中等长，外吻须后伸达鼻孔和眼前缘之间的下方，口角须后伸达眼中心和眼后缘之间的下方。无鳞，皮肤光滑。侧线薄管状，往后侧线孔渐稀乃至消失，多数终止在背鳍的下方，少数终止在臀鳍的上方。

鳍较长。背鳍背缘平截，背鳍基部起点至吻端的距离为体长的 52%-57%。胸鳍长约为胸、腹鳍基部起点之间距离的 2/3。腹鳍基部起点与背鳍基部起点或第 1 根分支鳍条基部相对，末端伸达臀鳍起点或稍超过。尾鳍后缘稍凹入。

体色（甲醛溶液浸存标本）：腹部基色浅黄色，背部基色浅褐色。背部在背鳍前后各有 4、5 块褐色横斑或鞍形斑，其宽约等于斑间距。体侧沿纵轴有 1 列较大的褐色斑块，其余为不规则的褐色小斑点或条。背鳍、尾鳍有不明显的小斑点。

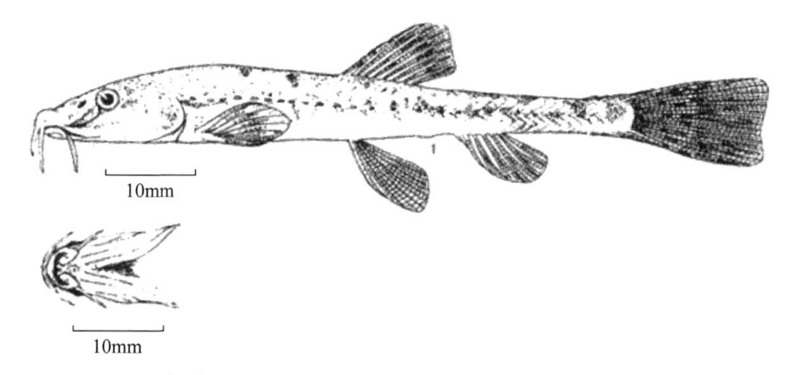

图 144 改则高原鳅 *Triplophysa gerzeensis* Cao *et* Zhu（仿朱松泉，1989）

鳔的后室退化，仅残留 1 很小的膜质室。肠短，自“U”形胃发出向后在胃的后方折向前，至胃的前端处再后折通肛门，呈“Z”形。肠长稍短于体长。

分布：西藏改则的茶措支流、措勤的措勤藏布和夏岗江雪山北坡的小湖，海拔分别为 4370m、4600m 和 5000m，是世界上分布最高的鱼类之一。

(109) 隆头高原鳅 *Triplophysa alticeps* (Herzenstein, 1888)（图 145）

Nemachilus alticeps Herzenstein, 1888, Zool. Theil., 3(2): 28; Zhu *et* Wu, 1975, Study on fish fauna of Qinghai Lake region-fish fauna and biology of Qinghai Lake region: 20.

Triplophysa alticeps: Zhu, 1989, The Loaches of the Subfamily Nemacheilinae in China (Cypriniformes: Cobitidae): 124.

别名：隆头条鳅（青海省生物研究所：《青海湖地区的鱼类区系和青海湖裸鲤的生物学》）。

测量标本 20 尾；体长 56-75mm。

背鳍 iii-iv-7；臀鳍 iii-iv-5；胸鳍 i-8-9；腹鳍 i-6；尾鳍分支鳍条 12-13（个别是 12）。第 1 鳃弓内侧鳃耙 14-16。脊椎骨（10 尾标本）4+33-35。

体长为体高的 5.7-6.8 倍，为头长的 4.2-4.6 倍，为尾柄长的 3.3-4.8 倍。头长为吻长的 2.3-2.8 倍，为眼径的 4.0-5.0 倍，为眼间距的 3.3-3.9 倍。眼间距为眼径的 1.1-1.5 倍。尾柄长为尾柄高的 2.7-4.5 倍。

身体稍延长，前躯近圆筒形，后躯侧扁，身体的最高处在胸鳍附近，尾柄较低，其起点处的宽小于该处的高而等于尾柄高。头短，通常在头后方的背侧隆起，头宽等于或稍大于头高。吻长等于或稍短于眼后头长。口下位。上唇缘有 1、2 行乳头状突起，呈流苏状，下唇面多短乳突。下颌匙状，露出。须中等长，外吻须后伸达鼻孔之下，口角须后伸达眼中心和眼后缘之间的下方，少数可稍超过眼后缘。无鳞，皮肤表面有颗粒状的小突起，雄性较明显。侧线不完全，至多延伸到背鳍基部起点的下方。

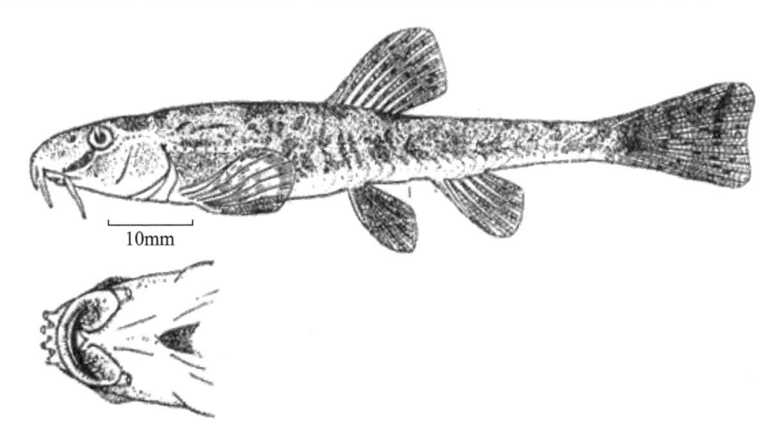

图 145　隆头高原鳅 *Triplophysa alticeps* (Herzenstein)（仿朱松泉，1989）

背鳍背缘平截，背鳍基部起点至吻端的距离为体长的 50%-52%，胸鳍长为胸、腹鳍基部起点之间距离的 3/5，稍短于头长。腹鳍基部起点与背鳍第 1 或第 2 根分支鳍条基部相对。末端伸达臀鳍起点或稍超过。尾鳍后缘平截或微凹入，上叶稍长。

体色（甲醛溶液浸存标本）：基色浅棕色。背部在背鳍前后各有 3-5 块深棕色的鞍形斑或横斑。头部和体侧多棕色斑纹或斑点，沿纵轴常有 1 列棕色斑块。背、尾鳍有棕色斑点，有的在背鳍有 2 列、尾鳍有 2-4 列斑点。

鳔后室退化，仅有 1 很小的膜质室，但前室很膨大。肠自“U”形胃发出向后，在胃的末端处绕折有 3、4 个环，腹面观呈螺纹形。体长为肠长的 0.9 倍。

栖息于青海湖的浅水湖湾、湖岸边的沼泽和入湖河流的缓流河段，习见于青海湖的东南部湖周地区。主要以丝状藻类、钩虾、植物碎屑和底栖动物为食。

分布：只分布于青海湖及其附属水体。

(110) 圆腹高原鳅 *Triplophysa rotundiventris* (Wu *et* Chen, 1979)（图 146）

Nemachilus rotundiventris Wu *et* Chen, 1979, Acta Zootax. Sin., 4(3): 292.

Triplophysa rotundiventris: Zhu, 1989, The Loaches of the Subfamily Nemacheilinae in China (Cypriniformes: Cobitidae): 125.

别名：圆腹条鳅（武云飞和陈瑗：《青海省果洛和玉树地区的鱼类》）。

测量标本 19 尾；体长 51-71mm；采自西藏怒江上游的那曲（那曲市附近）。

背鳍 iii-7-8（主要是 7）；臀鳍 iii-5；胸鳍 i-9-10；腹鳍 i-7；尾鳍分支鳍条 14。第 1 鳃弓内侧鳃耙 16-19。脊椎骨（5 尾标本）4+36-37。

体长为体高的 5.2-7.3 倍，为头长的 4.5-5.5 倍，为尾柄长的 3.8-5.8 倍。头长为吻长的 2.2-2.9 倍，为眼径的 3.5-5.7 倍，为眼间距的 3.1-4.0 倍。眼间距为眼径的 1.2-1.7 倍。尾柄长为尾柄高的 3.6-5.0 倍。

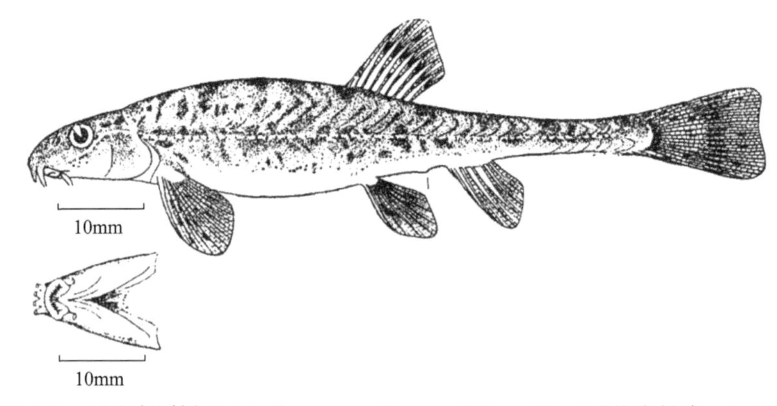

图 146 圆腹高原鳅 *Triplophysa rotundiventris* (Wu *et* Chen)（仿朱松泉，1989）

身体延长，前躯近圆筒形，背部隆起，腹部平直，身体的最大高度在胸鳍末端的上方，后躯侧扁，尾柄稍低。头小，稍平扁，头宽大于头高。吻部较尖，吻长小于或等于眼后头长。口下位，口裂弧形。唇较薄，上唇缘多乳头状突起，呈流苏状，下唇面多短乳突。下颌铲状，边缘露出。须中等长，外吻须后伸达后鼻孔之下，口角须后伸达眼中心和眼后缘之间的下方。无鳞，皮肤光滑。侧线呈薄管状，完全或不完全，至后躯侧线孔渐稀，如不完全者，常终止在臀鳍上方。

鳍较短。背鳍基部起点至吻端的距离为体长的 50%-55%。胸鳍末端在胸、腹鳍基部起点之间的中点。腹鳍基部起点与背鳍的第 1 或第 2 根分支鳍条基部相对，末端伸达臀鳍起点。尾鳍后缘微凹入。

体色（甲醛溶液浸存标本）：背部基色浅褐色，侧面黄色。背部在背鳍前后各有 3、4 块宽深褐色鞍形斑和横斑，稍狭于两斑之间的间距。体侧在前躯有褐色斑点，后躯沿体侧纵轴有 1 列较大的深褐色斑块。背、尾鳍多褐色斑点。

鳔的后室退化，仅残留 1 很小的膜质室。肠管细长，自“U”形胃发出向后，在胃的后方绕折成 5-6 个环，腹面观呈螺纹形。体长是肠长的 0.4-0.5 倍。

分布：青海通天河支流，西藏怒江上游的那曲、安多和二道河等地。栖息于河流缓流处，主要是刮食泥面或沙砾上的藻类。

(111) 铲颌高原鳅 *Triplophysa chondrostoma* (Herzenstein, 1888)（图 147）

Nemachilus chondrostoma Herzenstein, 1888, Zool. Theil., 3(2): 36.

Triplophysa chondrostoma: Zhu, 1989, The Loaches of the Subfamily Nemacheilinae in China (Cypriniformes: Cobitidae): 126.

测量标本 22 尾；体长 47.0-76.5mm；采自青海柴达木盆地的诺木洪河。

背鳍 iii-7-8（个别是 8）；臀鳍 iii-5；胸鳍 i-8-10；腹鳍 i-5-6；尾鳍分支鳍条 14-16。第 1 鳃弓内侧鳃耙 15-18。脊椎骨（6 尾标本）4+36-38。

体长为体高的 4.9-6.4 倍，为头长的 4.2-4.7 倍，为尾柄长的 4.1-5.2 倍。头长为吻长的 2.2-2.9 倍，为眼径的 4.6-6.2 倍，为眼间距的 2.8-3.3 倍。眼间距为眼径的 1.3-2.0 倍。尾柄长为尾柄高的 3.2-3.8 倍。

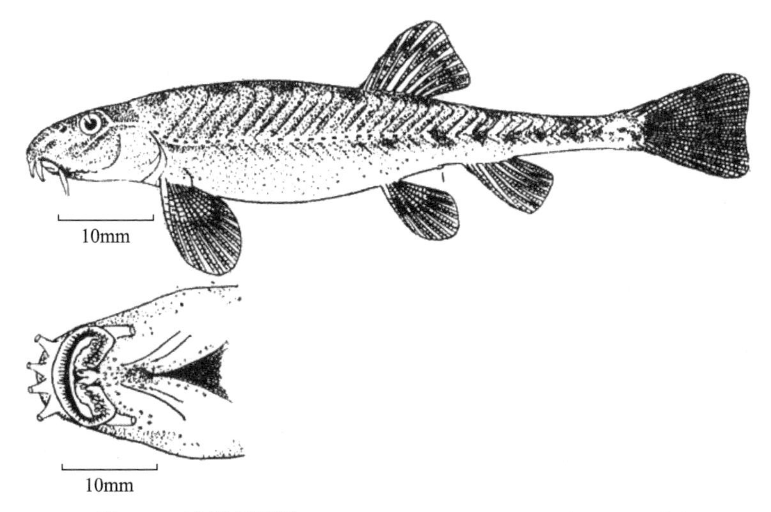

图 147　铲颌高原鳅 *Triplophysa chondrostoma* (Herzenstein)

身体延长，前躯近圆筒形，尾柄起点处的横剖面近圆形，较低，只在尾柄的后半部渐侧扁。头部稍平扁，头宽稍大于头高。吻部圆钝，吻长等于或稍短于眼后头长。口下位，上唇缘有1、2行乳头状突起，呈流苏状，下唇面多短乳头状突起，排列不规则。下颌铲状，边缘锐利并露出。须中等长，外吻须后伸达鼻孔之下，口角须后伸达眼中心和眼后缘之间的下方。无鳞，皮肤表面有不明显的颗粒突起。侧线薄管状，完全或不完全，至后躯侧线孔渐稀疏，不完全者，常终止在尾柄部分。

背鳍背缘平截或微凹入，背鳍基部起点至吻端的距离为至尾鳍基部距离的1.1-1.5倍。胸鳍长约为胸、腹鳍基部起点之间距离的3/5，稍短于头长。腹鳍基部起点与背鳍的第1或第2根分支鳍条基部相对，末端伸达臀鳍起点。尾鳍后缘稍凹入，上叶稍长。

体色（甲醛溶液浸存标本）：基色浅黄色，背部浅褐色。背部在背鳍前后各有3-5块深褐色的鞍形斑和横斑，体侧多深褐色的斑点，较小的标本在体侧沿纵轴有1列褐色斑块。背鳍和尾鳍多褐色斑点。

鳔后室退化，仅残留1很小的膜质室，但前室很膨大。肠长，自"U"形胃发出向后，在胃的后方绕折成6、7个环，腹面观呈螺纹形，也有前后方向绕折成6、7个环的。体长为肠长的0.5-0.8倍。

栖息于缓流河段，主要以硅藻、丝状藻类、钩虾和摇蚊幼虫等为食。

分布：只分布于青海柴达木河水系。

(112) 昆明高原鳅 *Triplophysa grahami* (Regan, 1906)（图148）

Nemachilus grahami Regan, 1906, Ann. Mag. nat. Hist., (7)17: 333.

Barbatula (*Barbatula*) *grahami*: Nichols, 1943, Nat. Hist. Central Asia, 9: 216.

Barbatula grahami: Cheng, 1958, J. Zool., 2(3): 160.

Triplophysa grahami: Zhu, 1989, The Loaches of the Subfamily Nemacheilinae in China (Cypriniformes: Cobitidae): 127.

别名：格氏巴鳅（成庆泰：《云南的鱼类研究》）；葛氏条鳅（李思忠：《中国淡水鱼类的分布区划》）。

测量标本23尾；体长47.5-91.0mm；采自云南富民螳螂川（金沙江水系）和弥渡（礼社江上游）。

背鳍iv-9-10；臀鳍iv-6；胸鳍i-9-10；腹鳍i-6-7；尾鳍分支鳍条16。第1鳃弓内侧鳃耙9-11。脊椎骨（18尾标本）4+34-36。

体长为体高的4.7-6.0倍，为头长的4.1-5.0倍，为尾柄长的4.8-6.1倍。头长为吻长的2.0-2.6倍，为眼径的4.8-5.6倍，为眼间距的1.4-1.7倍。尾柄长为尾柄高1.5-2.5倍。

身体延长，前躯较宽，呈圆筒形，后躯侧扁，尾柄短。头短，稍侧扁，头宽等于或稍大于头高。吻长等于或稍长于眼后头长。口下位。唇狭，唇面光滑。侧线完全。

背鳍背缘微凹入，背鳍基部起点至吻端的距离为体长的41%-50%。胸鳍长约为胸、腹鳍基部起点之间距离的3/5，有的雄性标本其胸鳍几乎可伸达腹鳍基部起点。腹鳍基部起点与背鳍的第1、第2或第3分支鳍条基部相对，末端不伸达肛门（其间距约等于1

倍眼径）。肛门约位于腹鳍末端和臀鳍基部起点之间的中点。尾鳍后缘凹入，两叶等长。

体色（甲醛溶液浸存标本）：基色浅黄色。背部在背鳍前后各有 3、4 块褐色横斑，其宽度稍大于两横斑之间的间距或与之等宽。体侧有很多不规则的褐色或浅褐色的斑纹和斑点，沿侧线褐色较深和有 1 列褐色斑块。背、尾鳍多褐色小斑点，胸鳍背面也有小斑点。

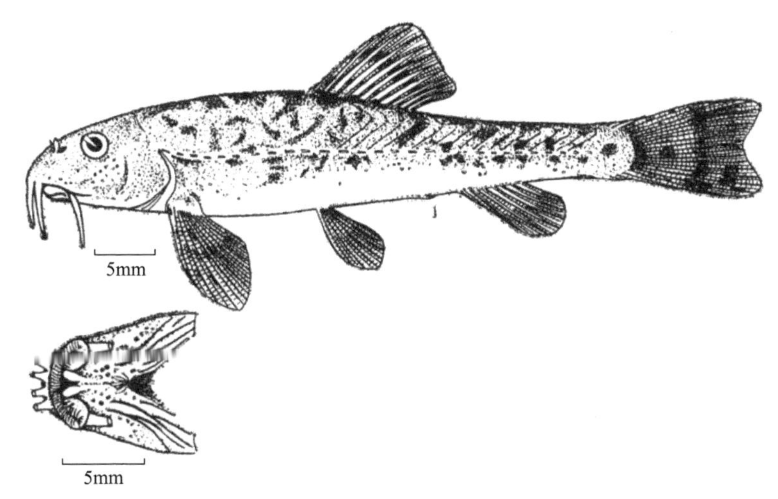

图 148　昆明高原鳅 *Triplophysa grahami* (Regan)（仿朱松泉，1989）

鳔的后室退化，仅残留 1 很小的膜质室，其长约相当于 1.5 个脊椎骨长。肠短，自“U”形胃发出后，在胃的后方折向前，至胃的中段稍后处再后折通肛门。

栖息于缓流河段的石砾缝隙或水草丛中，以底栖的昆虫幼虫为食。12 月中旬在云南苴力（礼社江上游）采的标本，性腺均已成熟。

分布：云南的螳螂川（昆明附近）和礼社江上游。

(113) 大眼高原鳅 *Triplophysa macrophthalma* Zhu *et* Guo, 1985（图 149）

Triplophysa macrophthalma Zhu *et* Guo, 1985, Acta Zootax. Sin., 10(3): 323; Zhu, 1989, The Loaches of the Subfamily Nemacheilinae in China (Cypriniformes: Cobitidae): 128.

测量标本 4 尾；体长 58.0-63.5mm；采自云南省宜良县狗街镇的南盘江。

背鳍 iii-8-9；臀鳍 iii-7；胸鳍 i-10-11；腹鳍 i-7；尾鳍分支鳍条 14。第 1 鳃弓内侧鳃耙 8-9。脊椎骨（2 尾标本）4+36。

体长为体高的 6.2-8.5 倍，为头长的 4.1-4.7 倍，为尾柄长的 4.7-5.1 倍。头长为吻长的 2.3-2.7 倍，为眼径的 3.8-4.4 倍，为眼间距的 6.1-7.0 倍。眼间距为眼径的 0.5-0.6 倍。尾柄长为尾柄高的 5.2-6.4 倍。

身体延长，近圆筒形，尾柄细长，尾柄起点处的横剖面近圆形，只靠近尾鳍基部外侧扁。头部稍平扁，近锥形。吻长等于或稍短于眼后头长。口下位。唇厚，唇面光滑或有浅皱。下颌匙状。须中等长，外吻须伸达前鼻孔和眼前缘之间的下方，口角须伸达眼中心之下。后鼻孔很大。眼大，眼径大于眼间距，侧上位。无鳞，皮肤光滑。侧线完全。

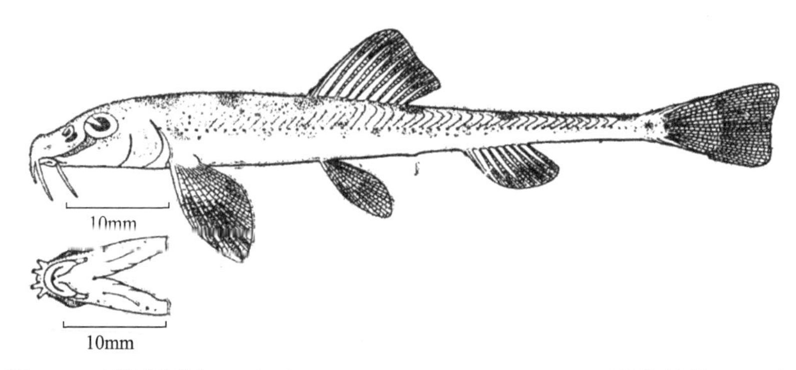

图 149 大眼高原鳅 *Triplophysa macrophthalma* Zhu *et* Guo（仿朱松泉，1989）

背鳍背缘平截或稍凹入，背鳍基部起点至吻端的距离为体长的 43%-47%。胸鳍较长，其长约为胸、腹鳍基部起点之间距离的 5/6。胸鳍基部起点与背鳍的第 1 或第 2 根分支鳍条基部相对，末端伸达肛门。尾鳍后缘微凹入，上叶稍长。

体色（甲醛溶液浸存标本）：基色浅黄色，背侧较暗。背部在背鳍前后各有 3 或 4 块褐色横斑，体侧有不规则的褐色小斑块。背、尾鳍（有时胸鳍背面）有褐色小斑点。

鳔的后室退化，仅残留 1 很小的膜质室。肠短，自“U”形胃发出向后，在胃的后方折向前，至胃的中段处再后折通肛门，绕折成“Z”形。

分布：云南南盘江。

(114) 秀丽高原鳅 *Triplophysa venusta* Zhu *et* Cao, 1988（图 150）

Triplophysa venusta Zhu *et* Cao, 1988, Acta Zootax. Sin., 13(1): 96; Zhu, 1989, The Loaches of the Subfamily Nemacheilinae in China (Cypriniformes: Cobitidae): 78.

测量标本 17 尾；体长 39-72mm；采自云南丽江的黑龙潭和漾弓江。

背鳍 iv-7-8（个别是 7）；臀鳍 iii-5；胸鳍条 i-10-11；腹鳍条 i-6-7；尾鳍分支鳍条 16，第 1 鳃弓内侧鳃耙 10-13。脊椎骨（3 尾标本）4+34-36。

体长为体高的 3.9-5.5 倍，为头长的 3.9-5.0 倍，为尾柄长的 6.7-9.6 倍。头长为吻长的 2.7-3.3 倍，为眼径的 3.9-5.4 倍，为眼间距的 2.5-3.3 倍。眼间距为眼径的 1.5-2.0 倍。尾柄长为尾柄高的 1.0-1.7 倍。

身体稍延长，侧扁，略呈纺锤形。头较大，侧扁。吻长短于眼后头长。口下位。唇厚，上唇缘有乳头状突起，呈流苏状，下唇面有短乳头状突起和深皱褶。下颌匙状。须中等长，外吻须后伸达鼻孔和眼前缘之间的下方，口角须伸达眼后缘之下或稍超过。眼较大，侧上位。无鳞，皮肤光滑。侧线完全。

背鳍背缘稍外凸，呈圆弧形，背鳍基部起点至吻端的距离为体长的 50%-58%，不分支鳍条软。胸鳍末端在胸、腹鳍基部起点之间距离的中点（雌性）或过中点接近腹鳍基部起点（雄性）。腹鳍基部起点相对于背鳍的基部起点或第 1、第 2 根分支鳍条基部，末端不伸达肛门（其间距等于 1-1.5 个眼径）。尾鳍后缘微凹入，两叶等长或上叶稍长。

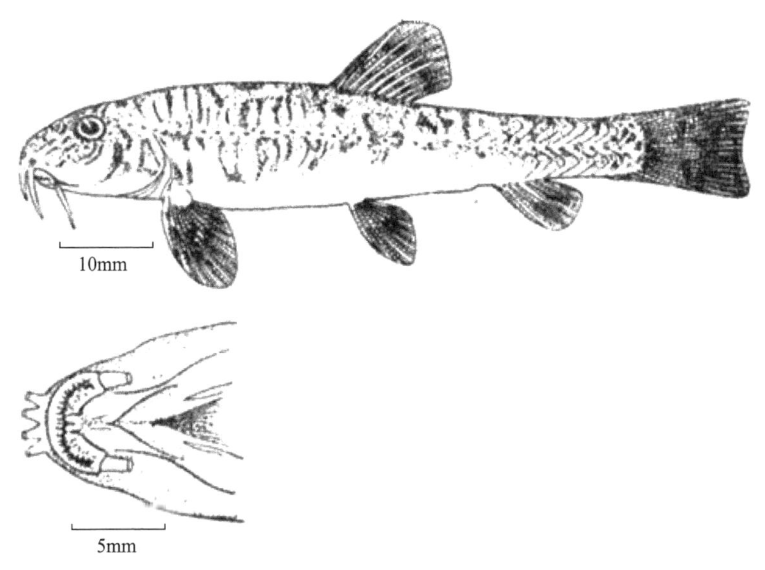

图 150　秀丽高原鳅 *Triplophysa venusta* Zhu *et* Cao（仿朱松泉，989）

体色（甲醛溶液浸存标本）：基色浅黄色，背、侧部较暗。背部有不规则的褐色块斑，有时在背鳍和尾鳍之间有 5、6 条褐色横斑条。体侧和头部有很多褐色短横条和斑点。背鳍有 1、2 列褐色小斑点，尾鳍的小斑点成行或不成行。

鳔后室发达，是 1 个卵圆形的膜质室，游离于腹腔中，末端达到相当于背鳍的下方。肠短，自“U”形的胃发出向后，几乎呈 1 条直管通向肛门。肠长短于体长。

分布：云南丽江的黑龙潭和漾弓江。栖息于静水和缓流水体。

(115) 西昌高原鳅 *Triplophysa xichangensis* Zhu *et* Cao, 1989（图 151）

Triplophysa xichangensis Zhu *et* Cao, 1989, In: Zhu, The Loaches of the Subfamily Nemacheilinae in China (Cypriniformes: Cobitidae): 79.

以下描述依照模式标本（5 尾）。

鉴别特征：①体表裸露无鳞。②尾柄侧扁，前后高度相等，尾柄长略小于头长。③侧线完全，或仅左侧侧线不完全，右侧完全。④鳍条柔软。⑤背鳍起点靠后于腹鳍起点，位于体长中点偏后。⑥尾鳍外缘平截。⑦鳔后室发达，游离于腹腔中，长筒形，中部无收缢，末端后伸的相对位置接近腹鳍起点。⑧肠道呈“Z”形。

体粗短，体表光滑，无鳞。肛门前躯圆筒状，最大体高位于胸腹部正中略偏前处，体高约等于体宽；胸腹部正中向后至肛门处的身体高度逐渐变小，但变化幅度十分微小；肛门后身体逐渐侧扁，身体高度几乎不变或略减小。背鳍基部略向腹部方向倾斜，该基部末端处的身体高度等于或略大于臀鳍起点处的高度，约为体高的 3/4；背鳍基部末端后的体背部平直。臀鳍基部略向背部倾斜，尾柄前后高度一致，尾柄高略大于 1/2 体高。

尾鳍基部具浅皮质棱，向前延伸至 1/3 尾柄处。肛门紧靠臀鳍起点。侧线特殊，部分个体左体侧侧线不完全，其末端距离尾鳍基等于 1/4-1/3 尾柄长；右体侧侧线完全。侧线起于鳃盖上缘开口处，沿体侧正中线略偏背方向平直延伸至背鳍起点下方，再沿体侧正中线向尾鳍基部平直延伸。

头部稍平扁，头高略小于头宽；头背面观呈梯形，头顶高高隆起。雄性眼下刺突区为两扇较窄的月牙形隆起，扇间狭沟明显；雌性眼下两颊较光滑。吻圆钝，吻端略平直（并非挤压所致），口角至吻端处的吻部与头腹面平行或略上翘，吻长远小于眼后头长。前后鼻孔紧靠，前鼻孔延长呈短喇叭状，后鼻孔开阔且其开口面积几乎等于前者；后鼻孔更靠近眼眶前缘且其间宽度约为 1/2 眼径。眼小呈椭圆形，靠近头顶，眼径等于或小于 1/2 眼间距。鳃盖侧线管位于眼眶后缘近 1 倍眼径处，向下延伸至口角。

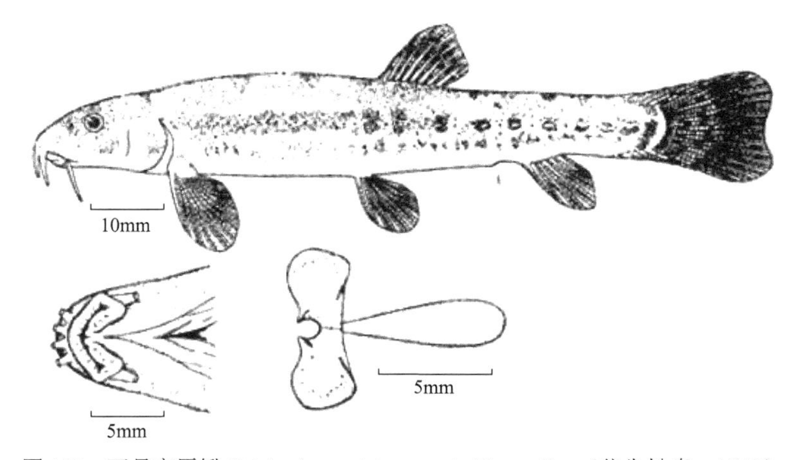

图 151 西昌高原鳅 *Triplophysa xichangensis* Zhu *et* Cao（仿朱松泉，1989）

口裂较宽，呈弧形，唇较厚，肉质。上唇中央无缺刻，唇面皱褶不呈流苏状，唇缘无乳突。下唇较发达，下唇面正中央具 1“V”形缺刻，缺刻两边各为 1 短小的星月形肉瓣，缺刻后具 1 浅中央纵沟，沿头腹面正中央延伸至鳃盖下缘闭合处，纵沟后半段呈发达的肉瓣状；下唇面皱褶但无乳头状突起，各形成 5 或 6 条规则的皱褶沟，整个唇瓣呈片状。上下颌边缘肉质，不锐利，下颌匙状，均不露出唇外。须 3 对，较短；内吻须后伸不达口角，外吻须平直后伸达眼眶前缘垂下方；口角须起点位于后鼻孔正下方，其平直后伸达眼眶后缘垂下方或略超过。

鳍条极软。胸鳍 i-10-11；背鳍 iii-7-8；腹鳍 i-6-7；臀鳍 ii-5。雄性胸鳍增宽变圆，背面第 1-6 分支鳍条具 1 增厚的隆起刺突层；雌性胸鳍较尖，末端后伸达胸腹鳍之间的中点或略靠前。背鳍位于身体中后部，起点略靠后于腹鳍起点，距吻端大于距尾鳍基的距离；背鳍基部末端靠前于肛门，约与腹鳍腋部和肛门之间的中点相对；背鳍外缘平截，鳍条末端约与肛门相对或略靠前。腹鳍末端尖形，远不及臀鳍起点。臀鳍外缘略向外凸出，起点至腹鳍腋部距离略小于至尾鳍基部的距离，末端及尾柄中点。尾鳍后缘平截或微微内凹，上下叶等长。

鳔前室埋于骨质囊中，分左右 2 侧室，其间由 1 骨质柄连接；鳔后室发达，呈长筒形，中部无收缢，末端后伸接近腹鳍起点。肠自“U”形胃发出后在胃底端 1/2 倍胃长处回折至胃中部偏下，再回折直达肛门，肠呈“Z”形。

体色：浸制标本背部和体侧为浅褐色，腹部浅棕黄色。背鳍前背部具 5、6 个褐色斑纹，体侧具浅褐色小斑点或斑块。背鳍和尾鳍具 3 或 4 列褐色斑点状条纹。

体型小，其他不详。

分布：目前仅知分布于四川西昌安宁河（雅砻江水系），自朱松泉（1989）首次报道后，再无相关采集记录。

(116) 忽吉图高原鳅 *Triplophysa hutjertjuensis* (Rendahl, 1933)（图 152）

Nemacheilus (*Triplophysa*) *hutjertjuensis* Rendahl, 1933, Ark. Zool., 25A (11): 28; Li *et* Chang, 1974, Acta Zool. Sin., 20(4): 414.

Nemacheilus hutjertiuensis: Zhao, 1982, J. Lanzhou Univ. (Nat. Sci. Ver.), 18(4): 113.

Triplophysa hutjertjuensis: Zhu, 1989, The Loaches of the Subfamily Nemacheilinae in China (Cypriniformes: Cobitidae): 81.

别名：忽吉图条鳅（赵铁桥：《内蒙艾不盖河的鱼类》）；三鳔条鳅（李思忠和张世义：《甘肃省河西走廊鱼类新种及新亚种》）。

测量标本 31 尾；体长 40.5-77.0mm；采自内蒙古艾不盖河（百灵庙和忽吉图）。

背鳍 iii-7；臀鳍 iii-5；胸鳍 i-10-11；腹鳍 i-6-8；臀鳍分支鳍条 16-17（个别是 17）。第 1 鳃弓内侧鳃耙 10-14。脊椎骨（10 尾标本）4+35-37。

体长为体高的 4.7-6.7 倍，为头长的 3.7-4.8 倍，为尾柄长的 4.4-5.9 倍。头长为吻长的 2.5-3.0 倍，为眼径的 4.6-6.0 倍，为眼间距的 2.9-3.5 倍。眼间距为眼径的 1.5-2.3 倍。尾柄长为尾柄高的 1.8-2.4 倍。

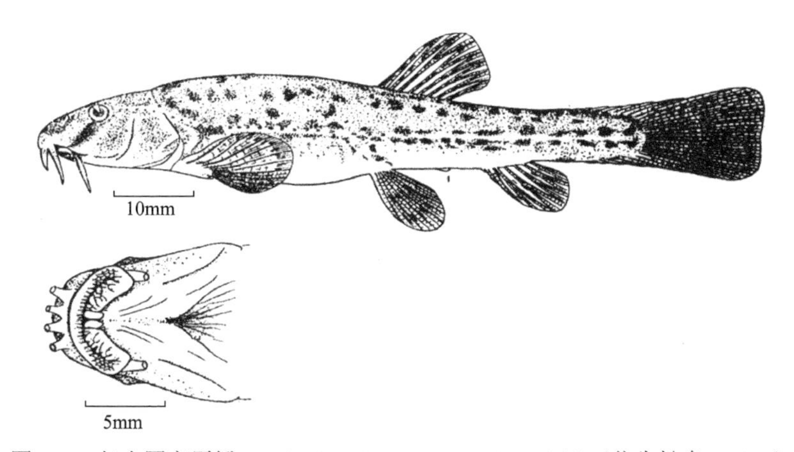

图 152　忽吉图高原鳅 *Triplophysa hutjertjuensis* (Rendahl)（仿朱松泉，1989）

身体延长，前躯较宽，略呈圆筒形，后躯侧扁，尾柄短而高。头部稍平扁，头宽稍大于头高，顶部（眼间距）稍宽。吻短钝，吻长短于眼后头长。眼较小，侧上位。唇厚，上唇缘有流苏状的短乳头状突起，下唇面多短乳头状突起和深的皱褶。小颌匙状，不露出。须中等长，外吻须和口角须分别后伸达鼻孔和眼后缘的下方。无鳞，皮肤光滑。侧线不完全，终止在胸鳍和背鳍之间。

背鳍背缘稍外凸呈圆弧形或平截，背鳍基部起点至吻端的距离为体长的 54%-58%。胸鳍长约为胸、腹鳍基部起点之间距离的 3/5。腹鳍基部起点与背鳍的基部起点或与第 1 根分支鳍条基部相对，末端伸过肛门或到臀鳍基部起点。尾鳍后缘平截或微凹入，个别大个体稍外凸，呈圆弧形，两叶等长或上叶稍长。

体色（甲醛溶液浸存标本）：基色浅黄色，背、侧部浅褐色。沿背脊、背侧部和体侧纵轴通常褐色较深或各有 1 行褐色小斑点。头和身体的背、侧部多褐色小斑点。背鳍、尾鳍以及胸鳍的背面多大小均匀的褐色小斑点。

鳔的后室是发达的长筒形的膜质室，游离于腹腔中，其末端达到相当于胸鳍末端和背鳍起点之间，鳔的中段有明显的收缢处，后段常长于前段。肠短，自“U”形的胃发出向后，在胃的后方折向前，至胃的中段处再后折通肛门，绕折成“Z”形。体长为肠长的 1.7 倍。

分布：甘肃河西走廊的石羊河水系和内蒙古达尔罕茂明安联合旗的艾不盖河上游。栖息在河流缓流河段或有一定流速、水深 1-2m 的深潭之中，以水生昆虫为食。

(117) 达里湖高原鳅 *Triplophysa dalaica* (Kessler, 1876)（图 153）

Diplophysa dalaica Kessler, 1876, In: Przewalskii “Mongolia i Strana Tangutow”, 2(4): 24.

Nemacheilus dalaicus: Herzenstein, 1888, Zool. Theil., 3(2): 58; Zhao, 1982, J. Lanzhou Univ. (Nat. Sci. Ver.), 18(4): 115.

Nemacheilus djaggasteensis Rendahl, 1922, Ark. Zool., 15(4): 1.

Barbatula toni posteroventralis Nichols, 1925, Am. Mus. Novit., (171): 4; Shaw *et* Tchang, 1931, Bull. Fan. Mem. Inst. Biol., 2(5): 80; Tchang, 1933, Zool. Sinica, Peiping, (B) 2(1): 203; Tchang, 1959, Cyprinid Fishes in China: 120; Institute of Zoology, Chinese Academy of Sciences, 1959, The Primitive Report of Investigation of Fishery Biology Foundationin Yellow River: 50.

Barbatula (*Barbatula*) *toni posteroventralis*: Nichols, 1943, Nat. Hist. Central Asia, 9: 216.

Nemachilus posteroventralis: Li, 1965, J. Zool., (5): 219.

Triplophysa dalaica: Institute of Zoology, Shaanxi Province *et al.*, 1987, Fishes of Qinling Mountain Region: 24; Zhu, 1989, The Loaches of the Subfamily Nemacheilinae in China (Cypriniformes: Cobitidae): 82.

别名：叉尾巴鳅（中国科学院动物研究所鱼类组与无脊椎动物组：《黄河渔业生物学基础初步调查报告》）；后鳍巴鳅（张春霖：《中国系统鲤类志》）；后鳍条鳅（李思忠：《黄河鱼类区系的探讨》）。

测量标本 75 尾；体长 46-130mm；采自北京长辛店的永定河，山西娘子关的滹沱河，甘肃华亭的泾河上游，以及内蒙古的艾不盖河、达里湖、黄旗海和岱海。

背鳍 iii-iv-7-8（个别是 8）；臀鳍 iii-iv-5；胸鳍 i-10-12；腹鳍 i-7；尾鳍分支鳍条 16-17（个别是 17）。第 1 鳃弓内侧鳃耙 11-21。脊椎骨（23 尾标本）4+34-36。

体长为体高的 4.4-7.2 倍，为头长的 3.9-5.0 倍，为尾柄长的 4.3-7.0 倍。头长为吻长

的 2.2-3.0 倍，为眼径的 4.4-7.0 倍，为眼间距的 3.0-3.6 倍。眼间距为眼径的 1.3-2.2 倍。尾柄长为尾柄高的 1.5-2.8 倍。

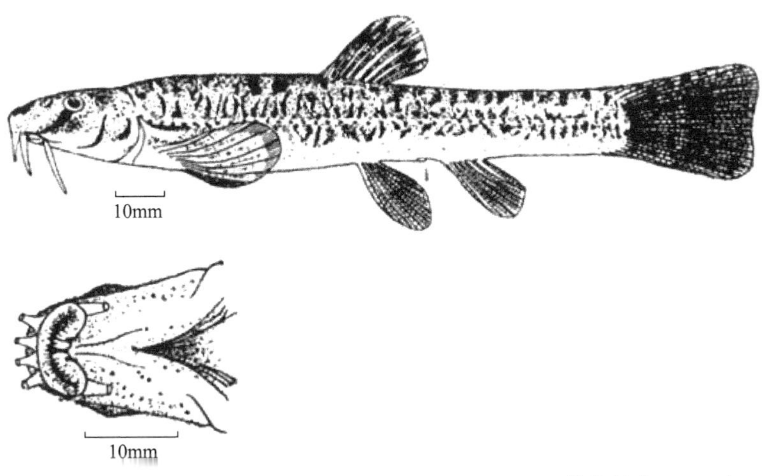

图 153　达里湖高原鳅 *Triplophysa dalaica* (Kessler)（仿朱松泉，1989）

身体延长，粗壮，前躯呈圆筒形，后躯侧扁，尾柄较高，至尾鳍方向其高度几乎不变。头部稍平扁，头宽大于头高。吻长等于或稍大于眼后头长。口下位。唇厚，上唇边缘有流苏状的短乳头状突起，下唇面多短乳头状突起和深皱褶。下颌匙状，边缘露出或不露出。须中等长，外吻须伸达后鼻孔和眼前缘之间的下方，口角须后伸达眼后缘的下方，少数达眼中心或略过眼后缘。无鳞，皮肤光滑。侧线完全。

背鳍背缘平截，不分支鳍条软弱，背鳍基部起点至吻端的距离为体长的 50%-56%。胸鳍长约为胸、腹鳍基部起点之间距离的 3/5。腹鳍位置较后，其基部起点相对于背鳍的第 3-7 根分支鳍条的基部之间，末端伸过肛门或到臀鳍基部起点。尾鳍后缘微凹入，两叶圆，等长或上叶稍长。

体色（甲醛溶液浸存标本）：基色下腹面浅黄色，背、侧部浅褐色。背部在背鳍前后各有 4-8 块深褐色块斑或横斑，通常狭于两横斑之间的间距，体侧多不规则的深褐色块斑和扭曲的短横条，大个体的短横条更多，较小的个体沿侧线有 1 列褐色块斑。背、尾鳍多褐色小斑点。

鳔的后室是 1 个发达的卵圆形膜质室，前端通过 1 条短管和前室相连，游离于腹腔中，膜质室的大小因栖息地的不同而异，通常在湖泊中的标本较大，其末端可伸达相当于胸鳍末端至腹鳍基部起点之间的范围内；河流内的标本则较小，其末端约达到相当于胸鳍长的中点附近。肠自“U”形的胃发出向后，在胃的后方绕折成螺纹形（腹面观），有 3-5 个环。体长是肠长的 0.6-0.8 倍。

栖息在河流的缓流河段和静水的湖泊中。在达里湖捕出的个体，主要以桡足类，其次是硅藻类和植物碎屑等为食；河流中的个体主要以硅藻类，其次是钩虾、桡足类和摇蚊幼虫等为食。

分布：分布较广。黄河自兰州以下的干支流，内蒙古的黄旗海、岱海、达里湖，以及达尔罕茂明安联合旗、克什克腾旗和西乌珠穆沁旗等地的自流水体都有其分布。

本种在内蒙古的黄旗海、岱海和达里湖等地的渔获物中占有一定的数量，体长一般在 120-150mm，体重 20-40g，而且肉质鲜美，可惜均未利用而随便弃之。本种适应性强，其食性又是其他鱼类很少利用的生物，因此，注意达里湖高原鳅资源的合理利用，对于提高这一地区湖泊的鱼产量有一定意义。

(118) 东方高原鳅 *Triplophysa orientalis* (Herzenstein, 1888)（图 154）

Nemachilus kungessanus orientalis Herzenstein, 1888, Zool. Theil., 3(2): 44.

Nemachilus kungessanus elongatus Herzenstein, 1988, Zool. Theil., 3(2): 44.

Nemacheilus (*Tauphysa*) *kungessanus*: Rendahl, 1933, Ark. Zool., 25A (11): 30.

Barbatula orientalis: Wang *et al.*, 1974, Zool. Res., (1): 5.

Nemachilus kungessanus: Wang *et al.*, 1974, Zool. Res., (1): 6.

Triplophysa kungessanus orientalis: Institute of Zoology, Shaanxi Province *et al.*, 1987, Fishes of Qinling Mountain Region: 27.

Triplophysa (*Triplophysa*) *orientalis*: Zhu, 1989, The Loaches of the Subfamily Nemacheilinae in China (Cypriniformes: Cobitidae): 84.

以下描述依据模式产地青海柴达木河样本（11 尾）。

鉴别特征：①体表光滑，全身裸露无鳞。②头顶平坦不隆起。③尾柄侧扁，前后高度一致，后段具浅皮质棱。④侧线完全。⑤鳍条柔软，背鳍起点靠后或相对腹鳍起点，成体腹鳍末端达到或超过肛门。⑥鳔后室发达，游离于腹腔中，长筒形，中部具明显收缢，末端后伸的相对位置接近或略超过腹鳍起点。⑦肠道绕折成 1 个环，呈“Z”形。

体延长，体表光滑、无鳞。背鳍前躯半圆筒形或略侧扁，背鳍基部末端至尾鳍基的身体侧扁，体高略大于体宽。背鳍基部平直略向腹部方向倾斜，其末端的身体高度等于臀鳍起点处的高度，约为体高的 3/4，小于体高，背鳍基部末端后的体背部平直。臀鳍基部平直向背部方向倾斜，其末端处身体高度与尾鳍基处的高度相等，约为体高的 3/5，小于背鳍基部末端处的体高。尾柄前后的高度一致，其后段具皮质棱，自尾鳍基向前延伸到约 1/3 尾柄处。肛门和臀鳍起点之间距离等于或略小于眼径。侧线完全，躯干处侧线沿身体中部延伸，起于鳃盖上缘开口处，向后平直沿体侧正中线略偏背方向延伸至背鳍起点垂下方，后沿体侧正中线延伸至尾鳍基部。

头平扁，最大头高与约眼睛处的头宽相等；头背面观呈三角形，头顶平坦不隆起。雄性眼下刺突区为月牙形肉瓣状隆起，狭沟明显；雌性眼下两颊较光滑。吻圆钝，吻端略尖，吻长略小于眼后头长。前后鼻孔紧靠，与吻端相比其更靠近眼眶前缘；前鼻孔延长呈短喇叭状，后鼻孔开阔且略大于前者。眼椭圆形，中等大，靠近头顶，眼径约等于 2/3 眼间距。眼眶后缘约 1 倍眼径处为鳃盖侧线管，向下逐渐延伸到口角处。

口裂较宽，呈马蹄形，唇较厚，极肉质；上唇面浅皱褶或光滑，中央无缺刻；下唇面正中央具 1“V”形缺刻，缺刻两边各为 1 长形肉突，缺刻后具 1 深而发达的中央纵沟，纵沟沿头腹面正中央延伸至鳃盖下缘闭合处；下唇面发达，各具 3-5 列深皱褶；上下颌边缘肉质不锐利，下颌匙状，均不露出唇外。须3对，内吻须后伸能达口角；外吻须后伸达后鼻孔或平直延伸达后鼻孔垂下方，部分个体外吻须平直后伸达眼眶前缘垂下方；口角须后伸达眼下缘中点，部分个体平直后伸达眼眶后缘垂下方。

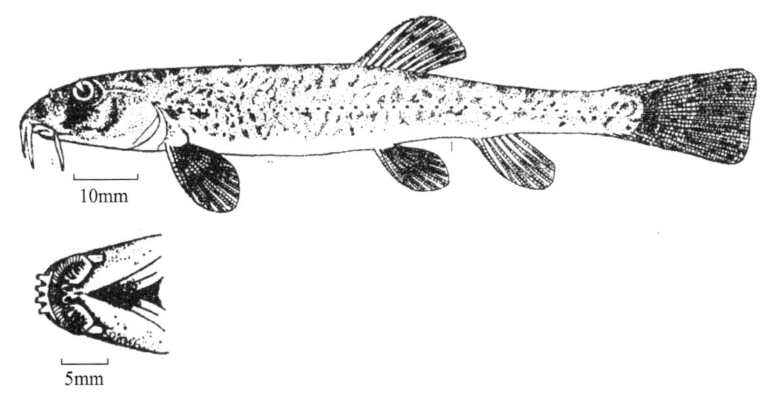

图154　东方高原鳅 *Triplophysa orientalis* (Herzenstein)（仿朱松泉，1989）

鳍条极软。胸鳍 i-10-11；背鳍 iii-7-8；腹鳍 i-8；臀鳍 ii-5。雄性胸鳍增宽变圆，背面外侧第1-6分支条具1增厚且隆起的刺突层，雌性胸鳍较尖，末端达胸鳍至腹鳍起点之间的中点或略超过。背鳍起点相对或靠后腹鳍起点，其距吻端远大于距尾鳍基的距离；背鳍基末端靠前肛门，约与肛门前1倍眼径处相对；背鳍外缘平截或微内凹，鳍条末端略靠前臀鳍起点正上方。腹鳍外缘变宽，末端略尖，过肛门接近臀鳍起点。臀鳍外缘平截，起点至腹鳍腋部距离远小于至尾鳍基部的距离，末端平直后伸及尾柄中点。尾鳍后缘多微内凹或平截，两叶等长或下叶略长。

鳔前室埋于骨质囊中，分左右2侧室，其间由1连接柄相连；鳔后室长筒形，中部具明显缢缩，末端接近或略超过腹鳍起点。肠自“U”形胃发出后在胃底端一半胃长处回折至胃中部，再回折直达肛门，肠呈“Z”形。

体色：整个身体除体腹面及头两颊外均布满黑色斑点，多数个体背鳍前后各骑跨3-5列横斑。浸制标本头顶及体背面深黑褐色，侧线以上的体侧面褐色带微黄，向下逐渐变为黄褐色，体腹面黄色；各鳍不透明，除腹鳍和臀鳍外布满黑色斑点，部分个体腹鳍具少量黑色斑点；胸鳍、腹鳍和臀鳍黄色；背鳍和尾鳍从其基部至3/4鳍面为黑褐色，后部逐渐变黄。

体型小，种群数量大，食用价值不大。喜栖息于水流湍急的河滩处，以水生昆虫、幼虫及寡毛类无脊椎动物为食。6、7月繁殖，卵径0.5mm左右，福尔马林浸泡后卵粒黄色。一些样本腹中具寄生虫。

分布：主要分布在四川境内甘孜州理塘县理塘河（金沙江水系）、理塘海子山理塘河（雅砻江水系）、岷江干流、康定大渡河，阿坝壤塘则曲及杜柯河干支流、玛柯河干流，阿坝若尔盖黑河（黄河水系）。广泛分布于青海柴达木水系，少量分布于甘肃郎木寺白龙江（嘉陵江上游）。

(119) 黑背高原鳅 *Triplophysa dorsalis* (Kessler, 1872)（图 155）

Cobitis dorsalis Kessler, 1872, Bull. Soc. Sci. Moscou, 10: 34.

Diplophysa kungessana Kessler, 1879, Mèl. Biol. Bull. Acad. Sci. St. Pètersb., 10: 238, 240.

Nemachilus kunqessanus: Herzenstein, 1888, Zool. Theil., 3(2): 41.

Nemachilus dorsalis: Li *et al*., 1966, Acta Zool. Sin., 18(1): 46; Institute of Zoology, Chinese Academy of Sciences *et al*., 1979, Fishes of Xinjiang Province: 44.

Triplophysa dorsalis: Zhu, 1989, The Loaches of the Subfamily Nemacheilinae in China (Cypriniformes: Cobitidae): 85.

别名：黑背条鳅（李思忠等：《新疆北部鱼类的调查研究》）。

测量标本 15 尾；体长 64.5-87.0mm；采自新疆尼勒克县的喀什河（伊犁河上游）。

背鳍 iii-iv-7；臀鳍 iii-5；胸鳍 i-10-11；腹鳍 i-6-7；尾鳍分支鳍条 16-17（个别为 17）。第 1 鳃弓内侧鳃耙 13-16。脊椎骨（15 尾标本）4+34-35。

体长为体高的 5.0-6.3 倍，为头长的 4.0-4.6 倍，为尾柄长的 4.4-5.3 倍。头长为吻长的 2.6-3.2 倍，为眼径的 4.6-5.7 倍，为眼间距的 2.4-3.1 倍。眼间距为眼径的 1.6-2.0 倍。尾柄长为尾柄高的 1.7-2.3 倍。

身体延长，前躯呈圆筒形，后躯侧扁。头较短，头高等于或稍小于头宽。吻长小于眼后头长。口下位，口较宽，唇厚，上唇有皱褶，下唇面有乳头状突起和深皱。下颌匙状，一般不露出。须较长，外吻须后伸达眼前缘的下方，口角须伸达眼后缘之下方或稍超过，有的可达前鳃盖骨。无鳞，皮肤光滑。侧线完全。

鳍短小。背鳍背缘平截或稍外凸呈圆弧形，背鳍基部起点至吻端的距离为体长的 53%-58%。胸鳍长为胸、腹鳍基部起点之间距离的 3/5-2/3。腹鳍基部起点相对于背鳍的基部起点或第 1 根分支鳍条基部，末端伸达肛门或到臀鳍基部起点。尾鳍后缘平截或微凹入，上叶稍长。

体色（甲醛溶液浸存标本）：基色浅褐色或浅黄色，背部较暗。背、侧部褐色，杂以深褐色的斑点。背、尾鳍多褐色小斑点，有时胸、腹鳍背面也有。

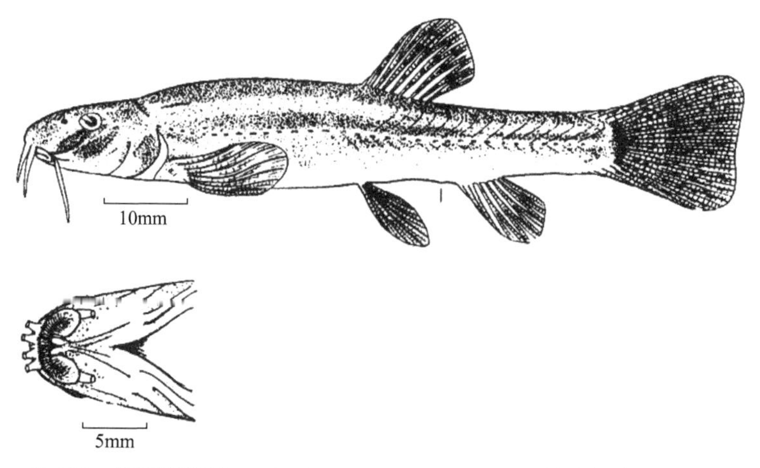

图 155 黑背高原鳅 *Triplophysa dorsalis* (Kessler)（仿朱松泉，1989）

鳔的后室为长筒形或中段有收缢的膜质室，游离于腹腔中。膜质室的末端大约达到相当于胸鳍末端和背鳍基部起点之间的范围内。肠短，自“U”形的胃发出向后，在胃的后方折向前，至胃的末端处再后折通肛门。

分布：新疆伊犁河及其上游。

(120) 黑体高原鳅 *Triplophysa obscura* Wang, 1987（图 156）

Triplophysa obscura Wang, 1987, In: Institute of Zoology, Shaanxi Province *et al.*, Fishes of Qinling Mountain Region; Zhu, 1989, The Loaches of the Subfamily Nemacheilinae in China (Cypriniformes: Cobitidae): 86; Ding, 1994, The Fishes of Sichuan, China: 70.

以下描述依据模式标本及地模标本（17 尾）。

鉴别特征：①全身裸露无鳞，体表不光滑，皮肤表面密布大量疣状突起。②头顶平坦不隆起。③上下唇厚，特化为乳头状突起。④尾柄侧扁，前后高度一致，无皮质棱或仅尾鳍基部具浅皮质棱。⑤侧线完全。⑥鳍条柔软，背鳍起点相对或略靠前于腹鳍起点，腹鳍末端超过肛门。⑦鳔后室发达，长筒形，中部明显缢缩，末端后伸的相对位置接近或达到腹鳍起点。⑧肠道绕折成 1 个环，呈“Z”形。

体延长，体表不光滑，皮肤表面密布大量疣状突起，无鳞。背鳍前躯近圆筒形，最大体高位于胸腹部正中，体高约等于体宽；背鳍起点后身体逐渐侧扁，身体高度减小。背鳍基部向腹部方向倾斜，该基部末端处的身体高度略大于臀鳍起点处的高度，约为体高的 3/4；背鳍基部末端后的体背部平直。臀鳍基部平直，其起点处的身体高度与尾鳍基处的高度相等，约为体高的 3/5。尾柄前后高度一致，其后段无皮质棱或仅尾鳍基部具浅皮质棱。肛门和臀鳍起点之间距离小于眼径。侧线完全，沿身体中部延伸，起于鳃盖上缘开口处，延伸至鳃盖后缘中点偏上处，再沿体侧正中线略偏背方向延伸至臀鳍起点上方，后平直沿尾柄正中线延伸至尾鳍基部。

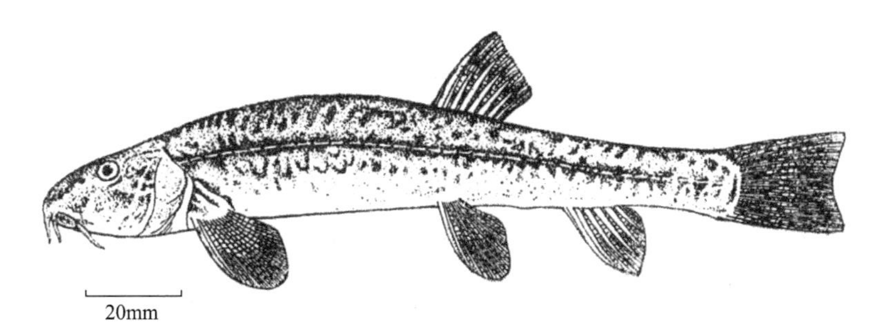

图 156　黑体高原鳅 *Triplophysa obscura* Wang（仿朱松泉，1989）

头部不平扁，头高与头宽几乎相等；头背面观几乎呈正三角形，平坦不隆起。雄性眼下刺突区为长条形肉瓣状隆起，狭沟明显；雌性眼下两颊较光滑。吻圆钝，吻端略尖，口角至吻端处的吻部急剧上翘，吻长远小于眼后头长。前后鼻孔紧靠，与吻端相比其更靠近眼眶前缘；前鼻孔延长呈开阔的短喇叭状，后鼻孔开阔且其开口面几乎等于前者。

眼大呈椭圆形，靠近头顶，眼径约等于 3/5 眼间距。鳃盖侧线管起于眼眶后缘约 2/3 眼径处，向下逐渐延伸至口角处。

口裂较宽，呈马蹄形，唇较厚，极肉质；上唇中央无缺刻，唇面深皱褶，唇缘紧密排列许多乳突；下唇面正中央具 1 “H” 形缺刻，缺刻两边各为 1 长椭圆形肉瓣，缺刻后具 1 浅而平的中央纵沟，纵沟沿头腹面正中央延伸至鳃盖下缘闭合处；下唇极发达，唇面深皱褶且布满乳头状突起；上下颌边缘肉质不锐利，下颌匙状，均不露出唇外。须 3 对，内吻须后伸达口角，外吻须后伸达眼眶前缘，或平直延伸达眼眶前缘垂直下方；口角须后伸达眼下缘中点，或平直后伸达眼眶后缘垂直下方。

鳍条极软。胸鳍 i-12-13；背鳍 iii-8；腹鳍 i-8；臀鳍 ii-6。雄性胸鳍增宽变圆，背面第 1-6 分支鳍条背面具 1 增厚的隆起刺突层，雌性胸鳍较尖，末端伸达胸鳍至腹鳍起点之间的中点或略靠前。背鳍位于身体中后部，起点相对或略靠前于腹鳍起点，距吻端远大于距尾鳍基的距离；背鳍基部末端靠前肛门，约与肛门前 1 倍眼径处相对；背鳍外缘平截，鳍条末端约与臀鳍起点相对。腹鳍外缘变宽，末端略尖，过肛门不及臀鳍起点。臀鳍外缘平截，起点至腹鳍腋部距离远小于至尾鳍基部的距离，末端到达尾柄中点。尾鳍后缘平截，上下叶等长。

鳔前室埋于骨质囊中，分左右 2 侧室，其间由 1 骨质连接柄；鳔后室发达，呈长筒形，中部略具收缢但不明显，末端后伸接近腹鳍起点。胃大，呈 “U” 形；肠自胃发出后在胃底端 1 倍胃长处回折至胃底部，再回折直达肛门，肠呈 “Z” 形。

体色：身体除头、两颊、鳍条及腹面外，均布满不规则的黑色云斑状斑块，背部黑斑大而明显；沿侧线具 1 纵行白色细条纹。浸制标本除体腹面黄色外，均为黑色，背部颜色更深。各鳍不透明，均布满黑色斑点；胸鳍和腹鳍背面均为黑色，腹面黄色，其余各鳍均为黑色。

体型中等大，种群数量少，食用价值不大。喜栖息于河流的支流或岸边草丛地带。以水生昆虫及其幼虫、寡毛类无脊椎动物为食。6、7 月繁殖，卵径 0.7-1.0mm，IV 期卵巢呈棕黄色（丁瑞华, 1994）。

分布：四川境内主要分布于阿坝若尔盖索格藏寺和红原的黄河干流，以及白河和黑河等支流及其邻近的湖泊。甘肃迭部县白龙江（嘉陵江上游）和甘肃玛曲（黄河上游）也主产此鱼。

(121) 硬刺高原鳅 *Triplophysa scleroptera* (Herzenstein, 1888)（图 157）

Nemachilus scleroptera Herzenstein, 1888, Zool. Theil., 3(2): 54; Zhu *et* Wu, 1975, Study on fish fauna of Qinghai Lake region-fish fauna and biology of Qinghai Lake region; Wu *et* Chen, 1979, Acta Zootax. Sin., 4(3): 292.

Triplophysa scleroptera: Zhu, 1989, The Loaches of the Subfamily Nemacheilinae in China (Cypriniformes: Cobitidae): 87; Ding, 1994, The Fishes of Sichuan, China: 73.

以下描述依照青海省青海湖样本（4 尾）。

鉴别特征：①全身裸露无鳞。②尾柄侧扁，前后高度一致或起点略高。③唇面深皱褶，具乳突。④背鳍不分支条极硬，起点靠前腹鳍起点，位于体长中点偏前。⑤尾柄后段具皮质棱，尾鳍叉形，最短分支条为最长分支条的 2/3。⑥鳔后室发达，游离于腹腔中，前段细长，后段膨大呈囊袋状，末端相对位置超过腹鳍起点。⑦肠道绕折成 1 个环。

体延长，体表不光滑，皮肤微微皱褶，无鳞。背鳍前躯近圆筒形或略侧扁，背鳍起点后段身体逐渐侧扁；最大体高位于胸鳍基部处，略大于最大体宽；同时身体高度自胸鳍基部处向尾部逐渐降低。背鳍基部平直略向腹部方向倾斜，其末端的体高等于或略大于臀鳍起点处的体高，约为体高的 3/4，背鳍基部末端后的体背部平直。臀鳍基部平直向背部方向倾斜，其末端处身体高度与尾鳍基处身体高度（包括皮质棱）相等，约为体高的 3/5。尾柄高度向尾鳍基部（除皮质棱）略降低。尾柄后段皮质棱自尾鳍基向前延伸至约 1/3 尾柄处。肛门和臀鳍起点之间距离等于眼径。侧线完全，起于鳃盖上缘开口处，向后平直沿体侧正中线略偏背方向延伸至腹鳍起点垂上方，再沿身体正中线延伸至尾鳍基部；侧线孔明显。

头尖，头高与眼处的头宽相等或略大于；头背面观呈长锐角三角形，头顶呈正三角形，头顶至吻端平坦不隆起。雄性眼下刺突区为上下 2 扇月牙形肉瓣状隆起，上扇面积大于下扇；两扇瓣间狭沟明显，狭沟起于眼眶上下缘转角处，止于外吻须起点处；雌性眼下两颊较光滑，无狭沟。吻端尖，吻长略小于眼后头长。前后鼻孔紧靠，与吻端相比其更靠近眼眶前缘；前鼻孔延长呈喇叭状，后鼻孔开阔且略大于前者。眼圆而大，靠近头顶，约占该处头高的一半；眼径约等于 3/4 眼间距。鳃盖侧线管位于眼眶后缘约 1 倍眼径处，向下逐渐延伸到口角。

口裂较宽，呈马蹄形，上下唇紧闭。上唇薄，唇面皱褶，唇缘乳头状突起，中央无缺刻。下唇厚而宽，唇面正中央具 1“V”形缺刻，缺刻两边各为 1 宽形肉瓣，缺刻后具 1 浅而宽的中央纵沟，沿头腹面正中央延伸至鳃盖下缘接合处；下唇面发达，各具 4、5 列深皱褶，口角处皱褶特化为乳突状。上下颌边缘肉质不锐利，上颌边缘弧形不露出唇外，下颌匙状仅缺刻处微微露出。须 3 对，内吻须后伸能达口角；外吻须后伸达后鼻孔或平直延伸达眼眶前缘垂下方；口角须后伸达眼下缘中点或平直后伸达眼眶后缘垂下方。

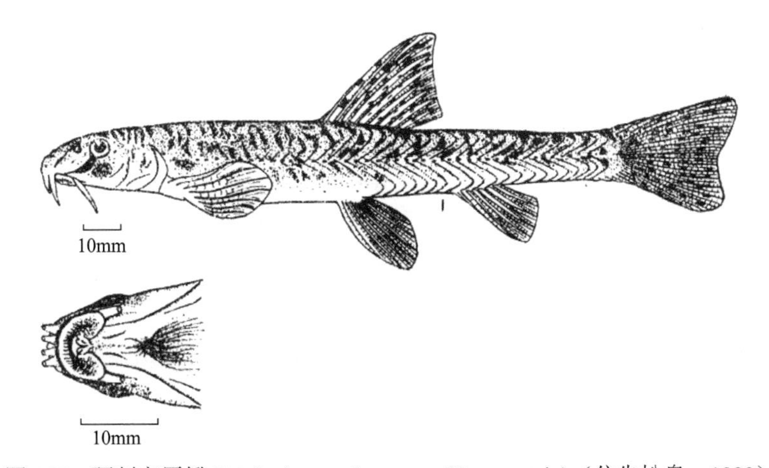

图 157　硬刺高原鳅 *Triplophysa scleroptera* (Herzenstein)（仿朱松泉，1989）

不分支鳍条极硬。胸鳍 i-10-11；背鳍 iii-7；腹鳍 i-8；臀鳍 ii-5；尾鳍分支鳍条约为16。胸鳍条变硬，雄性胸鳍增宽略变圆，末端略尖，其背面第 1-6 分支条具 1 增厚的隆起刺突层；雌性胸鳍较尖，末端伸达胸、腹鳍之间的中点或略超过。背鳍起点靠前腹鳍起点，位于身体中部或略靠近吻端；背鳍基部末端靠前肛门，约与肛门和腹鳍腋部之间的中点相对；背鳍外缘内凹，最长不分支条粗壮而光滑；第 1 分支鳍条最长，其末端与臀鳍基部中点正上方相对。腹鳍稍变宽，末端尖，鳍条变硬，末端超过肛门或后伸及臀鳍起点。臀鳍短小，外缘平截，鳍条变硬，起点至腹鳍腋部的距离远小于至尾鳍基部的距离，末端到达 1/3 尾柄处。尾鳍叉形，上叶略长，微微变硬，最短分支条为最长分支条的 2/3。

鳔前室埋于骨质囊中，分左右 2 侧室，其间由 1 连接柄相连；后室发达，前段（约 1/6 后室长）为细线状，后段突然膨大为长囊袋状，末端相对位置超过腹鳍腋部但靠前于背鳍基部末端。肠道较弯曲，自“U”形胃发出后向下延伸至 2 倍胃长处回折，呈“S”形向上延伸到胃中部，再回折沿原“S”形肠道向下延伸至第 1 回折处后直达肛门；肠形较一般“Z”形肠道稍复杂，但不呈螺旋形。

体色（浸制标本）：身体除体腹面及头部外均布满不规则的黑色斑块，背鳍前后无横斑骑跨，沿侧线均匀分布 10-15 列斑块。头顶黑灰色，吻部背面浅黄色，头侧及头腹面黄色，鳃盖下缘微红色；体背部黑褐色，侧线以上的体侧面黄褐色，向下逐渐变黄，体腹面黄色且微微泛红。除胸鳍外，各鳍仅最边缘略透明，其余部分颜色极深；背鳍和尾鳍上具不规则黑色斑点；胸鳍、腹鳍和臀鳍腹面微微泛红，背面黑褐色；背鳍和尾鳍从其基部至 3/4 鳍面为黑褐色，后部逐渐变黄。

体型较大，仅次于拟鲇高原鳅，种群数量大，为产区主要捕捞对象。喜栖息于静水湖泊，以水生昆虫、幼虫及其他无脊椎动物为食，也食小鱼小虾。6-8 月繁殖，卵径 0.7mm 左右，福尔马林浸泡后卵粒黄色。

分布：广泛分布于黄河上游及其支流，以及青海湖。青海主要分布于天峻县布哈河（青海湖支流），青海西宁及海晏县湟水（黄河上游），青海共和县（青海湖南岸）及倒淌河（青海湖支流），青海海晏县青海湖。甘肃主要分布于岷县舟曲（嘉陵江水系）、甘肃玛曲（黄河水系）、甘肃兰州黄河。四川主要分布于黄河干、支流及其邻近的湖泊，阿坝州若尔盖县的唐克及索格藏寺（黄河水系），以及与黄河相通的牛轭湖、哈丘湖等，其他水系少有分布。

讨论：本种体形特殊，与拟硬刺高原鳅相似，但以其坚硬的不分支条与其他高原鳅相区别。各分布点之间的差异很小，根据 Zhu (1981) 的比较研究，硬刺高原鳅不同水系和不同大小的样本其肠道弯曲程度有所不同，但其大致形状仍然相似，绕成 1 个环形而均不呈螺旋形。

丁瑞华 (1994) 描述硬刺高原鳅卵径 2.0-3.0mm，但我们测量 6 月份的性成熟样本卵径为 0.7mm 左右，此性状还需深入调查研究。

硬刺高原鳅雌雄个体之间的差异较明显，主要表现在：①雄性吻长占头长的比例小于雌性。②雌性口裂宽于雄性。③雄性胸鳍增宽变圆。④雄性背鳍长度变化范围较大，其鳍条末端相对位置多接近或达到臀鳍基部末端，而雌性背鳍长度相对较短。⑤雌性臀鳍长度变化范围较大，其末端多达或略超过尾柄中点。

(122) 拟硬刺高原鳅 *Triplophysa pseudoscleroptera* (Zhu *et* Wu, 1981)（图 158）

Nemachilus pseudoscleroptera pseudoscleroptera Zhu *et* Wu, 1981, Acta Zootax. Sin., 6(2): 221.

Nemachilus scleropterus Herzenstein, 1888, Zool. Theil., 3(2): 54; Wu *et* Chen, 1979, Acta Zootax. Sin., 4(3): 292.

Triplophysa pseudoscleroptera: Wu *et* Wu, 1984, Acta Zootax. Sin., 9(3): 327; Zhu, 1989, The Loaches of the Subfamily Nemacheilinae in China (Cypriniformes: Cobitidae): 89.

以下描述依照四川阿坝若尔盖县黑河样本（4 尾）。

鉴别特征：①全身裸露无鳞。②尾柄侧扁，尾柄起点处的高略大于末端，长度明显小于头长。③唇面深皱褶，或具乳突。④背鳍不分支鳍条柔软，背鳍起点靠前腹鳍起点，位于身体中部略靠近吻端。⑤尾鳍叉形，最短分支鳍条为最长分支鳍条的 2/3-3/4。⑥鳔后室发达，游离于腹腔中，呈长囊袋状，前后大小相近，末端相对位置超过腹鳍起点而靠前于背鳍基部末端。⑦肠道绕折成 1 个环，不呈螺旋形。

体延长，体表不光滑，皮肤微微皱褶，无鳞。背鳍前躯圆筒形，背鳍起点后段身体逐渐侧扁；最大体高位于胸鳍和背鳍之间的中部，略大于体宽；身体高度向尾部逐渐降低。背鳍基部平直略向腹部方向倾斜，其末端的身体高度大于臀鳍起点处的高度，约为体高的 3/4，背鳍基部末端后的体背部平直。臀鳍基部平直向背部方向倾斜，尾柄的高度向尾鳍基部降低。尾柄起点处横切面椭圆形，尾柄高为体高的 1/2，尾柄长明显小于头长。尾柄后段无皮质棱。肛门和臀鳍起点之间距离等于眼径。侧线完全，起于鳃盖上缘开口处，向后平直沿体侧正中线延伸至尾鳍基部；侧线孔明显。

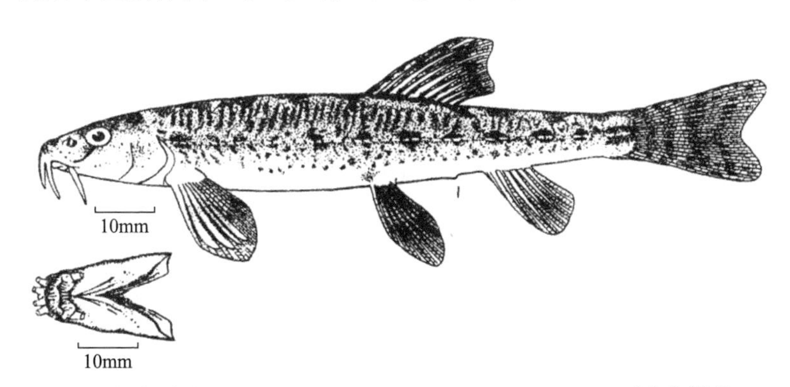

图 158　拟硬刺高原鳅 *Triplophysa pseudoscleroptera* (Zhu *et* Wu)（仿朱松泉，1989）

头尖，头高与头宽几乎相等，随标准长的增加，其头宽逐渐大于头高。头背面观呈长锐角三角形，头顶至吻端平坦不隆起。雄性眼下刺突区为 1 扇月牙形肉瓣状隆起，位于眼眶下缘左前方，扇瓣下狭沟明显，狭沟起于眼眶上下缘转角处，止于外吻须起点处的吻皮；雌性眼下两颊较光滑，无狭沟。吻端尖，吻长略小于眼后头长。前后鼻孔紧靠，与吻端相比其更靠近眼眶前缘；前鼻孔延长呈喇叭状，后鼻孔开阔且略大于前者，后鼻孔与眼眶前缘相距约 2/3 眼径。眼圆且大，靠近头顶，约占该处头高的 2/5；眼径约等于 2/3 眼间距。鳃盖侧线管位于眼眶后缘近 1 倍眼径处，向下逐渐延伸至口角。

口裂较宽，呈马蹄形，上下唇紧闭。上唇薄，唇面皱褶，唇缘具规则的乳头状突起，中央无缺刻。下唇略厚呈片状，唇面正中央具 1 “V” 形缺刻，缺刻两边各为 1 长条形肉瓣，缺刻后具 1 深而窄的中央纵沟，沿头腹面正中央延伸至鳃盖下缘接合处；两下唇瓣各具 4、5 列规则的深皱褶，靠近下颌边缘的下唇面特化为细小的乳突状。上颌边缘锐利，不露出唇外，下颌匙状仅缺刻处微微露出。须 3 对，内吻须后伸超过口角；外吻须后伸达后鼻孔或平直延伸达眼眶前缘垂下方；口角须后伸达眼下缘中点或平直后伸略超过眼眶后缘垂下方。

鳍条较软。胸鳍 i-12-13；背鳍 iii-7-8；腹鳍 i-9；臀鳍 ii-5；尾鳍分支鳍条约为 17。雄性胸鳍增宽，其背面第 1-6 分支鳍条具 1 肉垫状增厚层，但并非刺突；雌雄胸鳍均较尖，末端伸达胸腹鳍之间的中点或略超过。背鳍起点靠前腹鳍起点，位于身体中部略靠近吻端；背鳍基部末端靠前肛门，约与肛门和腹鳍腋部之间的中点相对，小个体的相对位置更靠近肛门；背鳍外缘内凹，第 1 分支鳍条最长，其末端与臀鳍起点相对或略靠后。腹鳍尖形，小个体（标准长小于 100mm）末端超过肛门或后伸达臀鳍起点，大个体（标准长大于 100mm）末端接近但不达肛门。臀鳍较长，外缘平截，起点至腹鳍腋部的距离远小于至尾鳍基部的距离，末端及尾柄中点。尾鳍叉形，上叶略长，最短分支鳍条为最长分支鳍条的 2/3-3/4。

鳔前室埋于骨质囊中，分左右 2 侧室，其间由 1 连接柄相连；后室发达，前后大小一致，呈长囊袋状或长卵圆形，末端相对位置超过腹鳍腋部略靠前于背鳍基部末端。肠道较弯曲，从腹面观，肠自 “U” 形胃发出后向下延伸至胃底部 1 倍胃长处再回折至胃底部，然后向胃右侧延伸至胃中部，再向胃左侧延伸至胃顶端后，再回折按原路弯曲延伸至胃底部，后直接通向肛门，绕成 1 个大环，肠形较一般 “Z” 形肠道稍复杂，但不呈螺旋形。

体色：整个身体除体腹面外均布满不规则的黑色斑块，背鳍前后无横斑骑跨；沿侧线分布 10 列左右斑块，背鳍前段的斑块相隔较后段稀疏。浸制标本，头背面黑灰色，头侧及头腹面黄色；体背部黑褐色，体侧面褐色偏黑，体腹面黄色且微微泛红。除胸腹鳍外，各鳍仅最边缘略透明，其余部分颜色较深；背鳍和尾鳍上具 4、5 列规则的黑色斑点；胸鳍、腹鳍和臀鳍腹面微微泛红，背面黑褐色；背鳍和尾鳍从其基部至 3/4 鳍面为黄褐色。

体型较大，与硬刺高原鳅相似，种群数量大，为产区主要捕捞对象。喜栖息于静水、湖泊，以水生昆虫、幼虫及其他无脊椎动物为食，也食小鱼小虾。6-8 月繁殖，怀卵量大，5000-10000 粒/尾，卵径 0.5mm 左右，福尔马林浸泡后卵粒黄色。

分布：广泛分布于黄河上游及其支流，以及与之相通的湖泊。主要分布于青海格尔木河（柴达木水系）。四川主要分布于阿坝若尔盖县黑河（黄河水系），阿坝红原县嘎曲（黄河水系）以及玛柯河（大渡河水系）。

(123) 武威高原鳅 *Triplophysa wuweiensis* (Li *et* Chang, 1974)（图 159）

Nemachilus wuweiensis Li *et* Chang, 1974, Acta Zool. Sin., 20(4): 415.

Triplophysa wuweiensis: Zhu, 1989, The Loaches of the Subfamily Nemacheilinae in China (Cypriniformes: Cobitidae): 90.

别名：武威条鳅（李思忠和张世义：《甘肃省河西走廊鱼类新种及新亚种》）。

地方名：狗鱼，甘肃省内见于武威、永昌金川河。

测量标本 10 尾；体长 68.5-90.5mm；采自武威北门外的石羊河。

背鳍 iv-6-7（个别是 6）；臀鳍 iii-5；胸鳍 i-9-10；腹鳍 i-6-7；尾鳍分支鳍条 15-16（个别是 15）。第 1 鳃弓内侧鳃耙 12-17。脊椎骨（5 尾标本）4+35-37。

体长为体高的 5.0-6.2 倍，为头长的 4.7-5.1 倍，为尾柄长的 3.9-4.3 倍。头长为吻长的 2.3-2.5 倍，为眼径的 3.9-4.9 倍，为眼间距的 2.8-3.3 倍。眼间距为眼径的 1.3-1.6 倍。尾柄长为尾柄高的 2.8-3.4 倍。

身体延长，前躯近圆筒形，后躯侧扁。头锥形，稍侧扁，头宽稍大于头高。吻长等于或稍长于眼后头长。口下位。唇厚，上唇缘有流苏状的乳头状突起，下唇面多皱褶和短乳突。下颌匙状，露出或不露出。须中等长，外吻须和口角须分别后伸达后鼻孔至眼前缘和眼中心至眼后缘之间的下方。无鳞，皮肤光滑。侧线完全。

背鳍背缘稍凹入，最后不分支鳍条粗壮变硬，自其基部向上至少 2/3 的长度是硬的，背鳍基部起点至吻端的距离为体长的 50%-52%。胸鳍长为胸、腹鳍基部起点之间距离的 1/2-3/5，等于或稍长于头长。腹鳍基部起点与背鳍的第 1 或第 2 根分支鳍条基部相对，末端伸达肛门或到臀鳍基部起点。尾鳍后缘稍凹入，上叶稍长。

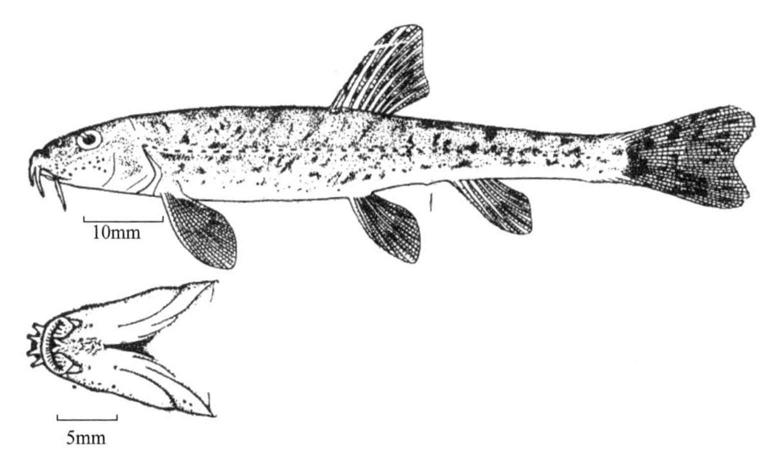

图 159 武威高原鳅 *Triplophysa wuweiensis* (Li *et* Chang)（仿朱松泉，1989）

体色（甲醛溶液浸存标本）：腹面基色浅黄色，背部基色浅褐色。背部有不规则的深褐色块斑，或在背鳍前后各有 5 或 6 块深褐色横斑，体侧有很多不规则的深褐色斑纹或斑块。背、尾鳍多褐色斑点。

鳔后室是 1 个卵圆形的膜质室，游离于腹腔中，末端约达到相当于胸鳍末和腹鳍起点之间中点的上方。肠较长，绕折的形式较多，多数是在胃的后方绕折成 4、5 个环的螺纹形；也有自胃的一端发出向后，在胃的后方折向前，至胃的中段或前端处再后折通肛门。体长为肠长的 0.6-0.7 倍。肠和胃的连接处无游离的盲突。

分布：仅分布于甘肃河西走廊的石羊河水系。栖息于河流的缓流河段，主要以丝状藻类和硅藻类为食。

(124) 麻尔柯河高原鳅 *Triplophysa markehenensis* (Zhu *et* Wu, 1981)（图 160）

Nemachilus pseudoscleropterus markehenensis Zhu *et* Wu, 1981, Acta Zootax. Sin., 6(2): 223.

Triplophysa markehenensis: Zhu, 1989, The Loaches of the Subfamily Nemacheilinae in China (Cypriniformes: Cobitidae): 91.

以下描述依照四川阿坝壤塘县则曲的样本（9 尾）。

鉴别特征：①头平扁，尾柄侧扁。②背鳍起点靠前腹鳍起点；位于身体中部略靠近尾鳍基部。③下颌边缘角质化，极锐利，常自然露出唇外。④尾鳍深凹或叉形。⑤鳔后室呈 1 小泡状，末端位于第 5-7 枚椎骨之间。⑥肠绕折成 5-7 个螺旋。

体延长，体表光滑，无鳞。背鳍前躯圆筒形，背鳍起点后段身体逐渐侧扁；最大体高和最大体宽均位于胸鳍和背鳍之间的中部，高略大于宽；身体高度向尾部逐渐降低。背鳍基部平直向腹部方向倾斜，其末端的身体高度明显大于臀鳍起点处的高度，约为体高的 3/5，背鳍基部末端后的体背部平直。臀鳍基部平直向背部方向倾斜，尾柄侧扁，其高度向尾鳍基部缓缓降低，尾柄起点处的身体高度略大于尾鳍基处的高度，尾柄高为体高的 1/2。尾柄后 1/3 段具皮质棱。肛门和臀鳍起点之间距离等于眼径。侧线完全，起于鳃盖上缘开口处，向后平直沿体侧正中线延伸至尾鳍基部；侧线孔明显。

头部略平扁，头宽明显大于头高；头背面观呈正三角形，头顶至吻端微微隆起。雄性眼下刺突区为上下 2 扇月牙形肉瓣状隆起，位于眼眶下缘左前方，扇瓣间狭沟明显，狭沟起于眼眶上下缘转角处，止于外吻须起点处的吻皮；雌性眼下两颊较光滑，无狭沟，但吻部两侧向外突出。吻圆钝，吻长与眼后头长几乎相等。前后鼻孔紧靠，与吻端相比其更靠近眼眶前缘；前鼻孔延长呈喇叭状，后鼻孔开阔且略大于前者，后鼻孔与眼眶前缘相距约 2/3 眼径。眼圆而大，靠近头顶，约占该处头高的 1/3；眼径略小于眼间距。鳃盖侧线管位于眼眶后缘近 1/2 眼径处，但不明显，向下逐渐延伸至口角处。

口裂较宽，呈宽弧形。唇厚，口角位置相对于后鼻孔或略靠后；唇面皱褶，唇缘无乳突。上唇中央无缺刻，下唇面正中央具 1 “V” 形缺刻，缺刻后具 1 较浅的中央纵沟，沿头腹面正中央延伸至鳃盖下缘接合处。上下颌边缘锐利，下颌铲形，常自然露出唇外。须 3 对，内吻须后伸超过口角；外吻须平直后伸达眼眶下缘垂下方；口角须平直后伸达到或超过眼眶后缘垂下方。

鳍条微硬，但不形成硬刺高原鳅那样的硬鳍。胸鳍 i-9-10；背鳍 iii-8；腹鳍 i-7-8；臀鳍 ii-5；尾鳍分支鳍条约为 15。雄性胸鳍增宽，其背面第 1-6 分支鳍条具 1 增厚的刺突层；雌雄胸鳍均较尖，末端后伸接近或达到胸腹鳍之间的中点。背鳍起点靠前腹鳍起点，位于身体中部略靠近尾鳍基部；背鳍基部末端靠前肛门，约与肛门和腹鳍腋部之间的中点相对或更靠近腹鳍腋部；背鳍外缘平截或内凹，第 1 分支鳍条最长，背鳍条末端后伸的相对位置接近或达到臀鳍起点正上方。腹鳍较宽，末端尖形，末端后伸多超过肛门而接近或达到臀鳍起点。臀鳍外缘平截，起点至腹鳍腋部的距离远小于至尾鳍基部的距离，末端多接近尾柄中点。尾鳍深凹或叉形，两叶几乎等长，最短分支鳍条为最长分支鳍条的 2/3-3/4。

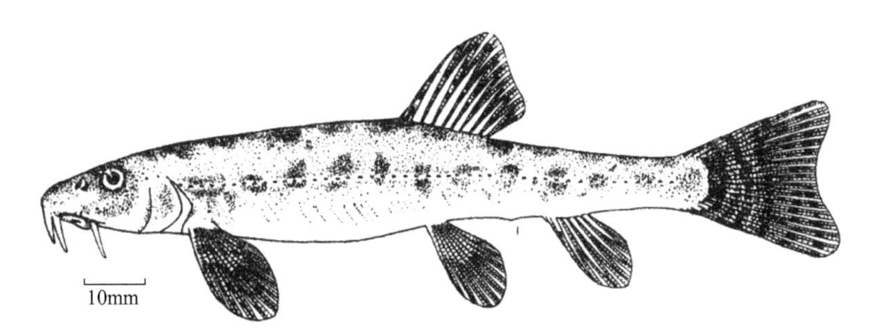

图 160　麻尔柯河高原鳅 *Triplophysa markehenensis* (Zhu *et* Wu)（仿朱松泉，1989）

鳔前室埋于骨质囊中，分左右 2 椭圆形侧室，其间由 1 连接柄相连；后室极小，卵圆形，活体时为白色，直径约为眼径的 2 倍，或末端位于第 5-7 枚椎骨之间。肠道弯曲，自“U”形胃发出后在胃底部绕成 5-7 个螺旋。

体色（浸制标本）：全身除斑纹黑色外，均为黄色或黄褐色。背鳍前骑跨 3-5 列横斑，延伸至侧线上方（部分个体无横斑）；背鳍后骑跨 6、7 列规则的横斑，延伸至整个体侧。各鳍外缘略透明，尾鳍和背鳍具 3-5 列规则的斑纹，其余各鳍多无斑。

体型较大，种群数量大，为产区主要渔业对象。喜栖息于流水环境，刮食着生藻类，兼食水生昆虫、幼虫及其他无脊椎动物。6、7 月繁殖，怀卵量大，5000-10000 粒/尾，卵径 0.7mm 左右，福尔马林浸泡后卵粒黄色。

分布：四川主要分布于阿坝州壤塘县的则曲、杜柯河干支流、玛柯河干流、甘孜州色达县达曲等大渡河上游区域。青海主要分布于玛柯河水系。

(125) 小鳔高原鳅 *Triplophysa microphysa* (Fang, 1935)（图 161）

Nemacheilus (*Deuterophysa*) *microphysa* Fang, 1935, Sinensia., 6(6): 753.

Nemacheilus (*Triplophysa*) *orientalis*: Fang, 1935, Sinensia., 6(6): 757.

Triplophysa microphysa: Zhu, 1989, The Loaches of the Subfamily Nemacheilinae in China (Cypriniformes: Cobitidae): 92.

以下描述依 Fang（1935b）。

标本 6 尾；体长 91-121mm；采自阿克苏河。背鳍 iii-8；臀鳍 iii-5；胸鳍 i-12；腹鳍 ii-7。体长为体高的 7.1-7.6 倍，为头长的 5 倍，为尾柄长的 4.3-4.5 倍，尾柄长长于头长。头长为吻长的 2.5 倍，为眼径的 2.5-2.7 倍，为眼间距的 3.3-3.5 倍。尾柄长为尾柄高的 3.3 倍。

身体延长，后躯侧扁。头的背侧面稍倾斜，顶部光滑，多少鼓出。口下位，弧形，口角的后缘在鼻孔之下。下唇在中部分开，唇面光滑。须中等长，外吻须长度与口角须接近，向后延伸到后鼻孔的下方，口角须后伸到眼后缘之下，吻长为口角须长的 1.5 倍。无鳞。侧线完全。

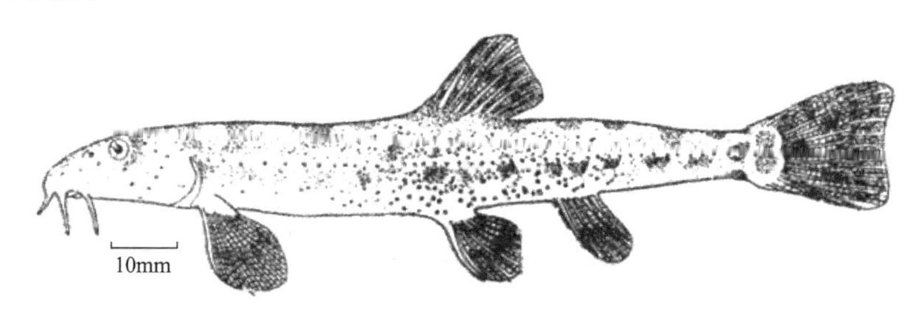

图 161　小鳔高原鳅 *Triplophysa microphysa* (Fang)（仿朱松泉，1989）

背鳍背缘平截，背鳍基部起点在吻端和尾鳍基部之间接近后者，或者背鳍基部起点到鼻孔距离约与到尾鳍基部距离相等。头长为胸鳍长的 1.3 倍，胸鳍长为胸、腹鳍基部起点之间距离的 2/5。腹鳍基部起点与背鳍的第 1 或第 2 分支鳍条基部相对，其至尾鳍基部和至眼前缘的距离相等，末端达到或稍超过肛门。尾鳍后缘稍凹入，两叶圆，上叶稍长。

体色：基部基色浅褐色，腹面基色灰白色。背鳍通常在背鳍前有 5 或 6 个暗褐色条，背鳍基至尾鳍基有 5 个暗褐色条，狭于两褐色条之间的间隔。头部背面暗或有斑纹，或为不定形的灰色。体侧有明显或不明显的暗褐色斑，大约侧线上下各有 1 行。背、尾鳍有不明显的斑条各 2、3 和 3-5 条，其余为灰白色。

鳔的后室是 1 个很小的膜质室，有时呈橄榄形，前端有 1 条长的细管与前室相连，膜质室的长度大约是细管长的 1/5。细管和膜质室的整个长度约为体腔的 1/2。肠有 1 前环和 1 后环，前环的前端达到胃的前端。

分布：新疆阿克苏河。

(126) 重穗唇高原鳅 *Triplophysa papillosolabiata* (Kessler, 1879)（图 162）

Diplophysa papillosolabiata Kessler, 1879, Mel. Bid. Bull. Acad. Sci. Petersb., 1879 (10): 299.

Triplophysa papillosolabiata: Eschmeyer, 2006, FishBase.

地方名：狗鱼。

测量标本 85 尾。全长 41.4-178.6mm；体长 34.5-150.7mm。

背鳍 iii-7；臀鳍 iii-5；胸鳍 i-10-11；腹鳍 i-7；尾鳍 1+15+16+1。鳃耙 8-14，脊椎骨 4+36+1=41。

体长为体高的 5.2-7.3 倍，为头长的 3.8-5.2 倍，为尾柄长的 5.1-5.3 倍，为尾柄高的 15.4-15.8 倍。头长为吻长的 2.1-3.4 倍，为眼径的 5.5-12.4 倍，为眼间距的 2.6-3.9 倍。尾柄长为尾柄高的 2.9-5.5 倍。背鳍前距为体长的 54%-56%。

体延长，略呈圆柱形，尾柄细缩，头钝圆，额平扁。眼圆而小，略转向上方，眼间宽平。吻稍突出，吻长近于眼后头长。唇肥厚，乳突极发达，上下唇均有双行，下唇较不清晰，围口似双重流苏，下唇纵棱状中褶亦有小乳突延伸至颏部。须3对，内吻须达口角，外吻须达眼前缘，口角须达或超过眼后缘。

背鳍始于体中部，背鳍至尾柄末端的距离小于、等于或大于前鳍前距；鳍游离上缘近于平截，末根不分支鳍条下半部略为变硬，第1、2分支鳍条最长。臀鳍形似背鳍而较小；胸鳍长圆，第3、4鳍条最长；腹鳍始于背鳍起点之后，约与背鳍第2分支鳍条相对，第3鳍条最长、末端伸达肛门，接近或抵达臀鳍起点。尾鳍末缘浅凹，上叶稍长。

图162　重穗唇高原鳅 *Triplophysa papillosolabiata* (Kessler)（仿 Kessler，1879）

体裸露无鳞，侧线完全。鳔2室，前室包于骨质囊内，游离鳔哑铃形，后部球状且大，前部有小管与骨鳔相连。

体色：体基色黄褐色，背和体侧黑褐色斑块大小斑杂，可散布于侧线下，但较细小。背、尾鳍多褐色斑点，背鳍分支鳍条伸出鳍膜，致使游离缘呈锯齿状；鳍上短条状褐色条形斑排列成2行点列。尾鳍微内凹，基部黑褐色，顺凹势有2、3行条状点列。胸鳍外缘、腹鳍黄褐色。肠盘曲较简单，前后两曲，前曲顶端达胃背方。两性异形，雌雄性比为2∶1。

生态适应广泛，十分顽强。既可以游动在涓涓细流中，也可以在海拔2300m的肃北党城湾的党河中游弋觅食，此地海拔落差很大，急流奔腾咆哮于巨石之间，水花飞溅。

分布：甘肃省内见于河西走廊疏勒河水系（敦煌、张掖和酒泉）。新疆见于塔里木河水系及塔里木盆地。

(127) 新疆高原鳅 *Triplophysa strauchii* (Kessler, 1874)（图163）

Diplophysa strauchii Kessler, 1874, Bull. Soc. Sci. Moscou, 11: 57; Berg, 1905, Sankt-Peterburg, 10: 181; Berg, 1933, Freshwater Fishes of The U.S.S.R. and Adjacent Countries, 2: 567.

Nemachilus strauchii strauchii: Herzenstein, 1888, Zool. Theil., 13(2): 46; Institute of Zoology, Chinese Academy of Sciences *et al*., 1979, Fishes of Xinjiang Province: 12.

Nemaclzitus strauchii: Zugmayer, 1913, Munchen Abh. Ak. Wiss., 26 (1913) B14: 16; Li *et al*., 1966, Acta Zool. Sin., 18(1): 46.

Nemacheilus (*Deuterophysa*) *strauclzii*: Rendahl, 1933, Ark. Zool., 25A (11): 33; Fang, 1935, Sinensia, 6(6): 749; Berg, 1949, Freshwater Fishes of The U.S.S.R. and Adjacent Countries, 2:851.

Nemacheilzr strauclzii zaisaniczts Menschikov, 1937, Ref. Akad. Wiss. UdSSR, 17(8): 441.

Triplophysa strauchii: Zhu, 1989, The Loaches of the Subfamily Nemacheilinae in China (Cypriniformes: Cobitidae): 93.

别名：黑斑条鳅（李思忠等：《新疆北部鱼类的调查研究》）。

测量标本 39 尾；体长 65-143mm；采自伊犁河和乌鲁木齐河。

背鳍 iv-7-8；臀鳍 iii-iv-5；胸鳍 i-10-13；腹鳍 i-6-8；尾鳍分支鳍条 15-16（主要是 16）。第 1 鳃弓内侧鳃耙 12-16。脊椎骨（6 尾标本）4+37-38。

体长为体高的 5.1-6.6 倍，为头长的 4.0-4.9 倍，为尾柄长的 4.0-5.0 倍。头长为吻长的 2.2-2.6 倍，为眼径的 4.8-6.4 倍，为眼间距的 3.1-3.9 倍。眼间距为眼径的 1.4-1.8 倍。尾柄长为尾柄高的 3.1-5.5 倍。

身体延长，前躯近圆筒形，尾柄低，横剖面近圆形，尾柄起点处的宽等于或稍小于该处的高，而大于尾柄高，只靠近尾鳍基部处侧扁。头稍平扁，头宽稍大于头高。吻长等于或稍短于眼后头长。口下位，较宽。上唇缘多乳头状突起，排列成流苏状，前缘 1 行、近口角处有 2、3 行乳突，下唇面多深皱褶和短的乳头状突起。下颌匙状，边缘露出。须中等长，外吻须伸达鼻孔和眼前缘之间的下方，口角须伸达眼后缘之下方或稍超过，少数只在眼中心之下。无鳞，皮肤光滑。侧线完全。

背鳍背缘平截，大个体（体长 100mm 以上）的背鳍最后不分支鳍条近基部处变硬，背鳍基部起点至吻端的距离为体长的 50%-54%。胸鳍末端在胸、腹鳍基部起点之间距离的中点或中点稍后。腹鳍基部起点与背鳍的第 1 或第 2 根分支鳍条基部相对，末端伸达肛门或过肛门到达臀鳍起点。尾鳍后缘深凹入，两叶稍钝，上叶稍长。

体色（甲醛溶液浸存标本）：背、侧部基色浅褐色，腹面基色浅黄色。背部有不规则的深褐色块斑和一些扭曲的不规则短斑条，体侧多褐色块斑和短斑条。头部的斑纹比体侧的细而密。背鳍、尾鳍和胸鳍的背面有很多褐色斑点。

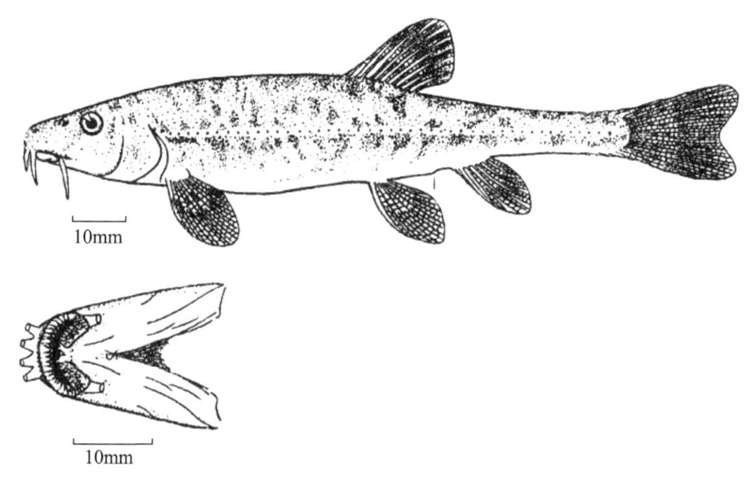

图 163 新疆高原鳅 *Triplophysa strauchii* (Kessler)（仿朱松泉，1989）

鳔的后室是长卵圆形的膜质室，游离于腹腔中，前端通过 1 长的细管与前室相连，膜质室的长度稍长于细管，其末端达到相当于胸鳍末端和腹鳍基部起点之间的上方。肠较长，自“U”形胃发出向后，在胃的后方折向前，至胃的前端或超过前端再后折通肛门，每股肠都在胃的后方扭曲呈“S”形。体长是肠长的 0.7-0.9 倍。

分布：新疆北部的伊犁河、额敏河、博尔塔拉河、玛纳斯河和乌鲁木齐河。

(128) 长身高原鳅 *Triplophysa tenuis* (Day, 1877)（图 164）

Nemachilus ternuis Day, 1877, Proc. Zool. Soc. London, (53): 796; Day, 1878a, Ichthyology, Calcutta, 4(1878): 15.

Diplophysa papillosolabiata Kessler, 1879, Mel. Biol. Bull. Acad. Sci. St. Pètersb., 10: 257; Zugmayer, 1910, Zool. Jahrb. Syst. Geog. u. Boil., 29: 297; Hora, 1922, Rec. Indian. Mus., 24(3): 69.

Nemachilus strauchii papillosolabiatus: Herzenstein, 1888, Zool. Theil., 3(2): 50; Institute of Zoology, Chinese Academy of Sciences *et al.*, 1979, Fishes of Xinjiang Province: 43.

Nemachilus strauchii transiens Herzenstein, 1888, Zool. Theil., 3(2): 50.

Nemachilus (Deuterophysa) papillosolabiatus: Rendahl, 1933, Ark Zool., 25A (11): 35.

Triplophysa tenuis: Zhu, 1989, The Loaches of the Subfamily Nemacheilinae in China (Cypriniformes: Cobitidae): 95.

别名：粒唇黑斑条鳅（中国科学院动物研究所等：《新疆鱼类志》）。

测量标本 43 尾；体长 71-121mm；采自库尔勒的孔雀河、阿克苏的阿克苏河、拜城的木扎提河、塔什库尔干的塔什库尔干河、喀拉喀什河。

背鳍 iii-iv-7-8（个别是 8）；臀鳍 iii-5；胸鳍 i-10-11；腹鳍 i-7；尾鳍分支鳍条 14-18（主要是 15-16）。第 1 鳃弓内侧鳃耙 12-15。脊椎骨（16 尾标本）4+36-38。

体长为体高的 5.5-8.7 倍，为头长的 3.9-6.0 倍，为尾柄长的 3.4-4.3 倍。头长为吻长的 2.1-2.6 倍，为眼径的 4.6-7.7 倍，为眼间距的 3.1-3.8 倍。眼间距为眼径的 1.4-2.2 倍。尾柄长为尾柄高的 3.9-9.1 倍。

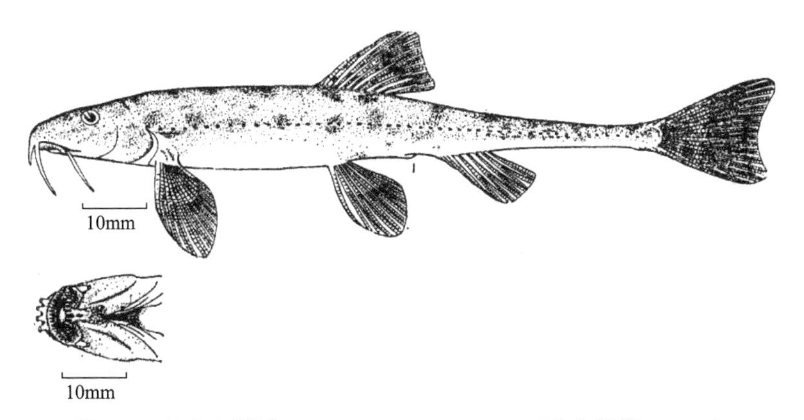

图 164 长身高原鳅 *Triplophysa tenuis* (Day)（仿朱松泉，1989）

身体延长，前躯近圆筒形，后躯较宽，尾柄低，尾柄起点处的横剖面近圆形，只在近尾鳍基部处侧扁。头锥形，稍平扁，头宽大于头高。吻长等于或稍长于眼后头长。口下位。上唇缘有1、2行乳头状突起，流苏状排列，下唇面也有很多乳头状突起，有的乳突能散布至颏部。下颌匙状。须较长，外吻须后伸达后鼻孔和眼前缘之间的下方，口角须可超过眼后缘达前鳃盖骨。无鳞，皮肤光滑（繁殖季节有不明显的颗粒突起）。侧线完全。

背鳍背缘平截，背鳍基部起点至吻端的距离为体长的44%-50%。胸鳍长一般是胸、腹鳍基部起点之间距离的1/2。腹鳍基部起点与背鳍的不分支鳍条或第1、第2根分支鳍条基部相对，末端伸达肛门或达臀鳍基部起点。尾鳍后缘凹入，两叶圆。

体色（甲醛溶液浸存标本）：基色腹部浅黄色，背、侧部浅褐色。背、侧部有很多不规则的褐色斑块或短斑条，背部的斑纹色较深。背、尾鳍多褐色斑点。

鳔后室是1个卵圆形的膜质室，前端通过1长的细管和前室相连，膜质室长为细管长的0.2-1.1倍，末端约达到相当于胸鳍末和腹鳍基部起点之间的上方。肠自“U”形的胃发出向后，在胃的后方折向前，至胃的前端处再后折通肛门。体长是肠长的1.1-1.3倍。

分布：新疆（南部博斯腾湖和塔里木河水系）、甘肃（河西走廊的疏勒河和黑河）。

(129) 隆额高原鳅 *Triplophysa bombifrons* (Herzenstein, 1888)（图165）

Nemacheilus bombifrons Herzenstein, 1888, Zool. Theil., 3(2): 67; Institute of Zoology, Chinese Academy of Sciences *et al*., 1979, Fishes of Xinjiang Province: 44.

Triplophysa bombifrons: Zhu, 1989, The Loaches of the Subfamily Nemacheilinae in China (Cypriniformes: Cobitidae): 96.

别名：球吻条鳅（中国科学院动物研究所等：《新疆鱼类志》）。

测量标本6尾；体长71-168mm；采自新疆阿克苏河和开都河。

背鳍iv-8；臀鳍iii-5；胸鳍i-10-11；腹鳍i-7；尾鳍分支鳍条15-16。第1鳃弓内侧鳃耙12-14。脊椎骨（4尾标本）4+35-38。

体长为体高的8.0-9.2倍，为头长的4.9-5.8倍，为尾柄长的3.2-3.5倍。头长为吻长的2.1-2.5倍，为眼径的5.0-6.6倍，为眼间距的3.5-3.8倍。眼间距为眼径的1.4-1.7倍。尾柄长为尾柄高的7.6-13.1倍。

身体很延长，前躯近圆筒形，尾柄低而长，尾柄起点处的横剖面近圆形，只靠近尾鳍的基部处侧扁。头稍平扁，头宽大于头高。2尾体长136mm以上的个体，吻部在眼前方突然降低，吻部平扁。吻长等于或稍长于眼后头长。口下位。唇狭而厚，上唇缘有1、2行乳头状突起，流苏状排列，下唇面多发达的乳头状突起，有时分布至颏部。下颌匙状，露出或不露出。须很长，外吻须后伸达眼球的下方，口角须伸过眼后缘达主鳃盖骨。无鳞，皮肤有很多与体轴平行的短杆状结节，一般在头顶和背鳍前的背、侧部最密，雄性又比雌性的多。每个结节肉眼清晰可见，在放大情况下，每个结节是由尖端向着身体后方的几十个小棘突组成的集合体。侧线完全。

背鳍的背缘平截，背鳍基部起点至吻端的距离为体长的41%-44%。胸鳍长约为胸、腹鳍基部起点之间距离的3/5。腹鳍基部起点与背鳍的第1或第2根分支鳍条基部相对，末端伸过肛门。尾鳍后缘凹入，两叶尖，等长或上叶稍长。

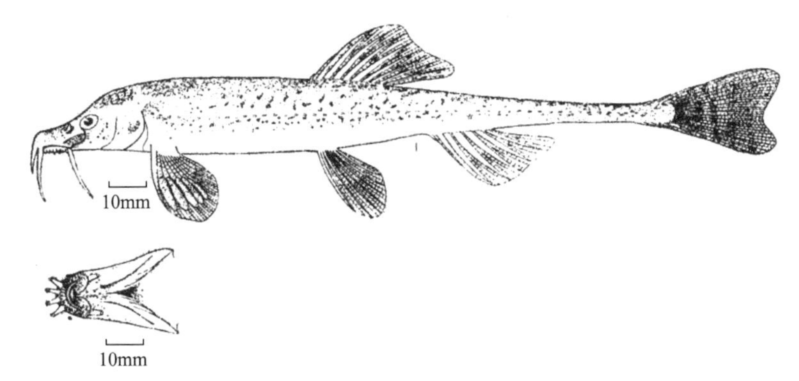

图 165 隆额高原鳅 *Triplophysa bombifrons* (Herzenstein)（仿朱松泉，1989）

体色（甲醛溶液浸存标本）：腹面基色浅黄色，背、侧部基色浅褐色。体侧有很多褐色丛斑和扭曲的短横纹。背、尾鳍较暗，有褐色小斑点，胸鳍背面常有褐色斑。

鳔的后室是 1 个卵圆形的膜质室，前方通过 1 长为膜质室长 1.6-2.0 倍的细管与前室相连，游离于腹腔中，末端约达到相当于胸鳍末端之上或稍超过。肠绕折成“Z”形，自胃发出向后，在胃的后方折向前，至胃的前端再后折通肛门。肠长稍短于体长。

分布：新疆（塔里木河水系）。

(130) 异尾高原鳅 *Triplophysa stewarti* (Hora, 1922)（图 166）

Dilophsya stewarti Hora, 1922, Rec. Indian Mus., 24(3): 70.

Nemachilus stoliczkae: Lloyd, 1908, Rec. Indian Mus., 2: 341; Stewarti, 1911, Rec. Indian Mus., 6: 70.

Nemachilus deterrai Hora, 1936, Mem. Conn. Acad. Arts Sci., 10: 311; Wu *et* Zhu, 1979, In: Qinghai Institute of Biology, Classification, Flora and Resources of Fishes in Ali, Tibet: 25.

Nemachilus hutchinsoni Hora, 1936, Mem. Conn. Acad. Arts Sci., 10: 314.

Nemachilus panguri Hora, 1936, Mem. Conn. Acad. Arts Sci., 10: 318.

Nemacheilus stewarti: Tchang *et al*., 1963, Acta Zool. Sin., 15(4): 628.

Nemacheilus longianalis Ren *et* Wu, 1982, Acta Zool. Sin., 28(1): 82.

Triplophysa stewarti: Zhu, 1989, The Loaches of the Subfamily Nemacheilinae in China (Cypriniformes: Cobitidae): 97.

别名：刺突条鳅［张春霖等：《西藏南部的条鳅属 (*Nemachilus*) 鱼类》］；长鳍条鳅（任慕莲和武云飞：《西藏纳木错的鱼类》）。

测量标本 183 尾；体长 40-94mm；采自西藏多庆错、错戳龙（吉隆县）、羊卓雍错、那曲、班公湖、色林错、加仁错、曼冬错等。

背鳍 iii-iv-7-10（70%的标本是 8）；臀鳍 ii-iii-5-6；胸鳍 i-9-13；腹鳍 i-5-8；尾鳍分支鳍条 13-16。第 1 鳃弓内侧鳃耙 11-19。脊椎骨（63 尾标本）4+33-38（37-42）。

体长为体高的 4.4-9.1 倍，为头长的 3.6-5.5 倍，为尾柄长的 3.3-4.7 倍。头长为吻长

的 2.2-3.5 倍，为眼径的 3.6-5.8 倍，为眼间距的 2.5-4.7 倍。眼间距为眼径的 1.1-1.6 倍。尾柄长为尾柄高的 3.2-7.3 倍。

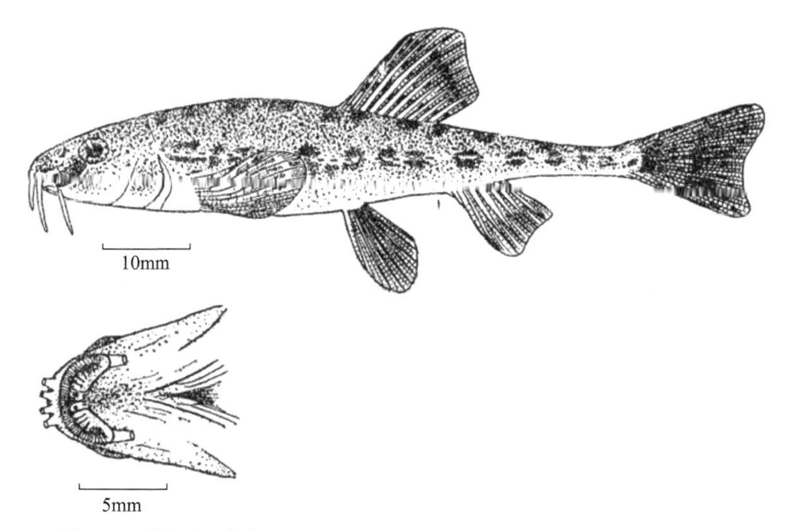

图 166 异尾高原鳅 *Triplophysa stewarti* (Hora)（仿朱松泉，1989）

身体延长，前躯近圆筒形；尾柄低，其起点处的横剖面近圆形，只靠近尾鳍基部处侧扁。头略平扁，头宽等于或稍大于头高。吻部短钝，吻长等于或短于眼后头长。口下位，口裂较小。唇厚，上唇缘多乳头状突起，呈流苏状，下唇面多深皱褶和乳头状突起。下颌匙状，一般不露出。须中等长，外吻须后伸达后鼻孔和眼前缘之间的下方，口角须后伸达眼中心和眼后缘之间的下方，少数可稍超过眼后缘。无鳞。皮肤布满小结节（如采自拉萨、昂拉仁错、多庆错、羊卓雍错和狮泉河的标本）；皮肤表面有稀疏的小结节（如采自曼冬错的标本）：其余地区则皮肤基本光滑。侧线完全、不完全或无侧线，如完全者，侧线孔往后渐稀疏，如不完全者，一般终止在臀鳍上方。采自昂拉仁错的标本则无侧线。

鳍较长。背鳍基部起点至吻端的距离为体长的 47%-52%。胸鳍长约为胸、腹鳍基部起点之间距离的 3/5。腹鳍基部起点相对于背鳍基部起点或第 1、第 2 根分支鳍条基部，末端伸达或伸过肛门到达臀鳍基部起点，有的可稍超过臀鳍基部起点。尾鳍后缘深凹入，上叶明显长于下叶。

体色（甲醛溶液浸存标本）：基色浅棕色或浅黄色，背部较暗。背部在背鳍前后各有 3-5 块深褐色横斑，一般宽于两横斑之间的间距，体侧有不规则的褐色斑点和斑块，通常沿侧线有 1 列深褐色斑块。各鳍均有褐色小斑点，其中以背、尾鳍最密。也有（如拉萨的标本）整个身体深褐色或黑色，无明显斑纹的。

鳔的后室是长袋形的膜质室，游离于膜腔中，有的在中段有收缢，有的无，其末端达到相当于胸鳍末端和背鳍基部起点之间的范围内，少数可以达到背鳍基部之下。肠短，自“U”形胃发出向后，在胃的后方折向前，至胃的中段附近再后折通肛门，绕折成“Z”形。体长为肠长的 1.1-1.6 倍。

分布：分布较广。主要分布在西藏的湖泊和河流的缓流河段，包括多庆错、羊卓雍错、纳木错、错戳龙、昂拉仁错、色林错、加仁错、班公湖、曼冬错、怒江上游的那曲和二道河、拉萨市内的一些坑塘、狮泉河等地；青海的沱沱河。克什米尔东部地区的一些自流水体。

(131) 西藏高原鳅 *Triplophysa tibetana* (Regan, 1905)（图 167）

Nemachilus tibetanus Regan, 1905, Ann. Mag. nat. Hist., (7)15: 187; Hora, 1922, Rec. Indian Mus., 24(3): 80; Tchang *et al*., 1963, Acta Zool. Sin., 15(4): 630; Cao, 1974, In: Tibet Scientific Investigation Team of the Chinese Academy of Sciences, Everest Research Expedition Report (Biological and Mountains Physiological): 84.

Nemachilus ladacensis: Day, 1877, Proc. Zool. Soc. London, (53): 797; Day, 1878a, Ichthyology, Calcutta, 4(1878): 15; Day, 1878b, The Fishes of India, 1: 618.

Nemacheilus stoliczkae: Lloyd, 1908, Rec. Indian Mus., 2: 341; Stewart, 1911, Rec. Indian Mus., 6: 70.

Nemachilus strauchii: Tchang *et al*., 1963, Acta Zool. Sin., 15(4): 629.

Triplophysa tibetana: Zhu, 1989, The Loaches of the Subfamily Nemacheilinae in China (Cypriniformes: Cobitidae): 100.

别名：西藏条鳅［张春霖等：《西藏南部的条鳅属(*Nemachilus*)鱼类》］。

测量标本 82 尾；体长 41-149mm；采自西藏普兰县玛旁雍错（又称玛法木错）的巴穷河、噶尔县的狮泉河、聂拉木县的拉萨河。

背鳍 iii-iv-7-9（多数是 8）；臀鳍 ii-iii-5-6（约一半的标本是 6）；胸鳍 i-11-12；腹鳍 i-8；尾鳍分支鳍条 13-15。第 1 鳃弓内侧鳃耙 14-19。脊椎骨（60 尾标本）4+36-39（40-43）。

体长为体高的 4.3-7.7 倍，为头长的 3.0-4.3 倍，为尾柄长的 3.9-5.5 倍。头长为吻长的 2.4-3.0 倍，为眼径的 3.7-5.9 倍，为眼间距的 3.2-4.4 倍。眼间距为眼径的 1.3-1.8 倍。尾柄长为尾柄高的 2.9-5.3 倍。

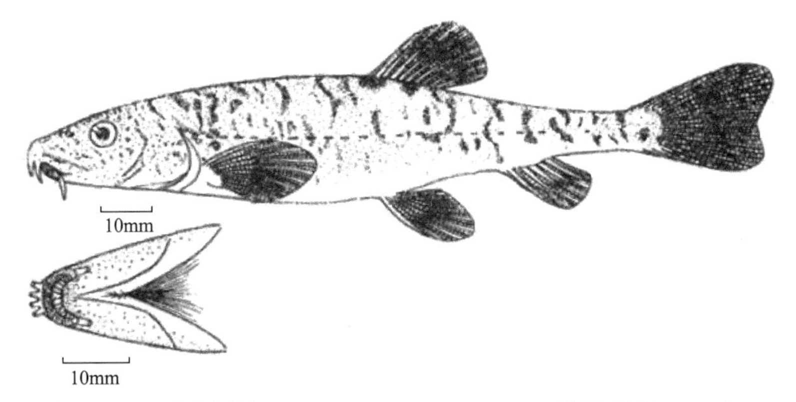

图 167　西藏高原鳅 *Triplophysa tibetana* (Regan)（仿朱松泉，1989）

身体延长，侧扁，尾柄较低。头部侧扁，头宽小于头高。吻部较尖，吻长小于眼后头长。口下位，弧形，口裂较小。唇厚，上唇缘多乳头状突起，呈流苏状，下唇多深皱褶。下颌匙状，一般不露出。须较短，外吻须后伸达鼻孔之下方，口角须后伸达眼前缘和眼中心之间的下方。无鳞，皮肤上散布有较多的不明显的小结节。侧线呈薄管状，完全或不完全，侧线孔向尾鳍方向渐稀疏，如不完全者，多数终止在臀鳍上方和尾柄处。

鳍较长。背鳍基部起点至吻端的距离为体长的 52%-55%。胸鳍长约为胸、腹鳍基部起点之间距离的 3/5。腹鳍基部起点与背鳍的第 1 或第 2（少数与第 3）根分支鳍条基部相对。末端伸达肛门。尾鳍后缘深凹入，上叶稍长。

体色（甲醛溶液浸存标本）：背、侧部基色浅褐色，腹部基色浅黄色。背部和体侧多不规则扭曲的深褐色短横条，狭于两横斑条间的间隔，头部的短横条更密些。背、尾鳍多褐色小斑点，常排列成行，大个体的胸、腹鳍背面也有褐色斑。

鳔的后室是 1 长袋形的膜质室，游离于腹腔中，末端达到相当于腹鳍基部起点和肛门之间的中点，有的甚至达到腹腔的末端。肠管较短，自“U”形胃发出向后，在胃的后方折向前，至胃的中段附近再后折通肛门，绕折成“Z”形。体长是肠长的 1.1-1.5 倍。

分布：西藏雅鲁藏布江水系、狮泉河、玛旁雍错、朋曲河等地。

(132) 天峨高原鳅 *Triplophysa tianeensis* Chen, Cui *et* Yang, 2004（图 168，图 169）

Triplophysa tianeensis Chen, Cui *et* Yang, 2004, Zool. Res., 25(3): 227-231; Fisheries Research Institute of Guangxi Zhuang Autonomous Region *et* Institute of Zoology, Chinese Academy of Sciences, 2006, Freshwater Fishes of Guangxi, China (ed. 2): 101.

背鳍 iii-6-7；胸鳍 i-8-9；腹鳍 i-5-6；臀鳍 iii-5；尾鳍分支鳍条 15-16。第 1 鳃弓外侧鳃耙 10-11。脊椎骨 4+36-37。

眼退化，仅残余呈 1 黑点状，部分个体无眼；活体粉白色或淡黄色，皮肤半透明；部分个体体表具浅褐色斑块。

体长为体高的 6.35-9.37（平均 7.46）倍，为头长的 4.33-4.81（平均 4.60）倍，为尾柄长的 5.24-6.52（平均 5.77）倍，为尾柄高的 9.33-13.65（平均 10.62）倍。头长为吻长的 1.92-2.24（平均 2.10）倍，为眼径的 18.86-34.50（平均 27.88）倍，为眼间距的 3.68-5.88（平均 4.56）倍。眼间距为眼径的 4.80-8.00（平均 6.04）倍。头高为头宽的 0.76-0.98（平均 0.85）倍。内吻须长为吻长的 0.36-0.57（平均 0.49）倍，口角须长为头长的 0.27-0.39（平均 0.33）倍。背鳍前距为体长的 46%-52%。尾柄长为尾柄高的 1.55-2.60（平均 1.85）倍。

体细长，前躯近圆筒形，后躯侧扁。背鳍起点略前，为身体最高点。头平扁，头宽大于头高。吻部较尖，吻端稍钝，吻长约等于眼后头长。前后鼻孔紧邻，前鼻孔位于 1 短管中，短管延长呈膜瓣状，末端为须状尖突。眼窝深陷，侧上位，约位于头侧之中点。眼退化，仅残留为 1 小黑点，萎缩于眼窝中。口下位。唇发达，表面具皱褶并密布细小乳突；下唇中央前缘具 1“V”形缺刻。上颌弧形，中央无齿状突；下颌弧形，中央无缺刻。须 3 对；内吻须伸达口角，外吻须伸达眼前缘，口角须伸达眼后缘。

背鳍起点约位于吻端至尾鳍基的中点，背鳍外缘平截，最长不分支鳍条约等于头长。胸鳍末端后伸远不及腹鳍起点。腹鳍起点与背鳍起点相对或略前于背鳍起点，末端后伸不及肛门；距胸鳍起点大于距臀鳍起点。肛门靠近臀鳍起点。臀鳍外缘略内凹，鳍条末端不及尾鳍基。尾鳍叉形，上叶长于下叶，末端略尖。

图 168 天峨高原鳅 *Triplophysa tianeensis* Chen, Cui *et* Yang（1）（引自蓝家湖等，2013）

a. 体侧面；b. 头部腹面；c. 头部背面

图 169 天峨高原鳅 *Triplophysa tianeensis* Chen, Cui *et* Yang（2）（引自蓝家湖等，2013）

通体无鳞。身体侧线完全，平直，止于尾柄基部稍前方。肠在“U”形胃发出后，在胃后方向前弯折 1 周，在胃后端向后通向肛门。鳔完全包被于骨质鳔囊中，后壁骨质，无开孔。雄性颊部刺突区明显，长条形，略隆起，自眼前下缘延伸至外吻须基部。

体色：生活时淡黄色，皮肤半透明，鳃盖透明，身体无色斑，或身体背部和头背面具不规则浅褐色斑块；体侧具细小斑点，各鳍无色。浸制标本淡黄色，全身及各鳍无色或头背和体背具浅褐色斑块，体侧具细小斑点，身体其余部分和各鳍无色。

分布：广西天峨县八腊乡和岜暮乡洞穴，属红水河水系。

模式产地：天峨县八腊乡洞穴垂直深度约 100m，从洞口进入地下河水面约 2km。种群数量较多，标本容易采集。与本种同一洞穴分布的还有叉背金线鲃。

(133) 凌云高原鳅 *Triplophysa lingyunensis* (Liao, Wang *et* Luo, 1997)（图 170-图 172）

Schistura lingyunensis Liao, Wang *et* Luo, 1997, Acta Medi. Univ. Zhunyi, 20(2-3): 4.
Triplophysa lingyunensis: Lan *et al.*, 2013, Cave Fishes of Guangxi, China: 104-108.

背鳍 iii-7-8；胸鳍 i-8-9；腹鳍 i-5-6；臀鳍 iii-5；尾鳍分支鳍条 13-16。

测量标本 5 尾。体长为体高的 6.23-7.28（平均 6.68）倍，为头长的 3.96-4.48（平均 4.20）倍，为尾柄长的 5.34-6.06（平均 5.67）倍，为尾柄高的 8.33-9.80（平均 8.92）倍。头长为吻长的 2.03-2.43（平均 2.24）倍，为眼径的 18.43-28.25（平均 22.53）倍，为眼间距的 2.81-3.69（平均 3.26）倍。眼间距为眼径的 5.00-9.25（平均 6.99）倍。头高为头宽的 0.81-0.94（平均 0.88）倍。内吻须长为吻长的 0.56-0.63（平均 0.60）倍。口角须长为头长的 0.29-0.42（平均 0.36）倍。背鳍前距为体长的 47%-51%。尾柄长为尾柄高的 1.43-1.67（平均 1.58）倍。

体延长，前躯近圆筒状，后躯侧扁。头部略平扁，头宽大于头高。前后鼻孔相邻，前鼻孔在瓣膜中。眼小，仅残留 1 小黑点，眼窝被脂肪填充。眼前缘下部至吻端左右两侧膨大，颜色略深。口下位，唇面浅褶，下唇中央具缺刻。上颌马蹄形，下颌匙状。须 3 对，发达，外吻须伸达或超过眼前缘下方；内吻须伸达前鼻孔；口角须向后伸达鳃盖前缘。尾侧扁。身体被细鳞，前躯较稀疏，后驱较密集。侧线不完全，终止于背鳍起点之下。肛门近臀鳍起点。背鳍外缘平截，背鳍起点位于腹鳍起点之前，具 6、7 根分支鳍条，背鳍起点距吻端的距离小于距尾鳍基的距离。胸鳍长，后伸超过胸鳍起点至腹鳍起点间距的 1/2，但不达腹鳍起点。胸鳍第 1-4 根分支鳍条变硬变粗。腹鳍分支鳍条 5-7，腹鳍起点与背鳍的第 1 根分支鳍条基部相对，后伸不达肛门。臀鳍分支鳍条 5，臀鳍紧靠肛门，后伸不达尾鳍基。尾鳍后缘凹入，上下叶约等长。前后鼻孔相邻，前鼻孔在瓣膜中。

图 170 凌云高原鳅 *Triplophysa lingyunensis* (Liao, Wang *et* Luo)（1）（引自蓝家湖等，2013）
a. 体侧面；b. 头腹面；c. 头部背面；d. 雄性胸鳍背面

图 171　凌云高原鳅 *Triplophysa lingyunensis* (Liao, Wang *et* Luo)，凌云县沙洞(2)（引自蓝家湖等，2013）

图 172　凌云高原鳅 *Triplophysa lingyunensis* (Liao, Wang *et* Luo)，凌云县逻楼镇(3)（引自蓝家湖等，2013）

鳔前室呈哑铃形，包于与其形状相似的骨质鳔囊中，骨质鳔囊的后壁为骨质；鳔后室退化，仅为 1 很小的膜质囊，前端有 1 细管与前室相连。胃呈“U”形，肠较短，在胃的右方绕折成“Z”形。

体色：凌云沙洞的个体，鲜活时皮肤无色素，半透明，隐约可见内脏器官，鳃部红色。浸制标本全身呈乳白色，通体无色，各鳍透明。凌云安水村、降村村洞穴的个体，体两侧和背部散布褐色斑点。

分布：广西凌云县泗城镇官仓村马王屯沙洞地下河，以及逻楼镇安水村、降村村部分洞穴，属右江水系。

该种数量稀少，标本采集极其困难。

(134) 浪平高原鳅 *Triplophysa langpingensis* Yang, 2013（图 173，图 174）

Triplophysa langpingensis Yang, 2013, In: Lan *et al*., Cave Fishes of Guangxi, China: 131.

背鳍 iii-7-8；胸鳍 i-10-11；腹鳍 i-6；臀鳍 iii-5-6；尾鳍分支鳍条 14。

体长为体高的 6.61-7.81（平均 7.10）倍，为头长的 4.16-4.82（平均 4.55）倍，为尾柄长的 4.70-7.17（平均 5.95）倍，为尾柄高的 8.57-11.54（平均 10.16）倍。头长为吻长的 2.05-2.35（平均 2.21）倍，为眼径的 16.94-37.53（平均 25.50）倍，为眼间距的 2.90-3.27（平均 3.10）倍。头高为头宽的 0.81-0.97（平均 0.89）倍。内吻须长为吻长 0.50-0.70（平均 0.61）倍，口角须长为头长 0.30-0.48（平均 0.37）倍。背鳍前距为体长的 50%-53%。尾柄长为尾柄高的 1.54-2.36（平均 1.73）倍。

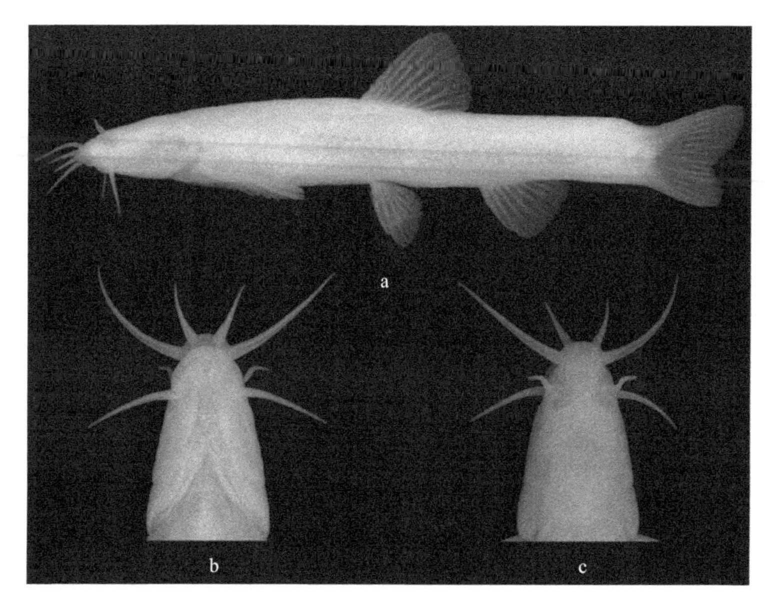

图 173　浪平高原鳅 *Triplophysa langpingensis* Yang（1）（引自蓝家湖等，2013）

a. 整体侧面，体长 71.5mm；b. 头部腹面；c. 头部背面

图 174　浪平高原鳅 *Triplophysa langpingensis* Yang（2）（引自蓝家湖等，2013）

体延长，前躯近圆筒形，后躯侧扁。头平扁，头宽与头高约等长。身体最高处位于背鳍起点之前。鼻孔位于吻端与眼间距的中间位置，前后鼻孔相连，后鼻孔略大于前鼻孔；前鼻孔位于短管中，末端延长呈短须，鼻须长小于吻须和口角须长。眼位于头背面；退化，仅残留 1 小黑点或完全无眼。口下位，口裂弧形。上下唇表面具褶皱。上唇盖住上颌。须 3 对，内吻须向后可达口角；外吻须最长，后伸超过眼后缘；口角须后伸可达主鳃盖骨。

背鳍位于体中部靠前的位置，距吻端较距尾鳍基为近；背鳍外缘平截。胸鳍长，为胸鳍起点到腹鳍起点的 1/2 以上。腹鳍起点位于背鳍起点之后下方，腹鳍后伸超过肛门。臀短，外缘略凸。尾鳍内凹，上下叶末端略尖。尾柄长，上下缘鳍褶不发达。通体裸露无鳞。

体色：生活时体呈粉红色，体表无色素；各鳍透明。浸制标本身体略黄，无色素。

分布：目前已知仅分布广西田林县浪平乡一洞穴，属红水河水系。种群数量稀少。

(135) 大头高原鳅 *Triplophysa macrocephala* Yang, Wu *et* Yang, 2012（图 175，图 176）

Triplophysa macrocephala Yang, Wu *et* Yang, 2012, Environmental Biology of Fishes, 93(2): 169-175.

背鳍 iii-7-9；胸鳍 i-9-11；腹鳍 i-6；臀鳍 iii-5-6；尾鳍分支鳍条 15-17。第 1 鳃弓外侧鳃耙 9。脊椎骨 4+38。

体长为体高的 6.27-9.34（平均 7.64）倍，为头长的 3.30-4.06（平均 3.56）倍，为尾柄长的 5.63-7.16（平均 6.34）倍，为尾柄高的 10.68-13.46（平均 12.23）倍。头长为吻长的 1.92-2.32（平均 2.14）倍，为眼径的 11.13-25.33（平均 16.72）倍，为眼间距的 3.29-4.75（平均 3.83）倍。眼间距为眼径的 2.60-6.50（平均 4.36）倍。头高为头宽的 0.69-0.89（平均 0.79）倍。内吻须长为吻长的 0.36-0.56（平均 0.44）倍。口角须长为头长的 0.22-0.40（平均 0.33）倍。背鳍前距为体长的 50%-53%。尾柄长为尾柄高的 1.65-2.36（平均 1.94）倍。

体延长，前躯近圆筒形，后躯侧扁。头平扁，头宽大于头高。吻部略尖，吻长约大于或等于眼后头长。前后鼻孔紧相邻，前鼻孔位于 1 鼻瓣中，鼻瓣后缘延长，呈短须状。眼退化，极小；眼眶内凹。口下位，口裂呈弧形。上下唇肉质，表面光滑，下唇中央具 1 缺刻。上颌弧形，中央无明显的齿状突起，下颌匙状。须 3 对，内吻须后伸达口角，外吻须后伸达鼻孔后缘的垂直下方，口角须后伸达眼后缘的垂直下方。

背鳍起点位于腹鳍起点之前，背鳍外缘平截，末根不分支鳍条略短于第 1 根分支鳍条。胸鳍长，后伸可达胸鳍起点至腹鳍起点间距的 2/3。腹鳍起点位于背鳍起点垂直下方之后，鳍条末端后伸远不达肛门。臀鳍短，外缘平截。尾鳍叉形，上下叶末端略圆钝。身体裸露无鳞。侧线完全，平直，沿体侧中轴伸达尾鳍基。肠短。鳔前室包于骨质鳔囊中，骨质鳔囊的后壁为骨质，无后孔；鳔后室退化，仅残留 1 小的膜质鳔囊。雄性个体胸鳍前 2、3 根分支鳍条变粗变硬。

体色：生活时体呈乳白色；头背部和体侧散布不规则的灰黑色云状斑。浸制标本体呈浅黄色，头背部和体侧散布的灰黑色云状斑明显。

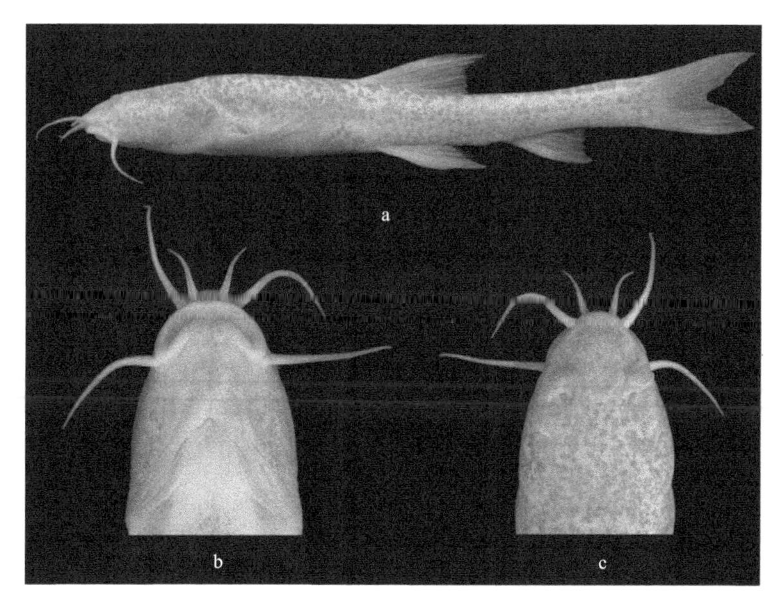

图 175 大头高原鳅 *Triplophysa macrocephala* Yang, Wu *et* Yang（1）（引自蓝家湖等，2013）
a. 体侧面；b. 头部腹面；c. 头部背面

图 176 大头高原鳅 *Triplophysa macrocephala* Yang, Wu *et* Yang（2）（引自蓝家湖等，2013）

分布：广西。

Yang 等（2012）对大头高原鳅的原始描述中记录了该种的模式产地为广西南丹县里湖乡的仁广村。经本种的模式标本采集人蓝家湖确定，该种的模式产地应为广西南丹县八圩乡附近一洞穴中，属柳江水系龙江支流上游的打狗河。

种群数量稀少，建议采取保护措施。

(136) 凤山高原鳅 *Triplophysa fengshanensis* Lan, 2013（图 177，图 178）

Triplophysa fengshanensis Lan, 2013, In: Lan *et al.*, Cave Fishes of Guangxi, China: 135.

背鳍 ii-8；胸鳍 i-8-10；腹鳍 i-6-7；臀鳍 ii-6；尾鳍分支鳍条 16。

体长为体高的 8.06-9.19（平均 8.50）倍，为头长的 4.28-4.54（平均 4.43）倍，为尾柄长的 5.00-5.25（平均 5.13）倍，为尾柄高的 12.32-13.62（平均 13.10）倍。头高为头宽的 0.74-0.86（平均 0.80）倍。口角须长为头长的 0.33-0.41（平均 0.37）倍。尾柄长为尾柄高的 2.46-2.60（平均 2.55）倍。背鳍前距为体长的 49%-51%。

体延长，侧扁。头部略尖，头宽大于头高。身体最高处位于背鳍起点略前。前后鼻孔相连，前鼻孔位于向前斜截的短管中，后缘膜瓣状，末端延长呈短须。无眼。口下位，口裂马蹄形。上下唇表面具褶皱。上唇盖住上颌。须 3 对，内吻须向后不达口角；外吻须最长，后伸超过鼻孔前缘；口角须后伸不达主鳃盖骨。尾柄上下缘无明显鳍褶。

图 177　凤山高原鳅 *Triplophysa fengshanensis* Lan（1）（引自蓝家湖等，2013）

a. 体侧面；b. 头部腹面；c. 头部背面

图 178　凤山高原鳅 *Triplophysa fengshanensis* Lan（2）（引自蓝家湖等，2013）

背鳍位于体中部；背鳍外缘平截。胸鳍长，为胸鳍起点到腹鳍起点的 1/2 以上。腹鳍起点位于背鳍起点下方，腹鳍后伸不达肛门。臀鳍短，外缘略凸。尾鳍内凹，上下叶末端略尖。通体裸露无鳞。体侧具侧线孔，沿鳃孔上缘向后延伸至尾鳍基。雄性个体胸鳍外侧第 1-3 根分支鳍条变硬，表面粗糙。

体色：浸制标本体呈淡黄色，身体无色素。

分布：目前已知仅分布于广西凤山县林峒屯一洞穴，属红水河水系。

(137) 里湖高原鳅 *Triplophysa lihuensis* Wu, Yang *et* Lan, 2012（图 179）

Triplophysa lihuensis Wu, Yang *et* Lan, 2012, Zool. Stud., 51(6): 874-880

背鳍 iii-7-8；胸鳍 i-10-11；腹鳍 i-5-6；臀鳍 iii-6-7；尾鳍分支鳍条 13-14。第 1 鳃弓外侧鳃耙 10-13。脊椎骨 4+34-35。

测量标本 20 尾。体长为体高的 5.77-8.26（平均 6.71）倍，为头长的 3.97-4.83（平均 4.45）倍，为尾柄长的 5.20-7.15（平均 6.03）倍，为尾柄高的 9.79-11.67（平均 10.50）倍。头高为头宽的 0.69-0.85（平均 0.78）倍。口角须长为头长的 0.30-0.42（平均 0.36）倍。背鳍前距为体长的 53%-59%。尾柄长为尾柄高的 1.51-2.08（平均 1.75）倍。

体延长，前躯近圆筒形，后躯侧扁。头略平扁，头宽大于头高。身体最高处位于背鳍起点之前。鼻孔近吻端，前后鼻孔相连，后鼻孔略大于前鼻孔；前鼻孔位于 1 短管中，末端延长呈须状，鼻须约与内吻须等长，向前压顶端可达超过吻端。无眼。口下位，口裂弧形。上下唇表面具褶皱，上唇盖住上颌；下颌铲状。须 3 对，内吻须向后可达口角；外吻须最长，后伸可超过鼻孔后缘垂线。鳃膜连于鳃峡。尾柄长，尾柄高小于尾柄长的 1/2。尾柄上下具发达的鳍褶，上叶鳍褶明显较下叶发达，最高处略小于尾柄高。

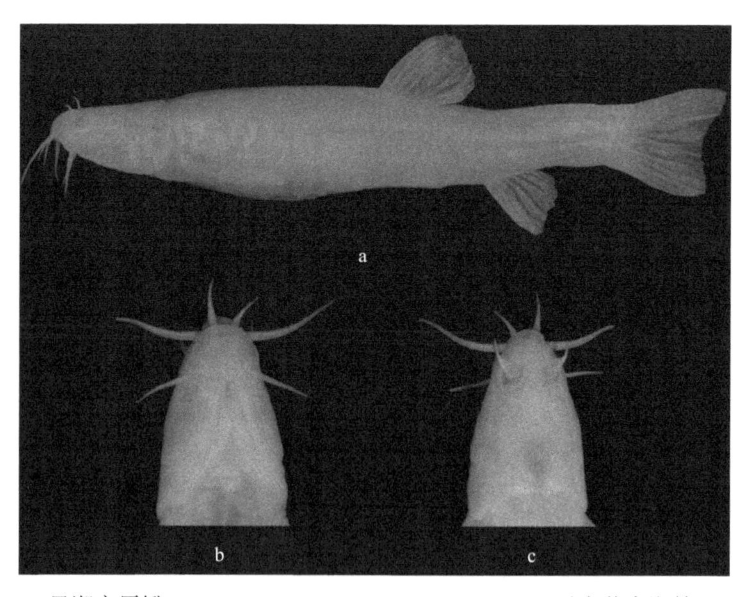

图 179 里湖高原鳅 *Triplophysa lihuensis* Wu, Yang *et* Lan（引自蓝家湖等，2013）

a. 体侧面；b. 头部腹面；c. 头部背面

背鳍位于体中部靠后的位置，距尾鳍基较距吻端为近；背鳍高短于头长，背鳍外缘平截。胸鳍长，为胸鳍起点到腹鳍起点的 1/2 以上。腹鳍起点位于背鳍起点之前，腹鳍后伸不达肛门。臀鳍短，外缘平截。尾鳍内凹，上下末端略钝。

通体裸露无鳞，侧线退化，无侧线孔。肠短。鳔 2 室，前室包裹在骨质鳔囊中；鳔后室发达，末端伸达腹鳍起点的位置；前后室由 1 短管相连。

体色：生活时体乳白色，鲜活时呈半透明而略带肉红色，各鳍透明；体表无色素。浸制标本身体略黄；头背部、两颊和体背部具不规则斑点。

分布：广西南丹县里湖乡多处洞穴中，属柳江水系龙江支流上游的打狗河。

(138) 环江高原鳅 *Triplophysa huanjiangensis* Yang, Wu *et* Lan, 2011（图 180，图 181）

Triplophysa huanjiangensis Yang, Wu *et* Lan, 2011, Zool. Res., 32(5): 566-571.

背鳍 iii-8-9；臀鳍 iii-6-7；胸鳍 i-10-14；腹鳍 i-6-7；尾鳍分支鳍条 13-14。第 1 鳃弓外侧鳃耙 13（1 尾标本）。脊椎骨 4+37（1 尾标本）。

测量标本 11 尾，体长为体高的 6.17-8.11（平均 7.20）倍，为头长的 4.31-4.83（平均 4.56）倍，为尾柄长的 5.27-6.16（平均 5.63）倍，为尾柄高的 8.36-12.69（平均 10.19）倍。头高为头宽的 0.71-0.90（平均 0.80）倍。口角须长为头长的 0.35-0.55（平均 0.44）倍。尾柄长为尾柄高的 1.49-2.22（平均 1.81）倍。背鳍前距为体长的 53%-56%。

体延长，前躯近圆筒形，后躯侧扁。头细长，略平扁；吻部略尖，头呈鸭嘴形；头宽小于头高；头长大于体高。鼻孔近吻端，前后鼻孔相连，前鼻孔位于 1 短管中，末端延长呈须状；鼻须向前压顶端可超过吻端。无眼，但眼眶部略凹陷。口下位，口裂弧形。上下唇表面具褶皱；下唇中断，中央具 1 缺刻。上颌弧形，被上唇盖住；下颌匙状，前端圆钝。须 3 对，内吻须后伸超过鼻孔后缘；外吻须最长，后伸超过主鳃盖骨前缘。

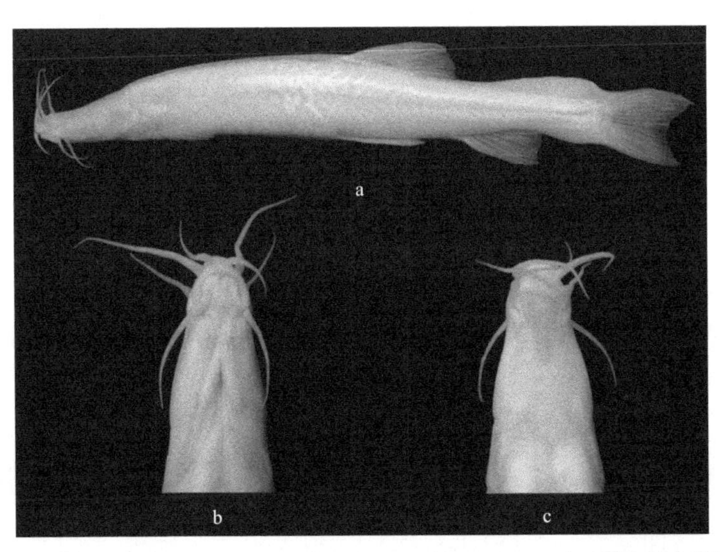

图 180　环江高原鳅 *Triplophysa huanjiangensis* Yang, Wu *et* Lan（1）（引自蓝家湖等，2013）

a. 体侧面；b. 头部腹面；c. 头部背面

图 181 环江高原鳅 *Triplophysa huanjiangensis* Yang, Wu *et* Lan（2）（引自蓝家湖等，2013）

背鳍位于体中部靠后的位置，距尾鳍基较距吻端近；背鳍高短于头长，背鳍外缘平截。胸鳍长，为胸鳍起点至腹鳍起点间距的 1/2 以上。胸鳍最长鳍条为第 1 根分支鳍条，其长度为最后一根分支鳍条长度的 2 倍以上。腹鳍起点位于背鳍起点之前，部分标本腹鳍后伸可达肛门。肛门位于臀鳍起点之前。臀鳍短，外缘平截。尾柄上下具发达的鳍褶，上面鳍褶明显较下面发达，最高处略小于尾柄高。尾鳍内凹，上下末端略钝。

通体裸露无鳞。无侧线。肠短，胃膨大。鳔 2 室，前室包裹在哑铃状骨质鳔囊中；鳔后室发达，末端伸达腹鳍起点的位置；前后室由 1 短管相连。

体色：生活时体呈粉红色，各鳍透明；头背面和身体背部具色素，呈浅灰色。部分个体身体色素沉积较多，除头背面和身体背面外，头侧面和体侧都具色素，通体浅灰色。浸制标本体色略黄。

分布：广西环江县川山镇的洞穴中，属柳江水系龙江支流上游的打狗河。

种群数量稀少，其分布点在木论喀斯特自然保护区内。

(139) 峒敢高原鳅 *Triplophysa dongganensis* Yang, 2013（图 182，图 183）

Triplophysa dongganensis Yang, 2013, In: Lan *et al*., 2013, Cave Fishes of Guangxi, China: 139.

背鳍 ii-8；胸鳍 i-11；腹鳍 i-6；臀鳍 ii-6-7；尾鳍分支鳍条 14。

体长为体高的 5.65-7.15（平均 6.33）倍，为头长的 3.75-4.80（平均 4.01）倍，为尾柄长的 5.74-7.62（平均 6.29）倍，为尾柄高的 11.41-16.87（平均 13.07）倍。头高为头宽的 0.75-0.88（平均 0.82）倍。口角须长为头长的 0.32-0.46（平均 0.39）倍。胸鳍长为头长的 0.91-0.98（平均 0.95）倍，为胸鳍至腹鳍起点的 0.72-0.84（平均 0.77）倍，为腹鳍长的 1.58-1.68（平均 1.64）倍。背鳍前距为体长的 47%-61%。尾柄长为尾柄高的 1.78-2.94（平均 2.10）倍。

体延长，前躯近圆筒形，后躯侧扁。吻部略尖，吻皮发达。头略平扁，似鸭嘴形，头宽略大于头高。身体最高处位于背鳍起点之前。前后鼻孔相连，后鼻孔略大于前鼻孔；前鼻孔位于短管中，末端延长呈须状；鼻须长小于吻须和口角须长。无眼。口下位，口裂弧形。上下唇表面光滑，上唇盖住上颌；下唇中央具 1 小缺刻。须 3 对，外吻须最长。

背鳍位于体中部靠前的位置，距吻端较距尾鳍基为远；背鳍外缘略凸。胸鳍长，但不达腹鳍起点，为胸鳍起点到腹鳍起点的 1/2 以上。腹鳍起点与背鳍起点相对，后伸超过肛门。臀鳍短，外缘平截。尾柄短，上下缘鳍褶发达；尾柄上下具发达的鳍褶；尾柄上缘鳍褶起点与尾鳍第 3 根分支鳍条相对。尾鳍内凹，上叶略尖，下叶圆钝。通体无鳞。

图 182　峒敢高原鳅 *Triplophysa dongganensis* Yang（1）（引自蓝家湖等，2013）

a. 体侧面；b. 头部腹面；c. 头部背面

图 183　峒敢高原鳅 *Triplophysa dongganensis* Yang（2）（引自蓝家湖等，2013）

体色：在洞穴内生活时体呈乳白色，在有光照的条件下暂养时，色素极易沉积，身体侧面和背部具不规则的褐色斑点，各鳍透明。浸制标本身体略黄，头和身体背部散布细小灰色斑点。

分布：目前已知仅分布广西环江县川山镇洞敢村，属柳江水系龙江支流上游的打狗河。

16. 鼓鳔鳅属 *Hedinichthys* Rendahl, 1933

Hedinichthys (subgen.) Rendahl, 1933, Ark. Zool., 25 A(11): 26. **Type species**: *Nemacheilus yarkandensis* Day, 1877.

身体稍延长，前躯（尤其是胸鳍处）很宽，常可超过该处的体高，后躯侧扁，尾柄处稍微压低。头短，吻部低，颅顶宽阔，前后鼻孔相邻，前鼻孔在1鼻瓣中。口下位，上颌无齿形突起。咽喉齿较多，最多有36个，有的排列成整齐的1行，有的排列不整齐而成几行，但后者一般高大个体。裸露无鳞。侧线完全到不完全。

体色为杂色，一般不为规则的横斑条。腹鳍基部无后方游离的腋鳞状的肉质突起。

有特殊的第二性征。雄性在眼前下缘和后鼻孔之间有1近似三角形的刺突小区，其上有几十个数量不等的小刺突；胸鳍不分支鳍条和外侧数根分支鳍条粗壮、增厚和变宽，背后布满小刺突。经解剖，雄性的侧筛骨均比同体长的雌性的粗壮，其后突的外侧缘有1近似三角形的面，正好承接上述的刺突小区。

鳔的前室分为左右2侧泡，侧泡之间有1短横管相连，包于与此相近形状的骨质鳔囊中。骨质鳔囊（尤其是两侧方向）膨大，其末端一般达到第6椎体末端的垂直面。骨质鳔囊2侧室腹面观呈斜方形，后壁为骨质。鳔后室退化成1小膜囊，其后方不会超过骨质鳔囊后缘的垂直面。肠短，自“U”形胃发出向后，在胃的后方折向前，至胃的前端或末端处再后折通肛门，绕折成“Z”形。

我国特有属，共3种及亚种，分布于新疆和甘肃。

种检索表

1 (4)　侧线完全；个体大，全长可达300mm

2 (3)　第1鳃弓内侧鳃耙11-13（塔里木河、喀什噶尔河和博斯腾湖等水系）……………………………………………………………………………………**叶尔羌鼓鳔鳅指名亚种 *H. yarkandensis yarkandensis***

3 (2)　第1鳃弓内侧鳃耙12-21，平均为17（疏勒河和黑河）……………………………………………………………………………………**叶尔羌鼓鳔鳅大鳍亚种 *H. yarkandensis macropterus***

4 (1)　侧线不完全，终止在胸鳍到腹鳍上方；个体小，最大体长不超过60mm（新疆的托克逊、乌鲁木齐、精河、博乐和乌尔禾等地）……………………………………………**小体鼓鳔鳅 *H. minuta***

(140) 叶尔羌鼓鳔鳅指名亚种 *Hedinichthys yarkandensis yarkandensis* (Day, 1877)（图184）

Nemachilus yarkandensis Day, 1877, Proc. Zool. Soc. London, (53): 796; Day, 1878a, Ichthyology, Calcutta, 4(1878): 14; Herzenstein, 1888, Zool. Theil., 3(2): 74; Zugmayer, 1910, Zool. Jahrb. Syst. Geog. u. Biol., 29: 295; Hora, 1922, Rec. Indian Mus., 24(3): 73; Hora *et* Mukerji, 1935, Wiss. Ergeb. Niederl. Exped. Karakorum, 1: 439; Institute of Zoology, Chinese Academy of Sciences *et al*., 1979, Fishes of Xinjiang Province: 49.

Nemachilus tarimensis Kessler, 1879, Mèl. Biol. Bull. Acad. Sci. St. Pèterb., 10: 259; Hora *et* Mukerji,

1935, Wiss. Ergeb. Niederl. Exped. Karakorum, 1: 426.

Nemachilus yarkandensis longibarbus Herzenstein, 1888, Zool. Theil., 3(2): 78.

Nemachilus yarkandensis brevibarbus Herzenstein, 1888, Zool. Theil., 3(2): 78.

Barbatula (*Barbatula*) *yarkandensis*: Nichols, 1943, Nat. Hist. Central Asia, 9: 217.

Nemachilus (*Nemachilus*) *yarkandensis*: Berg, 1949, Freshwater Fishes of The U.S.S.R. and Adjacent Countries, 2: 867.

Triplophysa (*Hedinichthys*) *yarkandensis yarkandensis*: Zhu, 1989, The Loaches of the Subfamily Nemacheilinae in China (Cypriniformes: Cobitidae): 129.

Hedinichthys yarkandensis yarkandensis: Prokofiev, 2010. J. Ichthyol., 50(10): 827-913.

别名：叶尔羌条鳅（中国科学院动物研究所等：《新疆鱼类志》）。

测量标本 59 尾；体长 37.5-132.0mm；采自新疆南部若羌的若羌河、库尔勒的孔雀河、拜城的木扎提河、阿克苏的阿克苏河和喀什的喀什噶尔河。

背鳍 iii-6-8（主要是 7）；臀鳍 iii-5；胸鳍 i-12-14；腹鳍 i-7；尾鳍分支鳍条 16-17。第 1 鳃弓内侧鳃耙 11-13。脊椎骨（12 尾标本）4+31-34。

体长为体高的 3.8-6.6 倍，为头长的 3.6-4.5 倍，为尾柄长的 5.7-8.8 倍。头长为吻长的 2.2-3.0 倍，为眼径的 5.7-9.1 倍，为眼间距的 2.6-3.1 倍。眼间距为眼径的 1.2-2.9 倍。尾柄长为尾柄高的 1.4-2.2 倍。

身体稍延长，前躯在胸鳍附近很宽，往后渐侧扁，尾柄短，头短，吻部低，后半部宽阔，颅顶部宽平，头宽大于头高，吻部短于眼后头长。口下位，口裂弧形而宽，唇狭，唇面光滑，有时下唇面有浅皱，下颌匙状。须 3 对，成体通常外吻须最长；外吻须末端后伸到眼中心和眼后缘的两垂线之间，口角须末端到达眼后缘之下方或稍超过，少数可达前鳃盖骨的下方。身体裸露无鳞，皮肤光滑。侧线完全。

鳍较长。背鳍游离缘平截，背鳍起点到吻端的距离为至尾鳍基部距离的 1.0-1.3 倍。胸鳍末端达到胸、腹鳍起点之间距离的 2/3-3/4。腹鳍起点相对于背鳍起点或第 1、第 2 根分支鳍条基部，末端不伸达肛门（其间距等于 1-3 倍眼径）。尾鳍后缘深凹入，通常上叶稍长。

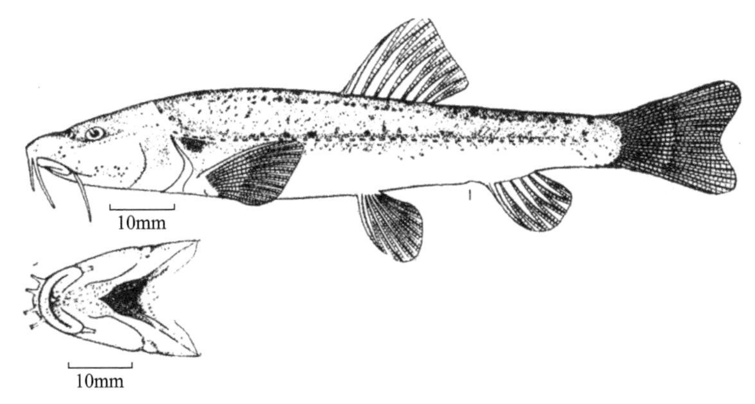

图 184　叶尔羌鼓鳔鳅指名亚种 *Hedinichthys yarkandensis yarkandensis* (Day)（仿朱松泉，1989）

体色（甲醛溶液浸存标本）：腹部基色浅黄色，背、侧部基色浅褐色。沿侧线常有1条浅褐色纹，侧线上方和背部有不规则的褐色小斑块和点。各鳍无斑。

肠短，绕折成1后环和1前环的“Z”形，前环的顶达到胃的前端和中段处。体长是肠长的0.9-1.2倍。

分布：新疆南部的塔里木河水系、喀什噶尔河、博斯腾湖和罗布泊等。

本种个体较大（最大个体全长达30cm），并有一定的数量，有渔业意义。

(141) 叶尔羌鼓鳔鳅大鳍亚种 *Hedinichthys yarkandensis macropterus* (Herzenstein, 1888)（图185）

Nemachilus yarkandensis macropterus Herzenstein, 1888, Zool. Theil., 3(2): 79.

Nemachilus (*Hedinichthys*) *yarkandensis*: Rendahl, 1933, Ark. Zool., 25A (11): 46.

Nemachilus yarkandensis nordkansuensis Li *et* Chang, 1974, Acta Zool. Sin., 20(4): 416.

Triplophysa (*Hedinichthys*) *yarkandensis macroptera*: Zhu, 1989, The Loaches of the Subfamily Nemacheilinae in China (Cypriniformes: Cobitidae): 131.

Hedinichthys yarkandensis macropterus: Prokofiev, 2010. J. Ichthyol., 50(10): 827-913.

别名：叶尔羌甘北亚种（李思忠和张世义：《甘肃省河西走廊鱼类新种及新亚种》）。

测量标本22尾；体长62-176mm；采自甘肃瓜州县疏勒河。

背鳍iii-6-7（个别为6）；臀鳍iii-5；胸鳍i-12-13；腹鳍i-6-7；尾鳍分支鳍条16-18（主要是16）。第1鳃弓内侧鳃耙12-21。脊椎骨（6尾标本）4+33-35。

体长为体高的4.1-5.6倍，为头长的3.5-4.8倍，为尾柄长的5.5-7.3倍。头长为吻长的2.4-2.9倍，为眼径的5.3-9.1倍，为眼间距的2.6-3.3倍。眼间距为眼径的1.1-3.2倍。尾柄长为尾柄高的1.5-2.7倍。

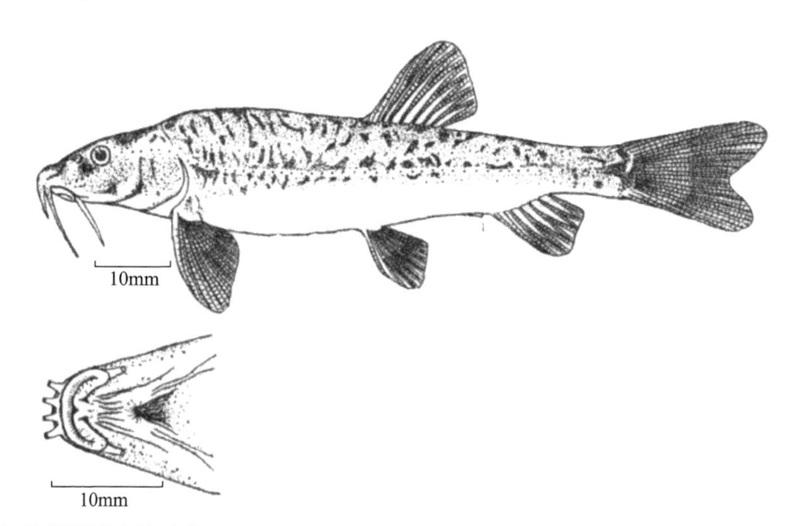

图185 叶尔羌鼓鳔鳅大鳍亚种 *Hedinichthys yarkandensis macropterus* (Herzenstein)（仿朱松泉，1989）

身体稍延长，前躯在胸鳍附近最宽，后躯渐侧扁，尾柄短。头躯短，颅顶部宽平，头宽大于头高，吻长短于眼后头长。眼小，侧上位。口下位，口裂较宽。唇狭，唇面光滑或下唇面有微皱，下颌匙状。须 3 对，通常外吻须最长，末端伸达眼中心和眼前缘两垂直线之间，口角须末端稍超过眼后端。身体裸露无鳞，皮肤光滑。侧线完全。

鳍较长。背鳍游离缘平截，背鳍起点到吻端的距离为至尾鳍基部距离的 1.1-1.3 倍。胸鳍长约为胸、腹鳍起点之间距离的 2/3。腹鳍起点与背鳍的第 1 或第 2 根分支鳍条基部相对，末端不伸达肛门。尾鳍后缘深凹入，上叶稍长。

体色（甲醛溶液浸存标本）：基色浅黄色，背部较暗。背部和背侧部有很多不规则的褐色小斑或块斑。头背面有小褐斑。各鳍无斑纹。

肠短，自胃发出向后，在胃的后方折向前，至胃的末端附近后折通肛门，体长为肠长的 0.9-1.2 倍。

据赵肯堂（1980）报道，居延海的本亚种 1-2 龄体长为 26-102mm；2-3 龄为 129-147mm，重 41-56g，2 龄以上性成熟；3-4 龄为 167-184mm，重 80-100g；4-5 龄为 198-235mm，重 155-200g，为居沿海主要捕捞对象。

分布：甘肃河西走廊的疏勒河水系和黑河水系。

(142) 小体鼓鳔鳅 *Hedinichthys minuta* (Li, 1966)（图 186）

Nemachilus minutus Li, 1966, In: Li *et al*., Acta Zool. Sin., 18(1): 46; Institute of Zoology, Chinese Academy of Sciences *et al*., 1979, Fishes of Xinjiang Province: 45.

Triplophysa (*Hedinichthys*) *minuta*: Zhu, 1989, The Loaches of the Subfamily Nemacheilinae in China (Cypriniformes: Cobitidae): 132.

Hedinichthys minuta: Prokofiev, 2010. J. Ichthyol., 50(10): 827-913.

别名：小体条鳅（李思忠等：《新疆北部鱼类的调查研究》）。

测量标本 21 尾；体长 37-46mm；采自新疆托克逊和东泉。

背鳍 iv-6-7（个别为 7）；臀鳍 iv-5；胸鳍 i-9-10；腹鳍 i-5-6；尾鳍分支鳍条 16。第 1 鳃弓内侧鳃耙 10-12。脊椎骨（5 尾标本）4+33。

体长为体高的 4.5-6.0 倍，为头长的 4.4-4.8 倍，为尾柄长的 4.5-6.2 倍。头长为吻长的 2.4-2.9 倍，为眼径的 4.3-6.0 倍，为眼间距的 2.5-3.0 倍。眼间距为眼径的 1.6-2.3 倍。尾柄长为尾柄高的 1.6-2.1 倍。

身体稍延长，前躯胸鳍附近较宽，往后渐侧扁。头短，头部稍平扁，头宽大于或（少数）等于头高，吻长短于或（少数）等于眼后头长。眼较大，侧上位。口下位，唇狭，唇面光滑，下颌匙状。须 3 对，较长，外吻须末端后伸达眼中间之下方，口角须末端稍超过眼后缘。身体裸露无鳞，皮肤光滑。侧线不完全，终止在胸鳍或腹鳍上方。

背鳍游离缘平截，背鳍起点到吻端的距离为至尾鳍基部距离的 0.9-1.4 倍。胸鳍长约为胸、腹鳍起点之间距离的 1/2 或 3/5。腹鳍起点相对于背鳍起点或背鳍起点稍前，末端不伸达肛门（其间隔等于 0.5-2 个眼径）。尾鳍后缘凹入，两叶尖。

体色（甲醛溶液浸存标本）：基色浅黄色，上侧部浅褐色。背、侧部有不规则的褐色斑纹，背、尾鳍有浅褐色斑点。

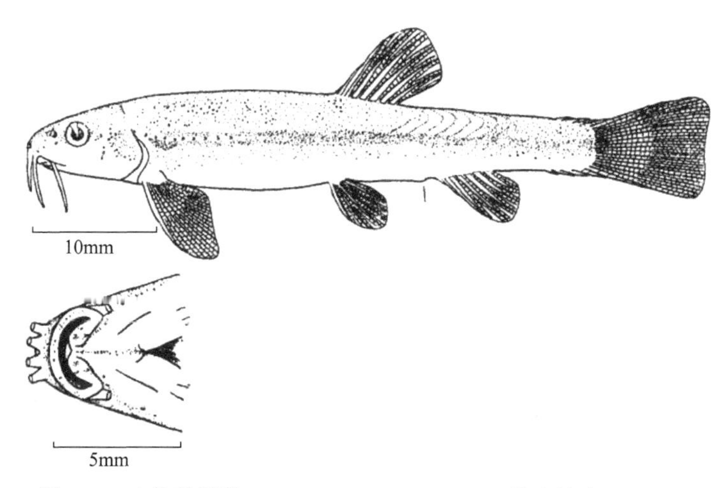

图 186 小体鼓鳔鳅 *Hedinichthys minuta* (Li)（仿朱松泉，1989）

肠短，自胃发出向后，在胃的后方折向前，自胃的末端处折通肛门。

分布：新疆北半部的托克逊、乌鲁木齐、东泉、精河、博乐和乌尔禾等地的河沟和浅水缓流地区。

17. 球鳔鳅属 *Sphaerophysa* Cao *et* Zhu, 1988

Sphaerophysa Cao *et* Zhu, 1988, Acta Zootax. Sin., 13(4): 405. **Type species**: *Sphaerophysa dianchiensis* Cao *et* Zhu, 1988.

身体稍延长，侧扁。前躯裸出，背鳍之后的后躯有小鳞，但只在尾柄处较密。侧线不完全，终止在胸鳍上方。须 3 对：1 对内吻须、1 对外吻须和 1 对口角须。前后鼻孔紧相邻，前鼻孔在鼻瓣膜前。背鳍分支鳍条 10、11 根，臀鳍分支鳍条 6 根。背部在背鳍和尾鳍之间及尾柄的下侧缘，有很发达的膜质软鳍褶，背侧软鳍褶的高度超过尾柄高的一半，在 X 光照片上，可看到 1 行弱的鳍条骨，排列在软鳍褶中。腹鳍腋部无腋鳞状肉质鳍瓣。

鳔前室膨大呈圆球形，包于与其形状相近的骨质鳔囊中。骨质鳔囊两侧各有 1 个小的前侧孔和 1 个大的后侧孔，整个骨质鳔囊呈圆球形，明显不同于条鳅亚科其他属为哑铃形的骨质鳔囊。鳔的后室退化，仅残留 1 个很小的膜质室。肩带无后匙骨。

本属仅 1 种，为我国特有。

(143) 滇池球鳔鳅 *Sphaerophysa dianchiensis* Cao *et* Zhu, 1988（图 187）

Sphaerophysa dianchiensis Cao *et* Zhu, 1988, Acta Zootax. Sin., 13(4): 405; Zhu, 1989, The Loaches of the Subfamily Nemacheilinae in China (Cypriniformes: Cobitidae): 134.

测量标本 11 尾（其中包括中国科学院水生生物研究所的标本 2 尾，中国科学院昆明动物研究所的标本 5 尾，中国科学院动物研究所的标本 4 尾，均采自滇池）。

体长 43.0-69.5mm；采自云南滇池。

背鳍 iv-10-11；臀鳍 iii-6；胸鳍 i-10-12；腹鳍 i-7-8；尾鳍分支鳍条 16。第 1 鳃弓内侧鳃耙 10-11。脊椎骨（5 尾标本）4+40-41。

体长为体高的 4.9-7.1 倍，为头长的 4.3-5.0 倍，为尾柄长的 4.6-5.8 倍。头长为吻长的 2.4-3.0 倍，为眼径的 3.3-4.5 倍，为眼间距的 5.3-6.8 倍。眼间距为眼径的 0.6-0.8 倍。尾柄长为尾柄高的（不包括尾柄上下的软鳍褶）2.1-2.8 倍。

身体稍延长，侧扁。头侧扁。吻部较尖，吻长等于眼后头长。眼侧上位。口下位。唇狭，唇面光滑或有浅皱。上颌中部有 1 齿形突起，下颌匙状。须较短，外吻须后伸达口角，口角须后伸达眼中心和眼后缘之间的下方。小鳞只分布在背鳍之后的后躯，尾柄处较密。侧线不完全，终止在胸鳍上方。

背鳍的背缘平截或稍外凸呈浅弧形，背鳍基部起点至吻端的距离为体长的 45%-46%。胸鳍侧位，其长约为胸、腹鳍基部起点之间距离的 1/2。腹鳍基部起点与背鳍的第 2 或第 3 根分支鳍条基部相对，末端不伸达肛门（其间距等于 0.5-1 个眼径）。尾鳍后缘稍外凸呈圆弧形或斜截，上叶稍长。背部在背鳍和尾鳍之间及尾柄的下侧缘有发达的膜质软鳍褶，背部的鳍褶高超过尾柄的一半，其中排列有弱的鳍条骨 58-61 根。

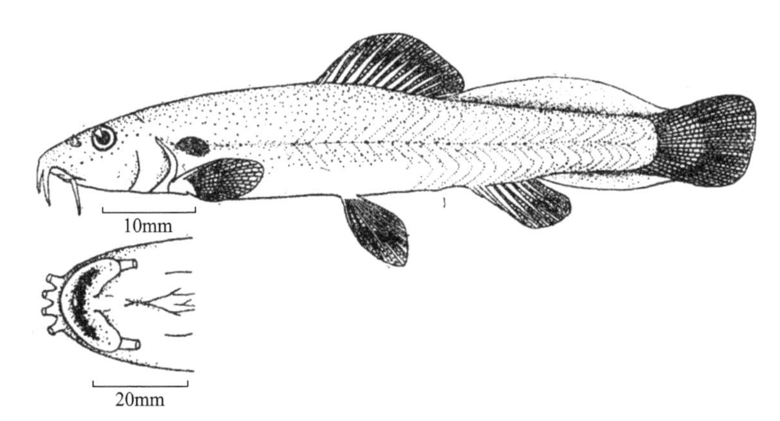

图 187　滇池球鳔鳅 *Sphaerophysa dianchiensis* Cao *et* Zhu（仿朱松泉，1989）

体色（甲醛溶液浸存标本）：基色浅黄色或灰白色，背部较暗，未见明显斑纹。肠自“U”形的胃发出向后，几乎呈 1 条直管通肛门。

分布：云南（滇池）。由于滇池环境变化甚大，70 年代后期已很少见，现在恐已绝迹。

（二）沙鳅亚科 Botiinae

体长而侧扁，头侧扁，吻尖。体被细鳞，颊部也具鳞或裸露。尾鳍分叉，侧线完全，眼侧上位，眼下刺分叉或不分叉。口下位。须 3 对或 4 对，其中吻须 2 对，聚生于吻端，口角须 1 对，颏须 1 对（有时为 1 对纽状肉质突起所取代）或缺如。颅顶具囟门或缺如。侧线完全。基枕骨的咽突分叉，无咽垫。鳔 2 室，前室为韧质膜囊或部分为骨质或全为骨质囊所包，此骨质囊是由第 2 脊椎骨横突的腹支向后扩展与第 4 脊椎骨的腹肋构成的；后室为发达的游离鳔或退化。背鳍不分支鳍条柔软；臀鳍分支鳍条 5 根；胸、腹鳍基部具腋鳞。尾鳍分叉。

本亚科为一群淡水喜流水性中小型鱼类，常在水域底层活动。分布范围东至黑龙江和日本，西至巴基斯坦，南至印度尼西亚的爪哇岛。青藏高原无分布，主要分布于我国长江以南各水系、泰国、缅甸、老挝及印度东北部。

本亚科分为 8 属，约有 57 种，中国有 3 属 26 种，其中副沙鳅属和薄鳅属为我国特有属。

属 检 索 表

1 (2) 颊部裸露无鳞……沙鳅属 ***Botia***

2 (1) 颊部具鳞

3 (4) 眼下刺分叉……副沙鳅属 ***Parabotia***

4 (3) 眼下刺不分叉……薄鳅属 ***Leptobotia***

18. 沙鳅属 *Botia* Gray, 1831

Botia Gray, 1831, Zool. Misc., : 8. **Type species**: *Botia almorhae* Gray, 1831.

Hymenophysa McClelland, 1839, Asia. Res., 19(2): 443. **Type species**: *Cobitis dario* Hamilton, 1822.

Syncrossus Blyth, 1860, J. Asiat. Soc. Beng., 29(2): 166. **Type species**: *Syncrossus berdmorei* Blyth, 1860.

Sinibotia Fang, 1936, Sinensia, 7: 19. **Type species**: *Botia superciliaris* Günther, 1892.

颊部无鳞。眼下刺分叉。颏部具 1 对须或为 1 对纽状突起所取代。头长大于体高。吻长一般大于眼后头长。眼侧上位，一般位于头的后半部。颅顶囟门存在或缺如。尾柄长小于尾柄高；尾鳍深分叉。背鳍末根不分支鳍条柔软；腹鳍起点位于背鳍起点之后；臀鳍分支鳍条 5 根。侧线完全。

本属鱼类在颏部结构、囟门和鳔等方面有不同程度的特化，但它们之间具有明显的连续性，这也和它们的地理分布相一致。根据颏部结构和囟门存在或缺如，本类群鱼类又可分为 *Hymenophysa*、*Sinibotia* 和 *Botia* 3 种类型，有些作者也据此将之分为 3 个亚属。

分布于我国南方、泰国、老挝、柬埔寨、缅甸、孟加拉国、大巽他群岛、印度和巴基斯坦。我国现知有 8 种。

种 检 索 表

1 (14) 须 3 对，其中吻须 2 对，口角须 1 对，颏部具纽状突起 1 对

2 (9) 颅顶具囟门

3 (8)　眼下刺主刺末端不达眼后缘下方；眼较小，头长为眼径的 8.2-10.5 倍；鳔后室相当发达
4 (7)　吻较长，头长为吻长的 1.8-2.0 倍；眼位于头的后半部；腹鳍末端近达或达到肛门
5 (6)　体上除具 11-15 条明显垂直带纹外，不具任何斑点或条纹（澜沧江）····**南方沙鳅 *B. lucasbahi***
6 (5)　体上除具 10-12 条不甚明显垂直带纹外，还具有明显的纵条纹和斑点（独龙江）··**缅甸沙鳅 *B. berdmorei***
7 (4)　吻较短，头长为吻长的 2.1 倍；眼位于头的中部；腹鳍末端远不达肛门（澜沧江）···**云南沙鳅 *B. yunnanensis***
8 (3)　眼下刺主刺末端达到眼后缘下方；眼大，头长为眼径的 4.8-5.7 倍；鳔后室缩小（珠江、韩江、九龙江）···**壮体沙鳅 *B. robusta***
9 (2)　颅顶囟门不存在
10 (11)　吻长大于眼后头长，约等于眼径与眼后头长之和（长江中、上游）···**中华沙鳅 *B. superciliaris***
11 (10)　吻长约等于眼后头长
12 (13)　眼大，头长为眼径的 8.9-10.7 倍；眼间距较宽，头长为眼间距的 3.0-3.5 倍；体较高，体长为体高的 3.7-4.4 倍（长江上游）···**宽体沙鳅 *B. reevesae***
13 (12)　眼小，头长为眼径的 9.6-11.9 倍；眼间距较狭窄，头长为眼间距的 5.1-6.7 倍；体较低，体长为体高的 4.4-6.0 倍（珠江、韩江、九龙江）·····································**美丽沙鳅 *B. pulchra***
14 (1)　须 4 对，其中吻须 2 对，口角须 1 对，颏须 1 对（独龙江）·······**伊洛瓦底沙鳅 *B. histrionica***

(144) 南方沙鳅 *Botia lucasbahi* Fowler, 1937（图 188）

Botia lucasbahi Fowler, 1937, Proc. Acad. nat. Sci. Philad., 88-89: 154; Li, 1976, Acta Zool. Sin., 22(1): 118.

Botia (*Hymenophysa*) *lucasbahi*: Chen, 1980, Zool. Res., 1(1): 5.

测量标本 11 尾；体长 68-108mm；采自云南景洪、勐海。

背鳍 iv-8-9；臀鳍 iii-5；胸鳍 i-10-12；腹鳍 i-6。脊椎骨 4+28-30。

体长为体高的 4.2-5.2 倍，为头长的 3.2-3.6 倍，为尾柄长的 7.5-8.9 倍，为尾柄高的 5.7-6.6 倍。头长为吻长的 1.8-2.0 倍；为眼径的 8.2-10.5 倍，为眼间距的 4.8-5.6 倍。尾柄长为尾柄高的 0.68-0.86 倍。

体长，侧扁，背缘弧形，腹缘平直，尾柄宽而短。头侧扁，其长大于体高。口下位，马蹄形，口角约位于吻端至鼻孔距离中点的下方。吻尖，吻长大于眼后头长，约等于或稍短于尾柄高。吻端至鼻孔的距离约为鼻孔至眼前缘距离的 2 倍。须 3 对，其中吻须 2 对，聚生于吻端，口角须 1 对，吻长约为口角须长的 2 倍，其末端超过鼻孔但不达眼前缘。颏部具 1 对纽状突起。眼中等大，侧上位，位于头的后半部；眼间弧形，眼间距大于眼径。眼下刺分叉，主刺末端达到或稍超过眼中央下方。颅顶具长形囟门。体被细鳞，明显，颊部裸露无鳞。侧线完全，平直，自鳃孔上角起，沿着体侧中线至尾柄中轴。

图 188 南方沙鳅 *Botia lucasbahi* Fowler

背鳍起点约位于鼻孔至尾鳍基部距离的中点，背鳍前距为体长的 55%-60%；背鳍外缘斜截，前角圆钝，最长鳍条约等于吻端至眼前缘的距离，短于背鳍基长。腹鳍起点位于背鳍第 2、第 3 根分支鳍条基部的下方，其末端达到或稍超过肛门。臀鳍起点位于腹鳍基至尾鳍基部距离的中点或靠近后者，末端近达尾鳍基。胸鳍以第 3 根分支鳍条为最长。胸、腹鳍基部具腋鳞。尾鳍宽，深分叉，最长鳍条约为中央最短鳍条的 3 倍，上下叶等长，末端圆钝。

鳔相当发达，吻长约为鳔长的 1.2 倍；鳔前室为膜质囊，鳔后室长约为前室的 2 倍，有鳔管与食道相通。肠管短，约为体长的 80%。腹膜灰色。

体色：固定标本体棕黄色，体上具 11-15 条棕灰色垂直带纹（背鳍前 5、6 条，背鳍下方 2、3 条，背鳍后 5、6 条），其宽度约为间隔条纹的 2 倍，这些带纹延伸至侧线下方。吻端至头背面后部与至眼前缘各具 1 对棕灰色条纹。背鳍具 2、3 列由斑点组成的斜行条纹；尾鳍靠近基部具 1-3 列弧形条纹；偶鳍及臀鳍浅色。

分布：中国（澜沧江水系）；泰国，老挝。

(145) 缅甸沙鳅 *Botia berdmorei* (Blyth, 1860)（图 189）

Syncrossus berdmorei Blyth, 1860, J. Asiat. Soc. Beng., 29(2): 166.
Botia (*Hymenophysa*) *berdmorei*: Chen, 1980, Zool. Res., 1(1): 5.

测量标本 8 尾；体长 75-132mm；采自云南盈江县昔马镇和那邦镇。

背鳍 iv-9-10；臀鳍 iii-5；胸鳍 i-12；腹鳍 i-6。脊椎骨 4+30-31。

体长为体高的 3.8-4.8 倍，为头长的 3.6-4.0 倍，为尾柄长的 7.2-7.8 倍，为尾柄高的 5.8-6.5 倍。头长为吻长的 1.8-2.0 倍，为眼径的 8.2-9.4 倍，为眼间距的 4.7-5.7 倍。尾柄长为尾柄高的 0.78-0.88 倍。

体长，侧扁，尾柄短而宽。头长大于体高。口下位，马蹄形，口角位于吻端至鼻孔距离中点的下方或靠近前者。吻尖，吻长远长于眼后头长。须 3 对，其中吻须 2 对，口角须 1 对，吻长为口角须长的 2.5 倍，其末端超过鼻孔，远不达到眼前缘。颏部具 1 对纽状突起。眼中等大，侧上位，位于头的后半部；眼间弧形，眼间距大于眼径。眼下刺分叉，主刺末端伸达眼中央下方。颅顶具囟门。体被细鳞，颊部裸露无鳞。侧线完全，平直，自鳃孔上角沿体侧中线至尾柄中轴。

图 189　缅甸沙鳅 *Botia berdmorei* (Blyth)

背鳍起点约位于鼻孔至尾鳍基部距离的中点，背鳍前距为体长的 52%-56%；背鳍外缘平截或微凸，前角圆钝，最长鳍条约等于吻长，短于背鳍基长。腹鳍起点约位于背鳍第 2 根分支鳍条基部的下方，其末端近达肛门。臀鳍起点约位于腹鳍基部至尾鳍基部距离的中点，其末端不达尾鳍基部。胸、腹鳍基部具腋鳞。尾鳍深分叉，最长鳍条为中央最短鳍条的 3 倍多，上下叶等长，末端稍圆钝。

鳔发达，鳔长约等于鼻孔至鳃盖后缘的距离；前室为膜质囊，后室长约为前室的 3 倍多，两室之间以短管相连。

体色：固定标本体棕黄色，体上散布灰黑色条纹或斑点，腹鳍前条纹呈长条形，呈纵行排列，靠近尾部斑点呈点状，均匀散布；体上还具 10-12 条不明显的灰黑色垂直带纹（背鳍前 3-5 条，背鳍基下方 2、3 条，背鳍后 3、4 条）。吻端至头后背部与至眼前缘各具 1 对灰黑色条纹；头侧散布不规则灰黑色斑点。背鳍具 2、3 列由斑点组成的斜行条纹；尾鳍靠近基部具 1、2 列弧形条纹，尾叶具 1-3 列由斑点组成的不规则斜行条纹或缺如；偶鳍浅色。

分布：独龙江水系。

(146) 云南沙鳅 *Botia yunnanensis* Chen, 1980（图 190）

Botia (*Hymenophysa*) *yunnanensis* Chen, 1980, Zool. Res., 1(1): 6.

测量标本 1 尾；体长 120mm，采自云南景洪。

背鳍 iv-9；臀鳍 iii-5；胸鳍 i-12；腹鳍 i-6。脊椎骨 4+30。

体长为体高的 4.9 倍，为头长的 3.7 倍，为尾柄长的 7.7 倍，为尾柄高的 6.3 倍。头长为吻长的 2.1 倍，为眼径的 10.8 倍，为眼间距的 4.6 倍。尾柄长为尾柄高的 0.82 倍。

体长，侧扁，尾柄宽而短。头长大于体高。口下位，马蹄形，口角位于吻端至鼻孔距离中点的下方。上下唇肥厚。吻长约等于眼径与眼后头长之和，吻端至鼻孔的距离约等于鼻孔至眼后缘的距离。须 3 对，其中吻须 2 对，口角须 1 对，吻长为口角须长的 1.8 倍，其末端近达眼前缘。颏部具 1 对纽状突起。眼小，位于头的中部；眼间弧形，眼间距约等于眼径的 2 倍。眼下刺分叉，主刺末端伸达眼中央下方。颅顶具囟门。体被细鳞，颊部裸露无鳞。侧线完全，平直，自鳃孔上角沿体侧中线至尾柄中轴。背鳍起点位于鼻孔至尾鳍基距离的中点，背鳍前距为体长的 56%；背鳍外缘斜截，前角圆钝，最长鳍条约为头长的 0.5 倍，短于背鳍基长。

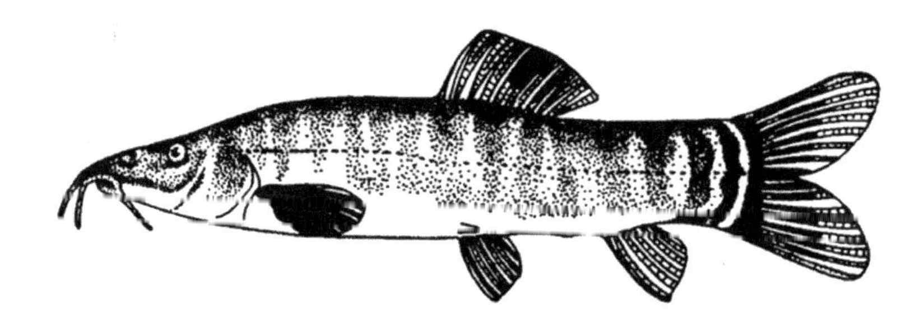

图 190 云南沙鳅 *Botia yunnanensis* Chen

腹鳍起点位于背鳍第 2 根分支鳍条基部的下方，其末端不达肛门。肛门至腹鳍基的距离为腹鳍基至臀鳍起点距离的 75%。臀鳍起点位于腹鳍基至尾鳍基距离的中点，其末端不达尾鳍基。胸、腹鳍基部具腋鳞。尾鳍宽，深分叉，最长鳍条约为中央最短鳍条的 3 倍，上下叶等长，末端圆钝。

鳔发达，头长约为鳔长的 3 倍，前室部分为膜质囊，后室圆锥形，其长约为前室的 3 倍。

体色：固定标本体棕黄色，体上具 14 条不甚规则的棕黑色直带纹（背鳍前 6 条，背鳍基下方 3 条，背鳍后 5 条），这些带纹延伸至侧线下方。背鳍具 2 列由斑点组成的条纹；尾鳍靠近基部具 3 列棕黑色弧形条纹；其他各鳍浅色。

分布：澜沧江水系。

(147) 壮体沙鳅 *Botia robusta* Wu, 1939（图 191）

Botia robusta Wu, 1939, Sinensia, 10(1-6): 122; Fisheries Research Institute of Guangxi Zhuang Autonomous Region *et* Institute of Zoology, Chinese Academy of Sciences, 1981, Freshwater Fishes of Guangxi, China: 103.

Botia (*Hymenophysa*) *robusta*: Chen, 1980, Zool. Res., 1(1): 6.

测量标本 15 尾；体长 51-90mm；采自广西桂林、龙州、南宁、柳州（融安）等地。

背鳍 iv-8；臀鳍 iii-5；胸鳍 i-11-12；腹鳍 i-6-7。脊椎骨 4+28-30。

体长为体高的 3.8-4.8 倍，为头长的 3.2-3.9 倍，为尾柄长的 7.0-8.6 倍，为尾柄高的 6.4-7.9 倍。头长为吻长的 1.9-2.3 倍，为眼径的 4.8-5.7 倍，为眼间距的 4.4-5.4 倍。尾柄长为尾柄高的 0.78-0.94 倍。

体短而壮，侧扁，背缘弧度大，背鳍起点为体的最高处，腹缘接近水平，尾柄长短于尾柄高。头长大于体高。口下位，弧形。吻长大于眼后头长，约等于眼后头长与眼径之和。鼻孔距眼前缘稍近于距吻端。须 3 对，其中吻须 2 对，口角须 1 对，其长等于或稍短于眼径，末端超过鼻孔，但不达到眼前缘。颏部具 1 对肉质突起。眼大，侧上位，约位于头的中部；眼间弧形，眼间距等于或稍大于眼径。眼下刺强壮，分叉，主刺末端达到眼后缘下方。颅顶囟门缩小。体被细鳞，不明显，颊部裸露无鳞。侧线完全，平直，自鳃孔上角沿体侧中线至尾柄中轴。

图 191　壮体沙鳅 *Botia robusta* Wu

背鳍起点约位于鼻孔至尾鳍基距离的中点，背鳍前距为体长的 51%-56%；背鳍外缘斜截，前角圆钝，最长鳍条稍长于背鳍基长。腹鳍起点位于背鳍第 2 和第 3 根分支鳍条基部的下方，其末端达到或稍超过肛门。肛门靠近臀鳍，腹鳍基至肛门的距离为腹鳍基至尾鳍基距离的 72%-78%。臀鳍起点位于腹鳍基至尾鳍基距离的中点，其末端近达或达到尾鳍基。胸、腹鳍基部具腋鳞。尾鳍深分叉，最长鳍条约为中央最短鳍条的 2 倍多，上下叶等长，末端尖形。

鳔相当特化，前室包于骨质囊内，后室缩小，其长度仅为前室的 1/3，两室之间有短管相连。肠管约为体长的 85%。腹膜浅色。

体色：体灰绿色，体上具 6 条垂直紫黑色带纹，其中第 2-5 条伸至体侧各分为 2 条延伸至腹部。吻端至头背的后部与眼前缘各具 1 对明显的紫黑色条纹；头侧具不规则斑纹或缺如。背、胸、腹、臀鳍间各有 1 条紫黑色带纹；尾鳍沿着外缘具“∑”形紫黑色带纹。

分布：珠江、韩江及福建的九龙江等水系。

(148) 中华沙鳅 *Botia superciliaris* Günther, 1892（图 192）

Botia superciliaris Günther, 1892, In: Pratt’s Snows of Tibet: 250; Chang, 1944, Sinensia, 15(1-6): 50; Department of Fishes, Hubei Institute of Hydrobiology, 1976, Fishes of Yangtze River: 160.

Botia (*Sinibotia*) *superciliaris*: Fang, 1936, Sinensia, 7: 20; Chen, 1980, Zool. Res., 1(1): 3-25.

测量标本 14 尾；体长 77-144mm；采自重庆木洞镇和湖北宜昌等。

背鳍 iv-8；臀鳍 iii-5；胸鳍 i-12-13；腹鳍 i-6-7。脊椎骨 4+32-33。

体长为体高的 4.3-5.2 倍，为头长的 3.3-3.6 倍，为尾柄长的 7.3-8.6 倍，为尾柄高的 6.4-7.4 倍。头长为吻长的 1.9-2.1 倍，为眼径的 8.9-10.7 倍，为眼间距的 3.6-4.7 倍。尾柄长为尾柄高的 0.84-0.95 倍。

体长，侧扁，尾柄高稍大于尾柄长。头长大于体高。口下位，马蹄形；唇肥厚。吻锥形，吻长约等于眼后头长与眼径之和。吻端至鼻孔的距离为鼻孔至眼前缘距离的 2 倍。

须 3 对，其中吻须 2 对，口角须 1 对，吻长为口角须长的 2.0-2.3 倍，末端超过鼻孔近达眼前缘。颏部具 1 对肉质突起。眼较小，侧上位，接近于头的中部；眼间宽，稍呈弧形，眼间距为眼径的 2.5-3.0 倍。眼下刺强壮，分叉，主刺末端达到眼后缘下方。颅顶囟门仅残留 1 长缝。体被细鳞，颊部裸露无鳞。侧线完全，平直，自鳃孔上角沿着体侧中线至尾柄中轴。

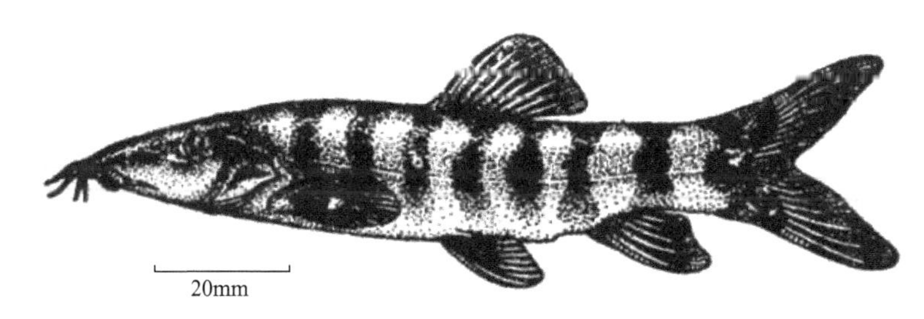

图 192 中华沙鳅 *Botia superciliaris* Günther

背鳍起点约位于鼻孔至尾鳍基距离的中点，背鳍前距为体长的 54%-59%；背鳍外缘平截或稍内凹，前角圆钝，最长鳍条大于背鳍基长。腹鳍起点约位于背鳍第 2、第 3 根分支鳍条基部的下方，其末端不达肛门。肛门至腹鳍基的距离为腹鳍基至臀鳍起点距离的 69%-81%。臀鳍末端近达或达到尾鳍基。胸、腹鳍基部具腋鳞。尾鳍深分叉，最长鳍条约为中央最短鳍条的 2.5 倍，上下叶等长，末端尖。

鳔前室的鳔囊部分为骨质；鳔后室呈圆锥形，其长为前室的 1.5-2.0 倍；前后室以短管相连，有鳔管与肠道相通。肠管短，约为体长的 80%。腹膜浅色。

体色：体灰绿色，体上具 7-10 条黑色垂直带纹（背鳍前 4 条，背鳍基下方 1、2 条，背鳍后 3、4 条），这些带纹延伸至腹部（幼鱼）或侧线上下（成鱼）。自鳃盖上角上方经眼上缘至吻端具 1 棕黄色条纹或缺如。头后背部中央至吻端具 1 条不甚明显的条纹。背鳍基部及鳍间各有 1 条棕黑色带纹；尾鳍具 2、3 列棕黑色斜行宽条纹；臀、腹、胸鳍鳍间各具 1 条不甚明显的棕黑色带纹。

分布：长江中、上游及其支流。

(149) 宽体沙鳅 *Botia reevesae* Chang, 1944（图 193）

Botia reevesae Chang, 1944, Sinensia, 15(1-6): 49.

Botia sp. Department of Fishes, Hubei Institute of Hydrobiology, 1976, Fishes of Yangtze River: 161.

Botia (*Sinibotia*) *reevesae*: Chen, 1980, Zool. Res., 1(1): 8.

测量标本 6 尾；体长 60-96mm；采自四川泸州市瓦窑滩、乐山。

背鳍 iv-8；臀鳍 iii-5；胸鳍 i-13；腹鳍 i-7。

体长为体高的 3.7-4.4 倍，为头长的 3.6-3.9 倍，为尾柄长的 7.4-9.0 倍，为尾柄高的 6.6-7.7 倍。头长为吻长的 1.9-2.1 倍，为眼径的 8.9-10.7 倍，为眼间距的 3.0-3.5 倍。尾柄长为尾柄高的 0.69-0.83 倍。

体短而粗，侧扁，尾柄高大于尾柄长。头长大于体高。口下位，弧形。吻长稍小于眼后头长。须 3 对，其中吻须 2 对，口角须 1 对，吻长为口角须长的 4.9-5.2 倍，末端超过鼻孔，但不达眼前缘。颏部具 1 对肉质突起。眼中等大，侧上位，约位于头的中部或稍靠后；眼间弧形，眼间距宽，约为眼径的 2 倍多。眼下刺强壮，分叉，主刺末端超过眼后缘的下方。颅顶囟门不存在。体被细鳞，颊部裸露无鳞。侧线完全，平直，自鳃孔上角沿着体侧中线至尾柄中轴。

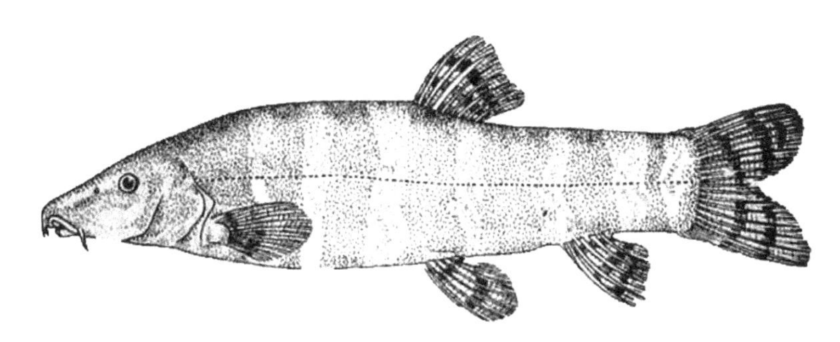

图 193　宽体沙鳅 *Botia reevesae* Chang

背鳍起点约位于眼至尾鳍基距离的中点，背鳍前距为体长的 57%-58%；背鳍外缘平截，最长鳍条约为头长之半，稍大于背鳍基长。腹鳍起点约位于背鳍第 1、第 2 根分支鳍条基部的下方，其末端不达肛门。肛门靠近臀鳍，腹鳍基至肛门的距离为腹鳍基至臀鳍起点距离的 75%-84%。臀鳍起点约位于腹鳍基至尾鳍基距离的中点或靠近后者，其末端不达尾鳍基。胸、腹鳍基部具腋鳞。尾鳍短而宽，浅分叉，最长鳍条约为中央最短鳍条的 2 倍，上下叶等长，末端圆钝。

鳔较发达，头长约为鳔长的 1.3 倍；鳔前室的鳔囊部分为骨质，鳔后室呈圆锥形，其长为前室的 2 倍多。肠管短，约为体长 75%。腹膜浅色。

体色：固定标本体为棕黄色，体上具 6-9 条棕黑色垂直带纹（背鳍前 3、4 条，背鳍基下方 1、2 条，背鳍后 2、3 条），这些带纹之间间隔狭，仅为带纹宽的 1/4，除第 1 条延伸至胸鳍基部外，余者延伸至腹部下方或与体侧另一方的带纹相连而形成环状带纹。吻端经鼻孔至鳃孔上角上方有 1 条棕黄色带纹；口角上方至眼下刺下缘以及在头背部中央各具有 1 条棕黄色条纹。背、臀、腹鳍鳍间各具 1 棕黑色宽带纹；尾鳍具 2、3 条斜行棕黑色宽带纹。据原始描述这种鱼鲜活时体为墨绿色，带纹为黑色，尾鳍为浅红色。

分布：长江上游。

(150) 美丽沙鳅 *Botia pulchra* Wu, 1939（图 194）

Botia pulchra Wu, 1939, Sinensia, 10(1-6): 124; Fisheries Research Institute of Guangxi Zhuang Autonomous Region *et* Institute of Zoology, Chinese Academy of Sciences, 1981, Freshwater Fishes of Guangxi, China: 154.

Botia (*Sinibotia*) *pulchra*: Chen, 1980, Zool. Res., 1(1): 8.

测量标本 6 尾；体长 60-121mm；采自广西桂林和龙州等地。

背鳍 iv-8；臀鳍 iii-5；胸鳍 i-12-13；腹鳍 i-7。脊椎骨 4+29-31。

体长为体高的 4.4-6.0 倍，为头长的 3.3-3.8 倍，为尾柄长的 7.0-7.8 倍，为尾柄高的 7.4-8.0 倍。头长为吻长的 2.1-2.3 倍，为眼径的 9.6-11.9 倍，为眼间距的 5.1-6.7 倍。尾柄长为尾柄高的 0.95-1.00 倍。

体长，侧扁，尾柄长约等于尾柄高。头侧扁，头长大于体高。口下位，马蹄形。吻长约等于眼后头长。吻端至鼻孔的距离约为鼻孔至眼前缘距离的 2 倍。须短，3 对，其中吻须 2 对，口角须 1 对，吻长约为口角须长的 3 倍，末端超过鼻孔，但不达眼前缘；外吻须最长，吻长约为其长的 2.6 倍，末端达到口角。颏部具 1 对纽状肉质突起。眼小，侧上位，位于头的中部；眼间弧形，眼间距约等于眼径的 2 倍。眼下刺分叉，主刺末端超过眼后缘的下方。颅顶囟门不存在。体被细鳞，颊部裸露无鳞。侧线完全，平直，自鳃孔上角沿着体侧中线至尾柄中轴。

背鳍起点约位于眼前缘至尾鳍基距离的中点，背鳍前距为体长的 56%-58%；背鳍外缘平截，前角圆钝，最长鳍条稍大于背鳍基长。腹鳍起点约位于背鳍第 2 根分支鳍条基部的下方，其末端不达或近达肛门。肛门靠近臀鳍，腹鳍基至肛门的距离为腹鳍基至臀鳍起点距离的 73%-83%。臀鳍起点位于腹鳍基至尾鳍基距离的中点，其末端不达尾鳍基。胸、腹鳍基部具腋鳞。尾鳍深分叉，最长鳍条为中央最短鳍条的 2.5-3.0 倍，上下叶等长。

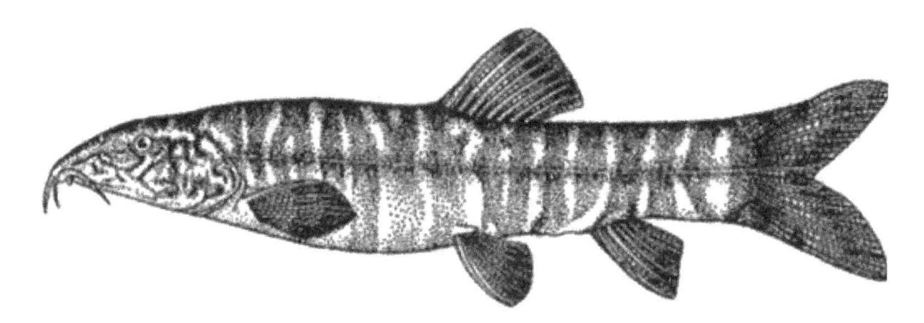

图 194 美丽沙鳅 *Botia pulchra* Wu

鳔相当特化，鳔前室的鳔囊部分为骨质；后室缩小，其长约为前室长之半。

体色：体背部紫黑色，腹部棕黄色。体上斑纹变化较大，有些个体体上具 7-17 条不规则的分支或不分支的棕黄色垂直条纹，其宽度约为相间紫黑色条纹的 1/3，有些条纹还延伸至腹部下方与另一侧的条纹相连而形成环状；而有些个体体侧无明显的垂直条纹，仅在背中线从头至尾部具有 1 列不相连的棕黄色斑点。自鳃孔上角上方经眼上缘至吻端各具 1 条棕黄色条纹；头背部中央具 1 条棕黄色纵条纹；头侧面具蠕虫形棕黄色条纹。背、臀鳍基部及鳍间各具 1 条紫黑色带纹；尾鳍具 2、3 列不规则斜行带纹；偶鳍鳍间具不甚明显的黑色带纹。

分布：珠江、韩江及福建的九龙江等水系。

(151) 伊洛瓦底沙鳅 *Botia histrionica* Blyth, 1860（图 195）

Botia histrionica Blyth, 1860, J. Asiat. Soc. Beng., 29(2): 166.

Botia (*Botia*) *histrionica*: Chen, 1980, Zool. Res., 1(1): 8.

测量标本 5 尾；体长 110-163mm；采自云南腾冲团田和盈江昔马、那邦。

背鳍 iv-8；臀鳍 iii-5；胸鳍 i-12-13；腹鳍 i-6。脊椎骨 4+27-28。

体长为体高的 3.7-4.5 倍，为头长的 3.5-3.8 倍，为尾柄长的 7.0-7.9 倍，为尾柄高的 5.7-6.8 倍。头长为吻长的 1.6-2.0 倍，为眼径的 7.8-9.2 倍，为眼间距的 3.4-4.6 倍。尾柄长为尾柄高的 0.78-0.87 倍。

体长，侧扁，尾柄宽而短。口下位。吻长远长于眼后头长。吻端至鼻孔的距离为鼻孔至眼前缘距离的 2 倍。须 4 对，其中吻须 2 对，口角须 1 对和颏须 1 对；口角须末端超过鼻孔，但不达眼前缘；颏须粗短。眼中等大，侧上位，位于头的后部；眼间稍呈弧形，眼间距约为眼径的 2 倍。眼下刺强壮，分叉，主刺末端达到或超过眼中央下方。颅顶囟门不存在。体被细鳞，颊部裸露无鳞。侧线完全，平直，自鳃孔上角沿着体侧中线至尾柄中轴。

各鳍发达。背鳍起点约位于吻端至尾鳍基距离的中点，背鳍前距为体长的 49%-52%；背鳍外缘微凹，最长鳍条约等于鼻孔至鳃盖后缘的距离，大于背鳍基长。腹鳍起点位于背鳍第 2、第 3 根分支鳍条基部的下方，其末端伸达或超过肛门。臀鳍起点约位于腹鳍基至尾鳍基距离的中点，后缘平截，末端近达或达到尾鳍基。胸、腹鳍基部具腋鳞。尾鳍深分叉，最长鳍条约为中央最短鳍条的 2.5 倍，上下叶等长，末端尖。

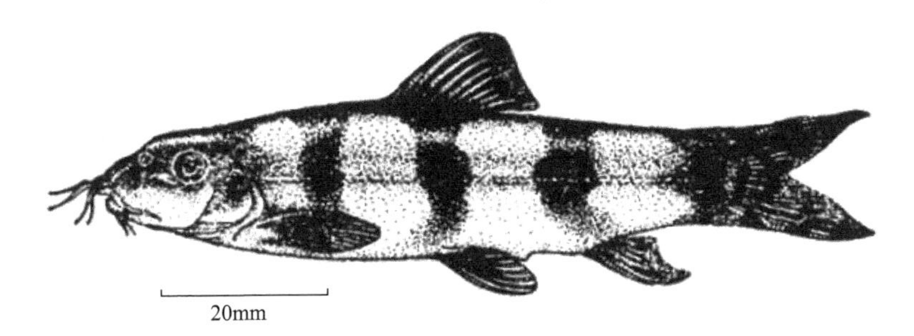

图 195　伊洛瓦底沙鳅 *Botia histrionica* Blyth

鳔十分特化，鳔前室包于骨质囊内，后室退化。肠管短。腹膜浅色。

体色：体灰绿色，体上具 5 条紫黑色垂直宽带纹（背鳍前 2 条，背鳍基下方 1 条，背鳍后 2 条），第 1 条仅延伸至鳃孔上角，其后各条延伸至腹部且每条又断开为不连续的条。吻端至鼻孔上方和眼间各具 1 条宽带纹；口角至鼻孔下方、眼球下方与鳃盖上各具 1 条不规则的带纹。背、胸、腹、臀鳍各鳍基部及鳍间各具 1 条紫黑色宽带纹；尾鳍具 3 列斜行紫黑色宽带纹。

分布：独龙江水系。

19. 副沙鳅属 *Parabotia* Sauvage *et* Dabry de Thiersant, 1874

Parabotia Sauvage *et* Dabry de Thiersant, 1874, Ann. Sci. nat. Paris, Zool., (6) 1 (5): 17. **Type species**: *Parabotia fasciata* Dabry de Thiersant, 1872.

头长大于体高；吻长约等于眼后头长；颏部不具突起或颏须。眼下刺分叉。颅顶囟门存在。颊部具鳞。侧线完全。尾柄长短于、等于或大于尾柄高。背鳍分支鳍条 8-10 根；臀鳍分支鳍条 5 根。腹鳍起点位于背鳍起点之后。多数种类尾鳍基中央具 1 个明显黑斑。

本属现知有 7 种，分布于我国和日本。

种 检 索 表

1 (10) 尾鳍基中央具 1 黑斑

2 (9) 尾柄长等于或大于尾柄高，尾柄长为尾柄高的 1.0-2.6 倍

3 (8) 吻长大于眼后头长；脊椎骨数 4+35-39；眼间无横带纹

4 (7) 体长为尾柄长的 6.4-8.8 倍，为尾柄高的 8.1-10.3 倍；头背面和侧面各有 1 对自吻端伸向眼间的纵条纹；尾鳍上下叶等长

5 (6) 腹鳍末端后伸远不达肛门，腹鳍基至肛门的距离为腹鳍基至臀鳍起点距离的 62%-77%；口角须较长，末端超过眼前缘或达眼中央（南流江、珠江、韩江、九龙江、钱塘江、长江、淮河、黄河、海河、黑龙江）……………………………………………………**花斑副沙鳅 *P. fasciata***

6 (5) 腹鳍末端后伸达到或超过肛门，腹鳍基至肛门的距离为腹鳍基至臀鳍起点距离的 40%-47%；口角须较短，末端超过鼻孔但不达到眼前缘（长江中游及其支流和附属水体）………………………………………………………………………………**武昌副沙鳅 *P. banarescui***

7 (4) 体长为尾柄长的 5.1-6.4 倍，为尾柄高的 12.0-15.0 倍；头背面和侧面散布不规则的斑点，无纵条纹；尾鳍上叶短于下叶（漓江、湘江、沅江、闽江、汉江）……**点面副沙鳅 *P. maculosa***

8 (3) 吻长等于眼后头长；脊椎骨数 4+32-33；眼间具 1 条横带纹（漓江）……………………………………………………………………………………**漓江副沙鳅 *P. lijiangensis***

9 (2) 尾柄高大于尾柄长，尾柄长为尾柄高的 0.84 倍（中国福建和日本）………**短副沙鳅 *P. curta***

10 (1) 尾鳍基具 1 条垂直带纹或上下两侧各具 1 黑斑

11 (12) 尾鳍基上下两侧各具 1 黑斑；腹鳍末端达到或超过肛门；腹鳍基至肛门的距离为腹鳍基至臀鳍起点距离的 48%-56%……………………………………………………**双斑副沙鳅 *P. bimaculata***

12 (11) 尾鳍基具 1 条垂直带纹；腹鳍末端后伸不达肛门，腹鳍基至肛门的距离为腹鳍基至臀鳍起点距离的 63%-75%（广西南流江）……………………………………………**小副沙鳅 *P. parva***

(152) 花斑副沙鳅 *Parabotia fasciata* Dabry de Thiersant, 1872（图 196）

Parabotia fasciata Dabry de Thiersant, 1872, New fish species from China: 191; Sauvage *et* Dabry de Thiersant, 1874, Ann. Sci. nat. Paris, Zool., (6) 1 (5): 17; Chen, 1980, Zool. Res., 1(1): 10.

Botia (*Hymenophysa*) *kwangsiensis*: Fang, 1936, Sinensia, 7: 13-16.

Botia kwangsiensis: Wu, 1939, Sinensia, 10(1-6): 121; Fisheries Research Institute of Guangxi Zhuang Autonomous Region *et* Institute of Zoology, Chinese Academy of Sciences, 1981, Freshwater Fishes of Guangxi, China: 152.

Botia wui Chang, 1944, Sinensia, 15(1-6): 48-50; Department of Fishes, Hubei Institute of Hydrobiology, 1976, Fishes of Yangtze River: 162.

测量标本 98 尾；体长 58-183mm；采自四川乐山，湖北宜昌、梁子湖，江西湖口，黑龙江，浙江钱塘江，河南板桥，湖南沅陵，广西桂林、崇左、融安、博白，广东连州、阳山，福建龙岩等地。

背鳍 iv-9-10（多数为 9）；臀鳍 iii-5；胸鳍 i-12-13；腹鳍 i-6-7。脊椎骨数 4+36-37。

体长为体高的 4.5-7.2 倍，为头长的 3.7-4.7 倍，为尾柄长的 6.4-8.8 倍，为尾柄高的 8.4-10.3 倍。头长为吻长的 1.8-2.3 倍，为眼径的 5.4-8.9 倍，为眼间距的 4.2-6.7 倍。尾柄长为尾柄高的 1.2-1.6 倍。

体长，稍侧扁。头长大于体高。口下位，口角约位于鼻孔垂直线的稍前方。吻长大于眼后头长。鼻孔距眼前缘较距吻端为近。须 3 对，其中吻须 2 对，口角须 1 对，头长为口角须长的 3.4-3.9 倍（成鱼），末端近达眼前缘（幼鱼）或达眼中央下方（成鱼）。眼中等大，侧上位，约位于头的中部，眼径因鱼的大小变异较大，幼鱼的眼径较大；眼间稍呈弧形，眼间距稍大于眼径或等于眼径（幼鱼）。眼下刺分叉，主刺末端达到眼中央下方。颅顶具 1 长形前囟。体被细鳞，颊部有鳞。

图 196　花斑副沙鳅 *Parabotia fasciata* Dabry de Thiersant

侧线完全，平直，沿着体侧中线至尾柄中轴。背鳍起点约位于吻端至尾鳍基距离的中点或稍靠近后者，背鳍前距为体长的 49%-53%；背鳍外缘平截或稍内凹，最长鳍条短于头长。腹鳍起点位于背鳍第 2、第 3 根分支鳍条基部的下方，末端远不达肛门。肛门靠近臀鳍，腹鳍基至肛门的距离为腹鳍基至臀鳍起点距离的 67%-74%。臀鳍后缘斜截，末端不达尾鳍基。胸、腹鳍基部具腋鳞。尾鳍深分叉，最长鳍条为中央最短鳍条的 2.0-2.5 倍，上下叶等长。

鳔较发达，鳔前室为膜质囊，后室长圆柱形。肠管短，约等于体长。

体色：体背棕灰色，腹部浅黄色，体具 12-18 条棕黑色垂直条纹（背鳍前 5-7 条，背鳍基下方 2、3 条，背鳍后 5-8 条），这些带纹在幼鱼较为明显，且延伸至腹部，成鱼明显或模糊，个别个体缺如。尾鳍基中央具 1 明显黑斑。头背部及其侧面散布有棕黑色斑点或缺如；吻端至眼上缘和至眼前缘各有 1 对纵条纹。背鳍具 3-5 列、尾鳍具 3-6 列由斑点组成的不规则斜行条纹。

分布：本种是沙鳅亚科鱼类中分布最广泛的 1 个种，在南流江、珠江、韩江、九龙江、钱塘江、长江、淮河、黄河、海河和黑龙江等水系都有分布。

(153) 武昌副沙鳅 *Parabotia banarescui* (Nalbant, 1965)（图 197）

Leptobotia banarescui Nalbant, 1965, Annot. zool. bot., Bratislava, 2: 2.

Leptobotia fasciata Nalbant, 1965, Annot. zool. bot., Bratislava, 2: 1.

Parabotia banarescui: Chen, 1980, Zool. Res., 1(1): 10; Fisheries Research Institute of Guangxi Zhuang Autonomous Region *et* Institute of Zoology, Chinese Academy of Sciences, 2006, Freshwater Fishes of Guangxi, China (ed. 2): 107.

测量标本 25 尾；体长 53-170mm；采自湖北武昌、崇阳、汉阳、洪湖，江西湖口和湖南沅江等地。

背鳍 iv-9-10（多数为 9）；臀鳍 iii-5；胸鳍 i-12-13；腹鳍 i-6-7。脊椎骨数 4+37-38。

体长为体高的 4.5-6.8 倍，为头长的 3.6-4.2 倍，为尾柄长的 6.9-8.3 倍，为尾柄高的 8.1-9.5 倍。头长为吻长的 2.0-2.5 倍，为眼径的 5.7-8.3 倍，为眼间距的 4.5-6.3 倍。尾柄长为尾柄高的 1.1-1.3 倍。

体长，稍侧扁。头长大于体高。吻长大于眼后头长。口下位。须 3 对，其中吻须 2 对，口角须 1 对，口角须末端超过鼻孔，但远不达眼前缘。颏部无 1 对纽状突起。鼻孔距眼前缘较距吻端为近。眼下刺分叉，主刺末端达眼中央下方。眼中等大，侧上位，约位于头的中部，眼间稍呈弧形，眼间距稍大于眼径。颅顶具 1 长形前囟。体被细鳞，颊部也具鳞。侧线完全，平直，沿着体侧中线至尾柄中轴。

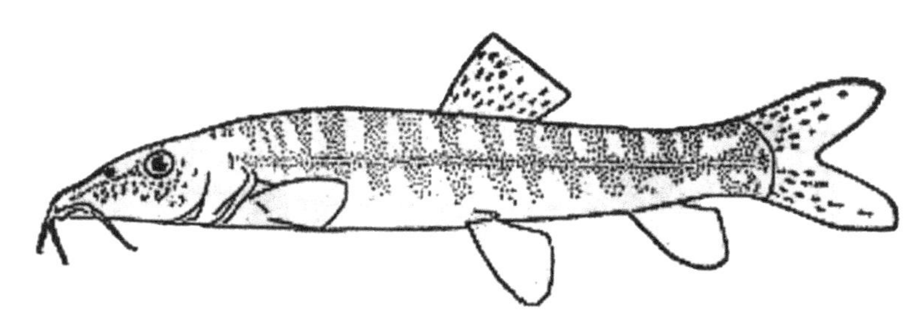

图 197 武昌副沙鳅 *Parabotia banarescui* (Nalbant)

背鳍起点约位于吻端至尾鳍基距离的中点或稍靠近后者，背鳍前距为体长的 49%-53%；背鳍外缘平截或稍内凹，前角圆钝，最长鳍条短于头长。腹鳍起点位于背鳍第 2、第 3 根分支鳍条基部的下方，末端达到或超过肛门。肛门靠近腹鳍，腹鳍基至肛门的距离为腹鳍基至臀鳍起点距离的 40%-47%。臀鳍起点约位于腹鳍基至尾鳍基距离的中点，后缘斜截，末端远不达尾鳍基。胸、腹鳍基部具腋鳞。尾鳍深分叉，最长鳍条约为中央最短鳍条的 2.5 倍，上下叶等长，末端尖形。

鳔较发达，两室之间有短管相连，鳔后室长度约为前室的 2 倍多。肠管短，约等于体长。

体色：体背棕灰色，腹部浅黄色，幼鱼体具 10-13 条棕黑色垂直条纹，成鱼具 12-18 条棕黑色垂直条纹（背鳍前 5-7 条，背鳍基下方 2、3 条，背鳍后 5-7 条），这些垂直带纹在幼鱼明显，且延伸至腹部，成鱼明显或模糊。尾鳍基中央具 1 明显黑斑。头背部及其侧面散布着不规则斑点或缺如。背鳍具 3-5 列（幼鱼 1、2 列）、尾鳍具 3-6 列（幼鱼 2、3 列）由斑点组成的不规则斜行条纹。偶鳍背面颜色较深。

分布：长江中游及其支流和附属水体。

(154) 点面副沙鳅 *Parabotia maculosa* (Wu, 1939)（图 198）

Botia maculosa Wu, 1939, Sinensia, 10(1-6): 121; Fisheries Research Institute of Guangxi Zhuang Autonomous Region *et* Institute of Zoology, Chinese Academy of Sciences, 2006, Freshwater Fishes of Guangxi, China (ed. 2): 108.

Parabotia maculosa: Chen, 1980, Zool. Res., 1(1): 10; Zheng 1989, The Fishes of Pearl River: 54.

测量标本 35 尾；体长 81-173mm；采自广西桂林、福建建阳、湖南沅江和湖北丹江等地。

背鳍 iv-8-10（多数为 9）；臀鳍 iii-5；胸鳍 i-10-13；腹鳍 i-7。脊椎骨数 4+38-39。

体长为体高的 6.3-8.4 倍，为头长的 4.1-4.9 倍，为尾柄长的 5.1-6.4 倍，为尾柄高的 12.0-15.0 倍。头长为吻长的 2.0-2.2 倍，为眼径的 6.5-9.0 倍，为眼间距的 5.6-7.7 倍。尾柄长为尾柄高的 2.3-2.6 倍。

体细长，呈圆柱状，尾柄稍侧扁。头长远大于体高。口下位，马蹄形，口角位于吻端至鼻孔距离 2/3 之处的下方。吻长大于眼后头长。鼻孔距眼前缘较距吻端为近。须较长，3 对，其中吻须 2 对，口角须 1 对，口角须末端达到或超过眼中央。眼中等大，侧上位，位于头的中部；眼间弧形，眼间距约等于眼径或稍宽。眼下刺分叉，主刺末端达眼中央下方，但不达瞳孔后缘下方。颅顶具 1 个长形囟门。体被细鳞，颊部也具鳞。侧线完全，平直，沿着体侧中线至尾柄中轴。

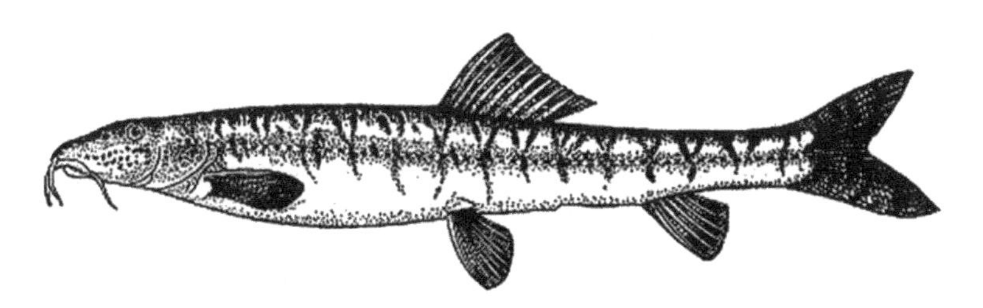

图 198　点面副沙鳅 *Parabotia maculosa* (Wu)

背鳍起点约位于吻端至尾鳍基距离的中点或稍前，背鳍前距为体长的 48%-51%；背鳍外缘平截或稍内凹，最长鳍条短于背鳍基长和头长。腹鳍起点位于背鳍第 1 根分支鳍条基部的下方，末端近达肛门。腹鳍基至肛门的距离为腹鳍基至臀鳍起点距离的 55%-58%。臀鳍后缘斜截，末端不达尾鳍基。胸、腹鳍基部具腋鳞。尾鳍深分叉，上叶短于下叶，下叶最长鳍条约为中央最短鳍条的 2.5 倍，末端尖形。

鳔相当特化，鳔前室包于骨质囊内，鳔后室缩小，其长度仅为前室之半。肠管短于体长。腹膜浅色。

体色：体背棕灰色，腹部浅黄色。体具 12-18 条棕黑色垂直条纹（背鳍前 5-7 条，背鳍基下方 2、3 条，背鳍后 5-7 条）。这些垂直带纹在幼鱼明显，且延伸至腹部，成鱼明显或模糊，尾鳍基中央具 1 明显黑斑。头背部及侧面散布着许多不规则黑斑点。背鳍具 3-5 列由斑点组成的不规则斜行条纹。尾鳍上下叶具 4、5 列斜行黑带纹。臀鳍具黑带纹或缺如；偶鳍背面暗色。

分布：漓江、湘江、沅江、闽江和汉江等水系。

(155) 漓江副沙鳅 *Parabotia lijiangensis* Chen, 1980（图 199）

Parabotia lijiangensis Chen, 1980, Zool. Res., 1(1): 11; Zheng, 1989, The Fishes of Pearl River: 55.

Botia banarescui: Fisheries Research Institute of Guangxi Zhuang Autonomous Region *et* Institute of Zoology, Chinese Academy of Sciences, 1981, Freshwater Fishes of Guangxi, China: 153.

测量标本 8 尾；体长 65-83mm；采自广西桂林。

背鳍 iv-9；臀鳍 iii-5；胸鳍 i-10-11；腹鳍 i-7。脊椎骨数 4+32-33。

体长为体高的 4.5-5.3 倍，为头长的 4.0-4.4 倍，为尾柄长的 7.2-8.3 倍，为尾柄高的 7.5-8.3 倍。头长为吻长的 2.3-2.5 倍，为眼径的 4.8-6.2 倍，为眼间距的 4.2-5.3 倍。尾柄长为尾柄高的 1.00-1.06 倍。

体长，稍侧扁，尾柄短，其长约等于尾柄高。头较短，稍大于体高。口小，下位，呈弧形，口角位于鼻孔前缘下方；下唇为纵沟隔开成两半。吻圆钝，吻长等于眼后头长。鼻孔距眼前缘较距吻端为近。须短，3 对，其中吻须 2 对，口角须 1 对，其长稍短于眼径，末端近达眼前缘。颏部无 1 对突起或须。眼大，侧上位，位于头的中部；眼间稍呈弧形，眼间距等于或稍大于眼径。眼下刺分叉，主刺末端达到或稍超过眼中央下方。颅顶具 1 个长形囟门。鳞较大，易脱落，颊部具鳞。侧线完全，平直，自鳃孔上角沿着体侧中线至尾柄中轴。

背鳍起点约位于吻端至尾鳍基距离的中点，背鳍前距为体长的 50%-52%；背鳍外缘斜截或稍内凹，最长鳍条约等于背鳍基长。腹鳍起点位于背鳍第 2、第 3 根分支鳍条基部的下方，末端达到或超过肛门。腹鳍基至肛门的距离为腹鳍基至臀鳍起点距离的 63%-69%。臀鳍起点位于腹鳍基至尾鳍基距离的中点或靠近后者，末端近达尾鳍基。胸、腹鳍基部具腋鳞。尾鳍深分叉，最长鳍条约为中央最短鳍条的 2 倍多，上下叶等长，末端尖形。

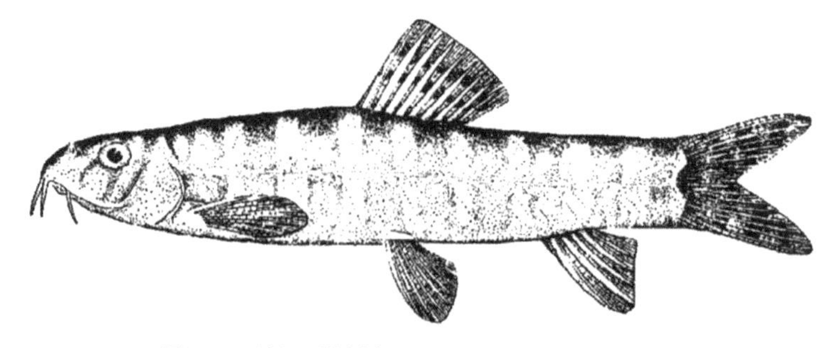

图 199 漓江副沙鳅 *Parabotia lijiangensis* Chen

鳔相当发达，头长约为鳔长的 2 倍，后室圆锥形，其长约为前室的 2 倍，两室之间有短管相连，鳔管与肠道相通。肠管短，约为体长的 85%。

体色：体棕灰色，体具 10-13 条棕黑色垂直条纹（背鳍前 3、4 条，背鳍基下方 2 条，背鳍后 3-5 条），这些带纹延伸至腹部。头背面具 2 条棕黑色横带纹，1 条位于眼间，伸至眼上缘，另 1 条位于头后部，伸至鳃孔上角；吻端背面还具有“∩”形带纹。尾鳍基中央具 1 黑斑。背鳍具 2 列由斑点组成的斜行黑条纹；尾鳍具 3、4 列斜行黑带纹；靠近臀鳍起点具 1 条不明显黑色带纹，鳍间具 1 条明显的黑色带纹；腹鳍具 2 条不甚明显的带纹；胸鳍的背面暗色。

分布：广西（漓江，属珠江水系）。

(156) 短副沙鳅 *Parabotia curta* (Temminck *et* Schlegel, 1846)（图 200）

Cobitis curta Temminck *et* Schlegel, 1846, In: Siebold, Fauna Jap. Pisces: 223.

Leptobotia curta: Chen, 1980, Zool. Res., 1(1): 17.

Parabotia curta: Kottelat, 2012, The Raffles Bulletin of Zoology, Suppl., (26):1-199.

测量标本 1 尾；体长 96mm；采自福建（水系不详）。

背鳍 iv-9；臀鳍 iii-5；胸鳍 i-12；腹鳍 i-7。

体长为体高的 4.5 倍，为头长的 4.1 倍，为尾柄长的 7.4 倍，为尾柄高的 6.2 倍。头长为吻长的 2.5 倍，为眼径的 5.9 倍，为眼间距的 4.3 倍。尾柄长为尾柄高的 0.84 倍。体高为体宽的 1.8 倍。

体较短，侧扁，背鳍起点为体的最高处；尾柄宽，其高大于尾柄长。头长稍大于体高。口小，下位，马蹄形，口角位于鼻孔前缘下方；下唇前缘内凹。吻圆锥形，吻长稍短于眼后头长。鼻孔距眼前缘比距吻端为近。须 3 对，其中吻须 2 对，口角须 1 对，吻长为口角须长的 1.5 倍，口角须末端达眼中央。颏部无 1 对突起。眼大，侧上位，位于头的中部；眼间稍呈弧形，眼间距约为眼径的 1.4 倍。眼下刺不明显，分叉，主刺末端达眼中央下方。颅顶囟门存在。体被细鳞，颊部具鳞。侧线完全，较平直，沿着体侧中线至尾柄中轴。

图 200　短副沙鳅 *Parabotia curta* (Temminck *et* Schlegel)

背鳍起点约位于鼻孔至尾鳍基距离的中点，背鳍前距为体长的 52%；背鳍外缘平截，最长鳍条约等于背鳍基长。腹鳍起点位于背鳍第 2、第 3 根分支鳍条基部的下方，末端不达肛门。肛门靠近臀鳍，腹鳍基至肛门的距离为腹鳍基至臀鳍起点距离的 73%。臀鳍起点约位于腹鳍基至尾鳍基距离的中点，末端不达尾鳍基，其至尾鳍基的距离约等于臀鳍基长。胸、腹鳍基部具腋鳞。尾鳍宽，浅分叉，最长鳍条短于头长，约为中央最短鳍条的 1.8 倍，上叶稍长于下叶，末端钝形。

体色：固定标本体为棕黄色，体上具 7 条不明显的垂直带纹（背鳍前 3 条，背鳍基下方 2 条，背鳍后 2 条）。尾鳍基中央具 1 黑斑；各鳍棕黄色。

分布：福建（水系不详）；日本。

(157) 双斑副沙鳅 *Parabotia bimaculata* Chen, 1980（图 201）

Parabotia bimaculata Chen, 1980, Zool. Res., 1(1): 11.

Botia xanthi: Chang, 1944, Sinensia,15(1-6): 49; Department of Fishes, Hubei Institute of Hydrobiology, 1976, Fishes of Yangtze River: 161.

测量标本 15 尾；体长 61-140mm；采自四川泸州市和重庆市木洞镇。

背鳍 iv-9-10（多数为 9）；臀鳍 iii-5；胸鳍 i-12；腹鳍 i-7。脊椎骨 4+34-35。

体长为体高的 4.9-6.6 倍，为头长的 3.9-4.3 倍，为尾柄长的 6.9-8.2 倍，为尾柄高的 7.2-8.4 倍。头长为吻长的 2.0-2.4 倍，为眼径的 5.2-6.6 倍，为眼间距的 4.3-5.4 倍。尾柄长为尾柄高的 1.0-1.1 倍。

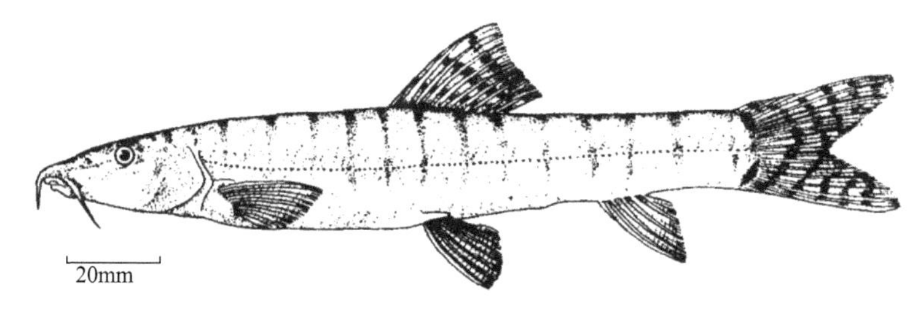

图 201　双斑副沙鳅 *Parabotia bimaculata* Chen

体长，侧扁，背部隆起，背鳍起点为体最高点，向吻端逐渐倾斜，腹缘水平；尾柄宽，尾柄长约等于或稍大于尾柄高。头长大于体高。口下位，马蹄形，口角位于鼻孔前缘下方。吻长而尖，其长等于或稍大于眼后头长。鼻孔距眼前缘比距吻端为近。须 3 对，其中吻须 2 对，口角须 1 对，口角须末端超过鼻孔，但不达眼前缘。颏部无须或有 1 对突起。眼中等大，侧上位，位于头的中部；眼间稍呈弧形，眼间距稍大于眼径，约为眼径的 1.2 倍。眼下刺分叉，主刺末端达到或稍超过眼中央下方。颅顶具囟门。体被细鳞，颊部也具鳞。侧线完全，平直，沿着体侧中线至尾柄中轴。

背鳍起点约位于鼻孔至尾鳍基距离的中点，背鳍前距为体长的 51%-56%；鳍外缘斜截或微凹，前角圆钝，最长鳍条约等于背鳍基长，短于头长。腹鳍起点位于背鳍第 2、第 3 根分支鳍条基部的下方，末端达到或超过肛门。腹鳍基至肛门的距离为腹鳍基至臀鳍起点距离的 48%-56%。臀鳍起点位于腹鳍基至尾鳍基距离的中点，末端不达尾鳍基。胸、腹鳍基部具腋鳞。尾鳍分叉较浅，最长鳍条约为中央最短鳍条的 2 倍，上下叶等长，末端圆钝。

鳔发达，鳔前室部分为骨质，鳔后室圆锥形，其长约为前室的 2.5-3.0 倍。

体色：体棕灰色，腹部色浅。体具 11、12 条棕黑色垂直条纹（背鳍前 5、6 条，背鳍基下方 2、3 条，背鳍后 5、6 条），这些带纹延伸至侧线上方（成鱼）或下方（幼鱼）。背鳍具 2-4 列、尾鳍具 3-5 列由斑点组成的棕黑色斜行条纹；尾鳍基上下两侧各具 1 个黑色斑点。

本种与花斑副沙鳅近似，主要区别在于后者尾鳍基中央具 1 黑斑、尾鳍深分叉、椎骨数较多和背鳍起点靠近吻端。

分布：长江上游。

(158) 小副沙鳅 *Parabotia parva* Chen, 1980（图 202）

Parabotia parva Chen, 1980, Zool. Res., 1(1): 12.

测量标本 21 尾；体长 52-75mm；采自广西博白。

背鳍 iv-8-9（多数为 9）；臀鳍 iii-5；胸鳍 i-10-11；腹鳍 i-7。脊椎骨 4+31-33。

体长为体高的 4.3-5.8 倍，为头长的 3.7-4.1 倍，为尾柄长的 6.1-8.4 倍，为尾柄高的 7.5-9.0 倍。头长为吻长的 2.1-2.6 倍，为眼径的 5.4-8.3 倍，为眼间距的 5.4-8.3 倍。尾柄长为尾柄高的 1.0-1.4 倍。

体长，稍侧扁。头长大于体高。口小，下位，呈弧形，口角位于鼻孔前缘下方。吻圆锥形，吻长约等于眼后头长。鼻孔距眼前缘比距吻端为近。须 3 对，其中吻须 2 对，口角须 1 对，口角须末端超过眼前缘，但不达眼中央。颏部无须或有 1 对突起。眼中等大，侧上位，位于头的中部；眼间稍呈弧形，眼间距与眼径等长。眼下刺分叉，主刺末端超过眼中央下方。颅顶具囟门。体被细鳞，颊部有鳞，不明显。侧线完全，平直，沿着体侧中线至尾柄中轴。

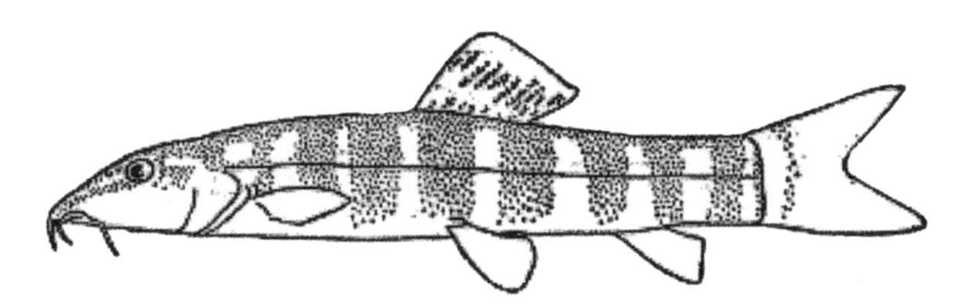

图 202　小副沙鳅 *Parabotia parva* Chen

背鳍起点约位于鼻孔前缘至尾鳍基距离的中点，背鳍前距为体长的 52%-55%；背鳍外缘平截，前角圆钝；最长鳍条约等于背鳍基长。腹鳍起点约位于背鳍第 3 根分支鳍条基部的下方，末端不达肛门。腹鳍基至肛门的距离为腹鳍基至臀鳍起点距离的 63%-75%。

臀鳍起点位于腹鳍基至尾鳍基距离的中点，末端不达尾鳍基。胸、腹鳍基部具腋鳞。尾鳍分叉，最长鳍条约为中央最短鳍条的 2 倍，上下叶等长，末端尖形。

鳔较发达，其长为眼径的 2 倍多，前室部分为骨质，后室圆锥形，后室长为前室长的 1.0-1.5 倍。

体色：体棕灰色，腹部浅黄色。体上具 8-11 条棕黑色垂直条纹（背鳍前 3-5 条，背鳍基下方 1、2 条，背鳍后 3、4 条），这些带纹的宽度约为间隔带纹的 2 倍，第 1 条仅延伸至鳃孔上角，其余各条延伸至腹部。吻端至头背面眼上缘与至眼前缘各具 1 对棕黑色纵条纹。背鳍具 2 列由斑点组成的黑色斜行条纹。臀鳍具 2 条不甚明显的黑色带纹；尾鳍基具 1 条棕黑色垂直带纹，尾鳍具 3、4 列黑色斜行带纹。偶鳍背面暗色。

本种鱼个体小。体型、体色及体上垂直带纹与花斑副沙鳅的幼鱼近似。主要区别是后者的尾鳍基中央具 1 黑斑、脊椎骨数较多。

分布：广西（南流江）。

20. 薄鳅属 *Leptobotia* Bleeker, 1870

Leptobotia Bleeker, 1870, Verh. K. Akad. Wet. Amst., 4(2): 256. **Type species**: *Botia elongata* Bleeker, 1870.

头长大于或等于体高。吻短，吻长短于眼后头长。须 3 对，其中吻须 2 对，口角须 1 对。颏部无须，具 1 对突起或缺如。眼下刺不分叉。眼侧上位，位于头的前半部或中部。颅顶囟门不存在。颊部具鳞，体也被细鳞。侧线完全，平直。背鳍分支鳍条 7-9 根；腹鳍起点位于背鳍起点之后或相对；臀鳍分支鳍条 5 根。尾鳍基中央一般无 1 黑斑。

本属有 11 种，分布于我国海河以南至元江以北各水系。

种 检 索 表

1 (16) 颏部无 1 对纽状突起

2 (7) 眼间距与眼径之比大于 2.5

3 (6) 体上具带纹或斑纹；腹鳍起点位于背鳍起点之后；眼较大，头长为眼径的 11.0-20.0 倍

4 (5) 体上具 5-8 条垂直带纹；头较长，体长为头长的 3.3-3.9 倍；眼较小，头长为眼径的 15.0-20.0 倍（长江中、上游及其附属水体）…………………………………………… **长薄鳅 *L. elongata***

5 (4) 体上具蠕虫形花纹；头较短，体长为头长的 3.7-4.6 倍；眼较大，头长为眼径的 11.0-15.0 倍（长江）……………………………………………………………………………… **紫薄鳅 *L. taeniops***

6 (3) 体上无任何带纹或斑纹；腹鳍起点与背鳍起点相对；眼极小，头长为眼径的 26.3 倍（大渡河河口）……………………………………………………………………… **小眼薄鳅 *L. microphthalma***

7 (2) 眼间距与眼径之比小于 2.0

8 (15) 体侧具垂直带纹

9 (14) 头背部至眼后缘之间无黄色横条纹；眼位于头的前半部；体较低，体长为体高的 5.0-6.9 倍

10 (13) 体长为头长的 3.8-4.3 倍；体上具 6-12 条垂直斑纹；腹鳍起点位于背鳍第 1-3 根分支鳍条基部

的下方

11 (12)　体上具 6-8 条马鞍形垂直带纹；背鳍具 1 条斜行带纹；尾鳍深分叉，末端尖形（四川、珠江、韩江、九龙江、闽江、瓯江、沅江）……………………………………… **大斑薄鳅 *L. pellegrini***

12 (11)　体上具 11、12 条垂直带纹；背鳍具 3、4 列由斑点组成的斜行条纹；尾鳍浅分叉，末端圆钝（汉江、黄河、海河）…………………………………………………………**东方薄鳅 *L. orientalis***

13 (10)　体长为头长的 4.3-4.8 倍；体上具 15-18 条垂直带纹；腹鳍起点与背鳍起点相对或稍前（漓江、沅江上游）………………………………………………………………**桂林薄鳅 *L. guilinensis***

14 (9)　头背部至眼后缘之间具 1 条黄色横条纹；眼位于头的中部；体较高，体长为体高的 4.1-4.7 倍（浙江天目山、甬江，湖南沅江）……………………………………………**张氏薄鳅 *L. tchangi***

15 (8)　体侧无任何垂直带纹或斑纹（闽江、浙江灵江、安徽水阳江、湖北清江和汉江）…………
………………………………………………………………………………**扁尾薄鳅 *L. tientaiensis***

16 (1)　颏部具 1 对纽状突起

17 (18)　腹鳍末端超过肛门；眼小，头长为眼径的 16.5-20.0 倍；体背部具 6-8 个马鞍形垂直大斑（长江中、上游及其附属水体）………………………………………………**红唇薄鳅 *L. rubrilabris***

18 (17)　腹鳍末端不达肛门；眼较大，头长为眼径的 7.0-12.0 倍；体上具 13-16 条垂直带纹或斑纹

19 (20)　体较高，体长为体高的 4.4 倍；体上具 14 条宽且排列规则的深棕色垂直带纹，其间隔为黄色细条纹，这些带纹或条纹彼此各自相连成环状；背鳍分支鳍条 8 根（海河）…………………
……………………………………………………………………………… **黄线薄鳅 *L. flavolineata***

20 (19)　体较低，体长为体高的 5.0-6.2 倍；体侧具 14-16 条不规则的分支或不分支棕黄色垂直条纹，其宽度约为棕黑色条纹的 1/3；背鳍分支鳍条 7、8 根（漓江）………………**斑纹薄鳅 *L. zebra***

(159) 长薄鳅 *Leptobotia elongata* (Bleeker, 1870)（图 203）

Botia elongata Bleeker, 1870, Versl. Med. Akad. Wetensch., Amsterdam, 4(2): 254.

Leptobotia elongata: Bleeker, 1870, Verh. K. Akad. Wet. Amst., 4(2): 256; Department of Fishes, Hubei Institute of Hydrobiology, 1976, Fishes of Yangtze River: 158; Chen, 1980, Zool. Res., 1(1): 15; Chu *et al*, 1990, The Fishes of Yunnan, China (Part II): 73; Ding, 1994, The Fishes of Sichuan, China: 104.

Cobitis variegata Dabry de Thiersant, 1872, New fish species from China: 191.

Botia variegata: Günther, 1889, Ann. Mag. Nat. Hist., 4(6): 228.

Botia citrauratea Nichols, 1925, Am. Mus. Novit., (171): 5.

Leptobotia citrauratea: Fang, 1936, Sinensia, 7: 42-43.

测量标本 17 尾；体长 45-343mm；采自金沙江，重庆木洞镇，湖北宜昌和湖南岳阳等地。

背鳍 iv-8；臀鳍 iii-5；胸鳍 i-12-13；腹鳍 i-8。脊椎骨数 4+36。

体长为体高的 4.3-5.8 倍，为头长的 3.3-3.9 倍，为尾柄长的 5.6-7.1 倍，为尾柄高的 7.8-8.8 倍。头长为吻长的 2.3-2.6 倍，为眼径的 15.0-20.0 倍，为眼间距的 6.1-7.3 倍。尾柄长为尾柄高的 1.2-1.5 倍。

体长，侧扁。头长大于体高。口下位，马蹄形，口裂大，口角位于鼻孔后缘下方；

上下唇肥厚，下唇前缘中央有 1 浅沟将下唇纵裂为两半。吻圆钝，向前突出，其长短于眼后头长，眼后头长约为其长的 1.5 倍。鼻孔距眼前缘的距离约为吻端至鼻孔距离之半。须 3 对，其中吻须 2 对，口角须 1 对，口角须末端远超过眼后缘。颏部无 1 对突起。眼小，侧上位，位于头的前半部；眼间呈弧形，眼间距约为眼径的 3 倍。眼下刺不分叉，末端超过眼后缘下方。颅顶无囟门。体被细鳞，不明显，颊部具鳞。侧线完全，平直，自鳃孔上角沿着体侧中线至尾柄中轴。

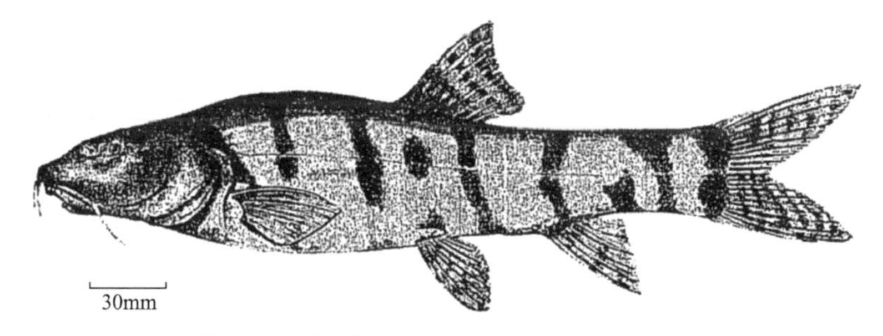

图 203 长薄鳅 *Leptobotia elongata* (Bleeker)

背鳍起点约位于眼至尾鳍基距离的中点或靠近前者，背鳍前距为体长的 54%-61%；背鳍外缘浅内凹，最长鳍条大于背鳍基长。腹鳍起点位于背鳍第 1、第 2 根分支鳍条基部的下方，末端超过肛门。肛门靠近腹鳍基，腹鳍基至肛门的距离为腹鳍基至臀鳍起点距离的 48%-53%。臀鳍起点约位于腹鳍基至尾鳍基距离的中点或靠近后者，末端不达尾鳍基。胸、腹鳍基部具腋鳞。尾鳍深分叉，最长鳍条约为中央最短鳍条的 2.5 倍。上下叶等长，末端尖。

鳔前室包于骨质囊内；鳔后室圆锥形，其长约为前室长的 1-2 倍。肠管短，约为体长的 80%。

体色：体棕灰色，腹部浅灰色。体上具 5-7 个棕黑色垂直大斑（背鳍前 2、3 个，背鳍基下方 1 个，背鳍后 2、3 个），第 1 个大斑仅延伸至鳃孔上角或胸鳍基，其余延伸至侧线以下。体侧还散布不规则斑点或缺如。头背面及侧面散布不规则的斑点或缺如。背鳍基与臀鳍基各具 1 条棕黑色带纹，鳍间具 2、3 条棕黑色带纹；尾鳍基具 1 条垂直棕黑色带纹。尾鳍具 3-6 条斜行棕黑色条纹；腹鳍和胸鳍背面具不规则的棕黑色条纹。

长薄鳅为沙鳅亚科中最大型的鱼类，最大个体可达 2.5-3.0kg。

分布：长江中、上游及其附属水体。

(160) 紫薄鳅 *Leptobotia taeniops* (Sauvage, 1878)（图 204）

Cobitis cha-ny Dabry de Thiersant, 1872, New fish species from China: 191.

Parabotia taeniops Sauvage, 1878, Bull. Soc. Philomath. Paris, (7) 2: 90.

Botia purpurea Nichols, 1925, Am. Mus. Novit., (177): 4-5.

Leptobotia purpurea: Fang, 1936, Sinensia, 7(1): 35-38.

Leptobotia taeniops: Fang, 1936, Sinensia, 7(1): 38-40; Hunan Fisheries Science Institute, 1977, The Fishes of Hunan, China: 162; Chen, 1980, Zool. Res., 1(1): 15; Ding, 1994, The Fishes of Sichuan,

China: 106.

测量标本 18 尾；体长 44-133mm；采自湖北宜昌、沙市、汉阳，湖南岳阳、沅江，安徽蚌埠、芜湖裕溪口街道等地。

背鳍 iv-8；臀鳍 iii-5；胸鳍 i-12；腹鳍 i-7。脊椎骨数 4+34-35。

体长为体高的 3.4-5.2 倍，为头长的 3.7-4.6 倍，为尾柄长的 6.4-7.3 倍，为尾柄高的 6.5-8.4 倍。头长为吻长的 2.3-2.8 倍，为眼径的 11.0-15.0 倍，为眼间距的 3.9-5.0 倍。尾柄长为尾柄高的 1.0-1.2 倍。体高为体宽的 1.4-2.2 倍。

体长，侧扁；尾柄较宽，其高等于或稍短于尾柄长。头较短，其长约等于尾鳍长。口小，下位，马蹄形，口角位于鼻孔前缘下方；下唇前缘中央有 1 浅沟将下唇纵裂为两半。吻短而尖，其长远短于眼后头长。吻端至鼻孔的距离约为鼻孔至眼前缘距离的 2 倍。须 3 对，其中吻须 2 对，口角须 1 对，口角须末端达眼前缘。颏部无 1 对突起。眼小，侧上位，位于头的前半部；眼间弧形，眼间距宽，约等于眼径的 3 倍。眼下刺强壮，不分叉，末端达到或超过眼后缘下方。颅顶无囟门。体被细鳞，颊部鳞片不明显。侧线完全，平直，自鳃孔上角沿着体侧中线至尾柄中轴。

图 204　紫薄鳅 *Leptobotia taeniops* (Sauvage)

背鳍起点约位于鼻孔至尾鳍基距离的中点，背鳍前距为体长的 51%-56%；背鳍外缘平截或稍内凹，最长鳍条大于背鳍基长。腹鳍起点位于背鳍第 1、第 2 根分支鳍条基部的下方，末端达到或稍超过肛门。肛门约位于腹鳍基至臀鳍起点距离的中点。臀鳍后缘斜截，末端不达尾鳍基。胸、腹鳍基部具腋鳞。尾鳍深分叉，最长鳍条约为中央最短鳍条的 2.5 倍，上叶稍长于下叶，末端尖形。

鳔较特化，鳔长约等于眼间距；鳔前室包于骨质囊内，鳔后室约和前室等长。

体色：体上具蠕虫形紫褐色条纹。有些个体背鳍前方的背中线上有 3 个紫褐色马鞍形斑。眼后缘上方具黄色大斑。背鳍和臀鳍的基部及鳍间各具 1 条紫褐色带纹，尾鳍基具 1 条不甚明显的紫褐色带纹；尾叶沿内缘具“<”形紫褐色带纹；偶鳍背面具 1 条暗褐色带纹。

分布：长江及附属水体。

(161) 小眼薄鳅 *Leptobotia microphthalma* Fu *et* Ye, 1983（图 205）

Leptobotia microphthalma Fu *et* Ye, 1983, Zool. Res., 4(2): 121-122; Ding, 1994, The Fishes of

Sichuan, China: 111.

测量标本 2 尾；体长 77-80mm；采自四川乐山大渡河河口附近。

背鳍 iv-8；臀鳍 iii-5；胸鳍 i-9；腹鳍 i-7。脊椎骨 4+34。

体长为体高的 4.3-4.7 倍，为头长的 3.7-3.8 倍，为尾柄长的 6.3-7.3 倍，为尾柄高的 6.0-6.2 倍。头长为吻长的 2.3-2.5 倍，为眼径的 26.3 倍，为眼间距的 5.3-5.5 倍。尾柄长为尾柄高的 0.8-1.0 倍。体高为体宽的 1.9-2.1 倍。

体长，侧扁，尾柄高稍大于或等于尾柄长。头长大于体高。口小，下位。吻长小于眼后头长。鼻孔靠近眼前缘。须短小，3 对，其中吻须 2 对，约等长；口角须 1 对，口角须末端接近或稍超过鼻孔前缘。颏部无纽状突起。眼非常小，侧上位，位于头的前半部；眼间弧形，眼间距为眼径的 4.8-5.0 倍。眼下刺不分叉，末端达到眼后缘下方。颅顶囟门不存在。体被细鳞，颊部具鳞。侧线完全，平直，沿着体侧中线至尾柄中轴。

各鳍短小。背鳍起点约位于鼻孔至尾鳍基距离的中点，背鳍前距为体长的 52.5%-53.0%；背鳍外缘斜截，前角圆钝，最长鳍条约等于背鳍基长。腹鳍起点与背鳍起点相对。臀鳍起点距尾鳍基比距腹鳍基为近。尾鳍深分叉，最长鳍条为中央最短鳍条的 2.6-2.9 倍，上下叶等长，末端稍尖。

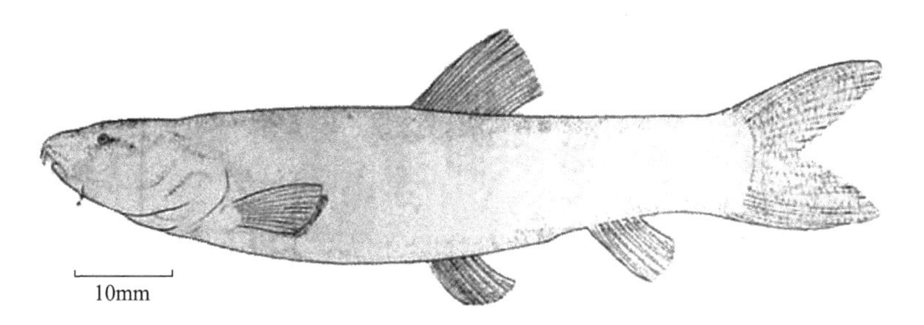

图 205　小眼薄鳅 *Leptobotia microphthalma* Fu *et* Ye

鳔前室部分为韧质，圆形；鳔后室很小，其长不到前室的 1/3。

体色：鲜活时体棕黄色。固定标本背部灰褐色，腹部灰黄色。胸、腹鳍灰暗。背鳍和臀鳍多少具有黑色斑纹。尾鳍上下叶侧缘有 1、2 条条状黑斑。

分布：现知只分布于四川大渡河河口附近。

(162) 大斑薄鳅 *Leptobotia pellegrini* Fang, 1936（图 206）

Leptobotia pellegrini Fang, 1936, Sinensia, 7(1): 29; Hunan Fisheries Science Institute, 1977, The Fishes of Hunan, China: 160; Chen, 1980, Zool. Res., 1(1): 15; Ding, 1994, The Fishes of Sichuan, China: 107; Fisheries Research Institute of Guangxi Zhuang Autonomous Region *et* Institute of Zoology, Chinese Academy of Sciences, 2006, Freshwater Fishes of Guangxi, China (ed. 2): 113.

测量标本 21 尾；体长 71-188mm；采自广西龙州、融安，广东连州，福建长汀、崇安、建瓯，浙江缙云，湖南沅江等地。

背鳍 iv-8；臀鳍 iii-5；胸鳍 i-12-13；腹鳍 i-7。第 1 鳃弓内侧鳃耙 12-16。脊椎骨 4+34-35。

体长为体高的 5.0-5.9 倍，为头长的 3.9-4.3 倍，为尾柄长的 6.7-7.7 倍，为尾柄高的 8.9-9.6 倍。头长为吻长的 2.3-2.5 倍，为眼径的 9.1-11.0 倍，为眼间距的 6.5-7.4 倍。尾柄长为尾柄高的 1.2-1.4 倍。

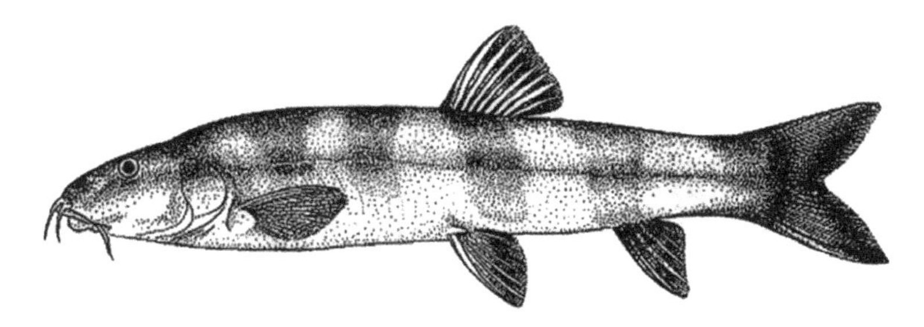

图 206　大斑薄鳅 *Leptobotia pellegrini* Fang

体长，稍侧扁。头中等长。口下位。口角位于鼻孔前缘下方，下唇前缘内凹。吻圆锥形，吻长远短于眼后头长。吻端至鼻孔的距离约为鼻孔至眼前缘距离的 2 倍。须 3 对，其中吻须 2 对，口角须 1 对，口角须末端达眼前缘或眼中央。颏部无 1 对突起。眼中等大，侧上位，位于头的前半部；眼间稍呈弧形，眼间距大于眼径，约为眼径的 1.5 倍。眼下刺不分叉，末端稍超过眼中央近达瞳孔后缘下方。颅顶无囟门。体被细鳞，颊部具鳞。侧线完全，自鳃孔上角沿着体侧中线至尾柄中轴。

背鳍起点约位于眼至尾鳍基距离的中点，背鳍前距为体长的 54%-57%；最长鳍条大于背鳍基长。腹鳍起点位于背鳍第 1、第 2 根分支鳍条基部的下方，末端达到或稍超过肛门。腹鳍基至肛门的距离为腹鳍基至臀鳍起点距离的 48%-57%。臀鳍起点约位于腹鳍基至尾鳍基距离的中点，末端不达尾鳍基。胸、腹鳍基部具短小腋鳞。尾鳍分叉，最长鳍条约为中央最短鳍条的 2.5 倍，末端尖形。

鳔已相当特化，其长稍大于眼径；前室包于骨质囊内，后室很小，其长仅为前室之半。肠管短，约为体长的 75%。

体色：体背灰褐色，腹部浅黄色。体上具 6-8 条马鞍形紫黑色垂直带纹（背鳍前 3、4 条，背鳍基下方 1 条，背鳍后 2、3 条），这些带纹在背鳍间隔很狭窄，第 1 条带纹向前延伸至吻端和头侧上半部，其他延伸至体侧下部。眼后颅顶上具 1 黄斑。尾鳍基部有 1 条紫黑色垂直带纹。背鳍基部具 1 条紫黑色垂直带纹，鳍间有 1 条由斑点组成的斜行紫黑色条纹；尾叶有 1、2 条紫黑色斜行带纹；腹、臀鳍的基部及鳍间各具 1 条紫黑色带纹或缺如；胸鳍背面靠近基部为紫黑色。

本种与长薄鳅 *L. elongata* Bleeker 近似，主要区别是后者的头较长、眼下刺末端超过眼后缘下方和眼较小。

分布：四川，以及珠江、韩江、九龙江、闽江、瓯江和沅江等水系。

(163) 东方薄鳅 *Leptobotia orientalis* Xu, Fang *et* Wang, 1981（图 207）

Leptobotia orientalis Xu, Fang *et* Wang, 1981, Zool. Res., 2(4): 379-381.

测量标本 3 尾；体长 80-84mm；采自陕西丹凤县武关河和河南嵩县。

背鳍 iv-9；臀鳍 iii-5；胸鳍 i-10；腹鳍 i-6-7。脊椎骨 4+34。

体长为体高的 5.7-5.8 倍，为头长的 3.8-4.0 倍，为尾柄长的 6.1-7.3 倍，为尾柄高的 8.5-9.0 倍。头长为吻长的 2.7-3.0 倍，为眼径的 7.0-9.3 倍，为眼间距的 7.1-8.9 倍。尾柄长为尾柄高的 1.2-1.5 倍。

体长，侧扁。头长大于体高。口小，下位。吻短，眼后头长约等于吻长与眼径之和。鼻孔距眼前缘比距吻端为近。须 3 对，其中吻须 2 对，口角须 1 对，其长约等于眼径的 1.5 倍，末端达到眼前缘。颏部无 1 对突起。眼侧上位，位于头的前半部；眼间弧形，眼间距等于或稍大于眼径。眼下刺不分叉，末端达眼中央下方。颅顶囟门不存在。体被细鳞，颊部也具鳞。侧线完全，平直，自鳃孔上角沿着体侧中线至尾柄中轴。

背鳍前距约为体长的 53%，背鳍外缘弧形，最长鳍条稍短于背鳍基长。腹鳍起点约位于背鳍第 1 根分支鳍条基部的下方，末端不达肛门。肛门距臀鳍较距腹鳍基为近。臀鳍起点位于腹鳍起点至尾鳍基距离的中点。胸、腹鳍基部具腋鳞。尾鳍短而宽，分叉，上下叶等长，最长鳍条约为中央最短鳍条的 2 倍，末端圆钝。

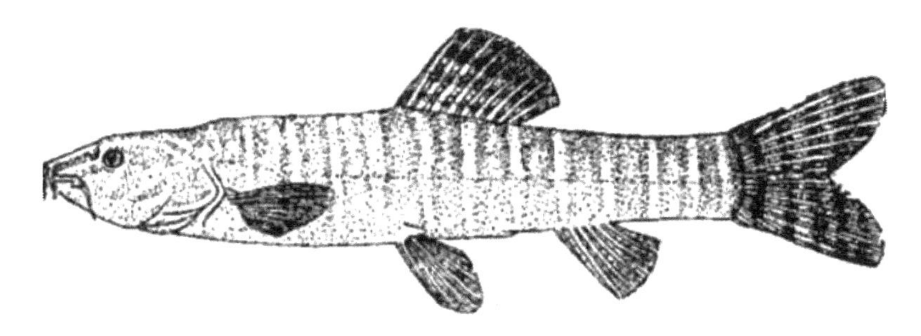

图 207 东方薄鳅 *Leptobotia orientalis* Xu, Fang *et* Wang

体色：体背棕灰色，腹部浅黄色。体上具 11、12 条棕灰色垂直宽带纹（背鳍前 4 条，背鳍基下方 3 条，背鳍 4、5 条），其宽度约为间隔黄色条纹的 3、4 倍。头背面和侧面各具 1 对自吻端至眼间的棕黑色纵条纹。背鳍具 3、4 列由斑点组成的斜行条纹，尾鳍具 3-5 列曲形条纹；偶鳍浅色。

分布：丹江上游（汉江水系）、洛河（黄河水系）和拒马河（海河水系）。

(164) 桂林薄鳅 *Leptobotia guilinensis* Chen, 1980（图 208）

Leptobotia guilinensis Chen, 1980, Zool. Res., 1(1): 15; Zheng, 1989, The Fishes of Pearl River: 57; Fisheries Research Institute of Guangxi Zhuang Autonomous Region *et* Institute of Zoology, Chinese Academy of Sciences, 2006, Freshwater Fishes of Guangxi, China (ed. 2): 114.

测量标本 16 尾；体长 74-99mm；采自广西桂林。

背鳍 iv-8；臀鳍 iii-5；胸鳍 i-10-12；腹鳍 i-6-7。脊椎骨 4+35-36。

体长为体高的 5.4-6.9 倍，为头长的 4.3-4.8 倍，为尾柄长的 5.3-6.2 倍，为尾柄高的 7.8-9.0 倍。头长为吻长的 2.5-5.8 倍，为眼径的 9.2-12.6 倍，为眼间距的 7.0-10.8 倍。尾柄长为尾柄高的 1.3-1.6 倍。体高为体宽的 1.5-1.8 倍。

体细长，侧扁，尾柄侧扁而长。头小，侧扁，其长大于体高。口小，下位，马蹄形，口角位于吻端至鼻孔距离的 3/4 下方。吻长短于眼后头长。鼻孔距眼前缘比距吻端为近。须短小，3 对，其中吻须 2 对，口角须 1 对，口角须长等于或稍长于眼径，末端超过鼻孔，但不达眼前缘。颏部无 1 对突起。眼小，侧上位，位于头的前半部；眼间呈弧形，眼间距等于或稍大于眼径。眼下刺不分叉，末端达眼后缘下方。颅顶囟门不存在。体被不明显的细鳞，易脱落；颊部也具非常细小的鳞片。侧线完全，较平直，沿着体侧中线至尾柄中轴。各鳍短小。

背鳍起点约位于鼻孔至尾鳍基距离的中点，背鳍前距为体长的 54%-58%；背鳍外缘平截，前角圆钝，最长鳍条稍大于背鳍基长，约等于眼后头长。腹鳍起点与背鳍相对或在背鳍起点垂线之前，末端达到肛门。肛门约位于腹鳍基至臀鳍起点距离的中点，腹鳍基至肛门的距离为腹鳍基与臀鳍起点距离的 47%-51%。臀鳍起点约位于腹鳍基至尾鳍基距离的中点，末端不达尾鳍基，其末端至尾鳍基的距离约为臀鳍起点至尾鳍基距离之半。胸鳍小。胸、腹鳍基部具腋鳞。尾鳍短而宽，分叉，最长鳍条约为中央最短鳍条的 2.3 倍，上下叶等长，末端圆钝。

图 208　桂林薄鳅 *Leptobotia guilinensis* Chen

鳔相当特化，其长约为吻长之半；鳔前室包于骨囊内，鳔后室小，其长仅为鳔前室长之半或等长。肠管短，约为体长的 90%。腹膜浅色。

体色：头背及体背部棕灰色，腹部浅黄色。体上具 15-18 条不规则棕黄色垂直狭条纹，其宽度约为间隔条纹之半，这些条纹仅延伸至侧线上部，靠近尾柄的垂直条纹或为马鞍形斑点所代替。头部无任何条纹，仅在头背面具 1-3 个棕黄色斑点或缺如。尾鳍基部具 1 条不明显的“3”形垂直条纹。背鳍具 1 条由斑点组成的黑条纹；尾鳍具 1-3 条不规则斜行黑带纹；偶鳍背面暗色。

本种与斑纹薄鳅 *L. zebra* (Wu) 近似，主要区别是后者的颏部具 1 对纽状突起、背鳍起点位于腹鳍起点之前和头部具明显条纹。

分布：漓江（属珠江水系）。

(165) 张氏薄鳅 *Leptobotia tchangi* Fang, 1936（图 209）

Leptobotia tchangi Fang, 1936, Sinensia, 7: 40; Chen, 1980, Zool. Res., 1(1): 16.

Botia rubrilabris Tchang, 1930, Theses Univ. Paris, 209: 154-155.

测量标本 6 尾；体长 96-107mm；采自浙江奉化溪口和湖南沅江。

背鳍 iv-7-8（多数为 8）；臀鳍 iii-5；胸鳍 i-12-13；腹鳍 i-7。

体长为体高的 4.1-4.7 倍，为头长的 4.1-4.5 倍，为尾柄长的 6.1-6.6 倍，为尾柄高的 7.0-8.6 倍。头长为吻长的 2.3-2.8 倍，为眼径的 7.3-8.8 倍，为眼间距的 7.3-8.5 倍。尾柄长为尾柄高的 1.1-1.3 倍。体高为体宽的 1.6-1.8 倍。

体长，侧扁，背缘隆起。头较短，其长约等于或稍大于体高。口下位，马蹄形，口角位于鼻孔前缘的下方；下唇前缘内凹。吻尖，吻长短于眼后头长，眼后头长约为吻长的 1.2-1.4 倍。鼻孔至吻端的距离约为鼻孔至眼前缘距离的 2 倍。须 3 对，其中吻须 2 对，口角须 1 对，口角须末端达眼前缘。颏部无 1 对突起。眼中等大，侧上位，约位于头的中部；眼间弧形，眼间距等于或稍大于眼径。眼下刺不分叉，末端超过眼中央下方，但不达眼后缘。颅顶囟门不存在。体被细鳞，颊部具鳞。侧线完全，平直，沿着体侧中线至尾柄中轴。

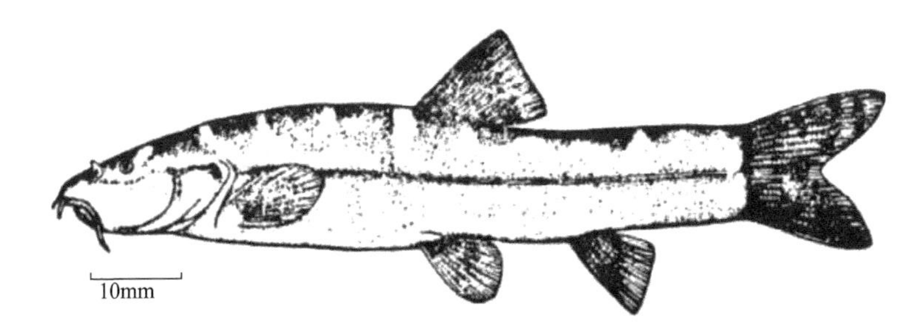

图 209 张氏薄鳅 *Leptobotia tchangi* Fang

背鳍起点约位于鼻孔至尾鳍基距离的中点，背鳍前距为体长的 52%-56%；背鳍外缘斜截或内凹，最长鳍条大于背鳍基长。腹鳍起点位于背鳍第 1、第 2 根分支鳍条基部的下方，末端达到或超过肛门。腹鳍基至肛门的距离约为腹鳍基至臀鳍起点的中点。臀鳍起点约位于腹鳍基至尾鳍基距离的中点，末端不达尾鳍基。胸、腹鳍基部具腋鳞。尾鳍分叉，最长鳍条约为中央最短鳍条的 1.8 倍，上下叶等长，末端稍钝。

鳔相当特化，其长约为眼径的 2 倍；鳔前室包于骨囊内，鳔后室很小，其长仅为前室之半。肠管短，约为体长的 75%。

体色：体紫黑色，背部体色较深，腹部较浅。头背部至眼后缘之间有 1 条明显的黄色横条纹。体侧条纹变异较大，有些个体体上具 4-6 条黄色垂直狭条纹（背鳍前 2、3 条，背鳍后 2、3 条），其宽度约为间隔条纹的 1/8，这些条纹延伸至侧线上部；有些个体上述条纹不明显；少数个体沿背中线具 6-8 个马鞍形黑色大斑。背鳍、臀鳍的基部和鳍间各有 1 条紫黑色的宽带纹。尾鳍基有 1 条不甚明显的垂直黑色带纹。偶鳍上也具 1 条由斑点组成的紫黑色带纹。尾叶上具由斑点组成的曲形带纹。

分布：浙江（天目山、甬江）、湖南（沅江）。

(166) 扁尾薄鳅 *Leptobotia tientaiensis* (Wu, 1930)（图 210）

Botia tientaiensis Wu, 1930, Bull. Mus. Hist. nat. Paris, (2)2(5): 258; Fang, 1941, Bull. Mus. Hist. nat.

Paris, (2)14(3): 16.

Botia compressicauda Nichols, 1931, Am. Mus. Novit., (449): 2.

Botia (*Hymenophysa*) *tientaiensis*: Fang, 1936, Sinensia, 7: 16.

Leptobotia compressicauda: Fang, 1936, Sinensia, 7: 45.

Leptobotia tientaiensis tientaiensis: Chen, 1980, Zool. Res., 1(1): 17.

Leptobotia tientaiensis compressicauda: Chen, 1980, Zool. Res., 1(1): 17.

Leptobotia tientaiensis hansuiensis Fang *et* Hsu, 1980, Zool. Res., 1(2): 265-268.

测量标本 45 尾；体长 58-110mm；采自福建建阳、宁化，浙江龙泉、仙居、天台，安徽宁国，湖北宜都，陕西岚皋、紫阳等地。

背鳍 iv-7-8；臀鳍 iii-5；胸鳍 i-11-13；腹鳍 i-6-7。脊椎骨 4+35-40。

体长为体高的 5.3-6.8 倍，为头长的 4.1-5.2 倍，为尾柄长的 5.0-6.7 倍，为尾柄高的 7.3-9.5 倍。头长为吻长的 2.2-2.8 倍，为眼径的 8.8-14.0 倍，为眼间距的 5.2-7.5 倍。尾柄长为尾柄高的 1.2-1.6 倍。

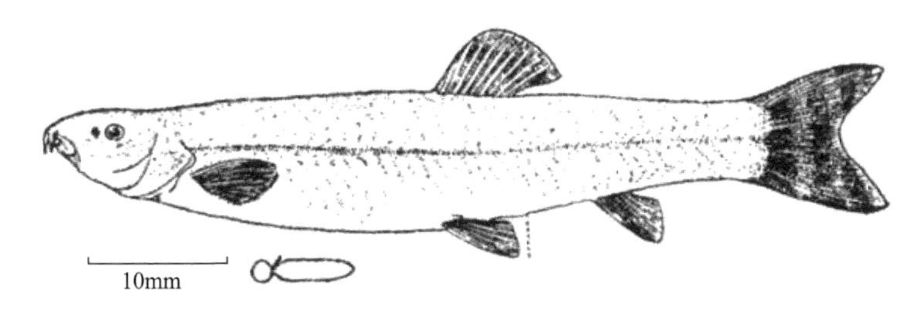

图 210　扁尾薄鳅 *Leptobotia tientaiensis* (Wu)

体长，侧扁，尾柄高，甚侧扁。头长大于体高。口小，下位，口角位于鼻孔前缘的下方；下唇前缘内凹。吻长短于眼后头长。吻端至鼻孔的距离约为鼻孔至眼前缘距离的 2 倍。须 3 对，其中吻须 2 对，口角须 1 对，口角须末端超过鼻孔近达到眼前缘。颏部无突起。眼小，侧上位，位于头的前半部；眼间呈弧形，眼间距稍大于眼径。眼下刺不分叉，末端超过眼中央下方近达眼后缘。颅顶囟门不存在。体被细鳞，颊部具鳞。侧线完全，沿着体侧中线至尾柄中轴。

背鳍起点约位于眼至尾鳍基距离的中点，背鳍前距为体长的 53%-58%；背鳍外缘稍外凸或斜截，最长鳍条约等于背鳍基长。腹鳍起点位于背鳍第 1 根分支鳍条基部下方，相对或位于背鳍起点之前下方，末端近达或超过肛门。肛门约位于腹鳍基至臀鳍起点距离的中点。臀鳍起点约位于腹鳍基至尾鳍基距离的中点或靠近后者，末端不达尾鳍基。胸、腹鳍基部具腋鳞。尾鳍深分叉或浅分叉，最长鳍条约为中央最短鳍条的 1.2-2.5 倍，尾叶末端尖形或圆钝。

鳔前室包于骨囊内，后室游离或缩小。肠管短，约为体长的 75%。腹膜浅色。

体色：体背暗灰色，腹部浅黄色，体侧无任何带纹或斑点。背鳍前的背中线上有 2-4 个马鞍形黑色大斑或缺如；背鳍起点具 1 黄色斑点或缺如。尾鳍具 1-3 列曲形黑色带纹，其基部具 1 条不甚明显的垂直黑色带纹。背鳍基部暗色，鳍间有 1 条不甚明显的黑色宽带纹。偶鳍背面暗色。各地标本的性状变异多表现在脊椎骨数目的多少、腹鳍的位置、背鳍分支鳍条数和尾鳍分叉的深浅等方面。有些学者据此又将之划分成不同的亚种。

分布：闽江，浙江的瓯江、灵江，以及长江水系的水阳江、汉江上游和清江。

(167) 红唇薄鳅 *Leptobotia rubrilabris* (Dabry de Thiersant, 1872)（图 211）

Parabotia rubrilabris Dabry de Thiersant, 1872, New fish species from China: 191.

Botia pratti: Günther, 1892, In: Pratt's Snows of Tibet: 250.

Botia fangi Tchang, 1930, Theses Univ. Paris, 209: 154.

Leptobotia pratti: Fang, 1936, Sinensia, 7(1): 43.

Leptobotia rubrilabris Hunan Fisheries Science Institute, 1977, The Fishes of Hunan, China: 163; Chen, 1980, Zool. Res., 1(1): 17.

测量标本 8 尾；体长 91-165mm；采自重庆木洞镇和湖北宜昌。

背鳍 iv-8；臀鳍 iii-5；胸鳍 i-13；腹鳍 i-7。第 1 鳃弓内侧鳃耙 12。脊椎骨 4+35-36。

体长为体高的 3.9-4.9 倍，为头长的 3.4-3.6 倍，为尾柄长的 6.3-6.9 倍，为尾柄高的 7.2-8.3 倍。头长为吻长的 2.2-2.5 倍，为眼径的 16.5-20.0 倍，为眼间距的 5.5-6.9 倍。尾柄长为尾柄高的 1.1-1.3 倍。体高为体宽的 1.8-2.5 倍。

体长，侧扁，背缘隆起，腹缘接近水平。头长大于体高。口小，下位，马蹄形，口角位于吻端至鼻孔距离中点下方；唇肥厚。吻尖，吻长远远短于眼后头长。吻端至鼻孔的距离约为鼻孔至眼前缘距离的 2 倍。须 3 对，其中吻须 2 对，口角须 1 对，口角须末端近达眼前缘。颏部具 1 对肉质突起。眼小，侧上位，位于头的前半部；眼间宽，呈弧形，眼间距约为眼径的 3 倍。眼下刺强壮，不分叉，末端远超过眼后缘下方。颅顶囟门不存在。体被细鳞，颊部具鳞。侧线完全，自鳃孔上角沿着体侧中线至尾柄中轴。

背鳍末根不分支鳍条基部为硬刺，上半节柔软，起点约位于眼至尾鳍基距离的中点，背鳍前距为体长的 56%-60%；背鳍外缘深内凹，前角尖形，最长鳍条为背鳍基长的 1.5 倍，短于头长。腹鳍起点位于背鳍第 2、第 3 根分支鳍条基部的下方，末端远超过肛门，近达肛门至臀鳍起点距离的中点。腹鳍基至肛门的距离为腹鳍基至臀鳍起点距离的 44%-48%。臀鳍起点约位于腹鳍基至尾鳍基距离的中点，后缘浅内凹，末端不达尾鳍基。胸、腹鳍基部具腋鳞。尾鳍深分叉，最长鳍条约为中央最短鳍条的 3 倍，上下叶等长，末端尖形。

图 211　红唇薄鳅 *Leptobotia rubrilabris* (Dabry de Thiersant)

鳔相当特化，鳔前室包于骨囊内，鳔后室很小，其长仅为前室之半。肠管短，约为体长的 90%。腹膜浅色。

体色：体背浅紫色，腹部浅黄色。体背部具 6-8 个马鞍形棕黑色垂直斑纹（背鳍前 3、4 个，背鳍基下方 1 个，背鳍后 2、3 个），这些斑纹延伸至侧线上半部，侧线上及侧线下方散布不规则棕黑色斑点或缺如。背、臀鳍的基部及鳍间各具 1 条棕黑色带纹；尾鳍具 3-5 条不规则斜行棕黑色条纹；偶鳍上各具 1 条棕黑色宽条纹。

分布：长江中、上游及其附属水体。

(168) 黄线薄鳅 *Leptobotia flavolineata* Wang, 1981（图 212）

Leptobotia flavolineata Wang, 1981, In: Wang and Liang, Memoirs of Beijing Natural History Museum, 12: 1-3.

无标本。现依王鸿媛（1981）的原始描述。

标本 1 尾；体长 84mm；采自北京房山十渡。

背鳍 iv-9；臀鳍 iii-5；胸鳍 i-11；腹鳍 i-7。脊椎骨 4+35。

体长为体高的 4.4 倍，为头长的 3.8 倍，为尾柄长的 8.4 倍，为尾柄高的 7.6 倍。头长为吻长的 2.4 倍，为眼径的 7.3 倍，为眼间距的 5.5 倍。尾柄长为尾柄高的 1.1 倍。

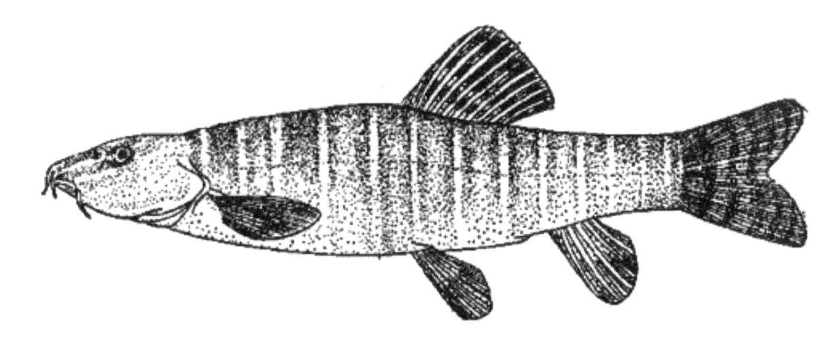

图 212 黄线薄鳅 *Leptobotia flavolineata* Wang

体长而侧扁，躯干部略粗而圆，尾柄短而高。头长稍大于体高。口小，下位。吻略呈圆锥形，其长度约为眼后头长的 5/6。鼻孔较近于眼前缘。须 3 对，其中吻须 2 对，口角须 1 对，稍长于眼径，末端达眼中部下方。颏部具 1 对纽状肉质突起，紧邻下唇。眼中等大，侧上位；眼间稍凸，眼间距大于眼径。眼下刺不分叉，末端接近眼后缘下方。颅顶囟门不存在。体被细鳞，颊部也具鳞。侧线完全，平直。

背鳍起点约位于眼后缘至尾鳍基距离的中点，距吻端为距尾鳍基的 1.2 倍；外缘斜截，前角略圆。腹鳍起点与背鳍第 1 根分支鳍条相对，末端只达腹鳍基至肛门距离的 2/3 处。肛门近臀鳍。胸鳍短小，圆形。胸、腹鳍基部具腋鳞。尾鳍短而宽，两叶圆锥，上叶稍短。

体色：体棕黄色，具 14 条宽且规则的深棕色垂直带纹，间隔为黄色细线，左右侧的带与线均相连成环，尤以体后部的更为明显。头部由吻端向后具 5 条纵行黄色线纹（顶部 1 条，眶上、眶下各 1 条）。背鳍有 4 条由斑点组成的黑色横纹。尾鳍具多条由细点组成的不规则条纹，基部有 1 条垂直带纹，中间颜色稍浓。腋鳞黄色。

分布：北京房山十渡拒马河（属海河水系）。

(169) 斑纹薄鳅 *Leptobotia zebra* (Wu, 1939)（图 213）

Botia zebra Wu, 1939, Sinensia, 10(1-6): 126-127.

Leptobotia zebra: Chen, 1980, Zool. Res., 1(1): 18; Zheng, 1989, The Fishes of Pearl River: 58; Fisheries Research Institute of Guangxi Zhuang Autonomous Region *et* Institute of Zoology, Chinese Academy of Sciences, 2006, Freshwater Fishes of Guangxi, China (ed. 2): 115.

测量标本 11 尾；体长 52.5-78.0mm；采自广西荔浦修仁。

背鳍 iv-7-8(多数为 7)；臀鳍 iii-5；胸鳍 i-11-12；腹鳍 i-6-7。第 1 鳃弓内侧鳃耙 12-17。脊椎骨 4+34-35。

体长为体高的 5.0-6.2 倍，为头长的 3.8-4.1 倍，为尾柄长的 6.0-6.7 倍，为尾柄高的 7.3-8.7 倍。头长为吻长的 2.2-2.5 倍，为眼径的 9.3-12.0 倍，为眼间距的 6.5-8.8 倍。尾柄长为尾柄高的 1.1-1.4 倍。体高为体宽的 1.4-1.8 倍。

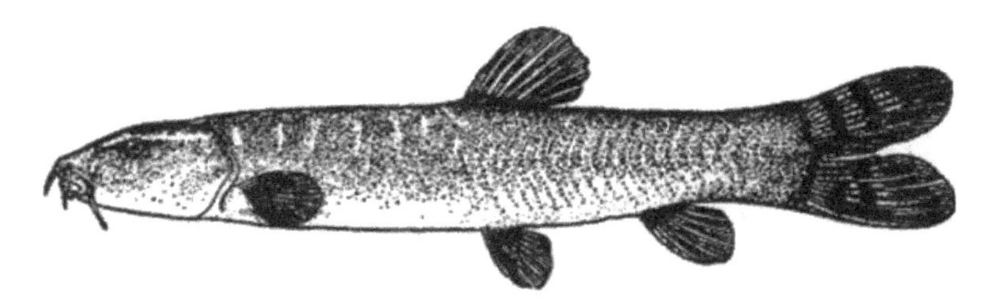

图 213　斑纹薄鳅 *Leptobotia zebra* (Wu)

体细长，侧扁，背鳍起点前为体的最高点。头小，头长大于体高。口小，下位，马蹄形，口角位于鼻孔前缘的下方。吻尖，吻长短于眼后头长。鼻孔距眼前缘比距吻端为近。须短小，3 对，其中吻须 2 对，口角须 1 对，口角须末端近达眼前缘。颏部具 1 对肉质突起。眼小，侧上位，位于头的中部；眼间狭，弧形，眼间距约为眼径的 1.5 倍。眼下刺不分叉，末端超过眼后缘下方。颅顶囟门不存在。体被细鳞，颊部具不明显细鳞。侧线完全，平直，自鳃孔上角沿着体侧中线至尾柄中轴。

各鳍短小。背鳍起点约位于眼后缘至尾鳍基距离的中点，背鳍前距为体长的 55%-59%；背鳍外缘稍外凸，前角及后角圆钝，最长鳍条大于背鳍基长。

腹鳍起点与背鳍起点相对或位于背鳍第 1 根分支鳍条的下方，末端不达肛门，其末端至肛门的距离约等于肛门至臀鳍起点的距离。肛门靠近臀鳍，腹鳍基至肛门的距离约等于腹鳍基至臀鳍起点距离的 67%-82%。臀鳍后缘平截，末端不达尾鳍基。尾鳍短而宽，其长稍大于眼前缘至鳃盖后缘的距离，深分叉，最长鳍条约为中央最短鳍条的 2.5 倍，上下叶等长，末端圆钝。

鳔长约等于吻长，鳔前室为韧质囊，鳔后室长约为鳔前室的 1.5-2.0 倍。肠管短，约为体长的 90%。腹膜浅色。

体色：体背深褐色，腹部棕黄色。体背部具 14-16 条不规则的分支或不分支棕黄色垂直条纹，其宽度约为间隔棕黑色条纹的 1/3。体背中线具 1 条棕黄色条纹或具 1 列不规则的棕黄色斑点；背鳍起点前有 1 马蹄形黄色斑点。头部两侧自鳃孔上角通过眼上缘至吻端各具 1 条明显的棕黄色条纹；眼前缘至口角上方具 1 条不甚明显的棕黄色条纹；头背部自眼前缘上方或鼻孔上方至头后部具 1 条明显棕黄色条纹，与背中线的条纹相连。尾鳍基有 1 条不甚明显的棕黑色垂直条纹。背鳍基具 1 条棕黑色带纹，鳍间有 1 条由斑点组成的黑色带纹；尾鳍具 2、3 列不规则的曲形黑带纹；臀鳍上具 1 条黑色带纹；偶鳍背面暗色。

分布：广西漓江，属珠江水系。

（三）鳅亚科 Cobitinae

鳅亚科鱼类的形态特征是体长、侧扁或稍侧扁；头侧扁。体被细鳞或裸露；头裸露或被细鳞。无前颚骨。下咽齿 1 行，齿数和内侧鳃耙数约相近。基枕骨的咽突分叉（副泥鳅属例外）；无咽垫。颅顶具囟门。具分叉的眼下刺（泥鳅属和副泥鳅属的眼下刺盖于皮肤下而不外露）。鳔 2 室，鳔前室包于骨质鳔囊内，此鳔囊是由第 4 脊椎骨横突的腹肋和悬器构成。第 2 脊椎骨横突的背突和腹肋紧贴于骨囊的前缘，不参与骨囊的形成。颏叶发达，下唇前缘中央由 1 纵沟隔成左右 2 片，其外缘呈须状或锯齿状。须 3 对或 5 对，其中吻须 2 对，呈 1 行排列，口角须 1 对，颏须 2 对或缺如。尾鳍内凹（马头鳅属）、圆（泥鳅属和副泥鳅属）或截形。侧线完全、不完全或缺如。臀鳍分支鳍条 5 根。

本亚科为小型底栖鱼类，定居于淡水中，生活于江河、湖泊、小溪、池塘和稻田里。广泛分布于欧亚大陆（除青藏高原外）、大巽他群岛，以及非洲的摩洛哥和埃塞俄比亚。美洲和大洋洲无分布。全球已知 21 属约 195 种 (Nelson *et al.*, 2016)，我国现知 7 属 14 种。细头鳅属和副泥鳅属为我国特有属。

属检索表

1 (10)　眼下刺外露

2 (3)　吻很长，头长为吻长的 1.4-1.5 倍；眼位于头的后半部；侧线完全……**马头鳅属 *Acantopsis***

3 (2)　吻较短，头长为吻长的 1.9-2.7 倍；眼约位于头的中部；侧线不完全或缺如

4 (5)　头部被鳞；尾柄长小于尾柄高……**鳞头鳅属 *Lepidocephalus***

5 (4)　头部裸露无鳞；尾柄长等于或大于尾柄高

6 (7)　腹鳍基部起点相对于背鳍基部起点之后……**鳅属 *Cobitis***

7 (6)　腹鳍基部起点相对于背鳍基部起点之前

8 (9)　侧线在背鳍与臀鳍之间中断……**拟长鳅属 *Acanthopsoides***

9 (8)　侧线缺如……**细头鳅属 *Paralepidocephalus***

10 (1)　眼下刺盖于皮肤下，不外露

11 (12) 须较短，头长为口角须长的 2.3-4.2 倍；体侧纵列鳞约 140 以上；脊椎骨的咽突分叉………………………………………………………………………………………………泥鳅属 ***Misgurnus***

12 (11) 须很长，头长为口角须长的 1.3-1.7 倍；体侧纵列鳞在 130 以下；脊椎骨的咽突在背大动脉腹下相愈合……………………………………………………………………………副泥鳅属 ***Paramisgurnus***

21. 马头鳅属 *Acantopsis* van Hasselt, 1823

Acantopsis van Hasselt, 1823, Alg. Konst. Letterbode, 2: 133. **Type species**: *Acantopsis dialuzona* van Hasselt, 1823.

体长，稍侧扁。头长，吻特长。眼位于头的后半部，上缘接触到背缘轮廓线。

眼下刺分叉，位于眼前方，其主刺末端不达眼前缘。口下位。上下唇肥厚；颏叶发达。须 3 对，其中吻须 2 对，口角须 1 对。侧线完全。体被细鳞；头裸露无鳞。腹鳍起点位于背鳍起点之后。尾鳍内凹。

我国分布 1 种。

(170) 马头鳅 *Acantopsis choirorhynchos* (Bleeker, 1854)（图 214）

Cobitis choirorhynchos Bleeker, 1854, Natuurk. Tijdschr. Ned.-Indië, 7: 95.

Acantopsis lachnosyoma Rutter, 1897, Proc. Acad. Nat. Sci. Philad., (1): 60-61.

Acantopsis choirorhynchos: Chen, 1981, In: Chinese Ichthyological Society, Collection of Ichthyology Papers, 1: 20.

测量标本 2 尾；体长 85-117mm；采自云南景洪。

背鳍 iii-8-9；臀鳍 ii-5；胸鳍 i-9；腹鳍 i-6。

体长为体高的 9.2-9.8 倍，为头长的 3.9-4.3 倍，为尾柄长的 7.4-7.8 倍，为尾柄高的 18.1-20.0 倍。头长为吻长的 1.4-1.5 倍，为眼径的 7.4-7.5 倍，为眼间距的 10.0-12.0 倍。尾柄长为尾柄高的 2.5-2.6 倍。

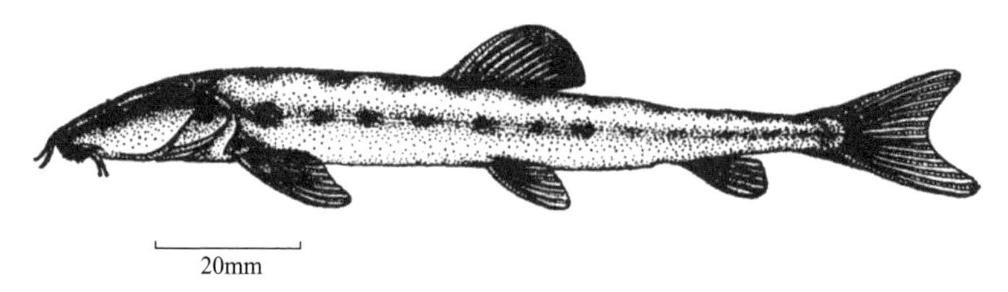

图 214 马头鳅 *Acantopsis choirorhynchos* (Bleeker)（仿褚新洛等，1990）

体长，稍侧扁，尾柄细长。头很长，其长约为体高的 2 倍，呈马头状。口下位，口裂弧形，口角距吻端与距鼻孔相等；上下唇肥厚。吻特别长，约为眼后头长的 3 倍。鼻孔约位于吻端至眼前缘距离的中点。须 3 对，约等长；其中吻须 2 对，口角须 1 对，口角须末端超过鼻孔。颏叶很发达。眼小，侧上位，位于头的后半部，上缘接触背缘轮廓线。眼间距小于眼径。眼下刺分叉，基部靠近鼻孔下方，主刺末端远不达眼前缘。体被细小圆鳞；头部裸露无鳞。侧线完全，沿着体侧中间至尾柄中轴。

背鳍起点约位于吻端至尾鳍基距离的中点，最长背鳍长约等于鼻孔至鳃盖后缘的距离。腹鳍起点位于背鳍第 3 根分支鳍条基部的下方。肛门靠近臀鳍。臀鳍起点至腹鳍基的距离稍长于至尾鳍基的距离。胸鳍较长，约占胸鳍基至腹鳍基距离之半。尾鳍截形或微内凹。

体色：福尔马林浸制标本体为棕黄色。沿侧线具 13 个黑斑；侧线上方具较小的斑点；背鳍前背部具 6、7 个黑斑。吻端至眼间具 1 条黑色纵条纹。背鳍和尾鳍具由斑点组成的斜行条纹；偶鳍及臀鳍黄色；尾鳍基上方具 1 黑斑。

本种 Rutter（1897）曾在广东汕头报道过，但此后未见有人报道。

分布：澜沧江中下游、广东汕头；大巽他群岛。

22. 鳞头鳅属 *Lepidocephalus* Bleeker, 1858

Lepidocephalus Bleeker, 1858, Natuurk. Tijdchr. Ned.-Indië 303. **Type species**: *Cobitis macrochir* Bleeker, 1854 .

体较短，侧扁。尾柄短而宽。吻短而钝。眼位于头的中部。眼下刺分叉。口下位。颏叶发达。须长，3 对，其中吻须 2 对，口角须 1 对。腹鳍起点与背鳍起点相对。尾鳍截形或近圆形。无侧线。体和头部被鳞。

本属鱼类分布于中国云南西南部，东南亚和斯里兰卡。现知我国只有 1 种。

(171) 鳞头鳅 *Lepidocephalus birmanicus* Rendahl, 1948（图 215）

Lepidocephalus guntea birmanicus Rendahl, 1948, Ark. Zool., 40 A(7): 64-76.

Lepidocephalus octocirrhus Chen, 1981, In: Chinese Ichthyological Society, Collection of Ichthyology Papers, 1: 23.

Lepidocephalus birmanicus Chu *et al*., 1990, The Fishes of Yunnan, China (Part II): 78.

测量标本 22 尾，采自梁河，瑞丽，孟连，盈江县的旧城、芒允，芒市的戛中，耿马县的孟定，勐腊县的曼庄；全长 54-95mm，体长 42-79mm。

背鳍 iii-7-8（多数为 7）；臀鳍 iii-5；胸鳍 i-8-9；腹鳍 i-6。脊椎骨 4+32-33。

体长为体高的 4.5-5.7（平均 5.3）倍，为头长的 4.2-5.3（平均 4.8）倍，为尾柄长的 7.6-8.8（平均 8.3）倍，为尾柄高的 7.1-8.3（平均 7.7）倍，为前背长的 1.7-1.9（平均 1.8）倍。头长为吻长的 2.2-2.8（平均 2.4）倍，为眼径的 4.8-6.2（平均 5.4）倍，为眼间距的 4.0-5.7（平均 4.6）倍。尾柄长为尾柄高的 0.86-0.97（平均 0.92）倍。

体较短，侧扁。背缘和腹缘均较平直。头小，侧扁。吻端略尖。眼小，侧上位，眼缘不游离，眼后头长略大于吻长，眼缘下方具 1 分叉的眼下刺，后端不及眼后缘。眼间隔窄，稍隆起。前后鼻孔紧靠，前鼻孔呈短管状。口下位，上唇的侧端连于口角须的基部，口角须基部的内侧连于颏叶。颏叶 2，很发达，后缘有 2-3 缺刻。前吻须将及眼前缘的垂直下方，后吻须和口角须伸及眼中心的垂直下方或更后。鳃峡很宽，鳃孔下角正位于胸鳍起点之前，不向腹面扩展。

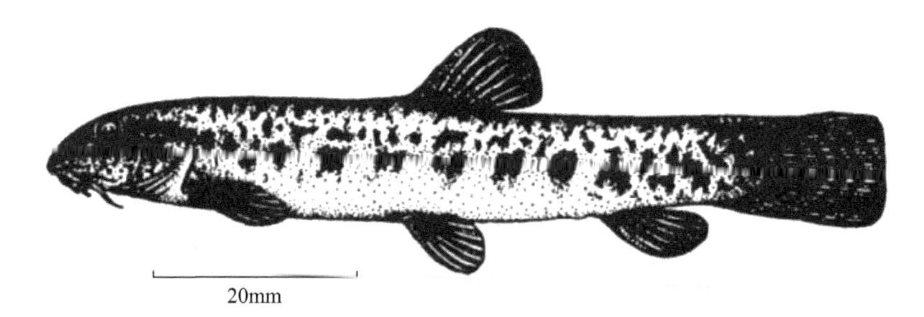

图 215 鳞头鳅 *Lepidocephalus birmanicus* Rendahl（仿褚新洛等，1990）

背鳍起点位于体正中稍后，外缘平截或微凸。臀鳍外缘微凸，末端将达尾鳍基，起点距尾鳍基小于距腹鳍起点。胸鳍位置很低，几乎水平展开。腹鳍起点稍前于背鳍起点，距胸鳍起点大于距臀鳍起点。肛门紧靠臀鳍起点。尾鳍平截。

身被细鳞，肉眼难辨；头部的鳞片主要在头顶后部，不及颊部。无侧线。

体侧上方及头部具不规则的棕褐色斑纹或斑点，沿体侧中线有 6-14 个不规则棕褐色大斑，尾鳍基上侧具一明显的黑斑。背鳍具 3-5 条棕褐色条纹，尾鳍具 5-6 条向后凸起的棕褐色条纹，胸鳍和腹鳍也有斑条，但不明显。

居沼泽、沟渠等富有机质净水环境。因个体小，经济价值不大。

分布：澜沧江、瑞丽江、大盈江、南汀河、南垒河。

23. 鳅属 *Cobitis* Linnaeus, 1758

Cobitis Linnaeus, 1758, Systema naturae, (Ed.10): 303. **Type species**: *Cobitis taeuia* Linnaeus, 1758.

Sabanejewia Vladykov, 1929, Bull. Mus. Natl. Hist. Nat., Paris, 1(2): 85. **Type species**: *Cobitis balcanica* Karaman, 1922.

体长而侧扁，头很侧扁。吻长约等于眼后头长。眼位于头的中部；眼间距等于或小于眼径。眼下刺分叉。须 3 对，其中吻须 2 对，口角须 1 对。颏叶发达。腹鳍起点位于背鳍起点之后或与之相对。背鳍分支鳍条 6、7 根。尾鳍截形。侧线不完全，后伸不超过胸鳍末端的上方。体被细鳞；头裸露无鳞。

本属鱼类是鳅亚科中种类最为繁盛也是分布最广的 1 个属，广泛分布于中国、朝鲜、日本、俄罗斯西伯利亚，以及欧洲和北非。我国现知 6 种。

种 检 索 表

1 (10) 背鳍约位于吻端至尾鳍基距离的中点，背鳍前距为体长的 48%-53%；臀鳍起点至尾鳍基的距离为腹鳍基至尾鳍基距离的 50%以上；尾柄长为尾柄高的 1.1-2.7 倍

2 (9)　沿体侧中线具 5-17 个大斑或为 1 条宽纵带纹所代替

3 (6)　尾柄长为尾柄高的 1.11-1.67 倍；脊柱骨数 4+37-40

4 (5)　须短，口角须末端后伸不达眼前缘；尾鳍基上侧具 1 明显黑斑（元江至辽河各水系）………………………………………………………………………………………… 中华鳅 *C. sinensis*

5 (4)　须长，口角须末端后伸达眼前缘或眼中央；大多数个体尾鳍基上下各具 1 黑斑，下侧黑斑不甚明显（黑龙江）……………………………………………………………… 黑龙江鳅 *C. lutheri*

6 (3)　尾柄长为尾柄高的 1.73-2.70 倍；脊柱骨数 4+43-46

7 (8)　沿体侧中线具 5-9 个大斑；最长背鳍条长大于头长（长江中下游及其附属湖泊）…………………………………………………………………………………………… 大斑鳅 *C. macrostigma*

8 (7)　沿体侧中线具 10-17 个大斑；最长背鳍条长约等于鼻孔至鳃盖后缘的距离（额尔齐斯河、黄河中上游、滦河上游和黑龙江）…………………………………………… 北方鳅 *C. granoei*

9 (2)　沿体侧中线具 18-24 个小斑（珠江）…………………………………………… 沙花鳅 *C. arenae*

10 (1)　背鳍位较后，背鳍前距为体长的 53%-59%；臀鳍起点至尾鳍基的距离为腹鳍基至尾鳍基距离的 36%-42%，尾柄长为尾柄高的 0.83-1.29 倍（浙江甬江）………… 斑条鳅 *C. laterimaculata*

(172) 中华鳅 *Cobitis sinensis* Sauvage *et* Dabry de Thiersant, 1874（图 216）

Cobitis sinensis Sauvage *et* Dabry de Thiersant, 1874, Ann. Sci. nat. Paris, Zool., (6) 1 (5): 16; Chen, 1981, In: Chinese Ichthyological Society, Collection of Ichthyology Papers, 1: 24; Zheng, 1989, The Fishes of Pearl River: 60.

Cobitis dolichorhynchus Nichols, 1918, Proc. Boil. Soc. Wash., 31: 16.

Cobitis taenia melanoleuca Nichols, 1925, Am. Mus. Novit., (171): 3.

Cobitis taenia sinensis Nichols, 1943, Nat. Hist. Central Asia, 9: 198.

Cobitis taenia: Department of Fishes, Hubei Institute of Hydrobiology, 1976, Fishes of Yangtze River: 159; Hunan Fisheries Science Institute, 1977, The Fishes of Hunan, China: 151; Fisheries Research Institute of Guangxi Zhuang Autonomous Region *et* Institute of Zoology, Chinese Academy of Sciences, 2006, Freshwater Fishes of Guangxi, China (ed. 2): 118.

测量标本 75 尾；体长 55-136mm；采自湖北枣阳、汉阳、洪湖，湖南岳阳市，陕西略阳、凤县、宁强，广西荔浦、崇左、桂林，广东连州、海丰，海南琼海、白沙、海口，浙江奉化、仙居和台湾日月潭等地。

背鳍 iii-6-7（多数为 7）；臀鳍 ii-5；胸鳍 i-8-9；腹鳍 i-6。脊椎骨数 4+37-39。

体长为体高的 5.4-8.3 倍，为头长的 4.9-5.7 倍，为尾柄长的 6.9-8.2 倍，为尾柄高的 8.7-11.8 倍。头长为吻长的 2.0-2.4 倍，为眼径的 5.5-7.5 倍，为眼间距的 5.5-8.6 倍。尾柄长为尾柄高的 1.2-1.7 倍。

体长而侧扁，头极侧扁，其长大于体高；尾柄短。口下位，上唇肥厚。吻部背缘隆起，吻长约等于头长之半。须 3 对，其中吻须 2 对，口角须 1 对，其长约等于眼径，末端超过鼻孔，但不达眼前缘。颏叶发达，自下唇中间纵裂为 2 片，外缘呈短须状突起。眼中等大，眼上缘几乎与头背轮廓线平行。眼间距等于或小于眼径。眼下刺主刺末端达到眼中央下方。体被细鳞；头部裸露无鳞。侧线不完全，其长不超过胸鳍末端上方。

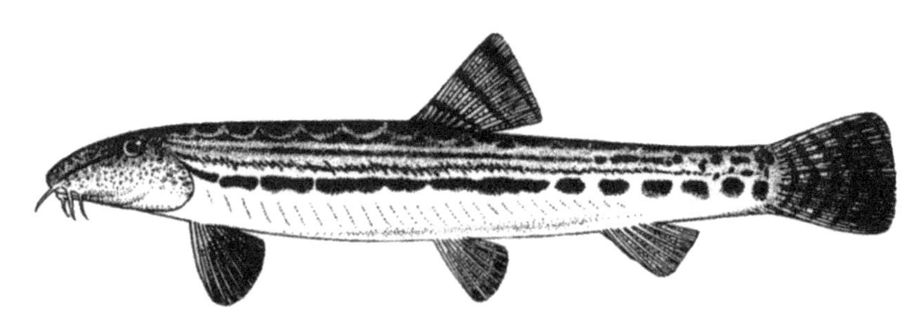

图 216 中华鳅 *Cobitis sinensis* Sauvage *et* Dabry de Thiersant（仿中国水产科学研究院珠江水产研究所等，1991）

背鳍起点约位于吻端至尾鳍基距离的中点，背鳍前距为体长的 48.5%-53.0%，背鳍长约等于鼻孔至鳃盖后缘的距离。腹鳍起点位于背鳍第 2、第 3 根分支鳍条基部的下方，其末端远不达肛门。肛门靠近臀鳍起点。臀鳍起点约位于腹鳍基至尾鳍基距离的中点。尾鳍截形；尾柄棱较发达。

鳔前室包于骨质囊内；后室退化。肠管长约为体长之半。腹膜肉色。

体色：体棕黄色，沿侧线中线具 6-15 个棕黑色大斑，背中线具 7-19 个棕黑色矩形或马鞍形大斑。体侧上方、头背部和颊部具蠕虫形斑纹或不规则斑点。从吻端通过眼、头顶至另一侧吻端形成“U”形棕黑色纵条纹。尾鳍基上侧具 1 明显黑斑；背鳍和尾鳍具 2-5 列由斑点组成的斜行条纹。体上斑点的大小和多少，与其栖息环境有关，生活在山溪急流中的个体，其体上的斑点一般大而少，背鳍和尾鳍上的条纹数也较少；而生活在干流和静水中的个体其体上的斑点较小而多。

分布：广泛分布于云南元江至辽河各水系。

(173) 黑龙江鳅 *Cobitis lutheri* Rendahl, 1935（图 217）

Cobitis taenia lutheri Rendahl, 1935, Menor. Soc. Proc. Fauna *et* Flora Fennica, 10: 330.

Cobitis lutheri: Chen, 1981, In: Chinese Ichthyological Society, Collection of Ichthyology Papers, 1: 25.

测量标本 20 尾；体长 37-78mm；采自黑龙江呼玛和嫩江。

背鳍 iii-7；臀鳍 ii-5；胸鳍 i-8-9；腹鳍 i-5-6。脊椎骨数 4+38-40。

体长为体高的 5.9-7.0 倍，为头长的 4.6-5.2 倍，为尾柄长的 7.0-9.3 倍，为尾柄高的 9.3-12.0 倍。头长为吻长的 2.1-2.5 倍，为眼径的 5.2-7.3 倍，为眼间距的 5.2-7.3 倍。尾柄长为尾柄高的 1.1-1.6 倍。

体较短，侧扁；头极侧扁，其长大于体高。口下位，口角位于鼻孔的下方。吻短而钝，背缘隆起，吻长约等于眼后头长。须 3 对，其中吻须 2 对，口角须 1 对，其长等于或稍长于眼径，末端达到眼中央的下方。颏叶发达，自下唇中间纵裂为 2 片，其外缘呈短须状突起。眼中等大，侧上位；眼间弧形，眼间距等于或稍小于眼径。眼下刺分叉，主刺末端达到或稍超过眼中央的下方。体被细鳞；头部裸露无鳞。侧线不完全，其长不超过胸鳍末端的上方。

背鳍起点约位于吻端至尾鳍基距离的中点，背鳍前距为体长的 49%-52%，背鳍长短于头长。腹鳍起点位于背鳍第 1、第 2 根分支鳍条基部的下方。肛门靠近臀鳍起点。臀鳍起点约位于腹鳍基部的距离大于其至尾鳍基的距离。尾鳍截形。

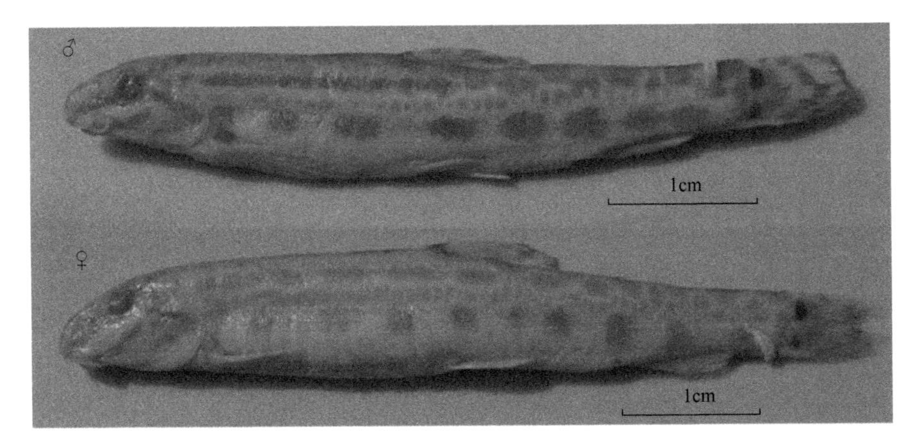

图 217　黑龙江鳅 *Cobitis lutheri* Rendahl

鳔前室包于骨质囊内；鳔后室退化。肠管长约为体长的 65%。腹膜肉色。

体色：福尔马林浸制标本体为棕黄色。背中线上具 10-15 个棕黑色矩形大斑（背鳍前 4-7 个，背鳍基 1、2 个，背鳍后 4-7 个）；沿体侧中线具 7-11 个棕黑色大斑（雄性个体为 1 条棕黑色宽带纹替代）；体侧上方具 1-3 条由棕黑色斑点组成的纵条纹，其上下间杂不规则的斑点。头部散布斑点，从吻端通过眼、头顶至另一侧吻端具“U”形条纹，颊部有 1 条不甚明显的短条纹与之相平行。尾鳍基上下两侧各具 1 明显黑斑，下侧的黑斑在个别个体中不显著。背鳍和尾鳍具 3-5 列由斑点组成的斜行条纹；偶鳍及臀鳍浅色。

分布：黑龙江及其附属水体。

(174) 大斑鳅 *Cobitis macrostigma* Dabry de Thiersant, 1872（图 218）

Cobitis macrostigma Dabry de Thiersant, 1872, New fish species from China: 191; Department of Fishes, Hubei Institute of Hydrobiology, 1976, Fishes of Yangtze River: 160; Hunan Fisheries Science Institute, 1977, The Fishes of Hunan, China: 152; Chen, 1981, In: Chinese Ichthyological Society, Collection of Ichthyology Papers, 1: 25.

测量标本 21 尾；体长 83-149mm；采自江西湖口，湖北汉口、梁子湖和湖南岳阳等地。

背鳍 iii-7；臀鳍 ii-5；胸鳍 i-8-9；腹鳍 i-5-6。脊椎骨数 4+43-46。

体长为体高的 7.4-9.7 倍，为头长的 5.0-5.7 倍，为尾柄长的 5.8-7.0 倍，为尾柄高的 10.9-14.4 倍。头长为吻长的 2.0-2.3 倍，为眼径的 6.1-8.0 倍，为眼间距的 8.2-11.4 倍。尾柄长为尾柄高的 1.8-2.4 倍。

体延长，侧扁，尾柄长。头长大于体高，其长约等于尾柄长。口下位。吻钝而背缘隆起，吻长约等于眼后头长。须 3 对，其中吻须 2 对，口角须 1 对，其长稍短于眼径，末端后伸超过鼻孔，但不达眼前缘。颏叶发达，其外缘呈短须状。眼中等大，侧上位，约位于头的中部；眼间稍呈弧形，眼间距小于眼径。眼下刺分叉，主刺末端近达眼中央的下方。体被细鳞；头部裸露无鳞。侧线不完全，其长不超过胸鳍末端的上方。

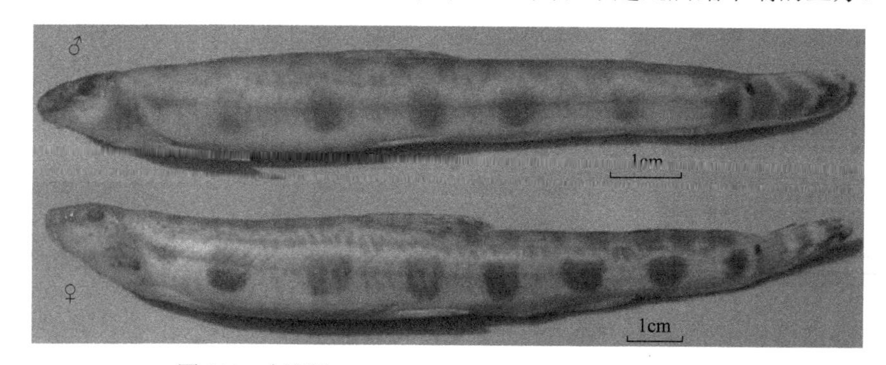

图 218　大斑鳅 *Cobitis macrostigma* Dabry de Thiersant

背鳍起点稍靠近吻端，背鳍前距为体长的 48%-51%，背鳍很长，大于头长，约等于背鳍基长的 1.8 倍。腹鳍起点约位于背鳍第 2 或第 3 根分支鳍条基部的下方。肛门靠近臀鳍起点。臀鳍起点至腹鳍基部的距离小于臀鳍起点至尾鳍基的距离。尾柄棱发达。尾鳍截形。

鳔前室包于骨质囊内，鳔后室退化。

体色：福尔马林浸制标本体为灰黄色。背中线上具 10-15 个褐色方形大斑（背鳍前 4、5 个，背鳍基 2、3 个，背鳍后 5-8 个）；沿体侧中线具 5-9 个褐色方形大斑，体侧上方具不规则的斑纹。头部散布不规则的斑点。从吻端通过眼、头顶至另一侧吻端具“U”形褐色条纹。尾鳍基上侧具 1 黑斑；背鳍和尾鳍具 3-5 列斜行条纹；偶鳍及臀鳍浅色。

分布；长江中游及其附属水体。

(175) 北方鳅 *Cobitis granoei* Rendahl, 1935（图 219）

Cobitis taenia granoei Rendahl, 1935, Menor. Soc. Proc. Fauna *et* Flora Fennica, 10: 332.

Cobitis granoei olivai Nalbant, Holcik *et* Pivnicka, 1969, Vestnik Cs. Spol. Zool., 34(2): 121.

Cobitis granoei: Chen, 1981, In: Chinese Ichthyological Society, Collection of Ichthyology Papers, 1: 26.

测量标本 53 尾；体长 47-70mm；采自黑龙江哈尔滨、嫩江市、富拉尔基，内蒙古多伦和青海西宁等地。

背鳍 iii-7；臀鳍 ii-5；胸鳍 i-8-9；腹鳍 i-6。脊椎骨数 4+45-46。

体长为体高的 7.4-9.7 倍，为头长的 5.0-5.7 倍，为尾柄长的 5.8-7.0 倍，为尾柄高的 12.7-14.5 倍。头长为吻长的 2.4-2.7 倍，为眼径的 4.8-6.7 倍，为眼间距的 4.8-6.7 倍。尾柄长为尾柄高的 1.8-2.6 倍。

体细短，侧扁；尾柄长。头长大于体高。口下位，呈弧形，口角位于鼻孔的下方。吻短，稍短于眼后头长。须较长，3 对，其中吻须 2 对，口角须 1 对，其长约为眼径的 1.5 倍，末端达到眼中央的下方；第 2 对吻须与口角须等长或稍短，第 1 对吻须最短，约为口角须长之半。颏叶发达。眼侧上位，位于头的中部；眼间呈弧形，眼间距约等于眼径。眼下刺分叉，主刺末端达到或稍超过眼中央的下方。

背鳍起点约位于吻端至尾鳍基距离的中点，背鳍前距为体长的49%-53%，背鳍长约等于鼻孔至鳃盖后缘的距离。腹鳍起点约与背鳍起点相对，其末端不达肛门。肛门靠近臀鳍起点。臀鳍起点约位于腹鳍基部至尾鳍基距离的中点。尾鳍截形。侧线不完全，其长不超过胸鳍末端的上方。体被细鳞；头部裸露无鳞。

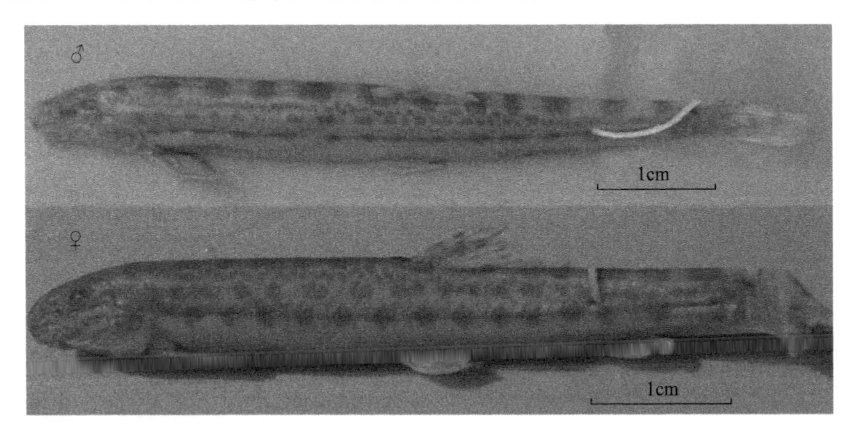

图219　北方鳅 *Cobitis granoei* Rendahl

鳔前室包于骨质囊内，鳔后室退化。肠管长约为体长的65%。腹膜肉色。

体色：福尔马林浸制标本体为棕黄色。背中线上具13-18个棕黑色矩形大斑（背鳍前4-7个，背鳍基1、2个，背鳍后4-7个）；沿体侧中线具10-14个棕黑色大斑；体侧上方具蠕虫状花纹或不规则的斑点。头部散布不规则的斑点，从吻端通过眼、头顶至另一侧吻端具“U”形棕黑色条纹。尾鳍基上侧具1明显的黑斑；背鳍和尾鳍具3-5列斜行条纹；偶鳍及臀鳍浅色。

分布：额尔齐斯河、黄河中上游、滦河上游和黑龙江等水系。

(176) 沙花鳅 *Cobitis arenae* (Lin, 1934)（图220）

Misgurnus arenae Lin, 1934, Lingnan Sci. J., 13(2): 227.

Cobitis arenae: Nichols, 1943, Nat. Hist. Central Asia, 9: 199; Chen, 1981, In: Chinese Ichthyological Society, Collection of Ichthyology Papers, 1: 26; Fisheries Research Institute of Guangxi Zhuang Autonomous Region *et* Institute of Zoology, Chinese Academy of Sciences, 2006, Freshwater Fishes of Guangxi, China (ed. 2): 119.

测量标本10尾；体长58-81mm；采自广西凌云和南宁等地。

背鳍iii-6-7（多数为7）；臀鳍ii-5；胸鳍i-8-9；腹鳍i-5-6。脊椎骨数4+40-41。

体长为体高的6.7-9.4倍，为头长的5.1-5.7倍，为尾柄长的5.3-6.2倍，为尾柄高的12.8-15.6倍。头长为吻长的2.0-2.3倍，为眼径的6.2-7.5倍，为眼间距的6.5-10.0倍。尾柄长为尾柄高的2.1-2.7倍。

体细长，稍侧扁，尾柄较细长；背鳍起点为体的最高处。头长大于体高。口小，下位，口列弧形，口角位于鼻孔的下方。吻稍尖，其长等于眼后头长或稍长。鼻孔约位于吻端至眼前缘距离的中点或稍靠近后者。须短，3 对，其中吻须 2 对，口角须 1 对，其长等于或短于眼径，末端远不达眼前缘的下方。颏叶不发达。眼中等大，侧上位，位于头的中部；眼间几乎平坦，眼间距等于或小于眼径。眼下刺分叉，主刺末端达到眼中央的下方。体上鳞片不明显；头部裸露无鳞。侧线不完全，其长不超过胸鳍末端的上方。

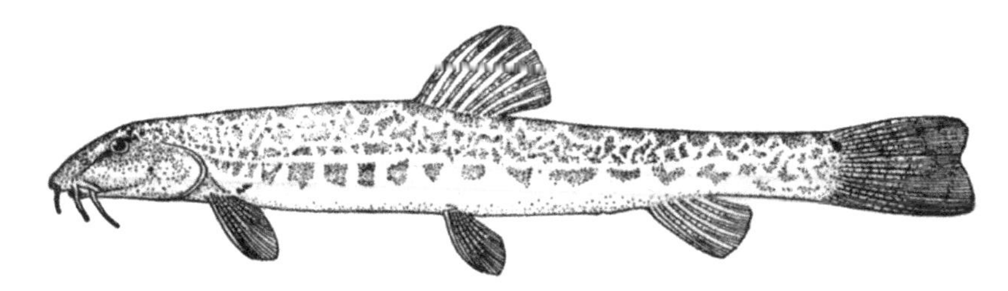

图 220 沙花鳅 *Cobitis arenae* (Lin)（仿广西壮族自治区水产研究所和中国科学院动物研究所，1981）

背鳍起点约位于吻端至尾鳍基距离的中点或稍靠近后者，背鳍前距为体长的 50%-53%；背鳍长约等于鼻孔至鳃盖后缘的距离。腹鳍起点约位于背鳍第 2 根分支鳍条基部的下方，其末端远不达肛门。肛门靠近臀鳍起点。臀鳍起点至腹鳍基的距离小于臀鳍起点至尾鳍基的距离。臀鳍基长约为尾柄长之半。尾鳍截形。

鳔前室包于骨质囊内，鳔后室退化。肠管短，其长约为体长的 65%。腹膜灰色。

体色：福尔马林浸制标本体为棕黄色。沿体侧中线具 18-23 个褐色斑点；背部和体侧上方散布不规则的褐色小斑点。吻端至眼前缘有 1 条褐色纵细条纹。尾鳍基上下两侧各具 1 黑斑，下侧的黑斑不明显。背鳍和尾鳍各具 3、4 列由斑点组成的不明显条纹；偶鳍及臀鳍浅色。

分布：珠江水系的西江和东江，以及广西南流江水系。

(177) 斑条鳅 *Cobitis laterimaculata* Yan *et* Zheng, 1984（图 221）

Cobitis laterimaculata Yan *et* Zheng, 1984, Acta Zool., 30(1): 82-84.

测量标本 5 尾；体长 42-60mm；采自浙江奉化。

背鳍 iii-6；臀鳍 ii-5；胸鳍 i-8；腹鳍 i-6。脊椎骨数 4+40-42。

体长为体高的 6.2-8.0 倍，为头长的 5.4-6.2 倍，为尾柄长的 8.2-9.8 倍，为尾柄高的 2.1-2.5 倍。头长为吻长的 5.0-6.5 倍，为眼径的 5.1-6.5 倍，为眼间距的 5.2-7.3 倍。尾柄长为尾柄高的 0.88-1.25 倍。

体细长，略侧扁；尾柄短而宽。头小，头长约等于体高。口小，下位。吻尖长，吻长为口前吻长的 2.2-2.5 倍。颏叶发达。须 3 对，其中吻须 2 对，口角须 1 对，其末端不达眼前缘的下方。眼侧上位，眼间距约等于眼径。眼下刺分叉，主刺末端不达眼中央的下方。体被细鳞；颊部裸露无鳞。侧线不完全，其长不超过胸鳍末端的上方。

各鳍短小。背鳍位置较后，背鳍前距为体长的 53%-59%。腹鳍起点位于背鳍第 1、第 2 根分支鳍条基部的下方。胸鳍末端远离腹鳍。肛门靠近臀鳍起点。臀鳍靠近尾鳍基，其起点至尾鳍基的距离为腹鳍基至尾鳍基距离的 36%-42%。尾柄棱发达，其长度约占背鳍基末端至尾鳍基距离的 1/2 以上。尾鳍截形。

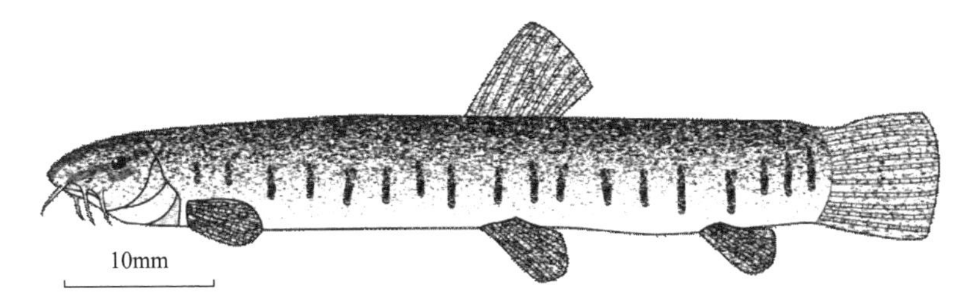

图 221　斑条鳅 *Cobitis laterimaculata* Yan *et* Zheng（仿严纪平和郑米良，1984）

鳔前室包于骨质囊内，鳔后室退化。肠直而无盘曲。腹膜黑色。

体色：福尔马林浸制标本体为浅黄色。背部具 18-21 个褐色矩形斑块（背鳍前 9-11 个，背鳍基 2、3 个，背鳍后 7、8 个）；沿体侧中线具 15-18 条长短不一的褐色横斑条。头部及体侧上方具褐色蠕虫形斑纹。从吻端通过眼、头顶至另一侧吻端连“U”形黑条纹。尾鳍基上侧具 1 明显的黑斑。背鳍和尾鳍各具 3-5 列由褐色斑点组成的斜行条纹。臀鳍具 2、3 列不明显的条纹；偶鳍及臀鳍灰白色。

分布：浙江甬江上游的剡溪。

24. 拟长鳅属 *Acanthopsoides* Fowler, 1934

Acanthopsoides Fowler, 1934, Proc. Acad. nat. Sci. Philad., 86: 103. **Type species**: *Acanthopsoides gracilis* Fowler, 1934.

体细长，侧扁。头小，侧扁。眼小，眼下刺分叉。口很小，下位。须 3 对。侧线中断。体被细鳞，头部无鳞。鳃孔小。背鳍起点略后于腹鳍起点，分支鳍条 6、7 根。尾鳍内凹。

分布仅见于澜沧江下游。国外分布于泰国。

本属仅拟长鳅 1 种。

(178) 拟长鳅 *Acanthopsoides gracilis* Fowler, 1934（图 222）

Acanthopsoides gracilis Fowler, 1934, Proc. Acad. nat. Sci. Philad., 86: 103-104.

测量标本 1 尾；全长 76mm，体长 66mm。采自云南景洪市的勐罕。

背鳍 iii-8；臀鳍 ii-5；胸鳍 i-8；腹鳍 i-6。

体长为体高的 9.4 倍，为头长的 5.5 倍，为尾柄长的 6.3 倍，为尾柄高的 16.5 倍。头长为吻长的 2.0 倍，为眼径的 8.0 倍，为眼间距的 10.0 倍。尾柄长为尾柄高的 2.6 倍。

体甚细长，侧扁。背缘和腹缘的弧度和缓。头小，侧扁。吻略尖。眼小，位于头背，腹视不可见。眼下刺分叉，后端超过眼前缘。眼间距很窄，小于眼径。鼻孔紧靠，前鼻孔略呈短管状，后鼻孔位于前鼻孔的后外侧，距眼与距吻端约相等。口下位，吻皮盖没上唇，上唇边缘光滑。颏叶薄，分左右 2 片，无明显突起，外侧与口角须的基部相连。唇后沟较深，向前伸展止于两颏叶的内侧基部。前吻须达后吻须的基部，后吻须达前鼻孔垂直下方，口角须达后鼻孔垂直下方。鳃峡较宽，鳃孔下角正位胸鳍起点之前，不向腹面扩展。

背鳍起点距吻端大于距尾鳍基，外缘平截。臀鳍远不达尾鳍基，起点距尾鳍基等于距腹鳍起点。胸鳍位置很低，左右基部紧靠，水平展开，外缘平截。腹鳍起点略前于背鳍起点，位于眼后缘至尾鳍基的中点，末端远不达肛门。肛门位于腹鳍起点至臀鳍起点间距离的后 1/4。尾鳍浅凹，末端钝，下叶稍长。

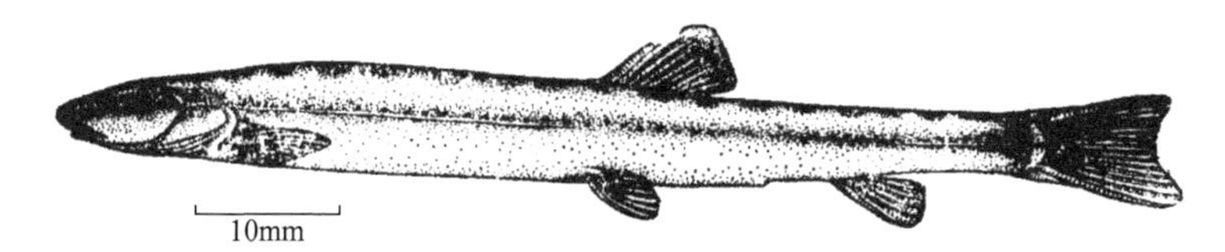

图 222 拟长鳅 *Acanthopsoides gracilis* Fowler（仿褚新洛等，1990）

体被细鳞，头部无鳞。侧线中断，前段起自鳃孔上角，止于背鳍前方的垂直下方；后段始于臀鳍条末端的垂直上方，止于尾鳍基中央。

液浸标本沿体侧中央具 1 灰色纵条，镜下检视沿体侧有稀疏小黑点。背部正中背鳍前有 8 个棕色大斑，背鳍后 7 个。尾鳍基上侧有 1 黑斑。其余各鳍浅棕色。生活于江边沙底浅滩水流回缓之处。个体很小，甚少见。

分布：澜沧江下游江段。

25. 细头鳅属 *Paralepidocephalus* Tchang, 1935

Paralepidocephalus Tchang, 1935, Bull. Fan Mem. Inst. Biol., 6(1): 17-19. **Type species**: *Paralepidocephalus yui* Tchang, 1935.

体长，稍侧扁，尾柄特长。头细小。眼小，位于头的中部；眼间距等于眼径。眼下刺分叉。口下位。颏叶不发达，为 2 片半月形。须短，3 对。各鳍短小。背鳍起点位于腹鳍基之后；腹鳍起点位于吻端至尾鳍基距离的中点。尾鳍截形。无侧线。体上和头部裸露无鳞。

本属仅细头鳅 1 种。

(179) 细头鳅 *Paralepidocephalus yui* Tchang, 1935（图 223）

Paralepidocephalus yui Tchang, 1935, Bull. Fan Mem. Inst. Biol., 6(1): 17-19; Chen, 1981, In: Chinese Ichthyological Society, Collection of Ichthyology Papers, 1: 27.

测量标本 1 尾；体长 65mm；采自云南阳宗海。

背鳍 iii-6；臀鳍 ii-5；胸鳍 i-8；腹鳍 i-6。

体长为体高的 6.9 倍，为头长的 6.2 倍，为尾柄长的 5.0 倍，为尾柄高的 13.8 倍。头长为吻长的 2.3 倍，为眼径的 5.8 倍，为眼间距的 5.8 倍。尾柄长为尾柄高的 2.8 倍。

体长，稍侧扁，尾柄细长。头细小，头长稍大于体高。口下位，弧形，口角位于后鼻孔的下方。鼻孔距眼前缘比距吻端为近。颏叶不发达，为 2 片半月形。须 3 对，短小；其中吻须 2 对，口角须 1 对，其长短于眼径，末端后伸近达眼前缘。眼小，侧上位，位于头的中部。眼间稍呈弧形，眼间距等于眼径。眼下刺分叉，主刺末端近达眼后缘的下方。各鳍短小。

图 223　细头鳅 *Paralepidocephalus yui* Tchang（仿褚新洛等，1990）

背鳍起点位于腹鳍基之后，背鳍前距为体长的 57%。腹鳍起点约位于吻端至尾鳍基距离的中点。肛门靠近臀鳍起点。臀鳍起点约位于腹鳍基至尾鳍基距离的中点。胸鳍长约占胸鳍基至腹鳍基距离的 1/4。尾鳍截形。

体色：福尔马林浸制标本体为棕黄色。背中线上具 13 个矩形棕褐色大斑；体侧中线具 7 个棕褐色大斑；体侧上方具蠕虫形斑纹。头部散布小斑点。背鳍和尾鳍各具 4 列由斑点组成的斜行条纹；偶鳍及臀鳍浅黄色。

分布：云南石屏县、阳宗海。

26. 泥鳅属 *Misgurnus* Lacépède, 1803

Misgurnus Lacépède, 1803, Hist. Nat. Poiss., 5: 16. **Type species**: *Cobitis fossilis* Linnaeus, 1758.

Cobitichthys Bleeker, 1860, Natuurk. Tijdschr. Ned.-Indië, 8: 88. **Type species**: *Cobitis enalios* Bleeker, 1860.

Mesomisgurnus Fang, 1935, Sinensia, 6(2): 129. **Type species**: *Nemacheilus bipartitus* Sauvage *et* Dabry de Thiersant, 1874.

体长，侧扁或稍侧扁。头长大于或等于体高。吻长短于眼后头长，眼后头长约等于吻长与眼径之和。基枕骨的咽突分叉。下咽骨的形状大致和前 4 对角鳃骨相近似；下咽齿 1 行，齿数和第 1 鳃弓内侧鳃耙相近。眼下刺为皮肤掩盖而不外露。眼间距大于眼径。须 5 对，其中吻须 2 对，口角须 1 对，颏须 2 对。背鳍位于体后半部；腹鳍起点位于背鳍起点之后或与之相对。尾柄棱发达，与尾鳍相连；尾鳍圆形。侧线不完全。体被细鳞；头部裸露无鳞。胸鳍长短随性别而异，雄者长。

本属有 4 种，分布于中国、越南、朝鲜、日本、蒙古国和欧洲。已知我国有 3 种。

种检索表

1 (2)　背鳍前距为体长的 62%-65%；腹鳍起点与背鳍起点相对（黑龙江）……黑龙江泥鳅 ***M. mohoity***

2 (1)　背鳍前距为体长的 53%-61%；腹鳍起点位于背鳍第 2-4 根分支鳍条基部的下方

3 (4)　尾柄长为尾柄高的 1.2-1.6 倍；臀鳍起点至尾鳍基的距离为腹鳍基至臀鳍起点距离的 1.2-1.5 倍；脊椎骨数 4+39-42（独龙江至辽河各水系）……………………………… 泥鳅 ***M. anguillicaudatus***

4 (3)　尾柄长为尾柄高的 2.1-2.9 倍；臀鳍起点至尾鳍基的距离为腹鳍基至臀鳍起点距离的 1.9-2.5 倍；脊椎骨数 4+44-47（内蒙古、辽河上游和黑龙江）……………………… 北方泥鳅 ***M. bipartitus***

(180) 黑龙江泥鳅 *Misgurnus mohoity* (Dybowski, 1869)（图 224）

Cobitis fossilis var. *mohoity* Dybowski, 1869, Verh. Zool. Bot.-Gesell. Wien, 19: 957.

Misgurnus fossilis anguillicaudatus: Berg, 1907, Proc. U. S. Nat. Mus., 32: 435.

Misgurnus mohoity: Chen, 1981, In: Chinese Ichthyological Society, Collection of Ichthyology Papers, 1: 28.

测量标本 13 尾；体长 75-192mm；采自黑龙江呼玛。

背鳍 iii-6；臀鳍 ii-5；胸鳍 i-8-10；腹鳍 i-5-6。纵列鳞 168-180。第 1 鳃弓内侧鳃耙 14-15。脊椎骨数 4+45-47。

体长为体高的 6.4-8.7 倍，为头长的 5.4-6.9 倍，为尾柄长的 5.1-6.8 倍，为尾柄高的 8.1-11.7 倍。头长为吻长的 2.4-2.9 倍，为眼径的 7.0-8.8 倍，为眼间距的 4.7-5.3 倍。尾柄长为尾柄高的 1.2-1.9 倍。

体长，侧扁。头中等长，稍大于体高。口下位，弧形，口角位于鼻孔下方。吻长短于眼后头长，吻端至鼻孔的距离约为鼻孔至眼前缘距离的 1.5 倍。须较短，5 对，其中吻须 2 对，颏须 2 对，口角须 1 对，口角须末端达到眼中央，但不超过眼后缘。眼小，侧上位，位于头的前半部；眼间稍呈弧形，眼间距大于眼径，约为眼径的 1.5 倍。眼后头长约等于吻长与眼径之和。全身被小而明显的圆鳞，呈覆瓦状排列。侧线不完全，其长不超过胸鳍末端上方。

图 224　黑龙江泥鳅 *Misgurnus mohoity* (Dybowski)

背鳍位较后，背鳍前距为体长的 62%-65%，外缘内凸，前角圆钝，最长鳍条约与背鳍基等长。腹鳍起点与背鳍起点相对，其末端不达肛门。肛门靠近臀鳍起点，位于腹鳍基至臀鳍起点距离的 3/4 处。臀鳍起点至尾鳍基的距离为腹鳍基至臀鳍起点距离的 1.7-2.0 倍。臀鳍外缘斜截，其末端后伸不达尾鳍基。胸鳍大小依性别而异，雄性较长而尖。尾柄棱较发达。尾鳍圆形。

鳔前室包于骨质囊内；鳔后室退化。肠管短，约为体长的 65%。

体色：福尔马林浸制标本体棕黄色。背鳍前背中线具 1 条、体侧具 2 或 3 条由棕黑色斑点组成的连续或不连续纵条纹。背鳍和尾鳍具小斑点；尾鳍基上方具 1 明显的黑斑。

分布：黑龙江水系。

(181) 泥鳅 *Misgurnus anguillicaudatus* (Cantor, 1842)（图 225）

Cobitis anguillicaudatus Cantor, 1842, Ann. Mag. Nat. Hist., 9: 485.

Misgurnus mohoity yunnan: Nichols, 1925, Am. Mus. Novit., (171): 5; Cheng, 1958, J. Zool., 2(3): 160.

Misgurnus anguillicaudatus: Wu, 1939, Sinensia, 10(1-6): 127.

测量标本 193 尾；体长 88-170mm；采自浙江定海、宁波，湖北武昌、仙桃、梁子湖，湖南衡阳、岳阳、溆浦，四川西昌、都江堰，重庆合川，安徽芜湖裕溪口街道，江西鄱阳湖，福建南平、南靖、长汀、龙岩，台湾日月潭，广东连州、连平、韶关，海南琼海、白沙，广西金秀、玉林、崇左、桂林，贵州遵义，云南大屯海、中甸、富民、保山、程海、杞麓湖、阳宗海、星云湖和西藏昌都等地。

背鳍 iii-6-8（以 7 占多数）；臀鳍 ii-5；胸鳍 i-8-9；腹鳍 i-5-6。纵列鳞 152-163。第 1 鳃弓内侧鳃耙 13-15。脊椎骨数 4+39-42。

体长为体高的 5.8-7.5 倍，为头长的 5.6-6.6 倍，为尾柄长的 5.7-7.2 倍，为尾柄高的 7.8-9.4 倍。头长为吻长的 2.3-2.8 倍，为眼径的 6.0-8.0 倍，为眼间距的 4.0-5.1 倍。尾柄长为尾柄高的 1.2-1.6 倍。

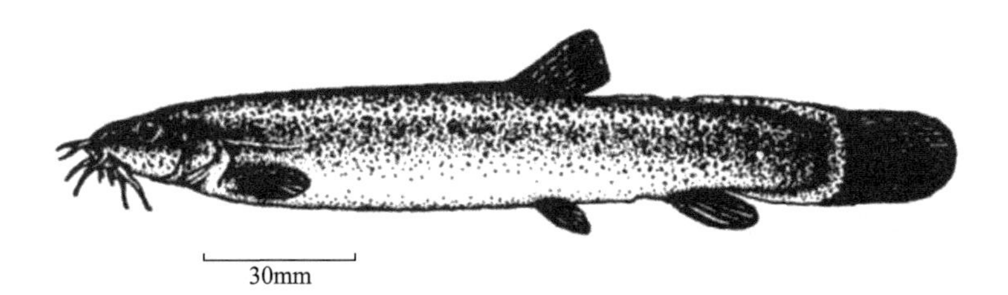

图 225　泥鳅 *Misgurnus anguillicaudatus* (Cantor)（仿褚新洛等，1990）

体长，稍侧扁。头中等长，其长等于或大于体高。口下位，弧形，口角位于鼻孔前缘的下方。须较短，5 对，其中吻须 2 对，颏须 2 对，口角须 1 对，口角须末端达到或超过眼后缘。吻长短于眼后头长，吻端至鼻孔的距离约为鼻孔至眼前缘距离的 2 倍多。眼后头长约等于吻长与眼径之和。眼小，侧上位，位于头的前半部；眼间弧形，眼间距大于眼径。全身被小而明显的圆鳞；头部裸露无鳞。侧线不完全，其长不超过胸鳍末端上方。

背鳍位于体的后半部，背鳍前距为体长的53%-61%，背鳍外缘内凸，呈弧形，前角圆钝，最长鳍条约等于鼻孔至鳃盖后缘的距离。腹鳍起点位于背鳍第2、第3根分支鳍条基部的下方，其末端不达肛门。肛门靠近臀鳍起点，腹鳍基至肛门的距离为肛门至臀鳍起点距离的2.5-3.0倍。臀鳍起点至尾鳍基的距离为腹鳍基至臀鳍起点距离的1.2-1.5倍。胸鳍的长短依性别而异，雄性较长而尖。尾柄棱较发达，一般自臀鳍起点的上方开始隆起，与尾鳍相连。尾鳍圆形；中央最长鳍条大于或等于头长。

鳔前室包于骨质囊内，鳔后室退化。

体色：体色变异较大，与生活环境有密切关系。一般是背部色深，腹部浅黄色。体上散布斑点或缺如。尾鳍基上方具1黑斑；背鳍和尾鳍具不规则的小斑点。

分布：独龙江至辽河各水系及其附属水体；越南，朝鲜，日本。

(182) 北方泥鳅 *Misgurnus bipartitus* (Sauvage *et* Dabry de Thiersant, 1874)（图226）

Nemacheilus bipartitus Sauvage *et* Dabry de Thiersant, 1874, Ann. Sci. Nat. Paris, Zool., (6)1(5): 16.

Misgurnus erikssoni Rendahl, 1922, Ark. Zool., 15(4): 3.

Mesomisgurnus bipartitus: Fang, 1935, Sinensia, 6(2): 136-137.

Misgurnus bipartitus: Chen, 1981, In: Chinese Ichthyological Society, Collection of Ichthyology Papers, 1: 29.

测量标本36尾；体长83-150mm；采自内蒙古达里湖、锡林浩特、多伦、海拉尔，黑龙江，嫩江，以及辽宁台安等地。

背鳍iii-6；臀鳍ii-5；胸鳍i-8-9；腹鳍i-5-6。纵列鳞161-188。第1鳃弓内侧鳃耙13-14。脊椎骨数4+44-47。

体长为体高的7.9-10.5倍，为头长的6.0-6.8倍，为尾柄长的4.4-5.6倍，为尾柄高的10.8-13.6倍。头长为吻长的2.3-2.7倍，为眼径的6.8-9.6倍，为眼间距的4.6-6.8倍。尾柄长为尾柄高的2.1-2.9倍。

体细长，前后几乎一样高；尾柄稍侧扁，体高为体宽的1.2-1.7倍。尾柄很长。头较长，头长远远大于体高。口小，下位，口角位于鼻孔下方。吻长短于眼后头长，吻端至鼻孔的距离约为鼻孔至眼前缘距离的1.5倍。须较短，5对，其中吻须2对，颏须2对，口角须1对，口角须末端达眼中央的下方，但不超过眼后缘。眼较小，侧上位，位于头的前半部；眼间弧形，眼间距大于眼径。眼后头长约等于吻长与眼径之和。体被细鳞；头部裸露无鳞。侧线不完全，其长不超过胸鳍末端上方。

背鳍位较后，背鳍前距为体长的53%-58%；背鳍外缘内凸，前角圆钝；最长鳍条约等于鼻孔至鳃盖后缘的距离，大于背鳍基长。腹鳍起点约位于背鳍第2根分支鳍条基部的下方，其末端不达肛门。肛门靠近臀鳍起点，约位于腹鳍基至臀鳍起点距离的3/4处。尾柄很长，臀鳍起点至尾鳍基的距离为腹鳍基至臀鳍起点距离的1.9-2.5倍。臀鳍末端后伸远不达尾鳍基。胸鳍的长短依性别而异，雄性较长。尾柄棱不发达，仅在尾柄的后半部稍有隆起。尾鳍圆形。

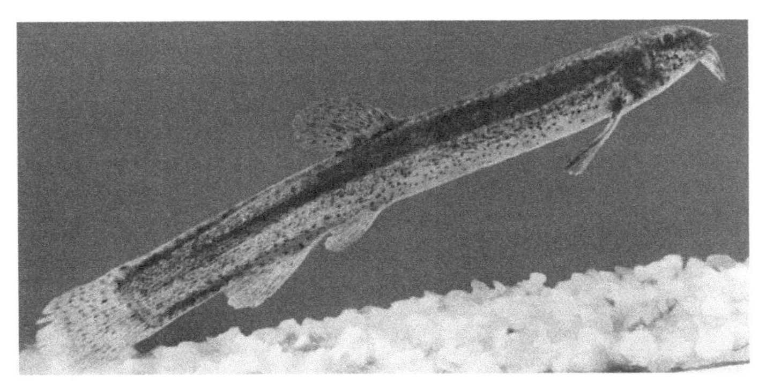

图 226　北方泥鳅 *Misgurnus bipartitus* (Sauvage *et* Dabry de Thiersant)

鳔前室包于骨质囊内，鳔后室退化。

体色：体背及体侧上半部灰黑色，下半部及腹部浅黄色。体上具斑点或缺如。尾鳍基上方具 1 黑斑；背鳍和尾鳍上具黑色小斑点，其他各鳍浅黄色。

分布：内蒙古、辽河上游、黑龙江上游；蒙古国。

27. 副泥鳅属 *Paramisgurnus* Sauvage, 1878

Paramisgurnus Sauvage, 1878, Bull. Soc. Philomach. Paris, 2(7): 89. **Type species**: *Paramisgurnus dabryanus* Sauvage, 1878.

基枕骨的咽突在背大动脉腹下相愈合。下咽骨发达，与前 4 对角鳃骨相比较，其形状变短，中央部分变宽，下咽齿呈扁臼状。须很长。尾柄棱特别发达。鳞较大。其他性状与泥鳅属相似。

本属仅大鳞副泥鳅 1 种，为我国所特有。

(183) 大鳞副泥鳅 *Paramisgurnus dabryanus* Sauvage, 1878（图 227）

Paramisgurnus dabryanus Sauvage, 1878, Bull. Soc. Philom. Paris, 2(7): 89-90; Chen, 1981, In: Chinese Ichthyological Society, Collection of Ichthyology Papers, 1: 30.

Misgurnus mizolepis Günther, 1888, Ann. Mag. Nat. Hist., 6(1): 433; Department of Fishes, Hubei Institute of Hydrobiology, 1976, Fishes of Yangtze River: 165; Hunan Fisheries Science Institute, 1977, The Fishes of Hunan, China: 165.

测量标本 36 尾；体长 83-216mm；采自湖北武昌、汉阳、仙桃市、洪湖，湖南岳阳，安徽芜湖裕溪口街道，江苏无锡，浙江宁波、定海和台湾日月潭等地。

背鳍 iii-6-7（多数为 6）；臀鳍 ii-5；胸鳍 i-9-10；腹鳍 i-5-6。纵列鳞 110-130。第 1 鳃弓内侧鳃耙 14-15。脊椎骨数 4+40-43。

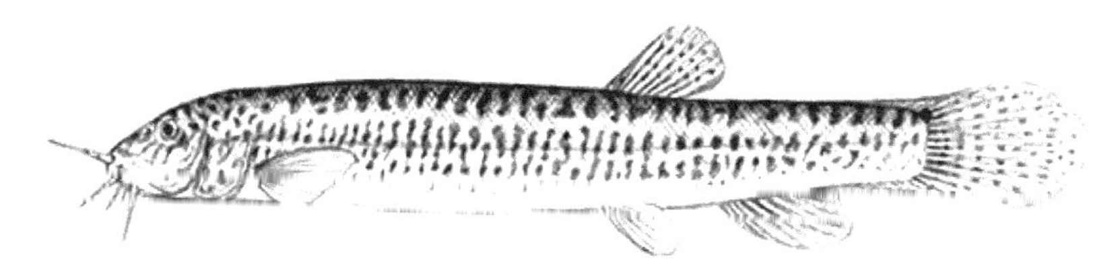

图 227 大鳞副泥鳅 *Paramisgurnus dabryanus* Sauvage

体长为体高的 5.6-6.6 倍，为头长的 5.9-7.0 倍，为尾柄长的 6.2-7.5 倍，为尾柄高（包括尾柄棱）的 5.8-7.5 倍。头长为吻长的 2.3-2.7 倍，为眼径的 6.3-9.0 倍，为眼间距的 4.4-4.5 倍。尾柄长为尾柄高的 0.92-1.20 倍。

体长，侧扁。头短，其长小于或等于体高。口下位，口角位于鼻孔下方。吻长短于眼后头长，吻端至鼻孔的距离约为鼻孔至眼前缘距离的 2 倍多。须很长，5 对，其中吻须 2 对，颏须 2 对，口角须 1 对，口角须末端近达或超过鳃盖后缘，第 2 对吻须约和口角须等长，末端超过眼后缘，第 1 对吻须稍短于第 2 对吻须，末端也达眼后缘。眼中等大，侧上位，位于头的前半部；眼间弧形，眼间距大于眼径。眼后头长约等于吻长与眼径之和。体被鳞，鳞较大而明显，呈覆瓦状排列；头部裸露无鳞。侧线不完全，其长不超过胸鳍末端上方。

背鳍位较后，背鳍前距为体长的 53%-59%，背鳍外缘呈弧形，前角圆钝，最长鳍条约等于眼至鳃盖后缘的距离。腹鳍起点约位于背鳍第 3 根分支鳍条基部的下方，其末端近达或超过肛门（幼鱼）。肛门靠近臀鳍起点。臀鳍起点至尾鳍基的距离为腹鳍基至臀鳍起点距离的 1.4-1.7 倍。胸鳍的长短依性别而异，雄性较长。尾柄棱特别发达，一般自背鳍基后端开始隆起，与尾鳍相连。尾鳍圆形，中央最长鳍条等于或大于头长。

鳔前室包于骨质囊内，鳔后室退化。

体色：福尔马林浸制标本体背及体侧上半部灰褐色，下半部及腹部浅黄色。体上散布不规则的黑色斑点或缺如。背鳍和尾鳍具黑色小斑点，其他各鳍灰白色。

分布：长江中下游及其附属湖泊，以及浙江和台湾等地。其他地区偶尔发现，可能是随家鱼移植过去的。

二、胭脂鱼科 Catostomidae

胭脂鱼科（亚口鱼科）鱼类的主要特点是身体甚高。头小。吻圆钝，具吻褶，口小。无须。下咽齿 1 行，齿小，甚多，排列成梳状。背鳍无硬刺，基部颇长。尾鳍叉形。

本科鱼类的分类位置过去记载比较混乱，主要提出来两种不同的见解，Regan（1911）、Berg（1940）、Nichols（1943）和 Golvan（1962）等把它放在鲤科之前，而 Greenwood

等（1966）和 Gosline（1971）等又将其置于鲤科之后。此后，经罗云林和伍献文（1979）的进一步比较研究，认为胭脂鱼科比鲤科更为原始，诸如口同上颌骨的相互关系，上颞窝较深和下颞窝几乎不明显，后匙骨两块以及下咽骨等特征，与鲤科相比均更为原始，而与脂鲤类较接近，故认为胭脂鱼科的分类位置应在鲤科之前。

本科鱼类大多数属种分布于北美洲，现存约 13 属，近 78 种。我国仅有 1 属，已知有 1 种。其分布较广泛，种群数量不大。

28. 胭脂鱼属 *Myxocyprinus* Gill, 1878

Myxocyprinus Gill, 1878, In: Barnard *et* Guyot, Johnson's New Universal Cyclopaedia: A Scientific and Popular Treasury of Useful Knowledge: 1574. **Type species**: *Carpiodes asiaticus* Bleeker, 1864.

体细长，圆柱形或稍侧扁，腹部圆，无棱。口下位。吻皮与上唇不分离，体高而侧扁，背部隆起，腹部平直。头短小，吻圆钝。口下位，呈马蹄形，唇发达，多肉质，上下唇有许多褶纹。上颌由前颌骨及上颌骨共同构成。口无须。下咽齿 1 行，数目很多，排列成梳状。背鳍基甚长，前端的数根鳍条远较后端鳍条为长。尾鳍分叉，体披圆鳞，侧线完全。

我国仅有 1 属 1 种，自然分布于长江及闽江，是我国的珍稀鱼类之一。

(184) 胭脂鱼 *Myxocyprinus asiaticus* (Bleeker, 1864)（图 228）

Carpiodes asiaticus Bleeker, 1864, Ned. Tijd. Dierk., 2: 19.

Myxocyprinus asiaticus nankinensis Tchang, 1930, Theses Univ. Paris, 85; Tchang, 1931, Bull. Fan. Mem. Inst. Biol. 2(11): 227; Kimura, 1934, J. Shanghai Sci. Inst. 1: 34.

Myxocyprinus asiaticus: Tchang, 1933, Zool. Sinica, 2: 7; Fang, 1934, Sinensia: 329-336; Chang, 1944, Sinensia, 15(1-6): 32.

地方名：黄排、木叶盘、火烧鳊、红鱼。

标本 67 尾，形态测量 16 尾，体长 58.4-98.0cm；生态材料 51 尾，体长 19.3-98.0cm。采自重庆、宜昌、武汉、洞庭湖（君山）、鄱阳湖（吴城）、南京等地。

背鳍 iii-iv-50-57；臀鳍 ii-iii-10-12；胸鳍 i-10-11；腹鳍 i-15-16；侧线鳞 48-53；下咽齿 1 行，54-89；鳃耙外侧 30-40；脊椎骨 39-41。

体长为体高的 2.9-4.2 倍，为头长的 4.4-5.6 倍，为尾柄长的 7.9-9.1 倍，为尾柄高的 11.8-14.0 倍。头长为吻长的 1.9-2.7 倍，为眼径的 6.6-10.6 倍，为眼间距的 1.6-2.1 倍。背鳍高为头长的 0.6-1.0 倍。

体长，侧扁。背部在背鳍起点处特别隆起。吻钝圆，口小，下位，呈马蹄形。唇厚，富肉质，上唇与吻皮形成 1 深沟；下唇向外翻出形成 1 肉褶，上下唇具有许多细小的乳突。眼侧上位。无须。下咽骨呈镰刀状，下咽齿单行，数目多，排列呈梳状，末端呈钩状。

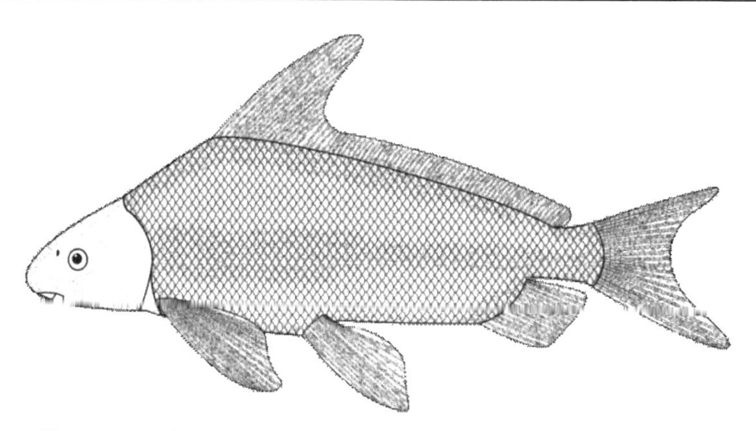

图 228 胭脂鱼 *Myxocyprinus asiaticus* (Bleeker)（仿丁瑞华，1994）

背鳍无硬刺，其基部很长，延伸至臀鳍基部后上方。臀鳍短，其终点略与背鳍终点相对。肛门紧靠臀鳍起点。尾柄细长，尾鳍叉形。鳞大。侧线完全。鳔 2 室，后室细长，其长度约为前室的 2.3 倍。

在不同生长阶段，体形变化较大。仔鱼期当体长为 1.6-2.2cm 时，体形特别细长，体长为体高的 4.7 倍；稍长大，幼鱼期体高增大，体长 12-28cm 时，体长为体高的 2.5 倍；成鱼期体长为 58.4-98.0cm 时，体长约为体高的 3.4 倍，此时期体高增长反而减慢。其体色也随个体大小而变化。仔鱼阶段福建闽江亦产，亦属少见。

生活习性：胭脂鱼喜好在水体中部和底部活动，不耐低氧。其体形奇特，尤其幼鱼体形别致，游动文静，而且会随情绪变化改变体色；摄食频繁，属杂食动物，无论食物状态如何均可进食，其食物包括丰年虾、红蚯蚓和蔬菜。胭脂鱼是卵生动物，但在水族箱环境中还没有过成功的繁育。雄鱼在接近雌鱼时头部和鳍上会出现结节。

胭脂鱼生活在湖泊和河流中，幼体与成体形态各异，生境及生物学习性不尽相同，幼鱼喜集群于水流较缓的砾石间，多活动于水体上层，亚成体则在中下层，成体喜在江河的敞水区，其行动迅速敏捷。可与波鱼属 *Rasbora*、鲋属 *Danio* 和黑线飞狐和平共处，但不能与石首鱼和泥鳅混养。成年胭脂鱼体长最长能达到 1m，由于其生长缓慢，在封闭的环境中可以活到 25 岁。一般 6 龄可达性成熟，体重约 10kg。每年 2 月中旬（雨水节气前后），性腺接近成熟的亲鱼均要上溯到上游，于 3-5 月在急流中繁殖。长江的产卵场在金沙江、岷江、嘉陵江等地。亲鱼产卵后仍在产卵场附近逗留，直到秋后退水时期，才回归到干流深水处越冬。胭脂鱼生长较快，1 龄鱼体长可达 200mm 左右，成熟个体一般体重可达 15-20kg，最大个体重可达 30kg。

三、双孔鱼科 Gyrinocheilidae

体延长，圆柱形或稍侧扁，腹部圆。口下位，具漏斗状口吸盘。在主鳃孔上角具 1 入水孔，通入鳃腔。无须。第 5 角鳃骨与前 4 对完全相似，具鳃耙 2 行，无下咽齿。鳃耙短小，排列紧密。

分布：国内仅见于云南西双版纳；国外分布于东南亚一带。本科鱼类仅有 1 属 3 种。

29. 双孔鱼属 *Gyrinocheilus* Vaillant, 1902

Gyrinocheilus Vaillant, 1902, Notes Leyden Mus., 24: 107. **Type species:** *Gyrinocheilus pussulosus* Vaillant, 1902.

体细长，圆柱形或稍侧扁，腹部圆，无棱。口下位。吻皮与上唇不分离，吸盘内表面具许多排列整齐的乳状突。鳃盖膜与鳃唇联合，形成 1 完整的漏斗状口吸盘，峡相连。侧线完全，贯穿于体侧中轴。背鳍无硬刺，末根不分支鳍条为软条，分支鳍条 9。臀鳍分支鳍条 5。

本属鱼类在云南有 1 种，仅见于澜沧江下游水系。

(185) 双孔鱼 *Gyrinocheilus aymonieri* (Tirant, 1883)（图 229）

Psilorhynchus aymonieri Tirant, 1883, In: Pierre Chevey, 1929, Ichthyological work by G. Tirant: 35.
Gyrinocheilus aymonieri: Hora, 1935, Rec. Indian Mus., 37: 459; Li, 1973, Acta Zool., 19(3): 305.

测量标本 4 尾，采自勐海；全长 135-189mm，体长 110-154mm。

背鳍 ii-9；臀鳍 iii-5；胸鳍 i-11-13；腹鳍 i-7；尾鳍分支鳍条 17。鳃耙 126-133。侧线鳞 40-41；背鳍前鳞 15-19；围尾柄鳞 16；围尾柄上鳞 7。

体长为体高的 4.5-5.1 倍，为头长的 3.9-4.0 倍，为头高的 7.0-7.2 倍，为头宽的 6.5-7.3 倍，为尾柄长的 7.7-8.5 倍，为尾柄高的 9.0-9.6 倍。头长为吻长的 2.2-2.3 倍，为眼径的 6.2-7.7 倍，为眼间距的 2.5 倍。眼间距为眼径的 2.7-3.1 倍。尾柄长为尾柄高的 1.1-1.2 倍。

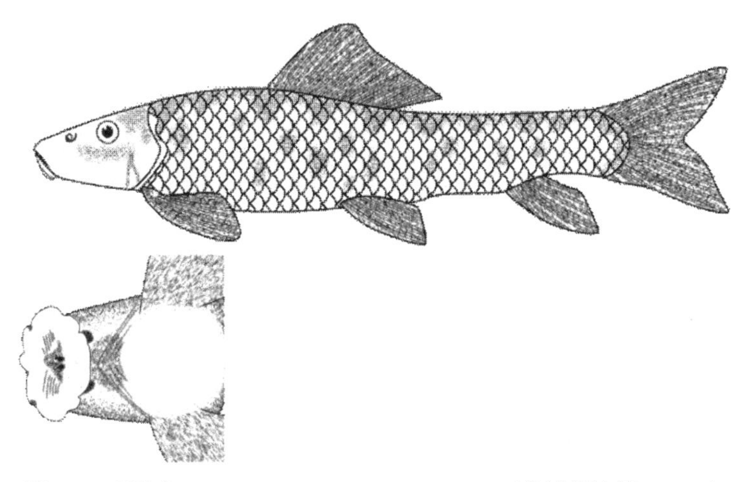

图 229　双孔鱼 *Gyrinocheilus aymonieri* (Tirant)（仿褚新洛等，1990）

体细长，前部略呈圆筒形，向后渐侧扁。背、腹缘呈浅弧形。腹部圆，无棱。吻端圆钝，背面具 1 弧形凹陷。前后鼻孔相邻，为鼻瓣所隔开；鼻孔至眼前缘的距离小于至吻端的距离。眼侧上位，较小，位于头后部。眼间隔宽，中部隆起。口下位。吻皮与上唇不分离，在口角处与下唇连合，形成 1 完整的漏斗状口吸盘。吸盘内表面具许多排列整齐的乳突。下颌前缘具角质，腹面具 1 小孔，1 纵向瓣膜将其分隔为二。唇后沟不连续。

背鳍无硬刺，最末不分支鳍条为软条，起点约在胸鳍起点与腹鳍起点的中点，距吻端小于距尾鳍基；背鳍外缘微凹，基部无鳞鞘。臀鳍无硬刺，后伸将达尾鳍基，起点距尾鳍基较距腹鳍起点为近。胸鳍近腹缘，后伸达至腹鳍起点距离的 1/2，外缘凸出，外角钝圆。腹鳍伸达至臀鳍起点间距离的 2/3 处，起点距臀鳍起点近于距胸鳍起点。肛门位于腹鳍起点与臀鳍起点之中点。尾鳍叉形，叶端略钝。

鳞较大，在腹鳍基有 1 发达的腋鳞。侧线近平直，贯穿于体中轴。鳃耙短小而细，排列紧密。

体色：生活时背部灰黑色，腹部白色，背部和体侧分别具 8、9 个黑斑，体侧黑斑或显著或模糊，有时成为 2 行。尾鳍具点状斑构成的条纹，其余各鳍无色斑。

喜栖于清水石底河段的激流处，吸附在石块等表面，铲食藻类等。个体不大，为产地偶见种，属于珍稀鱼种之一，国内仅见于云南西双版纳，亟须加以保护。

分布：云南西双版纳勐海、勐腊（均属澜沧江水系）。

参考文献

Ahmad N D and Mirza M R. 1963. Loaches of genus *Noemacheilus* Hasselt from Swat State, West Pakistan. Pakistan J. Sci., 15(2): 75-81.

Anderson J. 1878. Anatomical and Zoological Researches: Comprising an account of the Zoological Results of the Two Expeditions to Western Yunnan in 1868 and 1875; and a Monograph of the Two Cetacean Genera, Platanista and Orcella. Bernard Quaritch, London. 861-869.

Annandale N and Hora S L. 1920. The Fish of Seistan. Rec. Indian Mus., 18: 1-182.

Bănărescu P and Coad B W. 1991. Cyprinids of Eurasia. In: Winfield I J and J S. Nelson (eds.) Cyprinid Fishes: Systematics, Biology and Exploitation. Fish and Fish. Ser. 3. London: Chapman & Hall. 127-155.

Bănărescu P and Nalbant T T. 1974. The species of *Schistura* (=*Homatula*) from the upper Yangtze drainage (Pisces, Cobitidae). Rev. Roum. Biol., 19(2): 95-99.

Bănărescu P and Nalbant T T. 1975. A collection of Cyprinoidei from Afghanistan and Pakistan with description of a new species of Cobitidae (Pisces: Cypriniformes). Mitteilungen Hamb. Zool. Mus. Inst., 72(5): 241-248.

Bănărescu P and Nalbant T T. 1976. The genus *Oreias* Sauvage, 1874 (Pisces, Cobitidae). Nymphaea, 4: 185-193.

Bănărescu P, Nalbant T T and Ladiges W. 1975. Preliminary information on a new loach from Afghanistan (*Triplophysa kullmanni* spec. nov.). Journal of Koelner Zoo., 18(2): 39-40. [Bănărescu P, Nalbant T T and Ladiges W. 1975. Vorlăufige Mitteilungen uber eine neue Schmerle aus Afghanistan (*Triplophysa kullmanni* spec. nov.). Zeitschrift Koelner Zoo., 18(2): 39-40.]

Barnard F A P and Guyot A. 1878. Johnson's New Universal Cyclopaedia: A Scientific and Popular Treasury of Useful Knowledge. Johnson & Son, New York. 1574.

Basilewsky S. 1855. Ichthyography of China Borealis. Nouv. Mem. Soc. Nat. Mosc., 10: 215-264. [Basilewsky S. 1855. Ichthyographia Chinae Borealis. Nouv. Mém. Soc. Nat. Mosc., 10: 215-264.]

Berg L S. 1905. Fishes of Turkestan. In: Berg L S. Report from Turkestanal division of Russian geographical society, IV. Sankt-Peterburg [Берг, Л.С. 1905. Рыбы Typketalla. СПЪ., 1905, СТ. XVI+261, 6 ТаЪл. (=ИзВ. Typkecнck= Отф. Pycck. reorp. oбw., IV).]

Berg L S. 1907. A review of the Cobitoid fishes of the basin of the Amur. Proc. U.S. Nat. Mus., 32: 435-438.

Berg L S. 1909. Ichthyologia Amurensis. Mem. Acad. Sci. St. Petersb., (8)24: 138.

Berg L S. 1912. Fauna of Russia and Adjacent Countries: Fishes (Marsipobranchii and Pisces) St. Petersburg: Izd. Imp. Akad. Nauk, 3(1): 337. [Berg L S. 1912. Fauna Rossii i sopredel'nykh stran: Ryby (Marsipobranchii i Pisces). St. Petersburg: Izd. Imp. Akad. Nauk, 3(1): 337.]

Berg L S. 1914. Fauna of Russia and Adjacent Countries. Marsipobranchii and Pisces, 3 (Ostariophysi, 2). Petrograd: Izd. Imp. Akad. Nauk. 337-846.

Berg L S. 1933. The freshwater fishes of the USSR and adjacent countries. Part 2. Moscow: Izd. AN SSSR. 484-547. [Берг Л С. 1933. Рыбы пресных вод СССР и сопредельных стран, 2: 484-547.]

Berg L S. 1938. On some South China Loaches (Cobitidae, Pisces). Bull. Soc. Nat. Moscou (Biol.), 47(5-6): 314-318.

Berg L S. 1940. Classification of fishes, both recent and fossil. Trav. Inst. Zool. Acad. Sci. USSR, 5(2): 517.

Berg L S. 1949. The freshwater fishes of the USSR and adjacent countries. Part 2. Moscow: Izd. AN SSSR. 848-902. [Берг Л С. 1949. Рыбы пресных вод СССР и сопредельных стран, 2: 848-902.]

Bleeker P. 1854. Survey of the ichthyological fauna of Sumatra, with description of some new species. Physical Journal for Netherlands East Indies, 7: 49-108. [Bleeker P. 1854. Overzigt der ichthyologische fauna van Sumatra, met beschrijving van eenige nieuwe soorten. Natuurkd. Tijdschr. Neder. Indië., 7: 49-108.]

Bleeker P. 1858. About the battles of the Cobitinae. Physical Journal for Netherlands East Indies, 16: 302-304. [Bleeker P. 1858. Over de deslachten der Cobitinen. Natuurkd. Tijdschr. Neder. Indië., 16: 302-304.]

Bleeker P. 1859. Conspectus systematic Cypriniformes. Physical Journal for Netherlands East Indies, 20: 422. [Bleeker P. 1859. Conspectus systematis Cyprinorum. Natuurkd. Tijdschr. Neder. Indië., 20: 422.]

Bleeker P. 1860. Nature. Physical Journal for Netherlands East Indies, 8: 88. [Bleeker P. 1860. Natuurkd. Tijdschr. Neder. Indië., 8: 88.]

Bleeker P. 1862. Fish Atlas of the Netherlands East Indies: published under the auspices of the Dutch colonial government. Frederick Muller, Amsterdam. [Bleeker P. 1862. Atlas ichthyologique des Indes orientales néêrlandaises: publié sous les auspices du gouvernement colonial néêrlandais. Frédéric Muller, Amsterdam.]

Bleeker P. 1863a. System of the cyprinoids revised. Ned. Tijdschr. Dierk., 1: 187-218. [Bleeker P. 1863a. Systema cyprinoideorum revisum. Ned. Tijdschr. Dierk., 1: 187-218.]

Bleeker P. 1863b. On the genera of the family Cobitioides. Ned. Tijdschr. Dierk., 1: 361-368. [Bleeker P. 1863b. Sur les genres de la famille des Cobitioides. Ned. Tijdschr. Dierk., 1: 361-368.]

Bleeker P. 1864. Notices on some genera and species of Chinese Cyprinoids. Ned. Tijdschr. Dierk., 2: 18-29. [Bleeker P. 1864. Notices sur quelques genres et espèces de Cyprinoïdes de Chine. Ned. Tijdschr. Dierk., II: 18-29.]

Bleeker P. 1865. Description of two new species of Cobitioides. Ned. Tijdschr. Dierk., 2: 11-14. [Bleeker P. 1865. Description de deux espèces inédites de Cobitioides. Ned. Tijdschr. Dierk., 2: 11-14.]

Bleeker P. 1870a. Notice of some new fish species from China. Verh. K. Akad. Wet. Amst., 4(2): 251-253. [Bleeker P. 1870a. Mededeeling omtrent eenige nieuwe vischsoorten van Chine. Verh. K. Akad. Wet. Amst., 4(2): 251-253.]

Bleeker P. 1870b. Description of an unpublished species of *Botia* from China and figures of *Botia elongata* and *Botia modesta*. Verh. K. Akad. Wet. Amst., 4(2): 254-256. [Bleeker P. 1870b. Description d'une espece inédite de Botia de Chine et figures du Botia elongata et du Botia modesta. Verh. K. Akad. Wet. Amst., 4(2): 254-256.]

Bleeker P. 1871. Memoir on the Cyprinoids of China. Verh. K. Akad. Wet. Amst., 12: 1-91. [Bleeker P. 1871.

Mémoire sur les Cyprinoïdes de Chine. Verh. K. Akad. Wet. Amst., 12: 1-91.]

Bleeker P. 1878. Fourth Memoir on the Ichthyological Fauna of New Guinea. Dutch Archives of Exact and Natural Sciences, Haarlem, 13: 35-66, pls. 2-3. [Bleeker P. 1878. Quatrième mémoire sur la faune ichthyologique de la Nouvelle-Guinée. Archives Néerlandaises des Sciences Exactes et Naturelles, Haarlem, 13: 35-66, pls. 2-3.]

Bleeker P. 1879. Enumeration of fish species currently known from Japan and description of three new species. Verh. K. Akad. Wet. Amst., 18, 1-33. [Bleeker P. 1879. Énumerátion des espèces de poissons actuellement connues du Japon et description de trois espèces inédites. Verh. K. Akad. Wet. Amst., 18, 1-33.]

Blyth E. 1860. Report on some fishes received chiefly from the Sitang River and its tributary streams, Tenasserim Provinces. J. Asiat. Soc. Beng., 29(2): 138-174.

Boulenger G A. 1899. On the reptiles, batrachians, and fishes collected by late Mr. John Whitehead in the interior of Hainan. Proc. Zool. Soc. Lond., (4): 956-962.

Briolay J, Galtier N, Brito R M and Bouvet Y. 1998. Molecular Phylogeny of Cyprinidae Inferred from cytochrome b DNA sequences. Molecular Phylogenetics and Evolution, 9(1): 100-108.

Cantor T. 1842. General features of Chusan with remarks on the fauna and flora of that island. Ann. Mag. Nat. Hist., 9: 484-485.

Cao W-X. 1974. Fishes of Mount Qomolangma Region. In: Xizang Scientific Investigation Team of the Chinese Academy of Sciences. Everest Research Expedition Report (1966-1968. Biological and Mountains Physiological). Science Press, Beijing. 75-91. [曹文宣. 1974. 珠穆朗玛峰地区的鱼类//中国科学院西藏科学考察队. 珠穆朗玛峰地区科学考察报告. 1966-1968. 生物与高山生理. 北京: 科学出版社. 75-91.]

Cao W-X, Chen Y-Y, Wu Y-F and Zhu S-Q. 1981. Origin and evolution of Schizothoracine fishes in relation to the upheaval of the Qinghai-Xizang Plateau. In: Qinghai-Xizang Plateau Comprehensive Scientific Expedition, Chinese Academy of Sciences. Studies on the Period, Amplitude and Type of the Uplift of the Qinghai-Xizang Plateau. Science Press, Beijing. 118-130. [曹文宣, 陈宜瑜, 武云飞, 朱松泉. 1981. 裂腹鱼类的起源和演化及其与青藏高原隆起的关系//中国科学院青藏高原综合科学考察队. 青藏高原隆起的时代、幅度与形式问题. 北京: 科学出版社. 118-130.]

Cao W-X and Zhu S-Q. 1988a. Two new species of the genus *Triplophysa* from Qinghai-Xizang Plateau, China (Cypriniformes: Cobitidae). Acta Zootax. Sin., 13(2): 201-204. [曹文宣, 朱松泉. 1988a. 青藏高原鳅属鱼类两新种 (鲤形目: 鳅科). 动物分类学报, 13(2): 201-204.]

Cao W-X and Zhu S-Q. 1988b. A new genus and species of Nemacheilinae from Dianchi Lake, Yunnan Province in China Cypriniformes: Cobitidae. Acta Zootax. Sin., 13(4): 405-408. [曹文宣, 朱松泉. 1988b. 云南省滇池条鳅亚科的一新属新种 (鲤形目: 鳅科). 动物分类学报, 13(4): 405-408.]

Cavender T M and Coburn M. 1992. Phylogenetic relationships of North American Cyprinidae. In: Mayden R L (Ed). 1992. Systematics, Historical Ecology and North American Freshwater Fishes. Standford University Press, Stanford. 328-378.

Chang H-W. 1944. Notes on the fishes of Western Szechwan and Eastern Sikang. Sinensia, 15(1-6): 27-60.

Chaudhuri B L. 1911. Contributions to the fauna of Yunnan based on collections made by J. Coggin Brown, 1909-1910. Rec. Indian Mus., 6: 13-24.

Chaudhuri B L. 1913. Zoological results of the Abor Expedition, 1911-12, 18. Rec. Indian Mus., 8: 243-257.

Chen J-X. 1980. Systematic study on Botiinae in China. Zool. Res., 1(1): 5-22. [陈景星, 1980. 中国沙鳅亚科鱼类系统分类的研究. 动物学研究, 1(1): 5-22.]

Chen J-X. 1981. A Study on the Classification of the Subfamily Cobitinae of Chinese. In: Chinese Ichthyological Society. Collection of Ichthyology Papers. Part I. Science Press, Beijing. 1: 21-32. [陈景星. 1981. 中国花鳅亚科鱼类系统分类的研究//中国鱼类学会. 鱼类学论文集. 第一辑. 北京: 科学出版社. 21-32.]

Chen J-X and Zhu S-Q. 1984. Phylogenetic relationships of the subfamilies in the loach family Cobitidae (Pisces). Acta Zootax. Sin., 9(2): 201-207. [陈景星, 朱松泉. 1984. 鳅科鱼类亚科的划分及其宗系发生的相互关系. 动物分类学报, 9(2): 201-207.]

Chen X-L, Yue P-Q and Lin R-D. 1984. Major groups within the family Cyprinidae and their phylogenetic relationships. Acta Zootax. Sin., 9(4): 424-440. [陈湘粦, 乐佩琦, 林人端. 1984. 鲤科的科下类群及其宗系发生关系. 动物分类学报, 9(4): 424-440.]

Chen X-Y, Cui G-H and Yang J-X. 2004. A new cave-dwelling fish species of genus *Triplophysa* (Balitoridae) from Guangxi, China. Zool. Res., 25(3): 227-231. [陈小勇, 崔桂华, 杨君兴. 2004. 广西高原鳅属鱼类一穴居新种记述. 动物学研究, 25(3): 227-231.]

Chen Y-Y. 1978. Systematic studies on the fishes of the family Homalopteridae of China I. Classification of the fishes of the subfamily Homalopterinae. Acta Hydrobiologica Sinica, 6(3): 331-348. [陈宜瑜. 1978. 中国平鳍鳅科鱼类系统分类的研究 I. 平鳍鳅亚科鱼类的分类. 水生生物学集刊, 6(3): 331-348.]

Chen Y-Y. 1980. Systematic studies on the fishes of the family Homalopteridae of China II. Classification of the fishes of the subfamily Gastromyzoninae. Acta Hydrobiologica Sinica, 7(1): 95-121. [陈宜瑜. 1980. 中国平鳍鳅科鱼类系统分类的研究 II. 腹吸鳅亚科鱼类的分类. 水生生物学集刊, 7(1): 95-121.]

Chen Y-Y. 1981. Investigation of the systematic position of *Psilorhynchus* (Cyprinoidei, Pisces). Acta Hydrobiologica Sinica, 7(3): 371-376. [陈宜瑜. 1981. 关于扁吻鱼属 (*Psilorhynchus*) 分类位置的探讨. 水生生物学集刊, 7(3): 371-376.]

Chen Y-Y, *et al*. 1998. Fauna Sinica (Osteichthyes): Cypriniformes (II). Science Press, Beijing. [陈宜瑜, 等. 1998. 中国动物志硬骨鱼纲鲤形目 (中卷). 北京: 科学出版社.]

Cheng Q-T. 1958. Study on the fishes of Yunnan Province. J. Zool., 2(3): 153-165. [成庆泰. 1958. 云南的鱼类研究. 动物学杂志, 2(3) : 153-165.]

Chevey P and Lemasson J. 1937. Contribution to the study of tonkinese freshwater fish. Note Inst. Oceanogr. Indochina, (33): 1-183. [Chevey P and Lemasson J, 1937. Contribution à l'étude des poissons des eaux douces tonkinoises. Note Inst. Oceanogr. l'Indochine, (33): 1-183.]

Chu X-L, Chen Y-R, *et al*. 1989. The Fishes of Yunnan, China (Part I). Science Press, Beijing. [褚新洛, 陈银瑞, 等. 1989. 云南鱼类志 (上卷). 北京: 科学出版社.]

Chu X-L, Chen Y-R, *et al*. 1990. The Fishes of Yunnan, China (Part II). Science Press, Beijing. [褚新洛, 陈银瑞, 等. 1990. 云南鱼类志 (下卷). 北京: 科学出版社.]

Chu Y-T. 1935. Comparative studies on the scales and on the pharyngeals and their teeth in Chinese cyprinids, with particular reference to taxonomy and evolution. Biol. Bull. St. John's Univ., 2: 1-225.

Cockerell T D A. 1925. The affinities of the fish *Lycoptera middendorffii*. Bull. Am. Mus. Nat. Hist, 51(8): 313-324.

Cunha C, Mesquita N, Dowling T E, Gilles A and Coelho M M. 2002. Phylogenetic relationships of Eurasian and American cyprinids using cytochrome b sequences. Journal of Fish Biology, 61(4): 929-944.

Cuvier M B and Valenciennes M A. 1846. Natural history of fish, 18: 1-68. [Cuvier M B and Valenciennes M A. 1846. Histoire naturelle des poissons, 18: 1-68.]

Dabry de Thiersant P. 1872. New fish species from China. In: Dabry de Thiersant P. (ed.). Fish Farming and Fishing in China. G. Masson, Paris. 178-192. [Dabry de Thiersant P. 1872. Nouvelles espèces de poissons de Chine. In: Dabry de Thiersant, P. (ed.). La Pisciculture et la pêche en Chine. G. Masson, Paris. 178-192.]

Day F. 1877. On the fishes of Yarkand. Proc. Zool. Soc. London: Bernard Quaritch: 781-807.

Day F. 1878a. Scientific results of the second Yarkand Mission. Ichthyology, Calcutta, 4(1878): 1-25.

Day F. 1878b. The fishes of India. London: Bernard Quaritch. 1: 1-816; 2: 198 pls.

Department of Fishes, Hubei Institute of Hydrobiology. 1976. Fishes of Yangtze River. Science Press, Beijing. [湖北省水生生物研究所鱼类研究室. 1976. 长江鱼类. 北京: 科学出版社.]

Dimmick W W and Larson A. 1996. A molecular and morphological perspective on the phylogenetic relationships of the otophysan fishes. Molecular Phylogenetics and Evolution, 6(1): 120-133.

Ding R-H. 1992. A new species of the *Yunnanilus* from Guizhou, China (Cypriniformes: Cobitidae). Acta Zootax. Sin., 17(4): 489-491. [丁瑞华. 1992. 贵州省云南鳅属鱼类一新种记述 (鲤形目: 鳅科). 动物分类学报, 17(4): 489-491.]

Ding R-H. 1993. Two new species of the genus *Triplophysa* from western Sichuan Cypriniformes: Cobitidae. Acta Zootax. Sin., 18(2): 247-252. [丁瑞华. 1993. 四川西部高原鳅属鱼类两新种 (鲤形目: 鳅科). 动物分类学报, 18(2): 247-252.]

Ding R-H. 1994. The Fishes of Sichuan, China. Sichuan Publishing House of Science and Technology, Chengdu. [丁瑞华. 1994. 四川鱼类志. 成都: 四川科学技术出版社.]

Ding R-H. 1995. A new species of the *Yunnanilus* from Western Sichuan, China (Cypriniformes: Cobitidae). Acta Zootax. Sin., 20(2): 253-256. [丁瑞华. 1995. 四川西部云南鳅属鱼类一新种记述 (鲤形目: 鳅科). 动物分类学报, 20(2): 253-256.]

Ding R-H and Deng Q-X. 1990. The Noemacheilinae fishes from Sichuan, with description of a new species Ⅰ. *Paracobitis*, *Nemacheilus* and *Oreias* (Cypriniformes: Cobitidae). Zool. Res., 11(4): 285-290. [丁瑞华, 邓其祥. 1990. 四川省条鳅亚科鱼类的研究: Ⅰ. 副鳅、条鳅和山鳅属鱼类的整理 (鲤形目: 鳅科). 动物学研究, 11(4): 285-290.]

Ding R-H, Fang S-G and Fang J. 1996. Studies on the DNA fingerprinting in two species of the genus *Triplophysa* from China with description of a new species Cypriniformes: Cobitidae. Sichuan J. Zool., 15(1): 10-14. [丁瑞华, 方盛国, 方静. 1996. 高原鳅属两亲缘种 DNA 指纹图谱及一新种的描述 (鲤形目: 鳅科). 四川动物, 15(1): 10-14.]

Ding R-H and Lai Q. 1996. A new species of *Triplophysa* from Sichuan. Acta Zootax. Sin., 21(3): 374-376. [丁瑞华, 赖琪. 1996. 四川省高原鳅属鱼类一新种 (鲤形目: 鳅科). 动物分类学报, 21(3): 374-376.]

Du L-N, Chen X-Y and Yang J-X. 2008. A review of the Nemacheilinae genus *Oreonectes* Günther with descriptions of two new species (Teleostei: Balitoridae). Zootaxa, 1792(1): 23-36.

Dybowski B N. 1869. Preliminary information on the fish fauna of the Onon River and the Ingoda in Transbaikalia. Verh. Zool. -bot. Gas. Wien, 19: 945-958. [Dybowski B N. 1869. Vorläufige Mittheilungen über die Fischfauna des Ononflusses und des Ingoda in Transbaikalien. Verh. Zool. -bot. Gas. Wien, 19: 945-958.]

Editor Team of Fishes in Fujian Prov. 1984. Fishes of Fujian Province (Part I). Fujian Science and Technology Press, Fuzhou. [福建鱼类志编写组. 1984. 福建鱼类志 (上卷). 福州: 福建科学技术出版社.]

Evermann B W and Shaw T H. 1927. Fishes from Eastern China, with descriptions of new species. Proc. Calif. Acad. Sci., 16(4): 97-122.

Fang P-W. 1930a. New Homalopterin loaches from Kwangsi, China, with supplementary note on basipterigia and ribs. Sinensis, 1(3): 25-32.

Fang P-W. 1930b. New and inadequately known Homalopterin loaches of China, with a rearrangement and revision of the generic characters of *Gastromyzon*, *Sinogastromyzon* and their related genera. Contr. Biol. Lab. Sci. Soc. China (Zool. Ser.), 6(4): 25-43.

Fang P-W. 1930c. *Sinogastromyzon szechuanensis*, a new Homalopterid fish from Szechuan, China. Contr. Biol. Lab. Sci. Soc. China (Zool. Ser.), 6(9): 99-103.

Fang P-W. 1931. New and rare species of homaloptrid fishes of China. Sinensia, 2(1): 41-64.

Fang P-W. 1934. Notes on *Myxocyprinus asiaticus* in Chinese fresh-waters. Sinensia, 1934, 4(11): 320-337.

Fang P-W. 1935a. On Mesomisgurnus, Gen. nov. & Paramisgurnus, Sauvage, with descriptions of three rarely known species & synopsis of Chinese Cobitoid Genera. Sinensia, 6(2): 129-142.

Fang P-W. 1935b. On some *Nemacheilus* fishes of North-Western China and adjacent territory in the Berlin Zoological Museum's collections, with descriptions of two new species. Sinensia, 6(6): 749-767.

Fang P-W. 1936. Study on the Botoid fishes of China. Sinensia, 7: 1-48.

Fang P-W. 1941. Two new Nemacheilus (Cobitidae) from China. Bull. Mus. Hist. nat. Paris, (2) 13(4): 253-258. [Fang P-W. 1941. Deux nouveaux *Nemacheilus* (Cobitidés) de Chine. Bull. Mus. Hist. nat. Paris, (2) 13(4): 253-258.]

Fang S-M and Hsu T-C. 1980. On a new subspecies of Botoid fishes, Leptobotia Tientaiensis Hansuiensis, from Langao, Shaanxi, China. Zool. Res., 1(2): 265-268. [方树淼, 许涛清. 1980. 陕西汉水扁尾薄鳅的一新亚种. 动物学研究, 1(2): 265-268.]

Fink S V and Fink W L. 1981. Interrelationships of the ostariophysan fishes (Teleostei). J. Linn. Soc. (Zool.), 72(4): 297-353.

Fink S V and Fink W L. 1996. Interrelationships of the ostariophysan fishes (Teleostei). In: Stiassny M L J, Parenti L R and Johnson G D (eds.). 1996. Interrelationships of Fishes. Academic Press, San Diego. 209-249.

Fisheries Research Institute of Guangxi Zhuang Autonomous Region and Institute of Zoology, Chinese

Academy of Sciences. 1981. Freshwater Fishes of Guangxi, China. Guangxi People's Publishing House, Nanning. [广西壮族自治区水产研究所, 中国科学院动物研究所. 1981. 广西淡水鱼类志. 南宁: 广西人民出版社.]

Fisheries Research Institute of Guangxi Zhuang Autonomous Region and Institute of Zoology, Chinese Academy of Sciences. 2006. Freshwater Fishes of Guangxi, China (ed. 2). Guangxi People's Publishing House, Nanning. [广西壮族自治区水产研究所, 中国科学院动物研究所. 2006. 广西淡水鱼类志. 第二版. 南宁: 广西人民出版社.]

Fowler H W. 1899. Notes on a small collection of Chinese fishes. Proc. Acad. nat. Sci. Philad., 51: 179-182.

Fowler H W. 1905. Some fishes from Borneo. Proc. Acad. nat. Sci. Philad., 57(2): 455-532.

Fowler H W. 1910. Description of four new cyprinoids (Rhodeinae). Proc. Acad. nat. Sci. Philad., 62: 476-486.

Fowler H W. 1922. Description of a new loach from north eastern China. Am. Mus. Novit., (38): 1-2.

Fowler H W. 1924. Some fishes collected by the third Asiatic expedition in China. Bull. Amer. Mus. nat. Hist., 50: 373-405.

Fowler H W. 1929. Notes on Japanese and Chinese Fishes. Proc. Acad. nat. Soc. Philad., 81: 594-602.

Fowler H W. 1931. A collection of freshwater fishes obtained chiefly at Tsinan China. Pek. nat. Hist. Bull., 5(2): 27-31.

Fowler H W. 1934. Zoological results of the third De Schauensee Siamese Expedition. Part 1. Fishes obtained in 1934. Proc Acad. nat. Sci. Philad., 86: 67-163.

Fowler H W. 1935. Zoological results of the third De Schauensee Siamese Expedition. Part 6. Fishes obtained in 1934. Proc Acad. nat. Sci. Philad., 87: 89-163.

Fowler H W. 1937. Zoological results of the third De Schauensee Siamese Expedition. Part 8. Fishes obtained in 1936. Proc Acad. nat. Sci. Philad., 89: 125-264.

Fowler H W. 1958. Some new taxonomic names of fishlike vertebrates. Notelae Nat., 310: 1-16.

Fowler H W and Bean B A. 1923. Fishes from Formosa and the Philippine Islands. Proc. U. S. nat. Mus., 62(2): 1-73.

Fu T-Y and Ye M-R. 1983. On a new species of the family Cobitidae *Leptobotia microphthalma*, sp. nov. Zool. Res., 4(2): 121-124. [傅天佑, 叶妙荣. 1983. 薄鳅属一新种——小眼薄鳅. 动物学研究, 4(2): 121-124.]

Gilles A, Lecointre G, Miquelis A, Loerstcher M, Chappaz R and Brun G. 2001. Partial Combination Applied to Phylogeny of European Cyprinids Using the Mitochondrial Control Region. Molecular Phylogenetics and Evolution, 19(1): 22-33.

Golvan Y J. 1962. The Acanthocephala Phylum. The Class Archiacanthocephala (A. Meyer 1931). Annals of Human and Comparative Parasitology, 37: 1-72. [Golvan Y J. 1962. Le Phylum des Acanthocephala. La Class des Archiacanthocephala (A. Meyer 1931). Annales de Parasitologie Humaine et Comparee, 37: 1-72.]

Gosline W A. 1971. Functional morphology and classification of Teleostean fishes. University of Hawaii Press, Honolulu.

Gosline W A. 1978. Unbranched dorsal-fin rays and subfamily classification of the fish family Cyprinidae. Occas Pap Mus Zool Univ Mich, 684: 1-21.

Gray J E. 1831. Description of three new species of fishes, including two undescibed genera (*Leucosoma* and *Samaris*) discovered by John Reeves, Esq., in China. Zool. Msic: 4-10.

Greenwood P H, Rosen D E, Weitzman S H and Myers G S. 1966. Phyletic studies of teleostean fishes, with a provisional classification of living forms. Bull. Am. Mus. nat. Hist., 131(4): 341-455.

Günther A. 1868. Catalogue of the fishes in the British Museum. Taylor & Francis, London. 7: 1-512.

Günther A. 1873. Report on a collection of fishes from China. Ann. Mag. nat. Hist., 12(4): 239-252.

Günther A. 1874. Description of new species of fishes in the British Museum. Ann. Mag. nat. Hist., (4) 14(83): 368-371.

Günther A. 1888. Contribution to our knowledge of the fishes of the Yangtze-Kiang. Ann. Mag. nat. Hist., 6(1): 429-435.

Günther A. 1889. Third contribution to our knowledge of reptiles and fishes from the upper Yangtze-Kiang. Ann. Mag. nat. Hist., 4(6): 218-229.

Günther A. 1896. Report on the collections of reptiles, batrachians and fishes made by Messrs. Potanin and Berezowski in the Chinese provinces Kansu and Sze-Chuan. Ann. Mus. Zool. Acad. Sci. St. Petersb., 1: 199-219.

Günther A. 1898. Report on a collection of fishes from Newchwang, North China. Ann. Mag. nat. Hist., (7)1: 257-263.

Guo X-G. 2006. Molecular phylogeny and Divergence Time Estimations of Some Groups of Ostariophysan Fishes (Teleostei: Ostariophysi). Institute of Hydrobiology, Chinese Academy of Science, Ph. D. thesis, Wuhan. [郭宪光. 2006. 骨鳔鱼类若干类群的分子系统发育和分化时间估算. 武汉: 中国科学院水生生物研究所博士学位论文.]

He C-L. 2008. Classification of *Triplophysa* fishes in Sichuan, China. Sichuan University, Master thesis, Chengdu. [何春林. 2008. 四川省高原鳅属鱼类分类整理. 成都: 四川大学硕士学位论文.]

He C-L, Song Z-B and Zhang E. 2008. *Triplophysa lixianensis*, a new nemacheiline loach species (Pisces: Balitoridae) from the upper Yangtze River drainage in Sichuan Province, South China. Zootaxa, 1739: 41-52.

He C-L, Zhang E and Song Z-B. 2012. *Triplophysa pseudostenura*, a new nemacheiline loach (Cypriniformes: Balitoridae) from the Yalong River of China. Zootaxa, 3586: 272-280.

He D-K and Chen Y-F. 2007. Molecular phylogeny and biogeography of the highly specialized grade schizothoracine fishes (Teleostei: Cyprinidae) inferred from cytochrome b sequences. Chinese Science Bulletin, 52(6): 777-788.

He D-K, Chen Y-F, Chen Y-Y and Chen Z-M. 2004. Molecular phylogeny of the specialized schizothoracine fishes (Teleostei: Cyprinidae), with their implications for the uplift of the Qinghai-Tibetan Plateau. Chinese Science Bulletin, 49(1): 39-48.

He S-P, Chen Y-Y and Nakajima T. 2000. Phylogeny in low groups of East Asia cyprinids by Cytochrome *b* gene sequencing. Chinese Science Bulletin, 45(21): 2297-2302. [何舜平, 陈宜瑜, Nakajima T. 2000. 东

亚低等鲤科鱼类细胞色素 *b* 基因序列测定及系统发育. 科学通报, 45(21): 2297-2302.]

He S-P, Gu X, Mayden R L, Chen W-J, Conway K W and Chen Y-Y. 2008a. Phylogenetic position of the enigmatic genus *Psilorhynchus* (Ostariophysi: Cypriniformes): Evidence from the mitochondrial genome. Molecular Phylogenetics and Evolution, 47(1): 419-425.

He S-P, Liu H-Z, Chen Y-Y, Kuwahara M, Nakajima T and Zhong Y. 2004. Molecular phylogenetic relationships of Eastern Asian Cyprinidae (Pisces: Cypriniformes) inferred from cytochrome *b* sequences. Science China (C): life science, 34(1): 96-104. [何舜平, 刘焕章, 陈宜瑜, Kuwahara M, Nakajima T, 钟扬. 2004. 基于细胞色素 *b* 基因序列的鲤科鱼类系统发育研究 (鱼纲: 鲤形目). 中国科学 C 辑: 生命科学, 34(1): 96-104.]

He S-P, Mayden R L, Wang X-Z, Wang W, Tang K-L, Chen W-J and Chen Y-Y. 2008b. Molecular phylogenetics of the family Cyprinidae (Actinopterygii: Cypriniformes) as evidenced by sequence variation in the first intron of S7 ribosomal protein-coding gene: Further evidence from a nuclear gene of the systematic chaos in the family. Molecular Phylogenetics and Evolution, 46(3): 818-829.

He S-P, Yue P-Q and Chen Y-Y. 1997. Comparative study on the morphology and development of the pharyngeal dentition in the families of Cypriniformes. Acta Zool. Sin., 43(3): 255-262. [何舜平, 乐佩琦, 陈宜瑜. 1997. 鲤形目鱼类咽齿形态及发育的比较研究. 动物学报, 43(3): 255-262.]

Herre A W. 1932. Fishes from Kwangtung Province and Hainan Island, China. Lingnan Sci. J., 11(3): 423-443.

Herre A W. 1934. Notes on new or little known fishes from southeastern China. Lingnan Sci. J., 13(2): 285-296.

Herre A W. 1936. Report on a collection of fresh-water fishes from Hainan. Lingnan Sci. J., 15(4): 627-631.

Herre A W. 1938. Notes on a small collection of fishes from Kwangtung Province including Hainan, China. Lingnan Sci. J., 17(3): 425-437.

Herre A W and Lin S-Y. 1934. Description of a new carp from Kwangtung Province. Lingnan. Sci. J., 13(2): 311-312.

Herre A W and Lin S-Y. 1936. Fishes of the Tsien Tang River system. Bull. Chekiang Fish. Exp. Sta., 2(7): 13-37.

Herre A W and Myers G S. 1931. Fishes from South-eastern China and Hainan. Lingnan Sci. J., 10(2-3): 233-254.

Herzenstein S M. 1888. Scientific results from N. M. Przewalski to Central Asia. Zool. Theil., 3(2): 1-91. [Herzenstein S M. 1888. Wissenschaftliche Resultate der von N. M. Przewalski nach Central-Asien. Zool. Theil., 3(2): 1-91.]

Herzenstein S M. 1891. Scientific results from N. M. Przewalski to Central Asia. Zool. Theil., III, 2(3): 181-262. [Herzenstein S M. 1891. Wissenschaftliche Resultate der von N. M. Przewalski nach Central-Asien. Zool. Theil., III, 2(3): 181-262.]

Herzenstein S M. 1892. Ichthyological Notes from the Zoological Museum of the Imperial Academy of Sciences. Mel. Biol. Bull. Acad. Sci. St. Petersb., 13: 228-233. [Herzenstein S M. 1892. Ichthyologische Bemerkungen aus dem Zoologischen Museum der Kaiserlichen Akademie der Wissenschaften. Mel.

Biol. Bull. Acad. Sci. St. Petersb., 13: 228-233.]

Herzenstein S M. 1896. On the ichthyology of the Issyk-kul basin. Annuaire Ac. St. Petersb., 224-228. [Herzenstein S M. 1896. Zur ichthyologie des Issyk-kul-Beckens. Annuaire Ac. St. Petersb., 224-228.]

Herzenstein S M and Verpakhovskii N A. 1887. Notes on the fish fauna of the Amur Basin and adjacent areas. Trudui St. Petersb. Nat., 18: 1-58. [Herzenstein S M and Verpakhovskii N A. 1887. Notizen über die fischfauna des Amur-beckens und der angrenzenden gebiete. Trudui St. Petersb. Nat., 18: 1-58.]

Hora S L. 1921. Notes on fishes in the India Museum II. On a new species of Nemachilus from the Nigiri Hills. Rec. Indian Mus., 22: 19-21.

Hora S L. 1922a. Notes on fishes in the Indian Museum. III. On fishes belonging to the family Cobitidae from high altitudes in Central Asia. Rec. Indian Mus., 24(3): 63-83.

Hora S L. 1922b. Notes on fishes in the Indian Museum: IV. On fishes belonging to the genus *Botia* (Cobitidae). Rec. Indian Mus., XXIV, pt. III: 313-321.

Hora S L. 1925. Notes on the fishes of the Indian Museum. XII. The systematic position of cyprinoid genus *Psilorhynchus* McClelland. Records of the Indian Museum (Calcutta), 27: 457-460.

Hora S L. 1932. Classification, bionomics and evolution of Homalopterid fishes. Mem. Ind. Mus., 12(2): 263-330.

Hora S L. 1935a. Notes on fishes in the Indian Museum. XXIV. Loaches of the genus *Nemachilus* from eastern Himalayas, with the description of a new specie from Burma and Siam. Rec. Indian Mus., 37: 49-67.

Hora S L. 1935b. A note on the systematic position of *Psilorhynchus aymonieri* Tirant from Cambodia. Rec. Indian Mus., 37: 459-461.

Hora S L. 1936. Report on fishes part 1: Cobitidae. Mem. Conn. Acad. Arts Sci., 10: 299-321.

Hora S L. 1950. Notes on homalopterid fishes in the collection of certain American museums. Rec. Indian Mus., 48: 45-57.

Hora S L and Mukerji D D. 1934. On a collection of fish from the S. Shan States and Burma. Rec. Indian Mus., 36: 123-138.

Hora S L and Mukerji D D. 1935a. Pisces. Wiss. Ergeb. Niederl. Exped. Karakorum, 1: 426-445.

Hora S L and Mukerji D D. 1935b. Fish of the Naga Hills, Assam. Rec. Indian Mus., 37: 281-404.

Howes G J. 1991. Systematics and biogeography: an overview. In: Winfield I J and Nelson J S (eds.). 1991. Cyprinid fishes - Systematics, Biology and Exploitation. London: Chapman & Hall,. 1-33.

Huang A-M, Du L-N, Chen X-Y and Yang J-X. 2009. *Oreonectes macrolepis*, A New Nemacheiline Loach of Genus *Oreonectes* (Balitoridae) from Guangxi, China. Zool. Res., 30(4): 445-448.

Hunan Fisheries Science Institute. 1977. The Fishes of Hunan, China. Hunan Science and Technology Press, Changsha. [湖南省水产科学研究所. 1977. 湖南鱼类志. 长沙: 湖南省科学技术出版社.]

Institute of Zoology, Chinese Academy of Sciences, Xinjiang Institute of Biosoil and Desert, Chinese Academy of Sciences and Xinjiang Uygur Autonomous Region Fisheries Bureau. 1979. Fishes of Xinjiang Province. Xinjiang People's Press, Urumqi. [中国科学院动物研究所, 中国科学院新疆生物土壤沙漠研究所, 新疆维吾尔自治区水产局. 1979. 新疆鱼类志. 乌鲁木齐: 新疆人民出版社.]

Institute of Zoology, Chinese Academy of Sciences, the group of Ichthyo. and Inverte. 1959. The Primitive Report of Investigation of Fishery Biology Foundationin Yellow River. Science Press, Beijing. [中国科学院动物研究所鱼类组与无脊椎动物组, 1959. 黄河渔业生物学基础初步调查报告. 北京: 科学出版社.]

Institute of Zoology, Shaanxi Province, Institute of Hydrobiology, Chinese Academy of Sciences and Lanzhou University. 1987. Fishes of Qinling Mountain Region. Science Press, Beijing. [陕西省动物研究所, 中国科学院水生生物研究所, 兰州大学生物系. 1987. 秦岭鱼类志. 北京: 科学出版社.]

Jordan D S. 1923. A classification of fishes, including families and genera as far as known. Stanford University Publication, University Series, Biological Sciences, 3: 77-243.

Jordan D S and Fowler H W. 1903. A review of Cobitidae, or loaches, of the rivers of Japan. Proc. U.S. Nat. Mus., 26: 765-774.

Jordan D S and Metz C W. 1913-1914. A catalogue of the fishes known from the waters of Korea. Mem. Carnegie Mus., 6(1): 13.

Jordan D S, Tanaka S and Snyder J O. 1913. A catalogue of the fishes of Japan. J. Coll. Sci. Imp. Uni. Tohyo, 38: 60-62.

Keitaro. 1939. Report No. 6 of the Korean Governor's Office Aquatic Experiment Field. In: Keitaro. The Fishes of Korea (Part I). D. P. R. Korea Governor's Mansion Aquatic Experiment Field, Busan: 399-458. [内田惠太郎. 1939. 朝鲜总督府水产试验场报告第 6 号//内田惠太郎. 朝鲜鱼类志 (第一册). 釜山: 朝鲜总督府水产试验场: 399-458.]

Kessler K F. 1872. Ichthyological fauna of Turkestan. Bull. Soc. Ser. Moscou, 10: 47-76.

Kessler K F. 1874. Pisces. (In Fedtschensko's Expedition to Turkestan. Zoogeographical researches). Bull. Soc. Sci. Moscou, 11: 1-63.

Kessler K F. 1876. Description of the fish collected by Colonel Przewalskii in Mongolia. In Przewalskii "Mongolia and Strana Tangutow", 2(4): 1-36. [Kessler K F. 1876. Beschreibung der von Oberst Przewalskii in der Mongolei gesammelten Fische. In Przewalskii "Mongolia i Strana Tangutow", 2(4): 1-36.]

Kessler K F. 1879. Contributions to the ichthyology from Central Asia. Mel. Biol. Bull. Acad. Sci. St. Petersb., 10: 233-272. [Kessler K F. 1879. Beitrage zur Ichthyologie von Cetral-Asien. Mel. Biol. Bull. Acad. Sci. St. Petersb., 10: 233-272.]

Kim I S, Park J Y and Nalbant T T. 1997. Two new genera of loaches (Pisces: Cobitidae: Cobitinae) from Korea. Travaux du Museum D'histoire Natlurelle "Grigore Antipa", 39: 191-195.

Kimura S. 1934a. Description of the fishes collected from the Yangtze-Kiang, China, by late Dr. K. Kishinouye and his Party in 1927-1929. J. Shanhai Sci. Inst., 1(3): 11-127.

Kimura S. 1934b. Preliminary notes on the fresh water fishes of Jehol, Eastern Mongolia (From "contributions to the biological studies of fishes in China". 2). J. Shanghai Sci. Inst., (3): 11-16.

Kimura S. 1935. The fresh water fishes of the Tsung-Ming Island, China. J. Shanghai Sci. Inst., 3(3): 99-120.

Kner R. 1867. Voyage of the Austrian frigate "Novara" around the world in the years 1857-1859, I. Fish. Zool. Theil. Fische., 1: 1-433. [Kner R. 1867. Reise der Osterreichischen Fregatte "Novara" um die Erde in den

Jahren 1857-1859, I. Fische. Zool. Theil. Fische., 1: 1-433.]

Koller O. 1927. Fishes from Hai-nan Island. Ann Naturh. Mus., Wien, 41: 25-49. [Koller O. 1927. Fische von der Insel Hai-nan. Ann Naturh. Mus., Wien, 41: 25-49.]

Kottelat M. 1982. A new Noemacheiline loach from Thailand and Burma. Jap. J. Ichthyol., 39(2): 69-72.

Kottelat M. 1990. Indochinese Nemacheilines: a revision of Nemacheiline Loaches (Pisces: Cypriniformes) of Thailand, Burma, Laos, Cambodia and Southern Viet Nam. München: Verlag Dr. Friedrich Pfeil. 262.

Kottelat M. 1997. European freshwater fishes. Biologia (Bratislava), 52 (suppl. 5): 1-271

Kottelat M. 2001a. Fishes of Laos. Wildlife Heritage Trust Publications, Colombo.

Kottelat M. 2001b. Freshwater Fishes of Northern Vietnam. Environment and Social Development Sector Unit. East Asia and Pacific Region, The World Bank, Washington.

Kottelat M. 2004. *Botia kubotai*, a new species of loach (Teleostei: Cobitidae) from the Ataran River basin (Myanmar), with comments on botiine nomenclature and diagnosis of a new genus. Zootaxa, 401: 1-18.

Kottelat M. 2012. Conspectus cobitidum: an inventory of the loaches of the world (Teleostei: Cypriniformes: Cobitoidei). The Raffles Bulletin of Zoology, Suppl., (26): 1-199.

Kottelat M and Chu X-L. 1988. Revision of *Yunnanilus* with descriptions of a miniature species flock and six new species from China (Cypriniformes: Homalopteridae). Environ. Biol. Fish., 23(1-2): 65-93.

Lacépède B G E. 1803. Natural history of fish. Plasson, Paris, 5: 16. [Lacépède B G E. 1803. Histoire naturelle des poissons. Plasson, Paris, 5: 16.]

Lan J-H, Gan X, Wu T-J and Yang J. 2013. Cave Fishes of Guangxi, China. Science Press, Beijing. [蓝家湖, 甘西, 吴铁军, 杨剑. 2013. 广西洞穴鱼类. 北京: 科学出版社.]

Lan J-H, Yang J-X and Chen Y-R. 1995. Two new species of the subfamily Nemacheilinae from Guangxi, China (Cypriniformes: Cobitidae). Acta Zootax. Sin., 20(3): 366-372. [蓝家湖, 杨君兴, 陈银瑞. 1995. 广西条鳅亚科鱼类二新种 (鲤形目: 鳅科). 动物分类学报, 20(3): 366-372.]

Lan J-H, Yang J-X and Chen Y-R. 1996. One new species of cavefish from Guangxi (Cypriniformes: Cobitidae). Zool. Res., 17(2): 109-112. [蓝家湖, 杨君兴, 陈银瑞. 1996. 广西洞穴鱼类一新种 (鲤形目: 鳅科). 动物学研究, 17(2): 109-112.]

Li J-B, Wang X-Z, Kong X-H, Zhao K, He S-P and Mayden R L. 2008. Variation patterns of the mitochondrial 16S rRNA gene with secondary structure constraints and their application to phylogeny of cyprinine fishes (Teleostei: Cypriniformes). Molecular Phylogenetics and Evolution, 47(2): 472-487.

Li S-C. 1965. Discussion on the fishes fauna of the Yellow River. J. Zool., (5): 217-222. [李思忠. 1965. 黄河鱼类区系的探讨. 动物学杂志, (5): 217-222.]

Li S-C. 1976. New records of Chinese fishes from the Lancang River, Yunnan Province. Acta Zool. Sin., 22(1): 117-118. [李思忠, 1976. 采自云南澜沧江的我国鱼类新纪录. 动物学报, 22(1): 117-118.]

Li S-C. 1981. Distribution Divisions of Chinese Freshwater Fishes. Science Press, Beijing. [李思忠. 1981. 中国淡水鱼类的分布区划. 北京: 科学出版社.]

Li S-C and Chang S-Y. 1974. Two new species and one new subspecies of fishes from the northern part of Kansu province, China. Acta Zool. Sin., 20(4): 414-419. [李思忠, 张世义. 1974. 甘肃省河西走廊鱼类新种及新亚种. 动物学报, 20(4): 414-419.]

Li S-C, Tai T-Y, Chang S-Y, Ma K-C, Ho C-W and Kao S-T. 1966. Notes on a collection of fishes from North Sinkiang, China. Acta Zool. Sin., 18(1): 41-56. [李思忠, 戴定远, 张世义, 马桂珍, 何振威, 高顺典. 1966. 新疆北部鱼类的调查研究. 动物学报, 18(1): 41-56.]

Li S-S. 1973. New records of Chinese fishes. Acta. Zool. Sin., 19(3): 305. [李树深. 1973. 中国鱼类新记录. 动物学报, 19(3): 305.]

Liao J-W, Wang D-Z and Luo Z-F. 1997. A new species and a new subspecies of *Schistura* from Guangxi and Guizhou, China (Cypriniformes: Cobitidae: Noemacheilinae). Acta Medi. Univ. Zhunyi, 20(2-3): 4-7. [廖吉文, 王大忠, 罗志发. 1997. 南鳅属鱼类一新种及一新亚种 (鲤形目: 鳅科: 条鳅亚科). 遵义医学院学报, 20(2-3): 4-7.]

Lin S-Y. 1931. Carps and Carp-like Fishes of Kwangtung and Adjacent Inlands. Construction Department of Guangdong Aquatic Proving Ground, Guangzhou. [林书颜. 1931. 南中国之鲤鱼及似鲤鱼类之研究. 广州: 广东建设厅水产试验场.]

Lin S-Y. 1932a. New cyprinid fishes from White Cloud Mountain, Canton. Lingnan Sci. J., 11(3): 379-383.

Lin S-Y. 1932b. On new fishes from Kweichow province, China. Lingnan Sci. J., 11(4): 515-519.

Lin S-Y. 1933a. Contribution to a study of Cyprinidae of Kwangtung and adjacent provinces. Lingnan Sci. J., 12(1): 75-91.

Lin S-Y. 1933b. A new genus of Cyprinid fishes from Kwangsi, China. Lingnan Sci. J., 12(2): 193-195.

Lin S-Y. 1933c. Contribution to a study of Cyprinidae of Kwangtung and adjacent provinces. Lingnan Sci. J., 12(2): 197-215.

Lin S-Y. 1933d. Contribution to a study of Cyprinidae of Kwangtung and adjacent provinces. Lingnan Sci. J., 12(3): 337-348.

Lin S-Y. 1933e. Contribution to a study of Cyprinidae of Kwangtung and adjacent provinces. Lingnan Sci. J., 12(4): 489-505.

Lin S-Y. 1934. Three new fresh-water fishes of Kwangtung Province. Lingnan Sci. J., 13(2): 225-230.

Lin S-Y. 1935. Notes on a new genus, three new and two little known species of fishes from Kwangtung and Kwangsi Provinces. Lingnan Sci. J., 14(2): 303-313.

Linck H F. 1790. Attempt to classify fish according to their teeth. Magazine for the latest in physics and natural history, Gotha, 6(3): 28-38. [Linck H F. 1790. Versuch einer Eintheilung der Fische nach den Zähnen. Magazin für das Neueste aus der Physik und Naturgeschichte, Gotha, 6(3): 28-38.]

Lindberg G U. 1971. Key and Characteristic of Families of Fish of the World Fauna.

Linnaeus C. 1758. The system of nature. (ed. 10). Stockholm: Laurentius Salvius. 237-501. [Linnaeus C. 1758. Systema naturae. 10th ed. Stockholm: Laurentius Salvius. 237-501.]

Liu H-Z and Chen Y-Y. 2003. Phylogeny of the East Asian Cyprinids inferred from sequences of the mitochondrial DNA control region. Canadian Journal of Zoology, 81(21): 1938-1946.

Liu H-Z, Tzeng C-S and Teng H-Y. 2002. Sequence variations in the mitochondrial DNA control region and their implications for the phylogeny of the Cypriniformes. Can. J. Zool., 80(3): 569-581.

Lloyd R E. 1908. Report on the fish collected in Tibet by Capt. F. H. Stewart, I. M. S. Rec. Indian Mus., 2: 341-344.

Lo Y-L and Wu H-W. 1979. Anatomical features of *Myxocyprinus asiaticus* and its systematic position. Acta. Zootax. Sin., 4(3): 195-203. [罗云林, 伍献文, 1979. 中国胭脂鱼的骨骼形态和胭脂鱼科的分类位置. 动物分类学报, 4(3): 195-203.]

Ludwig A, Bohlen J, Wolter C and Pitra C. 2001. Phylogenetic relationships and historical biogeography of spined loaches (Cobitidae, Cobitis and Sabanejewia) as indicated by variability of mitochondrial DNA. Zool. J. Linn. Soc., 131(3): 381-392.

Martens E. 1868. About a new subgenus of *Homaloptera*. Monatsber. Ak. Wiss. Berlin: 608. [Martens E. 1868. Uber eine neue Untergattung von *Homaloptera*. Monatsber. Ak. Wiss. Berlin: 608.]

Mayden R L. 1991. Cyprinids of New World. In: I.J. Winfield, J.S. Nelson (eds.), Cyprinid Fishes: Systematics, Biology and Exploitation. Chapman & Hall, London. 240-263.

McClelland J. 1839. Indian Cyprinidae. Asia. Res., 19(2): 217-471.

Menon A G K. 1987. The fauna of India and the adjacent countries, Pisces. Vol. 4. Teleostei- Cobitoidea. Part 1. Homalopteridae. Zoological Survey of India, i-x, 1-259.

Menschikov M I. 1937. New data on the distribution of fish in the Irtysh-Lakes. Ref. Akad. Wiss. UdSSR, 17(8): 441. [Menschikov M I. 1937. Neue Angaben über die Fischverbreitung im Irtysch-Lacken. Ref. Akad. Wiss. UdSSR, 17(8): 441.]

Mori T. 1928. Fresh water fishes from Tsi-nan, China, with descriptions of five new species. Jap. J. Zool., 2(1): 61-72.

Mori T. 1929. Addition to the fish fauna of Tsi-nan, China, with descriptions of two new species. Jap. J. Zool., 2(4): 383-385.

Mori T. 1930. On the fresh water fishes from Tumen River, Korea, with descriptions of new species. J. Chosen nat. Hist. Soc., (11): 1-11.

Mori T. 1934a. One new and two unrecorded species of Cyprinidae from Manchuria. J. Chosen nat. Hist. Soc., (17): 1-2.

Mori T. 1934b. The freshwater fishes of Jehol. Rep. First Sci. Exped., 5(1): 9-41.

Mori T. 1936. Studies on the geographical distribution of freshwater fishes in eastern Asia. 1-88.

Mukerji D D. 1934. Report on Burmese fishes collected by Lt. Col. R. W. Burton from the tributary streams of the Mali Hka river of the Myitkyina District (Upper Burma). J. Bombay nat. Hist. Soc., 37(1): 39-48.

Myers G S. 1930. *Ptychidio jordani*, an unusual cyprinoid fish from Formosa. Copeia, (4): 110-113.

Myers G S. 1931. On the fishes described by Koller from Hainan in 1926 and 1927. Lingnan Sci. J., 10(2-3): 255-262.

Myers G S. 1941. Suppression of *Lissochilus* in favor of *Acrossocheilus* for a genus of Asiatic cyprinid fishes, with notes on its classification. Copeia, (1): 42-44.

Nalbant T. 1963. A study of the genera of Botiinae and Cobitinae (Pisces, Ostariophysi, Cobitidae). Trav. Mus. Hist. nat., "Gr. Antipa", 4: 343-379.

Nalbant T. 1965. *Leptobotia* from the Yangtze River, China, with the description of *Leptobotia banarescui* nov. sp. (Pisces, Cobitidae). Annot. zool. bot., Bratislava, 2: 1-4.

Nalbant T. 1994. Studies on loaches (Pisces, Ostariophysi, Cobitidae). I. An evaluation of the valid genera of

Cobitinae. Trav. Mus. Hist. Nat. Grigore Antipa, 34: 375-380.

Nalbant T. 2002. Sixty million years of evolution. Part one: family Botiidae (Pisces: Ostariophysi: Cobitoidea). Travaux du Muséum d'Histoire Naturelle "Grigore Antipa", 44: 309-333, Pls. 301-312.

Nalbant T, Holcik J and Pivnicka K. 1969. A new loach, *Cobitis granoei olivai*, ssp. n., from Mongolia with some remarks on the Cobitis-elongata-bilseli-macrostigma group (Pisces, Ostariophysi, Cobitidae). Vestnik Cs. Spol. Zool. (Acta Soc. Zool. Bohemosiov.), 34(2): 121.

Nelson J S. 1976. Fishes of the World (ed. 1). Wiley-Interscience, New York.

Nelson J S. 1984. Fishes of the World (ed. 2). John Wiley & Sons, New York.

Nelson J S. 1994. Fishes of the World (ed. 3). John Wiley & Sons, New York.

Nelson J S. 2006. Fishes of the World (ed. 4). John Wiley & Sons, New Jersey.

Nelson J S, Grande T C and Wilson M V H. 2016. Fishes of the World (ed. 5). John Wiley & Sons, Inc, Hoboken.

Nichols J T. 1918. New Chinese fishes. Proc. Boil. Soc. Wash., 31: 15-20.

Nichols J T. 1925. *Nemacheilus* and related loaches in China. Am. Mus. Novit., (171): 1-7.

Nichols J T. 1931a. A new Barbus (*Lissochilichthys*) and a new loach from Kwangtung Province. Lingnan Sci. J., 10: 455-459.

Nichols J T. 1931b. A collection from Chungan Hsien, northwestern Fukien. Am. Mus. Novit., (449): 2.

Nichols J T. 1943. The fresh-water fishes of China. Nat. Hist. Central Asia, 9: 1-276.

Nichols J T and Pope C H. 1927. The fishes of Hainan. Bull Am. Mus. nat. Hist., 54: 321-394.

Nikolsky A M. 1885. Notes on some fish of the Balkhash Basin. Bull. Acad. Sci. St. Petersb., 30: 12-14. [Nikolsky A M. 1885. Bemerkungen über einige Fische des Balchasch - Beckens. Bull. Acad. Sci. St. Petersb., 30: 12-14.]

Nikolsky A M. 1897. The reptiles, amphibians and fish collected (part.) Mr. N. Zaroudny in Eastern Persia. Ann. Mus. zool. Acad. Imp. St. Petersb., 2: 306-348. [Nikolsky A M. 1897. Les reptiles, amphibiens et poissons recueillis (part.) Mr. N. Zaroudny dans la Perse orientale. Ann. Mus. zool. Acad. Imp. St. Petersb., 2: 306-348.]

Nikolsky A M. 1903. On three new species of poisons from central Asia. Ann. Mus. zool. Acad. Imp. St. Petersb., 8: 90-94. [Nikolsky A M. 1903. Sur trois nouvelles espèces de poisons provenant de l'Asie central. Ann. Mus. zool. Acad. Imp. St. Petersb., 8: 90-94.]

Nikolsky T B. 1960. Fishes of Amur River basin. Science Press, Beijing. [Γ. B. 尼科尔斯基. 1960. 黑龙江流域鱼类. 高岫译. 北京: 科学出版社.]

Orti G. 1997. Radiation of characiform fishes: evidence from mitochondrial and nuclear DNA sequences. 219-243. In: Kocher T D and Stepien C A (eds.). Molecular systematics of fishes. San Diego: Academic Press.

Orti G and Meyer A. 1997. The Radiation of Characiform Fishes and the Limits of Resolution of Mitochondrial Ribosomal DNA Sequences. Systematic Biology, 46(1): 75-100.

Oshima M. 1919. Contributions to the study of the fresh water fishes of the Island of Formosa. Ann. Carneg. Mus., 12(2-4): 169-328.

Oshima M. 1920a. Notes on freshwater fishes of Formosa, with description of new genera and species. Proc. Acad. nat. Sci. Philad., 72: 120-135.

Oshima M. 1920b. Two new cyprinoid fishes from Formosa. Proc. Acad. nat. Sci. Philad., 72: 189-191.

Pearl River Fisheries Research Institute, Chinese Academy of Fishery Sciences, Shanghai Fisheries University, East China Sea Fisheries Research Institute, Chinese Academy of Fishery Sciences, Guangdong Fisheries School. 1986. Freshwater and Estuarine Fishes of Hainan Island. Guangdong Science and Technology Press, Guangzhou. [中国水产科学研究院珠江水产研究所, 上海水产大学, 中国水产科学研究院东海水产研究所, 广东省水产学校. 1986. 海南岛淡水及河口鱼类志. 广州: 广东科技出版社.]

Pearl River Fisheries Research Institute, Chinese Academy of Fishery Sciences, South China Normal University, Jinan University, Zhanjiang Fisheries College and Shanghai Fisheries University. 1991. The Freshwater Fishes of Guangdong Province. Guangdong Science and Technology Press, Guangzhou. [中国水产科学研究院珠江水产研究所, 华南师范大学, 暨南大学, 湛江水产学院, 上海水产大学. 1991. 广东淡水鱼类志. 广州: 广东科技出版社.]

Pellegrin J and Chevey P. 1936. New or rare fish from Tonkin and Annam. Bulletin of the Zoological Society of France, 61: 219-231. [Pellegrin J and Chevey P. 1936. Poissons nouveaux ou rares du Tonkin et de l'Annam. Bulletin de la Société Zoologique de France, 61: 219-231.]

Perdices A and Doadrio I. 2001. The Molecular Systematics and Biogeography of the European Cobitids Based on Mitochondrial DNA Sequences. Molecular Phylogenetics and Evolution, 19(3): 468-478.

Perugia A. 1893. Some fish collected in Sumatra by Dr. Elio Modigliani. Annals of the Civic Museum of Natural History of Genoa, (2)13: 241-247. [Perugia A. 1893. Di alcuni Pesci raccolti in Sumatra dal Dott. Elio Modigliani. Annali del Museo Civico di Storia Naturale di Genova, (2)13: 241-247.]

Peters W C H. 1861. About two new genera of fish from the Ganges. Berlin: Mon. Akad. Wiss. 712-713. [Peters W C H. 1861. Über zwei neue Gattungen von Fischen aus dem Ganges. Berlin: Mon. Akad. Wiss.712-713.]

Peters W C H. 1881a. About the Fish Collection from Ningpo Sent by the Chinese Government to the International Fishermen's Exhibition. Berlin: Mon. Akad. Wiss. 921-977. [Peters W C H. 1881a. Über die von der chinesischen Regierung zu der internationalen Fischerei-Austellung gesandte Fischsammlung aus Ningpo. Berlin: Mon. Akad. Wiss. 921-977.]

Peters W C H. 1881b. About a Collection of Fish, Which Mr. Dr. Gerlach Sent in Hong Kong. Mon. Akad. Wiss, Berlin. 1029-1037. [Peters W C H. 1881b. Über eine Sammlung von Fischen, welche Hr. Dr. Gerlach in Hongkong gesandt hat. Mon. Akad. Wiss, Berlin. 1029-1037.]

Prokofiev A M. 2001. Four new species of the *Triplophysa stoliczkai*-complex from China (Pisces: Cypriniformes: Balitoridae). Zoosys. Rossica, 10(1): 193-207.

Prokofiev A M. 2007. Materials towards the revision of the genus *Triplophysa* Rendahl, 1933 (Cobitoidea: Balitoridae: Nemacheilinae): a revision of nominal taxa of Herzenstein (1888) described within the species Nemachilus stoliczkae and N. *dorsonotatus*, with the description of the new species T. *scapanognatha* sp. nova. Journal of Ichthyology, 47 (1): 1- 20.

Prokofiev A M. 2010. Morphological classification of loaches (Nemacheilinae). J. Ichthyol. 50(10): 827-913.

Ran J-C, Li W-X and Chen H-M. 2006. A new species blind loach of *Paracobitis* from Guangxi, China (Cypriniformes: Cobitidae). J. Guangxi Norm. Univ. (Nat. Sci Ver.), 24(3): 81-82. [冉景丞,李维贤, 陈会明. 2006. 广西洞穴盲副鳅一新种 (鲤形目: 鳅科). 广西师范大学学报 (自然科学版), 24(3): 81-82.]

Regan C T. 1904. On a collections of fishes made by Mr. Johb Graham at Yunnan Fu. Ann. Mag. nat. Hist., (7)13: 150-194.

Regan C T. 1905. Descriptions of five new Cyprinid fishes from Lhasa, collected by Captain H. J. Walton, I. M. S. Ann. Mag. nat. Hist., (7)15: 185-188.

Regan C T. 1906. Descriptions of two new Cyprinid fishes from Yunnan Fu, collected by Mr. John Graham. Ann. Mag. nat. Hist., (7)17: 332-333.

Regan C T. 1908. Description of three new Cyprinoid fishes from Yunnan, collected by Mr. John Graham. Ann. Mag. nat. Hist., (8)2: 356-357.

Regan C T. 1911. The classification of the teleostean fishes of the order Ostariophsi. 1. Cyprinoidae. Ann. Mag. nat. Hist., (8)8: 13-32.

Ren M-L and Wu Y-F. 1982. Notes on fishes from Nam Cuo (Lake) of northern Xizang, China. Acta Zool. Sin., 28(1): 80-86. [任慕莲, 武云飞. 1982. 西藏纳木错的鱼类. 动物学报, 28(1): 80-86.]

Rendahl H. 1922. Two new cobitids from Mongolia. Ark. Zool., 15(4): 1-6. [Rendahl H. 1922. Zwei neue Cobitiden aus der Mongolei. Ark. Zool., 15(4): 1-6.]

Rendahl H. 1928. Contributions to the knowledge of Chinese freshwater fish. 1. Systematic part. Ark. Zool., 20A (1): 1-194. [Rendahl H. 1928. Beitrage zur kenntnis der chinesischen susswasserfische. 1. Systematischer Teil. Ark. Zool., 20A (1): 1-194.]

Rendahl H. 1933. Studies on inner-Asian fishes. Ark. Zool., 25A (11): 1-51. [Rendahl H. 1933. Studien über innerasiatische Fische. Ark. Zool., 25A (11): 1-51.]

Rendahl H. 1935. A few new subspecies of *Cobitis taenia*. Menor. Soc. Proc. Fauna et Flora Fennica, 10: 330-332. [Rendahl H. 1935. Ein paar neue Unterarten von *Cobitis taenia*. Menor. Soc. Proc. Fauna et Flora Fennica, 10: 330-332.]

Rendahl H. 1944. Some cobitids from Annam and Tonkin. Goteborge Vetensk Samh. Handl., (6) 3B (3): 1-54. [Rendahl H. 1944. Einige Cobitiden von Annam und Tonkin. Goteborge Vetensk Samh. Handl., (6) 3B (3): 1-54.]

Rendahl H. 1948. The freshwater fish of Burma: I. The Familie Cobitidae. Ark. Zool., 40A (7): 1-116. [Rendahl H. 1948. Die Süßwasserfische Birmas: I. Die Familie Cobitidae. Ark. Zool., 40A (7): 1-116.]

Richardson J. 1844. Description of a genus of Chinese fish. J. Nat Hist, 13: 462-464.

Richardson J. 1846. Report on the ichthyology of the seas of China and Japan. Report of the British Association for the Advancement of Science, 15th meeting. 187-320.

Roberts T R. 1997. *Serpenticobitis*, a new genus of cobitid fishes from the Mekong basin, with two new species. Natural History Bulletin of the Siam Society, 45(1): 107-115.

Rosen D E and Greenwood P H. 1970. Origin of the Weberian apparatus and the relationships of the ostariophysan and gonorynchiform fishes. Amer Mus Novit, 2428: 1-25.

Rutter C M. 1897. A collection of fishes obtained in Swatow, China, by Miss Adele M. Fielde. Proc. Acad. Nat. Sci. Philad., (1): 60-61.

Saitoh K, Miya M, Inoue J G, Ishiguro N B and Nishida M. 2003. Mitochondrial genomics of ostariophysan fishes: perspectives on phylogeny and biogeography. J Mol Evol, 56(4): 464-472.

Sauvage H E. 1874. Ichthyological notices. Rec. Mag. Zool., (2): 332-340. [Sauvage H E. 1874. Notices Ichthyologiques. Rec. Mag. Zool., (2): 332-340.]

Sauvage H E. 1878. Note on some new species of Cyprinidae and Cobitidinae, from the fresh waters of China. Bull. Soc. Philom. Paris, 2(7): 86-90. [Sauvage H E. 1878. Note sur quelques Cyprinidae et Cobitidinae d'espèces inédites, provenant des eaux douces de la Chine. Bull. Soc. Philom. Paris, 2(7): 86-90.]

Sauvage H E. 1880. Description of some fish from the collection of the Natural History Museum. Bulletin of the Philomathical Society (Ser. 7), 4: 220-228. [Sauvage H E. 1880. Description de quelques poissons de la collection du Muséum d'histoire naturelle. Bulletin de la Société Philomathique (Ser. 7), 4: 220-228.]

Sauvage H E. 1881. Research on the ichthyological fauna of Asia and description of new species from Indo China. New Archives of the Natural History Museum, Paris (Ser. 2), 4: 123-194, pls 5-8. [Sauvage H E. 1881. Recherches sur la faune ichthyologique de l'Asie et description d'espèces nouvelles de l'Indo Chine. Nouvelles Archives du Muséum d'Histoire Naturelle, Paris (Ser. 2), 4: 123-194, pls 5-8.]

Sauvage H E. 1884. Contribution to the ichthyological fauna of Tonkin. Bull. Soc. Zool. Fr., 9: 209-215. [Sauvage H E. 1884. Contribution à la faune ichtyologique du Tonkin. Bull. Soc. Zool. Fr., 9: 209-215.]

Sauvage H E and Dabry de Thiersant P. 1874. Notes on the Freshwater Fishes of China. Ann. Sci. nat. Paris, Zool., (6) 1(5): 1-18. [Sauvage H E and Dabry de Thiersant P. 1874. Notes sur les poissons des eaux douces de Chine. Ann. Sci. nat. Paris, Zool., (6) 1(5): 1-18.]

Sawada Y. 1982. Phylogeny and zoogeography of the superfamily Cobitoidea (Cyprinoidei, Cypriniformes). Memoirs of the Faculty of Fisheries, Hokkaido University, 28: 65-223.

Shan Y-X and Qu W-F. 1962. Investigation and distribution of fishes in Henan, China. J. Normal Univ. in Xinxiang Henan, (1): 54-68. [单元勋, 瞿薇芬. 1962. 河南鱼类调查与分布的初步研究. 新乡师范学院学报, (1): 54-68.]

Shaw T-H. 1930. Notes on some fishes from Ka-Shing and Shing-Tsong, Chekiang Province. Bull. Fan Mem. Inst. Biol. (Zool.), 1(7): 109-121.

Shaw T-H and Tchang T-L. 1931. A review of the Cobitoid fishes of Hopei province and adjacent territories. Bull. Fan. Mem. Inst. Biol., 2(5): 65-84.

Siebert D J. 1987. Interrelationships among families of the order Cypriniformes (Teleostei). City University of New York, Ph. D. thesis, New York.

Silas E G. 1952. Classification, zoogeography and evolution of the fishes of the Cyprinoid Families Homalopteridae and Gastromyzonidae. Rec Ind. Mus., 50: 173-263.

Skelton P H, Tweddle D and Jackson P B N. 1991. Cyprinids in Africa. In: Winfield IJ, Nelson JS (eds). Cyprinid Fishes: Systematics, Biology and Exploitation. Chapman & Hall, London. 211-239.

Smith H M. 1945. The fresh-water fishes of Siam, or Thailand. Bull. U.S. nat. Mus., 188: 622.

Son Y-M and He S-P. 2001. Transfer of *Cobitis laterimaculata* to the Genus *Niwaella* (Cobitidae). Korean J. Ichthyol., 13(1): 1-5.

Steindachner F. 1866. Ichthyological Communications 6. On the fish fauna of Kashmir and the neighboring regions. Verh. Zool. -bot. Gesell. Wien., 16: 761-796. [Steindachner F. 1866. Ichthyologische Mittheilungen 6. Zur Fisch-fauna Kaschmirs und der benachbarten Landerstriche. Verh. Zool. -bot. Gesell. Wien., 16: 761-796.]

Stewart F H. 1911. Notes on Cyprinidae from Tibet and the Chumbi Valley, with a description of a new species of *Gymnocypris*. Rec. Indian Mus., 6: 75-92.

Swainson W. 1839. The natural history of fishes, amphibians and reptiles or monocardian animals. 2.

Tang Q-Y, Liu H-Z, Mayden R and Xiong B-X. 2006. Comparison of evolutionary rates in the mitochondrial DNA cytochrome b gene and control region and their implications for phylogeny of the Cobitoidea (Teleostei: Cypriniformes). Molecular Phylogenetics and Evolution, 39(2): 347-357.

Tao W-J, Mayden R L and He S-P. 2013. Remarkable phylogenetic resolution of the most complex clade of Cyprinidae (Teleostei: Cypriniformes): A proof of concept of homology assessment and partitioning sequence data integrated with mixed model Bayesian analyses. Molecular Phylogenetics and Evolution, 66(3): 603-616.

Tchang T-L. 1928. A review of the fishes of Nanking. Contr. Biol. Sci. Soc. China (Zool.), 4(4): 1-42.

Tchang T-L. 1930. Contribution to the morphological, biological and taxonomic study of the Cyprinids of the Yangtze Basin. Theses Univ. Paris, 209: 154-155. [Tchang T L. 1930. Contribution a l'etude morphologique, Biologique et taxonomique des Cyprinides du Bassin du Yangtze. Theses Univ. Paris, 209: 154-155.]

Tchang T-L. 1931. Note on some cyprinoid fishes from Szechwan. Bull. Fan. Mem. Inst. Biol. (Zool.), 2(11): 225-242.

Tchang T-L. 1932. Notes on some fishes of Ching-po lake. Bull. Fan. Mem. Inst. Biol., 3(8): 109-117.

Tchang T-L. 1933. The study of Chinese Cyprinoid fishes. Zool. Sinica, Peiping, (B) 2(1): 1-247.

Tchang T-L. 1935. A new genus of loach from Yunnan. Bull. Fan. Mem. Inst. Biol., Peiping, 6(1): 17-19.

Tchang T-L. 1959. Cyprinid Fishes in China. Higher Education Press, Beijing. [张春霖. 1959. 中国系统鲤类志. 北京: 高等教育出版社.]

Tchang T-L, Yueh T-H and Hwang H-C. 1963. Notes on fishes of the genus *Nemachilus* of Southern Xizang, China, with description of a new species. Acta Zool. Sin., 15(4): 624-634. [张春霖, 岳佐和, 黄宏金. 1963. 西藏南部的条鳅属 (*Nemachilus*) 鱼类. 动物学报, 15(4): 624-634.]

Temminck C J and Schlegel H. 1846. Pisces. In: Siebold, Fauna Jap. Pisces: 223.

Tirant G. 1883. Note on some species of fish from the mountains of Samrong-Tong (Cambodia). In: Pierre Chevey, 1929, Ichthyological work by G. Tirant. Indochina Fisheries Oceanographic Service. 35. [Tirant G. 1883. Note sur quelques especes de possions des montagnes de Samrong-Tong (Cambodge). In: Pierre Chevey, 1929, Oeuvre ichthyologique de G. Tirant. Service Oceanographique des peches de I'Indochine. 35.]

Tirant G. 1885. Notes on fish from Lower Cochinchina and Cambodia. Excursions et Reconnaissances, 9:

413-438, 10: 91-198. [Tirant G. 1885. Notes sur les poissons de la Basse-Cochinchine et du Cambodge. Excursions et Reconnaissances, 9: 413-438, 10: 91-198.]

Tirant G. 1929. Ichthyology Work of G. Tirant. Reprint. Note by the Indian Oceanography and Fisheries Agency, 6: 1-175. [Tirant G. 1929. Oeuvre ichtyologique de G. Tirant. Réimpression. Notes du Service Océanographique et des Pêches d'Indochine, 6: 1-175.]

Vaillant L L. 1902. Zoological results of the Dutch scientific expedition to Central Borneo. Notes from the Leyden Museum, 24(1): 1-166. [Vaillant L L. 1902. Résultats zoologiques de l'expédition scientifique Néerlandaise au Bornéo central. Poissons. Notes from the Leyden Museum, 24(1): 1-166.]

van Hasselt J C. 1823. Excerpt from a 'letter from Mr. J. C. van Hasselt, aan den Heer C. J. Temminck written by Tjecande, Residence Bantam, December 29, 1822. Alg. Konss. Letterbode, 2: 130-135. [van Hasselt J C. 1823. Uittreksel uit een' brief van den heer J. C. van Hasselt, aan den heer C.J. Temminck, geschreven uit Tjecande, residentie Bantam, den 29sten december 1822. Alg. Konst. Letter Bode II(35): 130-133.]

Vijayalakshmanan M A. 1950. A note on the fishes from the Helmund River in Afghanistan, with a description of a new loach. Rec. Indian Mus., 47: 217-244.

Vinciguerra D. 1889. Leonardo Fea's trip to Burma and neighboring regions (Fish). Ann. Mus. Civ. Storia nat. Genova, 2(9): 299-362. [Vinciguerra D. 1889. Viaggio di Leonardo Fea in Birmania e regioni vicine (Pesci). Ann. Mus. Civ. Storia nat. Genova, 2(9): 299-362.]

Vladykov V D. 1929. On a new kind of Cobitidae: *Sabanejewia*. Bull. Mus. Natl. Hist. Nat., Paris, 1(2): 85. [Vladykov V D. 1929. Sur un nouveau genre de Cobitides: Sabanejewia. Bull. Mus. Natl. Hist. Nat., Paris, 1(2): 85.]

Vladykov V D. 1935. Secondary sexual dimorphism in some Chinese cobitid fishes. J. Morphol., 57(1): 275-302.

Wang H-Y. 1981. A new species of fishes of the genus *Leptobotia* (Family Cobitidae) from Beijing. In: Wang Y-J and Liang J-J. Memoirs of Beijing Natural History Museum. 12. Beijing Science and Technology Press, Beijing. 1-3. [王鸿媛. 1981. 北京地区薄鳅属一新种//王亚俊, 梁家骥. 北京自然博物馆研究报告. 第 12 期 北京: 北京科学技术出版社. 1-3.]

Wang H-Y. 1994. Fishes, Amphibian and Reptiles in Beijing. Beijing Press, Beijing. [王鸿媛. 1994. 北京鱼类和两栖、爬行动物志. 北京: 北京出版社.]

Wang W-Y. 2012. Study on Phylogenetic and Biogeography of *Garra*. Kunming Institute of Zoology, Chinese Academy of Science, Ph. D. thesis, Kunming. [王伟营. 2012. 墨头鱼属 (*Garra*) 鱼类系统发育及生物地理学研究. 昆明: 中国科学院昆明动物研究所博士学位论文.]

Wang X-T, Qin C-Y, Cui W-M and Fan Y-C. 1974. Some suggestion of investigation and utilization of fishes in Bailong River. Zool. Res., (1): 3-8. [王香亭, 秦长育, 崔文敏, 范毓昌. 1974. 白龙江鱼类资源调查及利用的几点建议. 动物学杂志, (1): 3-8.]

Wang X-T and Zhu S-Q. 1979. On a new species of the genus *Nemachilus* in Gansu Province, China. Journal of Lanzhou University, 17(4): 129-132. [王香亭, 朱松泉. 1979. 甘肃条鳅属 (*Nemachilus*) 鱼类一新种. 兰州大学学报, 17(4): 129-132.]

Wang X-Z, Li J-B and He S-P. 2007. Molecular evidence for the monophyly of East Asian groups of

Cyprinidae (Teleostei: Cypriniformes) derived from the nuclear recombination activating gene 2 sequences. Molecular Phylogenetics and Evolution, 42(1): 157-170.

Whitley G P. 1950. New fish names. Proc. Roy. Zool. Soc. N.S.W., 1948-49: 44.

Wu H-W. 1929. Study of the fishes of Amoy. Contr. Biol. Lab. Sci. Soc. China (Zool.), 5(4): 1-90.

Wu H-W. 1930. Description of new fishes from China. Bull. Mus. Hist. nat. Paris, (2) 2(5): 258-259. [Wu H-W. 1930. Description de Poissons neuveaux de Chine. Bull. Mus. Hist. nat. Paris, (2) 2(5): 258-259.]

Wu H-W. 1939. On the fishes of Li-Kiang. Sinensia, 10(1-6): 92-142.

Wu H-W, *et al.* 1964. Fishes of Cyprinidae in China (I). Shanghai Science and Technology Press, Shanghai. [伍献文, 等, 1964. 中国鲤科鱼类志 (上卷). 上海: 上海科学技术出版社.]

Wu H-W, *et al.* 1977. Fishes of Cyprinidae in China (II). Shanghai Renmin Press, Shanghai. [伍献文等, 1977. 中国鲤科鱼类志 (下卷). 上海: 上海人民出版社.]

Wu H-W, Chen Y-Y, Chen X-L and Chen J-X. 1981. Families division of the Cyprinidei and their systematic relationships. Science China, 3: 369-376. [伍献文, 陈宜瑜, 陈湘粦, 陈景星, 1981. 鲤亚目鱼类分科的系统和科间系统发育的相互关系. 中国科学, 3: 369-376.]

Wu H-W, Lo Y-L and Lin J-T. 1979. Phylogenetic relationship and systematic position of *Gyrinocheilus* (Gyrinocheilidae, Pisces). Acta Zootax. Sin., 4(4): 307-311. [伍献文, 罗云林, 林人端, 1979. 双孔鱼科 (Gyrinocheilidae) 鱼类的系统发育和分类位置. 动物分类学报, 4(4): 307-311.]

Wu H-W, Yang G-R, Yue P-Q and Huang H-J. 1963. Economy Fauna of China-Freshwater. Science Press, Beijing. [伍献文, 杨干荣, 乐佩琦, 黄宏金, 1963. 中国经济动物志淡水鱼类. 北京: 科学出版社.]

Wu L, *et al.* 1989. Fishes of Guizhou Province. Guizhou People's Press, Guiyang. [伍律, 等. 1989. 贵州鱼类志. 贵阳: 贵州人民出版社.]

Wu T-J, Yang J and Lan J-H. 2012. A new blind loach *Triplophysa lihuensis* sp. nov. (Teleostei: Balitoridae) from Guangxi, China. Zool. Stud., 51(6): 874-880.

Wu Y-F. 1984. Systematic studies on the Cypronid fishes of the subfamily Schizothoracinae from China. Acta Biologica Plateau Sinica, 3: 119-140. [武云飞, 1984. 中国裂腹鱼亚科鱼类的系统分类研究. 高原生物学集刊, 3: 119-140.]

Wu Y-F and Chen Y. 1979. Notes on fishes from Golog and Yushu region of Qinghai Province, China. Acta Zootax. Sin., 4(3): 287-296. [武云飞, 陈瑗. 1979. 青海省果洛和玉树地区的鱼类. 动物分类学报, 4(3): 287-296.]

Wu Y-F and Wu C-C. 1984. Notes on fishes from Lake Sunm Cuo of Qinghai Province, China. Acta Zootax. Sin., 9(3): 326-329. [武云飞, 吴翠珍. 1984. 青海省逊木措的鱼类及高原鳅属一新种的描记. 动物分类学报, 9(3): 326-329.]

Wu Y-F and Wu C-C. 1992. The Fishes of the Qinghai-Xizang Plateau. Sichuan Science and Technology Press, Chengdu. [武云飞, 吴翠珍. 1992. 青藏高原鱼类. 成都: 四川科学技术出版社.]

Wu Y-F and Zhu S-Q. 1979. Classification, Flora and Resources of Fishes in Ali, Xizang. In: Qinghai Institute of Biology. Investigation Report on Animals and Plants in Ali Region, Xizang. Science Press, Beijing. [武云飞, 朱松泉. 1979. 西藏阿里地区鱼类分类、区系研究及资源概括//青海省生物研究所. 西藏阿里地区动植物考察报告. 北京: 科学出版社.]

Xing Y-C. 2011. Species diversity, distribution pattern and conservation of fishes in inland water of China based on GIS. Shanghai Ocean University, Ph. D. thesis, Shanghai. [邢迎春. 2011. 基于 GIS 的中国内陆水域鱼类物种多样性、分布格局及其保育研究. 上海: 上海海洋大学博士学位论文.]

Xu T-Q, Fang S-M and Wang H-Y. 1981. A new species of fishes of the genus *Leptobotia* (Family Cobitidae) from China. Zool. Res., 2(4): 379-381. [许涛清, 方树淼, 王鸿媛. 1981. 薄鳅属 (*Leptobotia*) 鱼类一新种. 动物学研究, 2(4): 379-381.]

Xu T-Q and Zhang C-G. 1996. A new species of Cobitid fish from Xizang, China (Cypriniformes: Cobitidae). Acta Zootax. Sin., 21(3): 377-379. [许涛清, 张春光. 1996. 西藏条鳅亚科高原鳅属鱼类一新种 (鲤形目: 鳅科). 动物分类学报, 21(3): 377-379.]

Yan J-P and Zheng M-L. 1984. *Cobitis laterimaculata*, a new species of loaches (Pisces, Cobitidae). Acta Zool., 30(1): 82-84. [严纪平, 郑米良. 1984. 花鳅属鱼类一新种——斑条花鳅. 动物学报, 30(1): 82-84.]

Yang G-R and Xie C-X. 1983. A new species of Cobitid fishes from upper Changjiang River. Acta Zootax. Sin., 8(3): 314-316. [杨干荣, 谢从新. 1983. 长江上游鳅类一新种. 动物分类学报, 8(3): 314-316.]

Yang J, Wu T-J and Lan J-H. 2011a. A new blind loach species, *Triplophysa huanjiangensis* (Teleostei: Balitoridae), from Guangxi, China. Zool. Res., 32(5): 566-571. [杨剑, 吴铁军, 蓝家湖. 2011a. 中国广西盲鳅一新种——环江高原鳅. 动物学研究, 32(5): 566-571.]

Yang J, Wu T-J, Wei R-F and Yang J-X. 2011b. A new loach, *Oreonectes luochengensis* sp. nov. (Cypriniformes: Balitoridae) from Guangxi, China. Zool. Res., 32(2): 208-211.

Yang J, Wu T-J and Yang J-X. 2012. A new cave-dwelling loach, *Triplophysa macrocephala* (Teleostei: Cypriniformes: Balitoridae), from Guangxi, China. Environ. Biol. Fishes, 93(2): 169-175.

Yang J-S. 2002. Studies on the phylogeny and biogeography of parabotia fishes (Pisces: Cobitidae). Ph. D. thesis. Institute of Hydrobiology, Chinese Academy of Science, Wuhan. [杨军山. 2002. 副沙鳅属鱼类的系统发育与生物地理学研究. 武汉: 中国科学院水生生物研究所博士学位论文.]

Yang J-X. 1991. The fishes of Fuxian Lake, Yunnan, China, with description of two new species. Ichthyological Exploration of Freshwaters, 2(3): 193-202.

Yang J-X and Chu X-L. 1990. A new genus and a new species of Nemacheilinae from Yunnan Province, China. Zool. Res., 11(2): 109-114. [杨君兴, 褚新洛. 1990. 条鳅亚科鱼类一新属新种. 动物学研究, 11(2): 109-114.]

Yang J-X and Chen Y-R. 1995. The Biology and Resource Utilization of the Fishes of Fuxian Lake, Yunnan. Yunnan Science and Technology Press, Kunming. [杨君兴, 陈银瑞. 1995. 抚仙湖鱼类生物学和资源利用. 昆明: 云南科技出版社.]

Yang Q, Wei M-L, Lan J-H and Yang Q. 2011c. A new species of the genus *Oreonectes* (Balitoridae) from Guangxi, China. J. Guangxi Norm. Univ. (Nat. Sci. Ver.), 29(1): 72-75. [杨琼, 韦幕兰, 蓝家湖, 杨琴. 2011c. 广西岭鳅属鱼类一新种. 广西师范大学学报 (自然科学版), 29(1): 72-75.]

Yuan L-Y, Zhang E and Huang Y-F. 2008. Revision of the Labeonine Genus Sinocrossocheilus (Teleostei: Cyprinidae) from South China. Zootaxa, 1809: 36-48.

Yue P-Q, *et al.* 2000. Fauna Sinica (Osteichthyes): Cypriniformes (III). Science Press, Beijing. [乐佩琦等.

2000. 中国动物志硬骨鱼纲鲤形目 (下卷). 北京: 科学出版社.]

Zardoya R and Doadrio I. 1999. Molecular evidence on the evolutionary and biogeographical patterns of European cyprinids. J. Mol. Evol., 49(2): 227-237.

Zardoya R, Economidis P S and Doadrio I. 1999. Phylogenetic Relationships of Greek Cyprinidae: Molecular Evidence for at Least Two Origins of the Greek Cyprinid Fauna. Molecular Phylogenetics and Evolution, 13(1): 122-131.

Zhang E. 1994. Phylogenetic relationships of the endemic Chinese Cyprinid fish *Pseudogyrinocheilus procheilus*. Zool. Res., 15(S1): 26-35.

Zhang E. 2005. Phylogenetic relationships of Labeonine cyprinids of the disc-bearing group (Pisces: Teleostei). Zool. Res., 44(1): 130-143.

Zhang Z-L, Zhao Y-H and Zhang C-G. 2006. A New Blind Loach, *Oreonectes translucens* (Teleostei: Cypriniformes: Nemacheilinae), from Guangxi, China. Zoological Studies, 45(4): 611-615.

Zhao K-T. 1980. Economic fish in Sogo Nuur. Inner Mongolia Fisheries, 2: 23-26. [赵肯堂. 1980. 索果诺尔的经济鱼类. 内蒙古水产, 2: 23-26.]

Zhao T-Q. 1982. Fishes of Abogain Gol in Nei Mongol Ziziqu, China. J. Lanzhou Univ. (Nat. Sci. Ver.), 18(4): 112-118. [赵铁桥. 1982. 内蒙古艾不盖河的鱼类. 兰州大学学报 (自然科学版), 18(4): 112-118.]

Zheng B-S, Huang H-M, Zhang Y-L and Dai D-Y. 1980. Fishes of Tumen River. Jilin People's Press, Changchun. [郑葆珊, 黄浩明, 张玉玲, 戴定远. 1980. 图们江鱼类. 长春: 吉林人民出版社.]

Zheng C-Y. 1989. The Fishes of Pearl River. Science Press, Beijing. [郑慈英. 1989. 珠江鱼类志. 北京: 科学出版社.]

Zheng L-P, Du L-N, Chen X-Y and Yang J-X. 2009. A new species of genus *Triplophysa* (Nemacheilinae: Balitoridae), *Triplophysa longipectoralis* sp. nov, from Guangxi, China. Environ. Biol. Fishes, 85(3): 221-227.

Zheng L-P, Yang J-X and Chen X-Y. 2012. A new species of *Triplophysa* (Nemacheilidae: Cypriniformes), from Guangxi, southern China. J. Fish Biol., 80(4): 831-841.

Zheng L-P, Yang J-X, Chen X-Y and Wang W-Y. 2010. Phylogenetic relationships of the Chinese Labeoninae (Teleostei, Cypriniformes) derived from two nuclear and three mitochondrial genes. Zoologica Scripta, 39(6): 559-571.

Zhou W and Cui G-H. 1993. Status of the scaleless species of *Schistura* in China, with description of a new species (Teleostei: Balitoridae). Ichthyol. Explor. Freshwaters, 4(1): 81-92.

Zhou W and He J-C. 1989. A new species of dwarfism in *Yunnanilus* (Cypriniformes: Cobitidae). Acta Zootax. Sin., 14(3): 380-384. [周伟, 何纪昌. 1989. 云南鳅属一矮小型新种 (鲤形目: 鳅科). 动物分类学报, 14(3): 380-384.]

Zhou W and He J-C. 1993. *Paracobitis* distributed in Erhai area, Yunnan, China (Pisces: Cobitidae). Zool. Res., 14(1): 5-9. [周伟, 何纪昌. 1993. 洱海地区的副鳅属鱼类. 动物学研究, 14(1): 5-9.]

Zhu S-Q. 1981. Notes on the scaleless loaches (Nemachilinae, Cobitidae) from Qinghai-Xizang Plateau and adjacent territories in China. Geo. Eco. Stud. Qinghai-Xizang Plat., 2: 1061-1070.

Zhu S-Q. 1982a. Five new species of fishes of the genus *Nemachilus* from Yunnan Province, China. Acta

Zootax. Sin., 7(1): 104-111. [朱松泉. 1982a. 云南条鳅属鱼类五新种. 动物分类学报, 7(1): 104-111.]

Zhu S-Q. 1982b. A new species of the genus *Nemachilus* (Pisces: Cobitidae) from Qinghai Province, China. Acta Zootax. Sin., 7(2): 223-224. [朱松泉. 1982b. 青海省条鳅属鱼类一新种. 动物分类学报, 7(2): 223-224.]

Zhu S-Q. 1983. A new genus and species of Nemachilinae (Pisces: Cobitidae) from China. Acta Zootax. Sin., 8(3): 311-313. [朱松泉. 1983. 中国条鳅亚科的一新属新种. 动物分类学报, 8(3): 311-313.]

Zhu S-Q. 1989. The Loaches of the Subfamily Nemacheilinae in China (Cypriniformes: Cobitidae). Jiangsu Science and Technology Press, Nanjing. [朱松泉. 1989. 中国条鳅志. 南京: 江苏科学技术出版社.]

Zhu S-Q. 1995. Synopsis of Freshwater Fishes of China. Jiangsu Science and Technology Press, Nanjing. [朱松泉. 1995. 中国淡水鱼类检索. 南京: 江苏科学技术出版社.]

Zhu S-Q and Cao W-X. 1987. The Noemacheiline fishes from Guangdong and Guangxi with descriptions of a new genus and three new species Cypriniformes: Cobitidae. Acta Zootax. Sin., 12(3): 323-331. [朱松泉, 曹文宣. 1987. 我国广东和广西的条鳅亚科鱼类以及三新种的描述 (鲤形目: 鳅科). 动物分类学报, 12(3): 323-331.]

Zhu S-Q and Cao W-X. 1988. Descriptions of two new species and a new subspecies of Noemacheilinae from Yunnan Province (Cypriniformes: Cobitidae). Acta Zootax. Sin., 13(1): 95-100. [朱松泉, 曹文宣. 1988. 云南条鳅亚科鱼类两新种和一新亚种 (鲤形目: 鳅科). 动物分类学报, 13(1): 95-100.]

Zhu S-Q and Guo Q-Z. 1985. Descriptions of a new genus and a new species of Noemacheiline loaches from Yunnan Province, China (Cypriniformes: Cobitidae). Acta Zootax. Sin., 10(3): 321-325. [朱松泉, 郭启志. 1985. 云南省条鳅亚科鱼类一新属和一新种 (鲤形目: 鳅科). 动物分类学报, 10(3): 321-325.]

Zhu S-Q and Wang S-H. 1985. The Noemacheilinae fishes from Yunnan Province, China (Cypriniformes: Cobitidae). Acta Zootax. Sin., 10(2): 208-220. [朱松泉, 王似华. 1985. 云南省的条鳅亚科鱼类 (鲤形目: 鳅科). 动物分类学报, 10(2): 208-220.]

Zhu S-Q and Wu Y-F. 1975. Study on fish fauna of Qinghai Lake region. In: Qinghai Institute of Biology. Fish Fauna of Qinghai Lake Region and Biology of *Gymnocypris przewalskii*. Science Press, Beijing. 9-26. [朱松泉, 武云飞. 1975. 青海湖地区鱼类区系的研究//青海省生物研究所. 青海湖地区的鱼类区系和青海湖裸鲤的生物学. 北京: 科学出版社. 9-26.]

Zhu S-Q and Wu Y-F. 1981. A new species and a new subspecies of loaches of the genus *Nemachilus* from Qinghai Province. Acta Zootax. Sin., 6(2): 221-224. [朱松泉, 武云飞. 1981. 青海省条鳅属鱼类一新种和一新亚种的描述. 动物分类学报, 6(2): 221-224.]

Zugmayer E. 1910. Contributions to the Ichthyology from Central Asia. Zool. Jahrb. Syst. Geog. u. Biol., 29: 275-298. [Zugmayer E. 1910. Beiträge zur Ichthyologie von Zentral-Asien. Zool. Jahrb. Syst. Geog. u. Biol., 29: 275-298.]

Zugmayer E. 1913. Scientific results of the trip by Prof. Dr. G. Merzbacher in the central and eastern Thian-Schan 1907-8, fish. Munchen Abh. Ak. Wiss, 26 (1913), B14: 1-13. [Zugmayer E. 1913. Wissenschaftliche Ergebnisse der Reise von Prof. Dr. G. Merzbacher im zentralen und östlichen Thian-Schan 1907-8, Fische. Munchen Abh. Ak. Wiss, 26 (1913), B14: 1-13.]

英 文 摘 要

Abstract

Cypriniformes is the largest group of extant freshwater fishes, with about 280 genera and over 2660 species, widely distributed in Asia, Europe, Africa, and North America. China is among the countries that have the largest number of species of cypriniform fishes. According to preliminary statistics, nearly 178 genera and around 785 species are found in China, including nearly all representative lineages of Cypriniformes. Because so many species are contained in the order Cypriniformes, especially the family Cyprinidae, this order can neither be a standalone volume, nor be reasonably separated into individual volumes. Therefore, we decided to treat it as a whole and publish it in three volumes, "Volume I", "Volume II", and "Volume III". Volume I of Cypriniformes recorded 185 species and 29 genera of fishes from three families: Cobitidae, Catostomidae, and Gyrinocheilidae. It offers reasonably detailed introductory information on the Cypriniformes, Nemacheilinae, Botiinae, Cobitinae, Catostomidae, and Gyrinocheilidae. Volume II was formally published in 1998. It contains two parts: introduction of Cyprinidae and individual accounts of each subfamily. It systematically described each of the 260 cyprinid species from 79 genera and 8 subfamilies (i.e. Danioninae, Leuciscinae, Cultrinae, Xenocyprinae, Hypophthalmichthyinae, Gobioninae, Gobiobotinae, and Acheilognathinae) that are distributed in China. Volume III was formally published in 2000. It contains individual accounts of the subfamilies/families that were not included in Volume II. These subfamilies/families are Barbinae, Labeoninae, Schizothoracinae, and Cyprininae of the family Cyprinidae and the families Psilorhynchidae and Homalopterinae. A total of 340 species from 70 genera, 6 subfamilies, and 3 families were included.

The present book is comprised of two main parts, an introduction and individual accounts. The introduction covers study history, morphological characters and chromosomes, ecological information, distributional patterns, systematics and evolution, economic significance, breeding pathways, and explanations of terminology etc. After that, the individual accounts systematically describe fishes from the families Cobitidae, Myxocyprinus, and Balitoridae. Each species entry includes cited references, morphological descriptions, and geographical distribution, accompanied by illustrations of morphological characteristics. The book also includes a bibliography, an English abstract, an index of Chinese names, and an index of scientific names.

The study history part of the introduction mainly introduces that Cypriniformes is an order of the subclass Actinopterygii, class Osteichthyes, and is the second largest order of all fishes (second only to Perciformes). It is also the largest order of all extant freshwater fishes, with 4205 species in 489 genera and 6 families (or 13 families; Nelson et al., 2016). The earliest word records of Cypriniformes in China can be seen in *Shijing* (also *Classic of Poetry*). It reads "Why, in eating fish, must we have *fang* from the river?", "Why, in eating fish, must we have *li* from the river?", "What did he take in angling? *Fang* and *yu*". According to the research, "*li*" in the poems refers to common carp, "*fang*" is bream or black Amur bream, "*yu*" is silver carp or bighead carp. After *Shijing*, many ancient literatures and local chronicles, e.g. *Erya*, *Shan Hai Jing*, and *Shuowen Jiezi* etc., recorded some species of cyprind fishes. Among these ancient literatures, the *Bencao Gangmu* (also *Compendium of Materia Medica*) written by Li Shizhen provided relatively accurate descriptions of the characters of many species, e.g. common carp, silver carp, bighead carp, grass carp, and black carp etc. The history of research on Chinese cypriniform fishes can be divided into five major periods: the period of research by foreign scholars (1758-1927), the starting period of independent research by Chinese scholars (1927-1937), the period influenced by war (1937-1949), the period of recovery (1949-1980), and the accelerating period (1980-now).

The part of morphological character and chromosome provides brief descriptions of the external morphology, anatomical characters, and chromosomes. Fishes in the family Gyrinocheilidae have elongated bodies, cylindrical or laterally compressed a little, belly round; mouth inferior, funnel-like suckermouth; no barbel. *Myxocyprinus asiaticus* is the only species of the family Catostomidae that is distributed in China. It has a laterally compressed body with an apparent hump at the origin of the dorsal fin; mouth small, inferior, horseshoe shaped; snout stout, no barbel. Fishes in the family Cobitidae have elongated bodies, laterally compressed or cylindrical; head mostly laterally compressed; eye small; mouth inferior; 3-5 pairs of barbels, two pairs on the snout. As for the anatomical characters, the skeletal system, digestive system, respiratory system, circulatory system, muscular system, nervous system, and urinogenital system are described one after another. The number of chromosomes from most fishes of Cypriniformes is between 48 and 52, and this range is relatively stable for the majority of cypriniform species.

The distribution and ecology parts show that cypriniform fishes have a very wide distributional range. They can be found in fresh waters all over the world, except for South America, Australia, and Madagascar. Most inhabit tropical and sub-tropical regions, with fewer species found closer to high latitude regions. This order contains 6 families and 489 genera. It is the major group of freshwater fishes. Most species are edible. A total of 6 families, 178 genera, and around 785 species are distributed in China. The six families are Catostomidae, Cyprinidae, Gyrinocheilidae, Psilorhynchidae, Cobitidae, and Homalopteridae.

The systematics and evolution part summarizes studies on the classification, origination, and phylogenetics of cypriniform fishes. Based on mitochondrial genome analysis, Saitoh et al. (2003) suggested that Cypriniformes originated from Characiformes, with the origin dating back to the Early Triassic period (approximately 250 million years ago). So far, there are two main hypotheses regarding the origin of Cypriniformes. The dominant one proposes that Cypriniformes originated from Southeast Asia, where the greatest diversity of cypriniform fishes are currently found. The other hypothesis, based on similarity between Cypriniformes and other ostariophysan fishes, however, indicates that Cypriniformes may originate in South America.

The parts of economic significance and breeding pathways describe that fish constitutes the majority part of the aquaculture industry and has outstanding economic values. As the largest group of freshwater fishes, many cypriniform fishes belong to commercial fishes, some of them even have very high economic values. Some cypriniform species, e.g. the so-called "four famous domestic fishes" (i.e. black carp, grass carp, silver carp, and bighead carp), are considered as important commercial fishes not only in China but also in many other countries. Fishes have delicious meat and are quality food with high protein, low fat, high energy, and are easy to digest. Moreover, fish meat contains many human-needed and easy to absorb fat, minerals, and vitamins. China has a large area of inland waters, which can provide good places for the aquaculture of freshwater fishes. China has very rich fishery resources and around 800 freshwater fish species, among which over 250 species have commercial values and some have already been widely cultivated in aquaculture, e.g. black carp, grass carp, silver carp, bighead carp, common carp, goldfish, breams, pond loach etc. Since the second half of the 20th century, directed by science and technology, Chinese fishermen have developed techniques for stocking fish with reasonably high density and polyculture. These techniques are not only good for fishes to better utilize space and food resources, but can also increase aquaculture production, adjust the supply of fresh fish to markets, and enhance economic returns.

The terminology section provides a brief introduction to the commonly used taxonomic terms for cyprinid fishes.

As for the individual accounts, the morphological characters and distributional ranges of the families Cobitidae, Catostomidae, and Gyrinocheilidae are systematically described. The identification keys are based on comparison of morphological characters. They are more detailed than many monographs. Even fishes with abnormalities can be easily identified.

Order CYPRINFORMES

Key to families

1 (8) Barbels absent on snout or only one pair of rostral barbels present

2 (7) Single unbranched anterior rays in paired fins

3 (4) Lower pharyngeal teeth absent; each gill slit consisting of a dorsal opening and a ventral opening ······························ **Gyrinocheilidae**

4 (3) Lower pharyngeal teeth present; each gill slit consisting of only one opening

5 (6) Lower pharyngeal teeth in one row, as many as ten teeth; dorsal fin base elongated, branched rays 50 or more ······ **Catostomidae**

6 (5) Lower pharyngeal teeth in 1-4 rows, less than seven teeth in each row; branched dorsal fin rays less than 30 ······ **Cyprinidae**

7 (2) Two or more unbranched anterior rays in paired fins ······ **Psilorhynchidae**

8 (1) Two pairs or more rostral barbels present

9 (10) Head and front part of the body laterally compressed or cylindrical; paired fins not enlarged, at normal positions ······ **Cobitidae**

10 (9) Head and front part of the body flattened; paired fins enlarged with adhesive pads on ventral surface ······ **Homalopteridae**

Family Cobitidae

Key to subfamilies

1 (2) Suborbital spine absent, three pairs of barbels, including two pairs of rostral barbels and one pair of maxillary barbels (nostril tubes of anterior nostrils extend to be barbel-like in a few genera) ······ **Nemacheilinae**

2 (1) Suborbital spine present (except for *Misgurnus* and *Paracobitis*); 3-5 pairs of barbels, including two pairs of rostral barbels and one pair of maxillary barbels, chin barbels 1-2 pairs or absent

3 (4) Two pairs of rostral barbels clustered at the tip of snout; bony capsule of air-bladder is formed by the ventral branch of the 2nd parapophysis that extended backwards, the 4th parapophysis, rib, and suspensorium; caudal fin deeply forked; lateral-line complete ······ **Botiinae**

4 (3) Two pairs of rostral barbels spread at the tip of snout; bony capsule of air-bladder is formed by the 4th parapophysis, rib, and suspensorium, dorsal and ventral branches of the 2nd vertebrae closely attach to the anterior part of the capsule and are not involved in the formation of the capsule; caudal fin usually slightly emarginate, rounded or truncate; lateral-line complete, incomplete, or absent ······ **Cobitinae**

Subfamily Nemacheilinae

Key to genera

1 (32) Adipose keel absent between dorsal fin and caudal fin, if present, then the height of adipose keel is less than half of the height of caudal peduncle; air-bladder capsule is characterized by a lateral division into two chambers dumbbell-shaped or rhombus ventrally

2 (15) Anterior nostrils are located in short tubular protrusions; posterior wall of the side chambers of air-bladder capsule is a thin membrane, not bony

3 (10) Anterior and posterior nostrils are located close to each other

4 (9) Body sides with many dark brown bars; postcleithrum present

5 (6) Cheeks covered with small scales ······ ***Paranemachilus***

6 (5) Head scaleless

7 (8) Single oblong cranial fontanel ······ ***Protonemacheilus***

8 (7) Cranial fontanel absent ······ ***Micronemacheilus***

9 (4) Body color uniform, no spots or bars; postcleithrum absent ······ ***Heminoemacheilus***

10 (3) Anterior and posterior nostrils are separated at a short distance

11 (12) Head laterally compressed, head width usually smaller than head height; tubular protrusions of anterior nostrils not elongated to be barbel-like ······ ***Yunnanilus***

12 (11) Head ventrally compressed, head width larger than head height; tubular protrusions of anterior nostrils elongated to be barbel-like

13 (14) A brown stripe as wide as eye diameter runs across body side from snout to caudal base, more prominent in males; dorsal wall of the side chambers of air-bladder capsule with one broad horizonal gap ······ ***Lefua***

14 (13) No stripe runs across body side from snout to caudal base; dorsal wall of the side chambers of air-bladder capsule complete ······ ***Oreonectes***

15 (2) Anterior nostrils are located in the nostril flaps; posterior wall of the side chambers of air-bladder capsule bony

16 (29) Sides of snout without dense small tubercles in males

17 (26) Suborbital flap absent in males

18 (19) Anterior and posterior nostrils are separated at a short distance (except for a few species); outside of several pectoral fin rays hardened with cushion-like elevations comprised of dense small tubercles on the dorsal surface in males (more prominent in breeding season) ······ ***Barbatula***

19 (18) Anterior and posterior nostrils are located close to each other; pectoral fins normal in males

20 (25) Distance between anus and pelvic fin base substantially longer than distance between anus and anal fin base

21 (22) Body scaleless ······ ***Oreias***

22 (21) Body covered with small scales, or front part of the body scaleless

23 (24) Membranous adipose keel present between dorsal fin and caudal fin ······ ***Paracobitis***

24 (23) Membranous adipose keel absent between dorsal fin and caudal fin ······ ***Schistura***

25 (20) Distance between anus and pelvic fin base substantially shorter than distance between anus and anal fin base ······ ***Aborichthys***

26 (17) Suborbital flap present in males

27 (28) Lips normal, prebuccal cavity absent ······ ***Nemacheilus***

28 (27) Lips thick, prebuccal cavity surrounded by lips present ······ ***Neonoemacheilus***

29 (16) Sides of snout with dense small tubercles in males

30 (31) Rectangle-shaped elevations present on sides of snout from suborbital area to mouth corners in males, sides of elevations and cheeks even the operculum are covered with small tubercles; two side chambers of the air-bladder capsule dumbbell-shaped ventrally ······ ***Triplophysa***

31 (30) Triangle-shaped small region covered with small tubercles present between suborbital area to nostrils in males; two side chambers of the air-bladder capsule rhombus ventrally ····· ***Hedinichthys***

32 (1) An adipose keel present between dorsal fin and caudal fin, the height of adipose keel is at least more than half of the height of caudal peduncle; air-bladder capsule is in a single part, round ventrally ······························· ***Sphaerophysa***

Paranemachilus Zhu, 1983

Key to species

1 (2) Cheeks covered with small scales, relatively small spots on the body sides of females ····· ***P. genilepis***

2 (1) Cheeks scaleless, relatively large spots on the body sides of females ··················· ***P. pingguoensis***

Protonemacheilus Yang *et* Chu, 1990

Only one species found in China: ***Protonemacheilus longipectoralis* Yang *et* Chu, 1990.**

Micronemacheilus Rendahl, 1944

Only one species found in China: ***Micronemacheilus pulcher* (Nichols *et* Pope, 1927).**

Heminoemacheilus Zhu *et* Cao, 1987

Key to species

1 (2) Eyes degenerated completely, barbels relatively short ································ ***H. hyalinus***

2 (1) Eyes normal, barbels long, reaching operculum or passing the posterior margin of the head ··· ***H. zhengbaoshani***

Yunnanilus Nichols, 1925

Key to species

1 (20) Lateral line incomplete, usually interrupted above pectoral fins, head with openings for cephalic lateral line canals

2 (9) Branched dorsal fin rays 9-10

3 (4) Branched anal fin rays 6 ······························· ***Y. analis***

4 (3) Branched anal fin rays 5 (except for a few specimens of *Y. chui* and *Y. elakatis*)

5 (8) Branched caudal fin rays usually 16; caudal fin without spots

6 (7) Eye relatively large, head length is 3.3-3.8 times of eye diameter; body scaleless ······························· ***Y. chui***

7 (6) Eye relatively small, head length is 3.9-5.1 times of eye diameter; sparse scales at the caudal peduncle ······························· ***Y. elakatis***

8 (5) Branched caudal fin rays usually 14; caudal fin with 1-2 black strips ··················· ***Y. discoloris***

9 (2) Branched dorsal fin rays usually 8

10 (19) Body covered with small scales, at least for the body parts behind the dorsal fin

11 (18) Number of openings for cephalic lateral line canals 7-17

12 (17) Eye relatively large, head length is 3.0-4.8 times of eye diameter

13 (16) Distance between anal fin base and pelvic fin base almost equal to distance between anal fin base and caudal fin base

14 (15) Maxillary barbels extend backwards at most to the vertical line marked by the posterior margin of eyes; caudal fin lunate with two tips pointed ············ ***Y. longibulla***

15 (14) Maxillary barbels extend backwards beyond the vertical line marked by the posterior margin of eyes; caudal fin emarginate with two tips rounded ············ ***Y. parvus***

16 (13) Distance between anal fin base and pelvic fin base apparently larger than distance between anal fin base and caudal fin base ············ ***Y. sichuanensis***

17 (12) Eye relatively small, head length is 7.0-7.3 times of eye diameter ············ ***Y. macrogaster***

18 (11) Number of openings for cephalic lateral line canals 19-34 ············ ***Y. pleurotaenia***

19 (10) Body scaleless ············ ***Y. paludosus***

20 (1) Lateral line system absent, head without openings for cephalic lateral line canals

21 (32) Branched dorsal fin rays usually 8-9; relatively more scales, at least the body parts behind the dorsal fin covered with dense small scales

22 (23) Mouth terminal; 3-5 gill rakers on the outside of the first branchial arch ············ ***Y. nigromaculatus***

23 (22) Mouth subterminal; no gill raker on the outside of the first branchial arch

24 (25) Branched caudal fin rays 15-16; a blue-gray stripe with its width similar to eye diameter runs from back of head to the caudal peduncle on body side ············ ***Y. obtusirostris***

25 (24) Branched caudal fin rays 14; no stripe on body sides

26 (29) Body color uniform, no spot or bar, or only with irregular spots

27 (28) When laid flat, dorsal fin passes the anus and reaches the vertical line marked by the origin of anal fin; predorsal body covered with dense small scales ············ ***Y. niger***

28 (27) When laid flat, dorsal fin reaches the vertical line marked by anus; predorsal body scaleless ············ ***Y. pachycephalus***

29 (26) Body with many dense, small and twisted horizontal stripes

30 (31) When laid flat, dorsal fin reaches the vertical line marked by the origin of anal fin base ············ ***Y. altus***

31 (30) When laid flat, dorsal fin passes the anus and reaches beyond the vertical line marked by the origin of anal fin base ············ ***Y. caohaiensis***

32 (21) Branched dorsal fin rays usually 10; few scales, only residual scales at the caudal peduncle ············ ***Y. yangzonghaiensis***

***Lefua* Herzenstein, 1888**

Only one species found in China: ***Lefua costata* (Kessler, 1876).**

Oreonectes Günther, 1868

Key to species

1 (16) Caudal fin emarginate or forked

2 (11) Eyes normal or degenerated to small black spots

3 (6) Body gray in live specimens; dorsal fin origin is located at the top front of pelvic fin origin

4 (5) Branched dorsal fin rays 8, branched pelvic fin rays 7 ······························ ***O. furcocaudalis***

5 (4) Branched dorsal fin rays 9, branched pelvic fin rays 6 ································· ***O. donglanensis***

6 (3) Body flesh red in live specimens and translucent, inner organs can be seen clearly

7 (10) Head relatively small, duckbill-shaped, caudal peduncle narrow

8 (9) Entire body scaleless or has scales that degenerated at different degrees; barbels short and thin; branched pelvic fin rays 7 ·· ***O. microphthalmus***

9 (8) Body covered with dense and small scales; barbels relatively developed; branched pelvic fin rays 6 ··· ***O. macrolepis***

10 (7) Head large, snout blunt, caudal peduncle relatively broad ································ ***O. duanensis***

11 (2) Eyes degenerated completely

12 (15) Barbels relatively long, outside rostral barbels extend to mouth corners; maxillary barbels extend forward to reach the bases of outside rostral barbels; branched pelvic fin rays 6

13 (14) Tip of anterior nostril tube elongated to be barbel-like ································· ***O. translucens***

14 (13) Anterior nostril tube truncate at the end ··· ***O. acridorsalis***

15 (12) Barbels short and small, outside rostral barbels extend less than halfway from barbel bases to mouth corners; maxillary barbels extend forward but not reaching the bases of outside rostral barbels; branched pelvic fin rays 5 ··· ***O. barbatus***

16 (1) Caudal fin rounded or truncate

17 (24) Eyes clearly visible

18 (21) Pelvic fins placed relatively forward, the entire pelvic fin bases are located before the origins of dorsal fins; No dark black stripe along the midline of body side

19 (20) Prominent and irregular black spots on the back and sides of the body··············· ***O. platycephalus***

20 (19) Body milky white, no pigmentation·· ***O. luochengensis***

21 (18) Pelvic fins are located a little ahead of dorsal fin origin; a dark black stripe runs along the midline of body side

22 (23) Prominent and irregular black cloud blotches on the back and sides of the body ····· ***O. polystigmus***

23 (22) Prominent and irregular dark brown turbid spots on the back and sides of the body ·················· ·· ***O. guananensis***

24 (17) Eyes degenerated and not visible·· ***O. anophthalmus***

Barbatula Linck, 1970

Key to species

1 (4) Body scaleless; anterior and posterior nostrils are clearly separated; lower lips normal near mouth corners, no labial barbel extended backwards

2 (3) Caudal peduncle laterally compressed, width less than length at the caudal peduncle origin; 11-13 gill rakers on the inner side of the first branchial arch; vertebrae 4+36-37 ··········***B. microphthalma***

3 (2) Caudal peduncle nearly rounded, width larger than or equal to length at the caudal peduncle origin; 13-16 gill rakers on the inner side of the first branchial arch; vertebrae 4+39-40············· ***B. labiata***

4 (1) Body covered with small scales, at least at the caudal peduncle; anterior and posterior nostrils are more or less separated; a labial barbel extended backwards from lower lip near the mouth corner ···· ···***B. barbatula nuda***

Oreias Sauvage, 1874

Only one species found in China: ***Oreias dabryi* Sauvage, 1874.**

Paracobitis Bleeker, 1863

Key to species

1 (14) Eyes present

2 (11) Lateral line complete, extends to the caudal fin base

3 (10) Vertebrae 4+39-44=43-48

4 (9) Many scales, can be distinguished by naked eyes

5 (6) Body slender, body length 6.9-9.5 times (8.4 on average) of body height; front part of the body covered with sparse scales and scales absent on the belly··································· ***P. variegatus***

6 (5) Body stout, body length 5.2-7.2 times (5.0-6.1 on average) of body height; front part of the body covered with dense scales and scales present on the belly

7 (8) Body height almost consistent from the origin of the dorsal fin to the caudal base; length of caudal peduncle is 1.3-1.6 (1.4) times of the height (including the adipose keels above and below) of caudal peduncle; head width larger than head height ·································· ***P. anguillioides***

8 (7) Body height lower down from the dorsal fin origin to the caudal base; length of caudal peduncle is 1.4-1.8 (1.6) times of the height (including the adipose keels above and below) of caudal peduncle; head width equal to or a little larger than head height ·································· ***P. acuticephala***

9 (4) Body scaleless or only have a few scales on the caudal peduncle ························· ***P. oligolepis***

10 (3) Vertebrae 4+37-38=41-42··***P. erhaiensis***

11 (2) Lateral line incomplete

12 (13) Lateral line terminates at the caudal peduncle; adipose keel above the caudal peduncle short, the anterior part does not reach the above of the anal fin (Wujiang River System) ······· ***P. wujiangensis***

13 (12) Lateral line terminates below the dorsal fin; adipose keel above the caudal peduncle long, the anterior part almost reaches the dorsal base ······ ***P. potanini***

14 (1) Eyes absent ······ ***P. posterodorsalus***

Schistura McClelland, 1839

Key to species

1 (20) A "V" shaped notch is located at the middle of the front margin of the lower jaw, the well-developed dentated protrusion of the upper jaw can fit in the notch

2 (5) Body color uniform, no spot or stripe

3 (4) Cheeks normal or bulge slightly ······ ***S. incerta***

4 (3) Cheeks visibly bulging ······ ***S. bucculenta* (adults)**

5 (2) Back and sides of the body with prominent stripes

6 (13) A stripe about the size of eye diameter runs along the central axis or lateral line from behind the head to caudal base

7 (8) Body side with a stripe but no bar ······ ***S. laterivittata***

8 (7) Body side with a stripe crossing multiple bars

9 (12) Bars on body side wider than the intervals

10 (11) Bars on body side 8-12, in regular arrangements and shapes; body length 3.6-3.9 times of head length; origin of dorsal base behind the midpoint of body length ······ ***S. macrotaenia***

11 (10) Bars on body side 9-11, in irregular arrangements and shapes; body length 3.9-4.2 times of head length; origin of dorsal base aligns with the midpoint of body length ······ ***S. spilota***

12 (9) Bars on body sides narrower than the intervals, bars 9-11 ······ ***S. reidi***

13 (6) Body sides without strips, but with multiple bars

14 (17) Bars relatively few, 7-13 on average

15 (16) Bars on body side 7-8, vaguely visible from the back ······ ***S. bucculenta* (juveniles)**

16 (15) Bars on body side 7-13, 11 on average, extend downwards from dorsal to around the lateral line ······ ***S. thai***

17 (14) Bars relatively more, over 13 on average

18 (19) Bars on body side 8-30, 13 on average, in regular arrangements and shapes; extend downwards from dorsal to around the lateral line ······ ***S. fasciolata***

19 (18) Bars on body side 21-27, in irregular arrangements and shapes, separated from stripes on the body sides ······ ***S. rara***

20 (1) No "V" shaped notch at the middle of the front margin of the lower jaw, the upper jaw usually does not have the well-developed dentated protrusion

21 (24) Barbels long, outside rostral barbels extend backwards and reach the area below the middle and posterior margin of eyes, maxillary barbels apparently extend beyond the posterior margin of eyes and reach the operculum

22 (23) Lateral line complete; bars on body side 11-17 (14 on average); vertebrae 4+32 ……***S. conirostris***

23 (22) Lateral line incomplete, ends above the anus; bars on body side 15-19 (18 on average, female) or a dark stripe runs from behind the head to caudal base and dorsal bars do not extend to body sides (male)……***S. meridionalis***

24 (21) Barbels short, outside rostral barbels extend backwards and reach at most below the anterior margin of eyes, maxillary barbels reach the posterior margin of eyes

25 (30) Multiple bars on body side, in regular arrangements and shapes

26 (27) Bars across the body are similar in width, less than 7 bars……***S. latifasciata***

27 (26) Bars on body sides are narrower predorsal than postdorsal

28 (29) Branched caudal fin rays 17; bars on body side 26-33 (29) ……***S. vinciguerrae***

29 (28) Branched caudal fin rays 14-16; bars on body side 12-17 ……***S. longa***

30 (25) No bars on body side, with patches in irregular arrangements and shapes

31 (32) Lateral line complete ……***S. callichroma***

32 (31) Lateral line incomplete, ends above the anal fin……***S. nandingensis***

Aborichthys Chaudhuri, 1913

Only one species found in China: ***Aborichthys kempi* Chaudhuri, 1913.**

Nemacheilus Bleeker, 1863

Key to species

1 (2) Branched dorsal fin rays 7; branched caudal fin rays 15……***N. polytaenia***

2 (1) Branched dorsal fin rays 8; branched caudal fin rays 16-17

3 (8) Bars on body sides, in regular arrangements and shapes

4 (5) Tip of pelvic fins extend beyond anus in adults ……***N. putaoensis***

5 (4) Tip of pelvic fins not reaching anus in adults

6 (7) Width and arrangement of body side bars relatively even across the body; height of caudal peduncle not reducing towards the caudal fin; lateral line openings become sparse or even disappear in the rear part of the body.……***N. subfuscus***

7 (6) Width and arrangement of body side bars dense and narrow in the front part of the body but sparse and broad in the rear part of the body; height of caudal peduncle lower down towards the caudal fin; lateral line openings evenly distributed and extend to the caudal base ……***N. yingjiangensis***

8 (3) Bars or patches on body sides, in irregular arrangements and shapes……***N. shuangjiangensis***

Neonoemacheilus Zhu *et* Guo, 1985

Only one species found in China: ***Neonoemacheilus mengdingensis* Zhu *et* Guo, 1989.**

Triplophysa Rendahl, 1933

Key to species

1 (118) Eyes normal

2 (17) Body covered with small scales, at least with few scales at the caudal peduncle

3 (8) The entire body behind the head, or the entire body minus head and the chest and abdomen regions covered with scales visible to the naked eyes

4 (7) Pectoral fin relatively long or has a medium length, the tip usually does not exceed the origin of the pelvic fin

5 (6) Origin of the pelvic base is a little behind the origin of the dorsal base ··············· ***T. huapingensis***

6 (5) Origin of the pelvic base is a little ahead of the origin of the dorsal base ············ ***T. minxianensis***

7 (4) Pectoral fin very long, the tip far exceeds the origin of the pelvic fin··············· ***T. longipectoralis***

8 (3) Relatively few scales, usually only exist on the body behind the dorsal fin or two sides of the caudal peduncle

9 (16) Fins short, pelvic fin does not reach anus

10 (15) The longest fin ray of the dorsal fin is shorter than the body height

11 (12) Relatively dense scales, body behind the dorsal fin covered with small scales············ ***T. sellaefer***

12 (11) Relatively sparse scales, only a few scales at the caudal peduncle or scaleless

13 (14) Bars absent in the dorsal midline; relatively short caudal peduncle, length of the peduncle is 1.8-2.0 of the width of the peduncle; relatively more scales cover the peduncle ············· ***T. shaanxiensis***

14 (13) 7-9 large bars present in the dorsal midline; relatively long caudal peduncle, length of the peduncle is 2.0-2.5 of the width of the peduncle; scaleless or only a few scales cover the latter part of the peduncle·· ***T. robusta***

15 (10) The longest fin ray of the dorsal fin is apparently longer than the body height······ ***T. yunnanensis***

16 (9) Fins long, tip of the pelvic fin usually reaches anus or beyond anus and reaches the anal fin origin · ··· ***T. cuneicephala***

17 (2) Scales absent

18 (83) The posterior chamber of air-bladder degenerated, only a small membrane-chamber or protrusion remains, the end does not exceed the posterior margin of the bony air-bladder capsule

19 (80) Branched anal fin rays 5

20 (69) Lateral line complete, openings are relatively evenly distributed along the body

21 (26) Short strips of cortical edges or wart-like protrusions present on the skin surface

22 (25) Short strips of cortical edges present on the skin surface

23 (24) Short strips of cortical edges sparse; 4-6 and 3-5 broad brown bars are located on the back in front of and behind the dorsal fin, respectively; these bars sometimes extend downwards crossing the lateral line·· ***T. pappenheimi***

24 (23) Short strips of cortical edges dense; twisted short bars present on the head; body usually has large circular or round blotches··· ***T. siluroides***

25 (22) Wart-like protrusions present on the skin surface ·· *T. crassilabris*

26 (21) Skin on body smooth

27 (68) Rostral barbels and maxillary barbels in medium length or long

28 (57) Height of caudal peduncle does not lower down towards the caudal fin

29 (54) Lower jaw spoon-like, edge not sharp

30 (33) Intestine relatively long, forms two loops behind the stomach

31 (32) Head small, snout stout, snout almost the same length as head behind eyes; body sides do not have many irregular cloud blotches·· *T. xingshanensis*

32 (31) Head big, snout cone-shaped, snout length a little longer than the length of head behind eyes; body sides have many irregular cloud blotches ·· *T. macromaculata*

33 (30) Intestine short, only forms one loop behind the stomach, twisting into Z-shaped

34 (39) Caudal fin forked

35 (36) Small, dense, and irregular gray-black cloud blotches present at body sides and dorsal part of the head··· *T. nandanensis*

36 (35) Small, dense, and irregular gray-black cloud blotches absent at body sides and dorsal part of the head

37 (38) Tip of pelvic fin not reaching the anus·· *T. hsutschouensis*

38 (37) Tip of pelvic fin reaching the anus ·· *T. angeli*

39 (34) Caudal fin truncate or emarginate

40 (51) Latter part of the body relatively thin, caudal peduncle width less than height at the peduncle origin

41 (42) Dorsal fin origin apparently sits more backwards; a dark brown stripe present along the lateral line ··· *T. daqiaoensis*

42 (41) Dorsal fin origin does not sit backwards; a dark brown stripe absent along the lateral line

43 (44) Branched dorsal fin rays 8-9 ·· *T. anterodorsalis*

44 (43) Branched dorsal fin rays mainly 7

45 (50) The back and sides of head and body without many prominent irregular brown cloud blotches or small spots

46 (47) A dark brown blotch present at the latter part of the caudal peduncle······················ *T. xiqiensis*

47 (46) A dark brown blotch absent at the latter part of the caudal peduncle

48 (49) Lips thick, two prominent longitudinal ridges present in the middle of the lower lip; a series of patches absent along the lateral line·· *T. brevicauda*

49 (48) Lips thin, the lower lip retreated backwards, two longitudinal ridges in the middle of the lower lip not prominent; a series of patches present along the lateral line ····························· *T. bleekeri*

50 (45) The back and sides of head and body with many prominent irregular brown cloud blotches or small spots ·· *T. nanpanjiangensis*

51 (40) Latter part of the body relatively thick, caudal peduncle width larger than or equal to height at the peduncle origin

52 (53) Caudal peduncle relatively short, length 2.8-4.8 times of height; body length 3.7-4.9 times of

caudal peduncle length ························ *T. leptosoma*

53 (52) Caudal peduncle relatively long, length 4.8-6.1 times of height; body length 3.3-3.5 times of caudal peduncle length ························ *T. longianguis*

54 (29) Lower jaw flat or shovel-like, edge sharp

55 (56) 10-13 gill rakers on the inner side of the first branchial arch; lower jaw shovel-like, edge not level; snout ahead of nostrils apparently tilting downwards ························ *T. tanggulaensis*

56 (55) 13-23 (18 on average) gill rakers on the inner side of the first branchial arch, lower jaw edge sharp and level; snout normal ························ *T. stoliczkae*

57 (28) Height of caudal peduncle obviously lower down towards the caudal fin

58 (65) Front or both front and rear parts of the body cylindrical

59 (60) Snout length larger or equal to the post-orbital head length

60 (59) Snout length smaller than the post-orbital head length ························ *T. lixianensis*

61 (62) 13-22 (16 on average) gill rakers on the inner side of the first branchial arch

62 (61) 11-15 (13 on average) gill rakers on the inner side of the first branchial arch ·········· *T. tenuicauda*

63 (64) Dorsal base long, length about 17% of body length ························ *T. aliensis*

64 (63) Dorsal base short, length about 13% of body length ························ *T. stenura*

65 (58) Both front and rear parts of the body laterally compressed

66 (67) Head long and pointed; lips thin and smooth ························ *T. pseudostenura*

67 (66) Head a little pointed and flat; lips thick with folds on surface ························ *T. alexandrae*

68 (27) Rostral barbels and maxillary barbels all very short and small ························ *T. brevibarba*

69 (20) Lateral line incomplete, openings are sparse on the latter part of the body

70 (73) Height of caudal peduncle does not lower down towards the caudal fin

71 (72) Lateral line short, terminates above the pectoral fins; intestine long, screw shaped ventrally; vertebrae 4+34-35 ························ *T. cakaensis*

72 (71) Lateral line long, at least extends below the origin of the dorsal base; intestine short, twisted into Z-shaped; vertebrae 4+39-42 ························ *T. microps*

73 (70) Height of caudal peduncle obviously lower down towards the caudal fin

74 (77) Lower jaw spoon-shaped, edge not sharp; intestine short, twisted into 2-3 loops behind the stomach

75 (76) Skin smooth; vertebrae 4+37-39=41-43; air-bladder capsule normal ························ *T. gerzeensis*

76 (75) Skin surface with many granular nodules; vertebrae 4+35-39; air-bladder capsule enlarged ························ *T. alticeps*

77 (74) Lower jaw shovel-shaped, edge sharp; intestine long, twisted into 5-7 loops behind the stomach

78 (79) Caudal peduncle laterally compressed at the origin; air-bladder capsule normal ······ *T. rotundiventris*

79 (78) The cross section of the origin of the caudal peduncle nearly rounded; air-bladder capsule expanded ························ *T. chondrostoma*

80 (19) Branched anal fin rays 6-7

81 (82) Caudal peduncle laterally compressed, length less than 3 times of height; eye diameter less than interorbital width ························ *T. grahami*

82 (81) Caudal peduncle thin and rounded, length less than 4 times of height; eye diameter greater than interorbital width ········ ***T. macrophthalma***

83 (18) The posterior chamber of air-bladder well-developed, the end at least exceeds the posterior margin of the bony air-bladder capsule, free in the abdominal cavity

84 (105) Caudal peduncle laterally compressed, height does not lower down towards caudal fin, width less than height at the origin of caudal peduncle

85 (98) The last unbranched dorsal fin ray soft

86 (89) Pelvic fins not reaching the anus

87 (88) Head and body laterally compressed, body relatively short, body length 3.9-5.5 times of body height, many brown bars on body sides ········ ***T. venusta***

88 (87) Head a little ventrally compressed and anterior body a little cylindrical, body elongated, body length 5.9-7.5 times of body height, brown bars and spots on body sides ········ ***T. xichangensis***

89 (86) Pelvic fins reaching the anus or exceed the anus and reaching anal fin origin

90 (91) Lateral line incomplete, terminates above the pectoral fins ········ ***T. hutjertjuensis***

91 (90) Lateral line complete

92 (93) Pelvic fins sit more to the rear part of the body, their base origins are located between the lines marked by the third and seventh branched fin ray bases of the dorsal fin; front end of the oblong posterior chamber of air-bladder connects with the anterior chamber through a long and thin tube ········ ***T. dalaica***

93 (92) Pelvic fins sit more to the front part of the body, their base origins are located near the dorsal fin base (usually do not exceed the second branched fin ray base); front end of the long cylinder posterior chamber of air-bladder connects with the anterior chamber directly

94 (95) Lower lip without well-developed papillary protrusions, always has patches or saddles on the back before or behind the dorsal fin ········ ***T. orientalis***

95 (94) Lower lip with well-developed papillary protrusions, light black or with uniform small spots or twisted short spots on the back

96 (97) Light black or with uniform small spots on the back; vertebrae 4+34-35=38-39 ········ ***T. dorsalis***

97 (96) Twisted short spots on the back; vertebrae 4+37=41 ········ ***T. obscura***

98 (85) The last unbranched dorsal fin ray stout and hard

99 (100) Front end of the oblong posterior chamber of air-bladder connects with the anterior chamber through a long and thin tube; an intestinal cecum presents at where intestine and stomach connect ········ ***T. scleroptera***

100 (99) Front end of the oval or oblong posterior chamber of air-bladder connects with the anterior chamber directly; intestinal cecum absent at where intestine and stomach connect

101 (104) Lower jaw normal; posterior chamber of the air-bladder membranous, with some elasticity

102 (103) Branched dorsal fin rays usually 8-9 ········ ***T. pseudoscleroptera***

103 (102) Branched dorsal fin rays 6-7 ········ ***T. wuweiensis***

104 (101) Lower jaw edge sharp; posterior chamber of the air-bladder thickened and hardened, without

elasticity······ *T. markehenensis*

105 (84) The cross section of the origin of the caudal peduncle nearly rounded, width larger than or equal to height at this point, height of the peduncle lower down towards caudal fin

106 (115) Lateral line complete; branched anal fin rays 5; front end of the oval or oblong posterior chamber of air-bladder connects with the anterior chamber through a long and thin tube

107 (112) Dorsal base origin closer to caudal base than to snout

108 (109) Lip surface smooth; posterior chamber of air-bladder very small, shorter than the thin tube in the front······ *T. microphysa*

109 (108) Lip surface with many papillae; posterior chamber of air-bladder relatively large, longer than the thin tube in the front

110 (111) Two rows of papillae present on the upper and lower lips······ *T. papillosolabiata*

111 (110) Two rows of papillae absent on the upper and lower lips······ *T. strauchii*

112 (107) Dorsal base origin closer to snout than to caudal base

113 (114) Skin smooth, no short spinous process parallel to body axis; caudal peduncle length 3.9-9.1 (7 on average) times of height······ *T. tenuis*

114 (113) Many short spinous processes parallel to body axis present on the head, back, and sides of body; caudal peduncle length 7.6-13.1 (10 on average) times of height······ *T. bombifrons*

115 (106) Lateral line thin tube shaped, openings become sparse or disappear at the latter part of the body; branched anal fin rays 5-6; long pocket shaped posterior chamber of air-bladder connects with the anterior chamber directly

116 (117) Front part of the body nearly rounded; body color variegated, not twisted short bars; posterior chamber of the air-bladder small, the end reaches at most to where pelvic fins originated······ *T. stewarti*

117 (116) Front part of the body laterally compressed; twisted short bars present on body; posterior chamber of the air-bladder large, the end reaches at least to where pelvic fins originated······ *T. tibetana*

118 (1) Eyes degenerated

119 (126) Eyes small or degenerated to little black spots

120 (125) Head small, head width smaller than body width

121 (122) Lateral line complete······ *T. tianeensis*

122 (121) Lateral line incomplete

123 (124) Dorsal fin origin a little ahead of pelvic fin origin; 6-7 branched dorsal fin rays; 5 branched anal fin rays······ *T. lingyunensis*

124 (123) Dorsal fin origin clearly ahead of pelvic fin origin; 8 branched dorsal fin rays; 6 branched anal fin rays······ *T. langpingensis*

125 (120) Head large, head width larger than body width, irregular spots present on the dorsal part of head and body sides······ *T. macrocephala*

126 (119) Eyes absent

127 (128) Well-developed adipose keel absent above the caudal peduncle······ *T. fengshanensis*

128 (127) Well-developed adipose keel present above the caudal peduncle

129 (130) Head normal, pectoral fin reaches the midpoint between pectoral fin and pelvic fin; 7-8 branched dorsal fin rays ···························· *T. lihuensis*

130 (129) Head compressed, duckbill-shaped; pectoral fin extends beyond the midpoint between pectoral fin and pelvic fin; 8-9 branched dorsal fin rays

131 (132) Pectoral fin length is 50%-72% of the distance between pectoral fin and pelvic fin origin ···························· *T. huanjiangensis*

132 (131) Pectoral fin length is 72%-84% of the distance between pectoral fin and pelvic fin origin ···························· *T. dongganensis*

Hedinichthys Rendahl, 1933

Key to species

1 (4) Lateral line complete; body large in size; total length can reach 300 mm

2 (3) 11-13 gill rakers on the inner side of the first branchial arch ·············· *H. yarkandensis yarkandensis*

3 (2) 12-21 (17 on average) gill rakers on the inner side of the first branchial arch ···························· *H. yarkandensis macropterus*

4 (1) Lateral line incomplete, terminates above the area between pectoral fin and pelvic fin; body small in size, maximum total length less than 60 mm ···························· *H. minuta*

Sphaerophysa Cao *et* Zhu, 1988

Only one species found in China: ***Sphaerophysa dianchiensis* Cao *et* Zhu, 1988.**

Subfamily Botiinae

Key to Genera

1 (2) Scales absent on cheek ···························· *Botia*

2 (1) Scales present on cheek

3 (4) Suborbital spine bicuspid ···························· *Parabotia*

4 (3) Suborbital spine monocuspid ···························· *Leptobotia*

Botia Gray, 1831

Key to species

1 (14) Three pairs of barbels, two pairs of rostral barbels and one pair of maxillary barbels; mental lobes short and undeveloped, the lip does not end posteriorly in a filiform tip

2 (9) Cranial fontanel present

3 (8) The main suborbital spine extends posteriorly not reaching beneath the posterior edge of the eyes;

eyes small, head length 8.2-10.5 times of eye diameter; posterior chamber of air-bladder well-developed

4 (7) Snout long, head length 1.8-2.0 times of snout length; eyes located in the latter half of the head; pelvic fin tip extends posteriorly close to or reaches the anus

5 (6) 11-15 conspicuous vertical bands on the body, no spots or stripes ························ ***B. lucasbahi***

6 (5) 10-12 inconspicuous vertical bands and some conspicuous stripes and spots ············ ***B. berdmorei***

7 (4) Snout short; head length 2.1 times of snout length; eyes located in the middle of the head, pelvic fin extends posteriorly not reaching the anus ··· ***B. yunnanensis***

8 (3) The main suborbital spine extends posteriorly to reach beneath the posterior edge of the eyes; eye large, head length 4.8-5.7 times of eye diameter; posterior chamber of air-bladder reduced··· ***B. robusta***

9 (2) Cranial fontanel absent

10 (11) Snout length longer than postorbital head length, roughly equal to postorbital head length plus eye diameter ··· ***B. superciliaris***

11 (10) Snout length roughly equal to postorbital head length

12 (13) Eyes large, head length 6.6-7.7 times of eye diameter; large interorbital width, head length 3.0-3.5 times of interorbital width; body high, body length 3.6-3.9 times of body depth ·········· ***B. reevesae***

13 (12) Eyes small, head length 9.6-11.9 times of eye diameter; small interorbital width, head length 5.1-6.7 times of interorbital width; body low, body length 4.4-6.0 times of body depth ············ ***B. pulchra***

14 (1) Four pairs of barbels, including two pairs of rostral barbels, one pair of maxillary barbels and one pair of chin barbels ·· ***B. histrionica***

Parabotia Sauvage *et* Dabry de Thiersant, 1874

Key to species

1 (10) A black spot presents in the middle of the caudal base

2 (9) Caudal peduncle length equal to or longer than its depth, length of caudal peduncle 1.0-2.6 times of its depth

3 (8) Snout length longer than postorbital head length; vertebrae 4+35-39; no longitudinal stripes between the eyes

4 (7) Body length 6.4-8.8 times of caudal peduncle length, 8.1-10.3 times of caudal peduncle depth; on dorsum and sides four black stripes extended from rostral barbels to eyes; upper and lower lobes of the caudal fin equal in length

5 (6) Pelvic fin extends posteriorly but far from anus, length between pelvic fin base and anus 62%-77% of length between pelvic fin base and anal fin origin; maxillary barbels long, and extends beyond the front edge of eyes or reaching the middle of the eyes······························ ***P. fasciata***

6 (5) Pelvic fin extends posteriorly reach to or exceeding anus, length of pelvic fin and anus 40%-47% in length of pelvic fin and anal fin; maxillary barbels short, extends beyond the nostril but not

reaching the front edge of the eye··········· ***P. banarescui***

7 (4) Body length 5.1-6.4 times of caudal peduncle length, 12.0-15.0 times of caudal peduncle depth; irregular spots dispersed on the dorsum and sides of body; upper lobe of the caudal fin shorter than the lower lobe··········· ***P. maculosa***

8 (3) Snout length equal to postorbital head length; vertebrae 4+32-33; a band sits between the eyes ··········· ***P. lijiangensis***

9 (2) Caudal peduncle depth longer than its length, length of caudal peduncle 0.7-0.8 times of its depth ··········· ***P. curta***

10 (1) A black vertical band presents on the caudal base, or one spot separately on the upper and lower of caudal base

11 (12) One black spot separately on the upper and lower of caudal base; pelvic fin extends posteriorly reach to or exceeding anus, length of pelvic fin and anus 48%-54% in length of pelvic fin and anal fin··········· ***P. bimaculata***

12 (11) One black vertical stripe on caudal base; pelvic fin extends posteriorly unreach to anus, length of pelvic fin and anus 63%-75% in length of pelvic fin and anal fin··········· ***P. parva***

Leptobotia Bleeker, 1870

Key to species

1 (16) Mental lobes absent

2 (7) Interorbital width more than 2.5 times of eye diameter

3 (6) Many vertical stripes or blotches on body; pelvic fin origin behind the vertical through the dorsal fin origin; eye large, head length 11.0-20.0 times of eye diameter

4 (5) 5-8 vertical stripes on the body sides; head long, body length 3.3-3.9 times of head length; eye small, head length 15.0-20.0 times of eye diameter··········· ***L. elongata***

5 (4) Many worm-striated patterns on the body sides; head short, body length 3.7-4.5 times of head length; eye large, head length 11.0-15.0 times of eye diameter ··········· ***L. taeniops***

6 (3) No vertical stripes or blotches on body; pelvic fin origin situated below vertical through dorsal fin origin; eye small, head length more than 26 times of eye diameter··········· ***L. microphthalma***

7 (2) Interorbital width less than 2.0 times of eye diameter

8 (15) A row of vertical stripes on the body sides

9 (14) No yellow longitudinal stripes between the occiput and the eyes; eyes on the front part of the head; body slender, body length 5.4-6.9 times of body depth

10 (13) Body length 3.8-4.3 times of head length; 6-12 vertical stripes on the body sides; pelvic fin origin at the same level as the first to third branched dorsal fin ray

11 (12) 6-9 saddle-shaped vertical blotches on the body; one row of oblique dots presents on the dorsal fin; caudal fin intense bifurcation, with a tapered tip ··········· ***L. pellegrini***

12 (11) 11-12 vertical stripes on the body; 3-4 rows of oblique dots present on the dorsal fin; caudal fin

slightly bifurcation, with a rounded tip ·· ***L. orientalis***

13 (10) Body length 4.3-4.8 times of head length; 15-18 vertical stripes on the body sides; pelvic fin origin situated below or ahead vertical through dorsal fin origin ································ ***L. guilinensis***

14 (9) One yellow longitudinal stripe extended from the occiput to the posterior edge of eyes; eyes located in the middle of the head; body sturdy, body length 4.1-4.7 times of body depth ···········***L. tchangi***

15 (8) No vertical stripes on the body sides ···***L. tientaiensis***

16 (1) Mental lobes present

17 (18) Pelvic fin extends posteriorly exceeding anus; eye small, head length 16.5-20.0 times of eye diameter; 6-8 saddle-shaped vertical blotches on the dorsum ·····························***L. rubrilabris***

18 (17) Pelvic fin extends posteriorly not reaching to anus; eye large, head length 7.0-12.0 times of eye diameter; 13-16 vertical stripes or blotches on the body

19 (20) Body sturdy, body length 4.4 times of body depth; 14 wide, black vertical stripes on body sides, with the stripes being equal to their interspaces, and the stripes on both sides merge into a band; dorsal fin with 8 branched rays ··· ***L. flavolineata***

20 (19) Body slender, body length 5.0-6.2 times of body depth; 14-16 irregular, bifurcation or non-bifurcation, brown vertical blotches on the body sides, with stripes being one-third of their interspaces; dorsal fin with 7-8 branched rays ··· ***L. zebra***

Subfamily Cobitinae

Key to genera

1 (10) Suborbital spine exposed

2 (3) Snout long, body length 1.4-1.5 times of head length; eyes located in the second half of the head; lateral line complete··***Acantopsis***

3 (2) Snout short, body length 1.9-2.7 times of head length; eyes located in the middle of the head; lateral line incomplete or absent

4 (5) Scales present on head; caudal peduncle length shorter than its depth················***Lepidocephalus***

5 (4) Scales absent on head; caudal peduncle length equal to or longer than its depth

6 (7) Pelvic fin origin situated below or behind the vertical through the dorsal fin origin···········***Cobitis***

7 (6) Pelvic fin origin before the vertical through the dorsal fin origin

8 (9) lateral line incomplete, and absent between dorsal fin and anal fin ···················***Acanthopsoides***

9 (8) lateral line completely absent ···***Paralepidocephalus***

10 (1) Suborbital spine under the skin, not exposed

11 (12) Barbels short, head length 2.3-4.2 times of maxillary barbel length; lateral line scales more 140; pharyngeal process of vertebrae bifurcate ··***Misgurnus***

12 (11) Barbels long, head length 1.3-1.7 times of maxillary barbel length; lateral line scales less than 130; pharyngeal process of vertebrae heals on the ventral aspect of dorsal artery ········ ***Paramisgurnus***

Acantopsis van Hasselt, 1823

Only one species found in China: ***Acantopsis choirorhynchos*** **(Bleeker, 1854).**

Lepidocephalus Bleeker, 1858

Only one species found in China: ***Lepidocephalus birmanicus*** **Rendahl, 1948.**

Cobitis Linnaeus, 1758

Key to species

1 (10) Dorsal fin origin situated in the middle of the distance from the end of the tip of snout to the base of the caudal fin, predorsal length 48%-53% in body length; the distance from the origin of the anal fin to the caudal fin base more than 50% in the distance from the pelvic fin base to the caudal fin base; caudal peduncle length 1.1-2.7 times of its depth

2 (9) 5-17 large blotches or a wide, longitudinal stripe on the midlateral line of the body

3 (6) Caudal peduncle length 1.1-1.7 times of its depth; vertebrae 4+37-40

4 (5) Barbels short, maxillary barbels extend not reaching the front edge of eyes; one conspicuous jet-black spot on the upper of caudal base ······ ***C. sinensis***

5 (4) Barbels long, maxillary barbels extend exceeding the front edge of eyes or reach to the middle of the eyes; in most individuals, two spots on caudal base, one conspicuous jet-black spot on the upper, one inconspicuous spot on the lower ······ ***C. lutheri***

6 (3) Caudal peduncle length 1.73-2.70 times of its depth; vertebrae 4+43-46

7 (8) 5-9 large blotches on the midlateral line of the body; the length of dorsal fin longer than head length ······ ***C. macrostigma***

8 (7) 10-17 spots on the midlateral line of the body; the length of dorsal fin equal to the distance from the nostrils to the posterior edge of operculum ······ ***C. granoei***

9 (2) 18-24 small spots on the midlateral line of the body ······ ***C. arenae***

10 (1) Dorsal fin origin situated in the second half of the body, predorsal length 53%-59% in body length; the distance from the origin of the anal fin to the caudal fin base 36%-42% in the distance from the pelvic fin base to the caudal fin base; caudal peduncle length 0.83-1.29 times of its depth ······ ***C. laterimaculata***

Acanthopsoides Fowler, 1934

Only one species found in China: ***Acanthopsoides gracilis*** **Fowler, 1934.**

Paralepidocephalus Tchang, 1935

Only one species found in China: ***Paralepidocephalus yui*** **Tchang, 1935.**

Misgurnus Lacépède, 1803

Key to species

1 (2) Predorsal length 62%-65% in body length; pelvic fin origin opposites to dorsal fin origin ························ ***M. mohoity***

2 (1) Predorsal length 53%-61% in body length; pelvic fin origin sits below bases of the second and fourth branched dorsal fin rays

3 (4) Caudal peduncle length 1.1-1.9 times of its depth; distance between anal fin origin and caudal base 1.3-1.4 times of distance between pelvic base and anal fin origin; vertebrae 4+39-43 ························ ***M. anguillicaudatus***

4 (3) Caudal peduncle length 1.9-2.9 times of its depth; distance between anal fin origin and caudal base 2.0-2.5 times of the distance between pelvic base and anal fin origin; vertebrae 4+44-47 ························ ***M. bipartitus***

Paramisgurnus Sauvage, 1878

Only one species found in China: ***Paramisgurnus dabryanus* Sauvage, 1878.**

Family Catostomidae

Myxocyprinus Gill, 1878

Only one species found in China: ***Myxocyprinus asiaticus* (Bleeker, 1864).**

Family Gyrinocheilidae

Gyrinocheilus Vaillant, 1902

Only one species found in China: ***Gyrinocheilus aymonieri* (Tirant, 1883).**

中 名 索 引

（按汉语拼音排序）

A

阿波鳅属　67, 152

阿里高原鳅　6, 165, 206, 207

安氏高原鳅　6, 164, 186, 187

B

鲃　46

鲃属　46

鲃亚科　4, 7, 8, 40, 43, 46, 50, 55, 57

白甲鱼　40

白鱼属　46

斑条鳅　133, 140, 150, 242, 243, 301, 306, 307

斑纹薄鳅　40, 285, 291, 296

半刺光唇鱼　40

瓣结鱼　40

棒花鱼　40, 41, 42, 43, 60

棒花鱼属　7, 57

北方泥鳅　310, 312, 313

北方鳅　301, 304, 305

北方须鳅　115, 118, 119

北江光唇鱼　40

北鳅　65, 96, 97

北鳅属　65, 67, 96

贝氏高原鳅　164, 194, 195, 196

鳊　1, 3, 27, 46, 60

鳊亚科　50

扁尾薄鳅　285, 292, 293

扁吻鱼　43

扁吻鱼属　52

波鱼亚科　46, 50, 55, 56, 57

鲌亚科　7, 8, 9, 39, 46, 50, 55, 57

薄鳅属　58, 266, 284

薄鳅族　58

C

彩副鱊　39

[illegible]

草海云南鳅　79, 94

草鱼　1, 17, 18, 27, 39, 41, 42, 43, 44, 45, 46, 55, 59

侧带南鳅　132, 135

侧条光唇鱼　40

侧纹云南鳅　78, 87

叉尾岭鳅　98, 99

茶卡高原鳅　6, 165, 213

铲颌高原鳅　166, 219

赤眼鳟　39, 46, 55

褚氏云南鳅　78, 80

唇䱻　40

唇鲮属　5

粗唇高原鳅　164, 180

粗壮高原鳅　163, 174

长鳔云南鳅　78, 83

长薄鳅　40, 284, 285, 286, 289

长南鳅　133, 149

长鳍高原鳅　163, 170

长鳍吻鮈　40

长鳍原条鳅　71

长蛇鮈　40

长身高原鳅　167, 243

长臀云南鳅　78, 79

长吻鲹 40
重穗唇高原鳅 167, 240

D

达里湖高原鳅 166, 226, 228
大斑薄鳅 40, 285, 288
大斑高原鳅 164, 183
大斑南鳅 132, 136
大斑鳅 301, 303
大鳞副泥鳅 40, 313
大鳞岭鳅 98, 103
大桥高原鳅 164, 188
大头高原鳅 167, 253, 254
大头近裂腹鱼 4
大眼高原鳅 6, 166, 221
大眼华鳊 39
戴氏山鳅 120
鲋属 7, 46, 316
鲋亚科 8, 39, 46, 50, 55, 57
倒刺鲃 40
低线鱲属 46
滇池球鳔鳅 264
点面副沙鳅 40, 276, 279
电鳗目 1
丁鲅 27, 46
丁鲅亚科 55, 56, 57
东方薄鳅 285, 289
东方高原鳅 166, 228
东方墨头鱼 7, 40
东方欧鳊 1
东兰岭鳅 98, 100
峒敢高原鳅 167, 258
都安岭鳅 99, 104
短副沙鳅 276, 281
短身鳅鮀 40
短体副鳅 40, 122, 129
短尾高原鳅 164, 193
短须高原鳅 165, 212
短须颌须鮈 40
钝吻云南鳅 78, 90
多斑岭鳅 99, 111
多纹条鳅 87, 154

E

洱海副鳅 122, 127

F

方氏鲴 39
方正银鲫 60
鲂 1, 60
纺锤云南鳅 78, 81
凤山高原鳅 167, 254
辐鳍鱼纲 48
辐鳍鱼亚纲 1, 48
副泥鳅属 59, 64, 297, 298, 313
副鳅属 67, 121
副沙鳅属 58, 266, 275
腹吸鳅科 48
腹吸鳅亚科 48, 51, 59

G

改则高原鳅 6, 165, 216
鳡 18, 39, 42, 43, 46
高体近红鲌 39
高体鳑鲏 39
高体雅罗鱼 1
高体云南鳅 79, 93
高原鳅属 5, 6, 22, 41, 47, 64, 65, 66, 67, 162, 199
高原鳅亚属 5
弓背岭鳅 99, 106
骨鳔总目 48, 49, 52
鼓鳔鳅属 65, 66, 67, 260
鼓腹云南鳅 78, 86
鼓颊南鳅 132, 134
鲴 60

鲴亚科 7, 8, 9, 39, 46, 50, 55, 57
寡鳞副鳅 122, 126
寡鳞飘鱼 39
关安岭鳅 99, 112
鳤 39, 46
光唇蛇鮈 40
光唇鱼 40
鲑鲤目 1
桂华鲮 40
桂林薄鳅 40, 285, 290
桂林似鮈 40
鲂属 46

H

海南华鳊 39
颌口总纲 48
黑斑云南鳅 78, 89
黑背高原鳅 166, 230
黑龙江泥鳅 310
黑龙江鳅 301, 302
黑鳍鳈 40, 42
黑体高原鳅 6, 166, 231
黑体云南鳅 78, 91
黑尾近红鲌 39
黑线鳌属 7
横纹南鳅 40, 132, 134, 141, 143
红唇薄鳅 285, 294
红尾副鳅 7, 122
后鳍盲副鳅 122, 130, 131
忽吉图高原鳅 5, 166, 225
胡鮈属 7
花斑副沙鳅 40, 276, 283, 284
花鳎 40
花坪高原鳅 163, 168
花鳅 1
华鲮 40
华鳈 40, 42
华缨鱼 5
华缨鱼属 5
环江高原鳅 167, 257
黄河高原鳅 6, 164, 177
黄尾鲴 39
黄线薄鳅 285, 295

J

脊索动物门 48
鲫 1, 27, 40, 41, 42, 43, 45, 46, 47, 60
颊鳞异条鳅 68
尖头副鳅 122, 125
尖头高原鳅 5, 163, 176
间条鳅属 66, 74
江西副沙鳅 50
江西鳈 40
角金线鲃 7
金线鲃属 7, 57
金鱼 60
锦鲤 60
九江头槽绦虫 4
酒泉高原鳅 164, 185
鮈鮈 46, 57
鮈鮈属 43
鮈鮈亚科 7, 8, 9, 40, 46, 47, 50, 55, 56, 57

K

康定高原鳅 165, 210
宽鳍鱲 39, 41
宽体沙鳅 267, 272
宽头云南鳅 78, 92
宽纹南鳅 133, 146
昆明高原鳅 166, 220

L

浪平高原鳅 167, 251
雷氏南鳅 132, 139
棱似鲴 9
犁头鳅 9

漓江副沙鳅 40, 276, 280
里湖高原鳅 167, 256
理县高原鳅 165, 203
鲤 1, 3, 18, 20, 22, 25, 27, 30, 40, 42, 43, 44, 45, 46, 47, 59, 60
鲤超科 48, 52, 53
鲤科 1, 2, 3, 4, 5, 6, 7, 8, 9, 10, 17, 18, 19, 23, 29, 37, 39, 40, 42, 43, 44, 45, 46, 48, 49, 50, 51, 52, 53, 55, 56, 57, 59, 61, 314, 315
鲤形目 1, 2, 4, 6, 7, 9, 10, 12, 13, 14, 16, 20, 21, 22, 23, 27, 35, 36, 37, 39, 41, 42, 43, 44, 45, 46, 48, 49, 50, 51, 52, 53, 55, 59, 60, 62, 64, 143
鲤亚科 7, 8, 40, 46, 47, 50, 55, 56, 57
鲤亚目 1, 4, 47, 50
鲢 1, 7, 17, 18, 27, 40, 41, 42, 43, 44, 45, 46, 59, 60
鲢亚科 7, 8, 39, 46, 50, 55
裂腹鱼属 43
裂腹鱼亚科 4, 7, 8, 40, 41, 46, 47, 50, 55, 57, 66, 163
鳡鳡属 46
鳞头鳅 299
鳞头鳅属 59, 297, 299
凌云高原鳅 167, 250
鲮 40, 41, 44
岭鳅属 65, 67, 98
隆额高原鳅 167, 244
隆头高原鳅 165, 217
鲈形目 1, 48
罗城岭鳅 99, 110
裸背电鳗目 48
裸裂尻鱼属 41
裸吻鱼 47, 53
裸吻鱼科 1, 7, 8, 9, 10, 45, 47, 48, 49, 50, 52, 53
裸吻鱼属 48, 50, 51, 52
裸吻鱼亚科 50

M

麻尔柯河高原鳅 6, 167, 238
马口鱼 39, 41, 42
马口鱼属 46
马头鳅 7, 298
马头鳅属 59, 297, 298
麦穗鱼 40, 60
麦穗鱼属 57
美斑南鳅 133, 150
美鳊属 55
美丽沙鳅 40, 267, 273
美丽小条鳅 40, 72
蒙古鲌 39
孟定新条鳅 160, 161
密纹南鳅 133, 148
缅甸沙鳅 267, 268
岷县高原鳅 6, 163, 169
膜鳔沙鳅亚属 58
墨头鱼 40
墨头鱼属 5, 41
墨头鱼亚科 52
墨脱阿波鳅 152

N

南丹高原鳅 164, 184
南定南鳅 133, 151
南方白甲鱼 40
南方南鳅 133, 145
南方拟䱗 39
南方沙鳅 267
南盘江高原鳅 164, 196
南鳅属 67, 131
泥鳅 2, 3, 25, 39, 40, 41, 42, 47, 59, 60, 64, 310, 311, 316
泥鳅属 59, 64, 297, 298, 309, 313
拟长鳅 307
拟长鳅属 59, 297, 307
拟尖头鲌 39

拟鳗副鳅 122, 124
拟鲇高原鳅 163, 164, 179, 180, 234
拟细尾高原鳅 165, 209
拟硬刺高原鳅 6, 166, 181, 234, 235

鲇形目 1, 48

O

欧洲鳑鲏 46

P

爬鳅科 3
盘鮈属 5
盘口鲮属 5
盘鲮属 5
鳑鲏属 2
盆唇鱼属 5
片唇鮈 40
片唇鮈属 7
平果异条鳅 68, 69
平鳍裸吻鱼 8, 47
平鳍鳅 48,
平鳍鳅科 1, 3, 7, 8, 9, 10, 40, 43, 45, 48, 49, 50, 51, 52, 53, 57, 58, 59, 65
平鳍鳅属 51
平鳍鳅亚科 48, 51, 59
平头岭鳅 99, 108
葡萄条鳅 154, 155

Q

齐口裂腹鱼 40, 43
前鳍高原鳅 6, 164, 190
浅棕条鳅 154, 156
桥街墨头鱼 7
翘嘴鲌 39
青海湖裸鲤 43
青鱼 1, 17, 18, 27, 39, 41, 42, 43, 44, 46, 55, 59
鳅超科 52, 53, 57, 59
鳅科 1, 2, 3, 7, 8, 9, 10, 18, 19, 22, 40, 45, 47, 48, 49, 51, 52, 53, 57, 58, 59, 64, 65, 163
鳅属 59, 297, 300
鳅鮀属 7
鳅鮀亚科 6, 7, 8, 9, 40, 46, 47, 50, 55
鳅亚科 40, 47, 51, 53, 57, 58, 59, 64, 297, 300
球鳔鳅属 65, 67, 264
泉水鱼 40
泉水鱼属 5

R

弱须岭鳅 99, 107

S

鳃隐鞭虫 45
赛丽高原鳅 163, 172
三角鲂 1, 39
沙花鳅 301, 305
沙鳅科 49, 51, 58, 59
沙鳅属 58, 266
沙鳅亚科 3, 40, 47, 51, 53, 57, 58, 64, 265, 277, 286
沙鳅亚属 58
沙鳅族 58
山鳅属 67, 119
陕西高原鳅 6, 163, 173
蛇鮈 40
蛇鮈属 7
蛇形高原鳅 6, 165, 199
虱目鱼 1
虱目鱼科 1
食蚊鱼 60
鼠鱚科 1
鼠鱚目 48
双斑副沙鳅 276, 282
双江条鳅 154, 159
双孔鱼 47, 317

双孔鱼科 1, 6, 8, 9, 10, 43, 45, 47, 48, 49, 51, 52, 53, 57, 316
双孔鱼属 317
斯氏高原鳅 165, 201
四川云南鳅 78, 85
似鲹 40
似鮈 40
似鮈属 3
似刺鳊鮈 40
穗唇华缨鱼 5
鮈穗唇须鳅 115, 116

T

泰国南鳅 132, 140, 143
唐古拉高原鳅 6, 165, 200, 201
唐鱼 42, 60
天峨高原鳅 167, 248
条鳅科 49, 51, 59
条鳅属 5, 6, 65, 66, 67, 153,
条鳅亚科 5, 8, 9, 40, 43, 47, 51, 53, 57, 58, 59, 64, 65, 66, 131, 180, 264
条纹二须鲃 60
铜鱼 40
透明间条鳅 74
透明金线鲃 7
透明岭鳅 99, 105
团头鲂 39, 43, 44, 46

W

瓦氏雅罗鱼 41, 42, 43
汪氏近红鲌 39
吻鮈 40
乌江副鳅 122, 128
无斑南鳅 40, 132, 133
无须鱊 39
无眼金线鲃 7
无眼岭鳅 99, 113
武昌副沙鳅 276, 278
武威高原鳅 6, 166, 237

X

西鲌亚科 55
西藏高原鳅 167, 247
西昌高原鳅 6, 166, 223
西溪高原鳅 164, 191, 193
稀有花鳅 59
稀有南鳅 132, 143
犀角金线鲃 7
细鲫属 46
细鳞斜颌鲴 44
细头鳅 308
细头鳅属 59, 297, 308
细尾高原鳅 165, 207
小鳔鮈属 3, 7
小鳔高原鳅 6, 167, 239
小副沙鳅 276, 283
小瓜虫 45
小鳈 40
小似鲴 42
小体鼓鳔鳅 260, 263
小条鳅属 65, 66, 72
小眼薄鳅 284, 287
小眼高原鳅 5, 165, 214
小眼金线鲃 7
小眼岭鳅 98, 101
小眼须鳅 115
小云南鳅 78, 84
新疆高原鳅 167, 241
新条鳅属 67, 160
兴国红鲤 60
兴山高原鳅 164, 182
修长高原鳅 165, 197
秀丽高原鳅 6, 166, 222
须鲫 40
须鳅属 67, 114

Y

鸭嘴金线鲃 7
雅罗鱼 43, 45,
雅罗鱼属 41, 43
雅罗鱼亚科 7, 8, 39, 46, 50, 55, 56, 57
亚口鱼科 6, 45, 314
胭脂鱼 2, 6, 7, 45, 60, 315, 316
胭脂鱼超科 48, 52
胭脂鱼科 1, 2, 6, 8, 9, 10, 43, 45, 48, 49, 52, 53, 57, 314, 315
胭脂鱼属 315
岩原鲤 40
阳宗海云南鳅 79, 95
野鲮属 46
野鲮亚科 5, 7, 8, 9, 40, 46, 47, 50, 55, 57
叶尔羌鼓鳔鳅大鳍亚种 260, 262
叶尔羌鼓鳔鳅指名亚种 260
伊洛瓦底沙鳅 267, 274
异鳔鳅鮀 40
异色云南鳅 78, 82
异条鳅属 65, 66, 67
异尾高原鳅 167, 245
异育银鲫 60
银鲴 39, 44
银鲫 40
盈江条鳅 154, 158
硬刺高原鳅 166, 181, 232, 234, 236, 238
硬骨鱼纲 1, 48
鳙 1, 7, 18, 40, 41, 42, 43, 44, 46, 59, 60
有头亚门 48
余江鳅属 58
鱊亚科 7, 8, 39, 46, 47, 55, 56, 57
元宝鳊 2
原条鳅属 66, 71
圆斑南鳅 132, 137
圆腹高原鳅 6, 165, 218
圆口铜鱼 40
圆筒吻鮈 40
云南高原鳅 163, 175
云南光唇鱼 40
云南鳅属 65, 66, 77
云南沙鳅 267, 269

Z

窄尾高原鳅 165, 205
张氏薄鳅 285, 291
沼泽云南鳅 78, 88
真鲹 1
郑氏间条鳅 74, 76
脂鲤目 4, 48, 52
中华倒刺鲃 40
中华鳅 40, 47, 301
中华鳋 45
中华沙鳅 267, 271
中华沙鳅亚属 58
舟齿鱼属 7
壮体沙鳅 267, 270
锥吻南鳅 132, 144
紫薄鳅 40, 284, 286
鯮 39, 46

学 名 索 引

A

Abbottina 7, 57

abbreviata, *Gobiobotia* 40

Aborichthys 67, 152

Acanthocobitis 131

Acanthopsoides 59, 297, 307

Acantopsis 59, 297, 298

Acheilognathinae 46, 55

Acoura 131

acridorsalis, *Oreonectes* 99, 106

acuticephala, *Paracobitis* 122, 125

Adiposia 121

akhtari, *Nemachilus* 201

albonubes, *Tanichthys* 42

Alburninae 55

alburnus, *Culter* 39

alexandrae, *Triplophysa* 165, 210

aliensis, *Nemachilus* 206

aliensis, *Triplophysa* 6, 165, 206

almorhae, *Botia* 266

alticeps, *Nemachilus* 162, 213, 217

alticeps, *Triplophysa* 165, 217

altus, *Yunnanilus* 79, 93

amblycephala, *Megalobrama* 39

analis, *Yunnanilus* 78, 79

anatirostris, *Sinocyclocheilus* 7

andrewsi, *Lefua* 96

angeli, *Nemacheilus* 186

angeli, *Triplophysa* 6, 164, 186

anguillicaudatus, *Cobitis* 311

anguillicaudatus, *Misgurnus* 3, 40, 41, 310, 311

anguillioides, *Paracobitis* 122, 124

angularis, *Sinocyclocheilus* 7

anophthalmus, *Oreonectes* 99, 113

anophthalmus, *Sinocyclocheilus* 7

anterodorsalis, *Triplophysa* 6, 164, 190

Aphyocypris 46

arenae, *Cobitis* 301, 305

arenae, *Misgurnus* 305

argentea, *Xenocypris* 39, 44

asiaticus, *Carpiodes* 315

asiaticus nankinensis, *Myxocyprinus* 315

Atrilinea 7

auratus, *Carassius* 1, 40, 41

auratus, *Cyprinus* 1

auratus gibelio, *Carassius* 40

aymonieri, *Gyrinocheilus* 47, 317

aymonieri, *Psilorhynchus* 317

B

balcanica, *Cobitis* 300

bambusa, *Elopichthys* 39, 42, 43

banarescui, *Botia* 280

banarescui, *Leptobotia* 278

banarescui, *Parabotia* 276, 278

Barbatula 67, 114

barbatula, *Cobitis* 114

barbatula nuda, *Barbatula* 115, 118

barbatulus toni, *Nemachilus* 118

barbatus, *Oreonectes* 99, 107

Barbinae 4, 43, 46, 55, 57

Barbus 46

barbus, *Barbus* 46

Barilius 46

beijiangensis, *Acrossocheilus* 40

bellibarus, Nemachilus 193
berdmorei, Botia 267, 268
berdmorei, Syncrossus 266, 268
berezowskii, Barbatula (Homatula) 123
berezowskii, Nemachilus 122
bertini, Nemacheilus 201
bidens, Opsariichthys 39, 41
bimaculata, Parabotia 276, 282
bipartitus, Mesomisgurnus 312
bipartitus, Misgurnus 310, 312
bipartitus, Nemacheilus 309, 312
birmanicus, Lepidocephalus 299
bleekeri, Barbatule (Barbatula) 194
bleekeri, Hemiculter 39
bleekeri, Nemachilus 194
bleekeri, Triplophysa 164, 194
bombifrons, Nemacheilus 244
bombifrons, Triplophysa 167, 244
Botia 58, 266
Botiidae 59
Botiinae 3, 47, 64, 265
Botiini 58
boulengeri, Xenophysogobio 40
brama, Abramis 1
brevibarba, Triplophysa 165, 212
brevifilis brevifilis, Tor 40
bucculenta, Schistura 132, 134
bucculentus, Noemacheilus 134

C

cakaensis, Triplophysa 6, 165, 213
callichroma, Schistura 133, 150
callichromus, Nemacheilus 150
cantonensis, Carassioides 40
caohaiensis, Yunnanilus 79, 94
carinatus, Xenocyprioides 9
carpio, Cyprinus 3, 40, 43
Catostomidae 1, 6, 43, 45, 48, 49, 52, 314
Catostomoidea 48, 52
Chanidae 1
cha-ny, Cobitis 286
chapaensis, Nemachilus 141
Characiformes 48
choirorhynchos, Acantopsis 298
choirorhynchos, Cobitis 298
chondrostoma, Nemachilus 219
chondrostoma, Triplophysa 166, 219
Chordata 48
chui, Yunnanilus 78, 80
citrauratea, Botia 285
citrauratea, Leptobotia 285
Cobitichthys 309
Cobitidae 1, 7, 45, 48, 49, 51, 52, 59, 64
Cobitinae 47, 64, 297
Cobitis 59, 297, 300
Cobitoidea 52, 53
compressicauda, Botia 293
compressicauda, Leptobotia 293
conirostris, Nemachilus 144
conirostris, Schistura 132, 144
costata, Diplophysa 96
costata, Lefua 96
costata, Oreonectes 96
Craniata 48
crassi pedunculatus, Oreias 120
crassilabris, Triplophysa 164, 180
Cultrinae 46, 55
cuneicephala, Barbatula 176
cuneicephala, Triplophysa 163, 176
cuneicephalus, Barbatula (Barbatula) 176
curriculus, Squaliobarbus 39
curta, Cobitis 281
curta, Leptobotia 281
curta, Parabotia 276, 281
cylindricus, Rhinogobio 40
Cyprinidae 1, 2, 6, 43, 45, 48, 49, 52

Cypriniformes 1, 4, 12, 13, 41, 48, 49, 51
Cyprininae 46, 55
Cyprinoidea 48, 52, 53
Cyprinoidei 1

D

dabryanus, Paramisgurnus 40, 313
dabryi, Barbatula (Barbatula) 120
dabryi, Oreias 119, 120, 131
dabryi, Saurogobio 40
dabryi, Schistura 120
dabryi dabryi, Schistura 120
dabryi nanpanjiangensis, Oreias 196
dalaica, Diplophysa 226
dalaica, Triplophysa 166, 226
dalaicus, Nemacheilus 226
Danio 7, 46, 316
Danioninae 46, 55
daqiaoensis, Triplophysa 164, 188
dario, Cobitis 266
davidi, Xenocypris 39
decorus, Sinilabeo 40
denticulatus denticulatus, Spinibarbus 40
desmotes, Nemacheilus 140
deterrai, Nemachilus 245
Deuterophysa 162
dialuzona, Acantopsis 298
dianchiensis, Sphaerophysa 264
Didymnophysa 162
Diplophysa 162
Diplophysoides 162
discoloris, Yunnanilus 78, 82
dixoni, Nemachilus 96
djaggasteensis, Nemacheilus 226
dolichorhynchus, Cobitis 301
dongganensis, Triplophysa 167, 258
donglanensis, Oreonectes 98, 100
dorsalis, Cobitis 162, 230
dorsalis, Nemachilus 230
dorsalis, Triplophysa 166, 230
dorsonotatus, Nemachilus 201
duanensis, Oreonectes 99, 104
dumerili, Saurogobio 40

E

elakatis, Yunnanilus 78, 81
elongata, Leptobotia 40, 284, 285, 289
elongatus, Ochetobius 39
Elxis 96
enalios, Cobitis 309
engraulis, Pseudolaubuca 39
Eonemachilus 77
erhaiensis, Paracobitis 122, 127
erikssoni, Misgurnus 312

F

fangi, Botia 294
fangi, Xenocypris 39
fasciata, Cobitis 153
fasciata, Leptobotia 278
fasciata, Parabotia 40, 275, 276
fasciatus, Acrossocheilus 40
fasciatus, Nemacheilus 72
fasciolata, Barbatula 141
fasciolata, Barbatula (Homatula) 141
fasciolata, Homaloptera 141
fasciolata, Homatula 141
fasciolata, Schistura 132, 134, 141, 143
fasciolatus, Nemacheilus 40, 141
fengshanensis, Triplophysa 137, 254
fimbriata, Lepturichthys 9
flavolineata, Leptobotia 285, 295
fossilis, Cobitis 309, 310
fossilis anguillicaudatus, Misgurnus 310
fossilis var. *mohoity, Cobitis* 310
furcatus, Oreias 120

furcocaudalis, *Oreonectes* 98, 99

G

Garra 5, 41
Gastromyzoninae 48, 51, 59
Gastromyzontidae 48
genilepis, *Paranemachilus* 68
gerzeensis, *Triplophysa* 6, 165, 216
glacilis, *Nemachilus* 214
Gobio 43
gobio, *Gobio* 46, 57
Gobiobotia 7
Gobioninae 46, 55
Gobiobotinae 46
Gonorhynchidae 1
Gonorhynchiformes 48
gracilis, *Acanthopsoides* 307
gracilis, *Acheilognathus* 39
graham, *Barbatula* 220
graham, *Barbatula* (*Barbatula*) 220
graham, *Nemachilus* 220
grahami, *Triplophysa* 166, 220
granoei, *Cobitis* 301, 304
granoei olivai, *Cobitis* 304
guananensis, *Oreonectes* 99, 112
guichenoti, *Coreius* 40
guichenoti, *Paracanthobrama* 40
guilinensis, *Leptobotia* 40, 285, 290
guilinensis, *Pseudogobio* 40
guizhouensis, *Sinocrossocheilus* 5
guntea birmanicus, *Lepidocephalus* 299
gymnocheilus, *Saurogobio* 40
Gymnotiformes 48
Gyrinocheilidae 1, 6, 43, 45, 48, 49, 52, 316
Gyrinocheilus 317

H

Hedinichthys 65, 67, 162, 260
Heminoemacheilus 66, 74
hemispinus hemispinus, *Acrossocheilus* 40
heterodon, *Coreius* 40
hingi, *Barbatula* (*Homatula*) 141
hingi, *Homaloptera* 141
hingi, *Nemachilus* 141
histrionica, *Botia* 267, 274
histrionica, *Botia* (*Botia*) 274
Homaloptera 51
Homalopteridae 1, 3, 7, 45, 48, 49, 50, 51, 52, 59
Homalopterinae 48, 51, 59
Homatula 121
hsutschouensis, *Nemacheilus* 185
hsutschouensis, *Triplophysa* 164, 185
huanjiangensis, *Triplophysa* 167, 257
huapingensis, *Triplophysa* 163, 168
Huigobio 7
humilis, *Barbatula* (*Homatula*) 141
humilis, *Nemachilus* 141
hutchinsoni, *Nemachilus* 245
hutjerjuensis, *Nemacheilus* (*Triplophysa*) 162
hutjertiuensis, *Nemacheilus* 225
hutjertjuensis, *Nemacheilus* (*Triplophysa*) 225
hutjertjuensis, *Triplophysa* 5, 166, 225
hyalinus, *Heminoemacheilus* 74
hyalinus, *Sinocyclocheilus* 7
Hymenophysa 58, 266
Hypophthalmichthyinae 46

I

idellus, *Ctenopharyngodon* 18, 39, 41
idus, *Leuciscus* 1
imberbis, *Gnathopogon* 40
imberbis, *Paracheilognathus* 39
incerta, *Barbatula* (*Homatula*) 133
incerta, *Schistura* 132, 133
incertus, *Nemacheilus* 40, 133
Infundibulatus 160

intermedia, *Diplophysa* 118

K

kempi, *Aborichthys* 152
kiangsiensis, *Parabotia* 58
kiangsiensis, *Sarcocheilichthys* 40
kungessana, *Diplophysa* 162, 230
kungessanus, *Nemacheilus* (*Tauphysa*) 228
kungessanus, *Nemachilus* 228
kungessanus orientalis, *Nemachilus* 228
kungessanus orientalis, *Triplophysa* 228
kunqessanus, *Nemachilus* 230
kurematsui, *Ancherythroculter* 39
kwangsiensis, *Botia* 276
kwangsiensis, *Botia* (*Hymenophysa*) 276

L

Labeo 41, 46
labeo, *Hemibarbus* 40
Labeoninae 5, 46, 55
labeosus, *Neonoemacheilus* 160
labeosus, *Noemacheilus* 160
labiata, *Barbatula* 115, 116
labiatus, *Nemachilus* 116
labiatus, *Nemachilus* (*Deuterophysa*) 116
labiatus, *Sinocrossocheilus* 5
lachnosyoma, *Acantopsis* 298
ladacensis, *Nemachilus* 247
langpingensis, *Triplophysa* 167, 251
laterimaculata, *Cobitis* 301, 306
laterivittata, *Noemacheilus* 135
laterivittata, *Schistura* 132, 135
laterivittatus, *Nemacheilus* 135
laticeps, *Aspiorhynchus* 43
latifasciata, *Schistura* 133, 146
latifasciatus, *Nemacheilus* 146
latifasciatus, *Noemacheilus* 146
Lefua 65, 67, 96
Lepidocephalus 59, 297, 299
Leptobotia 58, 266, 284
Leptobotiini 58
leptosoma, *Triplophysa* 165, 197
Leuciscinae 46, 55
leucisculus, *Hemiculter* 39
Leuciscus 43
lhasae, *Nemachilus* 207
lihuensis, *Triplophysa* 167, 256
lijiangensis, *Parabotia* 40, 276, 280
lingyunensis, *Schistura* 250
lingyunensis, *Triplophysa* 167, 250
lixianensis, *Triplophysa* 165, 203
longa, *Schistura* 133, 149
longianalis, *Nemacheilus* 245
longianguis, *Triplophysa* 6, 165, 199
longibulla, *Yunnanilus* 78, 83
longicauda, *Pseudodon* 121
longipectoralis, *Protonemacheilus* 71
longipectoralis, *Triplophysa* 163, 170
longipinis, *Acanthocobitis* 131
longirostris, *Hemibarbus* 40
longus, *Nemacheilus* 149
longus, *Nemachilus* 149
lucasbahi, *Botia* 267
lucasbahi, *Botia* (*Hymenophysa*) 267
luochengensis, *Oreonectes* 99, 110
lutheri, *Cobitis* 301, 302

M

macmahoni, *Nemacheilus* 121
macrocephala, *Triplophysa* 167, 253
macrocephalus, *Luciobrama* 39
macrocephalus, *Plesioschizothorax* 4
macrochir, *Cobitis* 299
macrogaster, *Yunnanilus* 78, 86
macrolepis, *Oreonectes* 98, 103
macromaculata, *Triplophysa* 164, 183

macrophthalma, *Triplophysa* 6, 166, 221

macrops, *Sinibrama* 39

macrostigma, *Cobitis* 301, 303

macrotaenia, *Nemacheilus* 136

macrotaenia, *Schistura* 132, 136

maculatus, *Hemibarbus* 40

maculosa, *Botia* 279

maculosa, *Parabotia* 40, 276, 279

malapterura, *Cobitis* 121

markehenensis, *Triplophysa* 6, 167, 238

masyae, *Nemacheilus* 154

melrosei, *Sinibrama* 39

mengdingensis, *Neonoemacheilus* 160

meridionalis, *Nemachilus* 145

meridionalis, *Schistura* 133, 145

Mesomisgurnus 309

microlepis, *Plagiognathops* 44

Micronemacheilus 66, 72

microphthalma, *Barbatula* 115

microphthalma, *Diplophysa* 115

microphthalma, *Leptobotia* 284, 287

microphthalmus, *Nemachilus* 115

microphthalmus, *Oreonectes* 98, 101

microphthalmus, *Sinocyclocheilus* 7

microphysa, *Nemacheilus* (*Deuterophysa*) 239

microphysa, *Triplophysa* 6, 167, 239

Microphysogobio 3, 7

microps, *Cobitis* 214

microps, *Nemachilus* 193, 214

microps, *Triplophysa* 5, 165, 214

minuta, *Hedinichthys* 260, 263

minuta, *Triplophysa* (*Hedinichthys*) 263

minutus, *Nemachilus* 263

minxianensis, *Nemachilus* 169

minxianensis, *Triplophysa* 6, 163, 169

Misgurnus 59, 298, 309

mizolepis, *Misgurnus* 313

Modigliania 153

mohoity, *Misgurnus* 310

mohoity yunnan, *Misgurnus* 311

molitorella, *Cirrhinus* 40, 41

molitrix, *Hypophthalmichthys* 40, 41

mongolicus, *Culter* 39

multifasciatus, *Nemachilus* 148

Myxocyprinus 315

N

nandanensis, *Triplophysa* 164, 184

nandingensis, *Noemacheilus* 151

nandingensis, *Schistura* 133, 151

nanpanjiangensis, *Triplophysa* 164, 196

nasalis, *Diplophysa* 118

Nemacheilidae 59

Nemacheilinae 47, 64

Nemacheilus 5, 65, 67, 153

Nemachilichthys 131

Neonoemacheilus 67, 160

niger, *Yunnanilus* 78, 91

nigripinnis, *Sarcocheilichthys* 40, 42

nigrocauda, *Ancherythroculter* 40

nigromaculatus, *Eonemachilus* 89

nigromaculatus, *Nemachilus* 77, 89

nigromaculatus, *Nemachilus* (*Yunnanilus*) 89

nigromaculatus, *Yunnanilus* 78, 89, 94

nigromaculatus nigromaculatus, *Yunnanilus* 89

nigromaculatus yangzonghaiensis, *Yunnanilus* 95

nikkonis, *Elxis* 96

nobilis, *Hypophthalmichthys* 7, 40, 41

nodus, *Nemachilus* 186

Notemigonus 46, 55

nudus, *Nemacheilus* 118

nudus, *Nemachilus* 114

nummifer, *Belligobio* 40

O

obscura, *Acoura* 131

obscura, *Triplophysa* 6, 166, 231
obtusirostris, *Yunnanilus* 78, 90
ocellatus, *Rhodeus* 39
octocirrhus, *Lepidocephalus* 299
Octonema 96, 98
oligolepis, *Paracobitis* 122, 126
Opsariichthys 46
oreas, *Orthrias* 114, 118
Oreias 67, 119, 131
Oreonectes 65, 67, 98
orientalis, *Barbatula* 228
orientalis, *Garra* 7, 40
orientalis, *Leptobotia* 285, 289
orientalis, *Nemacheilus* (*Triplophysa*) 239
orientalis, *Triplophysa* 166, 228
Orthrias 59, 114
Ostariophysi 48
oxygnatha, *Barbatula* (*Homatula*) 123
oxygnathus, *Nemachilus* 122

P

pachycephalus, *Yunnanilus* 78, 92
paludosus, *Yunnanilus* 78, 88
panguri, *Nemachilus* 245
papillosa, *Modigliania* 153
papillosolabiata, *Diplophysa* 240, 243
papillosolabiata, *Triplophysa* 167, 240
papillosolabiatus, *Nemacheilus* (*Deuterophysa*) 243
pappenheimi, *Barbatula* 177
pappenheimi, *Nemachilus* 177
pappenheimi, *Triplophysa* 6, 164, 177
Parabotia 58, 266, 275
Paracobitis 67, 121
Paralepidocephalus 59, 297, 308
parallens, *Acrossocheilus* 40
Paramisgurnus 59, 298, 313
Paranemachilus 65, 66, 67
parva, *Parabotia* 276, 283
parva, *Pseudorasbora* 40
parvulus, *Xenocyprioides* 42
parvus, *Sarcocheilichthys* 40
parvus, *Yunnanilus* 78, 84
pechiliensis, *Nemacheilus* 118
peguensis, *Nemacheilus* 160
pekinensis, *Parabramis* 3
pellegrini, *Leptobotia* 40, 285, 288
pellegrini, *Nemachilus* 141
Perciformes 48
Phoxinus 46
phoxinus, *Phoxinus* 1
piceus, *Mylopharyngodon* 39, 41
pingguoensis, *Paranemachilus* 68, 69
pingi pingi, *Garra* 40
platycephalus, *Oreonectes* 98, 99, 108
platypus, *Zacco* 39, 41
pleskei, *Lefua* 96
pleskei, *Octonema* 96
pleurotaenia, *Nemachilus* 77, 87
pleurotaenia, *Nemachilus* (*Yunnanilus*) 87
pleurotaenia, *Yunnanilus* 78, 87
pleurotaenia elakatis, *Yunnanilus* 81
pleurotaenia pleurotaenia, *Yunnanilus* 87
Pogononemacheilus 153
polystigmus, *Oreonectes* 99, 111
polytaenia, *Nemacheilus* 154
polytaenia, *Nemachilus* 154
posterodorsalus, *Paracobitis* 122, 130, 131
posteroventralis, *Barbatula* 172
posteroventralis, *Nemachilus* 226
potanini, *Barbatula* (*Homatula*) 129
potanini, *Nemacheilus* 40, 121
potanini, *Nemachilus* 129
potanini, *Paracobitis* 122, 129
potanini, *Schistura* 129
pratti, *Botia* 294
pratti, *Leptobotia* 294

prenanti, *Schizothorax* 40, 43
preskei, *Octonema* 96
procheilus, *Pseudogyrinocheilus* 40
Protonemacheilus 66, 71
przewalskii, *Gymnocypris* 43
Pseudodon 121
Pseudogobio 3
Pseudogyrinocheilus 5
Pseudorasbora 57
pseudoscleroptera, *Triplophysa* 6, 166, 235
pseudoscleroptera pseudoscleroptera, *Nemachilus* 235
pseudoscleropterus markehenensis, *Nemachilus* 230
pseudostenura, *Triplophysa* 165, 209
Psilorhynchidae 1, 7, 45, 48, 49, 50, 52, 53
Psilorhynchus 48, 52
pulcher, *Micronemacheilus* 40, 72
pulcher, *Nemacheilus* 72
pulcher, *Nemacheilus* (*Nemacheilus*) 72
pulcher taeniata, *Nemacheilus* 72
pulchra, *Botia* 40, 267, 273
pulchra, *Botia* (*Sinibotia*) 273
purpurea, *Botia* 286
purpurea, *Leptobotia* 286
pussulosus, *Gyrinocheilus* 317
putaoensis, *Nemacheilus* 154, 155

Q

qiaojiensis, *Garra* 7
Qinghaichthys 65, 162

R

rabaudi, *Procypris* 40
rara, *Schistura* 132, 143
rarus, *Cobitis* 59
rarus, *Noemacheilus* 143
Rasborinae 50, 55
reevesae, *Botia* 267, 272
reevesae, *Botia* (*Sinibotia*) 272
reidi, *Noemacheilus* 139
reidi, *Schistura* 132, 139
rendahli, *Sinilabeo* 40
rhadineus, *Nemachilus* 121
rhinocerous, *Sinocyclocheilus* 7
rivularis,*Abbottina* 40, 41, 43
robusta, *Barbatula* (*Barbatula*) 174
robusta, *Botia* 267, 270
robusta, *Botia* (*Hymenophysa*) 270
robusta, *Nemachilus* 174
robusta, *Triplophysa* 163, 174
rotundicauda, *Homaloptera* (*Octonema*) 98, 109
rotundiventris, *Nemachilus* 218
rotundiventris, *Triplophysa* 6, 165, 218
rubrilabris, *Botia* 291
rubrilabris, *Leptobotia* 285, 294
rubrilabris, *Parabotia* 294
rupecula, *Cobitis* (*Schistura*) 131
ruppeli, *Cobotis* 131

S

Sabanejewia 59, 300
Saurogobio 7
savona, *Cobitis* 131
Scaphiodonichthys 7
scatuligina, *Nemachilus* 156
Schistura 67, 131
Schizopygopsis 41
Schizothoracinae 4, 41, 46, 66
Schizothorax 43
scleroptera, *Nemachilus* 232
scleroptera, *Triplophysa* 166, 232
scleropterus, *Nemachilus* 235
sellaefer, *Nemacheilus* 172
sellaefer, *Triplophysa* 163, 172
Semilabeo 5

shaanxiensis, *Triplophysa* 6, 163, 173
shuangjiangensis, *Nemacheilus* 154, 159
shuangjiangensis, *Noemacheilus* 159
sichuanensis, *Yunnanilus* 78, 85
siluroides, *Nemachilus* 179
siluroides, *Triplophysa* 163, 164, 179
simu, *Onychostoma* 40
sinensis, *Cobitis* 40, 301
sinensis, *Sarcocheilichthys* 40, 42
sinensis, *Spinibarbus* 40
Sinibotia 58, 266
Sinocrossocheilus 5
Sinocyclocheilus 7, 57
Sphaerophysa 67, 264
spilota, *Schistura* 132, 137
spilotus, *Nemacheilus* 137
spilotus, *Noemacheilus* 137
stenura, *Triplophysa* 165, 207
stenurus, *Nemachilus* 207
stewarti, *Dilophsya* 245
stewarti, *Nemacheilus* 245
stewarti, *Triplophysa* 167, 245
stoliczkae, *Cobitis* 201
stoliczkae, *Nemacheilus* 247
stoliczkae, *Nemachilus* 197, 201, 207, 245
stoliczkae, *Nemachilus* (*Nemachilus*) 201, 205
stoliczkae, *Nemaclzilus* 205
stoliczkae, *Triplophysa* 165, 201
stoliczkae brevicauda, *Nemachilus* 193
stoliczkae crassicauda, *Nemachilus* 197
stoliczkae dorsonotatus, *Triplophysa* 201
stoliczkae productus, *Nemachilus* 197
stoliczkae tenuicauda, *Nemachilus* 205
stoliczkae, *Barbatula* (*Barbatula*) 201
stoziczkae, *Nemachilus* 193
strauchii, *Diplophysa* 162, 241
strauchii, *Nemachilus* 247
strauchii, *Nemaclzitus* 241
strauchii, *Triplophysa* 167, 241
strauchii papillosolabiatus, *Nemachilus* 243
strauchii strauchii, *Nemachilus* 241
strauchii transiens, *Nemachilus* 243
strauclzii zaisaniczts, *Nemacheilzr* 242
strauclzii, *Nemacheilus* (*Deuterophysa*) 241
subfusca, *Cobitis* 156
subfusca, *Nemacheilus* 156
subfusca, *Schistura* 156
subfuscus, *Nemacheilus* 154, 156
superciliaris, *Botia* 266, 267, 271
superciliaris, *Botia* 266, 271, 272
superciliaris, *Botia* (*Sinibotia*) 271
Syncrossus 58, 266

T

taenia, *Cobitis* 1, 301
taenia granoei, *Cobitis* 304
taenia lutheri, *Cobitis* 302
taenia melanoleuca, *Cobitis* 301
taenia sinensis, *Cobitis* 301
taeniops, *Leptobotia* 40, 284, 286
taeniops, *Parabotia* 286
taeuia, *Cobitis* 300
tanggulaensis, *Nemachilus* 200
tanggulaensis, *Triplophysa* 6, 165, 200
tarimensis, *Nemachilus* 260
Tauphysa 162
tchangi, *Leptobotia* 285, 291
tenuicauda, *Cobitis* 205
tenuicauda, *Nemachilus* 205
tenuicauda, *Triplophysa* 165, 205
tenuis, *Nemachilus* 207
tenuis, *Triplophysa* 167, 243
terminalis, *Megalobrama* 39
ternuis, *Nemachilus* 243
thai, *Nemacheilus* 140
thai, *Schistura* 132, 140, 143

tianeensis, *Triplophysa* 167, 248
tibetana, *Triplophysa* 167, 247
tibetanus, *Nemachilus* 247
tientaiensis, *Botia* 292
tientaiensis, *Botia* (*Hymenophysa*) 293
tientaiensis, *Leptobotia* 285, 292
tientaiensis compressicauda, *Leptobotia* 293
tientaiensis hansuiensis, *Leptobotia* 293
tientaiensis tientaiensis, *Leptobotia* 293
Tincinae 55
toni, *Barbatula* 118
toni, *Cobitis* 118
toni, *Nemacheilus* 118
toni, *Oreias* 118
toni fowleri, *Barbatula* 118
toni fowleri, *Barbatula* (*Barbatula*) 118
toni kirinensis, *Barbatula* 118
toni posteroventralis, *Barbatula* 226
toni posteroventralis, *Barbatula* (*Barbatula*) 226
toni toni, *Barbatula* 118
translucens, *Oreonectes* 99, 105
Triplophysa 5, 41, 65, 67, 162
typus, *Rhinogobio* 40

V

vaillanti, *Pseudogobio* 40
variegatus, *Nemachilus* 122
variegatus, *Paracobitis* 7, 122
variegatus oligolepis, *Paracobitis* 126
variegatus variegatus, *Paracobitis* 123
ventralis, *Rhinogobio* 40
venusta, *Triplophysa* 6, 166, 222
vinciguerrae, *Nemacheilus* 148
vinciguerrae, *Nemachilus* 148
vinciguerrae, *Schistura* 133, 148

W

waleckii, *Leuciscus* 41, 42, 43
wangi, *Ancherythroculter* 39
wui, *Botia* 276
wujiangensis, *Paracobitis* 122, 128
wuweiensis, *Nemachilus* 237
wuweiensis, *Triplophysa* 6, 166, 237

X

xanthi, *Botia* 282
Xenocyprinae 46, 55
xichangensis, *Triplophysa* 6, 166, 223
xingshanensis, *Nemachilus* 182, 194
xingshanensis, *Triplophysa* 164, 182
xiqiensis, *Triplophysa* 164, 191

Y

yangzonghaiensis, *Yunnanilus* 79, 95
yarkandensis, *Barbatula* 172, 179
yarkandensis, *Barbatula* (*Barbatula*) 172, 261
yarkandensis, *Nemacheilus* 260
yarkandensis, *Nemachilus* 162, 260
yarkandensis, *Nemachilus* (*Hedinichthys*) 262
yarkandensis, *Nemachilus* (*Nemachilus*) 261
yarkandensis brevibarbus, *Nemachilus* 261
yarkandensis longibarbus, *Nemachilus* 261
yarkandensis macroptera, *Triplophysa* (*Hedinichthys*) 262
yarkandensis macropterus, *Hedinichthys* 260, 262
yarkandensis macropterus, *Nemachilus* 262
yarkandensis nordkansuensis, *Nemachilus* 262
yarkandensis sellaefer, *Barbatula* 172
yarkandensis sellaefer, *Barbatula* (*Barbatula*) 172
yarkandensis yarkandensis, *Hedinichthys* 260, 261
yarkandensis yarkandensis, *Triplophysa* (*Hedinichthys*) 261
yenlingi, *Oreonectes* 109
yingjiangensis, *Nemacheilus* 154, 158
yingjiangensis, *Nemachilus* 158
yui, *Paralepidocephalus* 308

yunnanensis, *Acrossocheilus* 40
yunnanensis, *Botia* 267, 269
yunnanensis, *Triplophysa* 163, 175
Yunnanilus 66, 77

Z

Zacco 46
zaidamensis, *Nemachilus* 201
zaziri, *Noemacheilus* 201
zebra, *Botia* 296
zebra, *Leptobotia* 40, 285, 291, 296
zhengbaoshani, *Heminoemacheilus* 74, 76

《中国动物志》已出版书目

《中国动物志》

兽纲　第六卷　啮齿目 (下)　仓鼠科　罗泽珣等　2000，514 页，140 图，4 图版。
兽纲　第八卷　食肉目　高耀亭等　1987，377 页，66 图，10 图版。
兽纲　第九卷　鲸目　食肉目 海豹总科　海牛目　周开亚　2004，326 页，117 图，8 图版。
鸟纲　第一卷　第一部　中国鸟纲绪论　第二部　潜鸟目　鹳形目　郑作新等　1997，199 页，39 图，4 图版。
鸟纲　第二卷　雁形目　郑作新等　1979，143 页，65 图，10 图版。
鸟纲　第四卷　鸡形目　郑作新等　1978，203 页，53 图，10 图版。
鸟纲　第五卷　鹤形目　鸻形目　鸥形目　王岐山、马鸣、高育仁　2006，644 页，263 图，4 图版。
鸟纲　第六卷　鸽形目　鹦形目　鹃形目　鸮形目　郑作新、冼耀华、关贯勋　1991，240 页，64 图，5 图版。
鸟纲　第七卷　夜鹰目　雨燕目　咬鹃目　佛法僧目　鴷形目　谭耀匡、关贯勋　2003，241 页，36 图，4 图版。
鸟纲　第八卷　雀形目　阔嘴鸟科　和平鸟科　郑宝赉等　1985，333 页，103 图，8 图版。
鸟纲　第九卷　雀形目　太平鸟科　岩鹨科　陈服官等　1998，284 页，143 图，4 图版。
鸟纲　第十卷　雀形目　鹟科(一)　鸫亚科　郑作新、龙泽虞、卢汰春　1995，239 页，67 图，4 图版。
鸟纲　第十一卷　雀形目　鹟科(二)　画眉亚科　郑作新、龙泽虞、郑宝赉　1987，307 页，110 图，8 图版。
鸟纲　第十二卷　雀形目　鹟科(三)　莺亚科　鹟亚科　郑作新、卢汰春、杨岚、雷富民等　2010，439 页，121 图，4 图版。
鸟纲　第十三卷　雀形目　山雀科　绣眼鸟科　李桂垣、郑宝赉、刘光佐　1982，170 页，68 图，4 图版。
鸟纲　第十四卷　雀形目　文鸟科 雀科　傅桐生、宋榆钧、高玮等　1998，322 页，115 图，8 图版。
爬行纲　第一卷　总论　龟鳖目　鳄形目　张孟闻等　1998，208 页，44 图，4 图版。
爬行纲　第二卷　有鳞目　蜥蜴亚目　赵尔宓、赵肯堂、周开亚等　1999，394 页，54 图，8 图版。
爬行纲　第三卷　有鳞目　蛇亚目　赵尔宓等　1998，522 页，100 图，12 图版。
两栖纲　上卷　总论　蚓螈目　有尾目　费梁、胡淑琴、叶昌媛、黄永昭等　2006，471 页，120 图，16 图版。
两栖纲　中卷　无尾目　费梁、胡淑琴、叶昌媛、黄永昭等　2009，957 页，549 图，16 图版。

两栖纲 下卷 无尾目 蛙科 费梁、胡淑琴、叶昌媛、黄永昭等 2009，888页，337图，16图版。
硬骨鱼纲 鲽形目 李思忠、王惠民 1995，433页，170图。
硬骨鱼纲 鲇形目 褚新洛、郑葆珊、戴定远等 1999，230页，124图。
硬骨鱼纲 鲤形目(上) 曹文宣等 2024，382页，229图。
硬骨鱼纲 鲤形目(中) 陈宜瑜等 1998，531页，257图。
硬骨鱼纲 鲤形目(下) 乐佩绮等 2000，661页，340图。
硬骨鱼纲 鲟形目 海鲢目 鲱形目 鼠鱚目 张世义 2001，209页，88图。
硬骨鱼纲 灯笼鱼目 鲸口鱼目 骨舌鱼目 陈素芝 2002，349页，135图。
硬骨鱼纲 鲀形目 海蛾鱼目 喉盘鱼目 鮟鱇目 苏锦祥、李春生 2002，495页，194图。
硬骨鱼纲 鲉形目 金鑫波 2006，739页，287图。
硬骨鱼纲 鲈形目(四) 刘静等 2016，312页，142图，15图版。
硬骨鱼纲 鲈形目(五) 虾虎鱼亚目 伍汉霖、钟俊生等 2008，951页，575图，32图版。
硬骨鱼纲 鳗鲡目 背棘鱼目 张春光等 2010，453页，225图，3图版。
硬骨鱼纲 银汉鱼目 鳉形目 颌针鱼目 蛇鳚目 鳕形目 李思忠、张春光等 2011，946页，345图。
圆口纲 软骨鱼纲 朱元鼎、孟庆闻等 2001，552页，247图。
昆虫纲 第一卷 蚤目 柳支英等 1986，1334页，1948图。
昆虫纲 第二卷 鞘翅目 铁甲科 陈世骧等 1986，653页，327图，15图版。
昆虫纲 第三卷 鳞翅目 圆钩蛾科 钩蛾科 朱弘复、王林瑶 1991，269页，204图，10图版。
昆虫纲 第四卷 直翅目 蝗总科 癞蝗科 瘤锥蝗科 锥头蝗科 夏凯龄等 1994，340页，168图。
昆虫纲 第五卷 鳞翅目 蚕蛾科 大蚕蛾科 网蛾科 朱弘复、王林瑶 1996，302页，234图，18图版。
昆虫纲 第六卷 双翅目 丽蝇科 范滋德等 1997，707页，229图。
昆虫纲 第七卷 鳞翅目 祝蛾科 武春生 1997，306页，74图，38图版。
昆虫纲 第八卷 双翅目 蚊科(上) 陆宝麟等 1997，593页，285图。
昆虫纲 第九卷 双翅目 蚊科(下) 陆宝麟等 1997，126页，57图。
昆虫纲 第十卷 直翅目 蝗总科 斑翅蝗科 网翅蝗科 郑哲民、夏凯龄 1998，610页，323图。
昆虫纲 第十一卷 鳞翅目 天蛾科 朱弘复、王林瑶 1997，410页，325图，8图版。
昆虫纲 第十二卷 直翅目 蚱总科 梁络球、郑哲民 1998，278页，166图。
昆虫纲 第十三卷 半翅目 姬蝽科 任树芝 1998，251页，508图，12图版。
昆虫纲 第十四卷 同翅目 纩蚜科 瘿绵蚜科 张广学、乔格侠、钟铁森、张万玉 1999，380页，121图，17+8图版。
昆虫纲 第十五卷 鳞翅目 尺蛾科 花尺蛾亚科 薛大勇、朱弘复 1999，1090页，1197图，25图版。
昆虫纲 第十六卷 鳞翅目 夜蛾科 陈一心 1999，1596页，701图，68图版。
昆虫纲 第十七卷 等翅目 黄复生等 2000，961页，564图。
昆虫纲 第十八卷 膜翅目 茧蜂科(一) 何俊华、陈学新、马云 2000，757页，1783图。

昆虫纲　第十九卷　鳞翅目　灯蛾科　方承莱　2000，589 页，338 图，20 图版。
昆虫纲　第二十卷　膜翅目　准蜂科　蜜蜂科　吴燕如　2000，442 页，218 图，9 图版。
昆虫纲　第二十一卷　鞘翅目　天牛科　花天牛亚科　蒋书楠、陈力　2001，296 页，17 图，18 图版。
昆虫纲　第二十二卷　同翅目　蚧总科　粉蚧科　绒蚧科　蜡蚧科　链蚧科　盘蚧科　壶蚧科　仁蚧科　王子清　2001，611 页，188 图。
昆虫纲　第二十三卷　双翅目　寄蝇科(一)　赵建铭、梁恩义、史永善、周士秀　2001，305 页，183 图，11 图版。
昆虫纲　第二十四卷　半翅目　毛唇花蝽科　细角花蝽科　花蝽科　卜文俊、郑乐怡　2001，267 页，362 图。
昆虫纲　第二十五卷　鳞翅目　凤蝶科　凤蝶亚科　锯凤蝶亚科　绢蝶亚科　武春生　2001，367 页，163 图，8 图版。
昆虫纲　第二十六卷　双翅目　蝇科(二)　棘蝇亚科(一)　马忠余、薛万琦、冯炎　2002，421 页，614 图。
昆虫纲　第二十七卷　鳞翅目　卷蛾科　刘友樵、李广武　2002，601 页，16 图，136+2 图版。
昆虫纲　第二十八卷　同翅目　角蝉总科　犁胸蝉科　角蝉科　袁锋、周尧　2002，590 页，295 图，4 图版。
昆虫纲　第二十九卷　膜翅目　螯蜂科　何俊华、许再福　2002，464 页，397 图。
昆虫纲　第三十卷　鳞翅目　毒蛾科　赵仲苓　2003，484 页，270 图，10 图版。
昆虫纲　第三十一卷　鳞翅目　舟蛾科　武春生、方承莱　2003，952 页，530 图，8 图版。
昆虫纲　第三十二卷　直翅目　蝗总科　槌角蝗科　剑角蝗科　印象初、夏凯龄　2003，280 页，144 图。
昆虫纲　第三十三卷　半翅目　盲蝽科　盲蝽亚科　郑乐怡、吕楠、刘国卿、许兵红　2004，797 页，228 图，8 图版。
昆虫纲　第三十四卷　双翅目　舞虻总科　舞虻科　螳舞虻亚科　驼舞虻亚科　杨定、杨集昆　2004，334 页，474 图，1 图版。
昆虫纲　第三十五卷　革翅目　陈一心、马文珍　2004，420 页，199 图，8 图版。
昆虫纲　第三十六卷　鳞翅目　波纹蛾科　赵仲苓　2004，291 页，153 图，5 图版。
昆虫纲　第三十七卷　膜翅目　茧蜂科(二)　陈学新、何俊华、马云　2004，581 页，1183 图，103 图版。
昆虫纲　第三十八卷　鳞翅目　蝙蝠蛾科　蛱蛾科　朱弘复、王林瑶、韩红香　2004，291 页，179 图，8 图版。
昆虫纲　第三十九卷　脉翅目　草蛉科　杨星科、杨集昆、李文柱　2005，398 页，240 图，4 图版。
昆虫纲　第四十卷　鞘翅目　肖叶甲科　肖叶甲亚科　谭娟杰、王书永、周红章　2005，415 页，95 图，8 图版。
昆虫纲　第四十一卷　同翅目　斑蚜科　乔格侠、张广学、钟铁森　2005，476 页，226 图，8 图版。
昆虫纲　第四十二卷　膜翅目　金小蜂科　黄大卫、肖晖　2005，388 页，432 图，5 图版。
昆虫纲　第四十三卷　直翅目　蝗总科　斑腿蝗科　李鸿昌、夏凯龄　2006，736 页，325 图。

昆虫纲 第四十四卷 膜翅目 切叶蜂科 吴燕如 2006，474 页，180 图，4 图版。
昆虫纲 第四十五卷 同翅目 飞虱科 丁锦华 2006，776 页，351 图，20 图版。
昆虫纲 第四十六卷 膜翅目 茧蜂科 窄径茧蜂亚科 陈家骅、杨建全 2006，301 页，81 图，32 图版。
昆虫纲 第四十七卷 鳞翅目 枯叶蛾科 刘有樵、武春生 2006，385 页，248 图，8 图版。
昆虫纲 蚤目(第二版，上下卷) 吴厚永等 2007，2174 页，2475 图。
昆虫纲 第四十九卷 双翅目 蝇科(一) 范滋德、邓耀华 2008，1186 页，276 图，4 图版。
昆虫纲 第五十卷 双翅目 食蚜蝇科 黄春梅、成新月 2012，852 页，418 图，8 图版。
昆虫纲 第五十一卷 广翅目 杨定、刘星月 2010，457 页，176 图，14 图版。
昆虫纲 第五十二卷 鳞翅目 粉蝶科 武春生 2010，416 页，174 图，16 图版。
昆虫纲 第五十三卷 双翅目 长足虻科(上下卷) 杨定、张莉莉、王孟卿、朱雅君 2011，1912 页，1017 图，7 图版。
昆虫纲 第五十四卷 鳞翅目 尺蛾科 尺蛾亚科 韩红香、薛大勇 2011，787 页，929 图，20 图版。
昆虫纲 第五十五卷 鳞翅目 弄蝶科 袁锋、袁向群、薛国喜 2015，754 页，280 图，15 图版。
昆虫纲 第五十六卷 膜翅目 细蜂总科(一) 何俊华、许再福 2015，1078 页，485 图。
昆虫纲 第五十七卷 直翅目 螽斯科 露螽亚科 康乐、刘春香、刘宪伟 2013，574 页，291 图，31 图版。
昆虫纲 第五十八卷 襀翅目 叉襀总科 杨定、李卫海、祝芳 2014，518 页，294 图，12 图版。
昆虫纲 第五十九卷 双翅目 虻科 许荣满、孙毅 2013，870 页，495 图，17 图版。
昆虫纲 第六十卷 半翅目 扁蚜科 平翅绵蚜科 乔格侠、姜立云、陈静、张广学、钟铁森 2017，414 页，137 图，8 图版。
昆虫纲 第六十一卷 鞘翅目 叶甲科 叶甲亚科 杨星科、葛斯琴、王书永、李文柱、崔俊芝 2014，641 页，378 图，8 图版。
昆虫纲 第六十二卷 半翅目 盲蝽科(二) 合垫盲蝽亚科 刘国卿、郑乐怡 2014，297 页，134 图，13 图版。
昆虫纲 第六十三卷 鞘翅目 拟步甲科(一) 任国栋等 2016，534 页，248 图，49 图版。
昆虫纲 第六十四卷 膜翅目 金小蜂科(二) 金小蜂亚科 肖晖、黄大卫、矫天扬 2019，495 页，186 图，12 图版。
昆虫纲 第六十五卷 双翅目 鹬虻科、伪鹬虻科 杨定、董慧、张魁艳 2016，476 页，222 图，7 图版。
昆虫纲 第六十七卷 半翅目 叶蝉科 (二) 大叶蝉亚科 杨茂发、孟泽洪、李子忠 2017，637 页，312 图，27 图版。
昆虫纲 第六十八卷 脉翅目 蚁蛉总科 王心丽、詹庆斌、王爱芹 2018，285 页，2 图，38 图版。
昆虫纲 第六十九卷 缨翅目 (上下卷) 冯纪年等 2021，984 页，420 图。
昆虫纲 第七十卷 半翅目 杯瓢蜡蝉科、瓢蜡蝉科 张雅林、车艳丽、孟 瑞、王应伦 2020，655 页，224 图，43 图版。

昆虫纲 第七十一卷 半翅目 叶蝉科（三） 杆叶蝉亚科 秀头叶蝉亚科 缘脊叶蝉亚科 张雅林、魏琮、沈林、尚素琴 2022，309页，147图，7图版。

昆虫纲 第七十二卷 半翅目 叶蝉科（四） 李子忠、李玉建、邢济春 2020，547页，303图，14图版。

昆虫纲 第七十三卷 半翅目 盲蝽科（三） 单室盲蝽亚科 细爪盲蝽亚科 齿爪盲蝽亚科 树盲蝽亚科 撒盲蝽亚科 刘国卿、穆怡然、许静杨、刘琳 2022，606页，217图，17图版。

昆虫纲 第七十四卷 膜翅目 赤眼蜂科 林乃铨、胡红英、田洪霞、林硕 2022，602页，195图。

昆虫纲 第七十五卷 鞘翅目 阎甲总科 扁圆甲科 长阎甲科 阎甲科 周红章、罗天宏、张叶军 2022，702页，252图，3图版。

昆虫纲 第七十六卷 鳞翅目 刺蛾科 武春生、方承莱 2023，508页，317图，12图版。

无脊椎动物 第一卷 甲壳纲 淡水枝角类 蒋燮治、堵南山 1979，297页，192图。

无脊椎动物 第二卷 甲壳纲 淡水桡足类 沈嘉瑞等 1979，450页，255图。

无脊椎动物 第三卷 吸虫纲 复殖目(一) 陈心陶等 1985，697页，469图，10图版。

无脊椎动物 第四卷 头足纲 董正之 1988，201页，124图，4图版。

无脊椎动物 第五卷 蛭纲 杨潼 1996，259页，141图。

无脊椎动物 第六卷 海参纲 廖玉麟 1997，334页，170图，2图版。

无脊椎动物 第七卷 腹足纲 中腹足目 宝贝总科 马绣同 1997，283页，96图，12图版。

无脊椎动物 第八卷 蛛形纲 蜘蛛目 蟹蛛科 逍遥蛛科 宋大祥、朱明生 1997，259页，154图。

无脊椎动物 第九卷 多毛纲(一) 叶须虫目 吴宝铃、吴启泉、丘建文、陆华 1997，323页，180图。

无脊椎动物 第十卷 蛛形纲 蜘蛛目 园蛛科 尹长民等 1997，460页，292图。

无脊椎动物 第十一卷 腹足纲 后鳃亚纲 头楯目 林光宇 1997，246页，35图，24图版。

无脊椎动物 第十二卷 双壳纲 贻贝目 王祯瑞 1997，268页，126图，4图版。

无脊椎动物 第十三卷 蛛形纲 蜘蛛目 球蛛科 朱明生 1998，436页，233图，1图版。

无脊椎动物 第十四卷 肉足虫纲 等辐骨虫目 泡沫虫目 谭智源 1998，315页，273图，25图版。

无脊椎动物 第十五卷 粘孢子纲 陈启鎏、马成伦 1998，805页，30图，180图版。

无脊椎动物 第十六卷 珊瑚虫纲 海葵目 角海葵目 群体海葵目 裴祖南 1998，286页，149图，20图版。

无脊椎动物 第十七卷 甲壳动物亚门 十足目 束腹蟹科 溪蟹科 戴爱云 1999，501页，238图，31图版。

无脊椎动物 第十八卷 原尾纲 尹文英 1999，510页，275图，8图版。

无脊椎动物 第十九卷 腹足纲 柄眼目 烟管螺科 陈德牛、张国庆 1999，210页，128图，5图版。

无脊椎动物 第二十卷 双壳纲 原鳃亚纲 异韧带亚纲 徐凤山 1999，244页，156图。

无脊椎动物 第二十一卷 甲壳动物亚门 糠虾目 刘瑞玉、王绍武 2000，326页，110图。

无脊椎动物 第二十二卷 单殖吸虫纲 吴宝华、郎所、王伟俊等 2000，756页，598图，2图版。

无脊椎动物 第二十三卷 珊瑚虫纲 石珊瑚目 造礁石珊瑚 邹仁林 2001，289页，9图，55图版。

无脊椎动物 第二十四卷 双壳纲 帘蛤科 庄启谦 2001，278页，145图。

无脊椎动物 第二十五卷 线虫纲 杆形目 圆线亚目(一) 吴淑卿等 2001，489页，201图。

无脊椎动物 第二十六卷 有孔虫纲 胶结有孔虫 郑守仪、傅钊先 2001，788页，130图，122图版。

无脊椎动物 第二十七卷 水螅虫纲 钵水母纲 高尚武、洪惠馨、张士美 2002，275页，136图。

无脊椎动物 第二十八卷 甲壳动物亚门 端足目 蛾亚目 陈清潮、石长泰 2002，249页，178图。

无脊椎动物 第二十九卷 腹足纲 原始腹足目 马蹄螺总科 董正之 2002，210页，176图，2图版。

无脊椎动物 第三十卷 甲壳动物亚门 短尾次目 海洋低等蟹类 陈惠莲、孙海宝 2002，597页，237图，4彩色图版，12黑白图版。

无脊椎动物 第三十一卷 双壳纲 珍珠贝亚目 王祯瑞 2002，374页，152图，7图版。

无脊椎动物 第三十二卷 多孔虫纲 罩笼虫目 稀孔虫纲 稀孔虫目 谭智源、宿星慧 2003，295页，193图，25图版。

无脊椎动物 第三十三卷 多毛纲(二) 沙蚕目 孙瑞平、杨德渐 2004，520页，267图，1图版。

无脊椎动物 第三十四卷 腹足纲 鹑螺总科 张素萍、马绣同 2004，243页，123图，5图版。

无脊椎动物 第三十五卷 蛛形纲 蜘蛛目 肖蛸科 朱明生、宋大祥、张俊霞 2003，402页，174图，5彩色图版，11黑白图版。

无脊椎动物 第三十六卷 甲壳动物亚门 十足目 匙指虾科 梁象秋 2004，375页，156图。

无脊椎动物 第三十七卷 软体动物门 腹足纲 巴锅牛科 陈德牛、张国庆 2004，482页，409图，8图版。

无脊椎动物 第三十八卷 毛颚动物门 箭虫纲 萧贻昌 2004，201页，89图。

无脊椎动物 第三十九卷 蛛形纲 蜘蛛目 平腹蛛科 宋大祥、朱明生、张锋 2004，362页，175图。

无脊椎动物 第四十卷 棘皮动物门 蛇尾纲 廖玉麟 2004，505页，244图，6图版。

无脊椎动物 第四十一卷 甲壳动物亚门 端足目 钩虾亚目(一) 任先秋 2006，588页，194图。

无脊椎动物 第四十二卷 甲壳动物亚门 蔓足下纲 围胸总目 刘瑞玉、任先秋 2007，632页，239图。

无脊椎动物 第四十三卷 甲壳动物亚门 端足目 钩虾亚目(二) 任先秋 2012，651页，197图。

无脊椎动物 第四十四卷 甲壳动物亚门 十足目 长臂虾总科 李新正、刘瑞玉、梁象秋等 2007，381页，157图。

无脊椎动物 第四十五卷 纤毛门 寡毛纲 缘毛目 沈韫芬、顾曼如 2016，502页，164图，2图版。

无脊椎动物 第四十六卷 星虫动物门 螠虫动物门 周红、李凤鲁、王玮 2007，206页，95图。

无脊椎动物 第四十七卷 蛛形纲 蜱螨亚纲 植绥螨科 吴伟南、欧剑峰、黄静玲 2009，511页，287图，9图版。

无脊椎动物 第四十八卷 软体动物门 双壳纲 满月蛤总科 心蛤总科 厚壳蛤总科 鸟蛤总科 徐凤山 2012，239页，133图。

无脊椎动物 第四十九卷 甲壳动物亚门 十足目 梭子蟹科 杨思谅、陈惠莲、戴爱云 2012，417

页，138 图，14 图版。

无脊椎动物　第五十卷　缓步动物门　杨潼　2015，279 页，131 图，5 图版。

无脊椎动物　第五十一卷　线虫纲　杆形目　圆线亚目(二)　张路平、孔繁瑶　2014，316 页，97 图，19 图版。

无脊椎动物　第五十二卷　扁形动物门　吸虫纲　复殖目（三）　邱兆祉等　2018，746 页，401 图。

无脊椎动物　第五十三卷　蛛形纲　蜘蛛目　跳蛛科　彭贤锦　2020，612 页，392 图。

无脊椎动物　第五十四卷　环节动物门　多毛纲(三)　缨鳃虫目　孙瑞平、杨德渐　2014，493 页，239 图，2 图版。

无脊椎动物　第五十五卷　软体动物门　腹足纲　芋螺科　李凤兰、林民玉　2016，288 页，168 图，4 图版。

无脊椎动物　第五十六卷　软体动物门　腹足纲　凤螺总科、玉螺总科　张素萍　2016，318 页，138 图，10 图版。

无脊椎动物　第五十七卷　软体动物门　双壳纲　樱蛤科　双带蛤科　徐凤山、张均龙　2017，236 页，50 图，15 图版。

无脊椎动物　第五十八卷　软体动物门　腹足纲　艾纳螺总科　吴岷　2018，300 页，63 图，6 图版。

无脊椎动物　第五十九卷　蛛形纲　蜘蛛目　漏斗蛛科　暗蛛科　朱明生、王新平、张志升　2017，727 页，384 图，5 图版。

无脊椎动物　第六十二卷　软体动物门　腹足纲　骨螺科　张素萍　2022，428 页，250 图。

《中国经济动物志》

兽类　寿振黄等　1962，554 页，153 图，72 图版。

鸟类　郑作新等　1963，694 页，10 图，64 图版。

鸟类(第二版)　郑作新等　1993，619 页，64 图版。

海产鱼类　成庆泰等　1962，174 页，25 图，32 图版。

淡水鱼类　伍献文等　1963，159 页，122 图，30 图版。

淡水鱼类寄生甲壳动物　匡溥人、钱金会　1991，203 页，110 图。

环节(多毛纲)　棘皮　原索动物　吴宝铃等　1963，141 页，65 图，16 图版。

海产软体动物　张玺、齐钟彦　1962，246 页，148 图。

淡水软体动物　刘月英等　1979，134 页，110 图。

陆生软体动物　陈德牛、高家祥　1987，186 页，224 图。

寄生蠕虫　吴淑卿、尹文真、沈守训　1960，368 页，158 图。

《中国经济昆虫志》

第一册　鞘翅目　天牛科　陈世骧等　1959，120 页，21 图，40 图版。

第二册　半翅目　蝽科　杨惟义　1962，138 页，11 图，10 图版。

第三册　鳞翅目　夜蛾科(一)　朱弘复、陈一心　1963，172 页，22 图，10 图版。

第四册　鞘翅目　拟步行虫科　赵养昌　1963，63 页，27 图，7 图版。

第五册 鞘翅目 瓢虫科 刘崇乐 1963，101 页，27 图，11 图版。

第六册 鳞翅目 夜蛾科(二) 朱弘复等 1964，183 页，11 图版。

第七册 鳞翅目 夜蛾科(三) 朱弘复、方承莱、王林瑶 1963，120 页，28 图，31 图版。

第八册 等翅目 白蚁 蔡邦华、陈宁生，1964，141 页，79 图，8 图版。

第九册 膜翅目 蜜蜂总科 吴燕如 1965，83 页，40 图，7 图版。

第十册 同翅目 叶蝉科 葛钟麟 1966，170 页，150 图。

第十一册 鳞翅目 卷蛾科(一) 刘友樵、白九维 1977，93 页，23 图，24 图版。

第十二册 鳞翅目 毒蛾科 赵仲苓 1978，121 页，45 图，18 图版。

第十三册 双翅目 蠓科 李铁生 1978，124 页，104 图。

第十四册 鞘翅目 瓢虫科(二) 庞雄飞、毛金龙 1979，170 页，164 图，16 图版。

第十五册 蜱螨目 蜱总科 邓国藩 1978，174 页，707 图。

第十六册 鳞翅目 舟蛾科 蔡荣权 1979，166 页，126 图，19 图版。

第十七册 蜱螨目 革螨股 潘鋕文、邓国藩 1980，155 页，168 图。

第十八册 鞘翅目 叶甲总科(一) 谭娟杰、虞佩玉 1980，213 页，194 图，18 图版。

第十九册 鞘翅目 天牛科 蒲富基 1980，146 页，42 图，12 图版。

第二十册 鞘翅目 象虫科 赵养昌、陈元清 1980，184 页，73 图，14 图版。

第二十一册 鳞翅目 螟蛾科 王平远 1980，229 页，40 图，32 图版。

第二十二册 鳞翅目 天蛾科 朱弘复、王林瑶 1980，84 页，17 图，34 图版。

第二十三册 螨 目 叶螨总科 王慧芙 1981，150 页，121 图，4 图版。

第二十四册 同翅目 粉虱科 王子清 1982，119 页，75 图。

第二十五册 同翅目 蚜虫类(一) 张广学、钟铁森 1983，387 页，207 图，32 图版。

第二十六册 双翅目 虻科 王遵明 1983，128 页，243 图，8 图版。

第二十七册 同翅目 飞虱科 葛钟麟等 1984，166 页，132 图，13 图版。

第二十八册 鞘翅目 金龟总科幼虫 张芝利 1984，107 页，17 图，21 图版。

第二十九册 鞘翅目 小蠹科 殷惠芬、黄复生、李兆麟 1984，205 页，132 图，19 图版。

第三十册 膜翅目 胡蜂总科 李铁生 1985，159 页，21 图，12 图版。

第三十一册 半翅目(一) 章士美等 1985，242 页，196 图，59 图版。

第三十二册 鳞翅目 夜蛾科(四) 陈一心 1985，167 页，61 图，15 图版。

第三十三册 鳞翅目 灯蛾科 方承莱 1985，100 页，69 图，10 图版。

第三十四册 膜翅目 小蜂总科(一) 廖定熹等 1987，241 页，113 图，24 图版。

第三十五册 鞘翅目 天牛科(三) 蒋书楠、蒲富基、华立中 1985，189 页，2 图，13 图版。

第三十六册 同翅目 蜡蝉总科 周尧等 1985，152 页，125 图，2 图版。

第三十七册 双翅目 花蝇科 范滋德等 1988，396 页，1215 图，10 图版。

第三十八册 双翅目 蠓科(二) 李铁生 1988，127 页，107 图。

第三十九册 蜱螨亚纲 硬蜱科 邓国藩、姜在阶 1991，359 页，354 图。

第四十册 蜱螨亚纲 皮刺螨总科 邓国藩等 1993，391 页，318 图。

第四十一册 膜翅目 金小蜂科 黄大卫 1993，196 页，252 图。

第四十二册　鳞翅目　毒蛾科(二)　赵仲苓　1994，165 页，103 图，10 图版。
第四十三册　同翅目　蚧总科　王子清　1994，302 页，107 图。
第四十四册　蜱螨亚纲　瘿螨总科(一)　匡海源　1995，198 页，163 图，7 图版。
第四十五册　双翅目　虻科(二)　王遵明　1994，196 页，182 图，8 图版。
第四十六册　鞘翅目　金花龟科　斑金龟科　弯腿金龟科　马文珍　1995，210 页，171 图，5 图版。
第四十七册　膜翅目　蚁科(一)　唐觉等　1995，134 页，135 图。
第四十八册　蜉蝣目　尤大寿等　1995，152 页，154 图。
第四十九册　毛翅目(一)　小石蛾科　角石蛾科　纹石蛾科　长角石蛾科　田立新等　1996，195 页 271 图，2 图版。
第五十册　半翅目(二)　章士美等　1995，169 页，46 图，24 图版。
第五十一册　膜翅目　姬蜂科　何俊华、陈学新、马云　1996，697 页，434 图。
第五十二册　膜翅目　泥蜂科　吴燕如、周勤　1996，197 页，167 图，14 图版。
第五十三册　蜱螨亚纲　植绥螨科　吴伟南等　1997，223 页，169 图，3 图版。
第五十四册　鞘翅目　叶甲总科(二)　虞佩玉等　1996，324 页，203 图，12 图版。
第五十五册　缨翅目　韩运发　1997，513 页，220 图，4 图版。

Serial Faunal Monographs Already Published

FAUNA SINICA

Mammalia vol. 6 Rodentia III: Cricetidae. Luo Zexun *et al*., 2000. 514 pp., 140 figs., 4 pls.

Mammalia vol. 8 Carnivora. Gao Yaoting *et al*., 1987. 377 pp., 44 figs., 10 pls.

Mammalia vol. 9 Cetacea, Carnivora: Phocoidea, Sirenia. Zhou Kaiya, 2004. 326 pp., 117 figs., 8 pls.

Aves vol. 1 part 1. Introductory Account of the Class Aves in China; part 2. Account of Orders listed in this Volume. Zheng Zuoxin (Cheng Tsohsin) *et al*., 1997. 199 pp., 39 figs., 4 pls.

Aves vol. 2 Anseriformes. Zheng Zuoxin (Cheng Tsohsin) *et al*., 1979. 143 pp., 65 figs., 10 pls.

Aves vol. 4 Galliformes. Zheng Zuoxin (Cheng Tsohsin) *et al*., 1978. 203 pp., 53 figs., 10 pls.

Aves vol. 5 Gruiformes, Charadriiformes, Lariformes. Wang Qishan, Ma Ming and Gao Yuren, 2006. 644 pp., 263 figs., 4 pls.

Aves vol. 6 Columbiformes, Psittaciformes, Cuculiformes, Strigiformes. Zheng Zuoxin (Cheng Tsohsin), Xian Yaohua and Guan Guanxun, 1991. 240 pp., 64 figs., 5 pls.

Aves vol. 7 Caprimulgiformes, Apodiformes, Trogoniformes, Coraciiformes, Piciformes. Tan Yaokuang and Guan Guanxun, 2003. 241 pp., 36 figs., 4 pls.

Aves vol. 8 Passeriformes: Eurylaimidae-Irenidae. Zheng Baolai *et al*., 1985. 333 pp., 103 figs., 8 pls.

Aves vol. 9 Passeriformes: Bombycillidae, Prunellidae. Chen Fuguan *et al*., 1998. 284 pp., 143 figs., 4 pls.

Aves vol. 10 Passeriformes: Muscicapidae I: Turdinae. Zheng Zuoxin (Cheng Tsohsin), Long Zeyu and Lu Taichun, 1995. 239 pp., 67 figs., 4 pls.

Aves vol. 11 Passeriformes: Muscicapidae II: Timaliinae. Zheng Zuoxin (Cheng Tsohsin), Long Zeyu and Zheng Baolai, 1987. 307 pp., 110 figs., 8 pls.

Aves vol. 12 Passeriformes: Muscicapidae III: Sylviinae, Muscicapinae. Zheng Zuoxin, Lu Taichun, Yang Lan and Lei Fumin *et al*., 2010. 439 pp., 121 figs., 4 pls.

Aves vol. 13 Passeriformes: Paridae, Zosteropidae. Li Guiyuan, Zheng Baolai and Liu Guangzuo, 1982. 170 pp., 68 figs., 4 pls.

Aves vol. 14 Passeriformes: Ploceidae, Fringillidae. Fu Tongsheng, Song Yujun and Gao Wei *et al*., 1998. 322 pp., 115 figs., 8 pls.

Reptilia vol. 1 General Accounts of Reptilia. Testudoformes and Crocodiliformes. Zhang Mengwen *et al*., 1998. 208 pp., 44 figs., 4 pls.

Reptilia vol. 2 Squamata: Lacertilia. Zhao Ermi, Zhao Kentang and Zhou Kaiya *et al*., 1999. 394 pp., 54 figs., 8 pls.

Reptilia vol. 3 Squamata: Serpentes. Zhao Ermi *et al.*, 1998. 522 pp., 100 figs., 12 pls.

Amphibia vol. 1 General accounts of Amphibia, Gymnophiona, Urodela. Fei Liang, Hu Shuqin, Ye Changyuan and Huang Yongzhao *et al.*, 2006. 471 pp., 120 figs., 16 pls.

Amphibia vol. 2 Anura. Fei Liang, Hu Shuqin, Ye Changyuan and Huang Yongzhao *et al.*, 2009. 957 pp., 549 figs., 16 pls.

Amphibia vol. 3 Anura: Ranidae. Fei Liang, Hu Shuqin, Ye Changyuan and Huang Yongzhao *et al.*, 2009. 888 pp., 337 figs., 16 pls.

Osteichthyes: Pleuronectiformes. Li Sizhong and Wang Huimin, 1995. 433 pp., 170 figs.

Osteichthyes: Siluriformes. Chu Xinluo, Zheng Baoshan and Dai Dingyuan *et al.*, 1999. 230 pp., 124 figs.

Osteichthyes: Cypriniformes II. Chen Yiyu *et al.*, 1998. 531 pp., 257 figs.

Osteichthyes: Cypriniformes III. Yue Peiqi *et al.*, 2000. 661 pp., 340 figs.

Osteichthyes: Acipenseriformes, Elopiformes, Clupeiformes, Gonorhynchiformes. Zhang Shiyi, 2001. 209 pp., 88 figs.

Osteichthyes: Myctophiformes, Cetomimiformes, Osteoglossiformes. Chen Suzhi, 2002. 349 pp., 135 figs.

Osteichthyes: Tetraodontiformes, Pegasiformes, Gobiesociformes, Lophiiformes. Su Jinxiang and Li Chunsheng, 2002. 495 pp., 194 figs.

Ostichthyes: Scorpaeniformes. Jin Xinbo, 2006. 739 pp., 287 figs.

Ostichthyes: Perciformes IV. Liu Jing *et al.*, 2016. 312 pp., 143 figs., 15 pls.

Ostichthyes: Perciformes V: Gobioidei. Wu Hanlin and Zhong Junsheng *et al.*, 2008. 951 pp., 575 figs., 32 pls.

Ostichthyes: Anguilliformes Notacanthiformes. Zhang Chunguang *et al.*, 2010. 453 pp., 225 figs., 3 pls.

Ostichthyes: Atheriniformes, Cyprinodontiformes, Beloniformes, Ophidiiformes, Gadiformes. Li Sizhong and Zhang Chunguang *et al.*, 2011. 946 pp., 345 figs.

Cyclostomata and Chondrichthyes. Zhu Yuanding and Meng Qingwen *et al.*, 2001. 552 pp., 247 figs.

Insecta vol. 1 Siphonaptera. Liu Zhiying *et al.*, 1986. 1334 pp., 1948 figs.

Insecta vol. 2 Coleoptera: Hispidae. Chen Sicien *et al.*, 1986. 653 pp., 327 figs., 15 pls.

Insecta vol. 3 Lepidoptera: Cyclidiidae, Drepanidae. Chu Hungfu and Wang Linyao, 1991. 269 pp., 204 figs., 10 pls.

Insecta vol. 4 Orthoptera: Acrioidea: Pamphagidae, Chrotogonidae, Pyrgomorphidae. Xia Kailing *et al.*, 1994. 340 pp., 168 figs.

Insecta vol. 5 Lepidoptera: Bombycidae, Saturniidae, Thyrididae. Zhu Hongfu and Wang Linyao, 1996. 302 pp., 234 figs., 18 pls.

Insecta vol. 6 Diptera: Calliphoridae. Fan Zide *et al.*, 1997. 707 pp., 229 figs.

Insecta vol. 7 Lepidoptera: Lecithoceridae. Wu Chunsheng, 1997. 306 pp., 74 figs., 38 pls.

Insecta vol. 8 Diptera: Culicidae I. Lu Baolin *et al.*, 1997. 593 pp., 285 pls.

Insecta vol. 9 Diptera: Culicidae II. Lu Baolin *et al.*, 1997. 126 pp., 57 pls.

Insecta vol. 10 Orthoptera: Oedipodidae, Arcypteridae III. Zheng Zhemin and Xia Kailing, 1998. 610 pp.,

323 figs.

Insecta vol. 11 Lepidoptera: Sphingidae. Zhu Hongfu and Wang Linyao, 1997. 410 pp., 325 figs., 8 pls.

Insecta vol. 12 Orthoptera: Tetrigoidea. Liang Geqiu and Zheng Zhemin, 1998. 278 pp., 166 figs.

Insecta vol. 13 Hemiptera: Nabidae. Ren Shuzhi, 1998. 251 pp., 508 figs., 12 pls.

Insecta vol. 14 Homoptera: Mindaridae, Pemphigidae. Zhang Guangxue, Qiao Gexia, Zhong Tiesen and Zhang Wanfang, 1999. 380 pp., 121 figs., 17+8 pls.

Insecta vol. 15 Lepidoptera: Geometridae: Larentiinae. Xue Dayong and Zhu Hongfu (Chu Hungfu), 1999. 1090 pp., 1197 figs., 25 pls.

Insecta vol. 16 Lepidoptera: Noctuidae. Chen Yixin, 1999. 1596 pp., 701 figs., 68 pls.

Insecta vol. 17 Isoptera. Huang Fusheng *et al.*, 2000. 961 pp., 564 figs.

Insecta vol. 18 Hymenoptera: Braconidae I. He Junhua, Chen Xuexin and Ma Yun, 2000. 757 pp., 1783 figs.

Insecta vol. 19 Lepidoptera: Arctiidae. Fang Chenglai, 2000. 589 pp., 338 figs., 20 pls.

Insecta vol. 20 Hymenoptera: Melittidae, Apidae. Wu Yanru, 2000. 442 pp., 218 figs., 9 pls.

Insecta vol. 21 Coleoptera: Cerambycidae: Lepturinae. Jiang Shunan and Chen Li, 2001. 296 pp., 17 figs., 18 pls.

Insecta vol. 22 Homoptera: Coccoidea: Pseudococcidae, Eriococcidae, Asterolecaniidae, Coccidae, Lecanodiaspididae, Cerococcidae, Aclerdidae. Wang Tzeching, 2001. 611 pp., 188 figs.

Insecta vol. 23 Diptera: Tachinidae I. Chao Cheiming, Liang Enyi, Shi Yongshan and Zhou Shixiu, 2001. 305 pp., 183 figs., 11 pls.

Insecta vol. 24 Hemiptera: Lasiochilidae, Lyctocoridae, Anthocoridae. Bu Wenjun and Zheng Leyi (Cheng Loyi), 2001. 267 pp., 362 figs.

Insecta vol. 25 Lepidoptera: Papilionidae: Papilioninae, Zerynthiinae, Parnassiinae. Wu Chunsheng, 2001. 367 pp., 163 figs., 8 pls.

Insecta vol. 26 Diptera: Muscidae II: Phaoniinae I. Ma Zhongyu, Xue Wanqi and Feng Yan, 2002. 421 pp., 614 figs.

Insecta vol. 27 Lepidoptera: Tortricidae. Liu Youqiao and Li Guangwu, 2002. 601 pp., 16 figs., 2+136 pls.

Insecta vol. 28 Homoptera: Membracoidea: Aetalionidae, Membracidae. Yuan Feng and Chou Io, 2002. 590 pp., 295 figs., 4 pls.

Insecta vol. 29 Hymenoptera: Dyrinidae. He Junhua and Xu Zaifu, 2002. 464 pp., 397 figs.

Insecta vol. 30 Lepidoptera: Lymantriidae. Zhao Zhongling (Chao Chungling), 2003. 484 pp., 270 figs., 10 pls.

Insecta vol. 31 Lepidoptera: Notodontidae. Wu Chunsheng and Fang Chenglai, 2003. 952 pp., 530 figs., 8 pls.

Insecta vol. 32 Orthoptera: Acridoidea: Gomphoceridae, Acrididae. Yin Xiangchu, Xia Kailing *et al.*, 2003. 280 pp., 144 figs.

Insecta vol. 33 Hemiptera: Miridae, Mirinae. Zheng Leyi, Lü Nan, Liu Guoqing and Xu Binghong, 2004. 797 pp., 228 figs., 8 pls.

Insecta vol. 34 Diptera: Empididae: Hemerodromiinae and Hybotinae. Yang Ding and Yang Chikun, 2004.

334 pp., 474 figs., 1 pls.

Insecta vol. 35 Dermaptera. Chen Yixin and Ma Wenzhen, 2004. 420 pp., 199 figs., 8 pls.

Insecta vol. 36 Lepidoptera: Thyatiridae. Zhao Zhongling, 2004. 291 pp., 153 figs., 5 pls.

Insecta vol. 37 Hymenoptera: Braconidae II. Chen Xuexin, He Junhua and Ma Yun, 2004. 518 pp., 1183 figs., 103 pls.

Insecta vol. 38 Lepidoptera: Hepialidae, Epiplemidae. Zhu Hongfu, Wang Linyao and Han Hongxiang, 2004. 291 pp., 179 figs., 8 pls.

Insecta vol. 39 Neuroptera: Chrysopidae. Yang Xingke, Yang Jikun and Li Wenzhu, 2005. 398 pp., 240 figs., 4 pls.

Insecta vol. 40 Coleoptera: Eumolpidae: Eumolpinae. Tan Juanjie, Wang Shuyong and Zhou Hongzhang, 2005. 415 pp., 95 figs., 8 pls.

Insecta vol. 41 Diptera: Muscidae I. Fan Zide *et al.*, 2005. 476 pp., 226 figs., 8 pls.

Insecta vol. 42 Hymenoptera: Pteromalidae. Huang Dawei and Xiao Hui, 2005. 388 pp., 432 figs., 5 pls.

Insecta vol. 43 Orthoptera: Acridoidea: Catantopidae. Li Hongchang and Xia Kailing, 2006. 736pp., 325 figs.

Insecta vol. 44 Hymenoptera: Megachilidae. Wu Yanru, 2006. 474 pp., 180 figs., 4 pls.

Insecta vol. 45 Diptera: Homoptera: Delphacidae. Ding Jinhua, 2006. 776 pp., 351 figs., 20 pls.

Insecta vol. 46 Hymenoptera: Braconidae: Agathidinae. Chen Jiahua and Yang Jianquan, 2006. 301 pp., 81 figs., 32 pls.

Insecta vol. 47 Lepidoptera: Lasiocampidae. Liu Youqiao and Wu Chunsheng, 2006. 385 pp., 248 figs., 8 pls.

Insecta Saiphonaptera(2 volumes). Wu Houyong *et al.*, 2007. 2174 pp., 2475 figs.

Insecta vol. 49 Diptera: Muscidae. Fan Zide *et al.*, 2008. 1186 pp., 276 figs., 4 pls.

Insecta vol. 50 Diptera: Syrphidae. Huang Chunmei and Cheng Xinyue, 2012. 852 pp., 418 figs., 8 pls.

Insecta vol. 51 Megaloptera. Yang Ding and Liu Xingyue, 2010. 457 pp., 176 figs., 14 pls.

Insecta vol. 52 Lepidoptera: Pieridae. Wu Chunsheng, 2010. 416 pp., 174 figs., 16 pls.

Insecta vol. 53 Diptera Dolichopodidae(2 volumes). Yang Ding *et al.*, 2011. 1912 pp., 1017 figs., 7 pls.

Insecta vol. 54 Lepidoptera: Geometridae: Geometrinae. Han Hongxiang and Xue Dayong, 2011. 787 pp., 929 figs., 20 pls.

Insecta vol. 55 Lepidoptera: Hesperiidae. Yuan Feng, Yuan Xiangqun and Xue Guoxi, 2015. 754 pp., 280 figs., 15 pls.

Insecta vol. 56 Hymenoptera: Proctotrupoidea(I). He Junhua and Xu Zaifu, 2015. 1078 pp., 485 figs.

Insecta vol. 57 Orthoptera: Tettigoniidae: Phaneropterinae. Kang Le *et al.*, 2013. 574 pp., 291 figs., 31 pls.

Insecta vol. 58 Plecoptera: Nemouroides. Yang Ding, Li Weihai and Zhu Fang, 2014. 518 pp., 294 figs., 12 pls.

Insecta vol. 59 Diptera: Tabanidae. Xu Rongman and Sun Yi, 2013. 870 pp., 495 figs., 17 pls.

Insecta vol. 60 Hemiptera: Hormaphididae, Phloeomyzidae. Qiao Gexia, Jiang Liyun, Chen Jing, Zhang Guangxue and Zhong Tiesen, 2017. 414 pp., 137 figs., 8 pls.

Insecta vol. 61 Coleoptera: Chrysomelidae: Chrysomelinae. Yang Xingke, Ge Siqin, Wang Shuyong, Li Wenzhu and Cui Junzhi, 2014. 641 pp., 378 figs., 8 pls.

Insecta vol. 62 Hemiptera: Miridae(II): Orthotylinae. Liu Guoqing and Zheng Leyi, 2014. 297 pp., 134 figs., 13 pls.

Insecta vol. 63 Coleoptera: Tenebrionidae(I). Ren Guodong *et al.*, 2016. 534 pp., 248 figs., 49 pls.

Insecta vol. 64 Chalcidoidea : Pteromalidae(II): Pteromalinae. Xiao Hui *et al.*, 2019. 495 pp., 186 figs., 12 pls.

Insecta vol. 65 Diptera: Rhagionidae, Athericidae. Yang Ding, Dong Hui and Zhang Kuiyan. 2016. 476 pp., 222 figs., 7 pls.

Insecta vol. 67 Hemiptera: Cicadellidae (II): Cicadellinae. Yang Maofa, Meng Zehong and Li Zizhong. 2017. 637pp., 312 figs., 27 pls.

Insecta vol. 68 Neuroptera: Myrmeleontoidea. Wang Xinli, Zhan Qingbin and Wang Aiqin. 2018. 285 pp., 2 figs., 38 pls.

Insecta vol. 69 Thysanoptera (2 volumes). Feng Jinian *et al.,* 2021. 984 pp., 420 figs.

Insecta vol. 70 Hemiptera: Caliscelidae, Issidae. Zhang Yalin, Che Yanli, Meng Rui and Wang Yinglun. 2020. 655 pp., 224 figs., 43 pls.

Insecta vol. 71 Hemiptera: Cicadellidae (III): Hylicinae, Stegelytrinae and Selenocephalinae.Zhang Yalin, Wei Cong, Shen Lin and Shang Suqin. 2022. 309pp., 147 figs., 7 pls.

Insecta vol. 72 Hemiptera: Cicadellidae (IV): Evacanthinae. Li Zizhong, Li Yujian and Xing Jichun. 2020. 547 pp., 303 figs., 14 pls.

Insecta vol. 73 Hemiptera: Miridae (III): Bryocorinae, Cylapinae, Deraeocorinae, Isometopinae and Psallopinae. Liu Guoqing, Mu Yiran, Xu Jingyang and Liu Lin. 2022. 606pp., 217 figs., 17 pls.

Insecta vol. 74 Hymenoptera: Trichogrammatidae. Lin Naiquan, Hu Hongying, Tian Hongxia and Lin Shuo. 2022. 602 pp., 195 figs.

Insecta vol. 75 Coleoptera: Histeroidea: Sphaeritidae, Synteliidae and Histeridae. Zhou Hongzhang, Luo Tianhong and Zhang Yejun. 2022. 702pp., 252 figs., 3 pls.

Insecta vol. 76 Lepidoptera: Limacodidae. Wu Chunsheng and Fang Chenglai. 2023. 508pp., 317 figs., 12 pls.

Invertebrata vol. 1 Crustacea: Freshwater Cladocera. Chiang Siehchih and Du Nanshang, 1979. 297 pp.,192 figs.

Invertebrata vol. 2 Crustacea: Freshwater Copepoda. Shen Jiarui *et al.*, 1979. 450 pp., 255 figs.

Invertebrata vol. 3 Trematoda: Digenea I. Chen Xintao *et al.*, 1985. 697 pp., 469 figs., 12 pls.

Invertebrata vol. 4 Cephalopode. Dong Zhengzhi, 1988. 201 pp., 124 figs., 4 pls.

Invertebrata vol. 5 Hirudinea: Euhirudinea and Branchiobdellidea. Yang Tong, 1996. 259 pp., 141 figs.

Invertebrata vol. 6 Holothuroidea. Liao Yulin, 1997. 334 pp., 170 figs., 2 pls.

Invertebrata vol. 7 Gastropoda: Mesogastropoda: Cypraeacea. Ma Xiutong, 1997. 283 pp., 96 figs., 12 pls.

Invertebrata vol. 8 Arachnida: Araneae: Thomisidae and Philodromidae. Song Daxiang and Zhu Mingsheng,

1997. 259 pp., 154 figs.

Invertebrata vol. 9 Polychaeta: Phyllodocimorpha. Wu Baoling, Wu Qiquan, Qiu Jianwen and Lu Hua, 1997. 323pp., 180 figs.

Invertebrata vol. 10 Arachnida: Araneae: Araneidae. Yin Changmin *et al.*, 1997. 460 pp., 292 figs.

Invertebrata vol. 11 Gastropoda: Opisthobranchia: Cephalaspidea. Lin Guangyu, 1997. 246 pp., 35 figs., 28 pls.

Invertebrata vol. 12 Bivalvia: Mytiloida. Wang Zhenrui, 1997. 268 pp., 126 figs., 4 pls.

Invertebrata vol. 13 Arachnida: Araneae: Theridiidae. Zhu Mingsheng, 1998. 436 pp., 233 figs., 1 pl.

Invertebrata vol. 14 Sacodina: Acantharia and Spumellaria. Tan Zhiyuan, 1998. 315 pp., 273 figs., 25 pls.

Invertebrata vol. 15 Myxosporea. Chen Chihleu and Ma Chenglun, 1998. 805 pp., 30 figs., 180 pls.

Invertebrata vol. 16 Anthozoa: Actiniaria, Ceriantharis and Zoanthidea. Pei Zunan, 1998. 286 pp., 149 figs., 22 pls.

Invertebrata vol. 17 Crustacea: Decapoda: Parathelphusidae and Potamidae. Dai Aiyun, 1999. 501 pp., 238 figs., 31 pls.

Invertebrata vol. 18 Protura. Yin Wenying, 1999. 510 pp., 275 figs., 8 pls.

Invertebrata vol. 19 Gastropoda: Pulmonata: Stylommatophora: Clausiliidae. Chen Deniu and Zhang Guoqing, 1999. 210 pp., 128 figs., 5 pls.

Invertebrata vol. 20 Bivalvia: Protobranchia and Anomalodesmata. Xu Fengshan, 1999. 244 pp., 156 figs.

Invertebrata vol. 21 Crustacea: Mysidacea. Liu Ruiyu (J. Y. Liu) and Wang Shaowu, 2000. 326 pp., 110 figs.

Invertebrata vol. 22 Monogenea. Wu Baohua, Lang Suo and Wang Weijun, 2000. 756 pp., 598 figs., 2 pls.

Invertebrata vol. 23 Anthozoa: Scleractinia: Hermatypic coral. Zou Renlin, 2001. 289 pp., 9 figs., 47+8 pls.

Invertebrata vol. 24 Bivalvia: Veneridae. Zhuang Qiqian, 2001. 278 pp., 145 figs.

Invertebrata vol. 25 Nematoda: Rhabditida: Strongylata I. Wu Shuqing *et al.*, 2001. 489 pp., 201 figs.

Invertebrata vol. 26 Foraminiferea: Agglutinated Foraminifera. Zheng Shouyi and Fu Zhaoxian, 2001. 788 pp., 130 figs., 122 pls.

Invertebrata vol. 27 Hydrozoa and Scyphomedusae. Gao Shangwu, Hong Hueshin and Zhang Shimei, 2002. 275 pp., 136 figs.

Invertebrata vol. 28 Crustacea: Amphipoda: Hyperiidae. Chen Qingchao and Shi Changtai, 2002. 249 pp., 178 figs.

Invertebrata vol. 29 Gastropoda: Archaeogastropoda: Trochacea. Dong Zhengzhi, 2002. 210 pp., 176 figs., 2 pls.

Invertebrata vol. 30 Crustacea: Brachyura: Marine primitive crabs. Chen Huilian and Sun Haibao, 2002. 597 pp., 237 figs., 16 pls.

Invertebrata vol. 31 Bivalvia: Pteriina. Wang Zhenrui, 2002. 374 pp., 152 figs., 7 pls.

Invertebrata vol. 32 Polycystinea: Nasellaria; Phaeodarea: Phaeodaria. Tan Zhiyuan and Su Xinghui, 2003. 295 pp., 193 figs., 25 pls.

Invertebrata vol. 33 Annelida: Polychaeta II Nereidida. Sun Ruiping and Yang Derjian, 2004. 520 pp.,

267 figs., 193 pls.

Invertebrata vol. 34 Mollusca: Gastropoda Tonnacea. Zhang Suping and Ma Xiutong, 2004. 243 pp., 123 figs., 1 pl.

Invertebrata vol. 35 Arachnida: Araneae: Tetragnathidae. Zhu Mingsheng, Song Daxiang and Zhang Junxia, 2003. 402 pp., 174 figs., 5+11 pls.

Invertebrata vol. 36 Crustacea: Decapoda: Atyidae. Liang Xiangqiu, 2004. 375 pp., 156 figs.

Invertebrata vol. 37 Mollusca: Gastropoda. Stylommatophora. Bradybaenidae. Chen Deniu and Zhang Guoqing, 2004. 482 pp., 409 figs., 8 pls.

Invertebrata vol. 38 Chaetognatha: Sagittoidea. Xiao Yichang, 2004. 201 pp., 89 figs.

Invertebrata vol. 39 Arachnida: Araneae: Gnaphosidae. Song Daxiang, Zhu Mingsheng and Zhang Feng, 2004. 362 pp., 175 figs.

Invertebrata vol. 40 Echinodermata: Ophiuroidea. Liao Yulin, 2004. 505 pp., 244 figs., 6 pls.

Invertebrata vol. 41 Crustacea: Amphipoda: Gammaridea I. Ren Xianqiu, 2006. 588 pp., 194 figs.

Invertebrata vol. 42 Crustacea: Cirripedia: Thoracica. Liu Ruiyu and Ren Xianqiu, 2007. 632 pp., 239 figs.

Invertebrata vol. 43 Crustacea: Amphipoda: Gammaridea II. Ren Xianqiu, 2012. 651 pp., 197 figs.

Invertebrata vol. 44 Crustacea: Decapoda: Palaemonoidea. Li Xinzheng, Liu Ruiyu, Liang Xingqiu and Chen Guoxiao, 2007. 381 pp., 157 figs.

Invertebrata vol. 45 Ciliophora: Oligohymenophorea: Peritrichida. Shen Yunfen and Gu Manru, 2016. 502 pp., 164 figs., 2 pls.

Invertebrata vol. 46 Sipuncula, Echiura. Zhou Hong, Li Fenglu and Wang Wei, 2007. 206 pp., 95 figs.

Invertebrata vol. 47 Arachnida: Acari: Phytoseiidae. Wu weinan, Ou Jianfeng and Huang Jingling. 2009. 511 pp., 287 figs., 9 pls.

Invertebrata vol. 48 Mollusca: Bivalvia: Lucinacea, Carditacea, Crassatellacea and Cardiacea. Xu Fengshan. 2012. 239 pp., 133 figs.

Invertebrata vol. 49 Crustacea: Decapoda: Portunidae. Yang Siliang, Chen Huilian and Dai Aiyun. 2012. 417 pp., 138 figs., 14 pls.

Invertebrata vol. 50 Tardigrada. Yang Tong. 2015. 279 pp., 131 figs., 5 pls.

Invertebrata vol. 51 Nematoda: Rhabditida: Strongylata (II). Zhang Luping and Kong Fanyao. 2014. 316 pp., 97 figs., 19 pls.

Invertebrata vol. 52 Platyhelminthes: Trematoda: Dgenea (III). Qiu Zhaozhi *et al.*. 2018. 746 pp., 401 figs.

Invertebrata vol. 53 Arachnida: Araneae: Salticidae. Peng Xianjin.2020. 612pp., 392 figs.

Invertebrata vol. 54 Annelida: Polychaeta (III): Sabellida. Sun Ruiping and Yang Dejian. 2014. 493 pp., 239 figs., 2 pls.

Invertebrata vol. 55 Mollusca: Gastropoda: Conidae. Li Fenglan and Lin Minyu. 2016. 288 pp., 168 figs., 4 pls.

Invertebrata vol. 56 Mollusca: Gastropoda: Strombacea and Naticacea. Zhang Suping. 2016. 318 pp., 138 figs., 10 pls.

Invertebrata vol. 57 Mollusca: Bivalvia: Tellinidae and Semelidae. Xu Fengshan and Zhang Junlong. 2017.

236 pp., 50 figs., 15 pls.

Invertebrata vol. 58 Mollusca: Gastropoda: Enoidea. Wu Min. 2018. 300 pp., 63 figs., 6 pls.

Invertebrata vol. 59 Arachnida: Araneae: Agelenidae and Amaurobiidae. Zhu Mingsheng, Wang Xinping and Zhang Zhisheng. 2017. 727 pp., 384 figs., 5 pls.

Invertebrata vol. 62 Mollusca: Gastropoda: Muricidae. Zhang Suping. 2022. 428 pp., 250 figs.

ECONOMIC FAUNA OF CHINA

Mammals. Shou Zhenhuang *et al*., 1962. 554 pp., 153 figs., 72 pls.

Aves. Cheng Tsohsin *et al*., 1963. 694 pp., 10 figs., 64 pls.

Marine fishes. Chen Qingtai *et al*., 1962. 174 pp., 25 figs., 32 pls.

Freshwater fishes. Wu Xianwen *et al*., 1963. 159 pp., 122 figs., 30 pls.

Parasitic Crustacea of Freshwater Fishes. Kuang Puren and Qian Jinhui, 1991. 203 pp., 110 figs.

Annelida. Echinodermata. Prorochordata. Wu Baoling *et al*., 1963. 141 pp., 65 figs., 16 pls.

Marine mollusca. Zhang Xi and Qi Zhougyan, 1962. 246 pp., 148 figs.

Freshwater molluscs. Liu Yueyin *et al*., 1979.134 pp., 110 figs.

Terrestrial molluscs. Chen Deniu and Gao Jiaxiang, 1987. 186 pp., 224 figs.

Parasitic worms. Wu Shuqing, Yin Wenzhen and Shen Shouxun, 1960. 368 pp., 158 figs.

Economic birds of China (Second edition). Cheng Tsohsin, 1993. 619 pp., 64 pls.

ECONOMIC INSECT FAUNA OF CHINA

Fasc. 1 Coleoptera: Cerambycidae. Chen Sicien *et al*., 1959. 120 pp., 21 figs., 40 pls.

Fasc. 2 Hemiptera: Pentatomidae. Yang Weiyi, 1962. 138 pp., 11 figs., 10 pls.

Fasc. 3 Lepidoptera: Noctuidae I. Chu Hongfu and Chen Yixin, 1963. 172 pp., 22 figs., 10 pls.

Fasc. 4 Coleoptera: Tenebrionidae. Zhao Yangchang, 1963. 63 pp., 27 figs., 7 pls.

Fasc. 5 Coleoptera: Coccinellidae. Liu Chongle, 1963. 101 pp., 27 figs., 11pls.

Fasc. 6 Lepidoptera: Noctuidae II. Chu Hongfu *et al*., 1964. 183 pp., 11 pls.

Fasc. 7 Lepidoptera: Noctuidae III. Chu Hongfu, Fang Chenglai and Wang Lingyao, 1963. 120 pp., 28 figs., 31 pls.

Fasc. 8 Isoptera: Termitidae. Cai Bonghua and Chen Ningsheng, 1964. 141 pp., 79 figs., 8 pls.

Fasc. 9 Hymenoptera: Apoidea. Wu Yanru, 1965. 83 pp., 40 figs., 7 pls.

Fasc. 10 Homoptera: Cicadellidae. Ge Zhongling, 1966. 170 pp., 150 figs.

Fasc. 11 Lepidoptera: Tortricidae I. Liu Youqiao and Bai Jiuwei, 1977. 93 pp., 23 figs., 24 pls.

Fasc. 12 Lepidoptera: Lymantriidae I. Chao Chungling, 1978. 121 pp., 45 figs., 18 pls.

Fasc. 13 Diptera: Ceratopogonidae. Li Tiesheng, 1978. 124 pp., 104 figs.

Fasc. 14 Coleoptera: Coccinellidae II. Pang Xiongfei and Mao Jinlong, 1979. 170 pp., 164 figs., 16 pls.

Fasc. 15 Acarina: Lxodoidea. Teng Kuofan, 1978. 174 pp., 707 figs.

Fasc. 16 Lepidoptera: Notodontidae. Cai Rongquan, 1979. 166 pp., 126 figs., 19 pls.

Fasc. 17 Acarina: Camasina. Pan Zungwen and Teng Kuofan, 1980. 155 pp., 168 figs.

Fasc. 18 Coleoptera: Chrysomeloidea I. Tang Juanjie *et al*., 1980. 213 pp., 194 figs., 18 pls.

Fasc. 19 Coleoptera: Cerambycidae II. Pu Fuji, 1980. 146 pp., 42 figs., 12 pls.

Fasc. 20 Coleoptera: Curculionidae I. Chao Yungchang and Chen Yuanqing, 1980. 184 pp., 73 figs., 14 pls.

Fasc. 21 Lepidoptera: Pyralidae. Wang Pingyuan, 1980. 229 pp., 40 figs., 32 pls.

Fasc. 22 Lepidoptera: Sphingidae. Zhu Hongfu and Wang Lingyao, 1980. 84 pp., 17 figs., 34 pls.

Fasc. 23 Acariformes: Tetranychoidea. Wang Huifu, 1981. 150 pp., 121 figs., 4 pls.

Fasc. 24 Homoptera: Pseudococcidae. Wang Tzeching, 1982. 119 pp., 75 figs.

Fasc. 25 Homoptera: Aphidinea I. Zhang Guangxue and Zhong Tiesen, 1983. 387 pp., 207 figs., 32 pls.

Fasc. 26 Diptera: Tabanidae. Wang Zunming, 1983. 128 pp., 243 figs., 8 pls.

Fasc. 27 Homoptera: Delphacidae. Kuoh Changlin *et al*., 1983. 166 pp., 132 figs., 13 pls.

Fasc. 28 Coleoptera: Larvae of Scarabaeoidae. Zhang Zhili, 1984. 107 pp., 17. figs., 21 pls.

Fasc. 29 Coleoptera: Scolytidae. Yin Huifen, Huang Fusheng and Li Zhaoling, 1984. 205 pp., 132 figs., 19 pls.

Fasc. 30 Hymenoptera: Vespoidea. Li Tiesheng, 1985. 159pp., 21 figs., 12pls.

Fasc. 31 Hemiptera I. Zhang Shimei, 1985. 242 pp., 196 figs., 59 pls.

Fasc. 32 Lepidoptera: Noctuidae IV. Chen Yixin, 1985. 167 pp., 61 figs., 15 pls.

Fasc. 33 Lepidoptera: Arctiidae. Fang Chenglai, 1985. 100 pp., 69 figs., 10 pls.

Fasc. 34 Hymenoptera: Chalcidoidea I. Liao Dingxi *et al*., 1987. 241 pp., 113 figs., 24 pls.

Fasc. 35 Coleoptera: Cerambycidae III. Chiang Shunan. Pu Fuji and Hua Lizhong, 1985. 189 pp., 2 figs., 13 pls.

Fasc. 36 Homoptera: Fulgoroidea. Chou Io *et al*., 1985. 152 pp., 125 figs., 2 pls.

Fasc. 37 Diptera: Anthomyiidae. Fan Zide *et al*., 1988. 396 pp., 1215 figs., 10 pls.

Fasc. 38 Diptera: Ceratopogonidae II. Lee Tiesheng, 1988. 127 pp., 107 figs.

Fasc. 39 Acari: Ixodidae. Teng Kuofan and Jiang Zaijie, 1991. 359 pp., 354 figs.

Fasc. 40 Acari: Dermanyssoideae. Teng Kuofan *et al*., 1993. 391 pp., 318 figs.

Fasc. 41 Hymenoptera: Pteromalidae I. Huang Dawei, 1993. 196 pp., 252 figs.

Fasc. 42 Lepidoptera: Lymantriidae II. Chao Chungling, 1994. 165 pp., 103 figs., 10 pls.

Fasc. 43 Homoptera: Coccidea. Wang Tzeching, 1994. 302 pp., 107 figs.

Fasc. 44 Acari: Eriophyoidea I. Kuang Haiyuan, 1995. 198 pp., 163 figs., 7 pls.

Fasc. 45 Diptera: Tabanidae II. Wang Zunming, 1994. 196 pp., 182 figs., 8 pls.

Fasc. 46 Coleoptera: Cetoniidae, Trichiidae, Valgidae. Ma Wenzhen, 1995. 210 pp., 171 figs., 5 pls.

Fasc. 47 Hymenoptera: Formicidae I. Tang Jub, 1995. 134 pp., 135 figs.

Fasc. 48 Ephemeroptera. You Dashou *et al*., 1995. 152 pp., 154 figs.

Fasc. 49 Trichoptera I: Hydroptilidae, Stenopsychidae, Hydropsychidae, Leptoceridae. Tian Lixin *et al*., 1996. 195 pp., 271 figs., 2 pls.

Fasc. 50 Hemiptera II. Zhang Shimei *et al*., 1995. 169 pp., 46 figs., 24 pls.

Fasc. 51 Hymenoptera: Ichneumonidae. He Junhua, Chen Xuexin and Ma Yun, 1996. 697 pp., 434 figs.

Fasc. 52 Hymenoptera: Sphecidae. Wu Yanru and Zhou Qin, 1996. 197 pp., 167 figs., 14 pls.

Fasc. 53 Acari: Phytoseiidae. Wu Weinan *et al.*, 1997. 223 pp., 169 figs., 3 pls.

Fasc. 54 Coleoptera: Chrysomeloidea II. Yu Peiyu *et al.*, 1996. 324 pp., 203 figs., 12 pls.

Fasc. 55 Thysanoptera. Han Yunfa, 1997. 513 pp., 220 figs., 4 pls.

(SCPC-BZBEZA16-0130)

定 价：**398.00** 元